Elemente der Mathematik

Einführungsphase

Hessen

Herausgegeben von

Heinz Griesel

Andreas Gundlach

Helmut Postel

Friedrich Suhr

Schroedel

Elemente der Mathematik
Einführungsphase Hessen

Herausgegeben von
Prof. Dr. Heinz Griesel, Dr. Andreas Gundlach, Prof. Helmut Postel, Friedrich Suhr

Bearbeitet von
Christine Fiedler, Dr. Andreas Gundlach, Reinhard Kind, Werner Ladenthin, Prof. Helmut Postel, Heinz Klaus Strick, Friedrich Suhr

Für Hessen bearbeitet von
Eugen Ancke, Gabriele Dybowski

Abgestimmt auf dieses Unterrichtswerk sind umfangreiche Unterrichtsmaterialien entwickelt worden:
Band 1 Best.-Nr. 87001; Band 2 Best.-Nr. 87002; Band 3 Best.-Nr. 87003; Band 4 Best.-Nr. 87004

Zum Schülerband erscheint: Lösungen Best.-Nr. 87913
Dem Schülerband liegt eine CD-ROM „Mathematik interaktiv“ bei.

Druck A [1] / Jahr 2010
Alle Drucke der Serie A sind im Unterricht parallel verwendbar.

Redaktion: Claus Peter Witt
Herstellung: Reinhard Hörner
Umschlaggestaltung: sensdesign, Roland Sens, Hannover
Illustrationen: Dietmar Griese
Zeichnungen: Günter Schlierf; Langner & Partner
Satz: Triltsch, Print und digitale Medien GmbH, Ochsenfurt
Druck und Bindung: westermann druck GmbH, Braunschweig

ISBN 978-3-507-**87910**-2

Inhaltsverzeichnis

Zum Aufbau des Buches 5

1. Funktionen 7

1.1 Funktionen und ihre Darstellung **Zum Selbstlernen** 8
Im Blickpunkt: Funktionen zeichnen mit Computer und GTR 12
1.2 Lineare Funktionen – Geraden 14
1.3 Quadratische Funktionen 20
Im Blickpunkt: Der Funktionsbegriff als Leitidee der Mathematik 25
1.4 Potenzfunktionen – Ganzrationale Funktionen 27
1.5 Umkehrfunktionen 33
Bist du fit? 38

Bleib fit im Umgang mit Potenzen 39

2. Wachstumsprozesse – Exponential- und Logarithmusfunktionen 41

2.1 Beschreibung exponentieller Prozesse 42
Im Blickpunkt: Mittelwerte bei Zunahme- und Abnahmeprozessen 51
2.2 Exponentialfunktionen und ihre Eigenschaften 53
2.3 Verschieben und Strecken der Graphen der Exponentialfunktionen **Zum Selbstlernen** 64
2.4 Logarithmen – Exponentialgleichungen 70
2.5 Logarithmusfunktionen 79
2.6 Wachstum modellieren – Regression 83
2.7 Rekursive Beschreibung von Wachstum – Folgen 86
Im Blickpunkt: Fraktale Handy-Antenne 92
2.8 Überlagerung von exponentiellem und linearem Wachstum **Zum Selbstlernen** 93
2.9 Begrenztes Wachstum – Grenzwert 96
2.10 Aufgaben zur Vertiefung 104
Bist du fit? 105

Bleib fit im Umgang mit der Trigonometrie 107

3. Modellieren periodischer Vorgänge 109

3.1 Sinus- und Kosinusfunktion mit $\mathbb{R}$ als Definitionsmenge 110
3.2 Strecken des Graphen der Sinus- und Kosinusfunktion 117
3.3 Verschieben des Graphen der Sinus- und Kosinusfunktion **Zum Selbstlernen** 123
3.4 Allgemeine Sinusfunktion 126
3.5 Modellieren mit allgemeinen Sinusfunktionen 131
3.6 Tangensfunktion 135
3.7 Aufgaben zur Vertiefung 137
Im Blickpunkt: Spiralen 138
Bist du fit? 140

4. Differenzialrechnung 141

4.1 Änderungsrate und Sekantensteigung 142
4.2 Tangentensteigung und Änderungsrate – Ableitung 148
4.3 Ableitung der Quadratfunktion 159
4.4 Ableitung weiterer Funktionen **Zum Selbstlernen** 164
4.5 Differenzierbarkeit 167
4.6 Stetigkeit 171
4.7 Ableitungsfunktion 173
4.8 Ableitung der Sinus- und Kosinusfunktion 178
4.9 Ableitung von Potenzfunktionen – Potenzregel . 180
4.10 Ableitungsregeln 181
Im Blickpunkt: Parabelflug 188
4.11 Aufgaben zur Vertiefung 189
Bist du fit? 190

5. Funktionsuntersuchungen 191

5.1 Ganzrationale Funktionen 192
5.2 Symmetrie **Zum Selbstlernen** 198
5.3 Nullstellen ganzrationaler Funktionen 201
5.4 Extrema und Monotonie 212
Im Blickpunkt: Verkehrsfluss in Abhängigkeit von der Geschwindigkeit 224
5.5 Wendepunkte – Krümmungsverhalten 226
5.6 Kurvendiskussion 233
5.7 Klassifikation ganzrationaler Funktionen 2. und 3. Grades 237
5.8 Funktionenscharen 240
5.9 Extremalprobleme 245
Im Blickpunkt: Realistischer beschreiben – Modelle variieren 250

5.10 Bestimmen ganzrationaler Funktionen – Lineare Gleichungssysteme 252
Im Blickpunkt: Lösen linearer Gleichungssysteme mit dem GTR 258
5.11 Aufgaben zur Vertiefung 260
Bist du fit? 261

Anhang

Lösungen zu Bist du fit? 262
Verzeichnis mathematischer Symbole 271
Stichwortverzeichnis 272

Symbole

5. Rote Aufgabennummern kennzeichnen Aufgaben, die die Selbstständigkeit und Problemlösefähigkeit der Schülerinnen und Schüler in besonderer Weise herausfordern.

7. Blaue Aufgabennummern (und Überschriften) kennzeichnen Zusatzstoffe.

A In den Einheiten zum Selbstlernen und in den Lernfeldern kennzeichnet dieses Symbol einen Auftrag.

DGS Hier bietet sich der Einsatz eines dynamischen Geometrie-Systems an.

TAB Hier bietet sich der Einsatz eines Tabellenkalkulations-Programmes an.

CAS Hier bietet sich der nicht obligatorisch geforderte Einsatz eines Computer-Algebra-Systems an.

Bildquellenverzeichnis

Zur allgemeinen Zielsetzung des Buches

Elemente der Mathematik ist auf die Bedürfnisse und Anforderungen eines gymnasialen Mathematikunterrichts am Anfang des 21. Jahrhundert auf der Basis der Bildungsstandards für einen Bildungsgang mit dem Abitur nach 12 Schuljahren zugeschnitten. Insbesondere wurden auch Ergebnisse und Schlussfolgerungen aus der TIMS- und der PISA-Studie angemessen berücksichtigt. Daher werden den Unterrichtenden konkrete Hilfen an die Hand gegeben, um problem- und handlungsorientierte Lernsituationen zu schaffen, in denen die Schüler und Schülerinnen ihr mathematisches Wissen möglichst eigenständig entwickeln und strukturieren können. Beim gemeinsamen Entdecken, Erforschen, Beschreiben und Erklären erfahren die Schüler, dass nicht nur die Lösung eines Problems, sondern auch der Lösungsweg wichtig ist und dass dabei insbesondere die Analyse von Fehlern hilfreich ist. Besonderer Wert wird so auf den Kompetenzerwerb in den für den Mathematikunterricht relevanten überfachlichen Kompetenzbereichen gelegt: Lernen, Begründen, Problemlösen und Kommunizieren. Daraus ergibt sich auch eine gleichgewichtige Betonung aller drei Aspekte „Mathematik als Hilfe zum Verstehen der Umwelt", „Mathematik als Geistesschulung" und „Mathematik als deduktives Gedankengebäude".

Zu den Lerninhalten

Die im Lehrplan für Klasse 10 vorgesehenen Sachgebiete wurden in folgende Kapitel aufgeteilt:

Kapitel 1: Funktionen – Leitidee „Funktionaler Zusammenhang"
In diesem Kapitel werden die aus der Sekundarstufe I vorhandenen Kenntnisse zu linearen, quadratischen und Potenzfunktionen wiederholt und vertieft. Die Behandlung von Umkehrfunktionen schließt sich an.
Stets spielt das Modellieren realistischer Anwendungssituationen eine große Rolle.

Kapitel 2: Wachstumsprozesse – Exponential- und Logarithmusfunktionen – Leitideen „Zahlen" sowie „Funktionaler Zusammenhang"
Zunächst werden potentielle und wiederholend lineare und exponentielle Zunahme- und Abnahmeprozesse behandelt. Als zweite Umkehroperation zum Potenzieren wird das Logarithmieren behandelt. Die rekursive Beschreibung von Wachstum ermöglicht auch die Behandlung von begrenztem Wachstum und den Aufbau einer tragfähigen Vorstellung vom Grenzwertbegriff.

Kapitel 3: Modellieren periodischer Vorgänge – Leitidee „Funktionaler Zusammenhang"
Ausgehend von periodischen Vorgängen im Alltag werden allgemeine Sinusfunktionen behandelt, um damit entsprechende Vorgänge zu modellieren. Die dazu nötige Definition von Sinus und Kosinus erfolgt am Einheitskreis. Auch die Tangensfunktion mit ihren Eigenschaften wird behandelt.

Kapitel 4: Differenzialrechnung – Leitidee „Funktionaler Zusammenhang"
Der Begriff der Ableitung einer Funktion wird aus den beiden Grundvorstellungen der Steigung eines Funktionsgraphen in einem Punkt und der lokalen Änderungsrate in enger Vernetzung miteinander erarbeitet, dabei wird großer Wert auf einen anschaulichen Zugang gelegt. Zum Kapitel-Abschluss werden die Ableitungsregeln für ganzrationale und trigonometrische Funktionen erarbeitet.

Kapitel 5: Funktionsuntersuchungen – Leitidee „Funktionaler Zusammenhang"
Zunächst werden die Eigenschaften ganzrationaler Funktionen thematisiert: Globalverlauf, Symmetrie und Nullstellen. Die Behandlung der Monotonie führt zu einem ersten Kriterium für Extremums- sowie Wendepunkts-Bestimmungen. Den Kapitelabschluss bilden Funktionenscharen, Extremwertprobleme und das Bestimmen ganzrationaler Funktionen zu vorgegebenen Eigenschaften. Hierbei spielen stets realistische Anwendungsprobleme eine große Rolle.

Zum methodischen Aufbau

1. Jedes Kapitel beginnt mit einer Einstiegsseite, die an die Erfahrungen der Schüler(innen) anknüpft und Aktivitäten ermöglicht. Diese Seite eignet sich für einen offenen Einstieg und gibt einen Ausblick auf das Thema des Kapitels.
2. Die Erarbeitung des Lernstoffes erfolgt in den einzelnen Lerneinheiten, die jeweils in einen Theorieteil und einen Übungsteil untergliedert sind.
   Zum Theorieteil:
   Der Theorieteil beginnt häufig mit einer **Aufgabe** und deren vollständiger **Lösung**. Ist der mathematische Inhalt jedoch so, dass die Schülerinnen und Schüler kaum eine Chance haben, selbstständig die Lösung des zu behandelnden Problems zu finden, so beginnt der Theorieteil mit einer **Einführung**, die Schüleraktivitäten zur Auseinandersetzung mit dem Problem stimuliert. Um alle Theorieanteile übersichtlich beieinander zu haben, folgen schon hier **weiterführende Aufgaben**, die im Unterricht in aller Regel erst nach einer erfolgten Festigung der zuerst behandelten Inhalte an einigen Übungsaufgaben thematisiert werden sollten. Sie dienen der Abrundung und Weiterführung der Theorie. Ihr Thema wird den Unterrichtenden in einer Überschrift genannt. In aller Regel sollten weiterführende Aufgaben im Unterricht bearbeitet werden und nicht als Hausaufgaben gestellt werden.
   Der Theorieteil enthält häufig eine **Information**, in der Begriffe eingeführt werden, Rückblicke und Ausblicke gegeben werden. Wesentliche Inhalte werden dabei optisch deutlich in einem Kasten mit einem roten Rahmen hervorgehoben. Hier wird großer Wert gelegt auf prägnante, altersgemäße Formulierungen, die auch beispielgebunden sein können.
   Zum Übungsteil:
   Der Übungsteil beginnt in aller Regel mit einer Übungsaufgabe, die einen **alternativen Einstieg** zu dem im Theorieteil ermöglicht. Da seine Lösung im Buch nicht dargestellt ist, kann er oftmals auch offener angelegt sein. Der alternative Einstieg wird im Layout durch eine mit einem Zettel unterlegte Aufgabennummer hervorgehoben. Die folgenden Übungen sind unter besonderer Berücksichtigung des Erwerbs sowohl inhaltsbezogener als auch prozessbezogener Kompetenzen konzipiert worden. Sie dienen zur Festigung des Gelernten, der operativen Durcharbeitung und der Vernetzung der Lerninhalte mit denen früherer Themen; dabei sind überall offene Aufgaben integriert. Zur soliden Durcharbeitung wird konsequent das Analysieren typischer Schülerfehler und entsprechendes Argumentieren gefordert. Auch die Übungsaufgaben ermöglichen Unterricht in vielfältigen schülerbezogenen Aktivitäten, bis hin zu **Partnerarbeit** und **Teamarbeit**.
   Einige Aufgaben enthalten in einem blauen Rahmen Musterbeispiele für Schreibweisen und Lösungswege. Manche Aufgaben enthalten Selbstkontroll-Möglichkeiten für die Schüler(innen). Aufgaben, die die Selbstständigkeit und Problemlösefähigkeit in besonderer Weise herausfordern, sind durch eine rote Aufgabennummer gekennzeichnet.
3. Abschnitte mit der Überschrift **Vermischte Übungen** finden sich an den Stellen eines Kapitels, an denen eine besonders starke Vermischung der bisher erworbenen Qualifikationen angebracht ist.
4. Am Kapitelende folgt dann der Abschnitt **Aufgaben zur Vertiefung**, der neben einer Vernetzung auch eine Ergänzung des Lehrstoffes auf einem erhöhten Niveau zum Ziel hat.
5. Den Abschluss eines jeden Kapitels bildet der Abschnitt **Bist du fit?**, in dem in besonderer Weise die erworbenen Grundqualifikationen getestet werden. Die Lösungen dieser Aufgaben sind im Anhang des Buches angegeben, sodass sie von den Schülerinnen und Schüler gut zum eigenständigen Üben für eine Klassenarbeit verwendet werden können.
   Zwischen den Kapiteln befinden sich Abschnitte **Bleib fit in ...**, in denen ausgewählte Inhalte früherer Schuljahre sowohl bezüglich der Grundvorstellungen als auch der Grundfähigkeiten wiederholt werden.
6. Unter der Überschrift **Im Blickpunkt** werden innermathematische, aber insbesondere auch fachübergreifende, komplexere Themen, die von besonderem Interesse sind und in engem Zusammenhang mit dem Lerninhalt des Kapitels stehen, als Ganzes behandelt. Diese Abschnitte eignen sich auch zur Differenzierung und Förderung von eigenständigen Schüleraktivitäten über einen etwas größeren Zeitraum.
7. Um Schüler und Schülerinnen im eigenständigen Erarbeiten mathematischer Themen zu schulen, enthält jedes Kapitel eine Lerneinheit **Zum Selbstlernen**, in der das Thema so aufbereitet ist, dass es von den Lernenden ganz selbstständig bearbeitet werden kann.

1. FUNKTIONEN

Null Grad müssen nicht immer null Grad sein

Die von einem Menschen gefühlte Temperatur kann stark von der gemessenen Temperatur abweichen. Der Mensch gibt permanent Wärme nach außen ab. Wie viel, das beeinflussen zahlreiche Faktoren: Wind, als einer der wichtigsten, verstärkt den Wärmeverlust: er bläst das warme Luftpolster weg, das unsere Haut umgibt. Der Windchill (engl., **Windkühle** bzw. **Windfrösteln**) beschreibt den Unterschied zwischen der gemessenen Lufttemperatur und der gefühlten Temperatur in Abhängigkeit von der Windgeschwindigkeit. Er ist definiert für Temperaturen unterhalb von ca. 10° C.

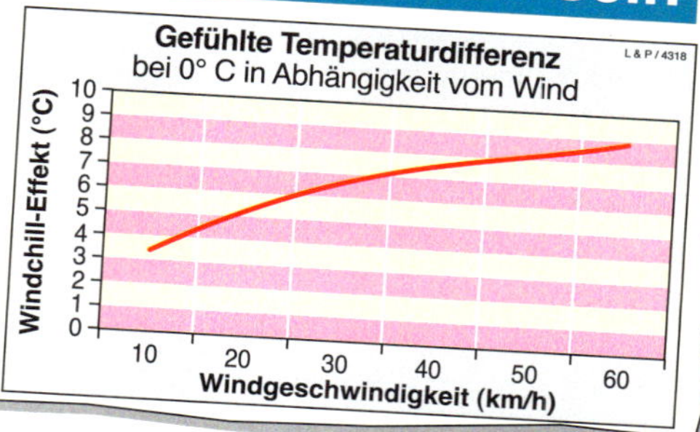

Die seit November 2001 gültige empirische Formel zur Berechnung des Windchill lautet:

$$WCT = 13{,}12 + 0{,}6215 \cdot T_\alpha - 11{,}37 \cdot \upsilon^{0{,}16} + 0{,}3965 \cdot T_\alpha \cdot \upsilon^{0{,}16}$$

- **WCT – Windchill-Temperatur in Grad Celsius**
- **T_α – Lufttemperatur in Grad Celsius**
- **υ – in 10 m Höhe über dem Erdboden gemessene Windgeschwindigkeit in Kilometern pro Stunde**

L & P / 4318

Windchill-Temperatur

	10°C	5°C	0°C	–5°C	–10°C	–15°C	–20°C	–25°C	–30°C
10 km/h	8,6	2,7	–3,3	–9,3	–15,3	–21,2	–27,2	–33,2	–39,2
15 km/h	7,9	1,7	–4,4	–10,6	–16,7	–22,9	–29,1	–35,2	–41,4
20 km/h	7,4	1,1	–5,2	–11,6	–17,9	–24,2	–30,5	–36,8	–43,1
25 km/h	6,9	0,5	–5,9	–12,3	–18,8	–25,2	–31,6	–38,0	–44,5
30 km/h	6,6	0,1	–6,5	–13,0	–19,5	–26,0	–32,6	–39,1	–45,6
35 km/h	6,3	–0,4	–7,0	–13,6	–20,2	–26,8	–33,4	–40,0	–46,6
40 km/h	6,0	–0,7	–7,4	–14,1	–20,8	–27,4	–34,1	–40,8	–47,5
45 km/h	5,7	–1,0	–7,8	–14,5	–21,3	–28,0	–34,8	–41,5	–48,3
50 km/h	5,5	–1,3	–8,1	–15,0	–21,8	–28,6	–35,4	–42,2	–49,0

Bie roten Feldern besteht die Möglichkeit, dass es innerhalb von 30 Minuten oder weniger zu Erfrierungen kommt. Der Bezug zur Erfrierungsgefahr bezieht sich auf das Erreichen einer Hauttemperatur von – 4,8°C, ab welcher für etwa 5 % der Menschen Erfrierungen auftreten.

- Kontrolliere an Beispielen, ob die in den verschiedenen Ausschnitten gegebenen Informationen zueinander passen.

Zusammenhänge zwischen verschiedenen Größen werden oft mithilfe von Funktionen beschrieben. Diese kann man durch Tabellen, Funktionsgleichungen oder Graphen darstellen.
In diesem Kapitel wiederholst, vertiefst und erweiterst du deine Kenntnisse über Funktionen.

1.1 Funktionen und ihre Darstellung *Zum Selbstlernen*

Ziel

Hier wiederholst du, welche Eigenschaften Funktionen charakterisieren und wie man sie darstellt.

A *Für das Körpergewicht erwachsener Menschen gibt es verschiedene Empfehlungen:*

Idealgewicht						
Körpergröße (in cm)	150	160	170	180	190	200
Gewicht (in kg)	45	55	64	72	81	90

Den **Body-Mass-Index** (BMI) ermittelt man, indem man das Gewicht (in kg) durch das Quadrat der Körpergröße (in m) dividiert. Das Ergebnis sollte zwischen 18,5 und 24 betragen.

Vergleiche diese Empfehlungen, indem du für die oben angegebenen Körpergrößen die Gewichte sowohl bei einem BMI von 18,5 als auch 24 berechnest. Zeichne anschließend Graphen dazu.

Zur Berechnung der Gewichte aus der Angabe des BMI erstellen wir zunächst eine Gleichung. Für die Körpergröße k (in cm) ist $\frac{k}{100}$ die Körpergröße (in m). In Zusammenhang mit dem Gewicht m (in kg) gilt dann bei einem BMI von 18,5:

$\frac{m}{\left(\frac{k}{100}\right)^2} = 18{,}5$, also als Formel für das Gewicht: $m = 18{,}5 \cdot \left(\frac{k}{100}\right)^2$

Entsprechend erhält man für einen BMI von 24 die Formel: $m = 24 \cdot \left(\frac{k}{100}\right)^2$

Damit erhält man durch Einsetzen folgende Wertetabelle:

Körpergröße (in cm)	150	160	170	180	190	200
Gewicht (in kg) bei BMI 18,5	42	47	53	60	67	74
Gewicht (in kg) bei BMI 24	54	61	69	78	87	96

Zum besseren Vergleich der Empfehlungen kann man diese Werte grafisch darstellen. Man erkennt, dass der BMI einen Bereich um das Idealgewicht vorgibt. Bei kleinen Körpergrößen liegt das vorgeschlagene Idealgewicht aber näher am BMI 18,5, bei größeren dagegen näher am BMI 24.

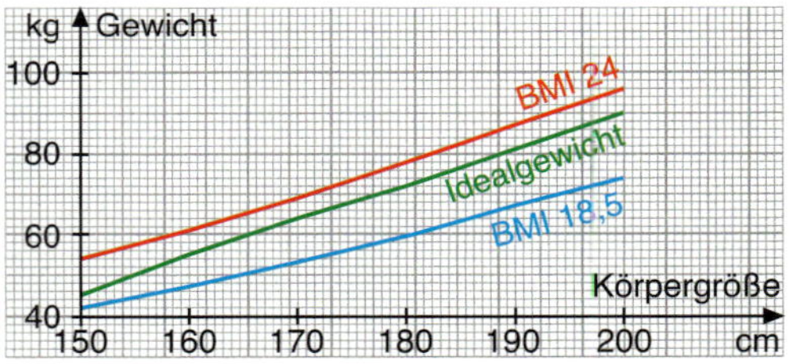

A *Zur Planung von Überholvorgängen von Zügen und um Auswirkungen von Verspätungen abschätzen zu können, hat die Deutsche Bahn einen grafischen Fahrplan. Er ordnet jedem Punkt der Fahrstrecke den Zeitpunkt zu, zu dem sich ein bestimmter Zug dort befindet.*

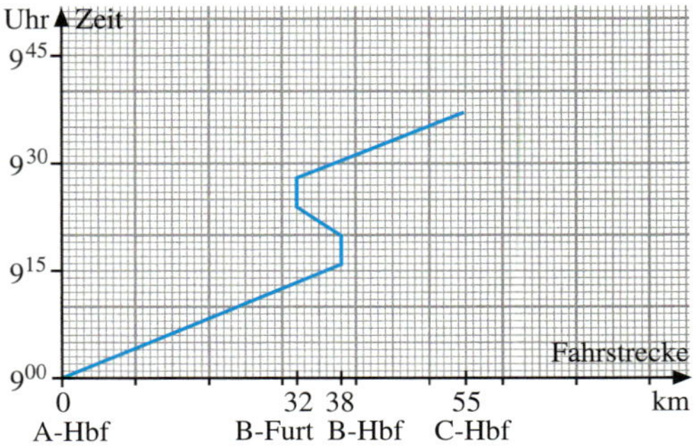

a) *Entnimm aus dem nebenstehenden grafischen Fahrplan, wie dieser Zug fährt.*

b) *Auf dieser Strecke finden Arbeiten am Gleisunterbau statt. Für die Sicherheit der Arbeiter ist zu bestimmen:*
Wann ist der Zug 19 km von A-Hbf entfernt? Wann ist der Zug 35 km von A-Hbf entfernt?

Zum Selbstlernen

a) Der Zug fährt um 9.00 Uhr im A-Hbf ab, durchquert B-Furt ohne dort zu halten und kommt dann um 9.16 Uhr in B-Hbf an. Dort fährt er um 9.20 Uhr ab, zurück nach B-Furt, wo er um 9.24 Uhr ankommt. Um 9.28 Uhr fährt er weiter nach C-Hbf, wo er um 9.37 Uhr ankommt.

b) Der Zug ist um 9.08 Uhr 19 km von A-Hbf entfernt.
Die zweite Frage lässt sich nicht eindeutig beantworten: Sowohl um 9.15 Uhr als auch um 9.22 Uhr und 9.29 Uhr befindet sich der Zug in 35 km Entfernung von A-Hbf.

Information

(1) Funktion

Beim ersten Auftrag ordnet die Idealgewichtsempfehlung jeder Körpergröße ein ganz bestimmtes Körpergewicht zu: *Körpergröße → Idealgewicht*. Entsprechendes gilt für die Empfehlung bei einem BMI von 18,5 sowie auch für die Empfehlung bei einem BMI von 24.
Dagegen ist beim zweiten Auftrag die Zuordnung *Streckenpunkt → Uhrzeit* nicht eindeutig.
Eindeutige Zuordnungen nennt man in der Mathematik *Funktionen*.

Definition
Bei einer *eindeutigen Zuordnung* wird *jeder* Zahl (Größe) x aus ihrer **Definitionsmenge** *eine ganz bestimmte* Zahl (Größe) zugeordnet. Eine solche Zuordnung heißt **Funktion.** Die einer Zahl x aus der Definitionsmenge eindeutig zugeordnete Zahl y heißt **Funktionswert** von x oder Funktionswert an der **Stelle** x.
Die Menge aller möglichen Funktionswerte heißt **Wertemenge** der Funktion.

(2) Möglichkeiten zum Angeben einer Funktion

Die Empfehlung zum Idealgewicht im ersten Auftrag war als Tabelle gegeben, die zum BMI durch eine Formel. Besonders gut vergleichen ließen sich die Empfehlungen mithilfe der grafischen Darstellung im Koordinatensystem.

Wertetabellen sind hilfreich für das Zeichnen von Graphen.

Eine Funktion kann auf verschiedene Weisen angegeben werden:
- **algebraisch**
  Hierbei wird festgelegt, wie die Funktionswerte berechnet werden. Dies kann erfolgen mithilfe
  (1) einer **Zuordnungsvorschrift** oder
  (2) einer **Funktionsgleichung** oder
  (3) eines **Funktionsterms** oder auch
  (4) **verbal**.

  In jedem Fall muss die Definitionsmenge vereinbart sein, damit bekannt ist, welchen Stellen Funktionswerte zugeordnet werden.
- **tabellarisch**
  In einer **Wertetabelle** werden die Funktionswerte zu bestimmten Stellen notiert.
- **grafisch**
  Die Zuordnung zwischen den Stellen und den Funktionswerten wird durch einen **Graphen** dargestellt.

Beispiel: Quadratfunktion
Definitionsmenge: $D = \mathbb{Q}$

Zuordnungsvorschrift: $x \to x^2$
Funktionsgleichung: $y = x^2$
Funktionsterm: x^2

verbal: Jeder Zahl ist ihr Quadrat zugeordnet.

Wertetabelle:

x	y
−2	4
−1	1
0	0
1	1
2	4

Graph:

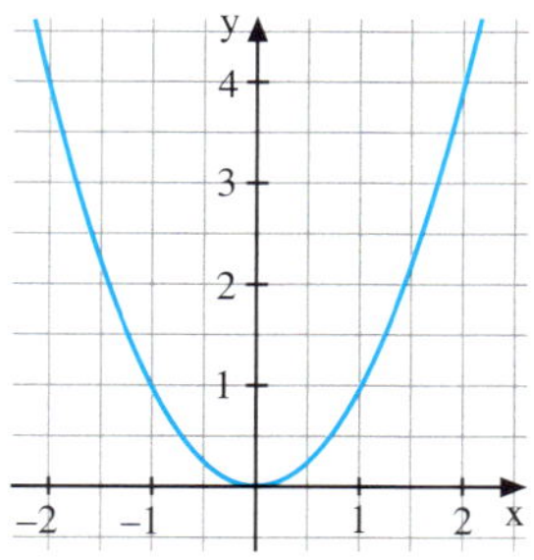

Bezeichnet man die Funktion mit f, so bezeichnet man ihren Funktionsterm auch mit f(x).

Zum Selbstlernen

$\mathbb{R}\setminus\{1\}$, gelesen: $\mathbb{R}$ ohne 1, ist die Menge aller reellen Zahlen ungleich 1.

(3) Weitere Beispiele für Funktionen

(1) $f(x) = 2x$
Definitionsmenge $\mathbb{R}$

(2) $g(x) = \frac{1}{x}$
Definitionsmenge $\mathbb{R}\setminus\{0\}$, da für 0 der Nenner 0 wird

(3) $h(z) = \frac{z}{z-1}$
Definitionsmenge $\mathbb{R}\setminus\{1\}$, da für 1 der Nenner 0 wird

Vereinbarung: Wenn die Definitionsmenge einer Funktion nicht angegeben ist, soll die größtmögliche in $\mathbb{R}$ genommen werden.

Zum Üben

1. Kann der Graph zu einer Funktion gehören? Begründe.

a)
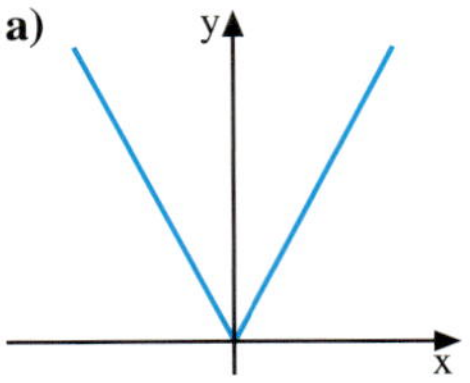

b)
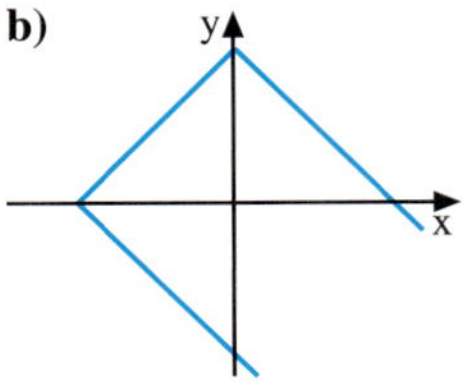

c)
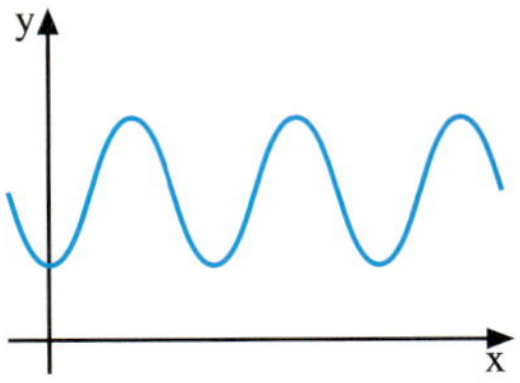

2. *Nicht jede Gleichung mit zwei Variablen ist eine Funktionsgleichung*

Gegeben ist die Gleichung (1) $y = |x|$; (2) $y = x^2(2-x)$; (3) $|y| = x$.

Setze für x reelle Zahlen ein. Welchen Wert bzw. welche Werte musst du dann jeweils für y einsetzen, damit eine wahre Aussage entsteht?

Bei welcher dieser Gleichungen mit zwei Variablen erhält man zu jedem x genau einen Wert für y?

Funktionsgleichung: $y = |x|$

x	y	
-1	1	denn $y = \|-1\| = 1$
$-\frac{1}{2}$	$\frac{1}{2}$	denn $y = \|-\frac{1}{2}\| = \frac{1}{2}$
0	0	denn $y = \|0\| = 0$
$\frac{1}{2}$	$\frac{1}{2}$	denn $y = \|\frac{1}{2}\| = \frac{1}{2}$

3. Prüfe, ob durch die Gleichung eine Funktion gegeben ist. Setze dazu einmal oder mehrmals für x eine (reelle) Zahl ein und ermittle, ob sich der Wert für y eindeutig finden lässt. Falls die Zuordnung $x \to y$ eindeutig ist, gib die Funktionsgleichung an.

a) $-y = x^2$ **c)** $y^2 = x - 1$ **e)** $0 \cdot x + 3y = -12$ **g)** $x \cdot y = 1$

b) $3x - 0 \cdot y = -9$ **d)** $(x + y)^2 = 36$ **f)** $(x - 2) \cdot y = 0$ **h)** $x \cdot y = x + y$

4. Die Funktion f hat den Term:

a) $f(x) - 3x$ **c)** $df(x) - \frac{6}{x^2}$

b) $f(x) = \sqrt{x + 4}$ **d)** $f(x) = \sqrt{25 - x^2}$

Berechne: $f(1)$, $f(3)$, $f(6)$, $f(-4)$, $f(0{,}41)$, $f\left(-\frac{3}{2}\right)$, $f(a)$, $f(3 + h)$, $f(3 - h)$.

Zeichne den Graphen und bestimme die maximale Definitionsmenge sowie die Wertemenge der Funktion.

$f(x) = \sqrt{x \cdot (6 - x)}$
Funktionswert an der Stelle 4,8
$f(4{,}8) = \sqrt{4{,}8 \cdot (6 - 4{,}8)} = \sqrt{5{,}76} = 2{,}4$

5. Zeichne den Graphen der Funktion. Bestimme die Wertemenge.

a) $y = 2 - \frac{x}{2}$ für $0 \le x \le 4$

b) $f(x) = x \cdot (x - 4)$ für $1 \le x \le 5$

c) $x \mapsto \frac{6}{x}$ für $1 \le x \le 6$

d) $r \mapsto 5$ für $-2 \le r \le 4$

e) $g(t) = \frac{3}{1 + t^2}$ für $-3 \le t \le 3$

f) $w = v^3 - 2v$ für $-2 \le v \le 2$

Zum Selbstlernen

6. In das Schwimmbecken wird gleichmäßig Wasser eingelassen. Der Wasserstand lässt sich an der Skala ablesen.

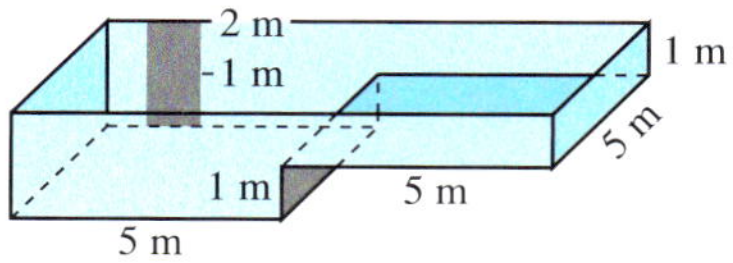

a) Welcher der Graphen (1) bis (4) passt?

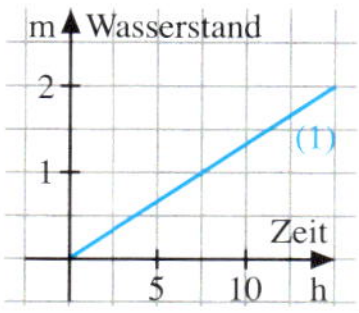

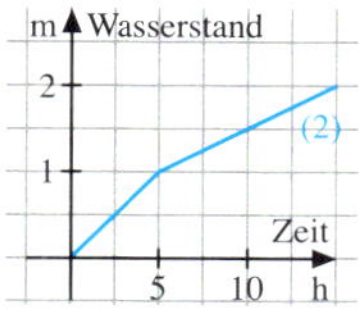

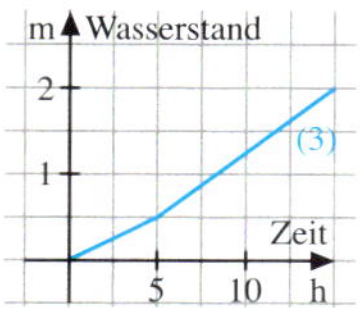

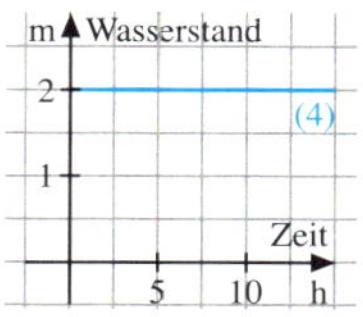

b) Stündlich werden 5 m^3 Wasser eingeleitet. Welcher Term ist der richtige?

$$f(t) = \begin{cases} \frac{1}{10}t & \text{für } 0 \le t \le 5 \\ \frac{1}{2} + \frac{3}{20}(t+5) & \text{für } 5 \le t \le 15 \end{cases} \qquad g(t) = \begin{cases} \frac{1}{5}t & \text{für } 0 \le t \le 5 \\ \frac{1}{10}t + \frac{1}{2} & \text{für } 5 \le t \le 15 \end{cases} \qquad h(t) = \frac{2}{15}t$$

7. *Punktprobe*

Eine Funktion f ist gegeben durch:

a) $y = 1 + \frac{x}{2}$ **b)** $y = \frac{1}{2}x^2$ **c)** $y = \frac{4}{x}$

Stelle fest, welche der Punkte $P_1(-2|0)$, $P_2(-1|0{,}5)$, $P_3(1|3)$, $P_4(2|2)$, $P_5(4|1)$ und $P_6(4|3)$ zum Graphen der Funktion gehören. Verfahre wie im Beispiel.

> *Funktionsgleichung:* $y = 2x + 1$
> $P_1(4|9)$ gehört zum Graphen von f, denn seine Koordinaten erfüllen die Gleichung $y = 2x + 1$, da $9 = 2 \cdot 4 + 1$ wahr ist.
> $P_2(3|8)$ gehört *nicht* zum Graphen, denn seine Koordinaten erfüllen *nicht* die Gleichung $y = 2x + 1$, da $8 = 2 \cdot 3 + 1$ falsch ist.

8. Welche der Punkte $P_1(0|0)$, $P_2(0|1)$, $P_3(1|0)$, $P_4(1|1)$, $P_5(8|2)$, $P_6(-0{,}5|3)$, $P_7(27|-3)$, $P_8(-1|9)$, $P_9(-1|2)$ liegen auf dem Graphen der Funktion mit der Gleichung

(1) $y = x^3$; (2) $y = \sqrt[3]{x}$; (3) $y = \frac{1-x}{1+x}$; (4) $y = 1$?

9. *Kreis um den Ursprung des Koordinatensystems*

Gegeben ist die Gleichung $x^2 + y^2 = 25$.

a) Zeige, dass die Koordinaten der Punkte $P_1(4|3)$ und $P_2(-5|0)$ diese Gleichung erfüllen. Suche weitere Punkte, deren Koordinaten die Gleichung erfüllen.

b) Zeige, dass alle diese Punkte auf einem Kreis liegen. Welchen Mittelpunkt und welchen Radius hat dieser Kreis? Ist dieser Kreis der Graph einer Funktion?

c) Begründe den folgenden Satz.

> **Satz:** *Kreis um den Ursprung mit dem Radius r*
> Zu der Gleichung $x^2 + y^2 = r^2$ gehört ein Kreis um den Koordinatenursprung mit dem Radius r.
> Die Kreisgleichung ist *keine* Funktionsgleichung.

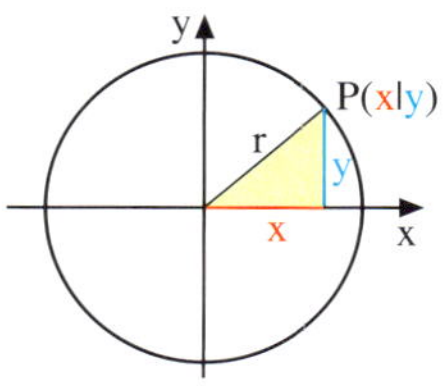

10. Welcher der Punkte A(4|−3), B(1|1), C(3|−1), D(5|−2) und E(−1|5) liegt auf dem Kreis, welcher innerhalb und welcher außerhalb des Kreises mit $x^2 + y^2 = 25$ [$x^2 + y^2 = 10$]?

11. Der Kreis hat M(0|0) als Mittelpunkt und geht durch P. Bestimme seine Gleichung.

a) P(5|−12) **b)** P(−3|−4) **c)** $P(3|\sqrt{7})$ **d)** P(0|6)

Im Blickpunkt

Im Blickpunkt

Graphen zeichnen mit Computer und GTR

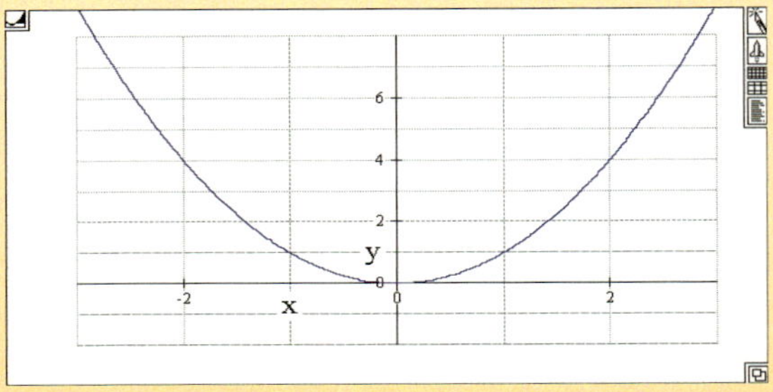

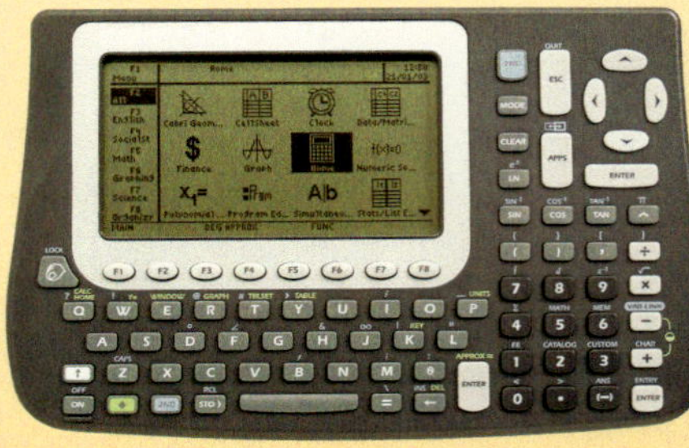

plot ⟨engl.⟩
math.: (Kurve) aufzeichnen

Das Zeichnen von Graphen mithilfe von Wertetabellen kann mühsam und zeitaufwändig sein. Spezielle Computerprogramme und grafikfähige Taschenrechner (GTR) erledigen dies sehr schnell. Man bezeichnet den so angefertigten Graphen auch als **Plot**, den Vorgang als Plotten.

window ⟨engl.⟩
Fenster

1. Der Bereich, in dem der Graph gezeichnet werden soll, kann beim GTR mithilfe des Befehls **WINDOW** festgelegt werden.
Am einfachsten ist es, zu einer gegebenen Gleichung den Graphen zu zeichnen. Die Eingabe der Gleichung erfolgt beim GTR über die Taste **Y =**, das Zeichnen mit dem Befehl **Graph**. Probiere das bei deinem Computerprogramm oder GTR .

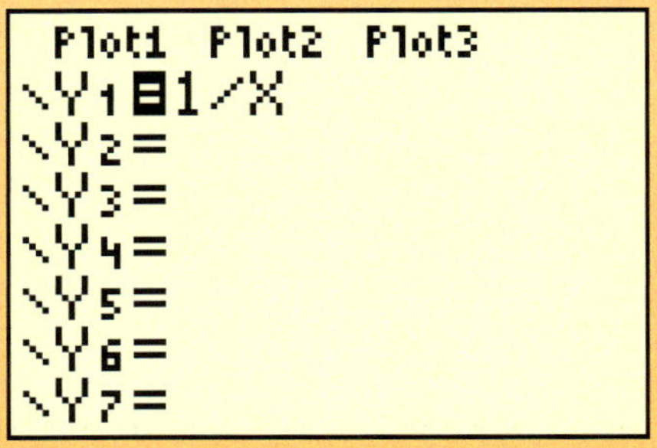

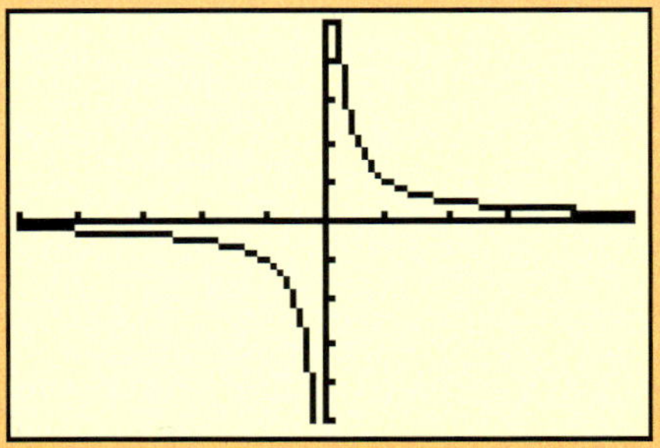

trace ⟨engl.⟩
1. Spur
2. ausfindig machen, aufspüren

2. Mithilfe des Befehls **TRACE** kannst du einzelne Werte genau ablesen.

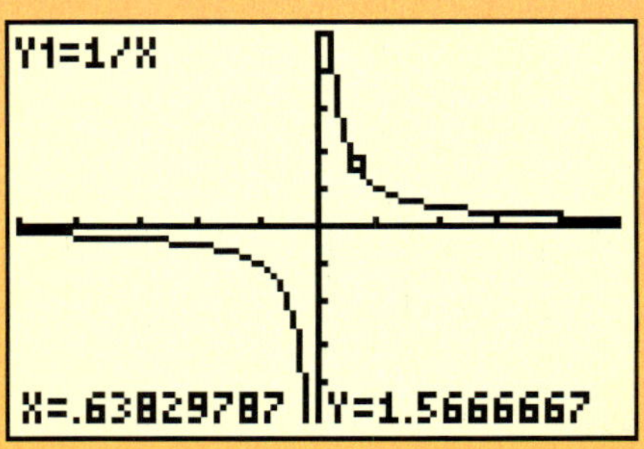

zoom ⟨engl.⟩
nah herangehen, heranholen

3. Der Verlauf des Graphen mit der Funktionsgleichung $y = \frac{1}{x}$ lässt sich in der Nähe der y-Achse nicht so gut erkennen. Du kannst ein anderes Fenster mithilfe des Befehls **WINDOW** eingeben.
Eine andere Möglichkeit ist das Verwenden des Befehls **ZOOM**.
Probiere diese Möglichkeit bei deinem GTR aus.

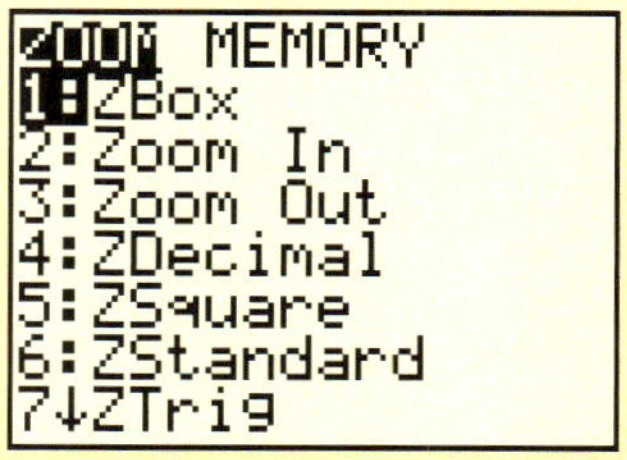

4. Auch GTR und Computerprogramme erstellen eine Wertetabelle. Du kannst sie mithilfe des Befehls **TABLE** ablesen. Mit dem Befehl **TBLSET** kannst du Vorgaben für das Anlegen der Wertetabelle machen. Probiere das aus.

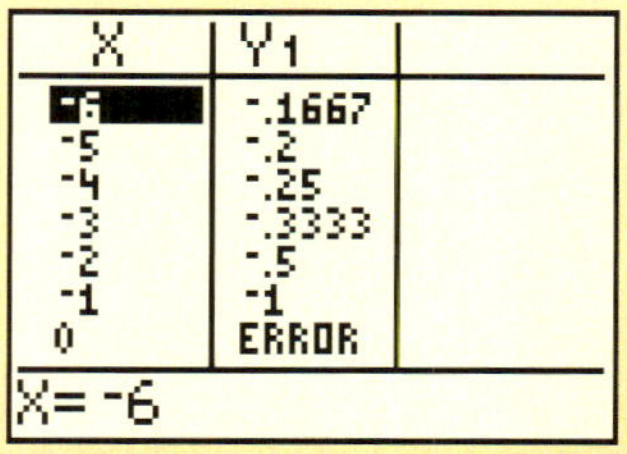

5. Du kannst auch mehrere Graphen in ein gemeinsames Koordinatensystem zeichnen, wenn du nicht nur bei Y_1 im **Y =** -Menü Gleichungen angibst, sondern auch bei Y_2, …
Probiere das aus.

6. Auch wenn du keine Gleichung zur Verfügung hast, sondern nur einzelne Punkte kennst, kannst du mithilfe des Befehls **STAT** den dazugehörigen Graphen plotten lassen.

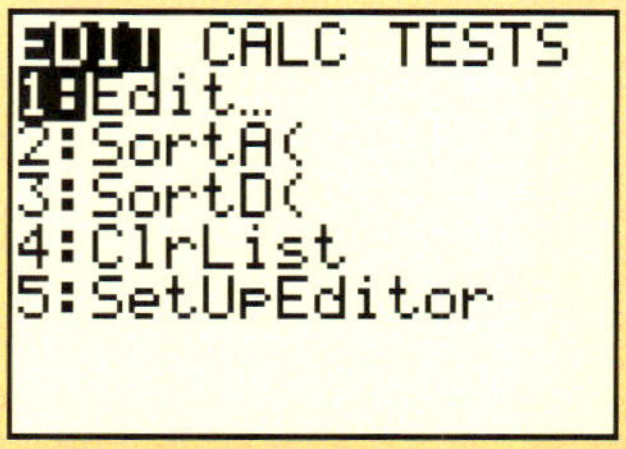

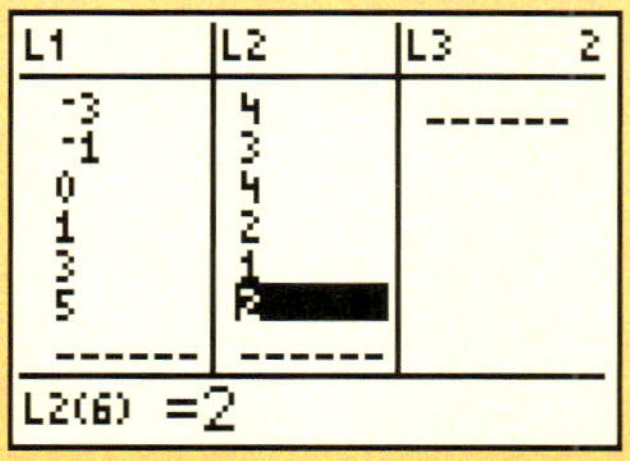

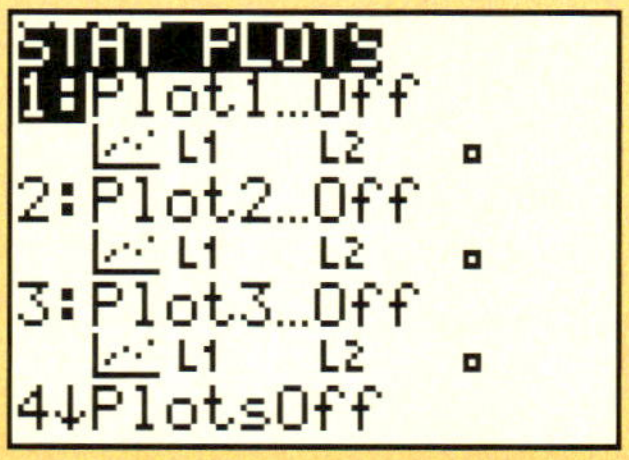

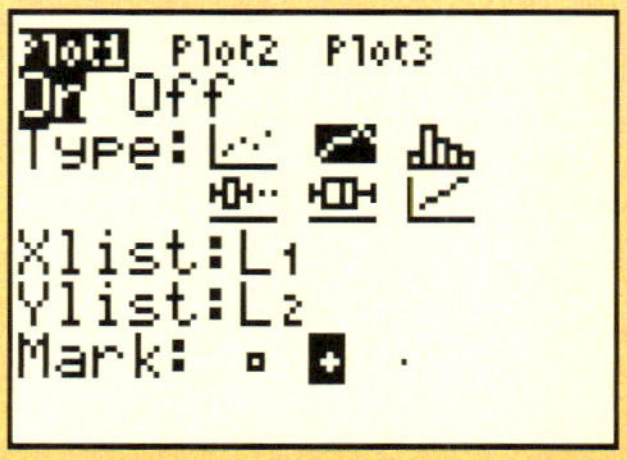

Beim Typ des Graphen kannst du z. B. auswählen, ob einzelne Punkte gezeichnet werden sollen und mit welchem Symbol. Du kannst die Punkte auch verbinden lassen oder ein Stabdiagramm zeichnen. Probiere die verschiedenen Möglichkeiten mit deinem Gerät aus.

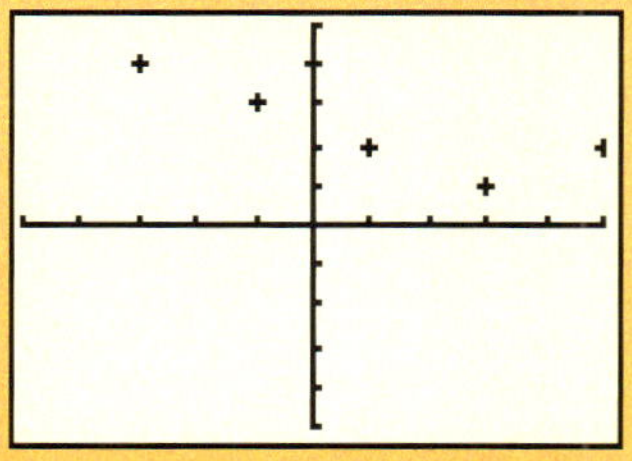

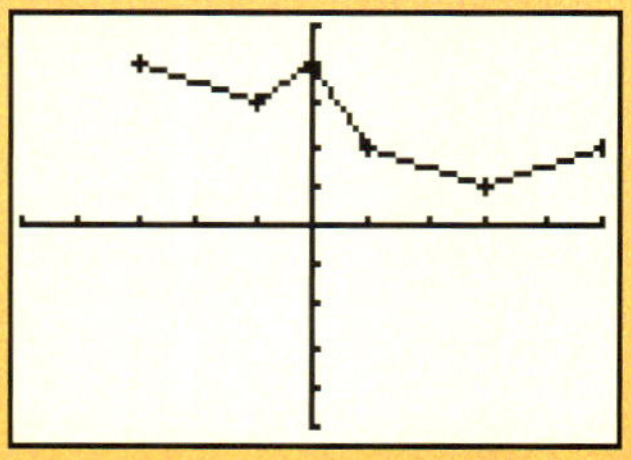

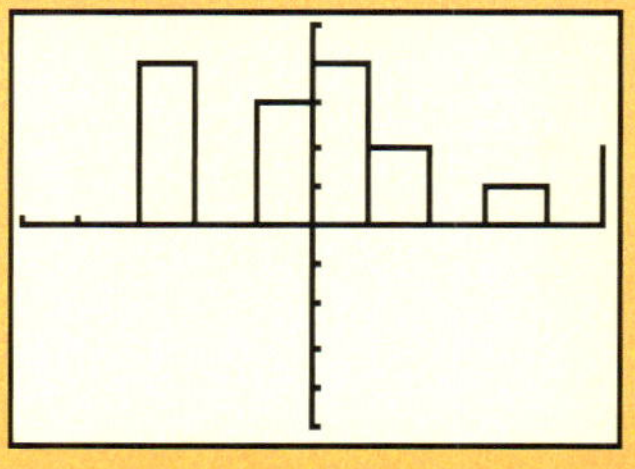

Spiel für 2 Personen

7. *Partnerarbeit:* Ein Spieler denkt sich eine einfache Gleichung für einen Graphen aus und erstellt dazu im Kopf eine kleine Wertetabelle. Diese gibt er mit **STAT** in den GTR ein und lässt den Graphen zeichnen. Der Partner gibt im **Y =** -Menü die von ihm vermutete Gleichung ein und lässt den Graphen zeichnen. Es wird die Anzahl der Versuche gezählt, bis er die richtige Gleichung findet. Danach wird gewechselt.

1.2 Lineare Funktionen – Geraden

1.2.1 Geradengleichungen

Aufgabe 1

Bei Quecksilberthermometern verlängert sich der Quecksilberfaden gleichmäßig mit der Temperatur. Ein solches Thermometer soll geeicht werden. Dazu wurde zunächst die Länge s des Quecksilberfadens bei der Temperatur 0 °C und dann bei der Temperatur 100 °C gemessen.

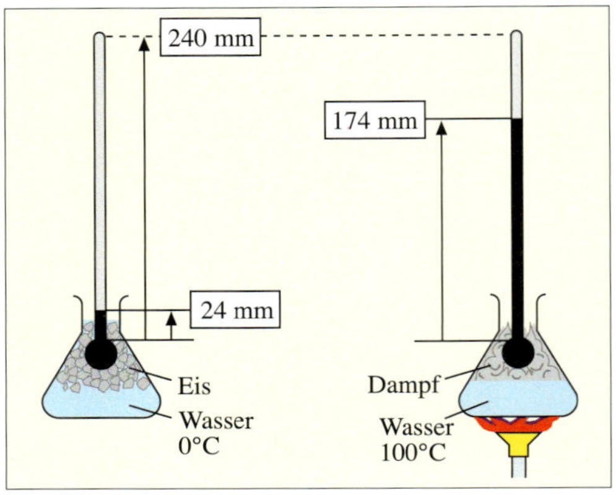

a) Das Röhrchen ist 240 mm lang. Kann man mit diesem Thermometer eine Temperatur von 136 °C messen?

b) Aus einem Kartonstreifen soll für dieses Thermometer eine Temperaturskala hergestellt werden.
Lege dazu eine Tabelle für die Funktion *Temperatur (in °C) ⟶ Länge des Quecksilberfadens (in mm)* an.

c) Bis zu welcher Temperatur lässt sich die Skala nach unten fortsetzen?

Lösung

a) Bei 0 °C ist der Faden schon 24 mm lang. Erhöht man die Temperatur von 0 °C auf 100 °C, so wird der Quecksilberfaden um 174 mm – 24 mm, also 150 mm länger.
Das bedeutet:
Immer wenn die Temperatur um 1 °C zunimmt, wird der Faden um 1,5 mm länger.
Der Funktionsterm der Funktion f: *Temperatur t (in °C) ⟶ Länge s (in mm)* lautet also $f(t) = 1{,}5 \cdot t + 24$.
Für t = 136 erhält man:

$$f(136) = 1{,}5 \cdot 136 + 24 = 228$$

Da 228 < 240, kann man mit diesem Thermometer eine Temperatur von 136 °C messen.

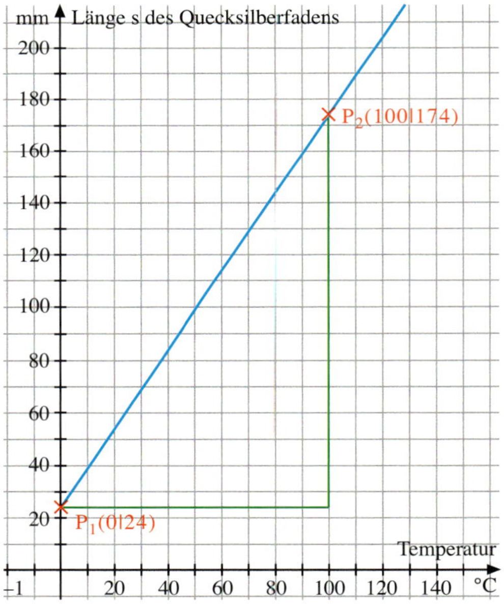

b) Mithilfe des Funktionsterms

$$f(t) = 1{,}5 \cdot t + 24$$

lässt sich eine Wertetabelle anlegen:

t (in °C)	–10	0	10	20	30	40	50	60	70	80	90	100	110
s (in mm)	9	24	39	54	69	84	99	114	129	144	159	174	189

c) Man kann die Skala nach unten fortsetzen, bis die Länge des Quecksilberfadens 0 mm ist.
Aus $1{,}5 \cdot t + 24 = 0$ erhält man $t = -16$.
Die Skala lässt sich also bis –16 °C nach unten fortsetzen.

Information

Eine **lineare Funktion** besitzt die Funktionsgleichung:

$\mathbf{y = m \cdot x + b}$

(*Normalform der Geradengleichung*)

Der Graph einer linearen Funktion ist eine Gerade mit der *Steigung* m und dem *Ordinatenabschnitt* b (dem *Achsenabschnitt* auf der y-Achse).

Die Steigung m kann man mithilfe eines *Steigungsdreiecks* berechnen:

$$\mathbf{m = \frac{y_2 - y_1}{x_2 - x_1}}$$

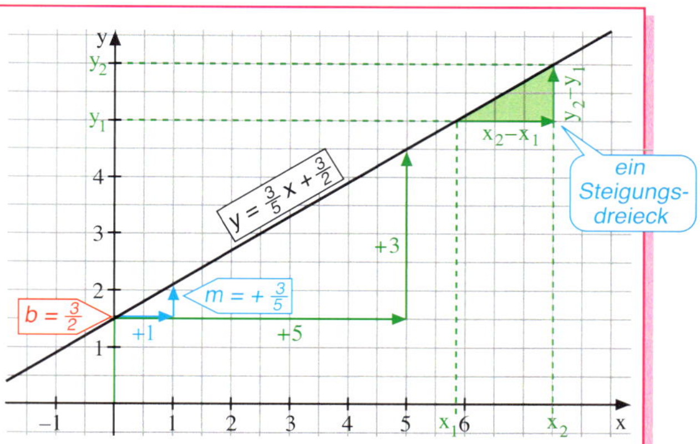

Die Gerade mit der Gleichung y = m x + b steigt (von links nach rechts), wenn m positiv ist. Sie fällt (von links nach rechts), wenn m negativ ist.

Weiterführende Aufgaben

2. *Besondere Lage von Geraden im Koordinatensystem*

Vereinfache die gegebene Gleichung. Welche besondere Lage hat die Gerade g? Ist die Gerade g Graph einer Funktion? Gib, falls möglich, die Steigung von g an.

a) $0 \cdot x + 2 \cdot y = 6$ **b)** $0 \cdot x - 4 \cdot y = 0$ **c)** $-2 \cdot x + 0 \cdot y = 4$ **d)** $-4 \cdot x + 0 \cdot y = 0$

Gleichungen von Parallelen zu den Koordinatenachsen

Eine Parallele zur x-Achse hat eine Gleichung der Form y = b.

Beispiel:

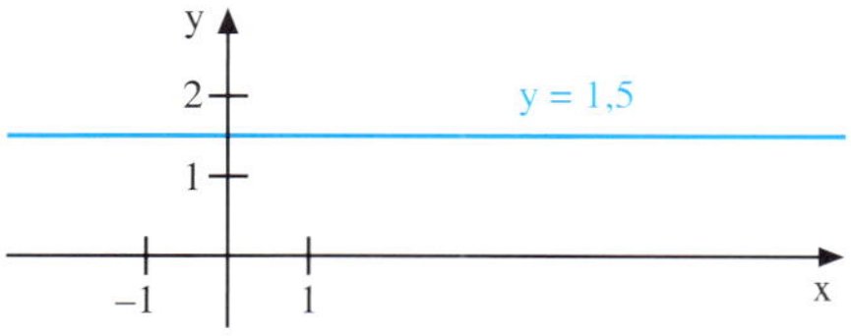

Eine Parallele zur y-Achse hat eine Gleichung der Form x = a.

Beispiel:

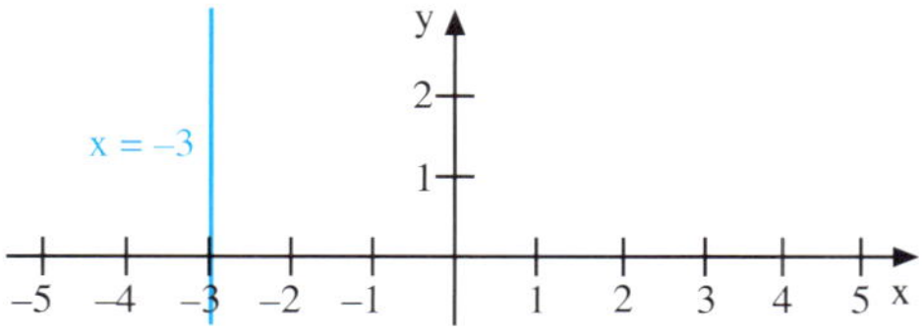

3. *Punkt-Steigungs-Form der Geradengleichung*

a) Bestimme die Gleichung der Geraden aus einem ihrer Punkte P_1 und ihrer Steigung m.

(1) $P_1(4|1)$; $m = 2$ (2) $P_1(1|2)$; $m = -\frac{1}{5}$ (3) $P_1(-3|-2)$; $m = \frac{2}{3}$

b) Zeige allgemein:

Punkt-Steigungs-Form

Ist eine Gerade festgelegt durch den Punkt $P_1(x_1|y_1)$ und die Steigung m, so hat sie die Gleichung:

$\mathbf{y - y_1 = m \cdot (x - x_1)}$

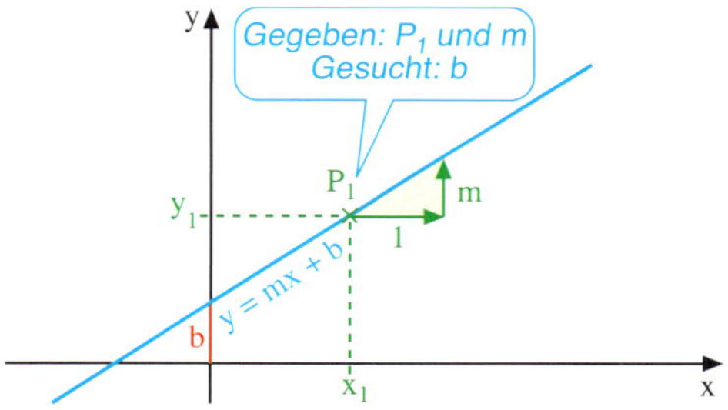

4. *Zwei-Punkte-Form der Geradengleichung*

a) Die Gerade g geht durch die Punkte $P_1(-3|4)$ und $P_2(2|1)$. Berechne die Steigung m der Geraden g durch die Punkte P_1 und P_2. Gib auch die Funktionsgleichung an.

b) Zeige allgemein:

Zwei-Punkte-Form

Die Gerade durch die Punkte $P_1(x_1|y_1)$ und $P_2(x_2|y_2)$ mit $x_1 \neq x_2$ hat die Gleichung:

$$\mathbf{y = \frac{y_2 - y_1}{x_2 - x_1} \cdot x + y_1 - \frac{y_2 - y_1}{x_2 - x_1} \cdot x_1}$$

bzw.

$$\mathbf{y - y_1 = \frac{y_2 - y_1}{x_2 - x_1} \cdot (x - x_1)}$$

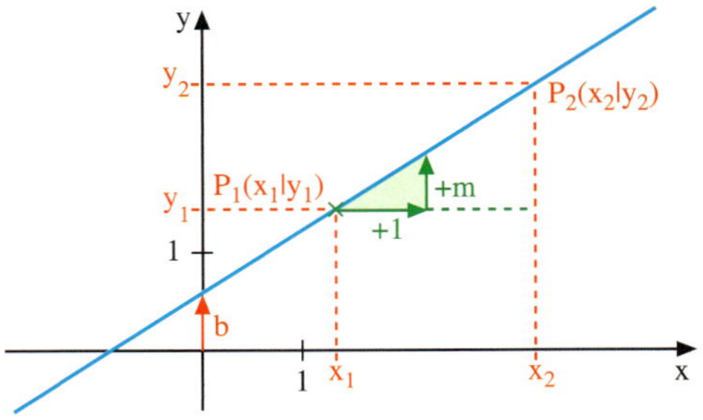

Übungsaufgaben

5. Familie Wagner hat einen 6 200 Liter fassenden Regenwasserspeicher, in dem sich nach einer längeren Trockenperiode nur noch 210 Liter befinden. In der Nacht beginnt zur Freude des Hausbesitzers ein lang andauernder, gleichmäßiger Regen (so genannter Landregen).
Um abschätzen zu können, was dieser Landregen bringt, misst er morgens um 5.30 Uhr den Wasserstand von 2 100 Litern und ein zweites Mal um 6.45 Uhr 2 450 Liter.

a) Beschreibe die Abhängigkeit der Wassermenge im Regenbehälter von der Dauer des Landregens durch eine Funktion.

b) Bestimme, wie lange der Landregen noch andauern muss, um den Behälter komplett zu füllen.

Clever sparen, Regenwasser nutzen!

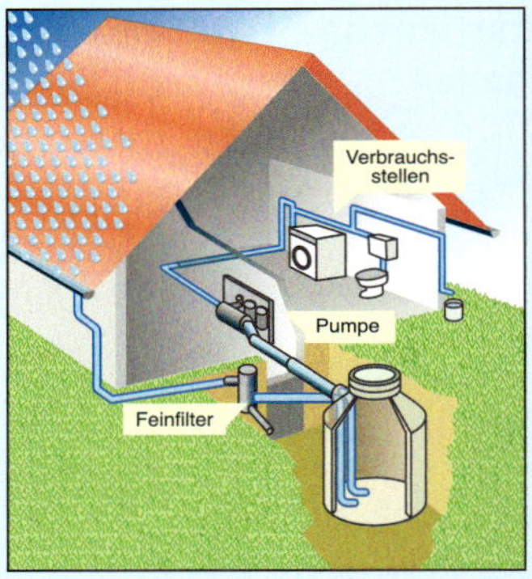

Aufgrund gestiegenen Wasserverbrauchs in den vergangenen Jahren wird das Wasser immer knapper. Statistiken belegen, dass ein Bundesbürger durchschnittlich 150 Liter kostbares Trinkwasser pro Tag verbraucht. Doch für rund 50 Prozent der Anwendungen ist die Qualität von Trinkwasser nicht zwingend erforderlich, zum Beispiel für die Toilettenspülung, die Waschmaschine, die Garten- und Grünanlagenbewässerung oder auch für Autowaschanlagen. Durch moderne Anlagen lassen sich bis zu 50 % Trinkwasser sparen. Demnach ermöglicht Regenwasser-Nutzung die Einsparung von etwa 75 Liter Wasser pro Person und Tag.

L & P / 4315

6. Bestimme zu den Geraden Gleichungen der Form $y = m \cdot x + b$.

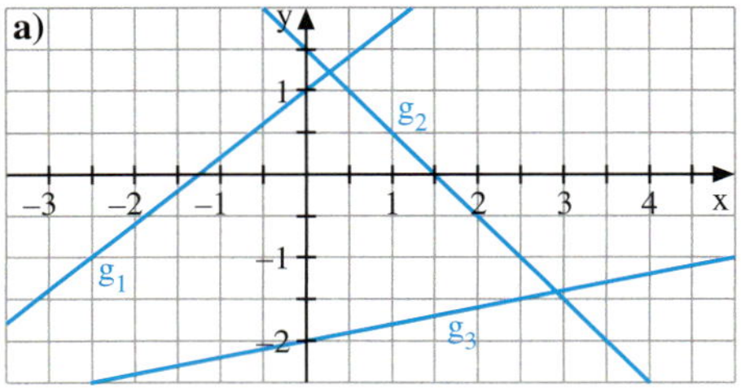

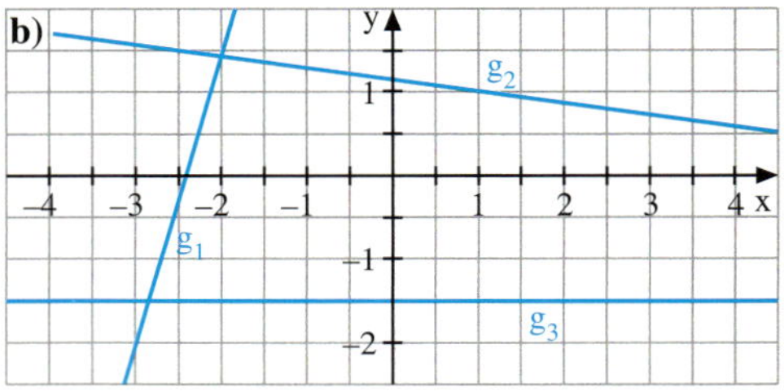

7. Gegeben sind die Funktionsgleichungen

(1) $y = x - 3$, (3) $y = \frac{x}{4} + 5$, (5) $y = 2 - 3x$,

(2) $y = 2{,}4x + 2{,}6$, (4) $y = -\frac{x}{2} - 1$, (6) $y = -x$.

a) Welche der Punkte $P_1(-8|3)$, $P_2(2|-2)$, $P_3(-1|-4)$, $P_4(-4|-7)$, $P_5(-4|4)$, $P_6(1|5)$, $P_7(0{,}8|-2{,}2)$ gehören zum Graphen der linearen Funktion?

b) $Q_1(2|\square)$, $Q_2(\square|2{,}5)$, $Q_3(\square|0)$ und $Q_4(0|\square)$ liegen auf dem Graphen der Funktion. Bestimme die fehlenden Koordinaten. Zeichne auch den Graphen.

8. Notiere die Geradengleichung ausführlich als Gleichung mit beiden Variablen x, y. Zeichne die Gerade. Welche der Punkte $P_0(-4|3)$, $P_1(0|-2)$, $P_2(0|2)$, $P_3(3|-2{,}5)$, $P_4(-2|0)$, $P_5(0|0)$ liegen auf dieser Geraden?

a) $x = 3$ **b)** $x = -2$ **c)** $x = 0$ **d)** $y = 3$ **e)** $y + 2 = 0$ **f)** $y = 0$

9. Ein Segelflugzeug verliert ohne störende Auf- und Abwinde pro Minute 50 m Höhe. Der Pilot setzt in einer Höhe von 2000 m über dem Erdboden zum Gleitflug an. Die Geschwindigkeit über Grund beträgt stets $72\,\frac{\text{km}}{\text{h}}$.

a) Zeichne den Graphen der Funktion *Zeit t* ⟶ *Höhe h* und auch den Graphen der Funktion *Streckenlänge s* ⟶ *Höhe h*.

b) Entnimm den Graphen Informationen über diesen Flug. Bestätige die Ergebnisse durch Rechnung.

10. Bestimme die Gleichung der Geraden durch den Punkt P mit der Steigung m.

a) $P(3|4)$; $m = 2$ **b)** $P(-2|3)$; $m = -1$ **c)** $P(0|4)$; $m = \frac{1}{2}$ **d)** $P(-3|0)$; $m = -0{,}4$

ϑ (Theta) griechischer Buchstabe

11. Eisen dehnt sich bei Erwärmung aus. Daher müssen bei Stahlbrücken Dehnungsfugen eingebaut werden. Die Dehnungsfuge wird mit zunehmender Temperatur gleichmäßig schmaler.
An einer Stahlbrücke wurde die Dehnungsfuge bei unterschiedlichen Temperaturen ausgemessen (Tabelle rechts).

Temperatur ϑ (in °C)	Fugenbreite b (in mm)
0	48
25	28

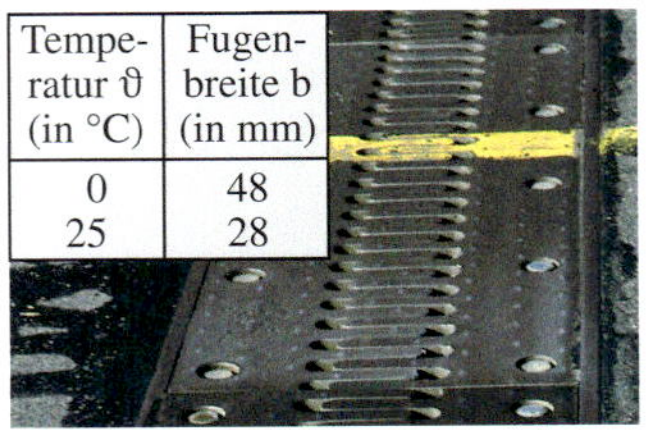

a) Bestimme die Funktionsgleichung, zeichne den Graphen.

b) Berechne jeweils die Breite b der Dehnungsfuge bei 30 °C; 10 °C; –10 °C; –15 °C.

c) Bei welcher Temperatur ist die Dehnungsfuge 54 mm breit?

d) Welche Höchsttemperatur hat man bei der Konstruktion der Brücke angenommen?

12. Die Punkte P_1 und P_2 liegen auf dem Graphen der linearen Funktion mit $y = m \cdot x + b$. Bestimme die Funktionsgleichung. Gib zwei weitere Punkte des Graphen an.

a) $P_1(3|1)$, $P_2(5|5)$

b) $P_1(2|7)$, $P_2(5|1)$

c) $P_1(-6{,}6|-4{,}3)$, $P_2(2|0)$

d) $P_1(3|3)$, $P_2\left(-\frac{1}{3}\middle|-\frac{1}{3}\right)$

e) $P_1(0|3)$, $P_2(5|0)$

f) $P_1\left(-\frac{26}{5}\middle|-\frac{3}{5}\right)$, $P_2\left(-\frac{6}{5}\middle|\frac{2}{5}\right)$

1.2.2 Lage von Geraden

Aufgabe 1

Parallelität und Orthogonalität von Geraden

Gegeben ist die Gerade g mit $y = 2x - 16$. Stelle eine Gleichung auf für

a) die Parallele p zur Geraden g durch den Punkt $C(1|6)$;

b) die Orthogonale k zur Geraden g durch den Punkt $A(9|2)$.

Lösung

a) Die Geraden p und g sollen parallel zueinander sein. Daher haben p und g dieselbe Steigung $m = 2$:

$y = 2 \cdot x + b$

Die Gerade p soll durch $C(1|6)$ laufen. Das liefert eine Gleichung für b:

$2 \cdot 1 + b = 6$, also: $b = -2 \cdot 1 + 6 = 4$

Wir setzen ein: $y = 2 \cdot x + 4$

Ergebnis: $y = 2x + 4$ ist eine Gleichung für die Parallele p.

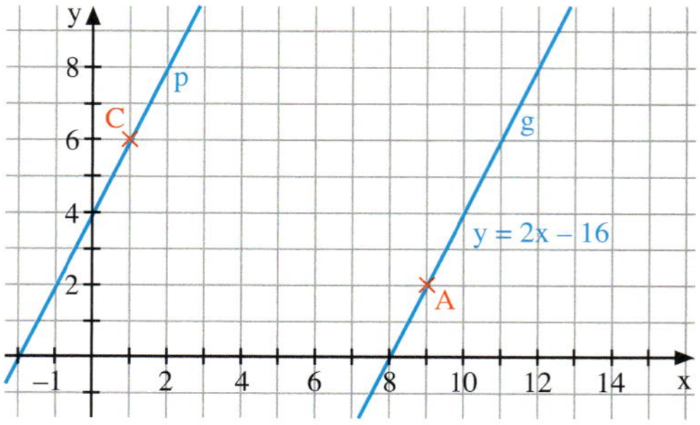

b) Da $2 = 2 \cdot 9 - 16$, liegt A auf g.

Wir legen ein geeignetes Steigungsdreieck für die Gerade g an. Wenn wir dieses Steigungsdreieck um 90° rechtsherum drehen mit A als Drehpunkt, erhalten wir ein Dreieck, an dem wir die Steigung für die Gerade k ablesen können: $m = \frac{-1}{2} = -\frac{1}{2}$

In der Gleichung $y = -\frac{1}{2} \cdot x + b$ für die Orthogonale ist jetzt noch der Wert für b mithilfe der Koordinaten des Punktes $A(9|2)$ zu bestimmen. Die Gleichung für b lautet:

$2 = -\frac{1}{2} \cdot 9 + b$

also: $b = 2 + 4{,}5 = 6{,}5$

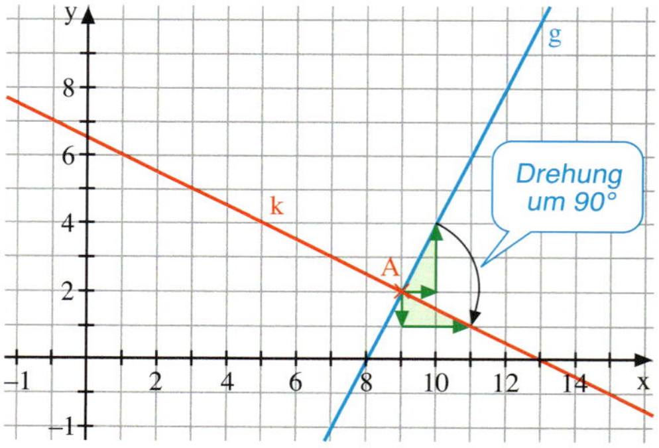

Ergebnis: $y = -\frac{1}{2}x + 6{,}5$ ist eine Gleichung für die Orthogonale k.

Information

Parallelität und Orthogonalität von Geraden

Wir wissen schon:

> Zwei Geraden mit den Steigungen m_1 und m_2 sind **parallel** zueinander, wenn $\mathbf{m_1 = m_2}$ gilt, sonst nicht.

Die Lösung von Teilaufgabe b) in der Aufgabe 1 lässt folgenden Satz vermuten:

> **Satz**
> Zwei Geraden mit den Steigungen m_1 und m_2 sind **orthogonal** zueinander, wenn gilt: $\mathbf{m_1 \cdot m_2 = -1}$, sonst nicht.

Beweis: Aus der Bedingung $m_1 \cdot m_2 = -1$ folgt für die Steigung der zweiten Geraden $m_2 = -\frac{1}{m_1}$. Da die Steigungen der beiden Geraden verschiedene Vorzeichen haben müssen, können wir sie so bezeichnen, dass m_1 positiv ist. Für die erste Gerade g_1 können wir dann ein Steigungsdreieck mit einem Schritt nach rechts und m_1 Schritten nach oben zeichnen. Als Steigungsdreieck der zweiten Geraden g_2 können wir eines mit einem Schritt nach oben und m_1 Schritten nach links wählen. Diese beiden Steigungsdreiecke gehen durch eine Drehung um 90° auseinander hervor, also sind die beiden Geraden orthogonal zueinander.

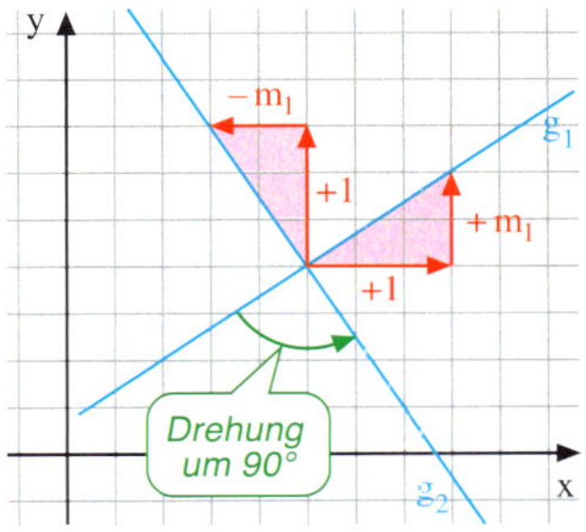

Für $m_1 \cdot m_2 \neq -1$ ergeben sich keine Steigungsdreiecke, die durch Drehung um 90° auseinander hervorgehen, also keine zueinander orthogonalen Geraden.

Weiterführende Aufgabe

2. *Steigungswinkel*

a) Zeichne die Gerade zu $y = -\frac{2}{3}x - 6$ in ein Koordinatensystem mit gleicher Skalierung auf beiden Achsen. Bestimme den Schnittpunkt mit der x-Achse. Denke dir die x-Achse um diesen Schnittpunkt gegen den Uhrzeigersinn gedreht, bis sie mit der Geraden zusammenfällt. Den dabei überstrichenen Winkel bezeichnet man als Steigungswinkel der Geraden.
Berechne den Steigungswinkel.

b) Begründe allgemein:

> Für den **Steigungswinkel α** einer Geraden mit der Gleichung $y = mx + b$ gilt bei gleicher Skalierung der Achsen:
>
> $\tan(\alpha) = m$

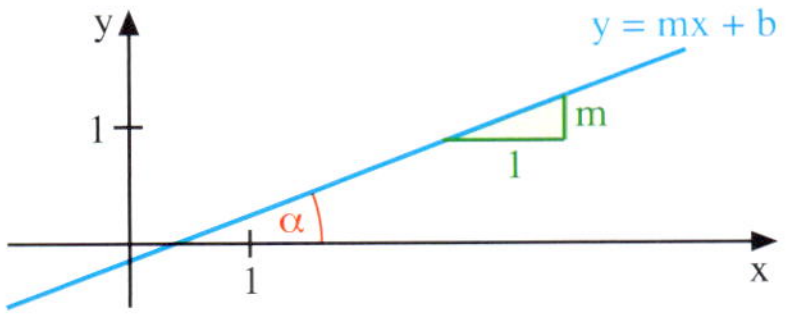

Übungsaufgaben

3. Ermittle zu der Geraden mit der Gleichung $y = -\frac{3}{4}x + 1$ die Gleichung

a) einer Parallelen durch $P(2|3)$; **b)** einer Orthogonalen durch $P(2|3)$.

4. Welche der Geraden sind zueinander parallel, welche zueinander orthogonal?

g_1: $y = \frac{4}{3}x - 5$; g_2: $y = -0{,}75x - 5$; g_3: $y = \frac{8x + 1}{6}$; g_4: $y = 5 - x$

5. Bestimme die Gleichung in der Normalform für diejenige Gerade, die durch den Punkt P geht und zu der Geraden mit der angegebenen Gleichung parallel [orthogonal] ist.

a) $P(-2|1)$, $y = 2x$ **b)** $P(0|5)$, $y = -5x + 1$ **c)** $P(-1{,}5|0{,}4)$, $y = 1{,}2x + 0{,}8$

6. Die Punkte P_1, P_2 und P_3 liegen auf dem Graphen einer linearen Funktion. Bestimme die Steigung m. Berechne für P_3 die fehlende Koordinate und bestimme den Steigungswinkel für die Gerade.

a) $P_1(2|3)$, $P_2(7|5)$, $P_3(10|\square)$ **b)** $P_1(-3|-3)$, $P_2(3|-2)$, $P_3(\square|1{,}5)$

7. Unter welchem Winkel schneiden sich die beiden Geraden?
Gib den spitzen Winkel an. Berechne auch den Schnittpunkt.

a) $y = 1{,}5x - 3$; $y = 0{,}6x - 1{,}2$ **b)** $y = \frac{5}{4}x + \frac{7}{4}$; $y = \frac{3}{10}x + \frac{27}{10}$

1.3 Quadratische Funktionen

Aufgabe 1

Die Eisenbahnlinie zwischen Solingen und Remscheid führt über eine Stahlbrücke, die das tief eingeschnittene Tal der Wupper überspannt.
Diese Brücke wurde in den Jahren 1894 bis 1897 gebaut.
Das Bild unten zeigt, dass der parabelförmige Brückenbogen von einer Behelfsbrücke aus zusammengesetzt wurde. Zur Kontrolle wurden während der Montage die Abstände zur Behelfsbrücke laufend gemessen und mit zuvor berechneten Werten im Bauplan verglichen.

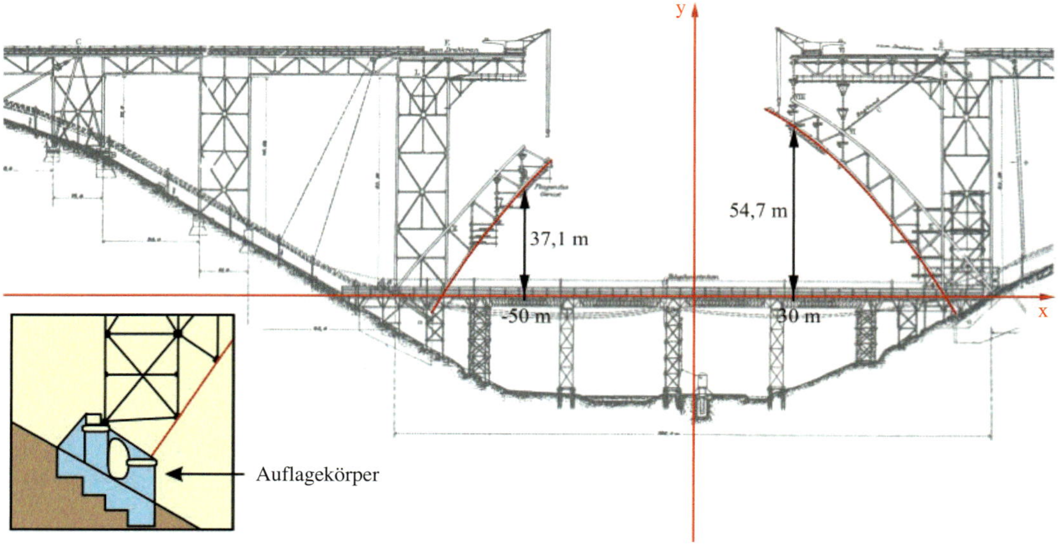

Es sollen nun die Abstände des unteren Parabelbogens zur Behelfsbrücke an einigen Stellen berechnet werden. Dazu brauchen wir eine passende Funktionsgleichung in einem Koordinatensystem.
Die Gleichung für die Parabel wird besonders einfach, wenn wir ein günstiges Koordinatensystem wählen.
Legt man das Koordinatensystem so, dass die x-Achse von der Behelfsbrücke gebildet wird und die y-Achse durch den Scheitelpunkt der Parabel geht, dann kann man für die Parabel eine Gleichung der Form $y = a \cdot x^2 + c$ ansetzen.

a) Bestimme für den unteren Parabelbogen der Brücke die Parameter a und c in der Gleichung $y = a \cdot x^2 + c$. Nutze dabei das angegebene Koordinatensystem und die in der Zeichnung angegebenen Maße.
Gib auch die Gleichung an.

b) Berechne die Höhe unter dem Parabelbogen bei 10 m; –20 m; 0 m.
Bei –80 m und bei 80 m ruht der Bogen auf großen Auflagekörpern. Wie viel m unterhalb der Behelfsbrücke ist das der Fall?

Lösung

a) Die Punkte $P_1(-50|37{,}5)$ und $P_3(30|54{,}7)$ liegen auf dem Parabelbogen. Setzt man jeweils die Koordinaten eines Punktes für x und y in die Gleichung $y = a \cdot x^2 + c$ ein, so erhält man die Gleichungen:

$a \cdot (-50)^2 + c = 37{,}1$ (1) $\qquad a \cdot 30^2 + c = 54{,}7$ (2)

Aus Gleichung (1) ergibt sich für c: $c = 37{,}1 - 2\,500\,a$ (3)

Diesen Term für c setzen wir in Gleichung (2) ein und erhalten: $a \cdot 30^2 + 37{,}1 - 2\,500 \cdot a = 54{,}7$

also: $-1\,600 \cdot a = 17{,}6$ und damit: $a = -0{,}011$.

Setzen wir diesen Wert für a in Gleichung (3) ein, so erhalten wir den Wert für c:

$c = 37{,}1 - 2\,500\,(-0{,}011) = 64{,}6$.

Ergebnis: Die Parabelgleichung lautet: $y = -0{,}011\,x^2 + 64{,}6$.

b) Wir berechnen mithilfe der Parabelgleichung die Funktionswerte an den Stellen 10; –20; 0; 80; –80 und erhalten nacheinander: 63,5; 60,2; 64,6; –5,8; –5,8.

Ergebnis: Die Höhen sind 63,5 m, 60,2 m und 64,6 m.
5,8 m unterhalb der Behelfsbrücke ruht der Bogen auf den Auflagekörpern.

Information

$f(x) = -0{,}011 \cdot x^2 + 64{,}6$ ist der Term einer speziellen *quadratischen Funktion*.
Er hat die Form $f(x) = a \cdot x^2 + c$. Im Funktionsterm nennt man $a \cdot x^2$ das quadratische Glied, c das absolute Glied. Nehmen wir noch ein lineares Glied $b \cdot x$ hinzu, können wir allgemein definieren:

Definition: *Quadratische Funktion*

Eine Funktion f mit einem Term der Form $f(x) = a \cdot x^2 + b \cdot x + c$ mit $a \neq 0$ heißt **quadratische Funktion**.
Der maximale Definitionsbereich einer quadratischen Funktion ist die Menge $\mathbb{R}$ aller reellen Zahlen.
Den Graphen einer quadratischen Funktion mit dem Definitionsbereich $\mathbb{R}$ nennt man eine **Parabel**.
Der Punkt mit dem größten bzw. kleinsten Funktionswert heißt **Scheitelpunkt** der Parabel.

Weiterführende Aufgaben

2. *Scheitelpunktform*

Zeichne die Normalparabel zu $y = x^2$. Verschiebe sie um 3 Einheiten parallel zur x-Achse nach links. Strecke den verschobenen Graphen mit dem Faktor 1,5 parallel zur y-Achse. Verschiebe anschließend den gestreckten Graphen parallel zur y-Achse um 1 Einheit nach unten. Ermittle schrittweise die Gleichungen aller Graphen.

Scheitelpunktform

Man erhält den Graphen einer quadratischen Funktion f mit $f(x) = a(x + d)^2 + e$, indem man die Normalparabel nacheinander
- um $|d|$ Einheiten parallel zur x-Achse verschiebt, und zwar nach links, falls $d > 0$, und nach rechts, falls $d < 0$;
- parallel zur y-Achse mit dem Faktor a streckt;
- um $|e|$ Einheiten parallel zur y-Achse verschiebt, und zwar nach oben, falls $e > 0$, und nach unten, falls $e < 0$.

Der Scheitelpunkt des Graphen ist $S(-d|e)$.

Beispiel: $f(x) = \frac{1}{2}(x-1)^2 - 4$

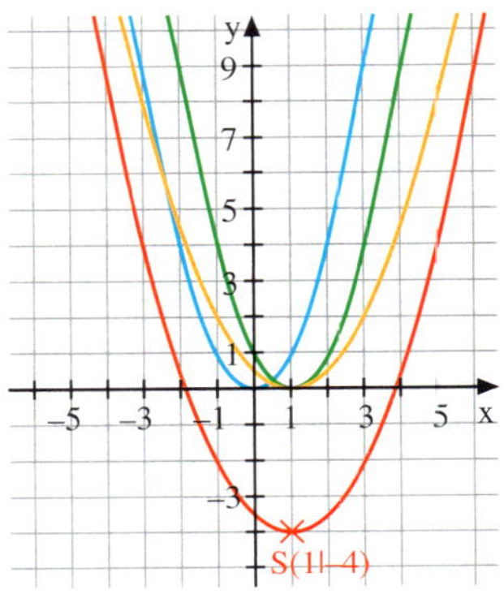

3. *Nullstellen – Quadratische Gleichung*

Bestimme die Stellen, an denen die Funktion f mit $f(x) = x^2 - 6x + 9$ den Wert 0 annimmt.

Information

Definition: *Nullstelle*

Eine Stelle x_0, an der eine Funktion f den Wert 0 annimmt, heißt **Nullstelle** der Funktion. Für eine Nullstelle x_0 einer Funktion f gilt: $\mathbf{f(x_0) = 0}$

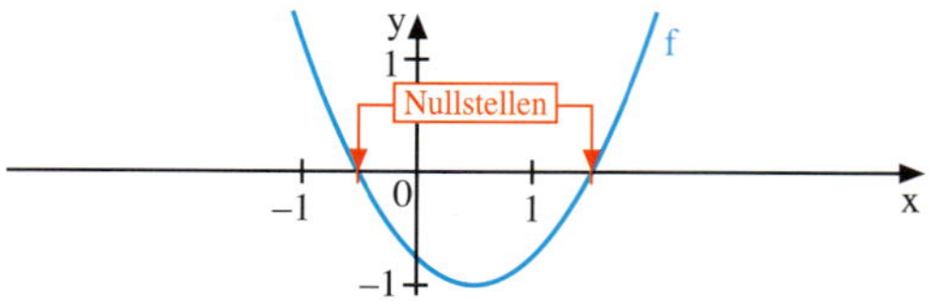

Das Bestimmen der Nullstellen einer quadratischen Funktion führt auf eine quadratische Gleichung der Form $a x^2 + b x + c = 0$. Diese kann man auf verschiedene Weise lösen.

Beispiel: Bestimmen der Nullstellen der Funktion f mit $f(x) = x^2 - 2x - 1$.

(1) *Nullstellen mit quadratischer Ergänzung algebraisch exakt bestimmen*

$x^2 - 2x - 1 = 0$

$x^2 - 2x = 1$

$x^2 - 2x + 1 = 1 + 1$ (Quadratische Ergänzung)

$(x - 1)^2 = 2$

$x - 1 = +\sqrt{2}$ oder $x - 1 = -\sqrt{2}$

$x_1 = 1 + \sqrt{2}$ und $x_2 = 1 - \sqrt{2}$ sind die gesuchten Nullstellen.

(2) *Nullstellen mithilfe der Lösungsformel algebraisch exakt bestimmen*

Für die gesuchte Stelle x gilt $f(x) = 0$, also $x^2 - 2x - 1 = 0$, also $p = -2$ und $q = -1$.
Mithilfe der Lösungsformeln erhalten wir $x_1 = 1 + \sqrt{2}$ und $x_2 = 1 - \sqrt{2}$.

$x^2 + px + q$ hat die Lösungen:

$x_1 = -\frac{p}{2} + \sqrt{\left(\frac{p}{2}\right)^2 - q}$ und $x_2 = -\frac{p}{2} - \sqrt{\left(\frac{p}{2}\right)^2 - q}$

(3) *Nullstellen mithilfe des GTR näherungsweise ermitteln*

Die Nullstellen-Bestimmung erfolgt mit dem Befehl **zero** aus dem Menü CALC. Dazu muss man ein Intervall angeben, in dem die Nullstelle liegt: **Left Bound** und **Right Bound** dienen zur Eingabe der Intervallgrenzen. Mit **Guess** wird dann noch ein Schätzwert für die Nullstelle eingegeben.

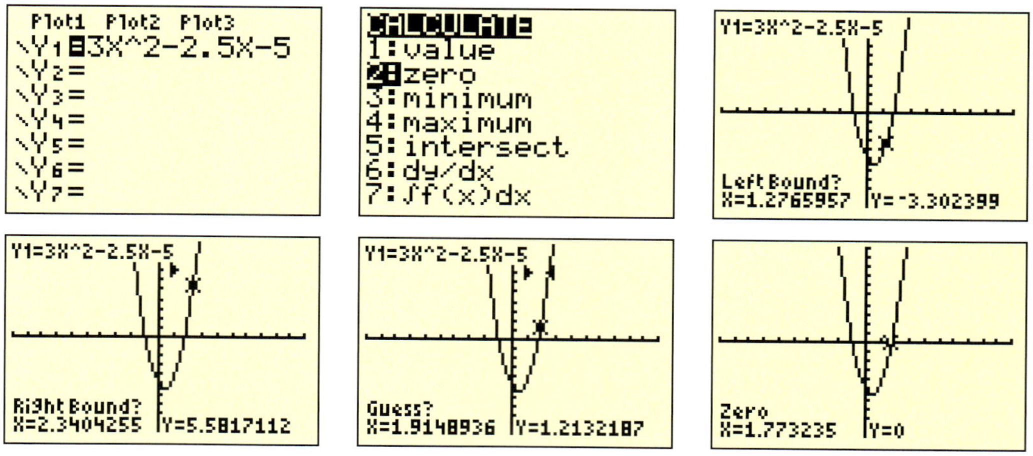

CAS

(4) *Nullstellen mithilfe eines CAS bestimmen*

Mithilfe des **solve**-Befehls kann ein CAS die gesuchten Funktionsstellen einer quadratischen Funktion exakt ermitteln.

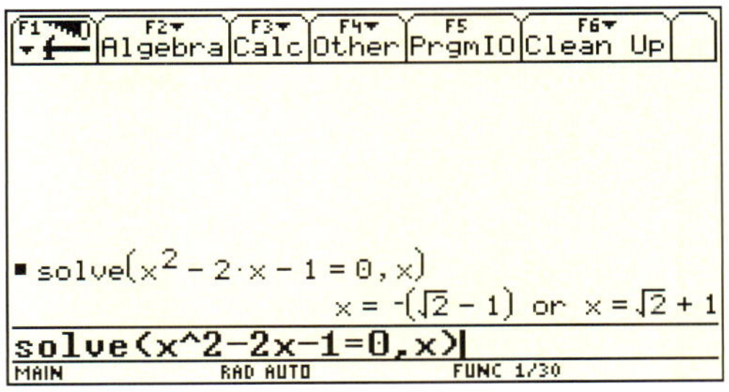

Übungsaufgaben

4. Die Masten einer Freileitung stehen 100 m voneinander entfernt. Das Leiterseil ist an den Masten jedes Mal in einer Höhe von 20 m befestigt. Es hängt 5 m durch. Die Kurve sieht wie eine Parabel aus.

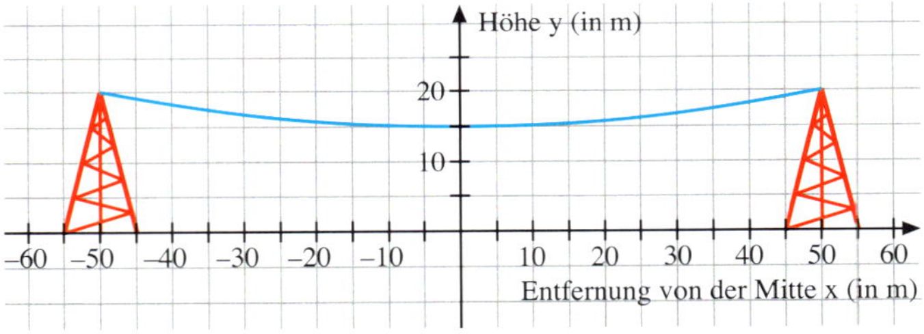

a) Bestimme eine Parabelgleichung.

b) Vergleiche die mithilfe der Parabelgleichung berechneten Höhen mit den gemessenen.

Entfernung x	0	10	20	30	40	50
Höhe y (gemessen)	15,00	15,19	15,77	16,74	18,14	20,00

5. Die Funktionsgleichung einer quadratischen Funktion hat die Form $y = ax^2 + c$. Der Graph geht durch die Punkte A und B. Bestimme die Parameter a und c.

a) $A(-0{,}5|5{,}5)$; $B(1|7)$ **b)** $A(2|0{,}5)$; $B(4|-5{,}5)$ **c)** $A(-2|4)$; $B(0{,}5|0{,}25)$

6. Welche Gleichung passt zu welcher Parabel? Begründe.

(1) $y = (x+1)\cdot(x-3)$ (3) $y = x^2 - 6x + 9$ (5) $y = x^2 - 2x - 2$

(2) $y = -(x-2)^2 - 1$ (4) $y = \frac{1}{4}x^2 + x + 3$ (6) $y = -0{,}5x^2 + x + 1{,}5$

a)
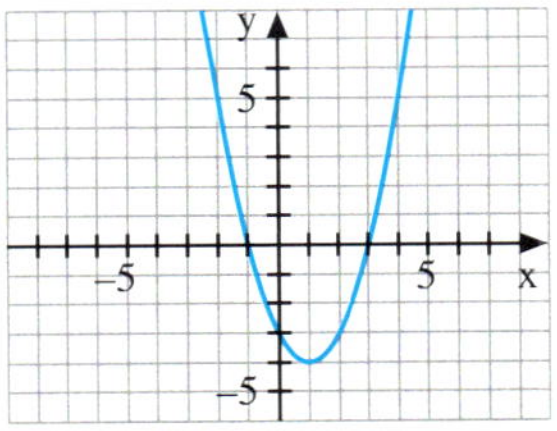

b)
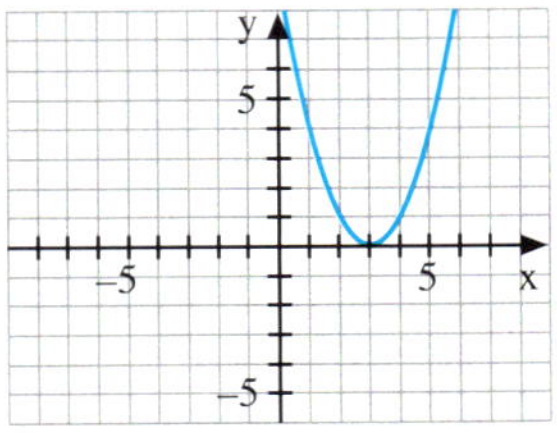

c)
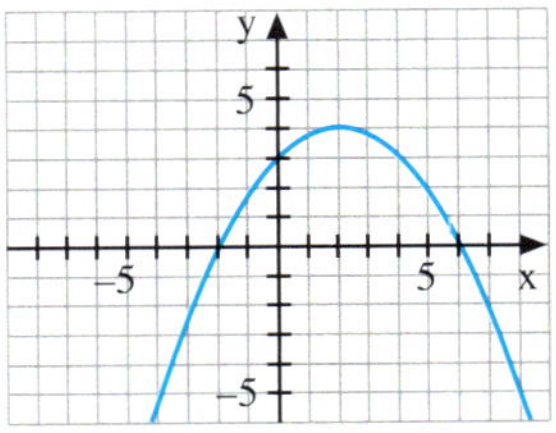

d)
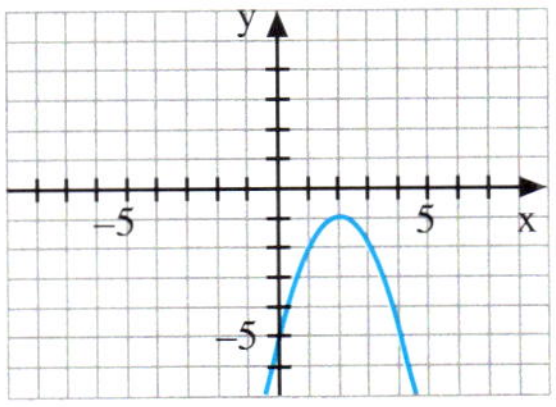

e)
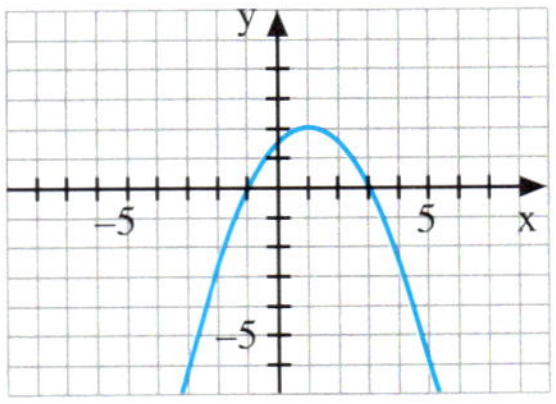

f)
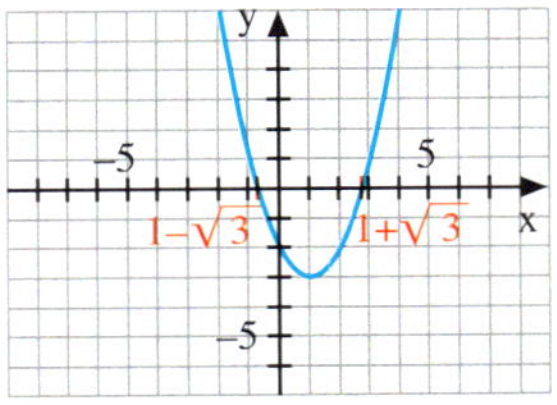

7. Bestimme die gemeinsamen Punkte des Graphen mit den Koordinatenachsen.

a) $y = x^2 + 3x + 2$ **c)** $y = x^2 + 4x + 5$ **e)** $y = -x^2 - 2x + 8$

b) $y = x^2 + x - 12$ **d)** $y = 2x^2 + 10x + 12$ **f)** $y = -2x^2 - 4x - 6$

8. Forme in die Scheitelpunktform um. Beschreibe den Graphen. Gib die Wertemenge an.

a) $y = 2x^2 + 8x + 4$ **c)** $y = -3x^2 - 6x + 9$ **e)** $y = -x^2 + x + 1$

b) $y = 0{,}5x^2 + 3x + 1$ **d)** $y = -4x^2 + 12x - 4$ **f)** $y = x^2 + x$

9. Skizziere ohne GTR die Graphen der folgenden quadratischen Funktionen.

a) $y = (x-1)^2 + 4$ **c)** $y = \frac{1}{2}(x+3)^2 + 1$ **e)** $y = (x-2)^2 - 3$

b) $y = -(x+2)^2$ **d)** $y = -2x^2 + 4$ **f)** $y = \frac{1}{2}(x+2)^2 + 5$

10. Gib eine quadratische Funktion an, deren Graph bei $P(3|2)$ den tiefsten Punkt hat und die y-Achse im Punkt $Q(0|6)$ schneidet.

11. Der Brückenbogen soll parabelförmig sein. Führe ein geeignetes Koordinatensystem ein und bestimme eine Funktionsgleichung für den Brückenbogen.

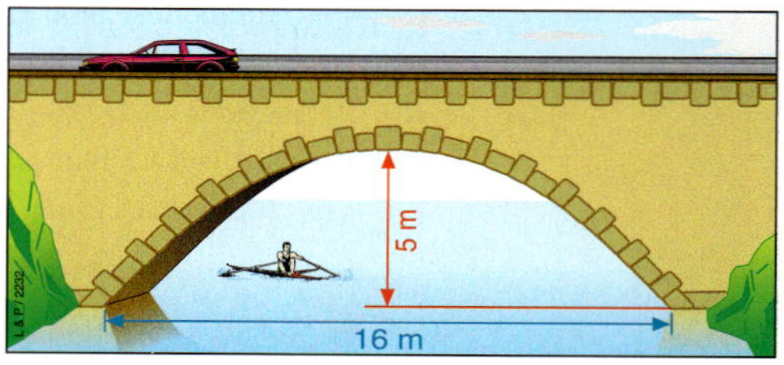

12. Welche Bedeutung die Geschwindigkeit eines Fahrzeugs für die Folgen eines Unfalls hat, veranschaulicht das folgende Bild.

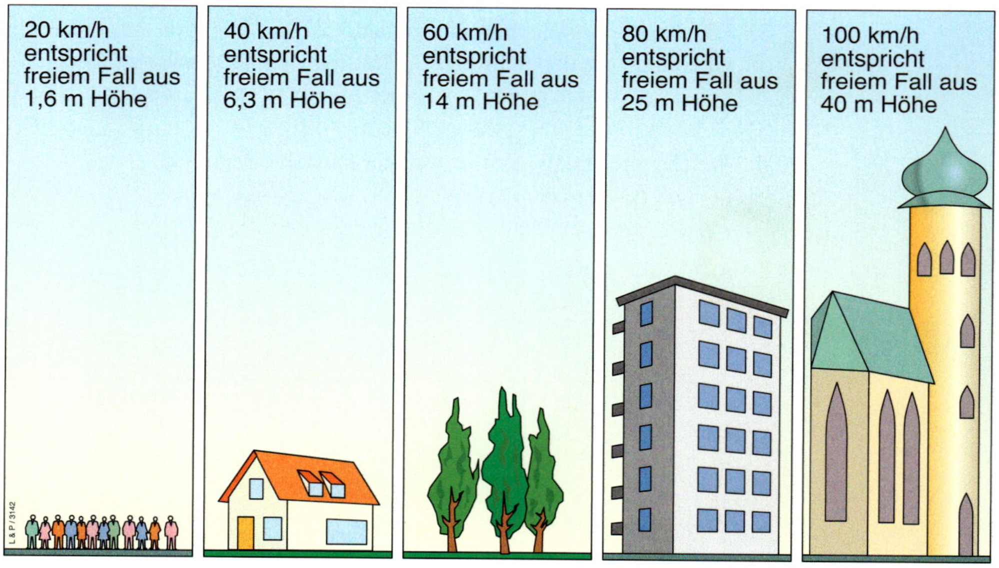

a) Zeichne den Graphen der Funktion *Geschwindigkeit v (in $\frac{km}{h}$) → Höhe s beim Fall (in m).*

b) Bestimme eine passende Funktionsgleichung.

c) Übertrage die Wertetabelle ins Heft und ergänze sie mithilfe der Funktionsgleichung.

v (in $\frac{km}{h}$)	10	20	30	40	50	60	70	80	90	100	110
s (in m)											

Im Blickpunkt

Im Blickpunkt

Der Funktionsbegriff als Leitidee der Mathematik

1. Beschreibung funktionaler Zusammenhänge durch Funktionen

Immer, wenn eine Größe von einer anderen in eindeutiger Weise abhängt, spricht man von einer *funktionellen Abhängigkeit* oder *einem funktionalen Zusammenhang*. In den Beispielen unten steht die **abhängige Größe** und die **unabhängige Größe** (beides jeweils fett gedruckt).

Beispiele für funktionale Zusammenhänge in der Wirklichkeit

- Die **Länge des Bremsweges** eines Autos hängt ab von der **Geschwindigkeit**.
- Die **Fadenlänge** in einem Thermometer hängt ab von der **Temperatur**.
- Die **Geschwindigkeit eines fallenden Körpers** hängt ab von der **Fallhöhe**.
- Die **Gebühr für den Paketversand** hängt ab vom **Paketgewicht**.

Man kann auch sagen: Zu jedem Wert der unabhängigen Größe gehört bzw. *ist zugeordnet* genau ein Wert der abhängigen Größe. Als Hilfsmittel zur Beschreibung eines funktionalen Zusammenhangs werden also wegen der eindeutigen Zuordnung der beteiligten Größen Funktionen verwendet.

2. Zur Definition der Funktion als eindeutiger Zuordnung

In der Definition einer Funktion auf Seite 9 wird als *Definitionsmenge* eine *Menge von Zahlen* genannt. Das reicht für die Überlegungen in diesem Buch völlig aus. Man kann allerdings den Funktionsbegriff so allgemein fassen, dass als Definitionsmenge beliebige Mengen vorkommen. Der Begriff der Funktion wird in der Definition auf den der eindeutigen Zuordnung zurückgeführt. Oberbegriff von Funktion ist nach dieser Definition der Begriff *Zuordnung*. Dieser Begriff wird als bekannt und gegeben vorausgesetzt. Er wird als undefinierter Begriff verwendet.

3. Bestandteile des Begriffsinhalts Funktion

Der Aspekt der Eindeutigkeit des Zuordnens schöpft den Begriffsinhalt einer Funktion nicht aus. Auch der *geometrische* und der *algebraisch-arithmetische Aspekt* sind inhaltliche Bestandteile des Begriffs der Funktion.
Zum geometrischen Aspekt gehört *der Graph einer Funktion.* Zum algebraisch-arithmetischen Aspekt gehört die *Funktionsgleichung. Beide* Aspekte müssen beim Begriffsinhalt der Funktion mitgedacht werden.

Geometrischer Aspekt

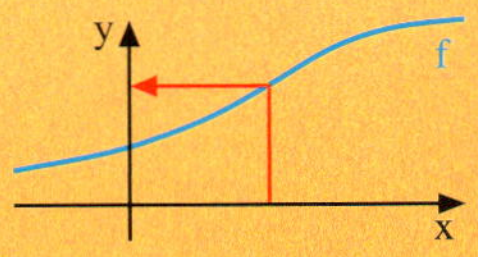

Graph einer Funktion f: Die eindeutige Zuordnung ist durch den geknickten Pfeil dargestellt.

Algebraisch-arithmetischer Aspekt

allgemein: $y = f(x)$
Beispiel: $y = 7x^2 + 5x + 2$

Die eindeutige Zuordnung ergibt sich so: Setzt man für x eine Zahl ein, so erhält man die zugeordnete Zahl y.

4. Zur historischen Entwicklung des Funktionsbegriffs

Galileo Galilei (1564 – 1642)

Bonaventura Cavalieri (1598 – 1647)

Gottfried Wilhelm Leibniz (1646 – 1716)

Leonhard Euler (1707 – 1783)

Peter Gustav Lejeune Dirichlet (1805 – 1859)

Der Funktionsbegriff als einer der wichtigsten Begriffe der Mathematik hat eine lange Geschichte. Die ersten Anfänge finden sich bei Oresme (1323 – 1382), Galilei (1564 – 1642), Cavalieri (1598 – 1647) und Barrow (1630 – 1677). Sie sind geometrisch, also am Graphen orientiert.
Leibniz (1646–1716) verwendete als erster den Namen Funktion als Bezeichnung für Längen, die von einem beweglich gedachten Punkt einer Kurve abhängen. Der Name Funktion leitet sich ab von der lateinischen Vokabel functio für Tätigkeit, Ausübung, Verrichtung.
Euler (1707 – 1783) fasste algebraische Ausdrücke als Funktionen auf. Dabei sollte der Funktionsterm übliche Rechenzeichen enthalten. Allerdings durften Funktionen bei ihm noch mehrdeutig sein. Aber konstante Funktionen, wie z. B. $x \rightarrow 1$, waren nach Eulers Auffassung keine Funktionen. Für ihn stand der algebraisch-arithmetische Aspekt im Vordergrund.
Die von uns angegebene Definition des Funktionsbegriffs findet sich im Wesentlichen bei Dirichlet (1805–1859): *Das Merkmal einer Funktion ist die Eindeutigkeit der Zuordnung.* Ob die Funktion mithilfe eines Terms mit den üblichen Rechenzeichen angegeben werden kann oder nicht, spielt keine Rolle. Die *einzige Bedingung* ist, dass jeder Stelle ein und nur ein Funktionswert, nicht aber mehrere, zugeordnet ist. Sie umfasst den geometrischen und den algebraisch-arithmetischen Aspekt.

5. Zurückführen des Funktionsbegriffs auf den Mengenbegriff

Manche Mathematiker empfinden es als unbefriedigend, bei der Definition des Funktionsbegriffs den Begriff der Zuordnung als undefinierten Begriff zu verwenden. Sie haben daher überlegt, ob man nicht bei der Definition des Funktionsbegriffs den Begriff der Zuordnung vermeiden kann.
Das ist in der Tat möglich. Man kann den Begriff der Funktion unmittelbar auf den der Menge zurückführen. Dazu fasst man jedes Element x aus der Definitionsmenge und das dem x eindeutig zugeordnete Element y zu einem geordneten Paar $(x|y)$ zusammen.

Mengentheoretische Definition der Funktion:
Eine ***Funktion f*** *ist eine Menge geordneter Paare $(x|y)$ mit der Eindeutigkeitseigenschaft:*
Wenn $(x|y_1) \in f$ und $(x|y_2) \in f$, dann $y_1 = y_2$.

In dieser Definition kommt noch der Begriff des geordneten Paares $(x|y)$ vor. Auch dieser Begriff lässt sich durch die folgende Definition auf Mengen zurückführen: $(x|y) \underset{\text{Df}}{=} \{\{x, y\}, y\}$

6. Menge als undefinierter Begriff der Mathematik

Ähnlich wie den Funktionsbegriff und den Begriff des geordneten Paares kann man jeden mathematischen Begriff letztlich auf den der Menge zurückführen. Der Begriff der Menge ist dann der einzige undefinierte Begriff der Mathematik. Wir gebrauchen die mengentheoretische Definition des Funktionsbegriffs allerdings nicht, weil wir die *inhaltliche Vorstellung des Zuordnens* betonen wollen. Letzteres ist insbesondere bei funktionalen Zusammenhängen von Bedeutung.

1.4 Potenzfunktionen – Ganzrationale Funktionen

Aufgabe 1

a) Betrachte für Würfel mit der Kantenlänge x die Funktionen
f: *Kantenlänge → Gesamtkantenlänge*
g: *Kantenlänge → Oberflächeninhalt*
h: *Kantenlänge → Volumen*
Erstelle die Funktionsterme und zeichne die Graphen. Untersuche, wie sich jeweils eine Verdoppelung (Verdreifachung) der Kantenlänge auf den zugehörigen Funktionswert auswirkt.

b) Verwende nun dieselben Funktionsterme wie in der Teilaufgabe a). Wähle aber als Definitionsmenge $\mathbb{R}$.
Zeichne die Graphen und beschreibe sie.

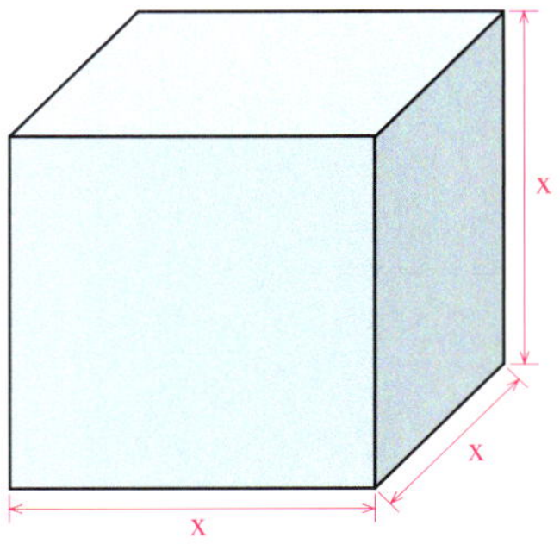

Lösung

a)

Da der Würfel 12 Kanten der Länge x hat, gilt:
$f(x) = 12 \cdot x$

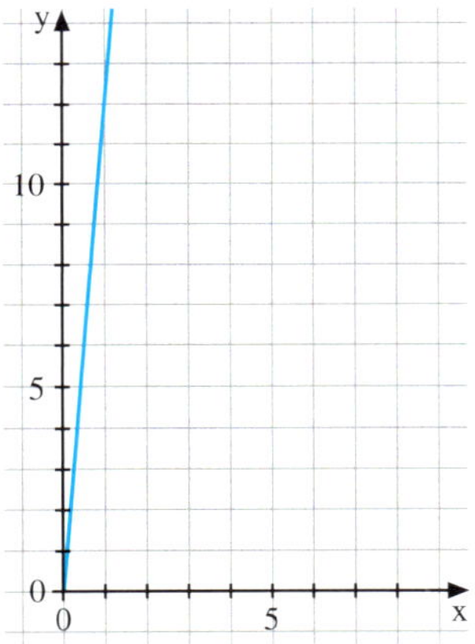

Eine Verdoppelung (Verdreifachung) der Kantenlänge x führt zu einer Verdoppelung (Verdreifachung) der Gesamtkantenlänge:

$$f(2x) = 12 \cdot (2x) = 2 \cdot (12x) = 2 \cdot f(x)$$

$$f(3x) = 12 \cdot (3x) = 3 \cdot (12x) = 3 \cdot f(x)$$

Da der Würfel von 6 Quadraten mit der Seitenlänge x begrenzt wird, gilt:
$g(x) = 6x^2$

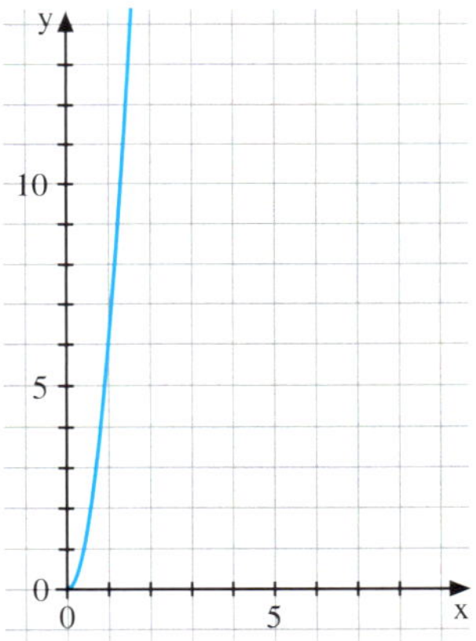

Eine Verdoppelung (Verdreifachung) der Kantenlänge x führt zu einer Vervierfachung (Verneunfachung) des Oberflächeninhalts:

$$g(2x) = 6 \cdot (2x)^2 = 6 \cdot 4x^2 = 4 \cdot (6x^2) = 4 \cdot g(x)$$

$$g(3x) = 6 \cdot (3x)^2 = 6 \cdot 9x^2 = 9 \cdot (6x^2) = 9 \cdot g(x)$$

Für das Volumen des Würfels mit der Kantenlänge x gilt:
$h(x) = x^3$

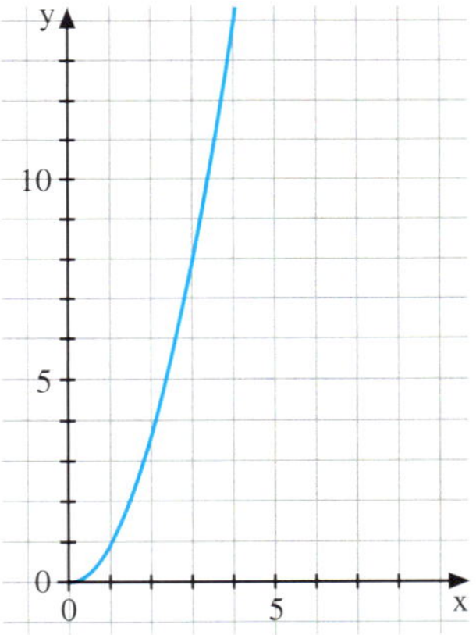

Eine Verdoppelung (Verdreifachung) der Kantenlänge x führt zu einer Verachtfachung (Versiebenundzwanzigfachung) des Volumens:

$$h(2x) = (2x)^3 = 8x^3 = 8 \cdot h(x)$$

$$h(3x) = (3x)^3 = 27x^3 = 27 \cdot h(x)$$

Da die Kantenlänge des Würfels nicht negativ ist, wurde stets die Definitionsmenge $\mathbb{R}_+^*$ gewählt.

b) Für die Definitionsmenge ℝ ergeben sich folgende Graphen:

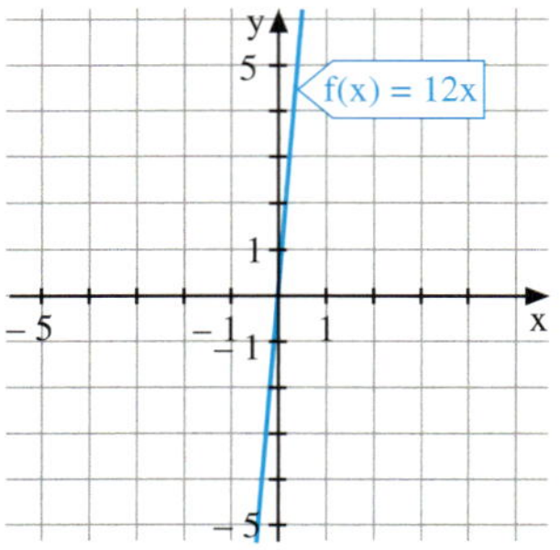	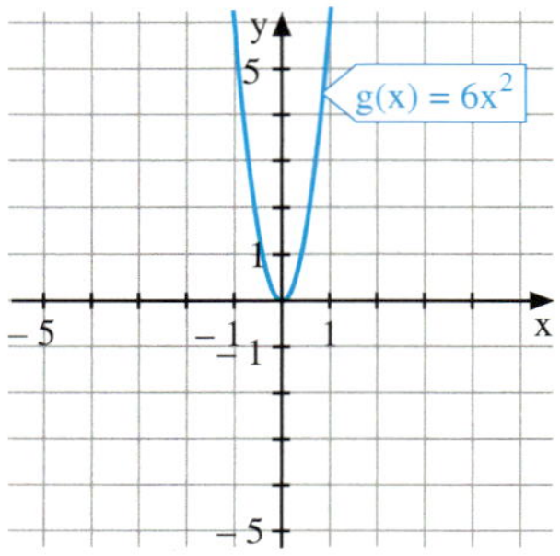	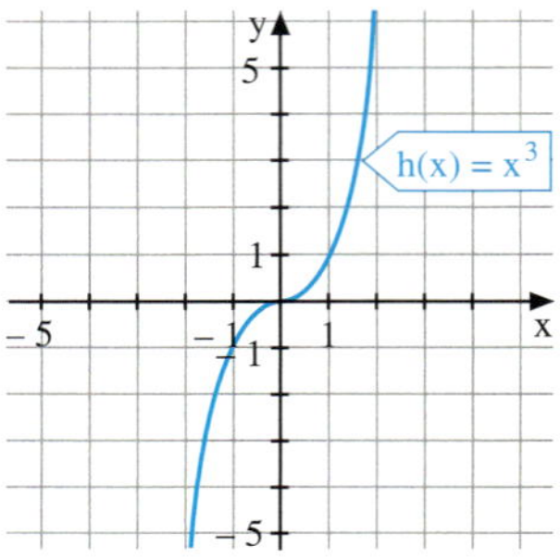
Der Graph von f ist eine Ursprungsgerade und als solche punktsymmetrisch zum Ursprung.	Der Graph von g ist eine gestreckte Parabel. Diese Parabel ist achsensymmetrisch zur y-Achse.	Der Graph von h steigt von links nach rechts immer an. Er ist punktsymmetrisch zum Ursprung.

Information

Potenzfunktionen mit natürlichen Exponenten

Eine Funktion mit der Gleichung $y = x^n$ mit $x \in \mathbb{R}$ und $n \in \mathbb{N}^*$ heißt **Potenzfunktion**.

(1) Gerader Exponent

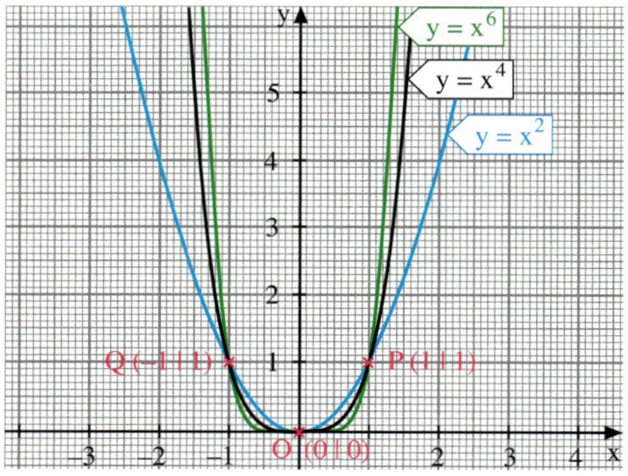

Die Graphen der Potenzfunktionen mit $y = x^n$ und *geradem* Exponenten n sind *symmetrisch* zur y-Achse und haben die gemeinsamen Punkte O(0|0), P(1|1), Q(−1|1).
Sie fallen für $x \leq 0$ und steigen für $x \geq 0$ an.
Die Wertemenge ist $\mathbb{R}_+$.

(2) Ungerader Exponent

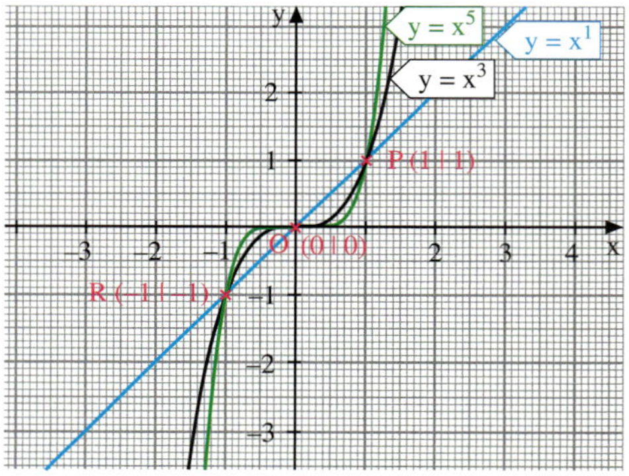

Die Graphen der Potenzfunktionen mit $y = x^n$ und *ungeradem* Exponenten n sind *symmetrisch* zum Ursprung O und haben die gemeinsamen Punkte O(0|0), P(1|1), R(−1|−1).
Sie steigen überall an.
Die Wertemenge ist ℝ.

Aufgabe 2

Verschieben und Strecken von Funktionsgraphen

a) Strecke den Graphen der Funktion f mit $f(x) = x^3$ mit dem Faktor 0,5 parallel zur y-Achse und verschiebe den gestreckten Graphen anschließend um 1 Einheit parallel zur y-Achse nach unten. Lege jeweils eine Wertetabelle für die einzelnen Funktionsgraphen an und gib jeweils den Funktionsterm des entstehenden Graphen an.

b) Verschiebe den Graphen der Funktion f mit $f(x) = x^3$ um 2 Einheiten parallel zur x-Achse nach rechts. Gib den Funktionsterm des entstehenden Graphen an.

Lösung

a) Wir zeichnen zunächst die Graphen.

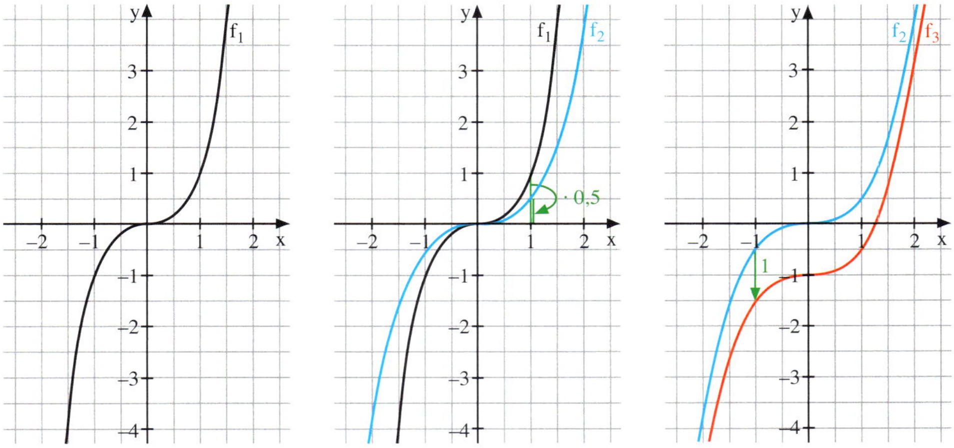

Zur Herleitung des Funktionsterms betrachten wir eine Wertetabelle, in der wir den Rechenweg notieren.

x	– 2	– 1	0	1	2	x
$f_1(x)$	$(-2)^3 = -8$	$(-1)^3 = -1$	$0^3 = 0$	$1^3 = 1$	$2^3 = 8$	x^3
$f_2(x)$	$0{,}5 \cdot (-8) = -4$	$0{,}5 \cdot (-1) = -0{,}5$	$0{,}5 \cdot 0 = 0$	$0{,}5 \cdot 1 = 0{,}5$	$0{,}5 \cdot 8 = 4$	$0{,}5 \cdot x^3$
$f_3(x)$	$-4 - 1 = -5$	$-0{,}5 - 1 = -1{,}5$	$0 - 1 = -1$	$0{,}5 - 1 = -0{,}5$	$4 - 1 = 3$	$0{,}5 \cdot x^3 - 1$

An jeder Stelle x ist der Funktionswert $f_2(x)$ nur halb so groß wie der von $f_1(x)$, also $f_2(x) = 0{,}5 \cdot f_1(x) = 0{,}5\,x^3$. An jeder Stelle ist der Funktionswert $f_3(x)$ um 1 niedriger als der von $f_2(x)$, also $f_3(x) = f_2(x) - 1 = 0{,}5\,x^3 - 1$.

b) Aufgrund der Verschiebung um 2 parallel zur x-Achse wird jeder Punkt des Graphen zu $f_1(x) = x^3$ um +2 parallel zur x-Achse verschoben.
Als Wertetabellen für f_1 und f_2 erhält man:

x	–2	–1	0	1	2	3	4
$f_1(x)$	–8	–1	0	1	8	27	64
$f_2(x)$	–64	–27	–8	–1	0	1	8

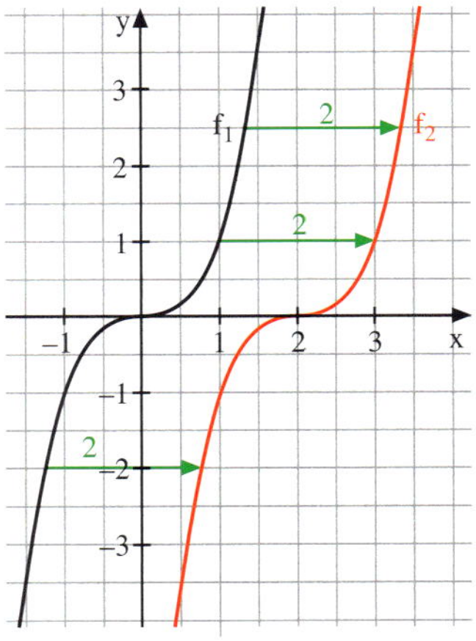

also:
$f_2(3) = f_1(1)$, $f_2(2) = f_1(0)$, $f_2(1) = f_1(-1)$, $f_2(0) = f_1(-2)$,
bzw. allgemein $f_2(x) = f_1(x-2)$.
Damit erhalten wir: $f_2(x) = (x-2)^3$

Löst man die Klammer im Funktionsterm von f_2 auf, so erhält man:

$$\begin{aligned} f_2(x) = (x-2)^3 &= (x-2)^2(x-2) \\ &= (x^2 - 4x + 4)(x-2) \\ &= x^3 - 4x^2 + 4x - 2x^2 + 8x - 8 \\ &= x^3 - 6x^2 + 12x - 8 \end{aligned}$$

Weiterführende Aufgabe

3. *Sonderfälle des Verschiebens und Streckens*

a) Strecke den Graphen der Potenzfunktion zu $f_1(x) = x^3$ parallel zur y-Achse mit dem Faktor $-\frac{1}{2}$. Ermittle die Funktionsgleichung zum entstandenen Graphen.

b) Verschiebe den Graphen der Potenzfunktion zu $f_1(x) = x^4$ parallel zur x-Achse um 3 Einheiten nach links. Ermittle die Funktionsgleichung des entstandenen Graphen.

Information

(1) Verschieben und Strecken des Graphen einer Potenzfunktion

(a) Der Graph der Funktion f mit $f(x) = a x^n$ entsteht aus dem der Potenzfunktion zu $y = x^n$ durch Strecken mit dem Faktor a parallel zur y-Achse:
Ist $a > 1$, so sind alle Funktionswerte größer als die entsprechenden der Potenzfunktion, ist $a < 1$, so sind sie kleiner:
Ist $a < 0$, so wird zusätzlich zum Strecken mit dem Faktor $|a|$ noch an der x-Achse gespiegelt.

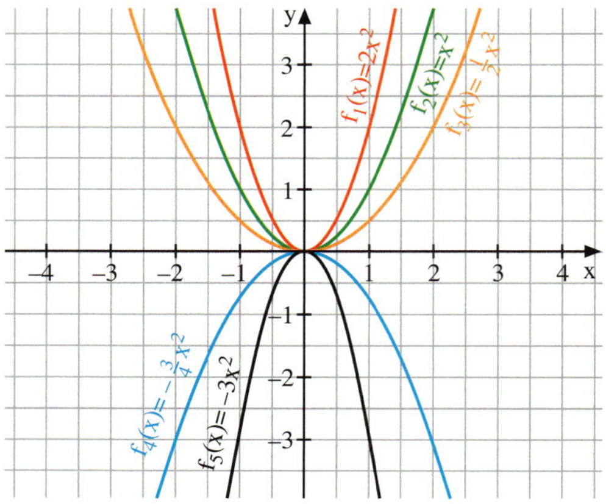

(b) Der Graph der Funktion f mit $f(x) = x^n + e$ entsteht aus dem der Potenzfunktion zu $y = x^n$ durch Verschieben parallel zur y-Achse um $|e|$ Einheiten, und zwar für $e > 0$ nach oben und für $e < 0$ nach unten.

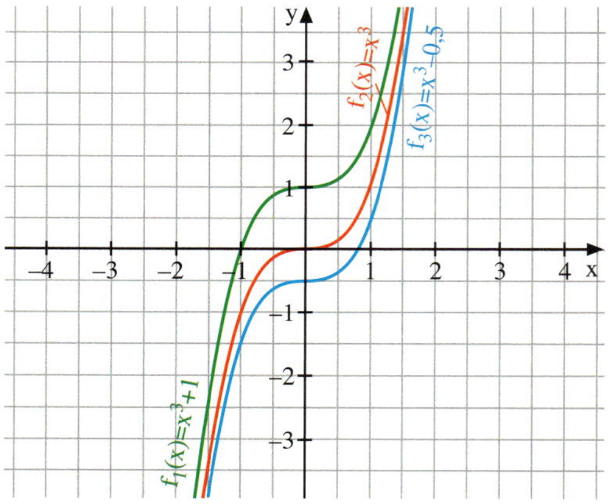

(c) Der Graph der Funktion f mit $f(x) = (x + d)^n$ entsteht aus dem der Potenzfunktion zu $y = x^n$ durch Verschieben parallel zur x-Achse um $|d|$ Einheiten, und zwar für $d > 0$ nach links und für $d < 0$ nach rechts.

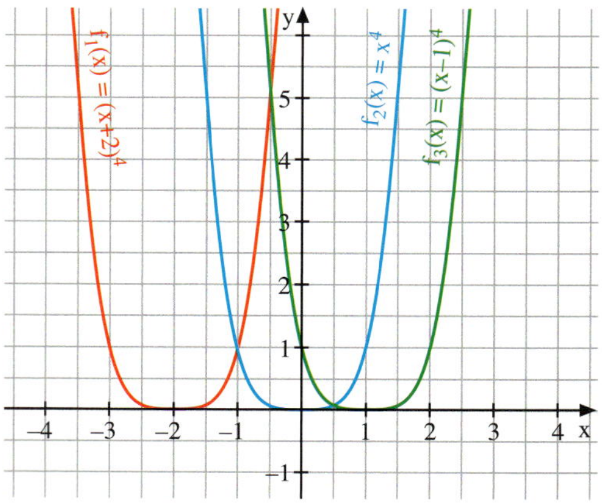

(2) Ganzrationale Funktionen

Durch Auflösen der Klammer im Funktionsterm $f_2(x) = (x-2)^3$ in Aufgabe 2 b) erhalten wir den Term in der Form $f_2(x) = x^3 - 6x^2 + 12x - 8$. Dieser Funktionsterm ist eine Summe von Vielfachen von Potenzen der Variable x; dabei kann -8 als $-8 \cdot x^0$ aufgefasst werden. Entsprechende Funktionsterme erhält man für alle Funktionen, die durch Strecken und Verschieben aus einer Potenzfunktion entstehen. Diese Funktionen sind Beispiele für *ganzrationale Funktionen*, die wir in Kapitel 5 genauer untersuchen.

Übungsaufgaben

4. **a)** Zeichne für verschiedene Werte von $n \in \mathbb{N}^*$ die Graphen der Funktionen mit $y = x^n$ in ein gemeinsames Koordinatensystem. Wie ändert sich der Graph, wenn man den Exponenten verändert?
Nenne gemeinsame Eigenschaften und Unterschiede der Graphen.

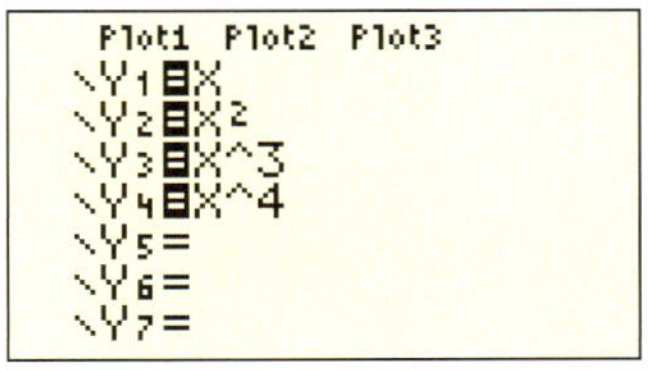

b) Verändere nun den Funktionsterm durch
(1) Addieren einer festen Zahl;
(2) Multiplizieren einer festen Zahl;
(3) Ersetzen der Variable x durch x + d für eine feste Zahl d.
Beschreibe, wie sich der Funktionsgraph ändert.

5. Prüfe, ob der Punkt P auf dem Graphen von f mit $f(x) = x^6$ liegt.

a) P(0,1 | 0,00000001) **b)** P(3 | 2 187) **c)** P(−5 | 78 125) **d)** P(−4 | −4 096) **e)** P(1 | 1).

6. Der Punkt Q liegt auf dem Graphen von $x \to x^5$. Ergänze die fehlenden Koordinaten.

a) Q(3 | $\square$) **b)** Q(−3 | $\square$) **c)** Q($\square$ | −32) **d)** Q($\square$ | 2^{10}) **e)** Q($\square$ | 0)

7. Für welche Potenzfunktionen f mit $f(x) = x^n$ gehört der Punkt P zum Graphen? Gib die Gleichung an.

a) P(−3 | −27) **c)** $P\left(\frac{1}{2}\,\middle|\,\frac{1}{4}\right)$ **e)** P(0,1 | 0,00001) **g)** P(−1 | 1)
b) P(−2 | 16) **d)** $P\left(\frac{1}{3}\,\middle|\,\frac{1}{27}\right)$ **f)** P(−2 | 8) **h)** $P\left(\frac{3}{4}\,\middle|\,\frac{81}{256}\right)$

8. Beschreibe den Verlauf folgender Potenzfunktionen. Gib die Wertemenge der Funktion an. Mache auch Aussagen zur Symmetrie.

a) $f(x) = 4x^3$ **b)** $f(x) = 0 - 160x^2$ **c)** $f(x) = -1\,500x$ **d)** $f(x) = \sqrt{2} \cdot x^6$

9. Skizziere ausgehend vom Graphen von f den Graphen von g. Beschreibe, wie der Graph von g aus dem Graphen von f hervorgeht. Du kannst dein Ergebnis mit einem GTR überprüfen.

a) $f(x) = x^2$
$g(x) = (x+3)^2$
b) $f(x) = x^2$
$g(x) = 2(x-0{,}5)^2 - 2$
c) $f(x) = x^2$
$g(x) = -(x-2)^2 + 3$
d) $f(x) = x$
$g(x) = 2x - 4$
e) $f(x) = x^3$
$g(x) = -0{,}25(x-2)^3$
f) $f(x) = x^4$
$g(x) = -(x-4)^4 + 6$
g) $f(x) = x^3$
$g(x) = 0{,}5x^3 - 3$
h) $f(x) = x^2$
$g(x) = x^2 - 4x + 5$
i) $f(x) = x^2$
$g(x) = -x^2 - 3x + 1$

Bestimme zunächst den Scheitelpunkt.

Man kann das Ergebnis mit einem GTR überprüfen.

10. Der abgebildete Graph von g ist aus dem Graphen von f durch Verschieben und/oder Strecken hervorgegangen. Finde einen Funktionsterm g(x).

a) $f(x) = x^2$

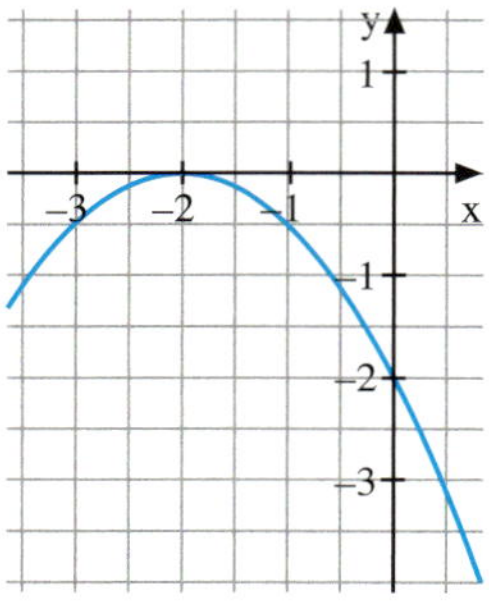

b) $f(x) = x^4$

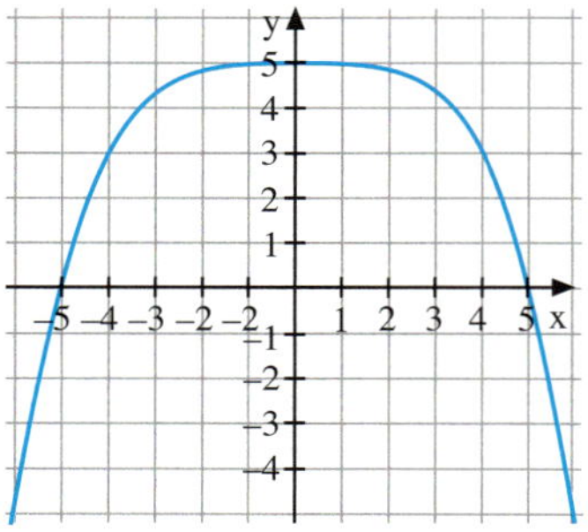

c) $f(x) = x^3$

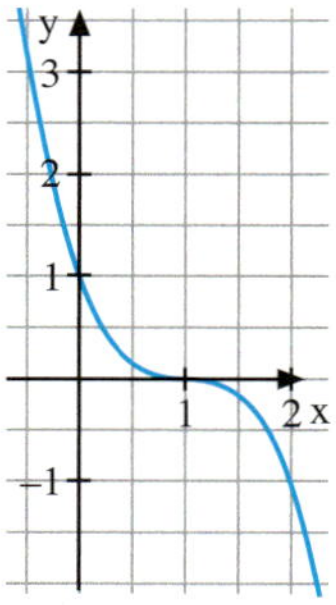

d) $f(x) = x^3$

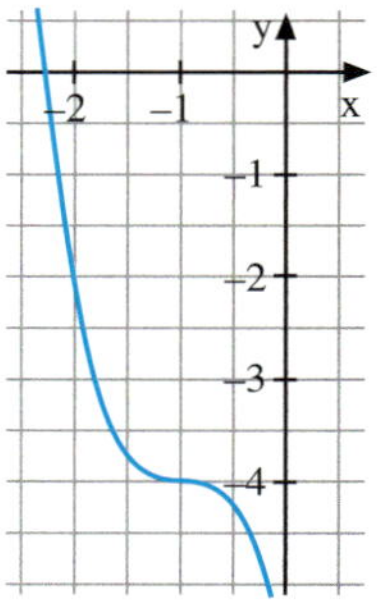

11. Der Graph der Potenzfunktion $x \rightarrow x^4$ soll um 3 Einheiten nach rechts verschoben und anschließend mit dem Faktor 2 gestreckt werden.

a) Gib die Funktionsgleichung des neuen Graphen an; zeichne ihn in ein Koordinatensystem.

b) Begründe: Der Graph ist weder punktsymmetrisch noch achsensymmetrisch zur y-Achse.

12. a) Erläutere, wie der Graph von $f(x) = 0{,}5\,(x-3)^3 + 1{,}5$ aus dem Graphen der Potenzfunktion g mit $g(x) = x^3$ entsteht.

b) Zeige, dass man den Funktionsterm $h(x) = 2x^3 - 6x^2 + 6x - 2$ in der Form $h(x) = a(x-b)^3$ schreiben kann. Bestimme die Parameter a und b.

13.

Morphing

Im Computer- und Filmbereich bezeichnet der Begriff **Morphing** eine schrittweise Verwandlung eines Objektes, Körpers oder eines Gesichts in ein anderes. Der Begriff wurde abgeleitet aus dem Begriff Metamorphose (Umgestaltung, Verwandlung). Damit eine solche Verwandlung schrittweise vor sich geht, werden von einem Computer Zwischenbilder berechnet, die durch verschiedene Überlagerungen des Ausgangsbildes und des Endbildes erzeugt werden. Im Internet findet man unter dem Stichwort **Morphing** Hinweise auf entsprechende Computerprogramme und auch fertige Animationen, zum Beispiel die Verwandlung einer Katze in einen Menschen.

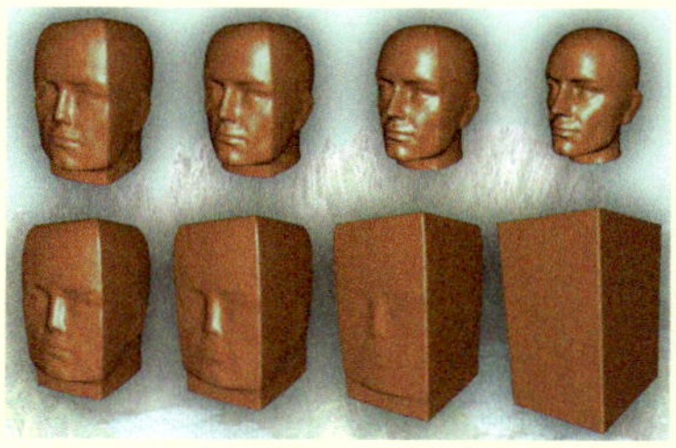

L & P / 4317

Mithilfe der Funktionenschar $f_s = (1-s) \cdot x^2 + s \cdot x^3$ mit $0 \leq s \leq 1$ kann den Graph zu $y = x^2$ in den Graphen zu $y = x^3$ verwandelt werden. Beim GTR werden die Parameterwerte in eine Liste eingegeben.

a) Erkläre, wie die Graphen aus der Ausgangsfunktion und der Endfunktion entstanden sind.

b) Führe selbst mit einem GTR oder einem anderen Rechner ein solches Morphing durch.

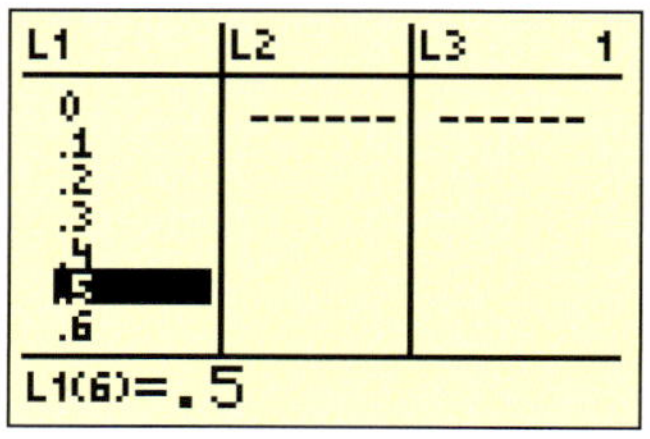

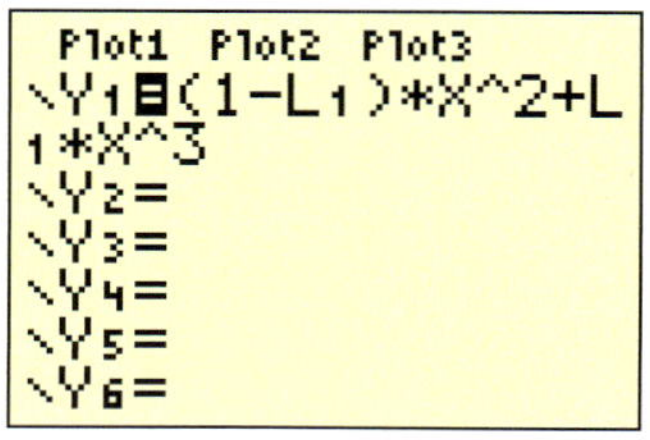

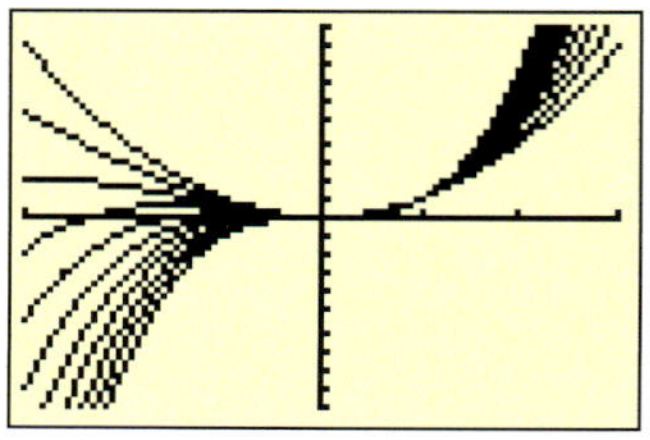

1.5 Umkehrfunktionen

Aufgabe 1

Umkehren einer Funktion

Für ein Quad hat man festgestellt, dass sich die Länge s des Bremsweges (in m) bei trockener Straße aus der vorher gefahrenen Geschwindigkeit v $\left(\text{in } \frac{km}{h}\right)$ mithilfe folgender Funktionsgleichung berechnen lässt: $s = 0{,}01 \cdot v^2$

a) Mit welchem Bremsweg s muss der Fahrer bei einer Geschwindigkeit von $10\,\frac{km}{h}$, $20\,\frac{km}{h}$, …, $100\,\frac{km}{h}$ rechnen? Stelle für die Funktion *Geschwindigkeit → Bremsweg* eine geeignete Wertetabelle auf und zeichne den Graphen dieser Funktion.
Lies weitere Werte für s aus dem Graphen ab, z. B. zu $v = 45\,\frac{km}{h}$.

b) Bei Verkehrsunfällen interessiert die umgekehrte Frage: Kann man aus der Länge des Bremsweges die vorher gefahrene Geschwindigkeit bestimmen?
Lies aus dem Graphen von f zur Teilaufgabe a) ab, bei welcher Geschwindigkeit v der Bremsweg 61 m lang ist.
Bei der Bestimmung der Geschwindigkeit v zu gegebener Länge s des Bremsweges wird die in a) betrachtete Zuordnung umgekehrt:
Die neue Zuordnung *Bremsweg → Geschwindigkeit* nennt man die *Umkehrzuordnung* der Funktion *Geschwindigkeit → Bremsweg*. Lege auch für diese Umkehrzuordnung eine Wertetabelle an und zeichne den entsprechenden Graphen.
Welche Gleichung gehört zu der Umkehrzuordnung?

Lösung

a) *Geschwindigkeit → Bremsweg*

Geschwindigkeit (in $\frac{km}{h}$)	Bremsweg (in m)
10	1
20	4
30	9
40	16
50	25
60	36
70	49
80	64
90	81
100	100

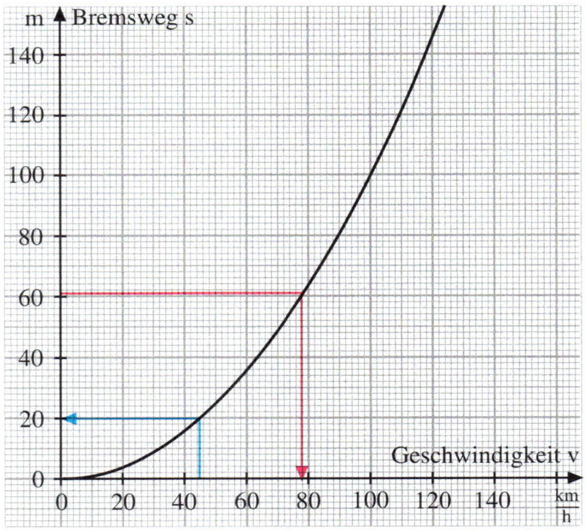

Aus dem Graphen kann man z. B. ablesen (siehe blauer Pfeil): Bei einer Geschwindigkeit von $45\,\frac{km}{h}$ muss man mit einem Bremsweg von etwa 20 m rechnen.

b) *(1) Bestimmen der Geschwindigkeit v mithilfe des Graphen – Eindeutigkeit*

Aus dem Graphen der Funktion zu Teilaufgabe a) kann man auch ablesen (siehe roter Pfeil): Bei einem Bremsweg von beispielsweise 61 m Länge ist die vorhergehende Geschwindigkeit etwa $77\,\frac{km}{h}$. Allgemein erkennt man an diesem Graphen, dass es zu jedem Bremsweg eine ganz bestimmte Geschwindigkeit gibt. Die Umkehrzuordnung *Bremsweg → Geschwindigkeit* ist also eindeutig.

(2) Wertetabelle und Graphen der Umkehrzuordnung

Man erhält die Wertetabelle dieser Umkehrzuordnung, indem man die beiden Spalten der Wertetabelle der Zuordnung vertauscht. Dieses Vertauschen entspricht dem Umkehren der Zuordnungsrichtung und damit dem Umkehren der Pfeile.

Bremsweg ⟶ Geschwindigkeit

Bremsweg (in m)	Geschwindigkeit (in $\frac{\text{km}}{\text{h}}$)
1	10
4	20
9	30
16	40
25	50
36	60
49	70
64	80
81	90
100	100

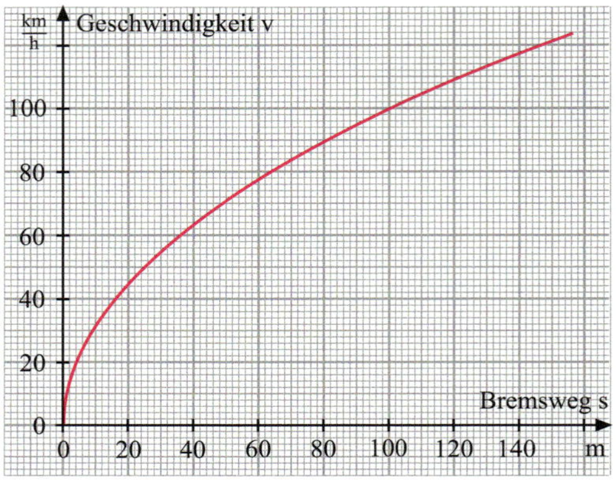

(3) Aufstellen der Zuordnungsvorschrift für die Umkehrzuordnung

Um aus einem beliebigen Bremsweg s (in m) die zugehörige Geschwindigkeit v (in $\frac{\text{km}}{\text{h}}$) berechnen zu können, isolieren wir v in der Gleichung $s = 0{,}01 \cdot v^2$:

$s = 0{,}01 \cdot v^2$, also $v^2 = \frac{s}{0{,}01}$ und somit $v = \sqrt{\frac{s}{0{,}01}} = \sqrt{100\,s} = 10\,\sqrt{s}$, da v hier nicht negativ sein kann.

Die Umkehrzuordnung hat also die Gleichung $v = 10\,\sqrt{s}$.

Information

(1) Umkehrfunktion

In Aufgabe 1 haben wir zu der Funktion *Geschwindigkeit ⟶ Bremsweg* die Umkehrzuordnung *Bremsweg ⟶ Geschwindigkeit* betrachtet. Auch diese Zuordnung ist eine Funktion.

Definition

Kehrt man bei einer Funktion f die Zuordnungsrichtung um, so erhält man die umgekehrte Zuordnung. Ist diese Umkehrzuordnung wieder eine Funktion, so heißt die ursprüngliche Funktion **umkehrbar**. Die durch die Umkehrung erhaltene Funktion heißt **Umkehrfunktion** von f; sie wird mit f* bezeichnet.

(2) Vom Graphen von f zum Graphen von f*

(a) *Vertauschen der Koordinaten eines Punktes*

Man erhält die Wertetabelle der Umkehrfunktion f*, indem man in der Wertetabelle für f die Spalten vertauscht.

Ist P(v|s) ein Punkt des Graphen von f, so erhält man einen Punkt P* des Graphen von f*, indem man die Koordinaten von P vertauscht: P*(s|v)

Das Vertauschen der Koordinaten entspricht dem Vertauschen der Spalten der Wertetabelle.

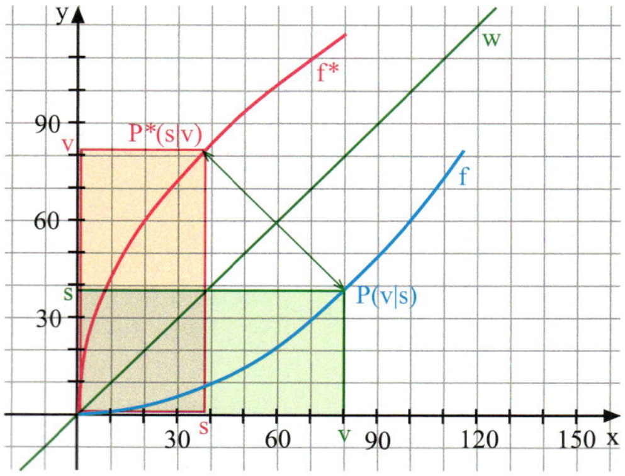

Gleiche Einheiten auf beiden Achsen!

(b) *Spiegeln an der Hauptwinkelhalbierenden w*

Das Vertauschen der Koordinaten eines Punktes bedeutet Spiegeln des Punktes an der Hauptwinkelhalbierenden w der Koordinatenachsen.

Begründung: Die Winkelhalbierende w ist gleichzeitig Symmetrieachse der beiden Koordinatenachsen. Durch das Spiegeln an w geht ein Skalenpunkt auf der x-Achse in den entsprechenden Skalenpunkt auf der y-Achse über und umgekehrt. Dadurch wird die x-Koordinate von P zur y-Koordinate von P* und die y-Koordinate von P zur x-Koordinate von P*. Das bedeutet ein Vertauschen der Koordinaten von P zu P*.
Man erhält also die Punkte des Graphen von f*, indem man die Punkte des Graphen von f an w spiegelt.

Hauptwinkelhalbierende: y = x

Satz

Ist f* die Umkehrfunktion einer Funktion f, so erhält man den Graphen von f*, indem man den Graphen von f an der Hauptwinkelhalbierenden der Koordinatenachsen spiegelt.

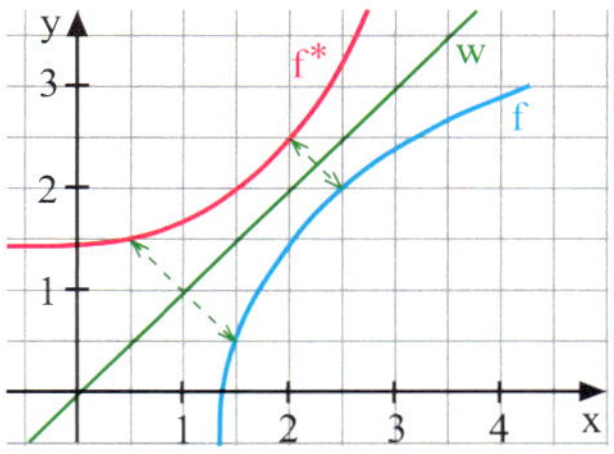

(3) Umkehren der Quadratfunktion

(a) Die Normalparabel ist Graph der Quadratfunktion f mit $y = x^2$ mit $\mathbb{R}$ als Definitionsmenge. Wir wollen die Umkehrzuordnung dieser Funktion untersuchen. Dazu vertauschen wir in der Wertetabelle die Spalten.

Quadratfunktion	
– 3	9
– 2	4
– 1	1
0	0
1	1
2	4
3	9

Umkehrzuordnung	
9	– 3
4	– 2
1	– 1
0	0
1	1
4	2
9	3

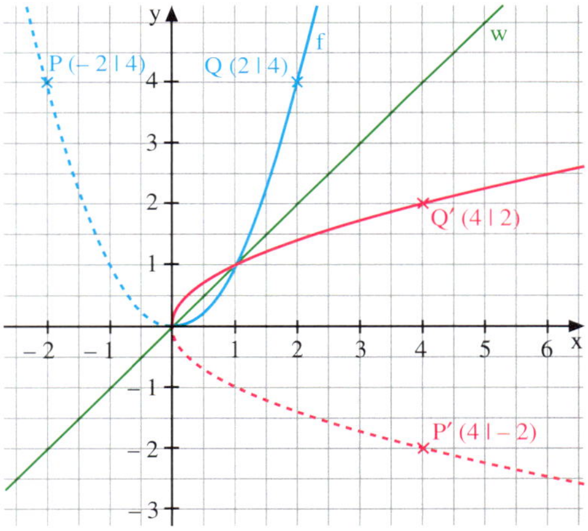

Der Graph dieser Umkehrzuordnung ist symmetrisch zur x-Achse. Man erhält ihn auch, indem man die Normalparabel an den Winkelhalbierenden w mit der Gleichung y = x spiegelt.
Beim Graphen der Umkehrzuordnung liegen z.B. die Punkte P′(4 | – 2) und Q′(4 | 2) übereinander. Die Zuordnung ist nicht eindeutig. Die Quadratfunktion mit $\mathbb{R}$ als Definitionsmenge ist nicht umkehrbar.

(b) Um zu erreichen, dass diese Umkehrzuordnung eindeutig wird, müssen wir die Definitionsmenge der Quadratfunktion einschränken. Wir wählen hier für die Funktion f mit $f(x) = x^2$ als Definitionsmenge D_f die Menge aller nichtnegativen reellen Zahlen, d.h.: $D_f = \mathbb{R}_+$.
Dann gehört zum Graphen von f nur der Teil der Normalparabel, der im 1. Quadranten liegt. Den Graphen der Umkehrzuordnung von f erhält man durch Spiegeln dieses Teils der Parabel an der Hauptwinkelhalbierenden w. Er liegt auch im 1. Quadranten.
Mit der so gewählten Einschränkung der Definitionsmenge ist *f umkehrbar*. Die Umkehrzuordnung ist eine Funktion f*, die Umkehrfunktion von f.

(c) *Funktionsterm der Umkehrfunktion*

Wertetabelle für f

x	f(x)
0	0
1	1
2	4
3	9

$x \to x^2$

*Wertetabelle für f**

x	f*(x)
0	0
1	1
4	2
9	3

$x \to \sqrt{x}$

Die Wertetabelle für f* erhält man aus der Wertetabelle für f durch Vertauschen der Werte in den Spalten.
Die Werte der Funktion f erhält man durch Quadrieren. Umgekehrt erhält man die Werte der Funktion f* durch Ziehen der Quadratwurzel.
Das bedeutet: Die Umkehrfunktion f* hat den Term $f^*(x) = \sqrt{x}$ mit $x \geq 0$.

Aufgabe 2

Umkehren einer linearen Funktion

Untersuche, ob die lineare Funktion f mit der Funktionsgleichung $y = \frac{2}{3}x + 1$ umkehrbar ist. Bestimme gegebenenfalls die Funktionsgleichung der Umkehrfunktion f*.

Lösung

Zeichnet man den Graphen der Funktion f, so erkennt man, dass jeder y-Wert nur an einer einzigen Stelle als Funktionswert angenommen wird. Das bedeutet, dass die Funktion f in ihrer ganzen Definitionsmenge $\mathbb{R}$ umkehrbar ist.
Die Umkehrfunktion ordnet jedem vorgegebenen y-Wert die Stelle x zu, an der dieser angenommen wird. Die Stelle lässt sich durch Auflösen der Funktionsgleichung nach x berechnen:

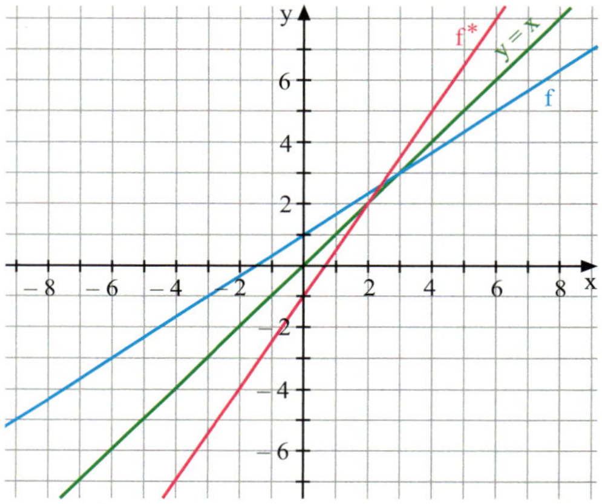

$y = \frac{2}{3}x + 1 \quad | -1$

$y - 1 = \frac{2}{3}x \quad | \cdot \frac{3}{2}$

$\frac{3}{2}y - \frac{3}{2} = x,$

d.h. der Wert x wird an der Stelle $\frac{3}{2}y - \frac{3}{2}$ angenommen.
Üblicherweise bezeichnet man die Ausgangswerte mit x und die zugeordneten Werte mit y. Daher benennen wir die Variablen in der Gleichung $\frac{3}{2}y - \frac{3}{2} = x$ um und erhalten die Funktionsgleichung der Umkehrfunktion f*: $y = \frac{3}{2}x - \frac{3}{2}$.
An der Zeichnung im Koordinatensystem erkennt man, dass die Graphen von Funktion und Umkehrfunktion durch Spiegeln an der Hauptwinkelhalbierenden auseinander hervorgehen.

Weiterführende Aufgaben

3. *Umkehrbarkeit linearer Funktionen*

Beweise folgenden Satz.

> **Satz**
>
> Jede lineare Funktion f mit der Gleichung $y = mx + b$ mit $m \neq 0$ ist in $\mathbb{R}$ als Definitionsmenge umkehrbar. Ihre Umkehrfunktion f* hat die Funktionsgleichung $y = \frac{1}{m}x - \frac{b}{m}$.

4. *Wurzelfunktionen als Umkehrfunktionen eingeschränkter Potenzfunktionen*

Zeige, dass die Potenzfunktion f mit der Gleichung $y = x^3$ $[y = x^n]$ in der Definitionsmenge $\mathbb{R}_+$ umkehrbar ist und bestimme die Funktionsgleichung der Umkehrfunktion f*.

Satz

Die Wurzelfunktion mit der Gleichung $y = \sqrt[n]{x}$ ist die Umkehrfunktion der auf die Definitionsmenge $\mathbb{R}_+$ eingeschränkten Potenzfunktion mit der Gleichung $y = x^n$.

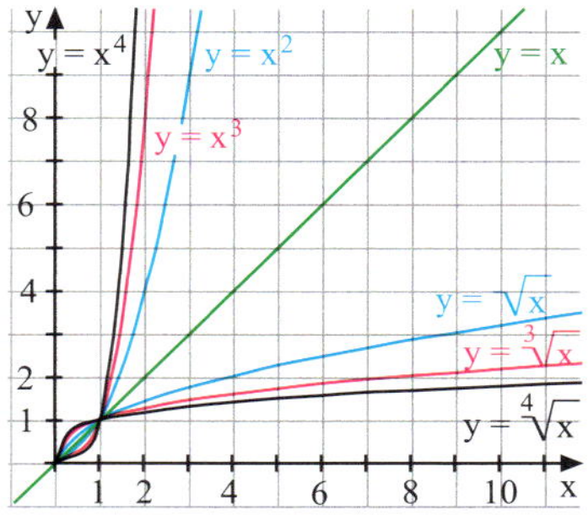

Übungsaufgaben

5. Betrachte für Quadrate die beiden Funktionen
(1) *Seitenlänge → Flächeninhalt* und (2) *Flächeninhalt → Seitenlänge*.
Erstelle Wertetabellen und zeichne die Graphen. Vergleiche beide Funktionen miteinander.

6. Die Zuordnung
Geschwindigkeit x (in $\frac{km}{h}$) → Bremsweg y (in m)
hängt von der Fahrzeugart und der Straßenbeschaffenheit ab.

a) Berechne jeweils den Bremsweg und lege eine Wertetabelle für die Geschwindigkeiten $10\,\frac{km}{h}$, $20\,\frac{km}{h}$, $30\,\frac{km}{h}$, …, $80\,\frac{km}{h}$ an.

b) Zu welcher Geschwindigkeit gehört ein 20 m [25 m; 30 m] langer Bremsweg?

(1) Lkw auf trockener Fahrbahn: $y = 0{,}009\,x^2$
(2) Lkw auf nasser Fahrbahn: $y = 0{,}013\,x^2$
(3) Pkw auf nasser Fahrbahn: $y = 0{,}008\,x^2$

7. Gib an, ob die Funktion, die zu dem Graphen gehört, umkehrbar ist.

a) 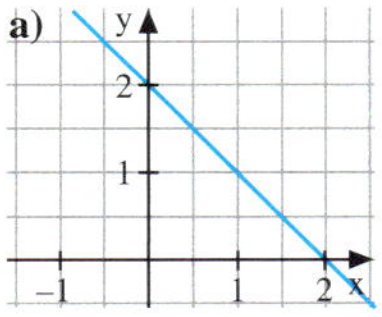

b) 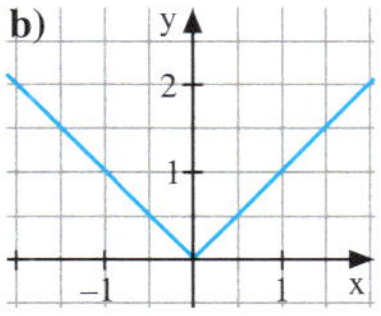

c) 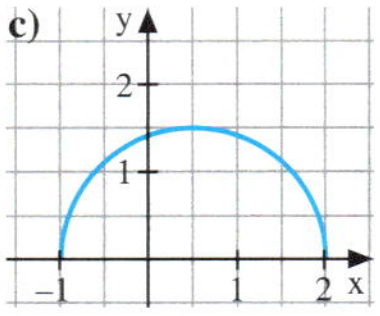

d) 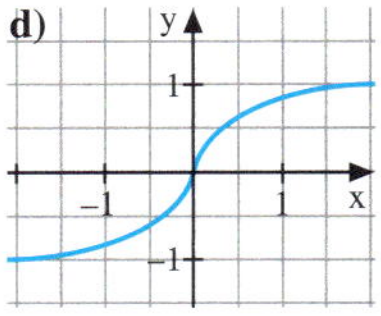

8. Zeichne den Graphen der linearen Funktion f und zeige, dass f umkehrbar ist. Zeichne den Graphen der Umkehrfunktion f* und notiere den Funktionsterm von f*.

a) $f(x) = \frac{x}{2} + 3$ **b)** $f(x) = x - 1{,}8$ **c)** $f(x) = -x + 4{,}5$

9. Nina behauptet: „Hat eine lineare Funktion als Graph eine steigende Gerade, so ist der Graph der Umkehrfunktion eine fallende Gerade."

10. Untersuche auch die Potenzfunktionen zu $y = x^3$ und $y = x^4$ auf Umkehrbarkeit in $\mathbb{R}$. Bestimme gegebenenfalls die Funktionsgleichung der Umkehrfunktion.

Gleiche Einheiten auf beiden Achsen!

11. Der angegebene Term gehört zur Umkehrfunktion f*. Bestimme den Term der ursprünglichen Funktion f. Zeichne beide Graphen in ein Koordinatensystem.

a) $y = \sqrt{4x}$ **b)** $y = \frac{1}{2} \cdot \sqrt{x}$ **c)** $y = 2x + 1$

12. Erläutere: Wenn g die Umkehrfunktion der Funktion f ist, dann ist f die Umkehrfunktion zu g.

Bist du fit?

1. Gegeben sind lineare oder quadratische Funktionen f_1, f_2, f_3.

(1) Die Funktion f_1 ist durch ihren Funktionsterm gegeben: $f_1(x) = x^2 + 1$.
Skizziere den Graphen der Funktion, ohne einen GTR zu verwenden.

(2) Der Graph rechts gehört zur Funktion f_2. Bestimme den zugehörigen Funktionsterm.

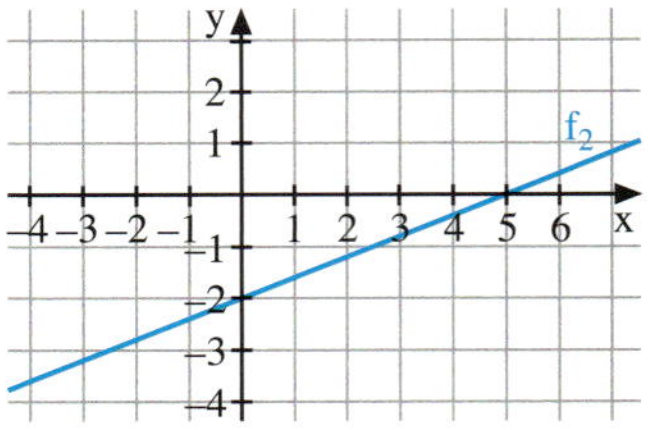

(3) Die folgende Wertetabelle gehört zu der Funktion f_3.

x	−3	−2	−1	0	1	2	3
y	9	7	5	3	1	−1	−3

Zeichne den Graphen. Gib auch einen Funktionsterm an.

2. a) Berechne die Nullstellen der quadratischen Funktion f mit $y = 2x^2 - 4x + 1$ ohne GTR.

b) Gib eine mögliche Gleichung für nach oben [unten] geöffnete Parabeln ohne Nullstellen an.

3. Bei einem Segelflugzeug ist die Funktion *Fluggeschwindigkeit v* $\left(in\ \frac{km}{h}\right) \to$ *Sinkgeschwindigkeit* w_s $\left(in\ \frac{m}{s}\right)$ angenähert eine quadratische Funktion.
Der Hersteller gibt für ein bestimmtes Modell an:

Funktionsgleichung: $w_s = 0{,}00041\,v^2 - 0{,}054\,v + 2{,}3$
Mindestgeschwindigkeit: $50\ \frac{km}{h}$
Höchstgeschwindigkeit: $150\ \frac{km}{h}$

a) Bestimme die Fluggeschwindigkeit mit der geringsten Sinkgeschwindigkeit. Wie groß ist die geringste Sinkgeschwindigkeit?

b) Um wie viel $\frac{m}{s}$ nimmt die Sinkgeschwindigkeit zu, wenn man im Bereich von $120\ \frac{km}{h}$ bis $150\ \frac{km}{h}$ um $10\ \frac{km}{h}$ schneller fliegt?

4. a) Bestimme a und n so, dass die Punkte $P(-1\,|\,-0{,}5)$ und $Q(2\,|\,4)$ auf dem Graphen der Funktion f mit $y = a \cdot x^n$ liegen.

b) Zeichne den Graphen der Funktion g mit der Vorschrift $y = \frac{1}{2}x^3$ für $-2{,}5 \le x \le 2{,}5$.

c) Spiegele den Graphen von g an der Winkelhalbierenden $y = x$ und gib für $x \ge 0$ die Gleichung der Funktion an, die zum gespiegelten Graphen gehört.

5. Skizziere die Graphen folgender Funktionen. Gib jeweils Definitions- und Wertemenge an:

a) $y = -x^3$ **b)** $y = (x + 3)^4 - 2$ **c)** $y = -(x - 4)^2 + 1$.

6. Bestimme für die Funktion f mit der Vorschrift $y = \sqrt{3x}$ die maximale Definitionsmenge. Für welche x-Werte sind die Funktionswerte kleiner (größer) als die x-Werte selbst? Erläutere, dass die Funktion umkehrbar ist und gib die Funktionsgleichung der Umkehrfunktion f* an.

7. In Europa misst man die Temperaturen in °C (Celsius), in den USA in °F (Fahrenheit). Zwischen beiden besteht eine lineare Beziehung: 100 °C entsprechen 212 °F und 0 °C entsprechen 32 °F.

a) Stelle eine Funktionsgleichung auf, die die Umrechnung von °F in °C [von °C in °F] erlaubt.

b) 90 °F ist Sommertemperatur in Florida, wie wiel °C sind das? 28 °C in Deutschland ist im Sommer keine Seltenheit, wie viel °F sind das?

Bleib fit im ...
Umgang mit Potenzen

Zum Aufwärmen

1. Vereinfache die Terme und begründe dein Vorgehen.

a) $a^3 \cdot a^5 \cdot a$ **b)** $\frac{x^3}{x^{-4}}$ **c)** $(a^2)^3$ **d)** $b^2 \cdot \left(\frac{3}{b}\right)^2$ **e)** $(\sqrt{2} \cdot e)^4$ **f)** $\sqrt[3]{a^6}$ **g)** $(\sqrt[3]{a})^6$

2. Ermittle die Lösungsmenge der Potenzgleichung.

a) $x^4 = 4$ **b)** $x^2 = -4$ **c)** $x^3 = 8$ **d)** $x^3 = -8$ **e)** $x^4 = 0$

3.

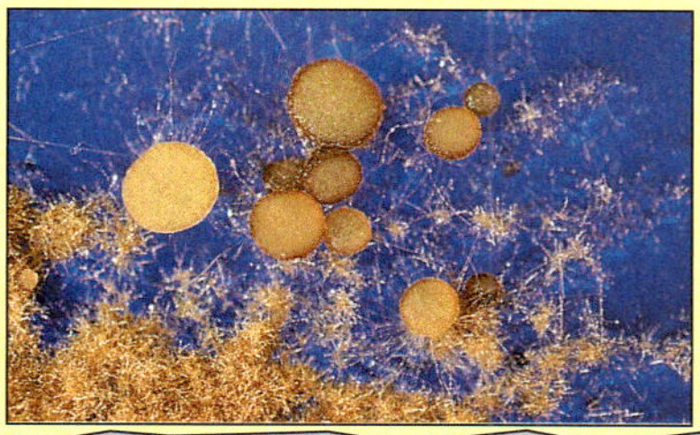

HEFE

Hefen sind einzellige Lebewesen, die eine große Rolle bei der Herstellung von Lebensmitteln und alkoholischen Getränken spielen.
Unter bestimmten Bedingungen vermehren sich die Hefezellen so schnell, dass jede Stunde eine Verdoppelung stattfindet.

Wir betrachten eine zu Beginn 1 cm^3 große Hefekultur, deren Größe sich jede Stunde verdoppelt.

a) Notiere die Größe der Hefekultur zu Beginn, nach 1 Stunde, nach 2 Stunden, nach 3 Stunden, ... übersichtlich in einer Tabelle. Verwende dabei Potenzen.

b) Wie groß war die Hefekultur vor dem Beginn der Beobachtung, also zu den Zeitpunkten −1 h, −2 h, −3 h, ...? Setze die Tabelle von Teilaufgabe a) nach rückwärts fort.

Zum Erinnern

$\mathbb{N}^* = \{1, 2, 3, ...\}$

(1) Potenzen für besondere Exponenten

$a^0 = 1$ $\quad a^{-n} = \frac{1}{a^n}$ für $a \neq 0, n \in \mathbb{N}$ $\quad a^{\frac{1}{n}} = \sqrt[n]{a}$ für $a > 0, n \in \mathbb{N}^*$ $\quad a^{\frac{m}{n}} = \sqrt[n]{a^m}$ für $a > 0, m \in \mathbb{Z}, n \in \mathbb{N}^*$

(2) Potenzgesetze

Für positive reelle Zahlen a und b und beliebige Exponenten $m \in \mathbb{R}$, $n \in \mathbb{R}$ gilt:

$$a^m \cdot a^n = a^{m+n}, \quad a^m \cdot b^m = (a \cdot b)^m, \quad (a^m)^n = a^{m \cdot n}, \quad \frac{a^m}{a^n} = a^{m-n}, \quad \frac{a^m}{b^m} = \left(\frac{a}{b}\right)^m$$

(3) Lösungsmenge von Potenzgleichungen

Für die Lösungsmenge L der Gleichung $x^n = a$ gilt

bei *geradem* Exponenten n:

$L = \{\sqrt[n]{a}; -\sqrt[n]{a}\}$, falls $a > 0$;
$L = \{0\}$, falls $a = 0$;
$L = \{\ \}$, falls $a < 0$.

bei *ungeradem* Exponenten n:

$L = \{\sqrt[n]{a}\}$, falls $a > 0$;
$L = \{0\}$, falls $a = 0$;
$L = \{-\sqrt[n]{|a|}\}$, falls $a < 0$.

Zum Trainieren

4. Berechne den Wert des Terms (falls er existiert) ohne Taschenrechner. Achte auf Klammern und Vorrangregeln.

a) 10^1; 1^{10}; -1^{10}; $(-1)^{10}$; 10^{-1}

b) 0^1; 1^0; -1^0; $(-1)^0$; 0^{-1}

c) -2^5; $(-2)^5$; -2^6; $(-2)^6$; 6^{-2}

d) -2^4; $(-2)^4$; -1^3; $(-1)^3$; 0^{-1}; 1^{-1}

Rangfolge:
1. Klammern
2. Potenzen
3. Produkte / Quotienten
4. Addition / Subtraktion

5. Berechne ohne Taschenrechner. Achte auf Klammern und Vorrangregeln.

a) $\left(-\frac{1}{2}\right)^3$; $\left(-\frac{1}{2}\right)^2$; $\left(-\frac{1}{2}\right)^1$; $\left(-\frac{1}{2}\right)^0$; $\left(-\frac{1}{2}\right)^{-1}$; $\left(-\frac{1}{2}\right)^{-8}$

b) $\frac{3^4}{4}$; $\frac{3}{4^4}$; $\left(\frac{3}{4}\right)^4$; $\left(\frac{3}{4}\right)^1$; $\left(\frac{3}{4}\right)^{-1}$

c) $\sqrt{3}^6$; $\sqrt{3}^4$; $\sqrt{3}^2$; $\sqrt{3}^0$; $\sqrt{3}^{-2}$

d) $5 \cdot 2^{-6}$; $(5 \cdot 2)^6$; $5^6 \cdot 2^6$; $\frac{10^6}{5}$; $\frac{10^6}{5^6}$

6. Für welche Exponenten ist eine Potenz mit negativer Basis positiv, für welche negativ?

7. a) Schreibe in Normdarstellung:
732; 21 900; 0,014; 0,95; 35 630 000; 0,000023; 12,95

b) Schreibe ohne Zehnerpotenz:
$1{,}3 \cdot 10^2$; $1{,}23 \cdot 10^5$; $2 \cdot 10^{-1}$; 10^{-4}; $9{,}1245 \cdot 10^8$; $1{,}245 \cdot 10^{-3}$; $3{,}04 \cdot 10^{-3}$; $4{,}58 \cdot 10^4$; $7{,}0023 \cdot 10^2$; $5{,}257 \cdot 10^{-8}$

Normdarstellung einer positiven Zahl

Produkt aus einer Zahl zwischen 1 und 10 und einer Zehnerpotenz:
$5\,320 = 5{,}32 \cdot 10^2$;
$0{,}024 = 2{,}4 \cdot 10^{-2}$

8. Betrachte einen Teich, auf dem sich zu Beginn eine 1 m^2 große Fläche von Wasserlinsen bedeckt ist, die sich monatlich verdoppelt.

a) Berechne die von den Wasserlinsen bedeckte Fläche nach 2, 3, 4, 12 und 15 Monaten.

b) Wie groß war die Fläche vor 1, 3, 5 Monaten?

c) Gib eine Formel an, mit der man die Fläche A des Pflanzenbewuchses zu einer bestimmten Zeit t berechnen kann.

WASSERLINSEN sind kleine Wasserpflanzen, die nicht in Stängel und Blätter gegliedert sind, sondern aus freischwimmenden, blattartigen, rundlichen Sprossgliedern bestehen. Sie wuchern in Teichen mitunter so stark, dass sie die gesamte Wasseroberfläche als grüne Schicht überziehen, die auch als Entengrütze bezeichnet wird, weil Enten sie gerne fressen.

9. Bestimme die Lösungsmenge.

a) $x^2 = 6$ **b)** $2x^3 - 16 = 0$ **c)** $x^4 - 1 = 2 - x^4$ **d)** $3x^6 + 14 = 2{,}4x^6 + 46$

10. Laura hatte zu ihrer Geburt von ihrem Patenonkel ein Konto mit einer für 20 Jahre garantierten festen Verzinsung von 3,25 % pro Jahr erhalten. Mit 16 Jahren prüft Laura das Konto und findet ein Guthaben von 6 672,69 Euro.
Wie viel Geld wird Laura im Alter von 20 Jahren haben, wie viel hatte der Patenonkel ihr ursprünglich geschenkt?

11. Vereinfache.

a) $u^4 \cdot u \cdot u^{-3}$ **c)** $\frac{x^5}{x^{-1}}$ **e)** $(a^{-n})^2$ **g)** $\sqrt[3]{x^2} \cdot \sqrt[3]{x^4}$

b) $b^{c+3} \cdot b^{c-5} \cdot b^c$ **d)** $\frac{v^{w+3}}{v^{w-5}}$ **f)** $(y^{k+2})^{k-2}$ **h)** $\sqrt[6]{1{,}8^7} \cdot \sqrt[6]{1{,}8^5}$

12. Vereinfache.

a) $a^{\frac{2}{3}} \cdot \sqrt[3]{a}$ **c)** $\sqrt{\sqrt[3]{a^{12}}}$ **e)** $2 \cdot 3^x + 4 \cdot 3^x$ **g)** $8 \cdot 2^{x-1} - 2^{x-2}$

b) $7^{\frac{1}{5}} \cdot 49^{\frac{2}{5}}$ **d)** $\sqrt[7]{\sqrt[6]{5^{-21}}}$ **f)** $6 \cdot 3^x + 3^{x+1}$ **h)** $4 \cdot \sqrt[3]{3} \cdot 3 \cdot \sqrt[3]{81} \cdot 2 \cdot \sqrt[3]{24}$

13. Schreibe ohne Brüche und Klammern:

a) $\frac{2}{c^{-4}}$ **b)** $\frac{c^x}{c^{-2}}$ **c)** $\frac{a^{-n+5}}{a^{-5-4n}}$ **d)** $(p^3)^n$ **e)** $(b^{5n-1})^4$

2. WACHSTUMSPROZESSE – EXPONENTIAL- UND LOGARITHMUSFUNKTIONEN

In den 800 Jahren von Christi Geburt bis zur Krönung Karls des Großen vermehrte sich die Weltbevölkerung um etwa 50 Millionen Menschen. Heute dauert es nur 8 Monate, bis die Menschheit um 50 Millionen Einwohner gewachsen ist.
Am Anfang des 20. Jahrhunderts lebten ungefähr 1,6 Milliarden Menschen auf der Erde, am Ende des 20. Jahrhunderts waren es über 6 Milliarden Menschen.

- Die neuesten Zahlen zum Stand der Weltbevölkerung kann man an einer besonderen Uhr ablesen, der "World population clock" des U.S. Census Büros in Washington. Diese Zahlen werden laufend aktualisiert. Ihr könnt euch die Daten über den aktuellen Stand der Weltbevölkerung aus dem Internet beschaffen; ihr findet sie unter dem Suchwort: *world population clock*

- Veranschauliche das Anwachsen der Weltbevölkerung durch ein Diagramm.

Prozesse wie das Bevölkerungswachstum haben folgende Besonderheit: Zunächst ist das Wachstum über einen langen Zeitraum kaum bemerkbar, dann aber wird es plötzlich in einer unvorstellbaren Dynamik sichtbar. Man sagt gelegentlich: Das Wachstum „explodiert".

Wir werden in diesem Kapitel lernen, wie man Wachstumsprozesse durch Funktionen darstellen und Werte berechnen kann.

2.1 Beschreibung exponentieller Prozesse

2.1.1 Lineares und exponentielles Wachstum

Aufgabe 1

In einer Flussniederung wird Kies ausgebaggert. Ein anfangs 500 m^2 großer See vergrößert sich durch die Baggerarbeiten jede Woche um 200 m^2.
Da der See später als Wassersportfläche genutzt werden soll, wird die Wasserqualität regelmäßig untersucht. Besonders genau wird eine Algenart beobachtet, die sich sehr schnell vermehrt.
Die von den grünen Algen bedeckte Fläche ist zu Beginn der Baggerarbeiten 10 m^2 groß, sie verdoppelt sich jede Woche.

a) Wann ungefähr ist der ganze See mit Algen bedeckt? Zeichne dazu die Graphen der beiden Funktionen
Zeit (in Wochen) → Baggerseegröße (in m^2) und
Zeit (in Wochen) → Algenflächengröße (in m^2).

b) Beschreibe das Anwachsen des Baggersees und der Algenfläche mithilfe von Gleichungen.

Lösung

a) Wir erstellen zunächst die Wertetabellen.

(1)

Zeit t (in Wochen)	0	1	2	3	4	5	6	7	8	…
Baggerseegröße (in m^2)	500	700	900	1 100	1 300	1 500	1 700	1 900	2 100	…

(Zeit jeweils +1; Baggerseegröße jeweils +200)

(2)

Zeit t (in Wochen)	0	1	2	3	4	5	6	7	8	…
Algenflächengröße (in m^2)	10	20	40	80	160	320	640	1 280	2 560	…

(Zeit jeweils +1; Algenflächengröße jeweils · 2)

Die Punkte zu den Wertepaaren der Tabelle zur Baggerseegröße liegen auf einer Geraden. Die Punkte aus der Tabelle zur Algenflächengröße liegen nicht auf einer Geraden. Wir verbinden die Punkte sinnvoll.
An den Graphen erkennst du:
Zwischen der 7. und 8. Woche ist der ganze See mit Algen bedeckt.
Nach diesem Zeitpunkt haben die Graphen keine Bedeutung mehr für die Wirklichkeit.

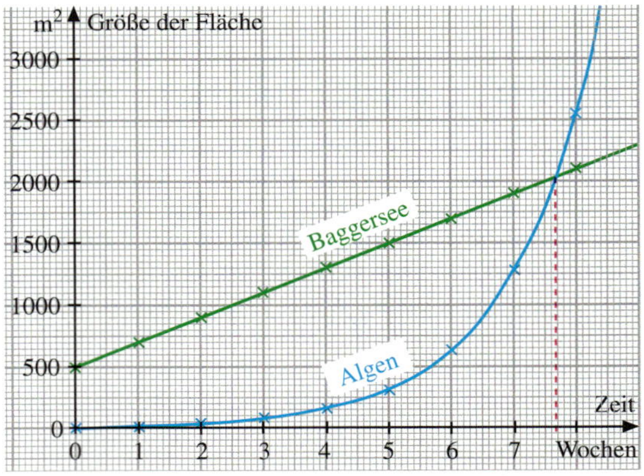

b) Wir bezeichnen die Baggerseegröße (in m^2) zum Zeitpunkt t (in Wochen) mit B (t). Die Wertetabelle für die Baggerseegröße wurde so erstellt:

In jeder abgelaufenen Woche erhöht sich die Größe der Wasserfläche um 200 m^2. In 5 Wochen ist so zur Anfangsgröße von 500 m^2 eine Fläche von $200 \cdot 5$ m^2 dazu gekommen. Nach t Wochen beträgt der Zuwachs $200 \cdot t$ m^2. Insgesamt ist die Wasserfläche dann $(500 + 200 \cdot t)$ m^2 groß.

Die Wachstumsformel lautet daher: $B(t) = 500 + 200\,t$

Wir bezeichnen die Algenflächengröße (in m^2) zum Zeitpunkt t (in Wochen) mit A(t). Die Wertetabelle für die Algenflächengröße wurde so erstellt:

In jeder abgelaufenen Woche erhöht sich die Größe der Algenfläche auf das Doppelte. In 5 Wochen wird die Ausgangsfläche von 10 m^2 mit $2 \cdot 2 \cdot 2 \cdot 2 \cdot 2$, also 2^5 multipliziert. Sie beträgt dann $10 \cdot 2^5$ m^2. Nach t Wochen ist die Fläche $10 \cdot 2^t$ m^2 groß.

Die Wachstumsformel lautet daher: $A(t) = 10 \cdot 2^t$

Information

(1) Fortschreiten in beliebigen Zeitspannen

Die Werte der Tabellen in der Aufgabe 1 wurden dadurch erzeugt, dass die Zeit immer um eine Woche erhöht wurde. Man kann z.B. auch eine Zeitspanne von zwei Wochen wählen. Du erkennst an der Tabelle rechts:

Wenn die t-Werte um 2 zunehmen, dann

- nehmen die B(t)-Werte jeweils um 400 zu,
- werden die A(t)-Werte jeweils mit 4 multipliziert.

Zeit (in Wochen)	*Baggerseegröße* (in m^2)	*Algenflächengröße* (in m^2)
t	$B(t) = 500 + 200 \cdot t$	$A(t) = 10 \cdot 2^t$
0	500	10
+2	+400	·4
2	900	40
+2	+400	·4
4	1 300	160
+2	+400	·4
6	1 700	640

Begründung: In zwei Wochen wächst der See um jeweils $2 \cdot 200$ m^2, also 400 m^2. Die Fläche der Algen wird in den zwei Wochen zweimal verdoppelt, also vervierfacht.

Auch für die Zeitspanne einer halben Woche muss gelten:

- Die Baggerseegröße wächst um einen gleich bleibenden Betrag an.
- Die Algenflächengröße vervielfacht sich mit dem gleichbleibenden Faktor.

Damit ergibt sich:

Wählt man als Zeitspanne eine halbe Woche, so wächst der See nur um jeweils die Hälfte von 200 m^2, also 100 m^2.

Die Algenfläche ist nach einer ganzen Woche, also nach zweimal einer halben Woche verdoppelt. Der Wachstumsfaktor für eine halbe Woche muss also mit sich selbst multipliziert den Wachstumsfaktor 2 für eine ganze Woche ergeben. Also muss die Algenfläche pro halbe Woche auf das $\sqrt{2}$-fache (ungefähr 1,4-fache) anwachsen, denn $\sqrt{2} \cdot \sqrt{2} = 2$.

Damit erhalten wir die Werte in der Tabelle rechts.

Zeit (in Wochen)	*Baggerseegröße* (in m^2)	*Algenflächengröße* (in m^2)
t	$B(t) = 500 + 200 \cdot t$	$A(t) = 10 \cdot 2^t$
0	500	10
+0,5	+100	$\cdot\sqrt{2}$
0,5	600	≈ 14,1
+0,5	+100	$\cdot\sqrt{2}$
1	700	20
+0,5	+100	$\cdot\sqrt{2}$
1,5	800	≈ 28,3

B(t) bezeichnet den Bestand zum Zeitpunkt t.

(2) Lineares und exponentielles Wachstum

Bei beiden Wachstumsprozessen in Aufgabe 1 handelt es sich um Größen (Größe der Baggersee-Fläche, Größe der Algenfläche), die sich mit der Zeit nach bestimmten Gesetzmäßigkeiten verändern. Ihnen liegen die Formeln $B(t) = 200 \cdot t + 500$ bzw. $A(t) = 10 \cdot 2^t$ zugrunde. Solche Wachstumsprozesse treten häufig auf. Man hat ihnen daher besondere Namen gegeben.

Lineares Wachstum

In gleichen Zeitspannen c werden zu den zugehörigen Größen B(t) immer die gleichen Summanden d addiert. Dies nennt man *lineares Wachstum (lineare Zunahme).*

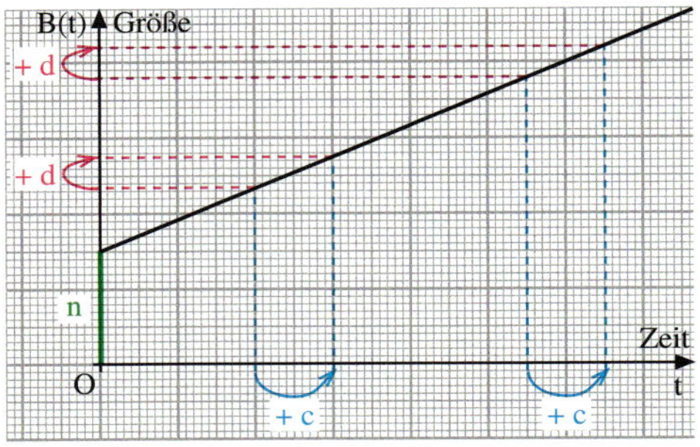

Lineares Wachstum wird durch die Formel $B(t) = m \cdot t + n$ beschrieben; dabei ist m der Summand zur Zeitspanne $c = 1$.

Bei der Baggerseegröße liegt lineares Wachstum mit Anfangsbestand n vor.

Exponentielles Wachstum

In gleichen Zeitspannen c werden die zugehörigen Größen B(t) immer mit dem gleichen Faktor d multipliziert. Dies nennt man *exponentielles Wachstum (exponentielle Zunahme).*

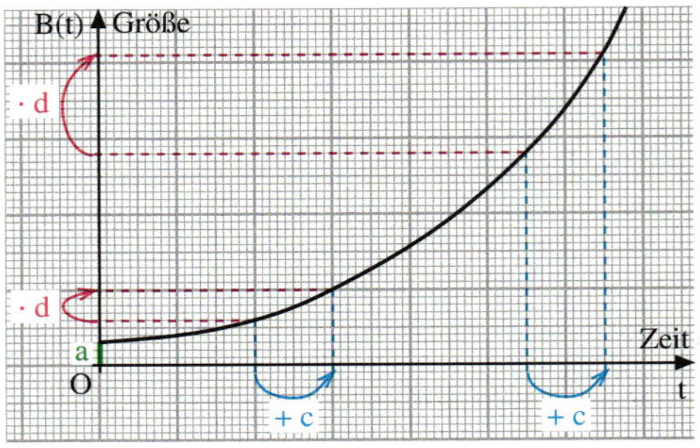

Exponentielles Wachstum wird durch die Formel $B(t) = a \cdot b^t$ beschrieben; dabei ist b der Faktor zur Zeitspanne $c = 1$.

Bei der Algenflächengröße liegt exponentielles Wachstum mit dem Anfangsbestand a vor.

Weiterführende Aufgabe

2. *Vergleich mit proportionalem, quadratischem und kubischem Wachstum*

a) Betrachte für einen Würfel der Kantenlänge x die Funktionen:

f: Kantenlänge → Gesamtkantenlänge
g: Kantenlänge → Oberflächeninhalt
h: Kantenlänge → Volumen

Erstelle ihre Funktionsterme und zeichne die Graphen.

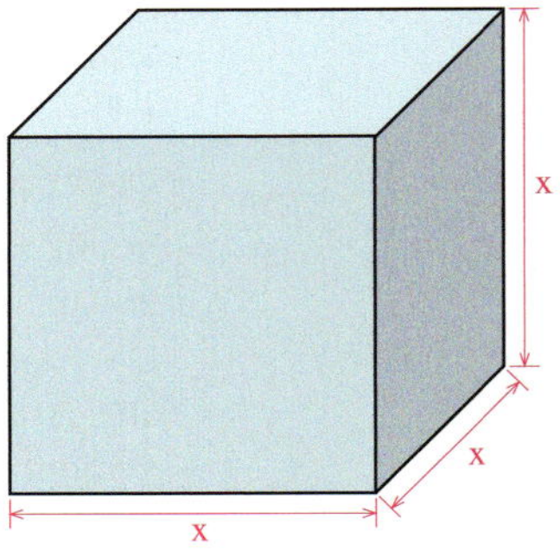

b) Untersuche, wie sich jeweils eine Verdopplung, eine Verdreifachung, … der Kantenlänge auf die Gesamtkantenlänge, den Oberflächeninhalt und das Volumen auswirkt.

c) Vergleiche das Anwachsen der Gesamtkantenlänge, des Oberflächeninhalts sowie des Volumens mit linearem und exponentiellem Wachstum.

Information

Das Anwachsen der Gesamtkantenlänge, des Oberflächeninhalts und des Volumens mit der Kantenlänge des Würfels sind Beispiele für Wachstumsprozesse, deren Gesetzmäßigkeiten du schon aus der Sekundarstufe I kennst. Wir stellen sie hier zum Vergleich mit dem exponentiellem Wachstum noch einmal zusammen.

(1) Proportionales Wachstum

Wächst eine Größe so an, dass nach doppelt (dreimal, viermal, ...) so langer Zeit die Größe sich verdoppelt, (verdreifacht, vervierfacht, ...), so liegt *proportionales Wachstum* (*proportionale Zunahme*) vor.
Proportionales Wachstum ist ein Spezialfall linearen Wachstums mit dem Anfangsbestand 0.
Proportionales Wachstum wird durch die Formel $B(t) = m \cdot t$ beschrieben; dabei ist m der konstante Summand zur Zeitspanne c = 1.

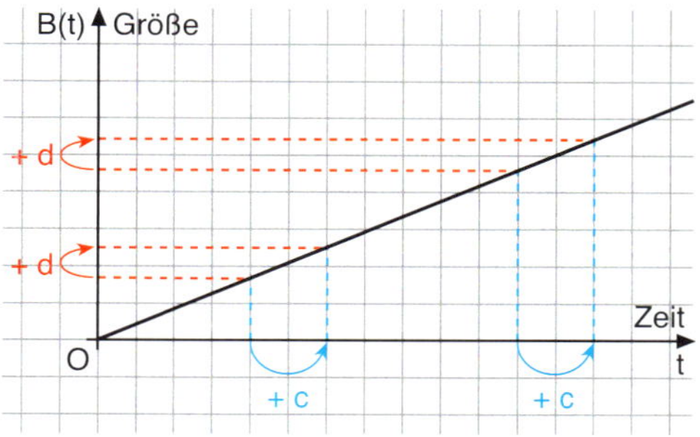

(2) Quadratisches Wachstum

Wächst eine Größe so an, dass nach doppelt (dreimal, viermal, ...) so langer Zeit die Größe sich vervierfacht, (verneunfacht, versechzehnfacht, ...), so liegt *quadratisches Wachstum* (*quadratische Zunahme*) vor.
Quadratisches Wachstum wird durch die Formel $B(t) = a \cdot t^2$ mit $a > 0$ beschrieben.

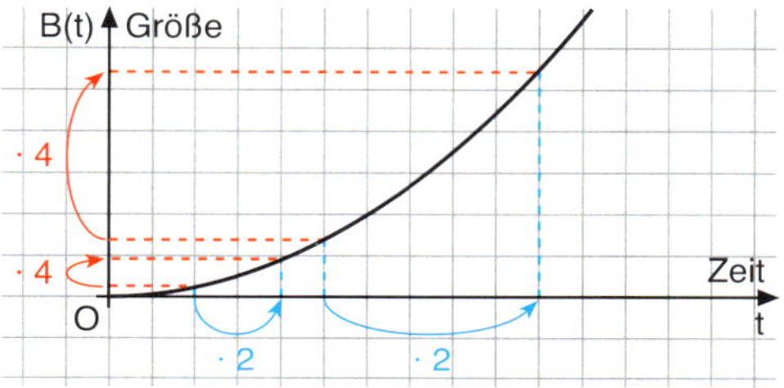

(3) Kubisches Wachstum

Wächst eine Größe so an, dass nach doppelt (dreimal, viermal, ...) so langer Zeit die Größe sich verachtfacht, (versiebenundzwanzigfacht, vervierundsechzigfacht, ...), so liegt *kubisches Wachstum* (*kubische Zunahme*) vor.
Kubisches Wachstum wird durch die Formel $B(t) = a \cdot t^3$ mit $a > 0$ beschrieben.

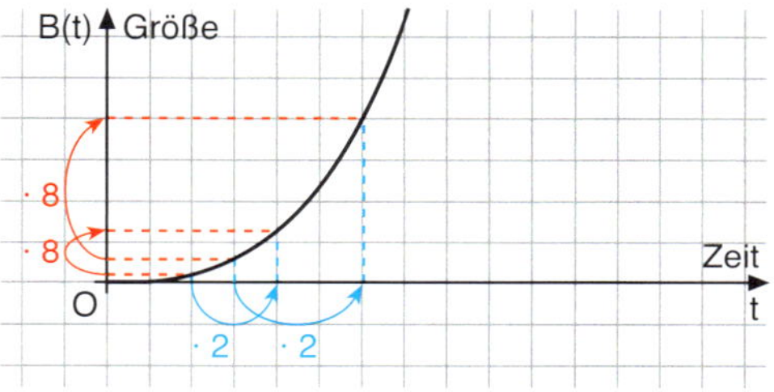

Proportionales Wachstum ist ein Spezialfall linearen Wachstums.
Proportionales, quadratisches und kubisches Wachstum sind Spezialfälle *potenziellen Wachstums*.

Potenzielles Wachstum liegt vor, wenn das Anwachsen einer Größe B(t) durch einen Funktionsterm der Form $B(t) = a \cdot t^n$ mit $a > 0$ und $n \in \mathbb{N}^*$ beschrieben werden kann.
Hierfür gilt: Nach k-mal so langer Zeit ist die Größe k^n-mal so groß.

Im Folgenden untersuchen wir aber exponentielle Wachstumsprozesse.

Übungsaufgaben

3. Eine Gärtnerei plant für einen Ferienjob über 15 Arbeitstage.

Angebot 1: Am ersten Tag gibt es 10 €, an jedem weiteren Tag noch 25 €.

Angebot 2: An jedem Tag gibt es 20 € Lohn.

Angebot 3: Am ersten Tag gibt es 3 Cent Lohn. An jedem weiteren Tag wird so viel Lohn gezahlt, dass die Aushilfskraft insgesamt doppelt so viel Geld hat wie am Vortag.

Vergleiche die drei Angebote für die Tageslöhne. Du kannst grafisch oder tabellarisch vorgehen.

4. Für das Algenwachstum eines Sees gilt $B(t) = 10 \cdot 2^t$. Dabei gibt t die Zeit (in Wochen) nach dem Beobachtungsbeginn an.

a) Mit welchem Faktor vervielfacht sich die von den Algen bedeckte Fläche jeweils nach 4 Wochen, nach 6 Wochen, nach 8 Wochen, nach 10 Wochen?

b) Welche Fläche ist nach 11 Wochen [10 Wochen; 9 Wochen] mit Algen bedeckt?

c) Wie groß ist die Algenfläche nach $\frac{1}{4}$ Woche, nach 1 Tag?

d) Begründe: Nach 10 Wochen hat sich die mit Algen bedeckte Fläche ungefähr vertausendfacht. Bewerte das Ergebnis.

5. Ein Baggersee von 1 200 m^2 Größe wird jede Woche um 700 m^2 vergrößert. Eine Algenart bedeckt zu Beginn der Baggerarbeiten 1 m^2 Wasserfläche. Die mit Algen bedeckte Fläche verdreifacht sich jede Woche.

a) Lege für die Zunahme der Wasserfläche und für das Wachstum der Algen eine Tabelle an. Beschreibe jeweils die Art des Wachstums. Gib jeweils eine Formel an.

b) Zeichne die Graphen. Wann ist die ganze Wasserfläche mit Algen bedeckt?

6. Wasserhyazinthen überwuchern den afrikanischen Victoriasee. Diese Hyazinthenart wächst jeden Monat auf das Dreifache. Am Anfang bedeckte sie eine Fläche von 2 m^2. Lege eine Tabelle an und zeichne einen Graphen der Funktion
Zeit t (in Monaten) → Größe B(t) der mit Hyazinthen bedeckten Fläche (in m^2).
Du kannst aufhören, wenn eine Fläche von 10 km^2 bedeckt ist.
Wie lautet die Formel?

7. *Proportionales Wachstum*

Aus einem undichten Hahn fließt Wasser gleichmäßig aus: in 2 Minuten insgesamt 1,5 Liter.

a) Lege für die Zeit t (t = 0, 1, 2, …, 12) in Minuten und die Wassermenge B (t) in Liter eine Tabelle an und zeichne den Graphen. Beschreibe ihn durch eine Formel.

b) Begründe, dass lineares Wachstum vorliegt.

c) Welche besonderen Eigenschaften weist dieser Spezialfall eines linearen Wachstums auf?

8. Welche Art von Wachstum könnte dem Prozess zugrunde liegen? Begründe.

	Zeit (in Tagen)	0	1	2	3	4	5	6	7	8
a)	Volumen einer Hefekultur (in cm^3)	1	3		27		243			6 561
b)	Füllhöhe eines Wasserbeckens (in cm)	0	26	52		104	130			
c)	Anzahl der infizierten Personen	1	4	16		256				65 536
d)	Höhe eines Gerüstes (in m)	1	4	7	10	13	16	19	22	25
e)	Volumen eines Ballons (in cm^3)	0	1	8	27	64	125	216	343	512
f)	Bearbeiteter Datenbestand (in GB)	0	2	8	18	32	50	72	98	128

2.1.2 Prozentuale Wachstumsrate

Aufgabe 1

Festmeter
gebräuchliche, aber nicht gesetzliche Buchungseinheit für Holz, die ein Kubikmeter feste Holzmasse bedeutet.

Der Holzbestand eines Waldes beträgt etwa 50 000 Festmeter. Bei natürlichem Wachstum nimmt der Holzbestand jährlich um 3,6 % zu. Lege eine Tabelle an, die den Holzbestand für die nächsten 5 Jahre beschreibt. Zeige, dass es sich dabei um exponentielles Wachstum handelt. Ermittle eine Formel.

Lösung

Der Holzbestand wächst pro Jahr um 3,6 %, d.h. pro Jahr kommen zu 100 % noch 3,6 % hinzu. Der neue Bestand beträgt also 103,6 % des alten Bestandes. Man muss bei einem Zeitschritt von 1 Jahr also immer mit dem Faktor 1,036 multiplizieren. Es handelt sich um exponentielles Wachstum. Die Formel für den Bestand B(t) zur Zeit t lautet: $B(t) = 50\,000 \cdot 1{,}036^t$.

Zeit t (in Jahren)	0	1	2	3	4	5
Bestand B(t) (in Festmeter)	50 000	51 800	53 665	55 597	57 599	59 672

Information

Wird eine Größe in gleichen Zeitspannen immer um den gleichen Prozentsatz p % vermehrt, so liegt exponentielles Wachstum vor. Man spricht auch vom *prozentualen Wachstum*. Dies kennst du bereits von der Berechnung der Zinseszinsen. p % heißt *Wachstumsrate* pro Zeitspanne. In der Aufgabe 1 beträgt die prozentuale Wachstumsrate 3,6 % pro Jahr.
Die Zahl, mit der man die Ausgangsgröße multiplizieren muss, um die Größe nach dieser Zeitspanne zu erhalten, heißt *Wachstumsfaktor*. In Aufgabe 1 beträgt er 1,036 pro Jahr.

Bei einer Zunahme mit konstanter **prozentualer Wachstumsrate** p % liegt exponentielles Wachstum mit dem **Wachstumsfaktor** $\left(1 + \frac{p}{100}\right)$ pro Zeitspanne vor.
Der Wachstumsfaktor $\left(1 + \frac{p}{100}\right)$ wird oft mit q abgekürzt: $q = 1 + \frac{p}{100}$

Weiterführende Aufgaben

2. *Prozentuale Wachstumsrate und Verdopplungszeit*

a) Ermittle, nach wie vielen Jahren sich ein Anfangskapital von 1 000 € bei einem Zinssatz von 5 % verdoppelt hat. Verändere das Anfangskapital. Begründe folgenden Satz.

b) Untersuche, nach wie vielen Jahren sich ein Anfangskapital von 1 000 € bei unterschiedlichen Zinssätzen verdoppelt hat. Lege eine Tabelle an.

Zinssatz p %	Verdopplungszeit d
5 %	

c) Welcher Zusammenhang besteht zwischen dem Zinssatz p % und der Verdopplungszeit d? Überprüfe die Vermutung für weitere Zinssätze bis 10 % und für andere Zinssätze. Vergleiche mit der nebenstehenden Faustformel.

d) Die prozentuale Wachstumsrate der Erdbevölkerung liegt bei 1,4 % pro Jahr. Bestimme mit der Formel aus Teilaufgabe c) die Verdopplungszeit der Erdbevölkerung näherungsweise.

Beim exponentiellen Wachstum ist die Zeitspanne, die zur Verdopplung eines Anfangswertes benötigt wird, unabhängig vom Anfangswert. Man nennt sie **Verdopplungszeit**.

3. *Bestimmen der prozentualen Wachstumsrate pro Zeitspanne*

Eine Hefekultur von 5 g vermehrt sich so, dass der Bestand jede Stunde auf das Zweieinhalbfache anwächst. Wie groß ist die prozentuale Wachstumsrate pro Stunde? Welchen Einfluss hat der Anfangsbestand? Begründe.

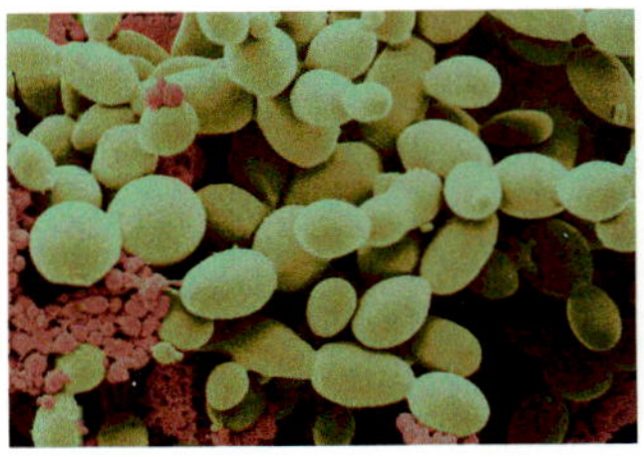

Übungsaufgaben

4. Auf wie viel Euro wachsen 1 000 € bei einer Verzinsung von 3 % pro Jahr in 3 Jahren, in 5 Jahren, in 8 Jahren an? Um welches Wachstum handelt es sich? Gib eine Formel an.

5. Jede Spalte der Tabelle beschreibt einen Sachverhalt. Gib die Bedeutung der Variablen an. Ermittle die fehlenden Werte und gib zu jeder Spalte einen passenden Sachverhalt an.

Zinseszinsformel
$K_n = K_0 \cdot \left(1 + \frac{p}{100}\right)^n$

K_0	1 500 €	25 000 €		1 000 €	
p %	4 %	5,75 %	3 %		6 %
n	8	10	8	10	12
K_n			30 000 €	1 500 €	18 000 €

6. a) Durch schädliche Umwelteinflüsse verlangsamt sich das Wachstum des Holzbestandes von Aufgabe 1 so, dass er jährlich nur um 2,5 % zunimmt. Auf wie viel Festmeter wächst der Holzbestand des geschädigten Waldes nach 4 Jahren [nach 8, 12, 16, 20 Jahren] an?

b) Für einen Festmeter Holz wird durchschnittlich ein Erlös von 45 € erzielt. Wie hoch ist der durch Umweltschäden verursachte Verlust (gegenüber dem natürlichen Wachstum) in dem angegebenen Zeitraum für den Waldbesitzer?

7. Nach wie vielen Jahren würde sich die Bevölkerung jeweils verdoppeln, wenn die vorausberechnete Wachstumsrate sich als richtig erweist? Verwende die Faustformel.

Afrika	2,6 %
Asien	1,4 %
Nordamerika	0,8 %

8. Die Bevölkerung eines Landes wird sich bei gleichmäßig prozentualem Wachstum nach einer Prognose A in 25 Jahren, nach einer Prognose B in 32 Jahren verdoppeln.
Von welcher prozentualen Wachstumsrate gehen die Prognosen jeweils aus?

9. Betrachte die Überlegung von Lukas rechts. Wo steckt der Fehler?

10. a) Beim Metall Blei rechnet man mit einer jährlichen Wachstumsrate des Verbrauchs von 3,14 %. Heute wird ein Jahresverbrauch von 3,7 Mio t angenommen. Stelle eine Formel auf und berechne den Verbrauch nach 10, 20, 30 und 100 Jahren.

b) Hannes rundet und rechnet mit 3 % pro Jahr. Untersuche die Fragestellung aus Teilaufgabe a). Vergleiche die beiden Ergebnisse. Begründe.

2.1.3 Exponentielle Abnahme – Zerfall

Aufgabe 1

Eine Patientin nimmt einmalig 8 mg eines Medikaments zu sich. Im Körper wird im Laufe eines Tages $\frac{1}{4}$ des Medikaments abgebaut, d.h. es sind am nächsten Tag noch $\frac{3}{4}$ davon vorhanden.

a) Lege eine Tabelle an.
Erstelle eine Formel, mit der man die Masse M(t) zum Zeitpunkt t Tage nach der Einnahme berechnen kann.

b) Zeichne einen Graphen. Beantworte daran: Nach welcher Zeitspanne ist noch die Hälfte der Anfangsmasse vorhanden? Zeige am Graphen: Diese Zeitspanne bleibt gleich, auch wenn man eine andere Ausgangsmasse wählt.

Lösung

a)

Zeitpunkt t (in Tagen)	0	1	2	3	4	5	6	7	8
Masse M(t) (in mg)	8	6	4,5	3,38	2,53	1,90	1,42	1,07	0,80

Nach 1 Tag sind noch $8\text{ mg} \cdot \frac{3}{4}$ vorhanden, am 2. Tag noch $\left(8\text{ mg} \cdot \frac{3}{4}\right) \cdot \frac{3}{4} = 8\text{ mg} \cdot \left(\frac{3}{4}\right)^2$. Nach 5 Tagen liegt noch eine Masse von $8\text{ mg} \cdot \left(\frac{3}{4}\right)^5$ vor. Für t Tage gilt: $M(t) = 8 \cdot \left(\frac{3}{4}\right)^t$

b)

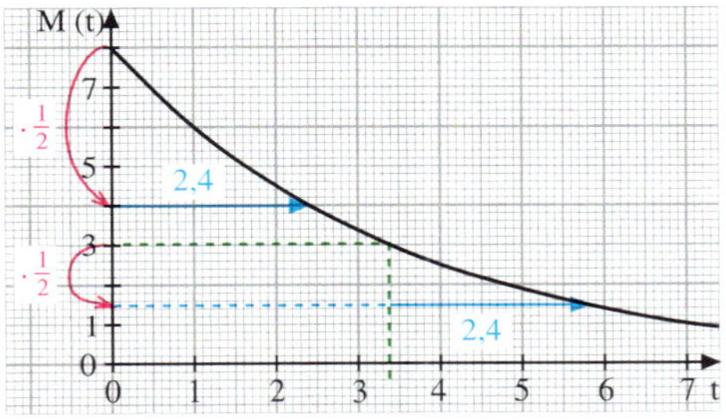

In ungefähr 2,4 Tagen ist statt 8 mg nur noch die Hälfte des Anfangsbestandes, also 4 mg vorhanden.
Die Zeitspanne, in der das Medikament z. B. von 3 mg auf 1,5 mg abnimmt, beträgt auch ungefähr 2,4 Tage.
Dies gilt auch für andere Beispiele.

Information

(1) Exponentielle Abnahme

Im Sachverhalt von Aufgabe 1 kann man auch andere Zeitspannen wählen und untersuchen, mit welchem Faktor man multiplizieren muss. Wählt man z. B. eine Zeitspanne von 2 Tagen, so wird die Medikamentenmasse zweimal mit $\frac{3}{4}$ multipliziert, also insgesamt mit $\frac{9}{16}$.

Für eine Zeitspanne von einem halben Tag muss für den Faktor x gelten: $x \cdot x = \frac{3}{4}$. Man muss also die Medikamentenmasse mit $\sqrt{\frac{3}{4}}$ multiplizieren, um zu bestimmen, wie viel nach einem halben Tag vorhanden ist.

Exponentielle Abnahme

In gleichen Zeitspannen c werden die jeweiligen Größenangaben immer mit dem gleichen Faktor d multipliziert; dabei ist $0 < d < 1$.
Dies nennt man *exponentielle Abnahme*.
Exponentielle Abnahme wird durch die Formel $f(t) = a \cdot b^t$ beschrieben, wobei die Basis b zwischen 0 und 1 liegt.
Die Zeitspanne, die zur Halbierung einer Größe benötigt wird, nennt man **Halbwertszeit**.

b ist der Faktor zur Zeitspanne c = 1.

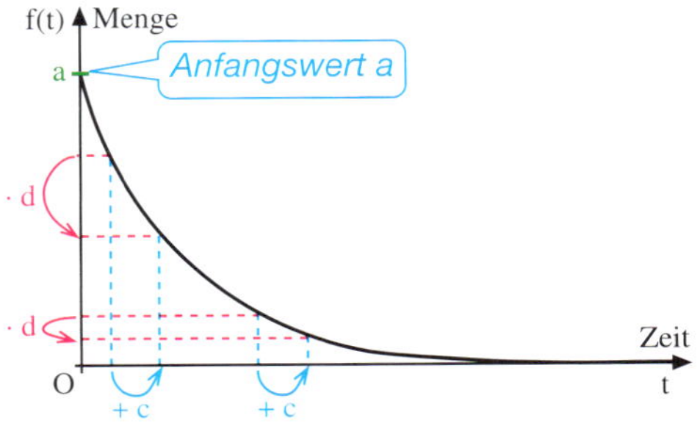

(2) Exponentielles Wachstum

Zu exponentieller Abnahme und Zunahme gehören Formeln der Form $B(t) = a \cdot b^t$, wobei bei Abnahme der Wachstumsfaktor zwischen 0 und 1 liegt. Bei Zunahme ist der Faktor größer als 1. Der Oberbegriff zu exponentieller Zunahme und exponentieller Abnahme ist **exponentielles Wachstum**.
Zuweilen werden Abnahmeprozesse auch plakativ als *„negatives Wachstum“* bezeichnet.

Weiterführende Aufgabe

Radioaktivität
Zerfall instabiler Atomkerne unter Aussendung von Strahlen

2. *Abnahmerate und Abnahmefaktor*

a) Radioaktives Iod zerfällt so, dass seine Masse um 8 % pro Tag abnimmt. Am Anfang sind 3 mg vorhanden.
Wie viel radioaktives Iod ist am 2. Tag, 3. Tag, 4. Tag, 5. Tag noch vorhanden? Stelle auch eine Formel auf.

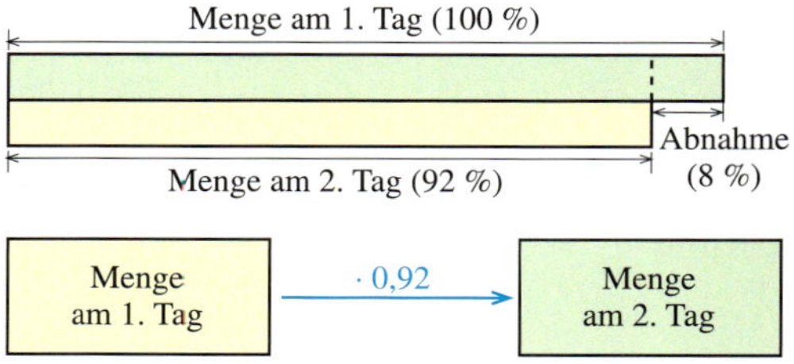

b) Erläutere folgende Regel:

> Bei einer Abnahme mit konstanter prozentualer Abnahmerate (Zerfallsrate) p % liegt **exponentielle Abnahme** mit dem **Abnahmefaktor** (*Zerfallsfaktor*) $\left(1 - \frac{p}{100}\right)$ vor.

Übungsaufgaben

3. Radioaktiver Schwefel zerfällt so, dass die Masse jedes Jahr um $\frac{1}{12}$ abnimmt. Es sind anfangs 6 g Schwefel vorhanden.

a) Wie viel Schwefel sind nach 1; 2; 3; 4; 5; 6 Jahren noch vorhanden? Zeichne einen Graphen.

b) Ermittle eine Formel. Welcher Anteil ist nach 10 Jahren noch vorhanden?

Jsotop
Atom, das sich von einem anderen desselben chemischen Elements nur in der Masse unterscheidet.

4. Für bestimmte Untersuchungen verwendet man in der Medizin ein radioaktives Iod-Isotop, das schnell zerfällt. Von 1 mg ist nach 1 Stunde jeweils nur noch 0,75 mg im menschlichen Körper vorhanden. Nach wie viel Stunden ist von 1 mg zum ersten Mal weniger als 0,5 mg vorhanden? Wie groß ist der Zerfallsfaktor zur Zeitspanne 1 Stunde, in 2, in 3, in 5 Stunden?

5. Bei einem Blutalkoholgehalt ab 0,5 Promille werden Kraftfahrer mit einem Bußgeld oder mit Führerscheinentzug bestraft. Alkohol wird von der Leber so abgebaut, dass sein Gehalt im Blut um etwa 0,2 Promillepunkte pro Stunde (also jeweils um die gleiche Menge) abnimmt.

a) Ein Zecher geht um 3 Uhr nachts mit einem Blutalkoholgehalt von 2,3 Promille schlafen. Um wie viel Uhr ist der Blutalkoholgehalt kleiner als 0,5 Promille [gleich 0]?

b) Vergleiche den Abbau des Alkohols im Blut mit dem Abbau des radioaktiven Iods im menschlichen Körper (Übungsaufgabe 4).

ppm ⟨**engl.**⟩
parts per million;
$1 : 10^6$

6. Durch Einleitung einer giftigen Chemikalie in einen Stausee ist das Wasser so verunreinigt worden, dass ein Badeverbot erlassen werden musste. Im Stausee wurden 135 ppm der Chemikalie gemessen. Die Verunreinigung nimmt langsam ab, und zwar um 10 % pro Woche. Das Badeverbot kann aufgehoben werden, wenn die Verunreinigung den von den Gesundheitsbehörden festgesetzten Grenzwert von 25 ppm unterschritten hat. Nach wie vielen Wochen ist das möglich?

7. Röntgenstrahlen werden durch Bleiplatten abgeschirmt. Bei einer Plattendicke von 1 mm nimmt die Strahlungsstärke um 5 % ab. Wie dick muss die Bleiplatte sein, damit Strahlung auf die Hälfte [etwa $\frac{1}{10}$] der ursprünglichen Stärke vermindert wird?

Im Blickpunkt
Im Blickpunkt

Mittelwerte bei Zunahme- und Abnahmeprozessen

1. Ein Hochgeschwindigkeitszug legt einen Teil einer Teststrecke mit konstanter Geschwindigkeit zurück. Nach 30 s ist er beim Streckenkilometer 40, nach 50 s beim Streckenkilometer 43.

a) An welcher Stelle war er nach 40 s?

b) Nach t_1 Sekunden soll der Zug an der Stelle a, nach t_2 Sekunden an der Stelle b sein.
Berechne einen Term für die Stelle, an der der Zug nach $\frac{t_1 + t_2}{2}$ Sekunden ist.

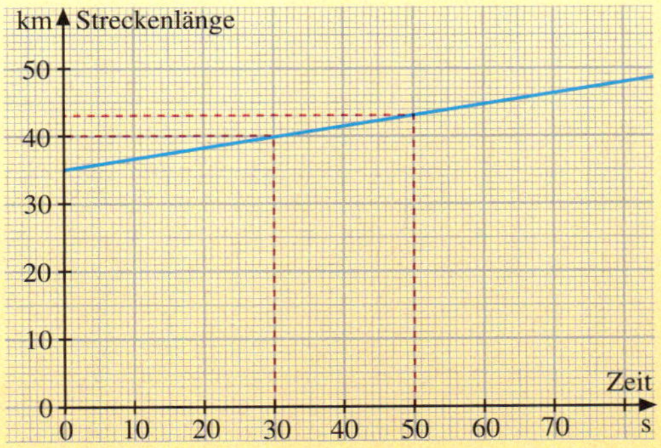

2. Bei einer anderen Testzugfahrt wird eine bestimmte Strecke zurückgelegt. Aus der benötigten Zeit wird die Geschwindigkeit bestimmt.
Ein Zug, der 30 s benötigt, hat eine Geschwindigkeit von 400 $\frac{km}{h}$, einer, der 50 s benötigt, eine Geschwindigkeit von 240 $\frac{km}{h}$.

a) Welche Geschwindigkeit hat der Zug, der 40 s benötigt?

b) Ein Zug, der t_1 Sekunden benötigt, hat die Geschwindigkeit a, einer, der t_2 Sekunden benötigt, die Geschwindigkeit b.
Berechne einen Term für die Geschwindigkeit eines Zuges, der $\frac{t_1 + t_2}{2}$ Sekunden benötigt.

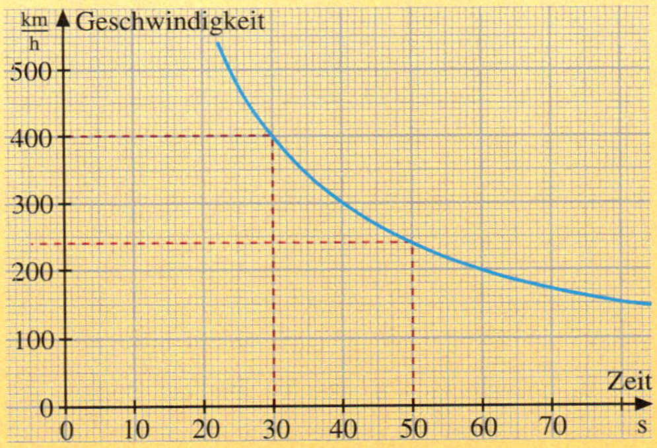

3. Eine Algenart wächst exponentiell an. 30 Tage nach Beobachtungsbeginn sind 40 m^2 bedeckt, nach 50 Tagen 90 m^2.

a) Wie viel war nach 40 Tagen bedeckt?

b) Nach t_1 Tagen sollen a Quadratmeter, nach t_2 Tagen b Quadratmeter bedeckt sein. Berechne einen Term für die Größe der nach $\frac{t_1 + t_2}{2}$ Tagen bedeckten Fläche.

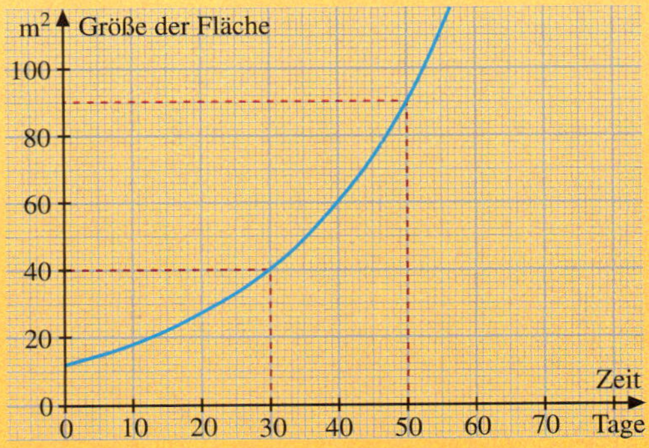

4. Katharina entdeckt in einem Lexikon, dass es zu zwei gegebenen Werten a und b verschiedene Mittelwerte gibt:

Arithmetisches Mittel	Harmonisches Mittel	Geometrisches Mittel
$m = \frac{1}{2}(a + b)$	$\frac{1}{h} = \frac{1}{2}\left(\frac{1}{a} + \frac{1}{b}\right)$	$g = \sqrt{a \cdot b}$

a) Felix bemerkt, dass die drei Formeln mit den ersten drei Aufgaben zusammenhängen. Erläutere.

b) Untersuche an einem selbst gewählten Beispiel, welcher der obigen Mittelwerte bei einem linearen Abnahmeprozess, welcher bei einem exponentiellen Abnahmeprozess anzuwenden ist.

c) Begründe Folgendes:

(1) Verändert sich eine Größe linear, so gehört zum arithmetischen Mittel zweier Ausgangswerte das arithmetische Mittel der zugehörigen Werte.

(2) Verändert sich eine Größe exponentiell, so gehört zum arithmetischen Mittel zweier Ausgangswerte das geometrische Mittel der zugehörigen Werte.

(3) Verändert sich eine Größe antiproportional, so gehört zum arithmetischen Mittel zweier Ausgangswerte das harmonische Mittel der zugehörigen Werte.

5. Überlege, welcher Mittelwert der angemessene ist.

(1) Nicole fährt eine Stunde mit dem Fahrrad. Die Hälfte der Zeit fährt sie mit $18\,\frac{km}{h}$, die andere Hälfte mit $12\,\frac{km}{h}$. Wie groß ist ihre Durchschnittsgeschwindigkeit?

(2) Niklas fährt 12 km mit dem Fahrrad. Die ersten 6 km mit $18\,\frac{km}{h}$, die zweiten 6 km mit $12\,\frac{km}{h}$. Wie groß ist seine Durchschnittsgeschwindigkeit?

(3) Jessica und Tina fahren Tandem. Der Preis für ihr Tandem-Modell erhöht sich im ersten Jahr von 500 € um 30 %, dann im zweiten Jahr um 10 %. Wie groß ist ihre durchschnittliche prozentuale Erhöhung pro Jahr?

6. Erfinde selbst je eine Aufgabe zur Mittelwertberechnung, bei der das arithmetische Mittel, das harmonische Mittel und das geometrische Mittel berechnet werden muss.

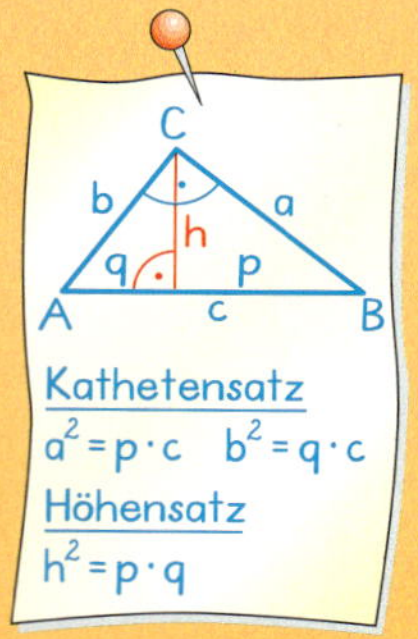

7. Aus der Zeichnung rechts kann man einen Größenvergleich von arithmetischem, geometrischem und harmonischem Mittel für positive Werte a und b herleiten.

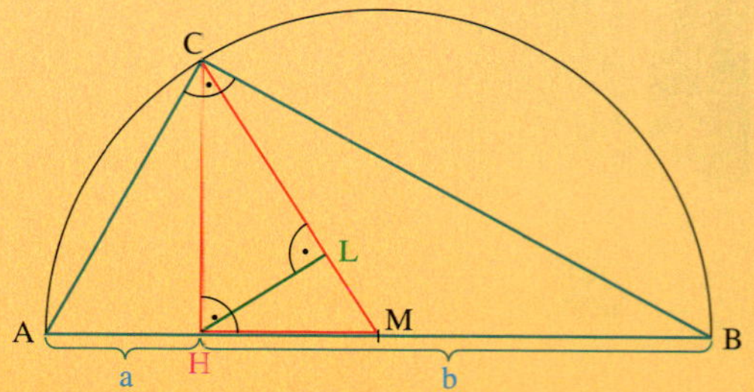

(1) Begründe, dass |MC| das arithmetische Mittel von a und b ist.

(2) Begründe mithilfe des Höhensatzes für das Dreieck ABC, dass |HC| das geometrische Mittel von a und b ist.

(3) Begründe mithilfe des Kathetensatzes für das Dreieck HMC, dass |LC| das harmonische Mittel von a und b ist.

(4) Folgere daraus eine Größenreihenfolge der drei Mittelwerte.

2.2 Exponentialfunktionen und ihre Eigenschaften

Bei den exponentiellen Prozessen des Algenwachstums (Seite 42) und der Medikamentenabnahme (Seite 49) haben wir die Abhängigkeit der Größe der Algenfläche bzw. der Masse von der Zeit durch die Formeln $f(t) = 10 \cdot 2^t$ bzw. $f(t) = 8 \cdot \left(\frac{3}{4}\right)^t$ beschrieben. Durch solche Formeln werden auch Funktionen beschrieben, mit denen und deren Eigenschaften wir uns beschäftigen wollen.

2.2.1 Die Exponentialfunktionen mit $y = b^x$ mit $b > 0$; $b \neq 1$

Aufgabe 1

Die Exponentialfunktion zur Basis 2

a) Zeichne den Graphen der Exponentialfunktion f mit $f(x) = 2^x$ im Bereich $-3 \leq x \leq 3$.

b) Gib Eigenschaften des Graphen an.

c) Wie ändert sich der Funktionswert, wenn x um 1 bzw. um 3 erhöht wird? Begründe.

d) Wie ändert sich der Funktionswert, wenn x um s erhöht wird? Begründe.

Lösung

a) *Wertetabelle:*

x	2^x
– 3	0,125
– 2,5	0,177
– 2	0,25
– 1,5	0,354
– 1	0,5
– 0,5	0,707
0	1
0,5	1,414
1	2
1,5	2,828
2	4
2,5	5,657
3	8

Graph:

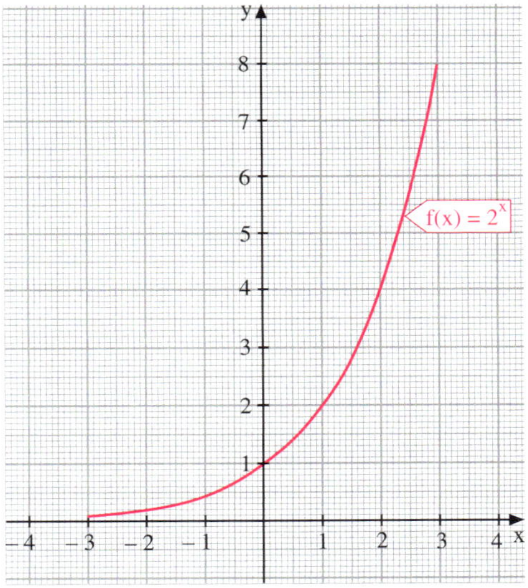

b) Der Graph der Funktion steigt (von links nach rechts) immer an; mit wachsendem x werden die Funktionswerte größer. Er verläuft vom 2. Quadranten durch den Punkt P(0|1) der y-Achse in den 1. Quadranten. Der Graph nähert sich im 2. Quadranten der x-Achse immer mehr an, je kleiner (niedriger) die Werte für x werden.

c) An der Wertetabelle oder am Graphen erkennst du:
Wenn man x um 1 erhöht, verdoppelt sich der Funktionswert, denn:
$f(x+1) = 2^{x+1} = 2^x \cdot 2 = f(x) \cdot 2$
Wenn man x um 3 erhöht, verachtfacht sich der Funktionswert, denn:
$f(x+3) = 2^{x+3} = 2^x \cdot 2^3 = f(x) \cdot 8$

$a^{r+s} = a^r \cdot a^s$

d) Wenn man x um s erhöht, wird der Funktionswert 2^x mit 2^s multipliziert. Das kann man auch mit einem Potenzgesetz begründen:
$f(x+s) = 2^{x+s} = 2^x \cdot 2^s = f(x) \cdot 2^s$

Aufgabe 2

Die Exponentialfunktion zur Basis $\frac{1}{2}$

Zeichne den Graphen zur Exponentialfunktion f mit $f(x) = \left(\frac{1}{2}\right)^x$ im Bereich $-4 \le x \le 4$.
Zeichne in dasselbe Koordinatensystem den Graphen der Exponentialfunktion g mit $g(x) = 2^x$.
Vergleiche die beiden Graphen. Was fällt auf? Begründe.

Lösung

Wertetabelle:

x	$\left(\frac{1}{2}\right)^x$	2^x
– 4	16	0,06
– 3,5	11,31	0,09
– 3	8	0,13
– 2,5	5,66	0,18
– 2	4	0,25
– 1,5	2,83	0,35
– 1	2	0,5
– 0,5	1,41	0,71
0	1	1
0,5	0,71	1,41
1	0,5	2
1,5	0,35	2,83
2	0,25	4
2,5	0,18	5,66
3	0,13	8
3,5	0,09	11,31
4	0,06	16

Graph:

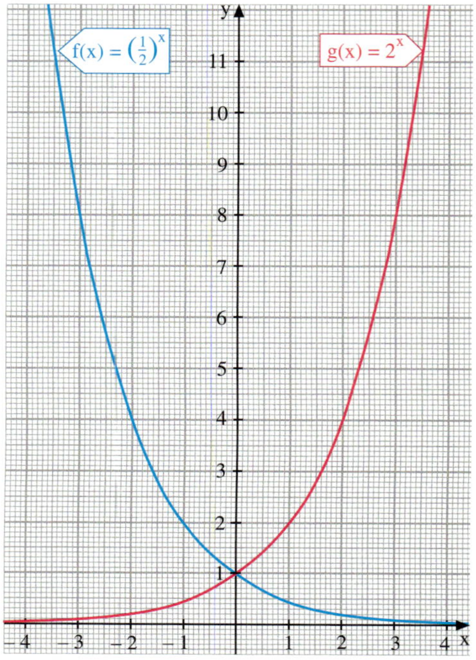

Der Graph zu $f(x) = \left(\frac{1}{2}\right)^x$ geht aus dem Graphen zu $g(x) = 2^x$ durch Spiegelung an der y-Achse hervor und umgekehrt.

$a^{-n} = \frac{1}{a^n}$

Begründung: Ersetzt man in dem einen Funktionsterm x durch –x, so ergibt sich der andere Funktionsterm:

$$g(-x) = 2^{-x} = \frac{1}{2^x} = \frac{1^x}{2^x} = \left(\frac{1}{2}\right)^x = f(x) \quad \text{bzw.} \quad f(-x) = \left(\frac{1}{2}\right)^{-x} = \frac{1}{\left(\frac{1}{2}\right)^x} = \frac{1}{\frac{1^x}{2^x}} = \frac{1}{\frac{1}{2^x}} = 2^x = g(x)$$

Information

Definition

Eine Funktion mit der Gleichung $y = b^x$, wobei $b > 0$, $b \neq 1$, heißt **Exponentialfunktion zur Basis b**.

Weiterführende Aufgabe

3. *Eigenschaften der Exponentialfunktion zu $y = b^x$*

a) In den Aufgaben 1 und 2 hast du die Exponentialfunktionen zu den Basen 2 und $\frac{1}{2}$ betrachtet. Zeichne Graphen von Exponentialfunktionen auch für die Basen $b = 3$ und $b = \frac{1}{3}$ sowie für andere Basen.
Nenne Eigenschaften der Graphen. Welche Gemeinsamkeiten bestehen, welche Unterschiede?

b) Was ergibt sich im Fall $b = 1$? Warum wird dieser Fall wohl ausgeschlossen?
Warum wird der Fall $b = 0$ für die Basis ausgeschlossen?
Warum darf für die Basis b keine negative Zahl genommen werden?

Information

Wir fassen die Ergebnisse der Aufgaben 1 bis 3 noch einmal zusammen.

Satz (*Eigenschaften der Exponentialfunktionen*)

Für jede Exponentialfunktion zu $y = b^x$ mit $x \in \mathbb{R}$ und beliebiger positiver Basis $b \neq 1$ gilt:

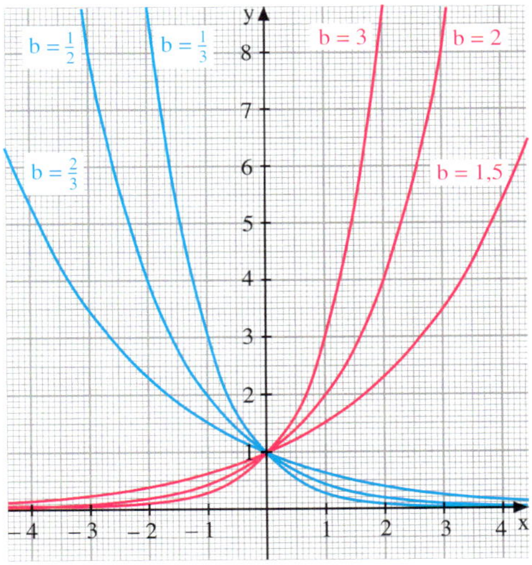

- Der Graph
  - steigt für $b > 1$;
  - fällt für $0 < b < 1$.
- Der Graph liegt oberhalb der x-Achse. Jede positive reelle Zahl kommt als Funktionswert vor, also ist die Wertemenge $\mathbb{R}_+^*$.
- Der Graph schmiegt sich
  - für $b > 1$ dem negativen Teil der x-Achse an;
  - für $0 < b < 1$ dem positiven Teil der x-Achse an.
- Jedes Mal, wenn x um s wächst, wird der Funktionswert b^x mit dem Faktor b^s multipliziert (*Grundeigenschaft der Exponentialfunktion*).
- Alle Graphen haben den Punkt $P(0|1)$ und nur diesen Punkt gemeinsam (Schnittpunkt mit der y-Achse).
- Die Graphen der Exponentialfunktionen zu $y = b^x$ und $y = \left(\frac{1}{b}\right)^x$ gehen durch Spiegelung an der y-Achse auseinander hervor.

$\left(\frac{1}{b}\right)^x = b^{-x}$

Übungsaufgaben

4. Zeichne für verschiedene Werte von b die Graphen von Exponentialfunktionen mit $f(x) = b^x$ in ein gemeinsames Koordinatensystem.
Wie ändert sich der Graph, wenn man die Basis b ändert?
Nenne gemeinsame Eigenschaften und Unterschiede der Graphen.

5. Zeichne den Graphen zu $y = 2^x$.

a) Lies am Graphen Näherungswerte ab für $2^{\frac{1}{4}}$; $2^{\frac{3}{4}}$; $2^{0,6}$; $2^{1,2}$; $2^{-0,8}$.

b) Lies am Graphen Näherungswerte für die Stellen ab, zu denen die folgenden Funktionswerte gehören: 0,5; $\frac{4}{5}$; 1,2; 1,5; 2; 3; $\frac{5}{2}$; $\frac{7}{3}$; $\frac{11}{2}$; $-\frac{1}{2}$

6. Wie ändert sich jedes Mal der Funktionswert bei $f(x) = 2^x$ [$f(x) = 10^x$], wenn man x

a) um 2 vergrößert;
b) um 2 verkleinert;
c) um 3 vergrößert;
d) um 3 verkleinert;
e) um 0,5 vergrößert;
f) um 0,5 verkleinert;
g) verdoppelt;
h) verdreifacht;
i) halbiert?

7. a) Wie viel Mal so groß wird der Funktionswert bei $f(x) = 2^x$, wenn x um 10 größer wird [um 10 kleiner wird]? Formuliere eine Faustregel.

b) Um wie viel muss man x vermehren, damit sich der Funktionswert 4^x vertausendfacht?

8. Zeichne den Graphen von $y = \left(\frac{1}{2}\right)^x$. Lies am Graphen Näherungswerte ab

a) für: $\left(\frac{1}{2}\right)^{2,5}$; $\left(\frac{1}{2}\right)^{\frac{3}{4}}$; $\left(\frac{1}{2}\right)^{0,6}$; $0,5^{-2,2}$;

b) für die Stellen, die zu folgenden Funktionswerten gehören: 0,75; 4,7; $\frac{1}{100}$; 0; −3.

9. Wie verändert sich jeweils der Funktionswert bei $f(x) = \left(\frac{1}{2}\right)^x$, wenn man x

a) um 2 vergrößert;
b) um 4 vergrößert;
c) um 10 vergrößert;
d) um 1 verkleinert;
e) um 0,5 vergrößert;
f) verdoppelt?

10. Zeichne den Graphen der Exponentialfunktion zur Basis 2.5 [Basis 1,3; Basis 3,4]. Beschreibe Eigenschaften des Graphen. Wähle die Schrittweite 0,5 und veranschauliche die Grundeigenschaften der Exponentialfunktion am Graphen für $-2 \leq x \leq 2$.

11. Der Graph einer Funktion steigt von links nach rechts und liegt oberhalb der x-Achse. Er schmiegt sich dem negativen Teil der x-Achse an und geht durch die Punkte P(0|1) und Q(1|5). Skizziere einen derartigen Graphen und überlege, ob er zu einer Exponentialfunktion gehört.

12. Ordne einander begründet zu. Ergänze die fehlende Tabelle.

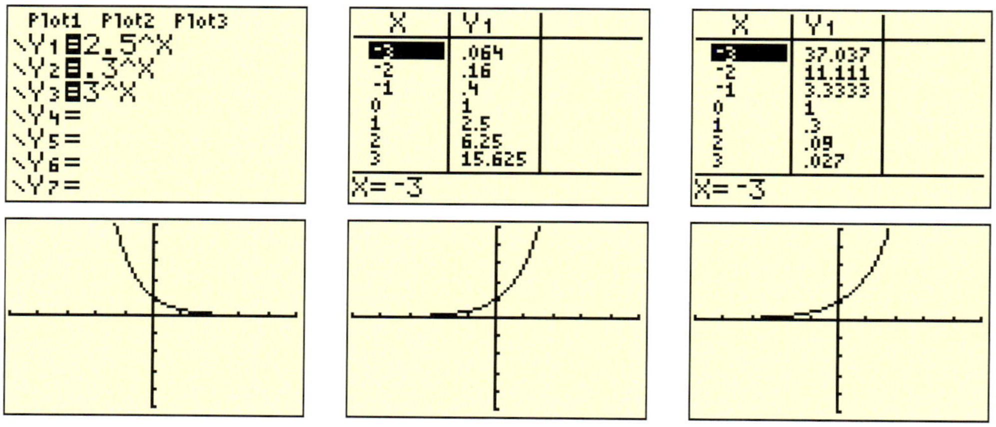

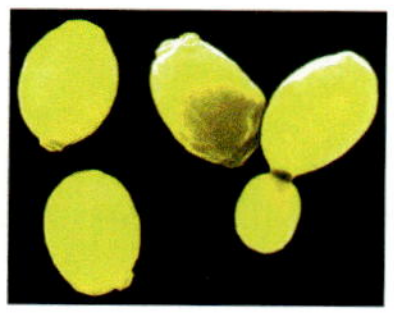

13. Das Wachstum einer Hefekultur wird durch folgende Tabelle von Messwerten beschrieben.

Zeit (in h)	0	0,5	0,75	1	1,4	−0,5	−1
Volumen (in cm^3)	1	1,4	1,7	2	2,65	0,7	0,5

a) Bestätige: Nach x Stunden hat die Hefekultur ein Volumen von ungefähr 2^x cm^3.

b) Welches Volumen würde sie nach 2 [nach 5; nach 10; nach 20] Stunden einnehmen?

14. Das Wachstum einer Algenkultur wurde durch folgende Tabelle von Messwerten beschrieben.

Zeit (in h)	0	0,5	1	1,5	2	3	3,5	4	10	20	−1
Größe der Algenfläche (in cm^2)	1	1,58	2,5	3,95	6,25	15,625					

a) Bestätige: Das Wachstum der Algenkultur lässt sich annähernd durch eine Exponentialfunktion modellieren. Überlege verschiedene Nachweismöglichkeiten.

b) Bewerte Tims Behauptung: „Nach 5 Stunden hat die Kultur eine Fläche von 32 cm^2 erreicht.“

15. Zeichne den Graphen der Exponentialfunktion g mit $g(x) = (\sqrt{3})^x$.
Ermittle am Graphen Näherungswerte für die Lösungen der folgenden Gleichungen:
$g(2) = y$; $g(-2{,}5) = z$; $g(x) = 4{,}3$; $g(r) = -0{,}01$; $g(c) = 1{,}73$; $g(x) = 0{,}5$

16. In dem Koordinatensystem rechts sind die Einheiten nicht eingetragen. Trotzdem kann man den Graphen je einen der folgenden Funktionsterme richtig zuordnen.
Ordne zu und begründe.

(1) $2{,}7^x$ (3) $0{,}8x + 1$ (5) $3{,}4^x$
(2) $1{,}8^x$ (4) $2{,}8x + 1$ (6) $2x + 2$

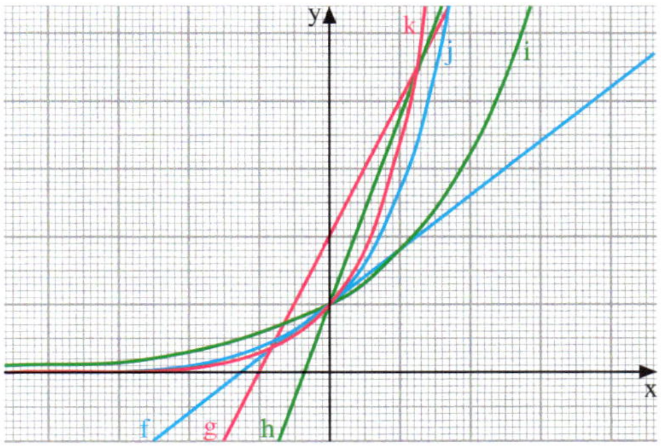

17. Zeichne den Graphen der Exponentialfunktion zur Basis 0,7 [zur Basis 0,3].
Gib Eigenschaften an.

18. Zeichne den Graphen von f mit $f(t) = \left(\frac{1}{4}\right)^t$ im Bereich $-2 \le t \le 2$.

a) Lies, soweit möglich, am Graphen Näherungswerte ab für die Werte von a, die folgende Gleichung erfüllen: $f(-0{,}8) = a$; $f(1{,}9) = a$; $f(a) = 1$; $f(a) = 3$; $f(a) = 0$; $f(a) = -3$

b) Wie verändert sich jeweils der Funktionswert, wenn man t
(1) um 1 vergrößert; (3) um 0,5 vergrößert; (5) verdoppelt;
(2) um 1 verkleinert; (4) um 0,5 verkleinert; (6) halbiert?

19. In dem Koordinatensystem sind die Einheiten nicht eingetragen. Trotzdem kann man den Graphen je einen der folgenden Funktionsterme richtig zuordnen. Begründe.

a) $0{,}3^x$ **c)** $-x + 1$ **e)** $1 - \frac{8}{5}x$
b) $\left(\frac{1}{4}\right)^x$ **d)** $0{,}9^x$ **f)** $2 - 0{,}9x$

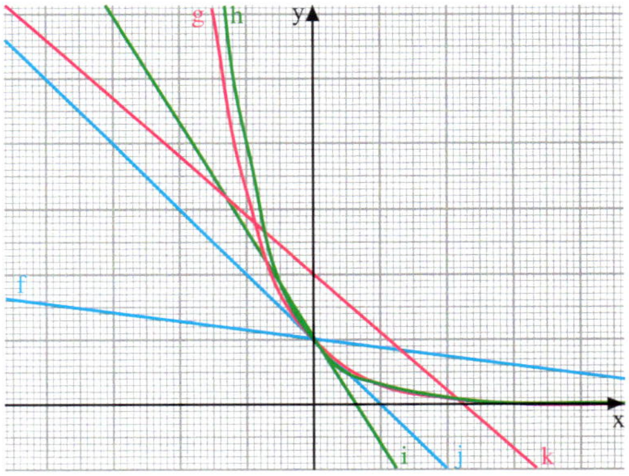

20. Zeichne die Graphen zu $y = 3^x$ und $y = \left(\frac{1}{3}\right)^x$ in ein gemeinsames Koordinatensystem. Zeige durch eine Rechnung, dass sie durch Spiegeln an der y-Achse auseinander hervorgehen.

21. Bilde Paare von Funktionstermen, deren Graphen beim Spiegeln an der y-Achse auseinander hervorgehen: $\left(\frac{3}{4}\right)^x$; 10^x; $1{,}2^x$; $\left(\frac{4}{3}\right)^x$; $1{,}4^x$; $\left(\frac{5}{6}\right)^x$; $\left(\frac{5}{7}\right)^x$

22. Der Graph einer Exponentialfunktion mit $y = b^x$ geht durch den Punkt P. Bestimme die Basis b wie im Beispiel.

a) P(2|25) **d)** P(−3|0,125) **g)** P(3|0,343)
b) P(−1|0,25) **e)** P(−4|0,25) **h)** P(−4|256)
c) $P(\frac{1}{2}|\frac{1}{2}\sqrt{2})$ **f)** P(−1|6) **i)** $P(-0{,}5|\frac{1}{3})$

P(1,5|8)
$b^{1{,}5} = 8$
$b^{\frac{3}{2}} = 8 \quad |\ (\ )^{\frac{2}{3}}$
$b = \sqrt[3]{8^2}$
$= 4$

23. Kann man in Aufgabe 22 an den Koordinaten des Punktes P erkennen, ob die Basis b größer oder kleiner als 1 ist? Formuliere eine Regel. Begründe sie.

2.2.2 Potenzen mit irrationalen Exponenten

Information

(1) Definition von Potenzen mit irrationalen Exponenten

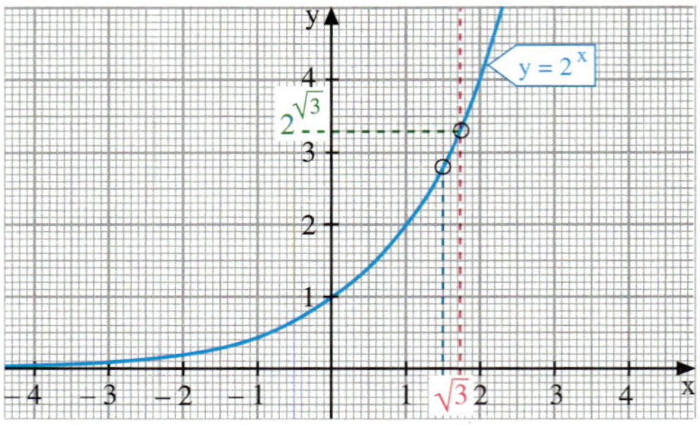

Im vorigen Abschnitt haben wir für die Exponentialfunktion mit $y = 2^x$ stillschweigend die Menge $\mathbb{R}$ der reellen Zahlen als Definitionsmenge angenommen. Bisher haben wir aber nur Potenzen mit rationalen Exponenten kennen gelernt, z. B. ist:

$2^{1,5} = 2^{\frac{3}{2}} = \sqrt{2^3} = \sqrt{8} = 2{,}8284\ldots$

Eine solche Termumformung ist aber nur möglich, wenn der Exponent eine rationale Zahl ist. Wenn man z. B. $2^{\sqrt{3}}$ angeben möchte, wird man sinnvoller Weise für $\sqrt{3}$ rationale Näherungswerte einsetzen und die Potenz berechnen, z. B.

$a^{\frac{m}{n}} = \sqrt[n]{a^m}$

$2^{\sqrt{3}} \approx 2^{1,73} = 2^{\frac{173}{100}} = \sqrt[100]{2^{173}} = 3{,}31\ldots$

Wir nähern also $\sqrt{3}$ durch rationale Zahlen an, um einen Näherungswert für $2^{\sqrt{3}}$ zu erhalten. Deshalb ist folgende Definition sinnvoll:

Definition

Unter Potenzen mit irrationalen Exponenten versteht man die Werte, welche die Lücken bei dem Graph der entsprechenden Exponentialfunktion mit rationalen Exponenten schließen.

Wir vereinbaren: Wenn die Definitionsmenge einer Funktion nicht angegeben ist, soll die größtmögliche in $\mathbb{R}$ angenommen werden, bei Exponentialfunktionen also $\mathbb{R}$.

(2) Potenzgesetze für reelle Exponenten

Die schon bekannten Potenzgesetze gelten nicht nur für rationale, sondern sogar für beliebige reelle Exponenten. Wir verzichten auf einen Beweis.

Satz

Für beliebige reelle Exponenten r und s und reelle Basen $a > 0$, $b > 0$ gilt:

Potenzgesetze		*Beispiele*
(P1)	$a^r \cdot a^s = a^{r+s}$	$2^{\sqrt{3}} \cdot 2^{\sqrt{5}} = 2^{\sqrt{3}+\sqrt{5}}$
(P1*)	$a^r : a^s = a^{r-s}$	$2^{\sqrt{5}} : 2^{\sqrt{3}} = 2^{\sqrt{5}-\sqrt{3}}$
(P2)	$a^r \cdot b^r = (a \cdot b)^r$	$2^{\sqrt{5}} \cdot 3^{\sqrt{5}} = (2 \cdot 3)^{\sqrt{5}} = 6^{\sqrt{5}}$
(P2*)	$a^r : b^r = (a : b)^r$	$6^{\sqrt{5}} : 3^{\sqrt{5}} = (6 : 3)^{\sqrt{5}} = 2^{\sqrt{5}}$
(P3)	$(a^r)^s = a^{r \cdot s}$	$(2^{\sqrt{8}})^{\sqrt{2}} = 2^{\sqrt{8} \cdot \sqrt{2}} = 2^{\sqrt{16}} = 2^4$

Übungsaufgaben

1. Ermittle mithilfe des Taschenrechners Näherungswerte auf vier Stellen gerundet.

a) $3^{\sqrt{2}}$; $2^{\frac{1}{2}\sqrt{2}}$; $4^{\sqrt{20}}$ **b)** $6{,}3^{\sqrt{\sqrt{8}}}$; $2^{-\sqrt{6}}$ **c)** $-\frac{\sqrt{10}}{3}$; $\left(\frac{6}{5}\right)^{-\sqrt{1,4}}$ **d)** $\sqrt{2}^{\sqrt{5}}$; $\left(\frac{2}{\sqrt{7}}\right)^{-\sqrt{10}}$

2. Vereinfache: **a)** $33^{\sqrt{6}} : 11^{\sqrt{6}}$ **b)** $4^{\sqrt[3]{7}} \cdot 0{,}5^{\sqrt[3]{7}}$ **c)** $(3^{\sqrt{10}})^{\sqrt{40}}$ **d)** $6^{\sqrt{5}} \cdot \left(\frac{12}{2}\right)^{3\sqrt{5}}$

3. Welche der folgenden Terme sind wertgleich zueinander? Begründe.

$(3^{\sqrt{5}})^2$; $3^{(2 \cdot \sqrt{5})}$; $(3^2)^{\sqrt{5}}$; $3^{((\sqrt{2})^2)}$; $3^{\sqrt{2}} \cdot 3^{\sqrt{2}}$; $3^{\sqrt{5}} \cdot 3^{\sqrt{5}}$; $(3^{\sqrt{2}})^2$

2.2.3 Die Exponentialfunktion mit $y = a \cdot b^x$ mit $b > 0,\ b \neq 1,\ a > 0$

Aufgabe 1

Strecken des Graphen einer Exponentialfunktion parallel zur y-Achse

Zeichne die Graphen zu $f(x) = 2^x$ und $g(x) = 3 \cdot 2^x$ in ein Koordinatensystem; ebenso die Graphen zu $f(x) = \left(\frac{1}{3}\right)^x$ und $g(x) = 2 \cdot \left(\frac{1}{3}\right)^x$ in ein anderes Koordinatensystem. Wie entsteht jeweils der Graph zu g aus dem Graphen zu f? Vergleiche auch die Eigenschaften der Graphen.

Lösung

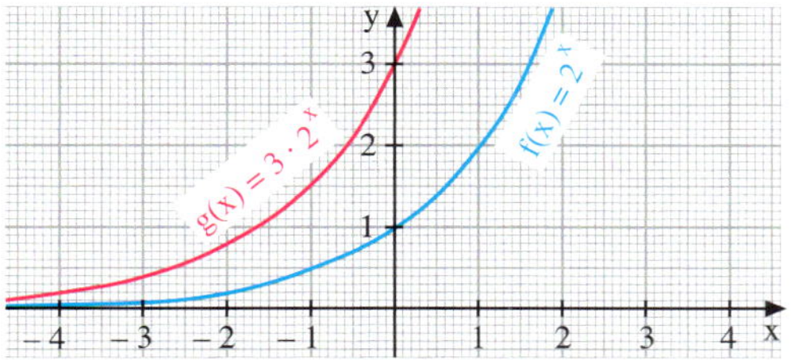

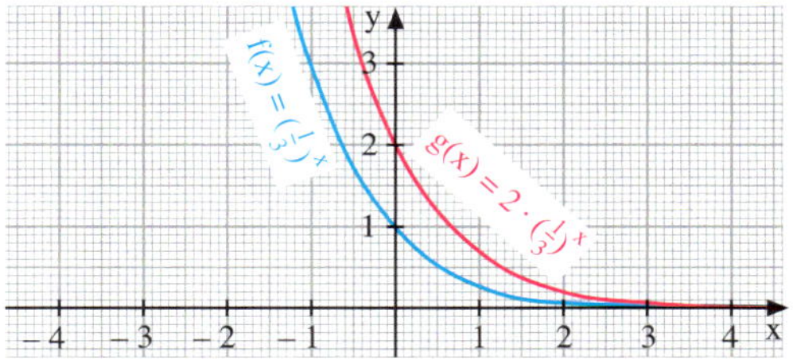

Für jeden Wert von x wird der Funktionswert f(x) mit 3 bzw. 2 multipliziert, d. h. die y-Koordinate wird verdreifacht bzw. verdoppelt. Dies entspricht einer Streckung des Graphen in y-Richtung mit dem Faktor 3 bzw. 2. Bis auf den Schnittpunkt mit der y-Achse bleiben die Eigenschaften erhalten.

Aufgabe 2

Bestimmen des Funktionsterms zu einem exponentiellen Prozess

Eine Bakterienart vermehrt sich so, dass sich alle 3 Stunden die von ihr bedeckte Fläche verdoppelt. Zu Beginn der Beobachtung sind 12 cm^2 bedeckt. Erläutere, warum die Abhängigkeit durch eine Exponentialfunktion mit dem Term $f(x) = a \cdot b^x$ beschrieben werden kann, wobei x die Zeit seit Beobachtungsbeginn (in Stunden) bezeichnet. Ermittle a und b. Zeichne den Graphen.
Wie groß war die bedeckte Fläche 4 Stunden vor Beobachtungsbeginn?

Lösung

Da die bedeckte Fläche in jeweils gleichen Zeitspannen (3 Stunden) mit dem jeweils gleichen Faktor (2) multipliziert wird, handelt es sich um ein exponentielles Wachstum; die Größe f(x) der bedeckten Fläche (in cm^2) zum Zeitpunkt x (in h) kann also durch eine Exponentialfunktion mit dem Term $f(x) = a \cdot b^x$ beschrieben werden.

Bestimmen des Faktors a

Zum Zeitpunkt 0 ist $f(0) = a \cdot b^0 = a$, also ist $a = 12$.
Der Funktionsterm lautet also $f(x) = 12 \cdot b^x$, wobei die Basis b noch zu bestimmen ist.

x	f(x)
0	12
1	
2	
3	24

(+1 je Zeile, insgesamt +3; · b je Zeile, insgesamt · 2)

Bestimmen der Basis b

Nach 3 Stunden sind 24 cm^2 bedeckt, d.h. $f(3) = 24$.
Also muss gelten: $24 = 12 \cdot b^3$
Daher ist $b^3 = 2$.
Die Basis ist demnach:
$b = \sqrt[3]{2} = 1{,}2599\ldots \approx 1{,}26$
Die gesuchte Gleichung lautet also:
$f(x) = 12 \cdot \sqrt[3]{2}^{\,x}$ bzw. $f(x) \approx 12 \cdot 1{,}26^x$

Ergebnis: 4 Stunden vor Beobachtungsbeginn waren
$f(-4) \approx 12 \cdot 1{,}26^{-4} \approx 4{,}76$,
also ungefähr 4,76 cm^2 bedeckt.

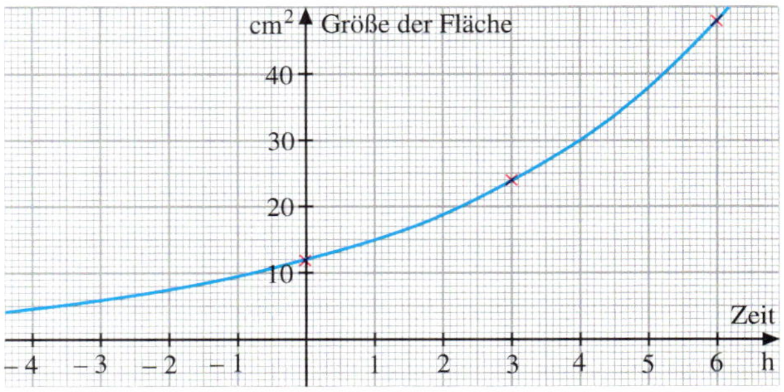

Information

(1) Exponentialfunktionen

Auch Funktionen mit einem Funktionsterm der Form $g(x) = a \cdot b^x$ mit $x \in \mathbb{R}$, $a > 0$, $b > 0$, $b \neq 1$ werden als Exponentialfunktionen bezeichnet.

Man erhält den Graphen von $g(x) = a \cdot b^x$ aus dem Graphen von $f(x) = b^x$ durch Strecken mit dem Faktor a in Richtung der y-Achse.

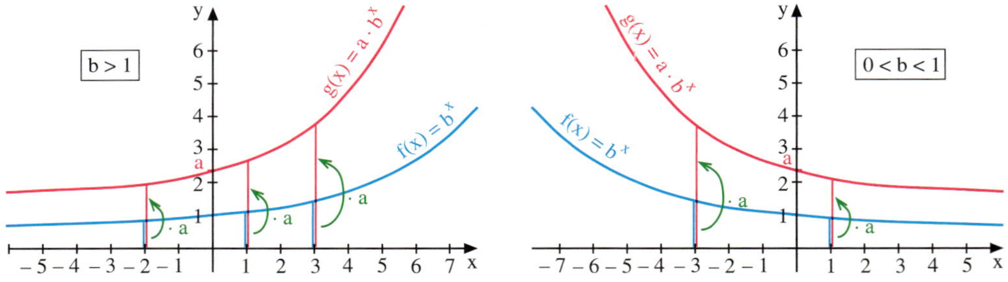

Die Eigenschaften der Funktion f mit $f(x) = b^x$ übertragen sich auf die Funktion g mit $g(x) = a \cdot b^x$. Erhalten bleibt das Steigen bzw. Fallen und das Anschmiegen an die x-Achse. Weiterhin wird jede reelle positive Zahl als Funktionswert angenommen. Auch die Grundeigenschaft der Exponentialfunktion bleibt erhalten: Wenn x um s wächst, wird der Funktionswert mit b^s multipliziert.
Statt durch $P(0|1)$ verläuft der Graph durch $S(0|a)$.

(2) Exponentielles Wachstum

Wir können nun den Zusammenhang zwischen exponentiellem Wachstum und Exponentialfunktionen herstellen.

„Ein Prozess verläuft exponentiell" bedeutet anders formuliert:
Die Zunahme bzw. die Abnahme kann durch eine Exponentialfunktion mit einem Funktionsterm der Form $f(x) = a \cdot b^x$ beschrieben werden.
Liegt ein exponentieller Zunahmeprozess vor, so ist die Basis b größer als 1; bei einem exponentiellen Abnahmeprozess liegt die Basis zwischen 0 und 1.

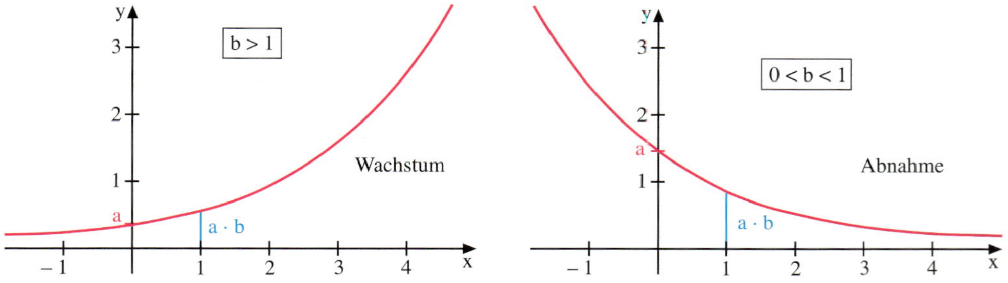

In der Funktionsgleichung $f(x) = a \cdot b^x$ kann die Zahl a verschieden gedeutet werden:

- a kann als Streckfaktor aufgefasst werden.
- a ist die Ordinate (2. Koordinate) des Schnittpunktes des Graphen mit der y-Achse. $S(0|a)$
- a ist der Anfangswert bei exponentiellen Zunahmeprozessen bzw. Abnahmeprozessen.

Weiterführende Aufgabe

3. *Bestimmen einer Exponentialfunktion, wenn zwei Punkte des Graphen gegeben sind*

a) Von einer Messtabelle eines exponentiellen Wachstumsprozesses ist der Anfang abgerissen worden. Kristina und Phil haben zwei unterschiedliche Wege, wie sie die Tabelle ergänzen können. Erläutere ihre Überlegungen.

1	4	6
0,8	12,5	?

Kristina

$P(1|0{,}8)$ und $Q(4|12{,}5)$
$f(x) = a \cdot b^x$

$0{,}8 = a \cdot b^1$
$12{,}5 = a \cdot b^4$ } dividieren

$15{,}625 = b^3 \quad | \ (\ )^{\frac{1}{3}}$
$2{,}5 = b$

$0{,}8 = a \cdot 2{,}5^1$
$0{,}32 = a$

$f(x) = 0{,}32 \cdot 2{,}5^x$

$f(6) = 78{,}125$

Phil

x	f(x)
1	0,8
4	12,5

+1, +1, +1 (+3) ; · b, · b, · b (· 15,625)

also: $b^3 = 15{,}625$
$b = 2{,}5$

Anfangswert: Von Wert 0,8 bei 1 einen „Zeitschritt" zurückgehen:

also: $a = 0{,}8 : 2{,}5 = 0{,}32$
$f(x) = 0{,}32 \cdot 2{,}5^x$
$f(6) = 78{,}125$

b) Bei welcher Exponentialfunktion verläuft der Graph durch $P(-2|0{,}16)$ und $Q(-1|0{,}8)$?

Übungsaufgaben

4. Zeichne für verschiedene Werte von a und b die Graphen von Exponentialfunktionen mit der Gleichung $y = a \cdot b^x$ in ein gemeinsames Koordinatensystem.
Wie ändert sich der Graph, wenn man den Faktor a bzw. die Basis b verändert?

5. a) Zeichne die Graphen von $g(x) = 2 \cdot 3^x$ und von $f(x) = 3^x$ im Intervall $-4 \le x \le 2$.
Wie geht der Graph zu $g(x) = 2 \cdot 3^x$ aus dem zu $f(x) = 3^x$ hervor?

b) Welche Eigenschaften der Exponentialfunktion zu $y = 3^x$ (Seite 55) übertragen sich auf die Funktion zu $y = 2 \cdot 3^x$ [zu $y = a \cdot 3^x$ mit $a > 0$]?

6. Zeichne die Graphen von $y = \frac{1}{2} \cdot 0{,}8^x$ und $y = 0{,}8^x$ [von $y = \frac{5}{3} \cdot 2^x$ und $y = 2^x$] in ein gemeinsames Koordinatensystem. Vergleiche die Eigenschaften beider Graphen. Wie verändert sich der Funktionswert, wenn x um 2 [0,5; 1,5] wächst?

7. Ordne jedem Funktionsterm den passenden Graphen zu.
$f_1(x) = 2 \cdot 1{,}3^x$ $\quad f_2(x) = 3 \cdot 1{,}5^x$
$f_3(x) = 3 \cdot \left(\frac{2}{3}\right)^x$ $\quad f_4(x) = 2 \cdot 1{,}7^x$
$f_5(x) = 3 \cdot 0{,}8^x$

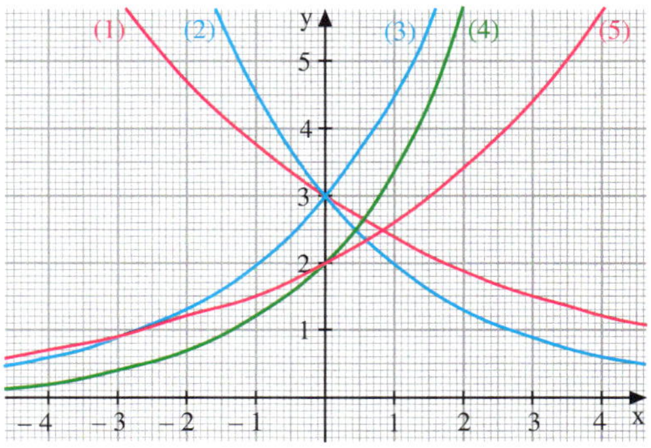

8. a) Skizziere den Verlauf der Graphen von $y = 2 \cdot 3^x$; $y = 2{,}1 \cdot 3^x$; $y = 2 \cdot 3{,}1^x$ und $y = 2{,}1 \cdot 3{,}1^x$ in ein gemeinsames Koordinatensystem.

b) *Partnerarbeit:* Bildet selbst ähnliche Beispiele. Formuliert ein allgemeines Ergebnis.

9. Eine Bakterienart vermehrt sich so, dass sie alle 3 Wochen auf das 2,8fache anwächst. Zu Beginn sind 20 Bakterien vorhanden.

a) Julian rundet den Wachstumsfaktor pro Woche auf 2 Stellen nach dem Komma, Ann-Kathrin auf 4. Vergleiche ihre Werte für die Bakterienanzahl nach 5 Wochen, 10 Wochen und 20 Wochen.

b) Berechne die Werte aus Teilaufgabe a) nach einer eigenen Rundungsregel. Verändere auch den Anfangswert.

10. Eine Bakterienart vermehrt sich so, dass sie sich alle 4 Tage verdreifacht. Am Anfang sind 60 Bakterien vorhanden.

a) Gib die prozentuale Wachstumsrate pro Tag an.

b) Wie viele Bakterien sind nach 8 Tagen, 10 Tagen, 3 Wochen vorhanden?

11. Eine Substanz nimmt so ab, dass sie sich alle 4 Tage drittelt. Anfangs sind 90 g vorhanden.

a) Welche Masse ist nach 8 Tagen, nach 12 Tagen vorhanden?

b) Ermittle die prozentuale Abnahmerate pro Tag und gib die Masse nach 7 Tagen [11 Tagen] an.

12. Jede Zeile beschreibt einen Sachverhalt. Ergänze die Lücken im Heft.

Beschreibung des Prozesses	Anfangsbestand	Zeiteinheit	Wachstumsfaktor pro Zeiteinheit	prozentuale Wachstumsrate pro Zeiteinheit	Bestand nach x Zeiteinheiten
Vergrößerung einer Länge auf das 2,3fache alle 7 Wochen	350 cm	1 Woche	$\sqrt[7]{2,3} = 1,1264$	$\sqrt[7]{2,3} - 1 \approx 0,1264 = 12,64\,\%$	$350\text{ cm} \cdot 1,1264^x$
Zunahme pro Jahr	600 €			3 %	
		1 Minute			$30\text{ g} \cdot (\sqrt[6]{2,3})^x$

13. Ermittle eine Funktionsgleichung für den Prozess.

a) Ein Anfangsbestand von 30 vervierfacht sich alle drei Tage.

b) Ein Anfangsbestand von 2 drittelt sich alle 5 Stunden.

c) Ein Anfangsbestand von 0,65 vermehrt sich alle 2,5 Minuten auf das 1,5fache.

d) Ein Anfangsbestand von 400 verringert sich jeweils in einem halben Jahr um 12 %.

e) Ein Anfangsbestand von 32 vermehrt sich jeweils in 3 Sekunden um 5 %.

f) Ein Anfangsbestand von 4 wächst stündlich um 0,3.

g) Ein Anfangsbestand von 13,7 fällt alle vier Tage um 5.

14. Der Graph einer Exponentialfunktion soll durch die Punkte P(1|1) und Q(2|3) verlaufen. Die Rechnung rechts von Tobias ist fehlerhaft. Korrigiere sie.

$$1 = a \cdot b^1$$
$$2 = a \cdot b^3 = a \cdot b \cdot b^2$$
$$2 = 1 \cdot b^2$$
$$b = \sqrt{2}$$
$$a = \frac{1}{\sqrt{2}}$$
$$y = \frac{1}{\sqrt{2}} \cdot \sqrt{2}^x = \sqrt{2}^{x-1}$$

15. Der Graph der Exponentialfunktion mit $y = a \cdot b^x$ geht durch die Punkte P und Q. Bestimme a und b. Gib auch die Funktionsgleichung an.

a) $P(1|6)$, $Q(2|18)$ **b)** $P(-1|0{,}3)$, $Q(2|37{,}5)$ **c)** $P(4|12{,}5)$, $Q(1|0{,}8)$ **d)** $P(\frac{1}{2}|3)$, $Q(2|18)$ **e)** $P(-2|40)$, $Q(-4|160)$ **f)** $P(0|r)$, $Q(1|t)$ **g)** $P(0|r)$, $Q(t|1)$ **h)** $P(0|r)$, $Q(s|t)$

16. a) Welcher Graph und welche Funktionsgleichung passen zusammen? Entscheide anhand der Eigenschaften. Wie verläuft der Graph zur noch fehlenden Funktionsgleichung?

$f(x) = 1{,}5 \cdot 1{,}3^x$
$g(x) = 1{,}5 \cdot 0{,}8^x$
$h(x) = 0{,}2 \cdot x^3 + 1{,}5$
$i(x) = 0{,}1 \cdot x^4 + 1{,}5$
$j(x) = 4 \cdot x^{-1}$
$k(x) = 1{,}5x + 1$

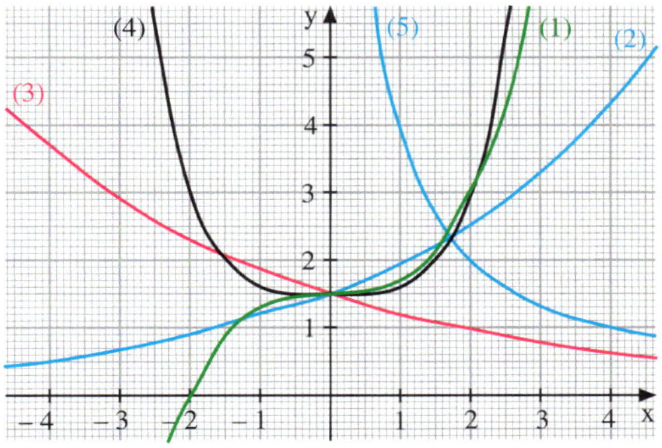

b) Zeichne alle Graphen mit dem GTR. Wie groß ist die Seitenlänge eines Quadrates mindestens, das alle Schnittpunkte in der „Nähe“ von $A(1{,}7|2)$ enthält?

17. Gib eine lineare Funktion mit $y = m \cdot x + b$, eine Exponentialfunktion mit $y = a \cdot b^x$ und eine Potenzfunktion mit $y = a \cdot x^p$ an, deren Graphen durch die beiden Punkte P und Q verlaufen.

a) $P(1|1)$; $Q(2|4)$ **b)** $P(2|2)$; $Q(4|\frac{1}{2})$

18. Rechts siehst du die Graphen einer linearen Funktion und einer Exponentialfunktion. Erzeuge die Graphen mit einem GTR. Wie stark weichen die Funktionswerte für $x = 5$ voneinander ab?

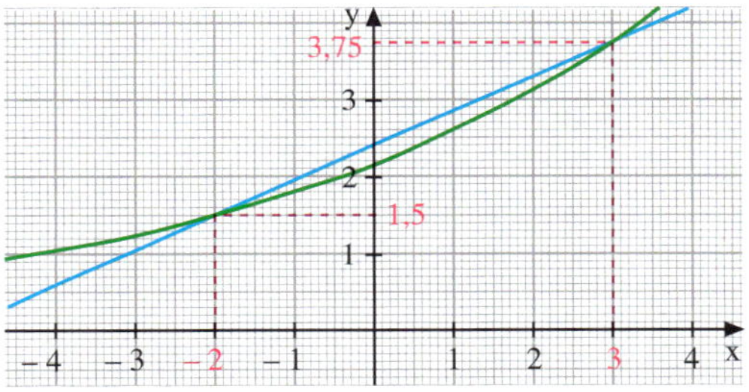

19. In zwei Schalen 1 und 2 werden zwei Substanzen beobachtet:
In Schale 1 sind anfangs 200 cm^2 bedeckt, in Schale 2 sind es 150 cm^2. Die Substanz von Schale 1 zerfällt kontinuierlich so, dass sie sich in jeweils zwei Monaten halbiert. Von Schale 2 wird kontinuierlich so viel weggenommen, dass sich die Substanz monatlich um 20 cm^2 verringert.

a) Stelle für beide Prozesse eine Funktionsgleichung auf, welche die bedeckte Fläche in Abhängigkeit von der Anzahl der Monate angibt.

b) Löse grafisch: Wann ist in Schale 2 eine größere Fläche bedeckt als in Schale 1?

Angebot A:
Ihre Anlage von 20 000 € wächst an
in 3 Jahren auf 24 500 €,
in 6 Jahren auf 30 014 €,
in 10 Jahren auf 39 343 €.

Angebot B:
Ihre Anlage von 50 000 € wächst an
in 4 Jahren auf 63 123 €,
in 8 Jahren auf 78 020 €,
in 12 Jahren auf 100 609 €.

20. Überprüfe, ob den Angeboten ein fester Zinssatz zugrunde liegt.

21. a) Bestimme eine Gleichung für die Exponentialfunktion durch die Punkte $P(1|-0{,}75)$ und $Q(-1|192)$.

b) Untersuche, ob man deren Funktionsgleichung auch in der Form $y = -3 \cdot 4^{1-2x}$ schreiben kann.

2.3 Verschieben und Strecken der Graphen der Exponentialfunktionen
Zum Selbstlernen

Ziel

Wir haben beliebige exponentielle Wachstumsprozesse mit Exponentialfunktionen vom Typ $y = a \cdot b^x$ mit $c > 0$ beschrieben. Diese Exponentialfunktionen haben an der Stelle 0 einen positiven Anfangswert $a > 0$. Hier lernst du das Strecken auch mit negativen Streckfaktoren und das Verschieben parallel zur x-Achse kennen.

A **Strecken des Graphen parallel zur y-Achse**

a) *Zeichne die Graphen zu $f(x) = 1{,}5^x$, $g(x) = 3 \cdot 1{,}5^x$ und $h(x) = -3 \cdot 1{,}5^x$ in ein Koordinatensystem.*

b) *Zeichne die Graphen zu $f(x) = \left(\frac{1}{4}\right)^x$, $g(x) = 2 \cdot \left(\frac{1}{4}\right)^x$ und $h(x) = -2 \cdot \left(\frac{1}{4}\right)^x$ in ein anderes Koordinatensystem.*

c) *Wie entsteht jeweils der Graph zu g bzw. h aus dem Graphen zu f?*

Du erhältst folgende Graphen:

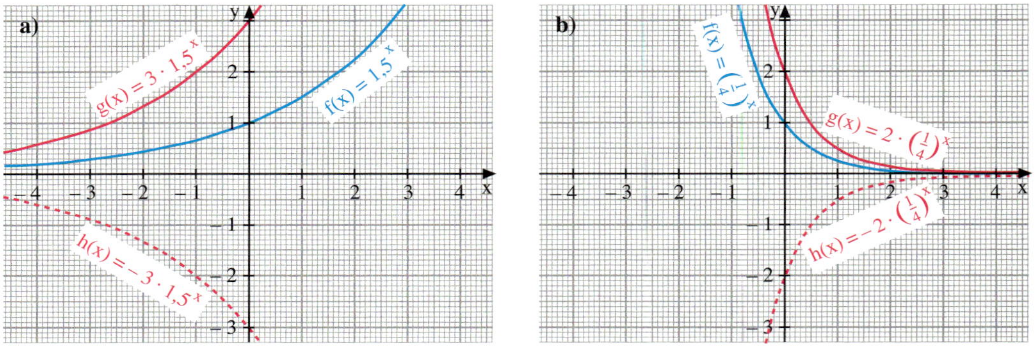

c) Wird der Funktionswert f(x) mit 3 bzw. 2 multipliziert, so wird die y-Koordinate jedes Punktes verdreifacht bzw. verdoppelt. Dies entspricht einer Streckung des Graphen in y-Richtung.

Man erhält den Graphen zu $g(x) = a \cdot b^x$ aus dem Graphen zu $f(x) = b^x$ durch Strecken mit dem Faktor a in Richtung der y-Achse.

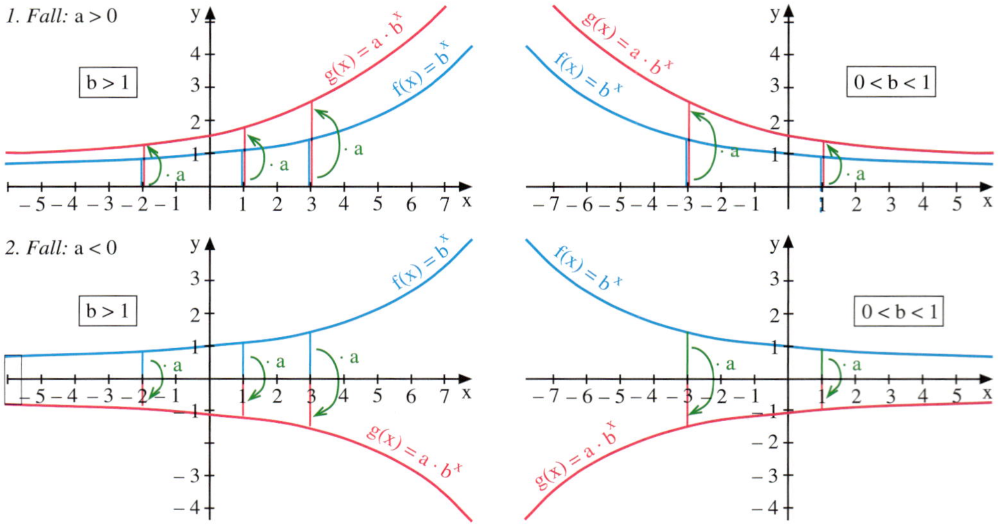

A Verschieben der Graphen parallel zur x-Achse

Zeichne den Graphen der Exponentialfunktion zu $f(x) = 2^x$ und verschiebe ihn um 1 Einheit nach rechts.
Zeichne ein weiteres Koordinatensystem des Graphen der Exponentialfunktion zu $g(x) = \left(\frac{1}{3}\right)^x$ und verschiebe ihn um 2 Einheiten nach links.
Erstelle die Funktionsterme der beiden verschobenen Graphen. Formuliere Gemeinsamkeiten und Unterschiede.

Bezeichne die Funktion zu dem nach rechts verschobenen Graphen mit u.

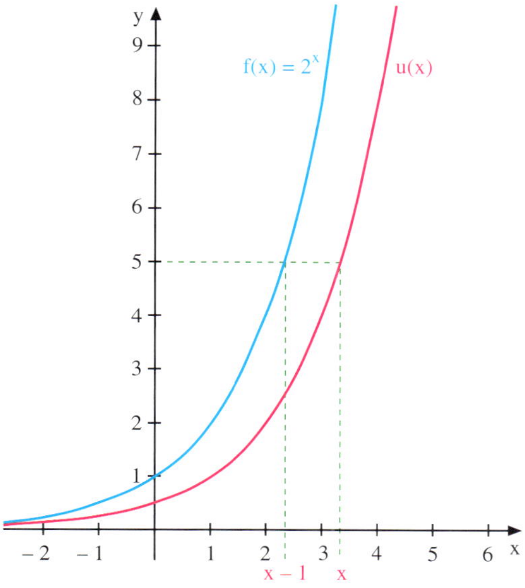

Bezeichne die Funktion zu dem nach links verschobenen Graphen mit v.

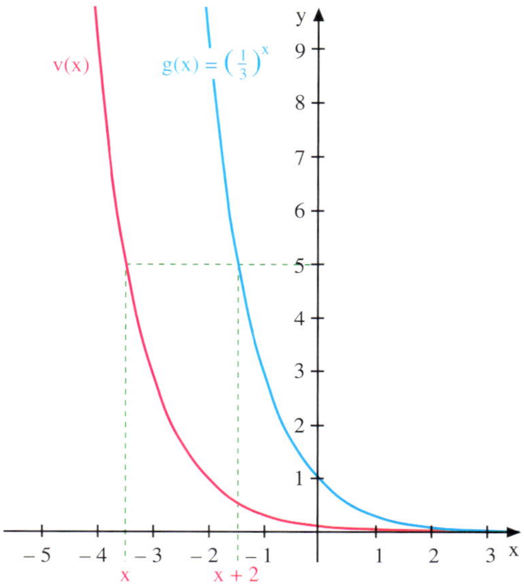

Betrachte die Wertetabellen der Funktionen:

x	−3	−2	−1	0	1	2	3
$f(x) = 2^x$	$\frac{1}{8}$	$\frac{1}{4}$	$\frac{1}{2}$	1	2	4	8
$u(x)$	$\frac{1}{16}$	$\frac{1}{8}$	$\frac{1}{4}$	$\frac{1}{2}$	1	2	4

x	−3	−2	−1	0	1	2	3
$g(x) = \left(\frac{1}{3}\right)^x$	27	9	3	1	$\frac{1}{3}$	$\frac{1}{9}$	$\frac{1}{27}$
$v(x)$	3	1	$\frac{1}{3}$	$\frac{1}{9}$	$\frac{1}{27}$	$\frac{1}{81}$	$\frac{1}{243}$

Der Funktionswert $u(x)$ des um 1 nach rechts verschobenen Graphen an der Stelle x ist gleich dem Funktionswert der Funktion f an der um 1 weiter links liegenden Stelle $x - 1$.

Also gilt:

$u(x) = f(x - 1) = 2^{x-1}$

Der Funktionswert $v(x)$ des um 2 nach links verschobenen Graphen an der Stelle x ist gleich dem Funktionswert der Funktion g an der um 2 weiter nach rechts liegenden Stelle $x + 2$.

Also gilt:

$v(x) = g(x + 2) = \left(\frac{1}{3}\right)^{x+2}$

Das Verschieben des Graphen wird in beiden Fällen durch eine Veränderung des Exponenten im Funktionsterm bewirkt. Eine Addition einer positiven Zahl bewirkt eine Verschiebung nach links, eine Subtraktion einer positiven Zahl (bzw. Addition einer negativen Zahl) bewirkt eine Verschiebung nach rechts.

Die Verschiebung der Graphen dieser Exponentialfunktionen parallel zur x-Achse führt zu einem Ersetzen des Exponenten x durch eine Summe $x + c$, wobei c positiv, aber auch negativ sein kann.

Man erhält den Graphen von $g(x) = b^{x+d}$ aus dem Graphen von $f(x) = b^x$ durch Verschieben parallel zur x-Achse um $|d|$ Einheiten, und zwar

nach links, falls $d > 0$; nach rechts, falls $d < 0$.

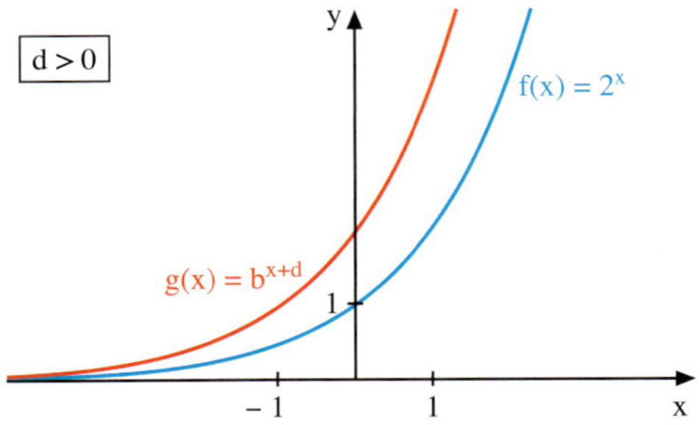

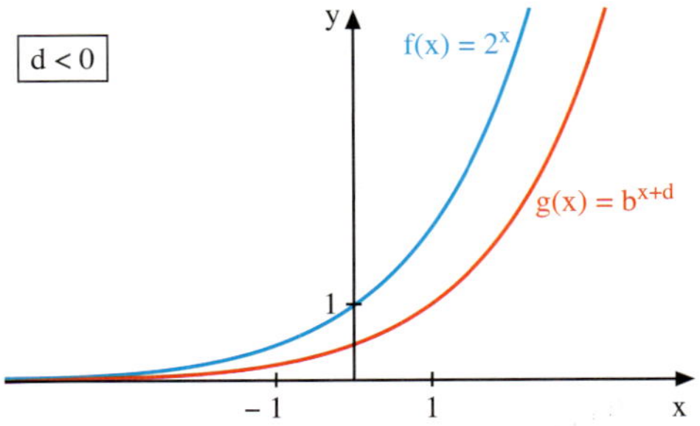

A Ersetzen einer Verschiebung durch eine Streckung

Zeichne den Graphen zu $g(x) = 2^{x+3}$. Finde zwei verschiedene Möglichkeiten, wie man ihn aus dem Graphen zu $f(x) = 2^x$ erhalten kann.

Aus dem Term erkennt man unmittelbar, dass man den Graphen zu $f(x) = 2^x$ um 3 Einheiten nach links verschieben kann, um den Graphen zu $g(x) = 2^{x+3}$ zu erhalten. Andererseits kann man den Graphen aber auch mit dem Faktor 2^3, also 8, parallel zur y-Achse strecken, um den Graphen zu g(x) zu erhalten. Dies lässt sich durch eine Umformung des Funktionstermes begründen:

$$g(x) = 2^{x+3} = 2^x \cdot 2^3 = 8 \cdot 2^x$$

Potenzgesetz
$a^n \cdot a^m = a^{n+m}$

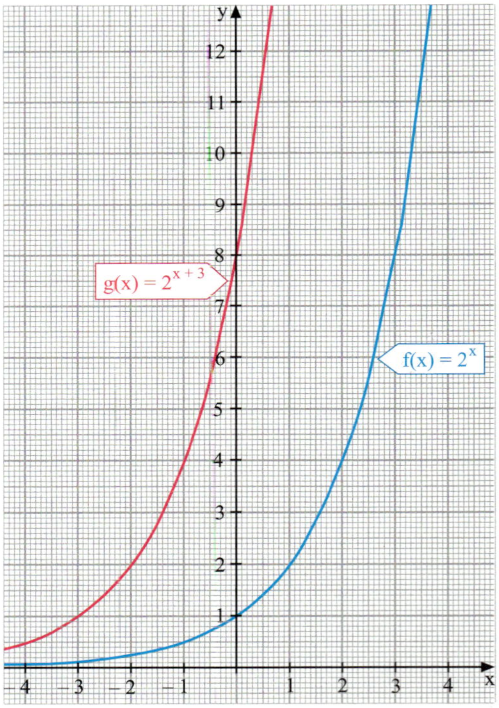

Der Graph zu $g(x) = b^{x+d}$ kann auf zwei verschiedene Weisen aus dem zu $f(x) = b^x$ entstehen:

(1) durch Verschieben parallel zur x-Achse um $|d|$ Einheiten;

(2) durch Strecken parallel zur y-Achse mit dem Faktor b^d, denn $g(x) = b^{x+d} = b^x \cdot b^d = b^d \cdot b^x$.

Zum Selbstlernen

Verschieben des Graphen parallel zur y-Achse

Zeichne den Graphen der Exponentialfunktion zu $f(x) = 2^x$ und verschiebe ihn

a) um 1 Einheit nach oben. *b) um 3 Einheiten nach unten.*

Erstelle die Funktionsterme der beiden verschobenen Graphen. Formuliere anschließend ein allgemeines Ergebnis zum Verschieben des Graphen einer Exponentialfunktion parallel zur y-Achse.

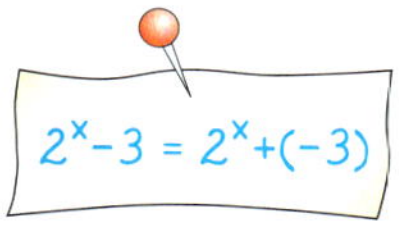

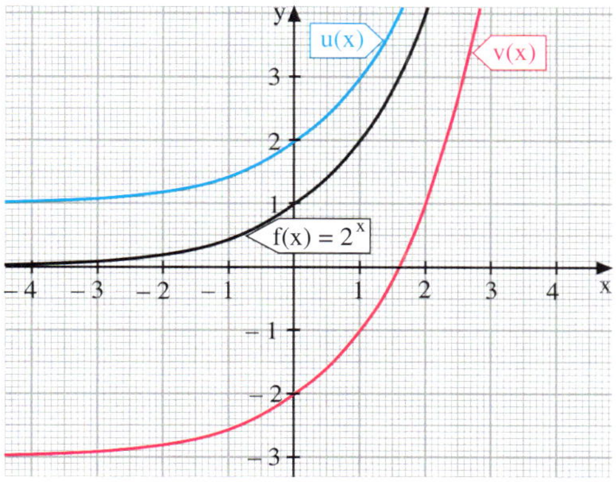

Der Funktionswert $u(x)$ des um 1 Einheit nach oben verschobenen Graphen an der Stelle x ist um 1 größer als der Funktionswert $f(x)$.

Also gilt: $u(x) = f(x) + 1 = 2^x + 1$

Entsprechend ist der Funktionswert $v(x)$ des um 3 Einheiten nach unten verschobenen Graphen an jeder Stelle um 3 kleiner als der Funktionswert $f(x)$.

Also gilt: $v(x) = f(x) - 3 = 2^x - 3$

Man erhält den Graphen zu $g(x) = b^x + e$ aus dem Graphen zu $f(x) = b^x$ durch Verschieben parallel zur y-Achse um $|e|$ Einheiten, und zwar
nach oben, falls $e > 0$;
nach unten, falls $e < 0$.

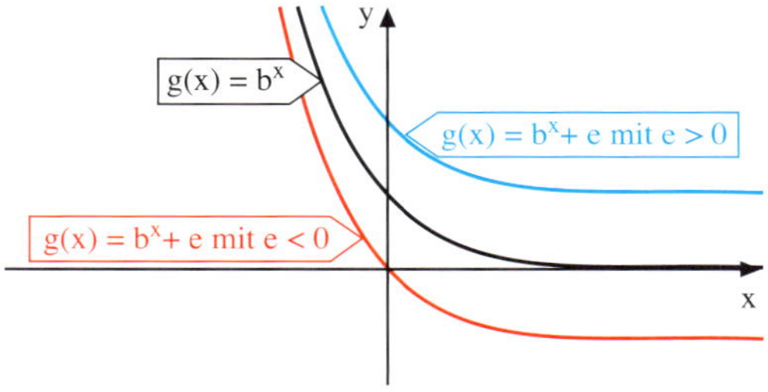

Graph zu $f(x) = a \cdot b^{x+d} + e$

Erzeuge den Graphen zu $f(x) = 0{,}3 \cdot 2^{x+1} - 2$ schrittweise aus dem Graphen zu $e(x) = 2^x$.

Man kann folgendermaßen vorgehen:

(1) Verschiebt man den Graphen zum Funktionsterm 2^x um 1 Einheit nach links, so erhält man den Graphen zum Funktionsterm 2^{x+1}.

(2) Streckt man diesen Graphen mit dem Faktor 0,3 parallel zur y-Achse, so erhält man den Graphen zum Funktionsterm $f(x) = 0{,}3 \cdot 2^{x+1}$.

(3) Verschiebt man anschließend diesen Graphen um 2 Einheiten nach unten, so erhält man den Graphen zum Funktionsterm $f(x) = 0{,}3 \cdot 2^{x+1} - 2$.

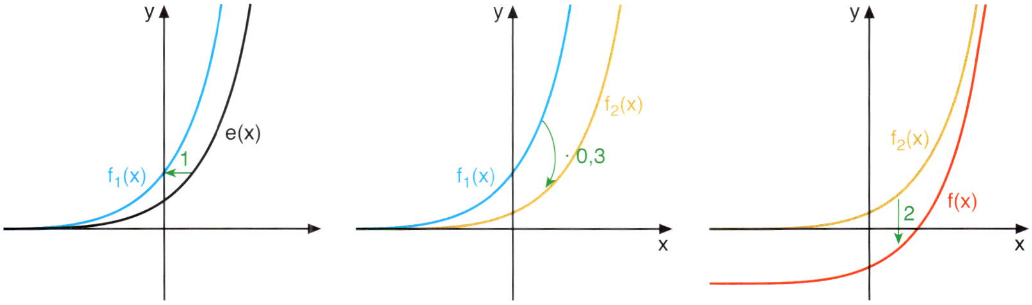

Zum Selbstlernen

Graph zu $f(x) = a \cdot b^{x+d} + e$

- Verschiebt man den Graphen zum Funktionsterm b^x um $|d|$ Einheiten parallel zur x-Achse (nach links, falls $d > 0$; nach rechts, falls $d < 0$) und
- streckt dann den erhaltenen Graphen mit dem Faktor a parallel zur y-Achse und
- verschiebt dann den erhaltenen Graphen um $|e|$ Einheiten parallel zur y-Achse (nach oben, falls $e > 0$; nach unten, falls $e < 0$),

so erhält man den Graphen zum Funktionsterm $f(x) = a \cdot b^{x+d} + e$.

Zum Üben

1. Zeichne den Graphen zu $y = 2^x$. Zeichne in dasselbe Koordinatensystem die Graphen zu:
(1) $y = 0{,}4 \cdot 2^x$ (2) $y = 1{,}5 \cdot 2^x$ (3) $y = -2^x$ (4) $y = -0{,}3 \cdot 2^x$ (5) $y = -1{,}2 \cdot 2^x$
Beschreibe, wie diese Graphen aus dem der Exponentialfunktion zu $y = 2^x$ entstehen.

2. Schreibe eine kleine Zusammenfassung: Wie sieht der Graph einer Funktion mit $g(x) = a \cdot b^x$ im Vergleich zu dem der Exponentialfunktion mit $y = b^x$ aus? Beachte verschiedene Fälle.

3. Zeichne den Graphen zu:
a) $y = -\frac{1}{3} \cdot 5^x$ **b)** $y = -\frac{2}{3} \cdot 2^x$ **c)** $y = -3 \cdot \left(\frac{1}{2}\right)^x$
Gib Eigenschaften der Graphen an. Wie verändert sich der Funktionswert, wenn x um 2 [um 0,5; um 1,5] wächst?

4. Zeichne die Graphen zu $y = 2^{x+d}$ für $d = -2; -1; 0; 1; 2$. Wie verändern sich die Graphen, wenn d größer (kleiner) wird?

5. Zeichne die Graphen der Exponentialfunktionen f und g mit $f(x) = \left(\frac{3}{2}\right)^{x+1}$ bzw. $g(x) = \left(\frac{3}{2}\right)^{x-2}$. Durch welche Verschiebung geht der Graph von g aus dem Graphen f hervor?

6. Ordne zu jedem Funktionsterm den passenden Graphen zu.
$f_1(x) = 2 \cdot 1{,}2^x$ $f_5(x) = 4 \cdot 0{,}5^x$
$f_2(x) = 3 \cdot 1{,}4^x$ $f_6(x) = -1{,}8^x$
$f_3(x) = 3 \cdot \left(\frac{3}{4}\right)^x$ $f_7(x) = -2 \cdot 0{,}4^x$
$f_4(x) = 2 \cdot 1{,}6^x$ $f_8(x) = -2 \cdot 1{,}5^x$

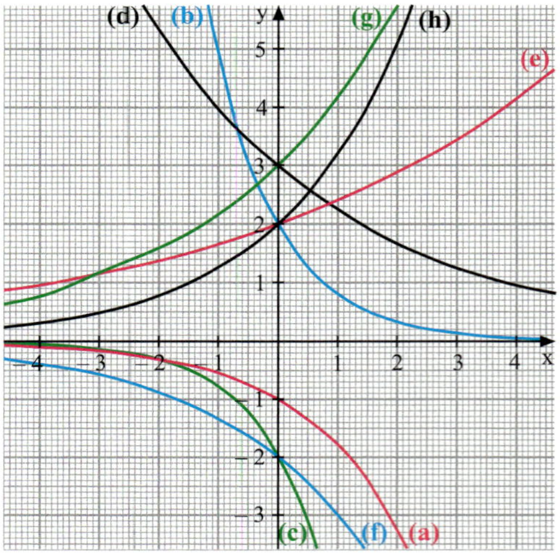

7. *Partnerarbeit:* Beschreibt die Veränderungen der Graphen, wenn
a) in der Gleichung $y = 1{,}5^{x+d}$ der Parameter d verändert wird;
b) in der Gleichung $y = a \cdot 1{,}5^x$ der Parameter a verändert wird.
Fasst eure Überlegungen übersichtlich auf einer Folie zusammen.

Parameter ⟨**griech.**⟩
Math.: konstante oder unbestimmt gelassene Hilfsvariable

8. Beschreibe, wie der Graph der angegebenen Funktion aus dem der Exponentialfunktion zu $f(x) = 10^x$ entsteht.
a) $y = 0{,}2 \cdot 10^x$ **b)** $y = 10^{x-1}$ **c)** $y = 1{,}1 \cdot 10^x$ **d)** $y = -0{,}3 \cdot 10^x$ **e)** $y = 10^{x+0{,}5}$

Zum Selbstlernen

9. Ordne jedem Funktionsterm den passenden Graphen zu.

$f_1(x) = 2^{x+1}$ $\quad$ $f_4(x) = \left(\frac{2}{3}\right)^{x+1}$

$f_2(x) = \left(\frac{1}{2}\right)^{x-2}$ $\quad$ $f_5(x) = 3^{x-1}$

$f_3(x) = 1{,}5^{x+2}$ $\quad$ $f_6(x) = 0{,}2^{x-2}$

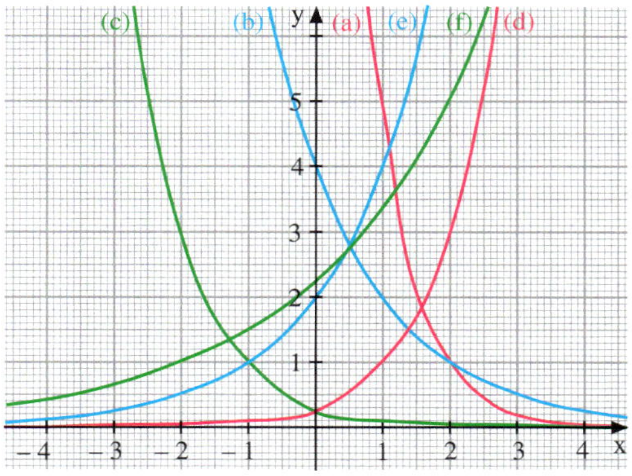

10. Bestimme d so, dass die Graphen zu den Funktionen mit den Gleichungen $y = 4 \cdot \left(\frac{1}{2}\right)^x$ und $y = \left(\frac{1}{2}\right)^{x+d}$ übereinstimmen.

11. **a)** Stelle $y = 4^{x+3}$ in der Form $y = a \cdot 4^x$ dar. Durch welche Abbildung kann der Graph aus dem zu $y = 4^x$ gehörenden Graphen hervorgehen?

b) Stelle $y = 2 \cdot 8^x$ in der Form $y = 8^{x+d}$ dar. Gib Abbildungen an, durch die der Graph zu $y = 2 \cdot 8^x$ aus dem zu $y = 8^x$ hervorgeht.

12. Begründe, dass sich die Graphen zu $y = b^{x+v}$ und $y = b^{x+w}$ für $v \neq w$ nicht schneiden.

PLOT

13. Zeichne mit dem Rechner den Graphen zu $f(x) = \left(\frac{1}{2}\right)^x + e$ $[f(x) = 1{,}2^x + e]$ für verschiedene Werte von e. Was fällt dir auf? Begründe.

14. Der Graph der Exponentialfunktion zur Basis 2 wird

a) an der x-Achse [y-Achse] gespiegelt,

b) um 3 Einheiten entlang der x-Achse nach links [nach rechts] verschoben,

c) um 1 Einheit entlang der y-Achse nach oben [nach unten] verschoben,

d) an der x-Achse [y-Achse] gespiegelt und dann um 1 Einheit nach links und um 3 Einheiten nach oben verschoben.

Bestimme die Funktionsgleichung. Überprüfe mit dem Rechner.

15. Beschreibe den Verlauf des Graphen.

a) $y = -2 \cdot 3^x$ $\quad$ **b)** $y = \frac{1}{2} \cdot 1{,}5^{x-2}$ $\quad$ **c)** $y = 3 \cdot 0{,}5^{x-3}$ $\quad$ **d)** $y = -0{,}25 \cdot \left(\frac{1}{4}\right)^{x+0{,}5}$

16. Zeichne die einzelnen Graphen und gib die Funktionsterme an.

a) Verschiebe den Graphen zur Exponentialfunktion mit $y = 0{,}4^x$ um 2 Einheiten nach links, strecke dann den erhaltenen Graphen mit dem Faktor 1,5 parallel zur y-Achse, und verschiebe anschließend diesen Graphen um 1 Einheit nach oben.

b) Verschiebe den Graphen zur Exponentialfunktion mit $y = 1{,}5^x$ um 3 Einheiten nach rechts, strecke dann den erhaltenen Graphen mit dem Faktor −0,5 parallel zur y-Achse und verschiebe anschließend diesen Graphen um 2 Einheiten nach unten.

c) Verschiebe den Graphen zur Exponentialfunktion mit $y = 0{,}7^x$ um 1 Einheit nach rechts, strecke den erhaltenen Graphen mit dem Faktor −1,5 parallel zur y-Achse und verschiebe anschließend diesen Graphen um 3 Einheiten nach unten.

17. Wie erhält man den Graphen der Funktion aus dem der entsprechenden Exponentialfunktion?

a) $y = 2 \cdot 3^{x+1} - 4$ $\quad$ **c)** $y = -3 \cdot 2^{x-2} + 1$ $\quad$ **e)** $y = 0{,}4 \cdot 2^{x+3} - 4$

b) $y = -0{,}5 \cdot \left(\frac{1}{3}\right)^{x+2} + 1$ $\quad$ **d)** $y = 2 \cdot 0{,}8^{x+1} - 3$ $\quad$ **f)** $y = -3^{x+1} + 2$

Zum Selbstlernen

2.4 Logarithmen – Exponentialgleichungen

2.4.1 Logarithmen

Aufgabe 1

1 000 € werden zu 4 % Zinsen angelegt. Wann sind mindestens 1 500 € auf dem Konto?
Nach x Jahren beträgt der Kontostand $1\,000 \cdot 1{,}04^x$. Du musst also die Ungleichung $1\,000 \cdot 1{,}04^x > 1\,500$ mit der Variablen im Exponenten lösen. Durch Probieren mit dem Taschenrechner findest du x = 11. Nach 11 Jahren sind also erstmals mindestens 1 500 € vorhanden.
Bei den folgenden Gleichungen kannst du den gesuchten Exponenten sogar im Kopf bestimmen.

a) $2^x = 8$; $2^x = \frac{1}{4}$; $2^x = \sqrt{2}$

b) $3^x = 3$; $3^x = \frac{1}{3}$; $3^x = \sqrt[3]{81}$

c) $10^x = 1$; $10^x = 0{,}01$; $10^x = 100 \cdot \sqrt{10}$

Lösung

a) Um die Lösung zu finden, stellt man die rechte Seite der Gleichung als Potenz von 2 dar: $8 = 2^3$.
Also gilt $2^x = 2^3$ und somit x = 3.
Ebenso gilt: $2^x = \frac{1}{4} = \frac{1}{2^2} = 2^{-2}$, also $x = -2$; $2^x = \sqrt{2} = 2^{\frac{1}{2}}$, also $x = \frac{1}{2}$

b) $3^x = 3 = 3^1$, also x = 1; $3^x = \frac{1}{3} = 3^{-1}$, also $x = -1$
$3^x = \sqrt[3]{81} = 81^{\frac{1}{3}} = (3^4)^{\frac{1}{3}} = 3^{\frac{4}{3}}$, also $x = \frac{4}{3}$

c) $10^x = 1 = 10^0$, also x = 0; $10^x = 0{,}01 = \frac{1}{100} = 10^{-2}$, also $x = -2$
$10^x = 100 \cdot \sqrt{10} = 10^2 \cdot 10^{\frac{1}{2}} = 10^{2{,}5}$, also x = 2,5

Information

(1) Begriff des Logarithmus

Beim Logarithmieren sucht man Exponenten.

Definition

Gegeben sind zwei positive Zahlen y und b ($b \neq 1$).

Unter dem **Logarithmus von y zur Basis b** verstehen wir diejenige Zahl x, mit der man b potenzieren muss, um y zu erhalten. Für die Zahl x gilt also $b^x = y$.
Dafür schreibt man $\log_b(y)$. Die Zahl y hinter dem $\log_b$-Symbol heißt **Numerus**.
Das Bestimmen des Logarithmus von y zur Basis b heißt **Logarithmieren**.

Beispiel: „Bestimme $\log_3(81)$“ bedeutet:
Suche den Exponenten x, sodass 3^x die Zahl 81 ergibt.
$\log_3(81) = 4$, denn $3^4 = 81$.

Weitere Beispiele: $\log_{10}\left(\frac{1}{1000}\right) = -3$, denn $10^{-3} = \frac{1}{1000}$ $\quad \log_{\frac{1}{4}}(2) = -\frac{1}{2}$, denn $\left(\frac{1}{4}\right)^{-\frac{1}{2}} = 2$

Für den Logarithmus zur Basis 10 schreibt man auch nur log oder lg.

Beachte:

(a) Logarithmuswerte kann man nur von positiven Zahlen bestimmen, da Potenzen b^x für $b > 0$ stets positiv sind.

(b) Beim Logarithmieren zur Basis 10 wollen wir die Basis in der Schreibweise weglassen:
$\log_{10}(15) = \log(15) = 1{,}176\ldots$

(c) Gelegentlich lässt man Klammern bei Logarithmen weg, wenn durch ihr Fehlen keine Missverständnisse entstehen, z.B. log15 statt log(15).

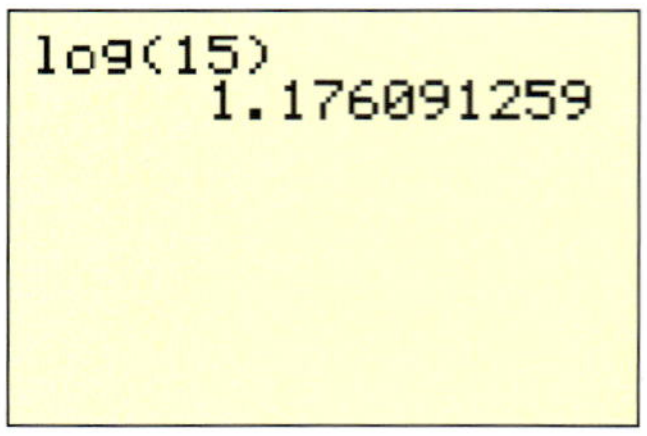

(2) Zusammenhang zwischen Potenzieren, Logarithmieren und Wurzelziehen (Radizieren)

Das Bilden einer Potenz b^x nennt man auch *Potenzieren*. Man erhält dann als Ergebnis den Potenzwert.

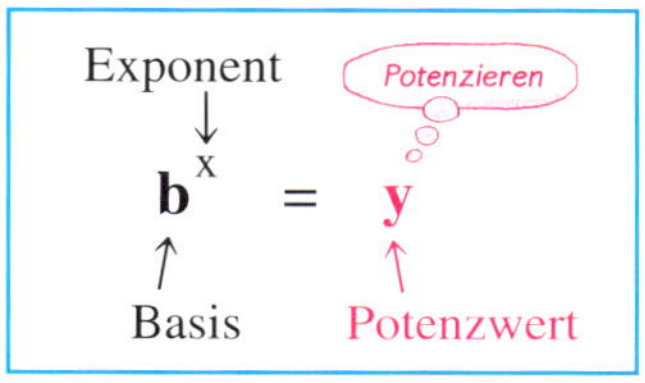

Für das Potenzieren gibt es zwei Umkehrungen:

(a) *Das Radizieren als 1. Umkehrung des Potenzierens*
Sind in der Gleichung $b^x = y$ der Exponent x und der Potenzwert y gegeben und ist die Basis b gesucht, so erhält man diese durch Wurzelziehen (*Radizieren*). Es gilt dann:
$b = \sqrt[x]{y}$

Beispiel: $b^4 = 81$; $b = \sqrt[4]{81} = 3$

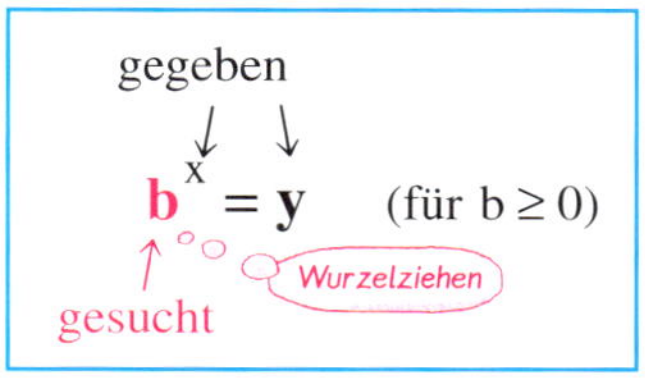

(b) *Das Logarithmieren als 2. Umkehrung des Potenzierens*
Sind in der Gleichung $b^x = y$ die Basis b und der Potenzwert y gegeben und ist der Exponent x gesucht, so erhält man diesen durch *Logarithmieren.*
Man schreibt dann:
$x = \log_b(y)$

Beispiel: $2^x = 256$; $x = \log_2(256) = 8$

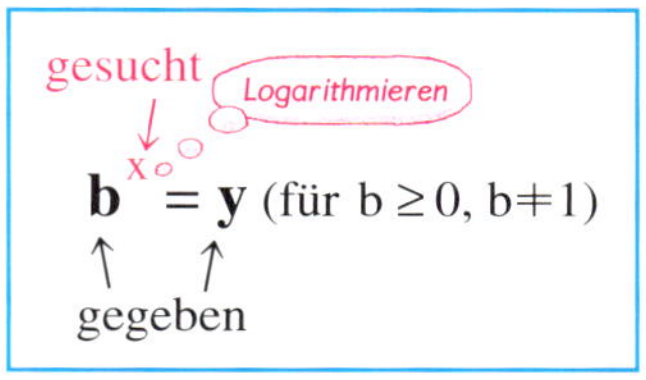

Nützlich ist häufig die folgende Merkregel:

$\log_b(y) = x$ bedeutet dasselbe wie $b^x = y$.

Logarithmus, Kunstwort aus den griechischen Wörtern **logos,** das Berechnen, Verhältnis **arithmos,** Zahl

(3) Zur Geschichte der Logarithmen

Ursprünglich sind die Logarithmen aus dem Bedürfnis heraus entstanden, die Genauigkeit von Berechnungen zu erhöhen (z. B. in der Astronomie). Man hat dabei z. B. den Verhältnissen $\left(\frac{a}{b}\right)^1, \left(\frac{a}{b}\right)^2, \left(\frac{a}{b}\right)^3, \ldots$ die Zahlen 1, 2, 3, … gegenübergestellt.
Bedeutende Werke mit Tabellen solcher Gegenüberstellungen stammen vom Schotten John Napier (1614) und dem Engländer Henry Briggs (1617). Erst 1748 wurde vom Schweizer Leonard Euler die Bedeutung von Logarithmen bei Exponentialgleichungen erkannt. Von Euler stammt auch die Sprechweise „Logarithmus zur Basis …“.

Weiterführende Aufgaben

2. *Ausschluss der Basis 1*

Überlege, warum bei der Definition des Logarithmus die Basis 1 ausgeschlossen wird.

3. *Logarithmieren und Potenzieren heben sich gegenseitig auf*

a) Bilde zuerst den Logarithmus zur Basis 2 von
8; 16; $\frac{1}{2}$; $\sqrt{2}$; $8\sqrt{2}$
Potenziere dann 2 mit jedem Ergebnis:

	$\log_2$ →	2 hoch →
8	3	8

b) Potenziere zuerst 2 mit
4; 5; −2; $\frac{3}{2}$; −0,5
Bilde dann von jedem Ergebnis den Logarithmus zur Basis 2:

	2 hoch →	$\log_2$ →
4	16	4

Vervollständige die Tabellen. Vergleiche jeweils die erste und dritte Spalte.

(1) Das Potenzieren zur Basis b ist die Umkehrung des Logarithmierens zur Basis b:
$b^{\log_b(x)} = x$ (für alle $x > 0$, $b > 0$, $b \neq 1$)

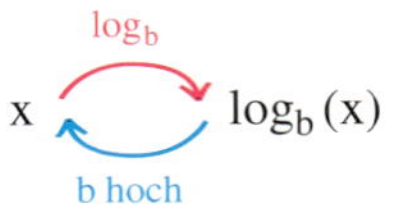

(2) Das Logarithmieren zur Basis b ist die Umkehrung des Potenzierens zur Basis b:
$\log_b(b^x) = x$ (für alle $x \in \mathbb{R}$, $b > 0$, $b \neq 1$)

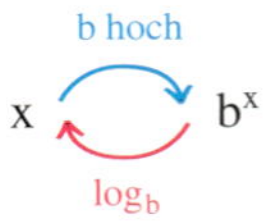

4. *Grundaufgaben bei Logarithmen*

a) Erläutere die drei Beispiele rechts. Welche Unterschiede bestehen?

$\log_5\left(\frac{1}{25}\right) = x$	$\log_b(64) = 3$	$\log_2(y) = 5$
$5^x = \frac{1}{25}$	$b^3 = 64$	$2^5 = y$
$5^x = 5^{-2}$	$b^3 = 4^3$	$y = 32$
$x = -2$	$b = 4$	

b) Ermittle wie in Teilaufgabe a):
(1) $\log_2(16) = x$ (4) $\log(x) = 3$
(2) $\log_b(8) = 3$ (5) $\log(0{,}001) = c$
(3) $\log_4(x) = \frac{1}{2}$ (6) $\log_b(1\,024) = 5$

Übungsaufgaben

5. Bestimme jeweils die Zahl für x.
a) $2^x = 16$; $3^x = 9$; $4^x = 1$
b) $3^x = \frac{1}{9}$; $2^x = \frac{1}{16}$; $5^x = \frac{1}{125}$
c) $2^x = \sqrt[3]{8}$; $3^x = \sqrt[3]{9}$; $5^x = \sqrt[5]{25}$
d) $2^x = \frac{1}{\sqrt[3]{16}}$; $3^x = \frac{1}{\sqrt[3]{9}}$; $4^x = \frac{1}{\sqrt[5]{64}}$

6. Bestimme:
a) $\log_2(64)$; $\log_2(1\,024)$; $\log_2(1)$; $\log_2\left(\frac{1}{8}\right)$; $\log_2\left(\frac{1}{16}\right)$; $\log_2\left(\frac{1}{128}\right)$; $\log_2\left(\sqrt{2}\right)$; $\log_2\left(2^{13}\right)$
b) $\log_3(9)$; $\log_3(1)$; $\log_3(243)$; $\log_3\left(\frac{1}{81}\right)$; $\log_3\left(\frac{1}{9}\right)$; $\log_3(3^7)$; $\log_3(\sqrt{3})$; $\log_3\left(\sqrt{3^3}\right)$
c) $\log_4(4)$; $\log_4(16)$; $\log_4(1)$; $\log_4(256)$; $\log_4(4^5)$; $\log_4(0{,}25)$; $\log_4(0{,}0625)$; $\log_4(2)$

7. Ordne die Logarithmen zunächst der Größe nach. Bestimme sie dann zur Kontrolle.
a) $\log_5(625)$; $\log_5(5)$; $\log_5(25)$; $\log_5(1)$; $\log_5(0{,}2)$; $\log_5\left(\frac{1}{625}\right)$; $\log_5(\sqrt{5})$; $\log_5(5^8)$
b) $\log(100)$; $\log(1\,000)$; $\log(0{,}001)$; $\log(0{,}1)$; $\log(10^9)$; $\log(10^{-6})$; $\log(\sqrt{10})$

8. a) $\log_2(512)$; $\log_4(1\,024)$; $\log_3(729)$; $\log_6(36)$; $\log_8(64)$; $\log_{12}(12)$; $\log_7(1)$
b) $\log_2\left(\frac{1}{256}\right)$; $\log_2(0{,}125)$; $\log_3\left(\frac{1}{243}\right)$; $\log_7\left(\frac{1}{49}\right)$; $\log_8\left(\frac{1}{8}\right)$; $\log_8\left(\frac{1}{512}\right)$; $\log_6(6^5)$

9. Berechne im Kopf, zwischen welchen ganzen Zahlen der Logarithmus liegt. Argumentiere.
a) $\log_2(3)$ **b)** $\log_2(5)$ **c)** $\log_2\left(\frac{1}{3}\right)$ **d)** $\log_3(2)$ **e)** $\log_4(13)$; **f)** $\log_5(36)$ **g)** $\log_6(99)$

10. a) $\log_2\left(\sqrt[3]{16}\right)$; $\log_2\left(\sqrt[5]{128}\right)$; $\log_2\left(\sqrt[4]{8}\right)$; $\log_2\left(\sqrt{0{,}25}\right)$; $\log_2\left(\frac{1}{\sqrt[3]{16}}\right)$; $\log_2\left(2^{\frac{4}{7}}\right)$; $\log_2\left(2^{-\frac{2}{3}}\right)$
b) $\log_5\left(\sqrt[3]{5}\right)$; $\log_4\left(\frac{1}{\sqrt[3]{16}}\right)$; $\log\left(10^{\frac{2}{3}}\right)$; $\log_3\left(\sqrt[5]{\frac{1}{27}}\right)$; $\log\left(\sqrt{0{,}1}\right)$; $\log_5\left(\sqrt{0{,}2}\right)$; $\log_7\left(\sqrt[3]{49}\right)$

11. a) $\log_2(2^m)$ **d)** $\log_4\left(\frac{1}{\sqrt[n]{4}}\right)$ **g)** $\log_b\left(\frac{1}{b}\right)$ **j)** $\log_a(a^n)$ **m)** $\log_a\left(\sqrt[n]{a}\right)$
b) $\log_5\left(\frac{1}{5^m}\right)$ **e)** $\log_b(b)$ **h)** $\log_b(b^2)$ **k)** $\log_c\left(\sqrt{c}\right)$ **n)** $\log_a\left(a^{\frac{m}{n}}\right)$
c) $\log_3\left(\sqrt[n]{3}\right)$ **f)** $\log_b(1)$ **i)** $\log_b\left(\frac{1}{b^2}\right)$ **l)** $\log_c\left(\frac{1}{\sqrt{c}}\right)$ **o)** $\log_a\left(\frac{1}{\sqrt[5]{a^3}}\right)$

12. Berechne.

a) $2^{\log_2(7)}$ **b)** $2^{\log_2(u^2)}$ **c)** $3^{\log_3(\sqrt{12})}$ **d)** $10^{\log(2)}$ **e)** $\log_5(5^9)$ **f)** $\log_3\left(3^{\sqrt{2}}\right)$ **g)** $\log\left(10^{-7}\right)$

13. Bestimme die Zahl für y.

a) $\log_2(y) = 5$ **c)** $\log(y) = 6$ **e)** $\log_3(y) = 2{,}5$ **g)** $\log_4(y) = \frac{1}{2}$ **i)** $\log(y) = 1$

b) $\log_2(y) = \frac{2}{3}$ **d)** $\log_4(y) = \frac{2}{3}$ **f)** $\log_2(y) = -5$ **h)** $\log_4(y) = -\frac{1}{2}$ **j)** $\log(y) = -\frac{3}{4}$

14. Die Lösungen sind fehlerhaft. Korrigiere.

a) $x^4 = 25$, $x = \log_4(25)$ b) $3^x = 101$, $x = \sqrt[3]{101}$ c) $3x - 7 = 20$, $x = -1$ d) $x^6 = -12$, $x = -\sqrt[6]{12}$ e) $2^x = -13$, $x = -\log_2(13)$

15. Für welche Basis b ist die Gleichung erfüllt?

a) $\log_b(9) = 2$ **c)** $\log_b\left(\frac{1}{9}\right) = -2$ **e)** $\log_b(125) = 3$ **g)** $\log_b\left(\sqrt{8}\right) = \frac{3}{4}$

b) $\log_b\left(\sqrt{2}\right) = \frac{1}{2}$ **d)** $\log_b(5) = 1$ **f)** $\log_b(256) = 4$ **h)** $\log_b\left(\sqrt{729}\right) = \frac{3}{2}$

16. **a)** Beweise, dass $\log_2(3)$ keine rationale Zahl ist.
Anleitung: Nimm das Gegenteil an, d. h. $\log_2(3) = \frac{m}{n}$ mit $m \in \mathbb{N}^*$ und $n \in \mathbb{N}^*$; folgere hieraus dann $2^m = 3^n$ und widerlege dies.

b) Marc fragt sich: „Auf diese Weise kann man doch auch beweisen, dass $\log_9(3)$ eine irrationale Zahl ist, oder?" Kontrolliere dies und begründe deine Meinung.

17. Bestimme die Lösungsmenge der Gleichung bzw. Ungleichung.

a) $\log_2(x - 1) = 2$ **c)** $\log_5(4x + 1) = 1$ **e)** $\log_2(x) < 5$ **g)** $\log_2(u) \geq 2$

b) $\log\left(\frac{1}{5}x\right) = -3$ **d)** $\log_2\left(u^2\right) = 4$ **f)** $0{,}5 < \log(x) \leq 1$ **h)** $0 \leq \log_3(x) \leq 1$

2.4.2 Logarithmengesetze

Aufgabe 1

Bei Potenzen hast du Potenzgesetze kennen gelernt. Für die erste Umkehrung des Potenzierens, das Wurzelziehen, kennst du Wurzelgesetze.
Gibt es auch Gesetze für die zweite Umkehrung, das Logarithmieren?
Stelle eine Wertetabelle für die Zehner-Logarithmen im Bereich von 1 bis 10 auf und versuche, solche Gesetze zu entdecken.

Lösung

x	1	2	3	4	5	6	7	8	9	10
log (x)	0	0,301	0,477	0,602	0,699	0,778	0,845	0,903	0,954	1

Du erkennst z. B.

(1) $\log(6) = \log(2) + \log(3)$
$\log(10) = \log(2) + \log(5)$

(2) $\log(5) = \log(10) - \log(2)$
$\log(1) = \log(7) - \log(7)$

(3) $\log(4) = 2 \cdot \log(2)$
$\log(8) = 3 \cdot \log(2)$

Es gelten also vermutlich folgende Logarithmengesetze:

(1) $\log(a \cdot b) = \log(a) + \log(b)$ (2) $\log\left(\frac{a}{b}\right) = \log(a) - \log(b)$ (3) $\log\left(a^n\right) = n \cdot \log(a)$

Information

Die Lösung der Aufgabe 1 legt folgende Gesetze nahe.

statt Multiplizieren Addieren
statt Dividieren Subtrahieren
statt Potenzieren Multiplizieren

Satz (*Logarithmengesetze*)
Für $b > 0$, $b \neq 1$, $u > 0$, $v > 0$, $r \in \mathbb{R}$ gilt:
(L1): $\log_b(u \cdot v) = \log_b(u) + \log_b(v)$ (für $u > 0$, $v > 0$)
(L2): $\log_b\left(\frac{u}{v}\right) = \log_b(u) - \log_b(v)$ (für $u > 0$, $v > 0$)
(L3): $\log_b(u^r) = r \cdot \log_b(u)$ (für $u > 0$, $r \in \mathbb{R}$)

Beispiele:
$\log_4(16 \cdot 4^a) = \log_4(16) + \log_4(4^a) = 2 + a$
$\log\left(\frac{1000}{x}\right) = \log(1000) - \log(x) = 3 - \log(x)$
$\log\left(\sqrt[10]{100}\right) = \log\left(100^{\frac{1}{10}}\right) = \frac{1}{10}\log(100) = \frac{1}{10} \cdot 2 = 0{,}2$

Potenzgesetze:
$a^n \cdot a^m = a^{n+m}$
$\frac{a^n}{a^m} = a^{n-m}$
$(a^n)^m = a^{n \cdot m}$

Beweis der Logarithmengesetze:
Wir beschränken uns auf die Basis 10, weil dadurch die Schreibweise übersichtlicher ist.

(1) $\log(u \cdot v) = \log(u) + \log(v)$ gilt, falls $10^{\log(u)+\log(v)}$ gleich dem Produkt $u \cdot v$ ist.
Mit einem Potenzgesetz ergibt sich: $10^{\log(u)+\log(v)} = 10^{\log(u)} \cdot 10^{\log(v)} = u \cdot v$.

(2) $\log\left(\frac{u}{v}\right) = \log(u) - \log(v)$ gilt, falls $10^{\log(u)-\log(v)}$ gleich dem Quotienten $\frac{u}{v}$ ist.
Mit einem Potenzgesetz ergibt sich: $10^{\log(u)-\log(v)} = \frac{10^{\log(u)}}{10^{\log(v)}} = \frac{u}{v}$.

(3) $\log(u^r) = r \cdot \log(u)$ gilt, falls $10^{r \cdot \log(u)}$ gleich der Potenz u^r ist.
Mit einem Potenzgesetz ergibt sich: $10^{r \cdot \log(u)} = 10^{\log(u) \cdot r} = \left(10^{\log(u)}\right)^r = u^r$.

Weiterführende Aufgaben

2. *Berechnen von beliebigen Logarithmen mit der log-Taste*

Der Taschenrechner liefert nur Näherungswerte für Logarithmen zur Basis 10. Dies reicht auch aus, um Logarithmen zu einer beliebigen Basis mit dem Taschenrechner berechnen zu können.

a) Beweise die folgende Formel, indem du die einzelnen Schritte rechts erläuterst.

$$\log_b(y) = \frac{\log(y)}{\log(b)} \quad (y > 0,\ b > 0,\ b \neq 1)$$

Zu zeigen: $x = \log_b(y) = \frac{\log(y)}{\log(b)}$

$$b^{\frac{\log(y)}{\log(b)}} = \left(10^{\log(b)}\right)^{\frac{\log(y)}{\log(b)}}$$
$$= 10^{\frac{\log(b) \cdot \log(y)}{\log(b)}}$$
$$= 10^{\log(y)}$$
$$= y$$

b) Bestimme mithilfe der Formel Näherungswerte für $\log_2(3)$ und $\log_{0,4}(1{,}3)$ (auf 5 Nachkommastellen gerundet). Mache die Probe durch Potenzieren.

3. *Sonderfälle der Logarithmengesetze*

a) Für das Logarithmengesetz (L1) lassen sich in Sonderfällen weitere Regeln aufstellen. Kontrolliere die beiden Regeln rechts mit Zahlenbeispielen.
Beweise sie anschließend.

Für $u = 1$ gilt: $\log_b\left(\frac{1}{v}\right) = -\log_b(v)$
Für $u = b$ gilt: $\log_b(b \cdot v) = 1 + \log_b(v)$

b) Finde Regeln für Sonderfälle der Logarithmengesetze.

Übungsaufgaben

4. *Partnerarbeit:* Für das Multiplizieren, Dividieren und Potenzieren von Potenzen kennt ihr die Potenzgesetze. Untersucht, ob es auch für das Logarithmieren Gesetze gibt.

5. Vereinfache durch Zusammenfassen der Logarithmenterme.

a) $\log(8) + \log(5) + \log(25)$ **e)** $\log_2(10) + \log_2\left(\frac{3}{5}\right) + \log_2\left(\frac{1}{3}\right)$

b) $\log(150) + \log(2) - \log(3)$ **f)** $\log_2(7) + \log_2(12) - \log_2\left(\frac{21}{4}\right)$

c) $\log(60) - \log(2) - \log(3)$ **g)** $\log_3(4) + \log_3\left(\frac{2}{3}\right) + \log_3\left(\frac{1}{8}\right)$

d) $\log\left(\frac{5}{3}\right) + \log\left(\frac{4}{5}\right) + \log\left(\frac{3}{4}\right)$ **h)** $\log_3\left(\frac{4}{5}\right) - \log_3\left(\frac{4}{7}\right) + \log_3\left(\frac{5}{7}\right)$

$$\log(4) + \log(25) = \log(4 \cdot 25) = \log(100) = 2$$

6. Es ist $\log_2(3) \approx 1{,}6$. Bestimme ohne Taschenrechner die Logarithmen zur Basis 2 von:

a) 9 **b)** 27 **c)** 36 **d)** 12 **e)** $\sqrt{3}$ **f)** $\frac{1}{3}$ **g)** $\frac{2}{3}$

$$\log_2(1{,}5) = \log_2\left(\tfrac{3}{2}\right) = \log_2(3) - \log_2(2) \approx 1{,}6 - 1 = 0{,}6$$

7. Wende Logarithmengesetze an. Beachte einschränkende Bedingungen.

a) $\log_b(4x)$ **d)** $\log_b(a \cdot b \cdot c)$ **g)** $\log_b\left(\frac{1}{4b}\right)$

b) $\log_b(r \cdot s)$ **e)** $\log_b(x(y+z))$ **h)** $\log_b\left(\frac{1}{x \cdot y}\right)$

c) $\log_b\left(\frac{3}{z}\right)$ **f)** $\log_b\left(\frac{2a}{3b}\right)$ **i)** $\log_b\left(\frac{xyz}{5b}\right)$

$$\log_b\left(\frac{x \cdot y}{z}\right) = \log_b(x \cdot y) - \log_b(z) = \log_b(x) + \log_b(y) - \log_b(z)$$
(für $x > 0,\ y > 0,\ z > 0,\ b > 0,\ b \neq 1$)

8. **a)** $\log_b\left(x^5\right)$ **c)** $\log_a\left(a^{-2}\right)$ **e)** $\log_b\left(\frac{1}{x^3}\right)$

b) $\log_b\left(r^{\frac{4}{5}}\right)$ **d)** $\log_b\left(z^{-\frac{2}{3}}\right)$ **f)** $\log_b\left(\frac{1}{a^{\frac{1}{3}}}\right)$

$$\log_b\left(\sqrt[3]{x^2}\right) = \log_b\left(x^{\frac{2}{3}}\right) = \tfrac{2}{3}\log_b(x);\ x > 0$$

9. Bestimme die Lösungsmenge der Gleichung.

a) $\log_2(x) + \log_2(3) = \log_2(5)$ **c)** $\log(3x + 1) = 1$ **e)** $\log_2(y) - \log_2(25) = 0$

b) $\log(5) + \log(z) = 1$ **d)** $\log_5(x + 2) + 1 = \log_5(12)$ **f)** $\log_2(y) - 2\log_2(25) = 2$

10. **a)** Begründe, warum im Allgemeinen gilt:
(1) $\log(x + y) \neq \log(x) + \log(y)$; (2) $\log(r - s) \neq \log(r) - \log(s)$.

b) Untersuche, ob es Sonderfälle gibt, in denen diese Formeln richtig sind.

11. Gib auf 5 Nachkommastellen gerundet an.

a) $1 - \log_3(7)$ **b)** $(\log_{13}(27))^2$ **c)** $\log_5(6) - \log_6(5)$ **d)** $\log_{3,4}(0{,}27) : (1 + \log_{3,4}(0{,}27))$

12. **a)** Wie viele Stellen hat 10^3; 10^9; 10^{100}?

b) Wie viele Stellen vor dem Komma hat die Zahl $10^{1,5}$; $10^{6,3}$; $10^{21,1}$?

c) Björn behauptet:
„Die Zahl 4^{13} hat im Dezimalsystem 8 Stellen."
Erläutere seine Rechnung rechts.
Kontrolliere den Wert, indem du 4^{13} mit dem Taschenrechner berechnest.

(1) $\log\left(4^{13}\right) = 13 \cdot \log(4) = 7{,}826\ldots$
(2) $4^{13} = 10^{7,826\ldots}$
(3) 4^{13} hat 8 Stellen.

d) Ermittle mit dem Verfahren von Björn die Stellenzahl von 5^5; $\left(5^5\right)^5$; $5^{\left(5^5\right)}$ im Dezimalsystem.

e) Daniela behauptet, dass die größte Zahl, die man im Dezimalsystem mit drei Ziffern schreiben kann, ungefähr 370 Millionen Stellen hat. Überprüfe diese Behauptung.

2.4.3 Lösen von Exponentialgleichungen mithilfe von Logarithmen

Einführung

Julia hat 3 000 € zu 2,5 %, Dennis 2 500 € zu 3,25 % angelegt. Wann hat Dennis doppelt so viel Guthaben auf seinem Sparbuch wie Julia?
Wir bezeichnen die Zeit (in Jahren), die vergehen muss, bis Dennis doppelt so viel Geld wie Julia auf seinem Sparbuch hat, mit x.
Zu lösen ist dann folgende Gleichung:
$3\,000 \cdot 1{,}025^x = 2\,500 \cdot 1{,}0325^x$
Diese Gleichung kannst du schon tabellarisch oder grafisch lösen. Wir wollen jetzt ein algebraisches Lösungsverfahren entwickeln. Betrachte und erläutere das Vorgehen rechts.

$$3\,000 \cdot 1{,}025^x = 2\,500 \cdot 1{,}0325^x$$
$$\frac{3\,000}{2\,500} = \frac{1{,}0325^x}{1{,}025^x}$$
$$1{,}2 = \left(\frac{1{,}0325}{1{,}025}\right)^x$$
$$1{,}2 \approx 1{,}0073^x$$
$$x \approx \log_{1{,}0073}(1{,}2)$$
$$x \approx \frac{\log(1{,}2)}{\log(1{,}0073)}$$
$$x \approx 25{,}066\ldots \approx 25$$

Ergebnis: Nach ungefähr 25 Jahren hat Dennis erstmals mehr als doppelt so viel wie Julia, wenn in dieser Zeitspanne keine Veränderungen eintreten.

Aufgabe 1

Bestimme die Lösung der Gleichung. Überlege zunächst, was im ersten Schritt gemacht wurde.

a) $6^{x+2} = 720$
$6^x = \square$

b) $5^{2x} = 4 \cdot 2^x$
$(5^2)^x = \square$

c) $5^{4x-2} = 3^{7x+4} \cdot 0{,}13$
$(5^4)^x \cdot 5^{-2} = \square$

Führe eine Probe durch.

Lösung

$$\log_b(y) = \frac{\log(y)}{\log(b)}$$

a)
$$6^{x+2} = 720$$
$$6^x \cdot 6^2 = 720 \quad |\ :36$$
$$6^x = 20$$
$$x = \log_6(20)$$
$$x = \frac{\log(20)}{\log(6)} \approx 1{,}672$$

b)
$$5^{2x} = 4 \cdot 2^x$$
$$(5^2)^x = 4 \cdot 2^x \quad |\ :2^x$$
$$12{,}5^x = 4$$
$$x = \log_{12{,}5}(4)$$
$$x = \frac{\log(4)}{\log(12{,}5)} \approx 0{,}549$$

c)
$$5^{4x-2} = 3^{7x-4} \cdot 0{,}13$$
$$(5^4)^x \cdot 5^{-2} = (3^7)^x \cdot 3^4 \cdot 0{,}13$$
$$625^x \cdot 0{,}04 = 2\,187^x \cdot 10{,}53 \quad |\ :(625^x \cdot 10{,}53)$$
$$0{,}003799 \approx 3{,}4992^x$$
$$x \approx \log_{3{,}4992}(0{,}003799)$$
$$x \approx \frac{\log(0{,}003799)}{\log(3{,}4992)} \approx -4{,}449$$

Probe zu c):
linke Seite: $1{,}4561 \cdot 10^{-14}$
rechte Seite: $1{,}4569 \cdot 10^{-14}$

Rechenungenauigkeit

Weiterführende Aufgaben

2. *Anwenden von Logarithmengesetzen beim Lösen von Exponentialgleichungen*

a) Vergleiche die beiden Verfahren zur Bestimmung der Lösung der Gleichung $8 \cdot 3^{2x} = 32 \cdot 5^x$. Begründe jeden Umformungsschritt.

b) Löse ebenso die folgenden Gleichungen auf zwei Arten. Mache die Probe.
(1) $60 \cdot 2{,}2^x = 180 \cdot 1{,}5^{3x}$
(2) $24 \cdot 3^{-2x} = 18 \cdot 6^{3x}$

Anwenden von Potenzgesetzen	Anwenden von Logarithmengesetzen
$8 \cdot 3^{2x} = 32 \cdot 5^x$	$8 \cdot 3^{2x} = 32 \cdot 5^x$
$(3^2)^x = 4 \cdot 5^x$	$3^{2x} = 4 \cdot 5^x$
$\left(\frac{3^2}{5}\right)^x = 4$	$\log(3^{2x}) = \log(4 \cdot 5^x)$
$1{,}8^x = 4$	$2x \cdot \log(3) = \log(4) + x \cdot \log(5)$
$x = \log_{1{,}8}(4)$	$x \cdot (2 \cdot \log(3) - \log(5)) = \log(4)$
$x = \frac{\log(4)}{\log(1{,}8)}$	$x = \frac{\log(4)}{2 \cdot \log(3) - \log(5)}$
$x \approx 2{,}36$	$x \approx 2{,}36$

Blei-Jsotop ^{210}Pb,
kommt als Zerfallsprodukt des Uran-Jsotops ^{238}U in Bleierzen vor.
Radioaktiver β-Strahler, der zu Bismut zerfällt.
Blei ^{210}Pb hat eine Halbwertszeit von 22 Jahren.

3. *Bestimmen der Halbwertszeit mit Logarithmen*

Bei exponentiellen Zerfallsprozessen kann man ermitteln, innerhalb welcher Zeitspanne sich der Bestand jeweils halbiert hat. Diese Zeitspanne heißt **Halbwertszeit**.

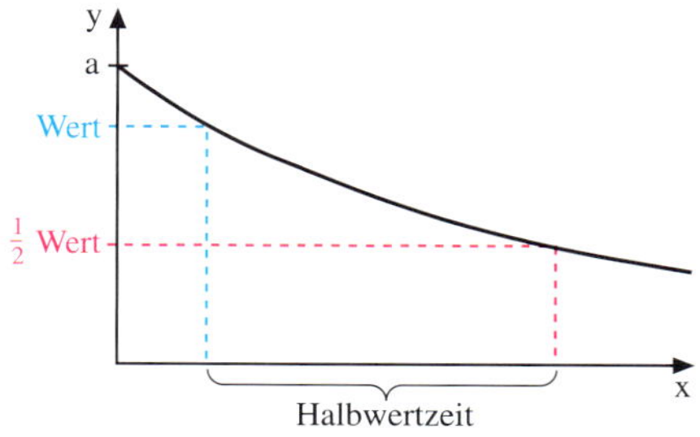

a) Begründe, warum die Halbwertszeit nur von der Basis der Exponentialfunktion $y = a \cdot b^x$ abhängt, aber nicht vom Anfangsbestand a.

b) Begründe den Ansatz zur Bestimmung der Halbwertszeit s und die Umformungsschritte. Ermittle die Halbwertszeit des Prozesses mit dem Term $f(t) = 5{,}5 \cdot 0{,}63^t$.

$$\begin{aligned} \tfrac{1}{2} \cdot a \cdot b^x &= a \cdot b^{x+s} \quad | : (a \cdot b^x) \\ 0{,}5 &= b^s \\ s &= \log_b(0{,}5) \\ s &= \frac{\log(0{,}5)}{\log(b)} \end{aligned}$$

c) Ermittle eine Formel, die den Bestand von Blei ^{210}Pb nach t Jahren beschreibt, wenn anfangs 3,2 g vorhanden waren.

Übungsaufgaben

4. Es gibt Algen, die ihre Höhe jede Woche verdoppeln können. Wie viele Wochen dauert es, bis eine 60 cm große Alge an die Oberfläche des 6,40 m tiefen Sees gelangt?

5. Bestimme x. Runde das Ergebnis auf Tausendstel.

a) $5^x = 7$ **b)** $3^{x-1} = 120$ **c)** $5 \cdot 4^{2x+1} = 26$ **d)** $5^x = 2 \cdot 7^{x+1}$ **e)** $3^{2x} = 4 \cdot 5^{x+3}$ **f)** $5 \cdot 6^{2x} = 6 \cdot 5^{2x}$ **g)** $22 \cdot 3^{x-3} = 9 \cdot 5^{3+x}$ **h)** $18 \cdot 2^{7x-1} = 2 \cdot 5^{2x-1}$

6. Ein Kapital von 4 000 € wird mit 4,5 % jährlich verzinst. Nach wie viel Jahren hat es sich verdoppelt [verdreifacht; vervierfacht]?

7. Wassermelonen wachsen anfangs so schnell, dass sich ihre Masse täglich um 13 % vermehrt. Nach wie viel Tagen hat eine ursprünglich 1,3 kg schwere Melone die Masse 4,6 kg?

8. Eine Bakterienart vermehrt sich so, dass sie alle 3 Tage auf das 1,5fache anwächst. Nach welcher Zeit sind aus 10 Bakterien 45 geworden?

9. Bestimme die Lösungsmenge der Exponentialungleichung.

a) $4^x < 12$ **b)** $5 \cdot 3^x < 30$ **c)** $3^{2x} > 5$ **d)** $2^x < 3^{x-1}$

10. Bestimme die Lösung der Exponentialgleichung im Kopf.

a) $6 \cdot 3^x = 54$ **b)** $5 \cdot 0{,}2^x = 0{,}2$ **c)** $19{,}2 = 0{,}3 \cdot 4^x$ **d)** $20 \cdot 2^x - 500 = 780$

11. Manche Exponentialgleichungen lassen sich auch ohne Logarithmieren lösen. Löse wie im Beispiel.

$$\begin{aligned} 3^{3x+1} &= \tfrac{1}{9} && \text{(Als Potenz mit der gleichen Basis schreiben)} \\ 3^{3x+1} &= 3^{-2} && \text{(Vergleich der Exponenten)} \\ 3x + 1 &= -2 && \text{(Lösen der linearen Gleichung)} \\ x &= -1 \end{aligned}$$

a) $2^{2x+1} = 8$ **b)** $3^{3x-6} = 81$ **c)** $2^{2-3x} = 0{,}25$ **d)** $2^{x^2-2} = 0{,}5$ **e)** $b^{2x-3} = b^{3-x}$ **f)** $3^{x+1} = 2 \cdot 3^{2x}$ **g)** $3 \cdot 4^{x+1} = 2^{x-1}$ **h)** $2^{4x-3} \cdot 4^{2x+1} = 8^x$ **i)** $3^{3x+1} \cdot 9^{1-2x} = 27^x$

Du kannst die algebraischen Lösungen grafisch kontrollieren.

12. In welchem Punkt schneiden sich die Graphen der beiden Exponentialfunktionen?

a) $f(x) = 80 \cdot 2^x$ und $g(x) = 5 \cdot 4^x$

b) $f(x) = \left(\frac{1}{9}\right)^x$ und $g(x) = 81 \cdot 3^{-x}$

c) $f(x) = 5 \cdot 2^x$ und $g(x) = 6 \cdot 0{,}3^x$

d) $f(x) = 3 \cdot 2^{-x}$ und $g(x) = 6 \cdot \left(\frac{8}{5}\right)^x$

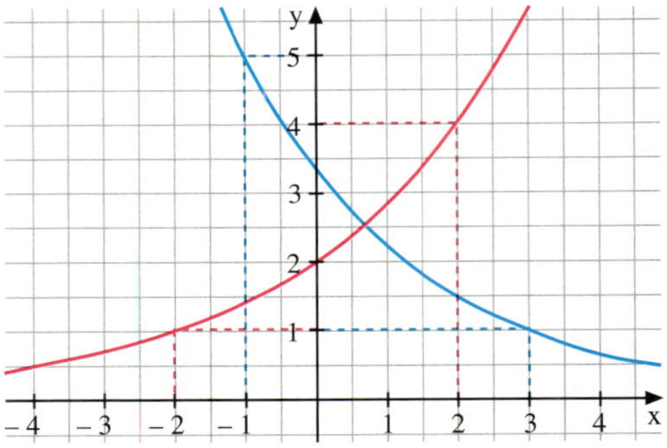

13. In den beiden Graphen rechts sind Exponentialfunktionen dargestellt. Bestimme die Koordinaten des Schnittpunktes.

14. Berechne die Halbwertszeit für das exponentielle Wachstum mit folgender Vorschrift:

a) $y = 3 \cdot \left(\frac{1}{8}\right)^x$ **b)** $y = 10 \cdot 0{,}7^x$ **c)** Basis: $\frac{3}{5}$

d) Anfangsbestand: 8; prozentuale Abnahmerate: 6 % pro Tag

e) Anfangsbestand: a; Abnahmefaktor: 0,65 pro Stunde

15. a) Ein radioaktives Präparat zerfällt so, dass die vorhandene Substanz nach jeweils 5 Tagen auf ein Drittel zurückgeht. Zu Beginn der Messung sind 12 mg vorhanden.
Welche Funktion liegt dem Zerfallsprozess zugrunde? Wie groß ist die Halbwertszeit?

b) Ein radioaktives Präparat zerfällt so, dass es jeweils in 6 Stunden um 15 % abnimmt. Ermittle die Halbwertszeit.

c) Im Bild rechts ist der Zerfall von 30 g radioaktivem Iod dargestellt. Ermittle die Halbwertszeit. Nach welcher Zeit sind nur noch 3 g vorhanden?

d) Radioaktives Cäsium 137 hat eine Halbwertszeit von ca. 30 Jahren.
Welcher Anteil der anfangs vorhandenen Menge Cäsium ist nach 10 Jahren, nach 40 Jahren noch vorhanden?

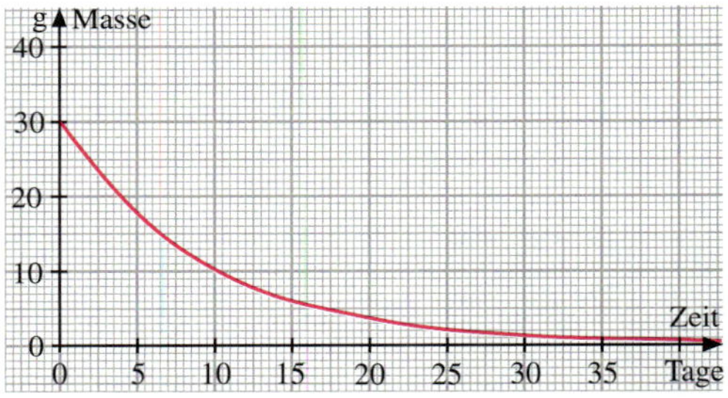

16. Bei gewissen Untersuchungen wird Patienten radioaktives Iod gegeben, das so zerfällt, dass die vorhandene Menge nach jeweils (etwa) 8 Tagen auf die Hälfte zurückgeht.
Nach wie viel Tagen sind noch 10 % [noch 1 %, noch 2 ‰] der Anfangsdosis vorhanden?

17. Ein Kapital von 2 500 € ist in 4 Jahren auf 2 868,80 € angewachsen. Nach wie vielen Jahren wären bei gleich bleibenden Bedingungen 5 000 € auf dem Konto, wann 10 000 €?

18. Die Strahlung von Cäsium 137 wird durch 3,5 cm dicke Aluminiumschichten, die von Cobalt 60 erst durch 5,3 cm dicke Schichten um die Hälfte geschwächt.

a) Wie viele 2 cm dicke Platten benötigt man, wenn man die jeweilige Strahlung auf 5 % reduzieren will?

b) Die Dichte von Aluminium beträgt $2{,}7\,\frac{\text{g}}{\text{cm}^3}$.
Welche Masse hat die jeweilige Abschirmung, wenn die Platten quadratisch mit einer Seitenlänge von 5 cm sind?

2.5 Logarithmusfunktionen

Wir wissen schon, dass Potenzieren und Logarithmieren sich gegenseitig aufheben. In diesem Abschnitt wollen wir untersuchen, welcher Zusammenhang zwischen den entsprechenden Funktionen besteht.

Aufgabe 1

Logarithmusfunktion

a) Zeichne den Graphen der Logarithmusfunktion zur Basis 2 mit der Gleichung $y = \log_2(x)$, wobei $x > 0$. Benutze zur Berechnung der Funktionswerte die Formel $\log_2(x) = \frac{\log(x)}{\log(2)}$.
Verwende auf beiden Koordinatenachsen die gleiche Skalierung.

b) Gib Eigenschaften des Graphen an.

c) Zeichne in dasselbe Koordinatensystem den Graphen der Exponentialfunktion zur Basis 2 mit der Gleichung $y = 2^x$ mit $x \in \mathbb{R}$. Wir hängen die beiden Graphen zusammen?

Lösung

a)

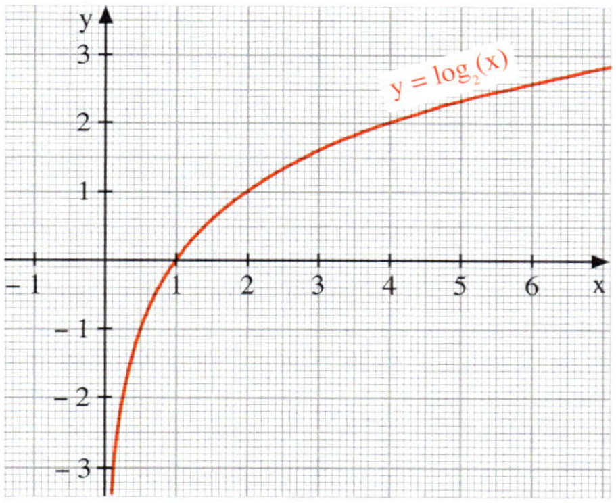

b) Der Graph der Logarithmusfunktion mit der Gleichung $y = \log_2(x)$ steigt an.
Der Graph verläuft im 4. und 1. Quadranten.
Jede reelle Zahl kommt als Funktionswert vor.
Der Graph schmiegt sich dem negativen Teil der y-Achse an.

c)

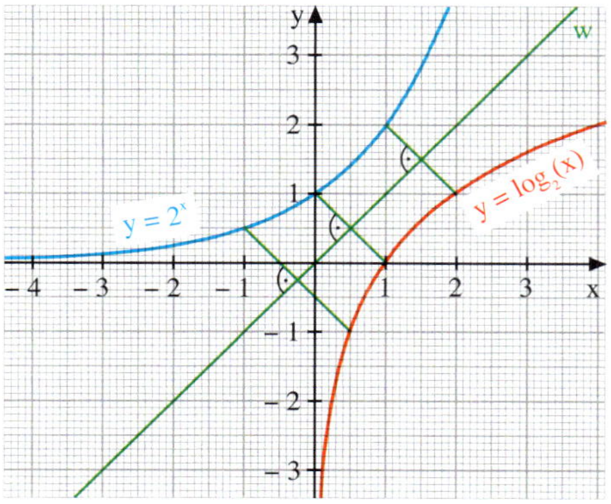

Der Graph der Logarithmusfunktion mit der Gleichung $y = \log_2(x)$ geht aus dem Graphen der Exponentialfunktion mit der Gleichung $y = 2^x$ durch Spiegeln an der Hauptwinkelhalbierenden w hervor, wenn beide Koordinatenachsen die gleiche Skalierung haben.
Die Logarithmusfunktion mit der Gleichung $y = \log_2(x)$ ist die Umkehrfunktion der Exponentialfunktion zu $y = 2^x$.

Information

$\mathbb{R}_+^*$ ist die Menge aller positiven reellen Zahlen.

(1) Definition der Logarithmusfunktionen

Definition

Die Funktion mit der Gleichung $y = \log_b(x)$ und der Definitionsmenge $\mathbb{R}_+^*$ heißt **Logarithmusfunktion** zur Basis b, wobei $b > 0$, $b \neq 1$.

(2) Zusammenhang zwischen Logarithmusfunktionen und Exponentialfunktionen

Satz

Es sei $b > 0$ und $b \neq 1$.
Den Graphen zu $y = \log_b(x)$ mit $x > 0$ erhält man durch Spiegeln des Graphen zu $y = b^x$ mit $x \in \mathbb{R}$ an der Hauptwinkelhalbierenden w des Koordinatensystems und umgekehrt, wenn beide Koordinatenachsen die gleiche Skalierung haben.
Die Funktion zu $y = \log_b(x)$ ist die *Umkehrfunktion* zur Exponentialfunktion zu $y = b^x$.

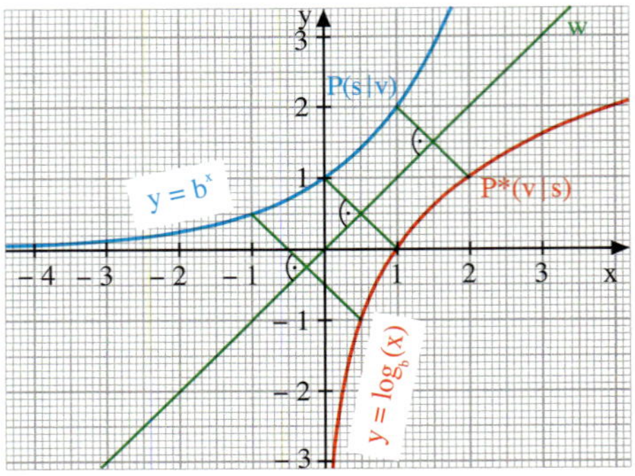

Begründung: Der Punkt $P(s|v)$ geht beim Spiegeln an w über in den Punkt $P^*(v|s)$. Wenn nun $P(s|v)$ auf dem Graphen der Funktion zu $y = b^x$ liegt, so gilt $v = b^s$. Daraus folgt $s = \log_b(v)$.
Also ist s der Funktionswert der Logarithmusfunktion an der Stelle v.
P^* hat also die Koordinaten $(v|\log_b(v))$. Somit liegt P^* auf dem Graphen der Funktion zu $y = \log_b(x)$.

(3) Eigenschaften der Logarithmusfunktionen

Wegen des Zusammenhangs der Graphen der Exponentialfunktionen mit denen der entsprechenden Logarithmusfunktionen ergeben sich unmittelbar die Eigenschaften von Logarithmusfunktionen mit der Gleichung $y = \log_b(x)$.

Satz: *(Eigenschaften der Logarithmusfunktionen)*

Für jede Logarithmusfunktion zu $y = \log_b(x)$ mit $x > 0$, $b > 0$, $b \neq 1$ gilt:

(1) Der Graph der Funktion
- steigt für $b > 1$;
- fällt für $0 < b < 1$.

(2) Der Graph der Funktion liegt rechts von der y-Achse. Jede reelle Zahl kommt als Funktionswert vor, also: Wertemenge $\mathbb{R}$.
Es gilt
- für $b > 1$:
  $\log_b(x) < 0$, falls $0 < x < 1$
  $\log_b(x) = 0$, falls $x = 1$
  $\log_b(x) > 0$, falls $x > 1$
- für $0 < b < 1$:
  $\log_b(x) > 0$, falls $0 < x < 1$
  $\log_b(x) = 0$, falls $x = 1$
  $\log_b(x) < 0$, falls $x > 1$

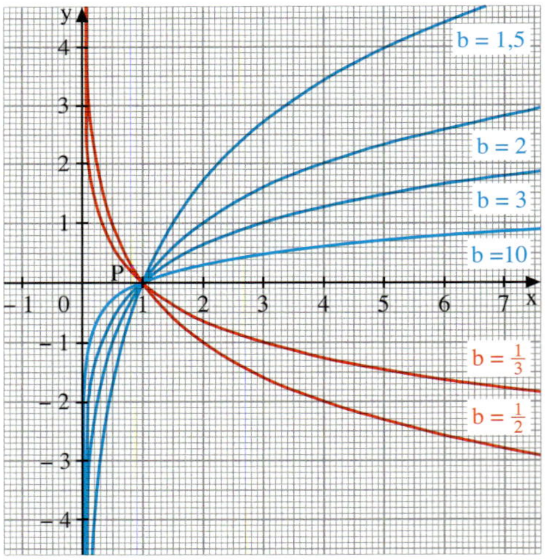

(3) Der Graph schmiegt sich
- dem negativen Teil der y-Achse an für $b > 1$;
- dem positiven Teil der y-Achse an für $0 < b < 1$.

(4) Jedes Mal, wenn x mit s multipliziert wird, wird zu dem Funktionswert $\log_b(x)$ der Summand $\log_b(s)$ addiert (*Grundeigenschaft*).

(5) Alle Graphen haben den Punkt $P(1|0)$ und nur diesen Punkt gemeinsam.

Aufgabe 2

Graph zu $f(x) = \log(x + d) + e$

Zeichne den Graphen der Logarithmusfunktion zu $y = \log(x)$. Führe dann folgende Abbildungen durch und gib jeweils den Funktionsterm des neuen Graphen an.

(1) Verschiebe den Graphen parallel zur x-Achse um 3 Einheiten nach links.
(2) Strecke den verschobenen Graphen mit dem Faktor 3 parallel zur y-Achse.
(3) Verschiebe den gestreckten Graphen parallel zur y-Achse um 1 nach unten.

Lösung

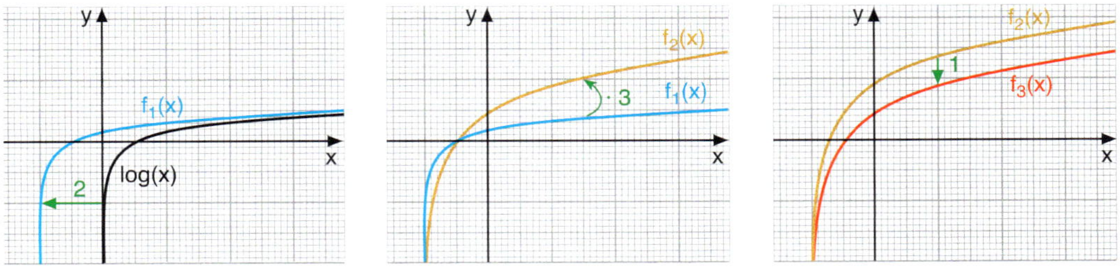

(1) Der nach links verschobene Graph der Logarithmusfunktion gehört zu einer Funktion mit dem Funktionsterm $f_1(x) = \log(x + 2)$, da jeder y-Wert jetzt schon 2 Einheiten früher erreicht wird.
(2) Der mit dem Faktor 3 parallel zur y-Achse gestreckte Graph gehört zu einer Funktion mit dem Funktionsterm $f_2(x) = 3 \cdot \log(x + 2)$, da die y-Koordinate jedes Punktes verdreifacht wird.
(3) Der um 1 nach unten verschobene Graph gehört zu einer Funktion mit dem Term $f_3(x) = 3 \cdot \log(x + 2) - 1$, da beim Verschieben um 1 nach unten die y-Koordinate jedes Punktes auf dem Graphen von f_2 um 1 kleiner wird.

Information

Graph zu $f(x) = a \cdot \log(x + d) + e$

- Verschiebt man den Graphen der Logarithmusfunktion zu $y = \log(x)$ um $|d|$ Einheiten parallel zur x-Achse (nach links, falls $d > 0$; nach rechts, falls $d < 0$) und
- streckt dann den erhaltenen Graphen mit dem Faktor a parallel zur y-Achse und
- verschiebt dann den erhaltenen Graphen um $|e|$ Einheiten parallel zur y-Achse (nach oben, falls $e > 0$; nach unten, falls $e < 0$),

so erhält man den Graphen zum Funktionsterm $f(x) = a \cdot \log(x + d) + e$.

Übungsaufgaben

3. **a)** Zeichne für verschiedene Werte von b die Graphen von Logarithmusfunktionen mit der Gleichung $y = \log_b(x)$ in ein gemeinsames Koordinatensystem. Wie ändert sich der Graph, wenn man die Basis b ändert? Nenne gemeinsame Eigenschaften und Unterschiede der Graphen.

b) Untersuche einen Zusammenhang von Graphen der Logarithmusfunktionen mit $y = \log_b(x)$ und von Exponentialfunktionen mit $y = b^x$. Wähle gleiche Skalierung auf den Achsen.

4. Zeichne den Graphen der Logarithmusfunktionen im Bereich $0 < x \leq 8$.

a) $y = \log_3(x)$ **b)** $y = \log_{\frac{3}{2}}(x)$ **c)** $y = \log_{1,7}(x)$

5. Zeichne den Graphen zu $y = \log_{0,3} x$. Nenne Eigenschaften dieses Graphen. Begründe die Eigenschaften mithilfe der entsprechenden Eigenschaften der zugehörigen Exponentialfunktion.

6. Begründe den Zusammenhang der Graphen zu $y = \log_4(x)$ und $y = \log_{0,25}(x)$, indem du die Eigenschaften der Exponentialfunktionen zu $y = 4^x$ und $y = 0,25^x$ benutzt.

7. Bestimme diejenige Logarithmusfunktion mit $\log_b x$, deren Graph durch den Punkt P verläuft.

a) P(8 | 3) **b)** P(3 | 8) **c)** P(0,5 | −1) **d)** P($\frac{1}{3}$ | 3) **e)** P(1 | 0) **f)** P(0,1 | −6)

8. Ordne den Graphen einen Funktionsterm zu.

(1) $\log_2(x)$ (3) $\log_{1,26}(x)$

(2) $\log_{2,5}(x)$ (4) $\log_{0,5}(x)$

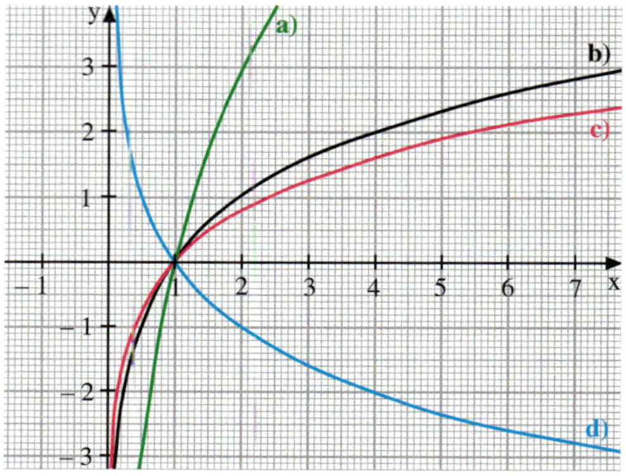

Tipp: Erinnere dich an die Eigenschaften der Exponentialfunktionen.

9. a) Begründe die Grundeigenschaft der Logarithmusfunktionen und erläutere sie am Graphen:
Jedes Mal, wenn x mit s multipliziert wird, wird zum Funktionswert f(x) ein konstanter Summand addiert.

b) Formuliere weitere Eigenschaften für Logarithmusfunktionen und begründe sie.

10. Tim hat den Graphen der Logarithmusfunktion mit $y = \log_2(x)$ in ein Koordinatensystem mit der Einheit 1 cm auf ein DIN-A4-Blatt gezeichnet, einmal im Hochformat, einmal im Querformat.

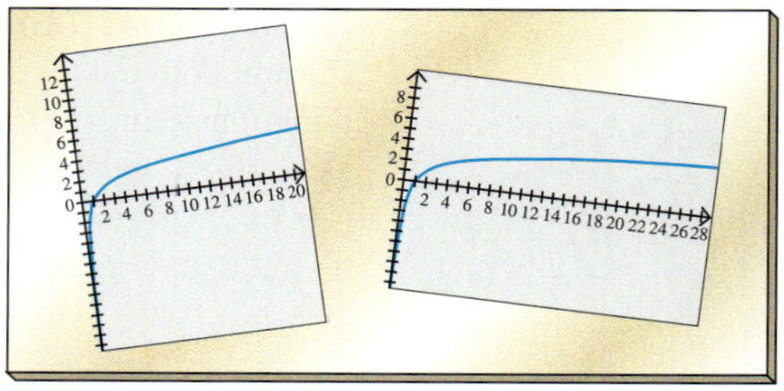

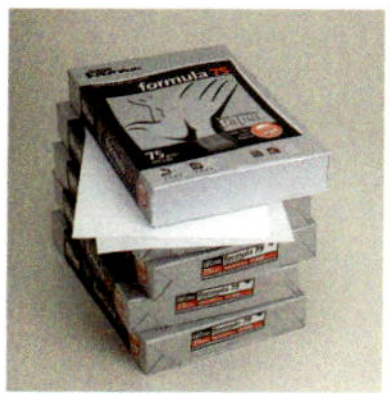

a) Wie viele DIN-A4-Blätter müsste Tim anlegen, damit auf dem letzten Blatt der Graph an den oberen Rand stößt?

b) Wie viel wiegt der Papierstapel, wenn Tim den Graphen der Funktion mit $y = \log(x)$ zeichnet und 1 000 Blätter 5 kg wiegen?

c) Wie lautet die Basis einer Logarithmusfunktion mit $y = \log_b(x)$, die auf dem ersten Blatt gerade durch die obere rechte Ecke verläuft?

11. Ordne jedem Graphen einen (oder mehrere) passende Funktionsterme zu.

(a) $\log_2(x)$ (f) $\log_3(x-2)$

(b) $\log_{20}(x)$ (g) $-\log_2(x)$

(c) $\log_2(x-3)$ (h) $\log_{1,25}(x)$

(d) $\log_2(x+3)$ (i) $\log_{0,5}(x)$

(e) $3 \cdot \log_2(x)$ (j) $-2\log_2(x-1)+1$

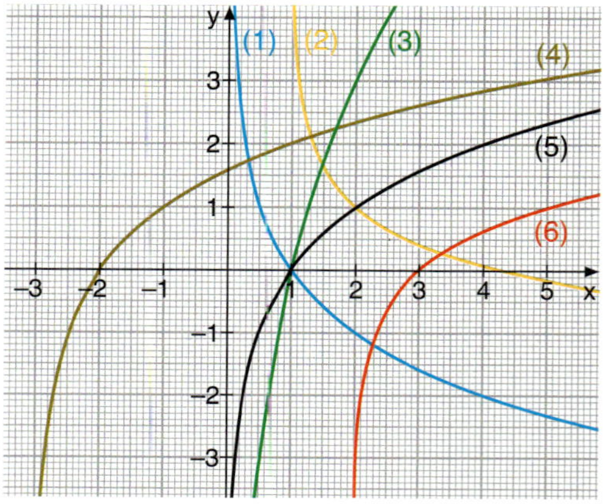

12. Zeichne den Graphen der Logarithmusfunktion zu $y = \log(x)$. Führe dann folgende Abbildungen durch und gib jeweils den Funktionsterm zum neuen Graphen an.

a) Verschieben parallel zur x-Achse um 2 nach rechts; Strecken parallel zur y-Achse mit dem Faktor 0,5; Verschieben parallel zur y-Achse um 1 nach oben.

b) Verschieben parallel zur x-Achse um 1 nach links; Strecken parallel zur y-Achse mit dem Faktor 2; Verschieben parallel zur y-Achse um 3 nach unten.

c) Verschieben parallel zur x-Achse um 2 nach links; Strecken parallel zur y-Achse mit dem Faktor −2; Verschieben parallel zur y-Achse um 2 nach oben.

2.6 Wachstum modellieren – Regression

Aufgabe 1

Ermitteln einer passenden Funktionsgleichung

Sport-Physiologen haben versucht, die Entwicklung der sportlichen Rekorde zu prognostizieren.
Der Weltrekord der Männer auf der 200-Meter-Laufstrecke hat sich seit 1900 folgendermaßen entwickelt:

Rekorde auf der Aschenbahn

Keine der derzeitigen Weltrekordhalterinnen kann zur Zeit mit der männlichen Konkurrenz mithalten. Das wird sich im Laufe der nächsten Jahrzehnte ändern, vermuten die Physiologen Brian J.Whipp und Susan A.Ward von der University of California anhand ihrer Analyse der Entwicklung der Laufgeschwindigkeiten in der Vergangenheit. Spätestens 2050 sollen die Frauen auf der 200-Meter-Strecke mit den Männern gleichziehen, bei einer Zeit von 18,6 Sekunden.

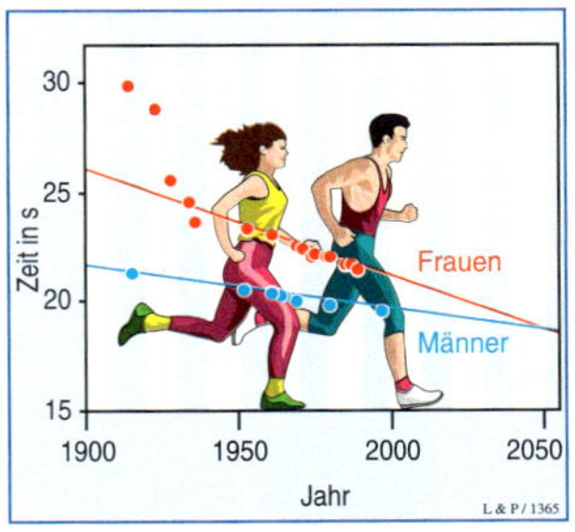

Jahr	1914	1951	1960	1963	1964	1968	1979	1996
Zeit (in s)	21,2	20,6	20,5	20,3	20,2	20,0	19,72	19,32

Negatives Wachstum

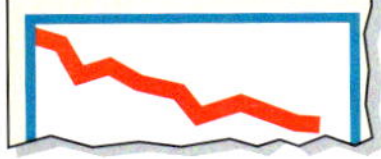

Bei den Frauen sah die Entwicklung folgendermaßen aus:

Jahr	1927	1933	1935	1952	1960	1968	1970	1973	1978	1979	1984	1988
Zeit (in s)	25,4	24,6	23,6	23,4	22,9	22,5	22,4	22,1	22,06	22,02	21,71	21,34

a) Passe den Daten mithilfe eines Rechners lineare Funktionen, Potenz- und Exponentialfunktionen an und kontrolliere damit die im obigen Artikel aufgestellte Behauptung.

b) Bewerte die Eignung dieser drei Funktionstypen zur Beschreibung der obigen Daten.

Lösung

Regression (lat.)
Math: Ermitteln einer möglichst gut passenden Funktion zu vorgegebenen Daten.

a) Die Daten werden in Listen eingegeben, dann werden mithilfe des Regressions-Befehls die zugehörigen Funktionen ermittelt und schließlich deren Schnittpunkt ermittelt.

Lineare Regression

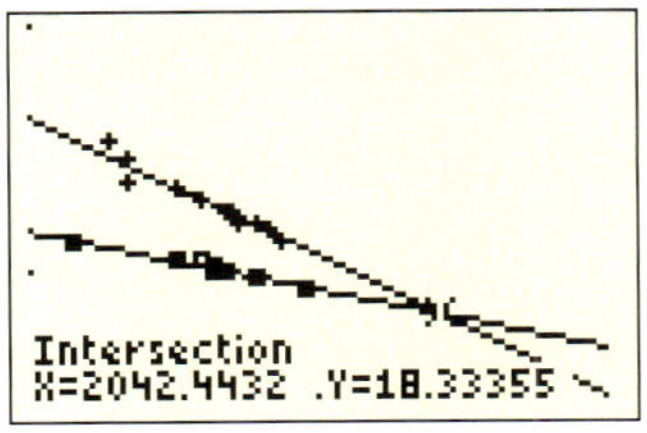

Potenz-Regression

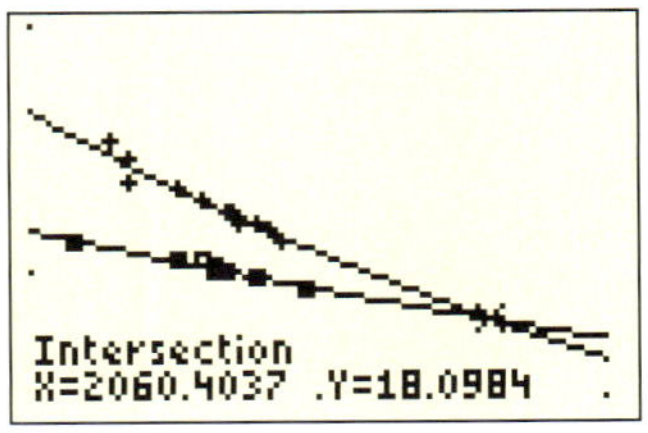

Exponentielle Regression

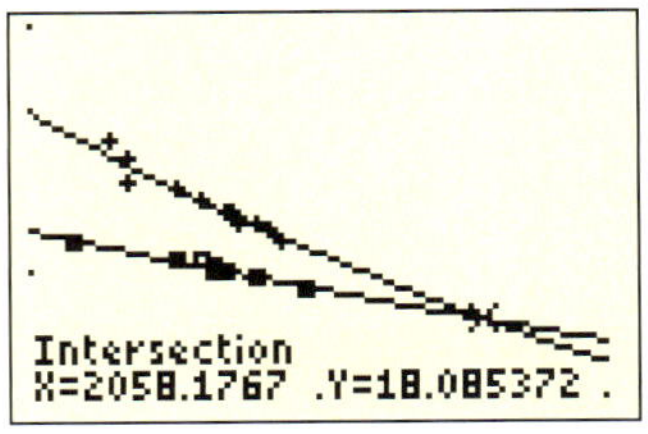

Mit dem Modell der linearen Regression, das im dem Bild des Artikels abgebildet ist, ergibt sich, dass die Frauen schon im Jahr 2042 ebenso wie die Männer die 200-m-Strecke in 18,3 s bewältigen sollten. Bei den anderen Modellen ergeben sich davon abweichende Jahre und Laufzeiten. Keines der Ergebnisse stimmt genau mit denen im Artikel überein, was z. B. an der Auswahl der Daten (hier ab dem Jahr 1900) oder dem verwendeten Regressionsmodell liegen könnte.

b) Alle drei Regressionsmodelle können die Daten über längere Zeiträume nicht zutreffend beschreiben: Beim linearen Modell ergeben sich in ferner Zukunft negative Laufzeiten, da die Geraden fallend sind. Beim potenziellen und exponentiellen Modell findet eine asymptotische Annäherung an die Laufzeit 0 statt: Rechts sind die drei Graphen für die Laufzeiten der Frauen von 1900 bis 3000 gezeichnet.

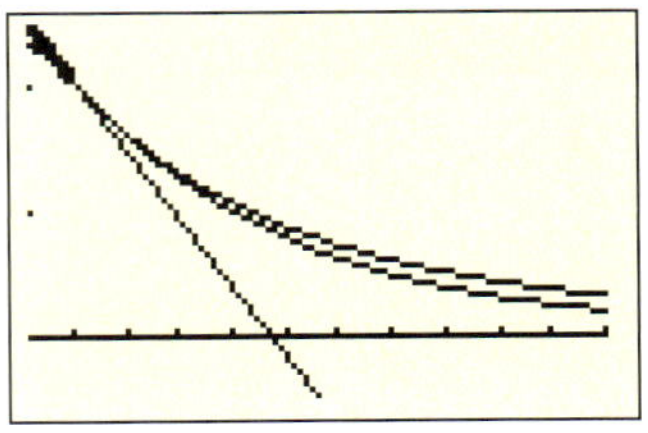

Information

Beim Modellieren von Wachstumsprozessen mit Funktionen hängen die Ergebnisse für Prognosen stark von dem verwendeten Funktionstyp ab. Eine Entscheidung für einen Funktionstyp kann sich aus dem Sachverhalt oder mithilfe der Betrachtung des Graphenverlaufs über längere Zeiträume ergeben. In manchen Situationen sind solche Entscheidungskriterien nicht verfügbar.

Übungsaufgaben

2. Die Tabelle zeigt die Weltrekordzeiten der Frauen im Eisschnelllauf.
Betrachte die Funktion
Streckenlänge → zugehörige Weltrekordzeit.

a) Begründe, dass hier weder lineares noch exponentielles Wachstum vorliegt.

b) Ermittle die Funktionsgleichung einer Potenzfunktion, die diese Werte gut annähert.

c) Welche Rekordzeit müsste man für eine 15 000-m-Strecke erwarten, welche für eine Marathonstrecke von ca. 42 km, wenn es sie denn gäbe? Bewerte deine Prognosen.

Weltrekord der Frauen im Eisschnelllauf Stand 1.1.2010

100 Meter	10,21 Sekunden	Jenny Wolf (Deutschland)	08.03.2009 Salt Lake City
500 Meter	37,01 Sekunden	Jenny Wolf (Deutschland)	11.12.2009 Salt Lake City
1 000 Meter	1 : 13,11 Minuten	Cindy Klassen (Kanada)	25.03.2006 Calgary
1 500 Meter	1 : 51,79 Minuten	Cindy Klassen (Kanada)	20.11.2005 Salt Lake City
3 000 Meter	3 : 53,34 Minuten	Cindy Klassen (Kanada)	18.03.2006 Calgary
5 000 Meter	6 : 45,61 Minuten	Martina Sáblíková (Tschechische Republik)	11.03.2007 Salt Lake City
10 000 Meter	13 : 48,33 Minuten	Martina Sáblíková (Tschechische Republik)	15.03.2007 Calgary

3. Die Tabelle zeigt die im Jahr 2010 gültigen Weltrekordzeiten der Männer auf Laufstrecken.

a) Zeige, dass die Funktion *Laufstrecke (in m) → Weltrekordzeit (in s)* näherungsweise durch eine Potenzfunktion beschrieben werden kann. Ermittle die Funktionsvorschrift.

b) Welche Zeiten ergeben sich nach der Zuordnungsvorschrift für die 5 000-m-Strecke, 10 000-m-Strecke und die Marathonstrecke? Vergleiche mit den gültigen Weltrekorden.

Weltrekord der Männer im Laufen Stand 1.1.2010

100 m	9,58 s	Usain Bolt, Jamaika	16.8.2009	Berlin
200 m	19,19 s	Usain Bolt, Jamaika	20.8.2009	Berlin
400 m	43,18 s	Michael Johnson. USA	26.8.1999	Sevilla
800 m	1 : 41,11 min	Wilson Kipketer, Dänemark	24.8.1997	Köln
1 000 m	2 : 11,96 min	Noah Ngeny, Kenia	5.9.1999	Rieti
1 500 m	3 : 26,00 min	Hicham El Guerrouj, Marokko	14.7.1998	Rom

4. Das Bild links zeigt den Zieleinlauf des 100-m-Endlaufs der Frauen bei Olympischen Sommerspielen. Die Entwicklung der Siegerzeiten bei den Olympischen Sommerspielen seit 1960 bei den Frauen zeigt die folgende Tabelle:

Jahr	1960	1964	1968	1972	1976	1980	1984	1988	1992	1996	2000	2004	2008
Zeiten Frauen	11,03	11,40	11,00	11,07	11,01	11,06	10,97	10,54	10,82	10,94	10,75	10,93	10,78

Ermittle eine zu den Messdaten passende Funktion.

5. Recherchiere selber (im Internet) nach sportlichen Rekorden, z.B. beim Laufen oder anderen Disziplinen der Leichtathletik. Stelle geeignete Fragen und beantworte sie, indem du den Daten einen möglichst guten Funktionsgraphen anpasst. Vergleiche und bewerte verschiedene Möglichkeiten.

6. Im Jahr 2002 erschien die rechts abgebildete Grafik.

a) Zeige, dass die Behauptung exponentiellen Anstiegs zutrifft und bestimme die Funktionsgleichung einer Funktion, die die Anzahl der Viren in Abhängigkeit von der Zeit beschreibt.

b) Am Jahresende 2006 gab es 410 000 Computerviren, am Ende von 2007 sogar 1 120 000. Prüfe, ob man diese Anzahlen im Jahre 2002 durch eine Prognose vorhergesagt hätte.

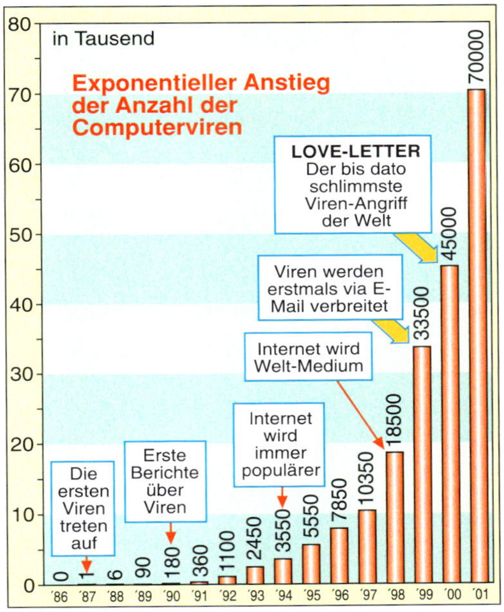

7. Kohlendioxid (CO_2) wird für den Treibhauseffekt und damit für die globale Erwärmung verantwortlich gemacht. In Mauna Loa auf Hawaii wird seit 1958 an jedem 15. eines Monats der CO_2-Gehalt in der Atmosphäre gemessen. Die Tabellen enthalten die Daten jeweils für den Monat Mai.

a) Passe den Daten eine möglichst gute Funktion an.

b) Welche Prognosen kannst du damit vornehmen?

c) Bewerte die Prognosen.

Jahr	CO_2-Gehalt (in ppm)	Jahr	CO_2-Gehalt (in ppm)
1958	317,50	2000	371,32
1960	320,03	2005	382,45
1970	328,07	2006	384,94
1980	341,47	2007	386,54
1990	357,08	2008	388,45
1995	363,62	2009	390,18

8.

Tankstellenzahl weiter gefallen

Zum 1. Juli 2007 ermittelte der Hamburger Erdölinformationsdienst (EID) 14 975 Stationen und damit nur 61 weniger als Anfang des Jahres. Damit ist die Zahl der Tankstellen in Deutschland erstmals unter 15 000 gesunken. Wie in den vorangegangenen Jahren hat die Zahl der Anlagen allerdings weiterhin nur mäßig abgenommen. Die jährliche Rückgangsrate hat sich von 200 bis 300 Anfang des Jahrzehnts auf 100 bis 200 verringert. Nur mit großer Disziplin dürfet deshalb ein Preiskampf bei immer rückläufigerer Nachfrage nach Kraftstoff zu vermeiden sein, hieß es.

Jahr	Anzahl der Tankstellen
1970	46 091
1975	34 804
1980	27 528
1985	19 781
1990	19 317
1995	17 957
1999	16 617
2001	16 324
2003	15 971
2005	15 428

L & P / 3132

a) Welche Anzahl von Tankstellen kann man aufgrund der bisherigen Entwicklung für das Jahr 2020 vorhersagen? Warum ist ein lineares Modell zur Prognose nicht geeignet?

b) Überlege, welches Modell zur Beschreibung angemessener erscheint. Bestimme mithilfe eines GTR eine „passende" Funktion und korrigiere die Vorhersage aus Teilaufgabe a).

2.7 Rekursive Beschreibung von Wachstum – Folgen

Aufgabe 1

Schrittweises und direktes Berechnen eines Kapitals bei Verzinsung

Frau Bensch schließt für ihre Tochter bei ihrer Bank einen Vertrag ab. Sie zahlt einmal am Jahresanfang 12 000 € ein. Der Zinssatz pro Jahr beträgt 3,75 %.
Die Zinsen werden dem Guthaben zugeschlagen und dann mitverzinst.

a) Stelle in einer Tabelle das Guthaben nach 0, 1, 2, 3, 4, 5 Jahren zusammen.
Beschreibe mit einer Formel, wie man das Guthaben zu Beginn eines Jahres aus dem Guthaben zu Beginn des vorherigen Jahres berechnen kann.

b) Berechne das Guthaben nach 18 Jahren. Erstelle auch eine Formel zur direkten Berechnung des Guthabens nach n Jahren für eine beliebige natürliche Zahl n.

Lösung

$3{,}75\,\% = \frac{3{,}75}{100} = 0{,}0375$

a) Zu Beginn, also nach 0 Jahren, sind 12 000 € auf dem Konto. Nach Ablauf eines Jahres erhöht sich das Guthaben um die Zinsen:
3,75 % von 12 000 €, also 12 000 € · 0,0375 = 450 €.

Nach einem Jahr beträgt das Guthaben also:
12 000 € + 450 € = 12 450 €

Diese Berechnung kann man auch in einem Schritt durchführen: Zu dem vorherigen Guthaben (100 %) kommen 3,75 % Zinsen hinzu. Das neue Guthaben beträgt daher 103,75 % des vorherigen Guthabens.
Man erhält also das neue Guthaben aus dem alten durch Multiplikation mit dem Wachstumsfaktor 1,0375.

Jahr	Guthaben am Jahresende (in €)	
0	12 000,00	
		· 1,0375
1	12 450,00	
		· 1,0375
2	12 916,88	
		· 1,0375
3	13 401,26	
		· 1,0375
4	13 903,81	
		· 1,0375
5	14 425,20	

neues Guthaben = altes Guthaben · 1,0375

b) Das Guthaben nach 1 Jahr entsteht aus dem Anfangsguthaben durch Multiplikation mit dem Faktor 1,0375. Das Guthaben nach 2 Jahren entsteht aus dem Guthaben nach 1 Jahr durch Multiplikation mit 1,0375. Das bedeutet:
Das Guthaben nach 2 Jahren entsteht aus dem Anfangsguthaben durch Multiplikation mit zwei Faktoren 1,0375.

Anfangsguthaben →(· 1,0375) Guthaben nach 1 Jahr →(· 1,0375) Guthaben nach 2 Jahren →(· 1,0375) Guthaben nach 3 Jahren →(· 1,0375) … →(· 1,0375) Guthaben nach 18 Jahren

Das Guthaben nach 18 Jahren beträgt also:
$12\,000\text{ €} \cdot 1{,}0375^{18} = 23\,279{,}75\text{ €}$

Entsprechend erhält man das Guthaben g(n) nach n Jahren, indem man das Anfangsguthaben n-mal mit dem Wachstumsfaktor 1,0375 multipliziert:
$g(n) = 12\,000\text{ €} \cdot 1{,}0375^{n}$

Information

(1) Folge

In Aufgabe 1 haben wir jedem Jahr n das entsprechende Guthaben g(n) zugeordnet. Für natürliche Zahlen n liegt also eine Funktion $n \to g(n)$ vor.
Da man bei dieser Funktion die einzelnen Funktionswerte g(0), g(1), g(2), g(3), … lückenlos aufzählen kann, spricht man auch von einer *Folge*.

Definition

Eine Funktion mit der Menge $\mathbb{N}$ der natürlichen Zahlen als Definitionsmenge nennt man auch **Folge** $\mathbf{n \to a(n)}$.
Die Funktionswerte a(n) können reelle Zahlen sein. Man nennt sie auch **Folgenglieder**.
Diese Folgenglieder kann man aufzählend angeben: a(0), a(1), a(2), …
Da das Folgenglied a(n) an dem n-ten Platz in dieser Aufzählung steht, bezeichnet man n auch als **Platznummer**.

Beispiel: Folge der geraden Zahlen:
0; 2; 4; 6; …
$g(n) = 2n$

Anmerkungen:

- Es ist auch üblich, bei der Nummerierung der Folgenglieder nicht mit 0 sondern mit 1 zu beginnen.
- Manchmal bezeichnet man die Folgenglieder a(0), a(1), a(2), … auch als a_0, a_1, a_2, …

(2) Rekursive und explizite Vorgabe einer Folge

In Aufgabe 1 haben wir zu jedem Jahr n das entsprechende Guthaben g(n) berechnet. Dazu konnten wir auf zwei Weisen vorgehen:
Beim schrittweisen Berechnen erhält man das Guthaben g(n) nach n Jahren aus dem Guthaben $g(n-1)$ nach $n-1$ Jahren durch Multiplikation mit 1,0375:
$g(n) = g(n-1) \cdot 1{,}0375$

Zur Berechnung des Guthabens nach 5 Jahren mithilfe dieser Formel muss das Guthaben nach 4 Jahren vorher bekannt sein, zu dessen Berechnung das nach 3 Jahren, …
Einfacher ist die direkte Berechnung mithilfe der Formel $g(n) = 12\,000\,€ \cdot 1{,}0375^n$. Mit ihr kann das Guthaben eines beliebigen Jahres bestimmt werden, ohne die Guthaben der vorhergehenden Jahre zu kennen.

rekursiv ⟨**lat.**⟩ zurückgehend bis zu bekannten Werten
explizit ⟨**lat.**⟩ erklärt, ausführlich dargestellt

Eine Folge a(n) kann man verschieden vorgeben:

- **rekursiv**, d.h. durch Angabe einer Formel, mit der man aus einem Folgenglied das darauf folgende Folgenglied berechnen kann; zusätzlich muss das Anfangsglied angegeben werden.
- **explizit**, d.h. durch Angabe einer Formel, mit der man jedes Folgenglied direkt durch Einsetzen der Platznummer in die Formel berechnen kann.

Beispiel:
Folge der ungeraden Zahlen:
1; 3; 5; 7; …

rekursiv:
$u(n) = u(n-1) + 2$
$u(0) = 1$

explizit:
$u(n) = 2 \cdot n + 1$

Information

Tabellen und Graphen für Folgen mit einem GTR erstellen

Viele GTR verfügen über die Möglichkeit, Folgenglieder in einer Tabelle aufzulisten und den Graph einer Folge anzuzeigen. Dazu muss zunächst unter **MODE** mit der Einstellung *Seq* vereinbart werden, dass Folgen berechnet werden sollen. Danach kann man im **y=Editor** die explizite oder rekursive Formel für eine Folge eingeben. Bei nMin kann man festlegen, ob die Nummerierung der Folgenglieder bei 0 oder bei 1 oder … beginnen soll.

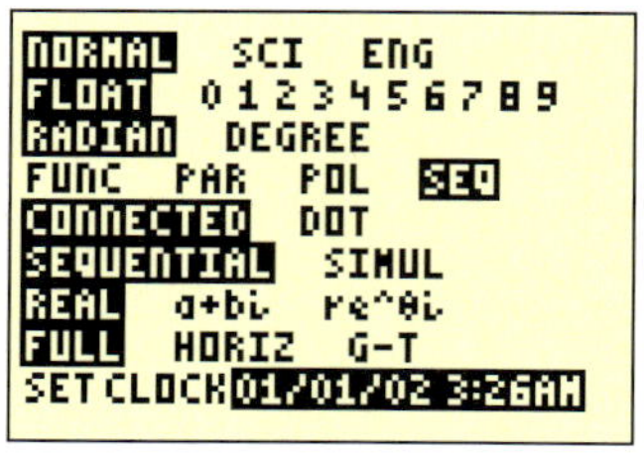

Explizite Formel
u(n) = 2n + 1

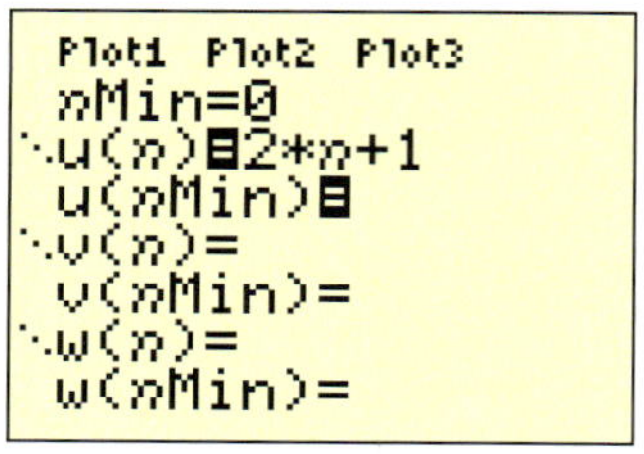

Rekursive Formel
u(n) = u(n – 1) + 2; u(0) = 1

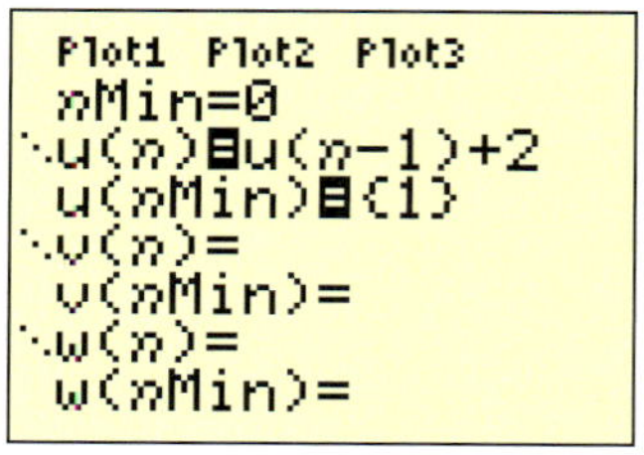

Entsprechend wie bei Funktionen kann die Wertetabelle der Folge mit dem Befehl **TABLE** angezeigt werden. Ihr Aussehen kann man unter **TBLSET** vereinbaren.

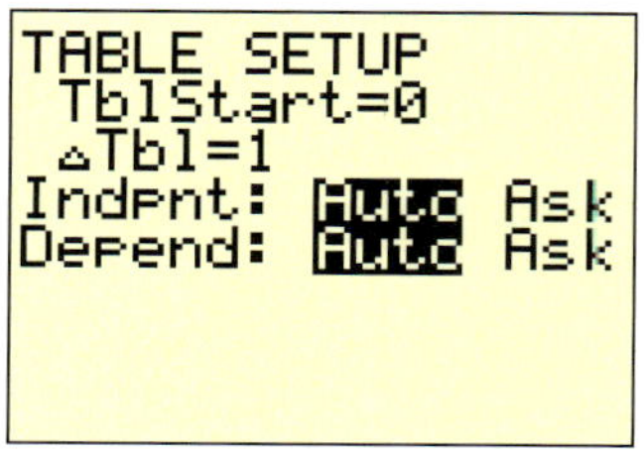

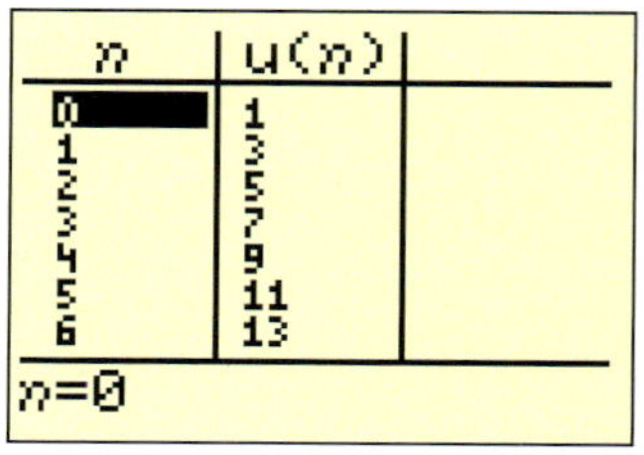

Wie bei anderen Funktionen kann man auch zu Folgen einen Graphen mit dem Befehl **GRAPH** zeichnen. Das Zeichenfenster kann unter **WINDOW** festgelegt werden.

nMin und *nMax* geben die kleinste und die größte Platznummer an, deren Folgenglieder berechnet werden sollen.
Bei *PlotStart* wird die Platznummer des zuerst gezeichneten Folgengliedes angegeben.
Plotstep = 1 bedeutet, dass die Folgenglieder schrittweise im Abstand von 1 gezeichnet werden sollen.

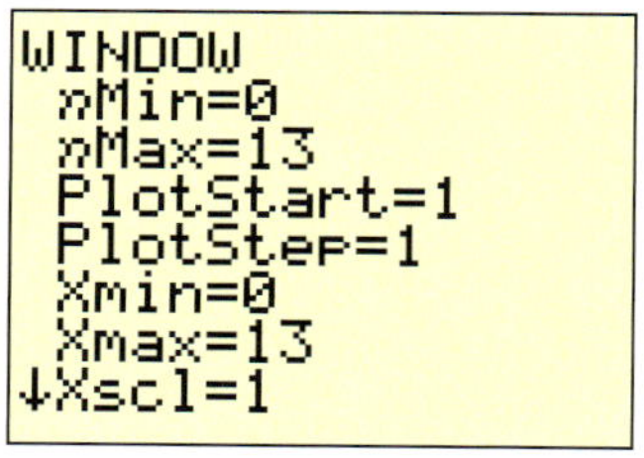

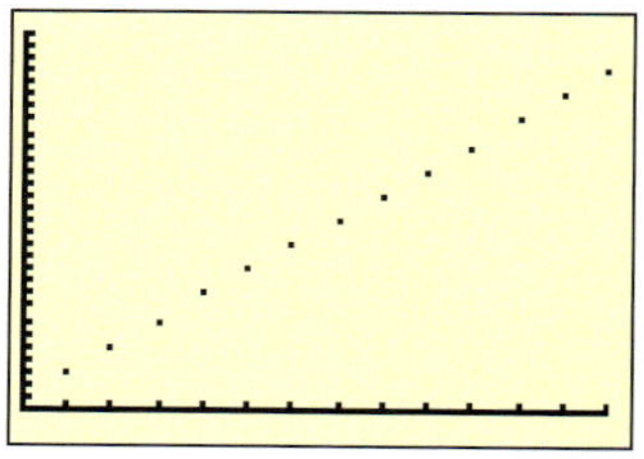

Weiterführende Aufgabe

2. *Rekursive und explizite Formeln für lineares und exponentielles Wachstum*

Ein Baggersee mit einer Fläche von 1 200 m² wird durch regelmäßigen Kiesabbau erweitert. Alle 2 Arbeitstage wird die Wasseroberfläche um 120 m² größer.
In dem Baggersee haben sich Algen angesiedelt. Die von ihnen bedeckte Fläche vergrößert sich innerhalb von 3 Tagen um jeweils 10 % der bereits vorhandenen Algenfläche. Zu Beginn der Messungen ist eine Fläche von 120 m² bewachsen.

a) Wann ist der ganze See mit Algen bedeckt? Zeichne dazu die Graphen der beiden Funktionen
Zeit (in Wochen) → Baggerseegröße (in m²) und *Zeit (in Wochen) → Algenflächengröße (in m²)*.

b) Ermittle Formeln zum Anwachsen der Baggerseegröße und zur Algenflächengröße.

Information

Lineares Wachstum

In gleichen Zeitspannen werden zu den zugehörigen Werten von f(t) immer die gleichen Summanden addiert.
Lineares Wachstum wird durch die explizite Formel $f(t) = m \cdot t + n$ beschrieben.
Die rekursive Formel lautet:
$f(t) = f(t-1) + m; \quad f(0) = n$

Lineare Zunahme: $m > 0$

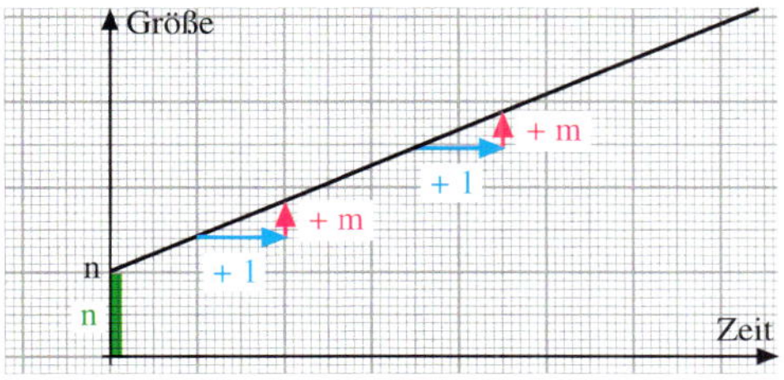

Lineare Abnahme: $m < 0$

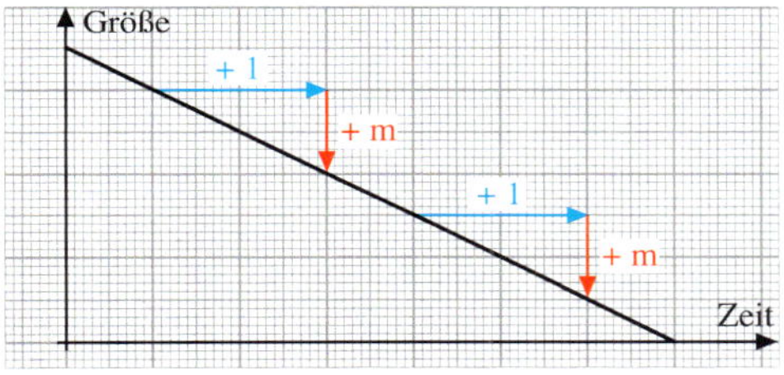

Exponentielles Wachstum

In gleichen Zeitspannen werden die zugehörigen Werte von f(t) immer mit dem gleichen Faktor multipliziert.
Exponentielles Wachstum wird durch die explizite Formel $f(t) = a \cdot b^t$ beschrieben.
Die rekursive Formel lautet:
$f(t) = f(t-1) \cdot b; \quad f(0) = a$

Exponentielle Zunahme: $b > 1$

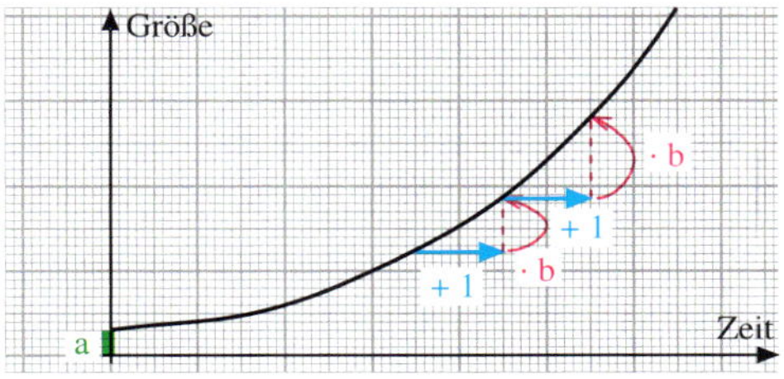

Exponentielle Abnahme: $b < 1$

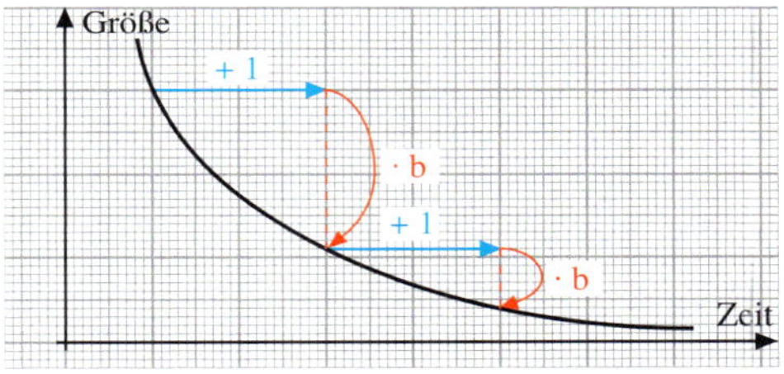

Diese Beispiele zeigen, dass man nicht nur Folgen, sondern auch Funktionen mit der Definitionsmenge $\mathbb{R}$ mithilfe von rekursiven Formeln beschreiben kann.

Übungsaufgaben

3. Stelle in einer Tabelle zusammen, wie ein Startguthaben von 10 000 € anwächst. Beschreibe das Wachstum auch mithilfe von Formeln.

4. Zeichne den Graphen der Folge ohne Verwendung des GTR.

a) $a(n) = \frac{1}{n}$ **b)** $b(n) = (-1)^n$ **c)** $c(n) = \frac{1}{4}n^2$ **d)** $d(n) = \frac{(-1)^n}{n}$

5. Berechne die ersten 6 Folgenglieder ohne Verwendung des GTR.

a) $a(n) = a(n-1) + 1; \quad a(1) = 3$

b) $b(n) = (-2) \cdot b(n-1); \quad b(1) = 1$

c) $c(n) = 3\,c(n-1) - 2; \quad c(1) = 2$

d) $d(n) = \frac{1}{2}d(n-1) + 1; \quad d(0) = 10$

e) $e(n) = 2 - e(n-1); \quad e(0) = 3$

f) $f(n) = 2\,f(n-1) + f(n-2); \quad f(0) = 1, \quad f(1) = 3$

6. Erstelle mithilfe des GTR eine Wertetabelle und zeichne den Graphen der Folge.

a) $a(n) = \frac{(-2)^n}{n^2}$

b) $b(n) = (1 + (-1)^n)\,n$

c) $c(n) = \sin(n)$

d) $d(n) = 3\,d(n-1) - 4;\quad d(0) = 2$

e) $e(n) = \left(\frac{e(n-1)}{2}\right)^2 - 2\,e(n-1) + 1;\quad e(0) = 2$

f) $f(n) = \frac{1}{\sqrt{f(n-1)}};\quad f(0) = 4$

7. Gib für die Folge das allgemeine Glied a(n) sowie eine Rekursionsgleichung an.

a) $-\frac{1}{2};\ -\frac{1}{3};\ -\frac{1}{4};\ -\frac{1}{5};\ -\frac{1}{6};\ \dots$

b) 1; 8; 27; 64; …

c) 1; 3; 7; 15; 31; 63; …

d) 1; −2; 3; −4; 5; −6; …

e) 16; −8; +4; −2; +1; …

f) −3; −11; −19; …

8. Der Figur kannst du eine Folge entnehmen. Gib zunächst die ersten 10 Glieder der Folge an. Erstelle dann eine Formel für die Folge.

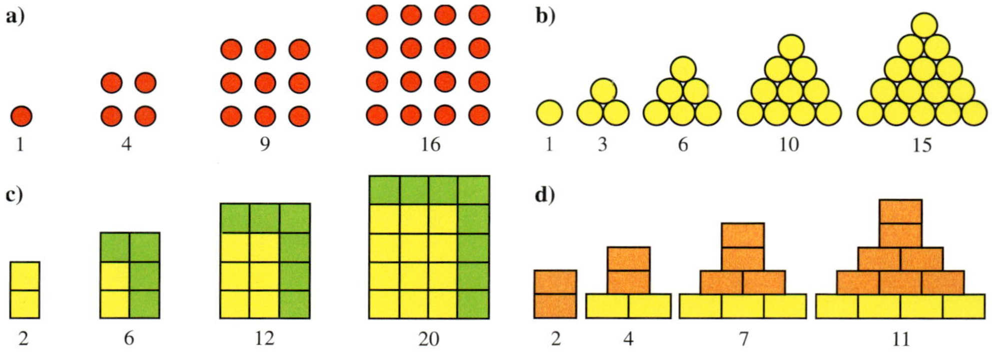

9. Die beiden folgenden Ausschnitte von Seiten aus dem Internet enthalten unterschiedliche Informationen zum Wachstum der Weltbevölkerung.
Vergleiche das damit prognostizierte Wachstum in den nächsten 100 Jahren. Erstelle dazu auch jeweils die explizite und die rekursive Formel. Welcher prinzipielle Unterschied besteht zwischen den Prognosen?

DSW-Weltbevölkerungsuhr
26.11.2008 / 15.06 Uhr

In dieser Minute leben

6.738.936.204 Menschen

auf unserem Planeten.

Wie funktioniert die Weltbevölkerungsuhr?

Die Weltbevölkerungsuhr zählt natürlich nicht wirklich die Menschen, die tagtäglich auf der Erde geboren werden oder sterben. Ihr liegen Daten des US-amerikanischen Population Reference Bureau (PRB) zugrunde. Experten beim PRB errechnen den Zuwachs der Weltbevölkerung bis auf die Sekunde.

Die Weltbevölkerungsuhr zählt pro Sekunde 2,6 Menschen dazu.
Zuwachs der Weltbevölkerung pro Jahr: 81 267 634 Menschen.

L&P/4313

Welt

Demografische Indikatoren

Bevölkerung (Mitte 2007)	**6.625 Mio.**
Geburtenrate	**21**
Sterberate	**9**
Bevölkerungs-wachstumsrate	**1,2 Prozent pro Jahr**

10. Im Jahr 2001 wurden in Norwegen 4 520 947 Einwohner gezählt. Für das Jahr 2005 wurden durch Fortschreibung der Bevölkerungsentwicklung 4 623 000 Einwohner angegeben.

a) Bestimme die Bevölkerungswachstumsrate bei exponentiellem Wachstum.
Gib die jährliche Zunahme an, wenn diese linear sein soll.

b) Stelle beide Entwicklungen für 12 Jahre mit einer Schrittweite von 2 Jahren dar.

c) Gib für beide Wachstumsannahmen eine explizite und rekursive Darstellung an.

d) Bestimme für beide Wachstumsarten den Zeitpunkt, zu dem sich die Bevölkerung verdoppelt hat.
Löse die Aufgabe auch algebraisch.

e) Beschreibe für beide Fälle die Änderung grafisch und durch einen Term.

f) Wenn man statt 0,559619 % Wachstum 0,6 % wählt, ergibt sich ein so genannter Rundungsfehler. Erörtere die Auswirkungen des Rundungsfehlers bei einer langfristigen Betrachtung der Bevölkerungsentwicklung.

11. Untersuche, wie sich das Verhältnis von armen zu reichen Einwohner bis zum Jahr 2050 entwickelt.

Reiche und arme Länder

Ein Kriterium dafür ist z. B. das durchschnittliche Pro-Kopf-Einkommen von 8000 $ pro Jahr. 1955 gab es auf der Erde 4,0 Mrd. arme Einwohner und 1,7 Mrd. reiche Einwohner. Die Zuwachsrate der Reichen hat sich über einen längeren Zeitraum bei 0,6 % stabilisiert, die Zuwachsrate der Armen kann global mit 2,2 % angenommen werden.

L&P/4314

12. Ein Pendel werde 20 cm [1,25 m] nach rechts aus seiner Ruhelage entfernt und dann losgelassen.
Wähle die Amplituden (maximale Ausschläge) nach links negativ und nach rechts positiv.
Der Betrag einer Amplitude soll 80 % des Betrages der vorhergehenden Amplitude sein.
Berechne die ersten 5 Glieder, gib die explizite Formel an und zeichne den Graphen.

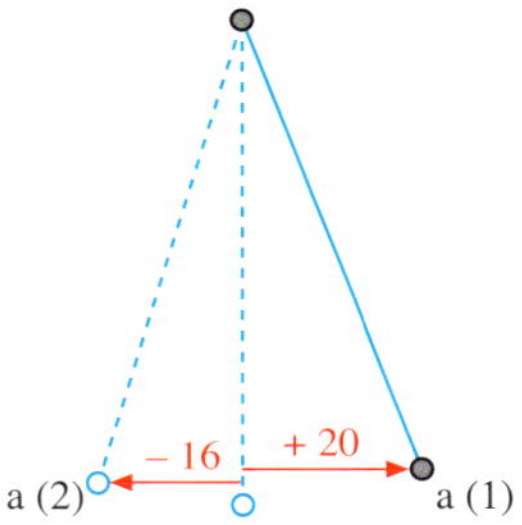

13. Das Wasser in einem U-Rohr wird um 30 cm [45 cm] aus dem Gleichgewicht gebracht. Es führt danach Schwingungen aus, deren Amplituden eine Folge bilden.
Wähle die Amplituden unterhalb der Gleichgewichtslage negativ und oberhalb positiv. Der Betrag einer Amplitude betrage angenähert 40 % der vorhergehenden Amplitude.
Gib die explizite Formel an.

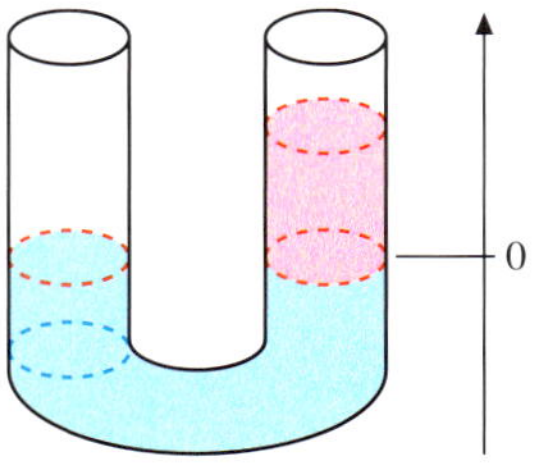

14. Zeichne in ein gleichseitiges Dreieck mit 12 cm Seitenlänge ein zweites Dreieck durch Verbinden der Seitenmitten. Zeichne ein drittes Dreieck durch Verbinden der Seitenmitten des zweiten. Fahre so fort.
Notiere die ersten 5 Glieder der Folge

a) der Seitenlänge dieser Dreiecke;

b) der Umfänge dieser Dreiecke;

c) der Flächeninhalte dieser Dreiecke.

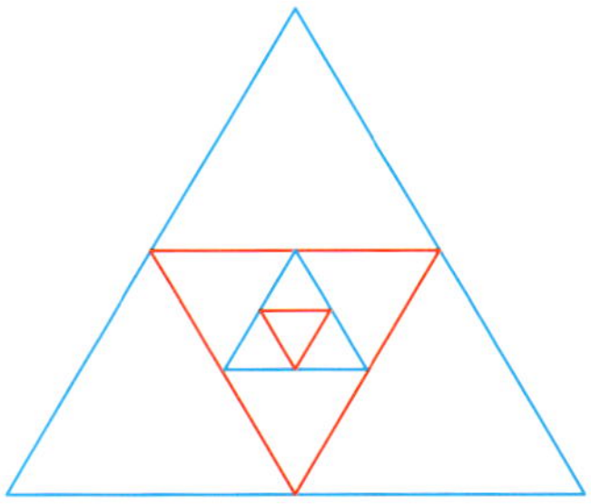

Im Blickpunkt

Im Blickpunkt

Fraktale Handy-Antenne

Waclaw Sierpinski
(1882 – 1969)

Bei modernen Handys ist die Antenne im Inneren eingebaut. Es handelt sich um eine löchrige Kupferplatte. Eine solche Antenne ist preiswert, spart Gewicht ein und weist zudem hervorragende Sende- und Empfangsqualitäten auf.
Eine Figur mit der Form dieser Handy-Antenne geht zurück auf den polnischen Mathematiker Waclaw Sierpinski, der sich seit 1929 damit beschäftigte.

Photo Copyright Andy Ryan

1. Betrachte als Ausgangsfigur ein Quadrat, aus dem schrittweise zunehmend kleinere Quadrate ausgeschnitten werden. Beschreibe, wie jede Figur aus der vorherigen entsteht.

F_1

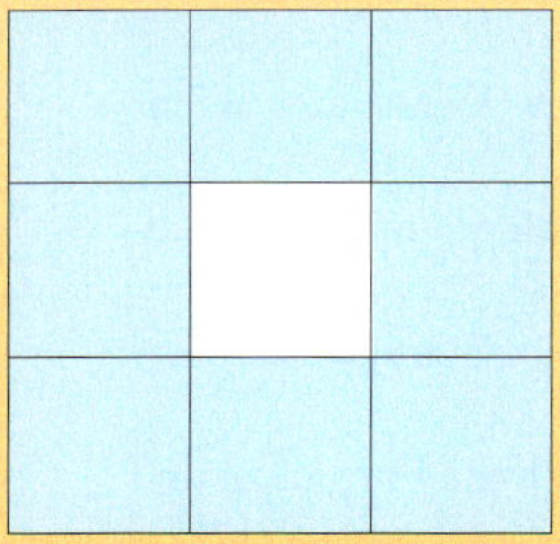

F_2

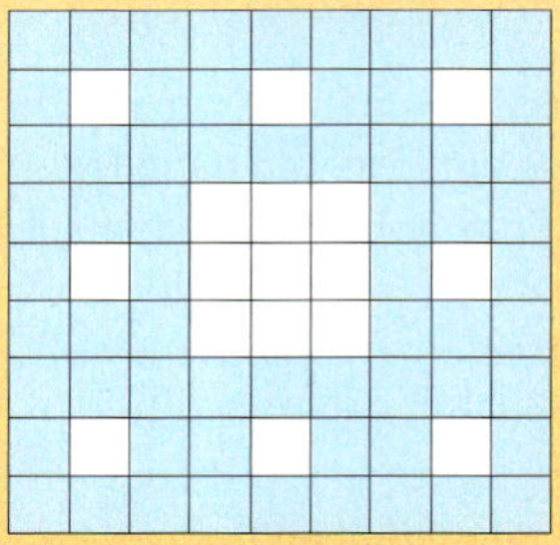

F_3

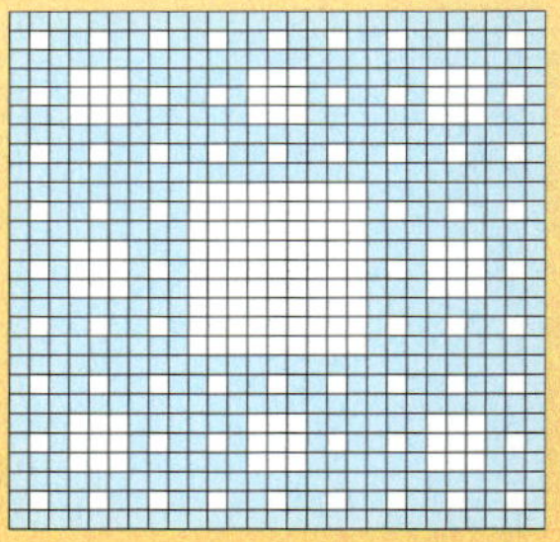

2. Betrachte die Folge a(n) = Anzahl der Löcher in der n-ten Figur. Gib zunächst die ersten Folgenglieder an. Erstelle dann eine rekursive und eine explizite Formel.

3. Gehe aus von einem Quadrat der Seitenlänge 9 cm. Betrachte dafür die Folge f(n) = Flächeninhalt der n-ten Figur. Gib auch hier zunächst einige Folgenglieder an und erstelle dann eine rekursive und eine explizite Formel.

4. Gehe wieder von einem Quadrat der Seitenlänge 9 cm aus und betrachte die Folge u(n) = Umfang der n-ten Figur. Nenne einige Folgenglieder und erstelle eine rekursive und eine explizite Formel.

5. Welches Verhalten weisen die Folgen f(n) und u(n) auf, wenn man immer größere Werte für n einsetzt? Vergleiche und formuliere ein erstaunliches Ergebnis.

Denkt man sich den Prozess des Herausnehmens der Quadrate unendlich oft fortgesetzt, so entsteht als Endprodukt der so genannte *Sierpinski-Teppich*. Er ist ein Beispiel für ein *Fraktal* und weist als Merkmal die *Selbstähnlichkeit* auf: Man findet in der Figur Teilfiguren, die ähnlich sind zu der gesamten Figur.

2.8 Überlagerung von exponentiellem und linearem Wachstum
Zum Selbstlernen

Ziel

Bislang hast du lineare und exponentielle Wachstumsprozesse kennen gelernt. Lineare Prozesse sind erkennbar an einer konstanten Zunahme oder Abnahme. Exponentielle Prozesse erkennt man an einem konstanten prozentualen Zuwachs bzw. einer konstanten prozentualen Abnahme. In diesem Abschnitt beschäftigst du dich mit einer Überlagerung beider Wachstumsprozesse.

A *Frau Osberg schließt mit ihrer Bank einen Ratensparvertrag mit jährlicher Sparrate ab. Dieser sieht vor:*
Frau Osberg zahlt 7 Jahre lang zu Beginn eines jeden Jahres 2 500 € als Sparrate ein.
Überprüfe den in der Anzeige angegebenen Auszahlungsbetrag. Lege dazu eine Tabelle für das Guthaben in Abhängigkeit von der Spardauer an.
Erstelle eine rekursive Formel zur Berechnung des Kapitals nach n Jahren.

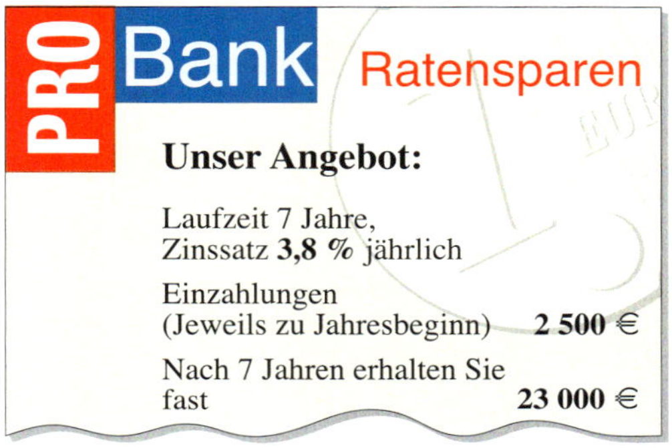

Zu Beginn (nach 0 Jahren) sind 2 500 € auf dem Konto.
Das Guthaben erhöht sich nach einem Jahr jeweils um 3,8 %, d. h. mit dem Wachstumsfaktor 103,8 %, also mit 1,038. Hinzu kommen 2 500 € an Sparrate zu Beginn des Jahres.

Dieses Verfahren setzt sich fort:
Multiplikation mit dem Wachstumsfaktor 1,038, dann Addition von 2 500. Am Ende des 7. Jahres kommen aber nur die Zinsen hinzu.
Der in der Anzeige angegebene Betrag stimmt.

nach … Jahr	Guthaben (in €)	
0	2 500,00	$\cdot$ 1,038 + 2 500
1	5 095,00	$\cdot$ 1,038 + 2 500
2	7 788,61	$\cdot$ 1,038 + 2 500
3	10 584,58	$\cdot$ 1,038 + 2 500
4	13 486,79	$\cdot$ 1,038 + 2 500
5	16 499,29	$\cdot$ 1,038 + 2 500
6	19 626,26	$\cdot$ 1,038 + 2 500
7	22 872,06	

Der Tabelle entnimmst du die rekursive Formel:

$g(n) = g(n-1) \cdot 1{,}038 + 2\,500; \quad g(0) = 2\,500$

Information

Beim Ratensparen wächst das Guthaben durch die Verzinsung exponentiell, hinzu kommt eine lineare Vermehrung durch die Sparrate.

Überlagerung eines exponentiellen und eines linearen Prozesses

Überlagern sich beim Verändern einer Größe ein exponentieller Prozess und ein linearer Prozess, so gilt für den Wert der Größe nach n Zeitschritten:

$g(n) = g(n-1) \cdot q + z$

q ist der konstante Wachstumsfaktor des exponentiellen Prozesses, z der konstante Zuwachs des linearen Prozesses.

Zum Üben

1. Niklas möchte jeweils am Jahresende von dem Weihnachtsgeld 120 € sparen. Die Bank gibt ihm für eine Laufzeit von 8 Jahren 3,25 % Zinsen. Zu Beginn kann einmalig noch ein Betrag von 1 500 € eingezahlt werden.
TAB Wie groß ist der Endbetrag? Löse mit einem Tabellenkalkulationsprogramm.

2. Herr Milten zahlt zu Beginn eines jeden Jahres 2 400 € auf ein Konto ein. Der Zinssatz beträgt gleich bleibend 4,25 %. Nach wie viel Jahren sind mehr als 40 000 € auf dem Konto?

3. Frau Sigmund schließt einen Ratensparvertrag zu 2,75 % ab. Sie zahlt zu Beginn des 1. Jahres 2 500 € ein und dann jeweils zu Beginn der nächsten Jahre 225 €.

a) Nach wie viel Jahren hat sie 5 000 € erreicht?

b) Stelle durch systematisches Probieren fest:
Wie hoch müsste die jährliche Sparrate sein, damit sie nach 4 Jahren 6 000 € erreicht hat?

4. Frau Baier will ihr Haus renovieren. Sie nimmt dafür einen Kredit von 35 000 € bei der Sparkasse auf. Der Zinssatz (für die jeweilige Restschuld) beträgt 7,75 %. Sie zahlt jährlich 4 300 € zurück.

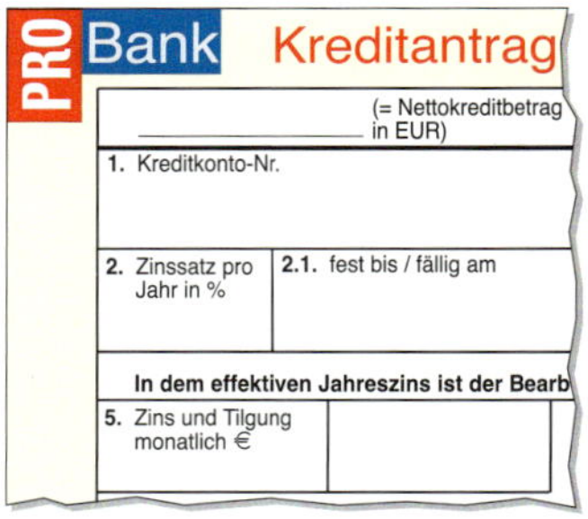

a) Erstelle eine Tabelle für die Restschuld in Abhängigkeit von der Rückzahlungsdauer. Begründe, dass eine Überlagerung eines exponentiellen und eines linearen Prozesses vorliegt.

b) Wie hoch ist die letzte Rate?

c) Erstelle eine rekursive Formel zur Berechnung der Restschuld nach n Jahren.

d) Bei welcher Rückzahlungsrate würde die Restschuld immer gleich bleiben? Bei welcher Rate würde sie zunehmen, bei welcher abnehmen?

5. Eine Familie nimmt für einen Hausbau einen Kredit von 160 000 € zu einem Zinssatz von 6,25 % auf. Jährlich zahlt sie 13 500 € zurück.

a) Wie lange läuft der Kredit und wie hoch ist die letzte Rate?

b) Welches wäre die kleinstmögliche Rate für diesen Kredit?

6. Eine Forschungsanstalt führt eine Untersuchung durch. Auf einen Acker werden wöchentlich 5 kg eines Unkrautvertilgungsmittel aufgebracht. Der Bestand des Mittels nimmt wöchentlich um 31,5 % ab.

a) In einer Tabelle soll für die nächsten 10 Wochen der Bestand des Mittels angegeben werden.

b) Nach wie vielen Wochen befinden sich 15 kg des Unkrautvertilgungsmittels auf dem Feld?

TAB **c)** Erstelle ein Tabellenblatt, welches den Bestand des Mittels kurz nach dem wöchentlichen Aufbringen angibt.

Zum Selbstlernen

7. Herr Haber nimmt von einem bestimmten Tag an täglich 2 mg eines Medikamentes ein. 20 % des Medikamentes werden täglich ausgeschieden.

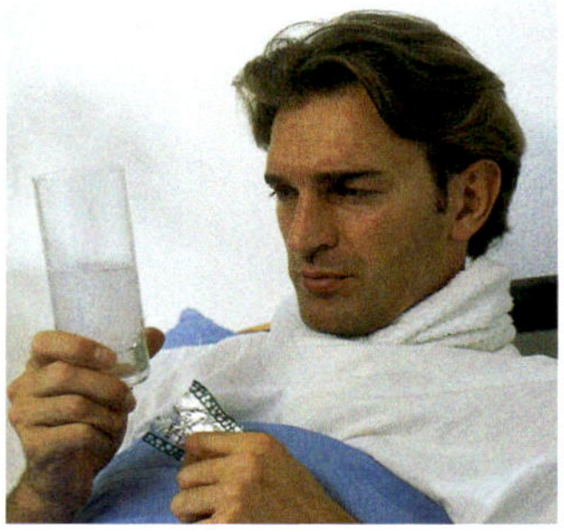

a) In einer Tabelle soll für die nächsten 14 Tage angegeben werden, wie viel mg Herr Haber unmittelbar nach [vor] Einnahme des Medikamentes in seinem Körper hat.

b) Nach wie viel Tagen hat er 9,9 mg in seinem Körper?

TAB **c)** Erstelle ein Tabellenblatt, welches angibt, wie viel mg Herr Haber unmittelbar vor der Einnahme in seinem Körper hat.

TAB **8.** Herr Konstant und Frau Prozent haben beide einen Betrag bei einer Bank angelegt. Herr Konstant lässt sich jeweils am Jahresende nach der Verzinsung einen konstanten Betrag auszahlen, Frau Prozent immer einen bestimmten Prozentsatz des jeweiligen Guthabens.
Erläutere das Tabellenblatt, insbesondere auch die Formeln in den Zellen A7 und C7 im rechten Tabellenblatt.
Untersuche die weitere Entwicklung der beiden Guthaben. Verändere auch die Daten in den grau schraffierten Zellen.

	A	B	C	D
1	Herr Konstant		Frau Prozent	
2	10000	Anfangskapital	10000	
3	4%	Zinssatz	4%	
4	1000	Auszahlung	0,1	
5		Jahr		
6	10000,00	0	10000,00	
7	9400,00	1	9360,00	
8	8776,00	2	8760,96	
9	8127,04	3	8200,26	
10	7452,12	4	7675,44	
11	6750,21	5	7184,21	
12	6020,21	6	6724,42	
13	5261,02	7	6294,06	
14	4471,46	8	5891,24	

	A	B	C	D
1	Herr Konstant		Frau Prozent	
2	10000	Anfangskapital	10000	
3	0,04	Zinssatz	0,04	
4	1000	Auszahlung	0,1	
5		Jahr		
6	=A2	0	=C2	
7	=A6*(1+$A$3)-$A$4	1	=C6*(1+$C$3)*(1-$C$4)	
8	=A7*(1+$A$3)-$A$4	2	=C7*(1+$C$3)*(1-$C$4)	
9	=A8*(1+$A$3)-$A$4	3	=C8*(1+$C$3)*(1-$C$4)	
10	=A9*(1+$A$3)-$A$4	4	=C9*(1+$C$3)*(1-$C$4)	
11	=A10*(1+$A$3)-$A$4	5	=C10*(1+$C$3)*(1-$C$4)	
12	=A11*(1+$A$3)-$A$4	6	=C11*(1+$C$3)*(1-$C$4)	
13	=A12*(1+$A$3)-$A$4	7	=C12*(1+$C$3)*(1-$C$4)	
14	=A13*(1+$A$3)-$A$4	8	=C13*(1+$C$3)*(1-$C$4)	
15				
16				
17				
18				

9. Untersuche für die Überlagerung von exponentiellem und linearem Wachstum mit der rekursiven Formel $g(n) = g(n-1) \cdot q + z$ durch Variation der Parameter q und z deren Einfluss auf den Verlauf des Wachstumprozesses.

TAB **10.** 15 Jahre werden monatlich 100 € eingezahlt. Der Zinssatz für den gesamten Zeitraum ist 4,8 % p.a., also 0,4 % monatlich. Nach Ablauf der 15 Jahre werden monatlich 250 € entnommen. Wie lange reicht das Kapital? Schätze zuerst.

11. a) Eine Bank bietet nebenstehenden Ratensparvertrag an. Stelle das Anwachsen des Kapitals in einer Tabelle und auch grafisch dar. Überlege die Auswirkungen, wenn du die Einzahlungen und die Zinssätze variierst.

b) Nimm Stellung zu der Aussage von Rahel: „Eine noch so geringe Erhöhung der Zinssätze führt zu mehr Kapital als eine noch so starke Vergrößerung der Rate.“

12. Herr Wabnitz erhält ein monatliches Grundgehalt von 2 000 €. Pro Jahr seiner Zugehörigkeit zur Firma bekommt er 40 € mehr. Herr Babnitz hat das gleiche monatliche Grundgehalt von 2 000 €, bekommt aber eine jährliche Erhöhung von 1,9 %.
Stelle die Gehaltsentwicklung für beide für die ersten 10 Jahre in einer Tabelle und grafisch dar. Entscheide dich begründet für eine Gehaltsvariante.

Zum Selbstlernen

2.9 Begrenztes Wachstum – Grenzwert

2.9.1 Begrenztes Wachstum

Einführung

Eine Flasche Milch wird aus dem Kühlschrank in eine wärmere Umgebung gebracht. Die Temperatur im Kühlschrank beträgt 6,5 °C, in der Umgebung 24 °C. Die Flasche Milch wird sich anfangs schneller erwärmen, d.h. der Zuwachs der Temperatur ist zunächst größer als später. Der Zuwachs nimmt immer mehr ab, je mehr sich die Temperatur der Milchflasche der Umgebungstemperatur (24 °C) nähert. In diesem Beispiel soll für den Erwärmungsprozess gelten:
In jeder Minute ist der Zuwachs 18 % der Differenz zwischen 24 °C und der Temperatur, die die Milchflasche zu Beginn der Minute hat.

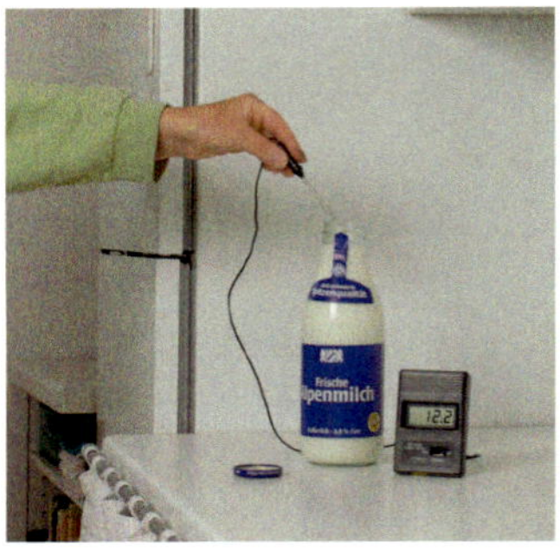

(1) Rekursive Formel

ϑ (Theta) griechischer Buchstabe

Zur Berechnung der Temperatur $\vartheta(t)$ zu einem Zeitpunkt t muss also die Temperatur $\vartheta(t-1)$, die eine Minute vorher vorlag, bekannt sein. Der Zuwachs $z(t-1)$ zu diesem Zeitpunkt beträgt 18 % der Differenz von $\vartheta(t-1)$ und 24°C, also:
$z(t-1) = (24 - \vartheta(t-1)) \cdot 0{,}18$
Für die Temperatur zum Zeitpunkt t gilt also:
$\vartheta(t) = \vartheta(t-1) + (24 - \vartheta(t-1)) \cdot 0{,}18 = 4{,}32 + 0{,}82 \cdot \vartheta(t-1)$
Mit dieser Formel kann man nacheinander die Werte für die Temperatur aus der Ausgangstemperatur $\vartheta(0) = 6{,}5$ berechnen. Es handelt sich also um eine Überlagerung eines exponentiellen und eines linearen Wachstums. Wir erhalten folgende Tabelle und zeichnen den Graphen.

t (in min)	$\vartheta(t)$ (in °C)
0	6,5
1	9,65
2	12,23
3	14,35
4	16,09
5	17,51
6	18,68
7	19,64
8	20,42
9	21,06
10	21,59
11	22,02
12	22,38
13	22,67
14	22,91
15	23,11
16	23,27
17	23,40
18	23,51
19	23,60
20	23,67

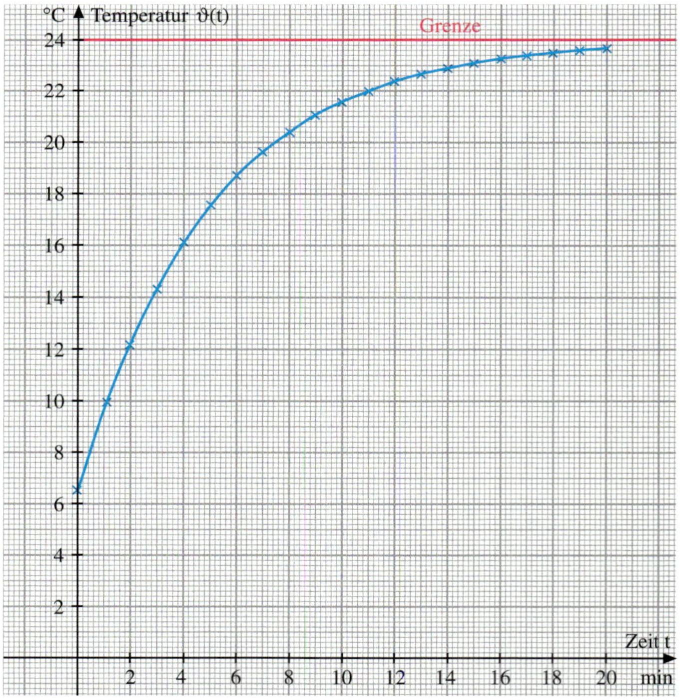

(2) Explizite Formel

Betrachtet man nicht die Temperaturen sondern die Temperaturdifferenzen zu 24 °C, so kann man eine explizite Formel herleiten.

$24 - \vartheta(0) = 24 - 6{,}5$
$= 17{,}5$

$24 - \vartheta(1) = 17{,}5 \cdot 0{,}82$
$= 14{,}35$

Abnahme der Temperaturdifferenz um 18 %

$24 - \vartheta(2) = 14{,}35 \cdot 0{,}82$
$= 17{,}5 \cdot 0{,}82^2$

$24 - \vartheta(3) = 17{,}5 \cdot 0{,}82^3$

$24 - \vartheta(t) = 17{,}5 \cdot 0{,}82^t$

Daraus ergibt sich für $\vartheta(t)$ die explizite Formel:

$\vartheta(t) = 24 - 17{,}5 \cdot 0{,}82^t$

Weiterführende Aufgabe

1. *Begrenzte Abnahme*

Frisch aufgebrühter, 80 °C warmer Kaffee wird in einem 20 °C warmen Raum stehen gelassen. Pro Minute beträgt die Abkühlung 10 % der noch vorhandenen Temperaturdifferenz zur Raumtemperatur.

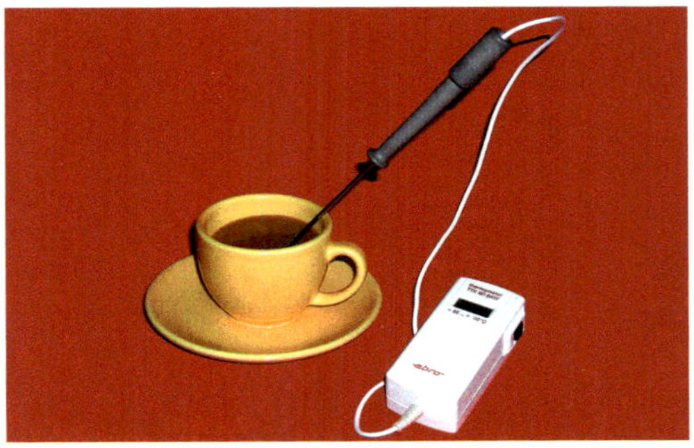

a) Ermittle für die nächsten 20 Minuten die Temperatur und zeichne den Graphen.

b) Erstelle eine rekursive Formel für die Funktion *Zeit* → *Temperatur*.

Information

Der Wachstumsprozess aus der Einführung auf Seite 96 heißt *begrenztes Wachstum*, weil eine Grenze nicht überschritten wird. Die Größe nähert sich immer mehr dieser Grenze, weil der Zuwachs sich immer mehr 0 nähert.

Zunahme: $g(t) < G$
Abnahme: $g(t) > G$

Begrenztes Wachstum

Gilt für eine Größe mit einer Grenze G die Gleichung

$g(t) = g(t-1) + z(t-1)$

und beträgt der Zuwachs $z(t-1)$ immer einen bestimmten Anteil von der Differenz zwischen der Grenze G und der momentanen Größe $g(t-1)$, also $z(t-1) = q \cdot (G - g(t-1))$ mit $0 < q < 1$, so spricht man von **begrenztem Wachstum**:

$g(t) = g(t-1) + q \cdot (G - g(t-1))$

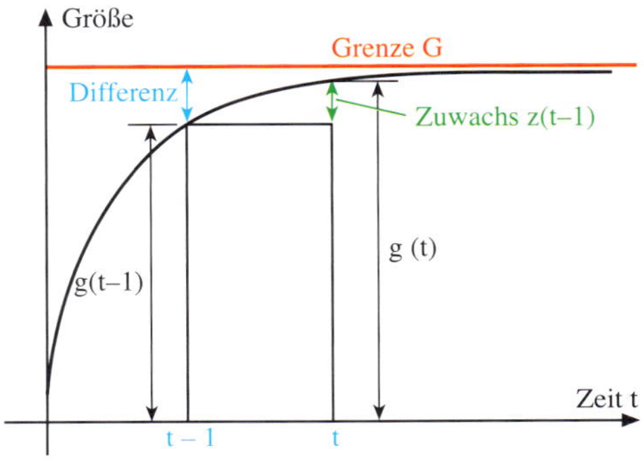

Beispiel:

$g(t) = g(t-1) + 0{,}64 \cdot (80 - g(t-1))$

Der Zuwachs beträgt immer 64 % der Differenz zwischen der Grenze 80 und der momentanen Größe.

Übungsaufgaben

2. Pflanzen wachsen, können aber nicht beliebig groß werden. Eine Fichte ist zu Beginn der Beobachtung 1,00 m groß. Sie kann höchstens 80 m (*Grenzgröße*) werden. Man geht davon aus, dass die Fichte jährlich um 5 % der Differenz zwischen aktueller Höhe und Grenzgröße anwächst.

a) Lege eine Tabelle für die Höhe der Fichte in Abhängigkeit von der Zeit an. Zeichne auch einen Graphen.

b) Erstelle eine rekursive Formel. Nach wie viel Jahren ist die Fichte 40 m hoch?

3. Ein Teich bietet für 1 000 Fische Lebensraum. Zu Beginn eines bestimmten Jahres werden 200 Fische ausgesetzt. Unter ungestörten Bedingungen vermehren sich diese so, dass der jährliche Zuwachs 10 % des Unterschiedes zwischen 1 000 und dem jeweiligen Fischbestand beträgt.

a) Gib unter diesen Voraussetzungen den Fischbestand für die nächsten 12 Jahre an.

b) Erstelle auch eine rekursive Formel.

Runde auf cm.

4. Eine Sonnenblume ist 0,50 m groß, ihre Grenzgröße beträgt 3 m. Man geht davon aus, dass sie wöchentlich um 12 % der Differenz zwischen der Grenzgröße und der aktuellen Größe wächst.

a) Nach wie viel Wochen hat die Sonnenblume eine Größe von mehr als 2 m erreicht?

b) Ab wann wächst die Sonnenblume wöchentlich um weniger als 5 cm?

5. Ein Stück Butter (24,5 °C) wird in einen Kühlschrank (5,5 °C) gebracht. Man kann davon ausgehen, dass die Temperaturabnahme pro Minute 12 % der Differenz zwischen der Temperatur der Butter und der Kühlschranktemperatur beträgt.
Nach wie viel Minuten wird eine Temperatur von 20 °C [15 °C; 10 °C; 5 °C] erreicht?

6. Eine Größe hat anfangs einen Bestand von 500 und wächst nach dem Gesetz eines begrenzten Wachstums. In Schritten von 5 min wurden die Daten rechts tabelliert.

Zeit (min)	0	5	10	15
Bestand	500	600	690	771

a) Bestimme die Sättigungsgrenze.

b) Setze die Tabelle um drei Schritte fort.

7. Auf einem Feld werden wöchentlich 9 kg eines Unkrautvertilgungsmittels aufgebracht. Außerdem nimmt die Menge des Mittels wegen Zersetzung wöchentlich um 60 % ab.

a) Zeige, dass trotz der hohen Abnahmerate von 60 % ein Wachstum vorliegt. Wie groß ist die Grenze?

b) Gib in einer Tabelle die Menge des Unkrautvertilgungsmittels in den nächsten 20 Wochen an.
Nach wie viel Wochen ist der Grenzbestand schon zu 99 % erreicht?

c) Bewerte die nebenstehende Anzeige auf dem Hintergrund der obigen Überlegungen.

F6 = =C6+$F$2*E6

	A	B	C	D	E	F	G
1	Anfangstemperatur		4	Grenztemperatur		20	
2	Proportionalitätsfaktor		0,2	Zeitschritt (in min)		2	
3							
4	Zeitschritt (in min)		Alte	Sättigungs-	Änderungs-	Neue	
5	von	bis	Temperatur	manko	rate	Temperatur	
6	0	2	4,0	16,0	3,2	10,4	
7	2	4	10,4	9,6	1,9	14,2	
8	4	6	14,2	5,8	1,2	16,5	
9	6	8	16,5	3,5	0,7	17,9	
10	8	10	17,9	2,1	0,4	18,8	

TAB **8.** Entwickle für Aufgabe 1 auf Seite 97 ein erweitertes Tabellenkalkulationsblatt für 20 Zeitschritte zu je 2 min wie links abgebildet.
Variiere die Anfangstemperatur, die Grenztemperatur und den Proportionalitätsfaktor. Stelle die Temperaturentwicklungen auch grafisch dar.

2.9.2 Grenzwert – Asymptotisches Verhalten von Funktionen

Aufgabe 1

Frisch aufgebrühter Tee in einer Kanne hat eine Temperatur von 94 °C.
Der Vorgang des Abkühlens hängt ab von der Beschaffenheit der Kanne (Material und Oberfläche) und vom Temperaturunterschied zwischen dem Tee und seiner Umgebung. Die Umgebungstemperatur beträgt 24 °C und der Temperaturunterschied zwischen der Umgebung und dem Tee verringert sich von einer Minute zur nächsten um $\frac{1}{3}$ seines Wertes.

a) Beschreibe den Abkühlvorgang mithilfe einer expliziten Formel.

b) Bestimme, wann die Teetemperatur sich nur noch um
(1) 10 °C, (2) 5 °C, (3) 1 °C, (4) 0,1 °C
von der Raumtemperatur unterscheidet. Verdeutliche die Ergebnisse zu (1) und (2) auch am Graphen.

Lösung

a) Gesucht ist eine Folge, die jeder Zeit t (in min) nach dem Aufbrühen eine bestimmte Temperatur ϑ (t) (in °C) zuordnet.
Am Anfang gilt: $\vartheta(0) = 94$. Der Temperaturunterschied zwischen ϑ (0) und der Umgebungstemperatur von 24 °C ist $\vartheta(t) - 24 = 70$.
Der Unterschied $\vartheta(t) - 24$ verringert sich pro Minute um $\frac{1}{3}$, also auf $\left(1 - \frac{1}{3}\right) = \frac{2}{3}$ des vorherigen Unterschieds. Somit ergibt sich:

$\vartheta(0) - 24 = 70$

$\vartheta(1) - 24 = 70 \cdot \frac{2}{3}$

$\vartheta(2) - 24 = 70 \cdot \frac{2}{3} \cdot \frac{2}{3} = 70 \cdot \left(\frac{2}{3}\right)^2$

$\vartheta(t) - 24 = 70 \cdot \left(\frac{2}{3}\right)^t$

Ergebnis: Der Temperaturunterschied bildet eine Folge exponentiellen Wachstums mit dem Anfangswert 70. Für die gesuchte Folge erhalten wir die explizite Formel $\vartheta(t) = 24 + \left(\frac{2}{3}\right)^t \cdot 70$.

b) Die gesuchten Zeitpunkte kann man auf verschiedene Weise ermitteln. Wir zeigen dies am Beispiel von Teil (1).

grafisch:

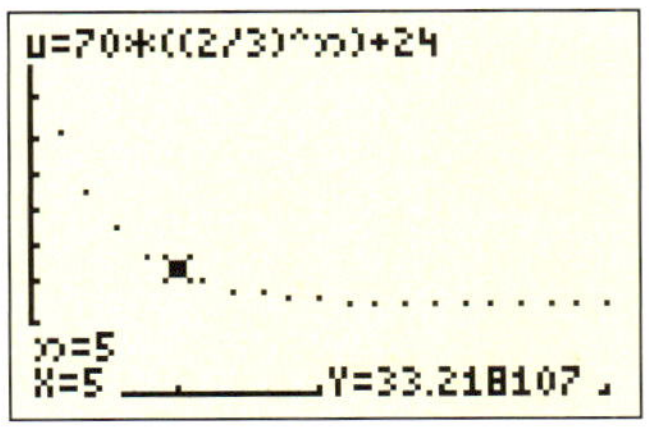

tabellarisch:

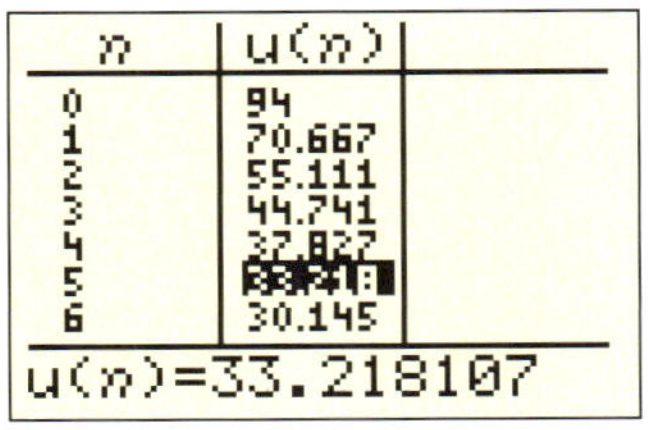

algebraisch:

$\vartheta(t) - 24 < 10$

$24 + 70 \cdot \left(\frac{2}{3}\right)^t - 24 < 10$

$70 \cdot \left(\frac{2}{3}\right)^t < 10$

$\left(\frac{2}{3}\right)^t < \frac{1}{7}$

$t \log\left(\frac{2}{3}\right) < \log\left(\frac{1}{7}\right)$

$t > \frac{\log\left(\frac{1}{7}\right)}{\log\left(\frac{2}{3}\right)} \approx 4{,}799$ — $\log\left(\frac{2}{3}\right) < 0$

$t \geq 5$

Bearbeitet man (2) bis (4) entsprechend auf eine der Weisen, so erhält man insgesamt als Ergebnis:
Der Unterschied der Teetemperatur zur Raumtemperatur ist
(1) ab der 5. Minute kleiner als 10 °C;
(2) ab der 7. Minute kleiner als 5 °C;
(3) ab der 11. Minute kleiner als 1 °C;
(4) ab der 17. Minute kleiner als 0,1 °C.

Die Temperaturen nähern sich dem Wert 24 beliebig dicht an. Für diese Annäherung gilt:
Zu jeder vorgegebenen Temperaturdifferenz kann man eine Zeit finden, ab der die Teetemperatur sich um weniger als diese Temperaturdifferenz von der Raumtemperatur 24 °C unterscheidet.
Die Temperaturdifferenz kann man als Streifen veranschaulichen, in dem ab einem bestimmten Zeitpunkt alle weiteren Temperaturen liegen.

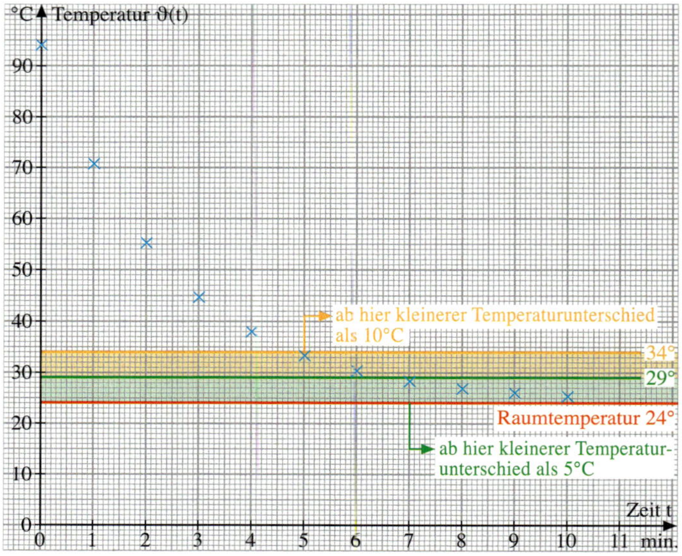

Weiterführende Aufgabe

2. *Verschiedene Möglichkeiten des Annäherns der Folgenwerte*

Zeichne den Graph der Folge. Die Folgenglieder nähern sich einem Wert an. Untersuche, ab welcher Stelle sich die Folgenglieder um weniger als
(1) 1; (2) 0,1; (3) 0,01; (4) 0,001
von dem Wert unterscheiden. Veranschauliche das Ergebnis zu (1) und (2) am Graphen.

a) $a(n) = 2 - \left(\frac{1}{4}\right)^n$ **b)** $b(n) = \frac{3n + (-1)^n}{n}$ **c)** $c(n) = \frac{1 + (-1)^n}{n}$

Information

(1) Grenzwert einer Folge

In Aufgabe 1 haben wir gesehen, dass sich die Temperaturen einem festen Wert, der Raumtemperatur, beliebig dicht annähern. In Aufgabe 2 nähern sich die Folgenglieder auch jeweils einem festen Wert beliebig dicht an. Dabei kommt es auch vor, dass die Annäherung von beiden Seiten an diesen Wert erfolgt, oder dass der Wert von einzelnen Folgengliedern angenommen wird. In allen diesen Fällen wird der Unterschied zwischen den Folgengliedern und diesem festen Wert beliebig klein.

Definition

Eine Zahl a heißt **Grenzwert** einer Folge a(n), wenn es zu jedem beliebig kleinen Abstand $\varepsilon > 0$ eine Stelle n_ε gibt, ab der sich alle weiteren Folgenglieder um höchstens ε von a unterscheiden:

$|a(n) - a| < \varepsilon$ für $n \geq n_\varepsilon$

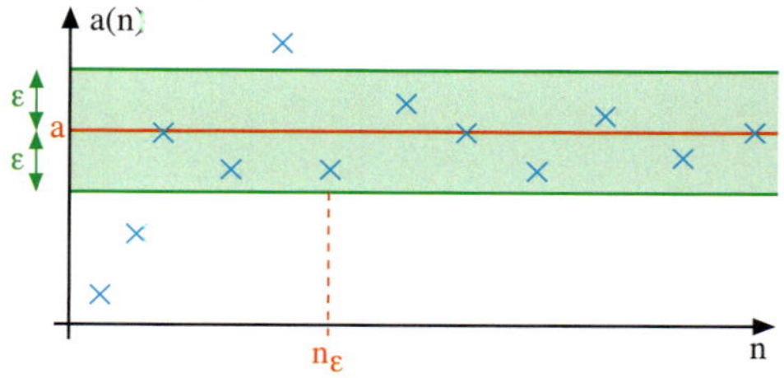

Wir schreiben dafür kurz:

$a(n) \to a$ für $n \to \infty$, *gelesen*: a(n) strebt gegen a für n gegen unendlich

oder: $\lim\limits_{n \to \infty} a(n) = a$, *gelesen*: Limes von a(n) für n gegen unendlich ist a

Betrag einer Zahl ist deren Abstand von null:
$|x| = \begin{cases} x & \text{für } x \geq 0 \\ -x & \text{für } x < 0 \end{cases}$

Eine Folge, die einen Grenzwert hat, nennt man auch **konvergent**; man sagt auch: Die Folge **konvergiert** gegen den Grenzwert. Hat eine Folge keinen Grenzwert, so nennt man sie **divergent**.

(2) Grenzwert einer Funktion für $x \to \infty$

Da Folgen spezielle Funktionen sind, überträgt sich die Definition des Grenzwertes unmittelbar auf Funktionen, wie man auch an dem Beispiel von Aufgabe 1 sieht:

Definition

Eine Zahl a heißt **Grenzwert** einer Funktion für $x \to \infty$, wenn es zu jedem beliebig kleinen Abstand $\varepsilon > 0$ eine Stelle x_ε gibt, ab der sich alle weiteren Funktionswerte um höchstens ε von a unterscheiden:

$|f(x) - a| < \varepsilon \quad$ für $x \geq x_\varepsilon$

Wir schreiben dafür kurz:

$f(x) \to a \quad$ für $x \to \infty \quad$ oder $\quad \lim\limits_{x \to \infty} f(x) = a$

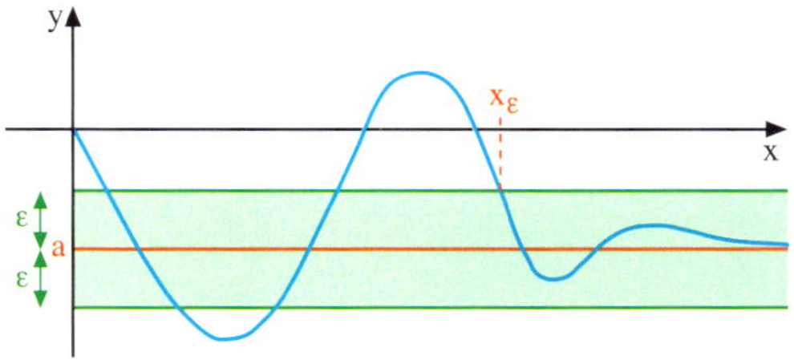

(3) Bestimmen von Grenzwerten

In einfachen Fällen kann man am Term erkennen, ob eine Folge einen Grenzwert hat, und wenn ja, welchen. Beispiele hierfür sind die folgenden Folgen:

- $a(n) = \sqrt{n}$ Die Folgenglieder werden für wachsendes n unbeschränkt größer. Diese Folge hat keinen Grenzwert.
- $b(n) = 3 + \frac{1}{n}$ Für wachsendes n wird der Teilterm $\frac{1}{n}$ immer kleiner und nähert sich 0 beliebig nah an. Daher hat diese Folge den Grenzwert 3.

Bei komplexeren Termen kann man versuchen, diese so umzuformen, dass man erkennen kann, ob ein Grenzwert vorliegen kann. Man kann auch Grenzwerte mithilfe eines Computeralgebra-Systems bestimmen.

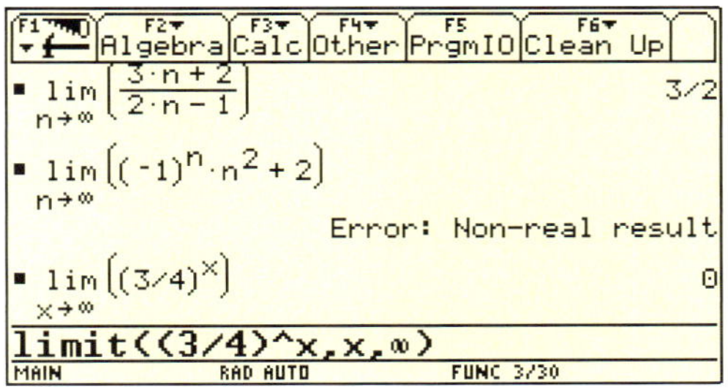

(4) Asymptotisches Verhalten von Funktionen

Rechts ist der Graph der Funktion zu $f(x) = \frac{1}{(x-3)^2} + 1$ abgebildet. Für unbegrenzt wachsende x-Werte nähert sich der Wert des Bruches immer mehr 0, der Funktionswert f(x) dem Wert 1 an: $\lim\limits_{x \to \infty} f(x) = 1$

Der Funktionsgraph schmiegt sich für $x \to \infty$ der Gerade mit der Gleichung $y = 1$ an. Man bezeichnet diese als *Asymptote* des Graphen.

Entsprechend gilt $\lim\limits_{x \to -\infty} f(x) = 1$, d.h. auch für $x \to -\infty$ ist die Gerade zu $y = 1$ Asymptote des Graphen.

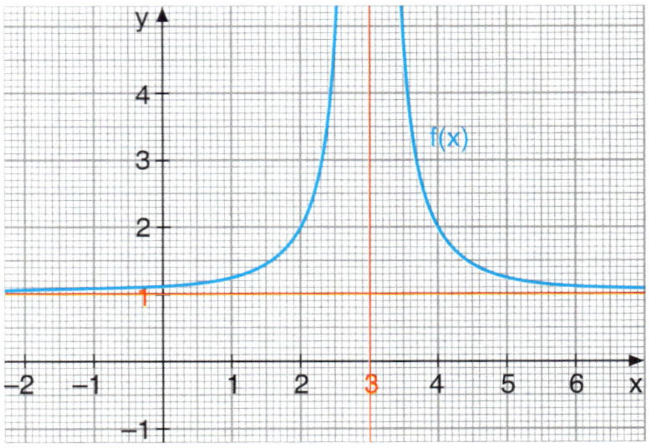

Auch wenn sich die x-Werte der Zahl 3 annähern, schmiegt sich der Graph einer Geraden an, da die Funktionswerte bei dieser Annäherung beliebig groß werden. Entsprechend nennt man auch die Gerade zu $x = 3$ eine Asymptote des Graphen.

Schmiegt sich der Graph einer Funktion an eine Gerade an, so nennt man diese Gerade eine **Asymptote** des Graphen.

Beispiele:

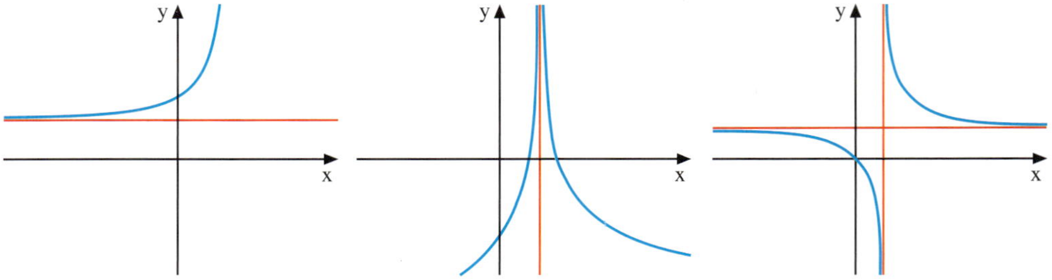

waagerechte Asymptote | senkrechte Asymptote | waagerechte und senkrechte Asymptote

Hat eine Funktion f für $x \to \infty$ den Grenzwert a, so ist die Gerade mit der Gleichung $y = a$ eine Asymptote der Funktion für $x \to \infty$.

Übungsaufgaben

3. Milch mit einer Temperatur von 6 °C wird aus dem Kühlschrank genommen und in einen 25 °C warmen Raum gestellt. Pro Minute erwärmt sich die Milch um 16 % der Temperaturdifferenz zur Umgebungstemperatur.

a) Gib eine Folge an, die den Wachstumsprozess der Temperatur der Milch beschreibt. Bestimme auch eine explizite Formel für diese Folge.

b) Stelle den Temperaturverlauf grafisch dar.

c) Von welchem Zeitpunkt an ist die Milch wärmer als
(1) 23 °C, (2) 24 °C, (3) 24,9 °C, (4) 24,99 °C?

Abstand ist nie negativ!

4. Untersuche die Folgen mithilfe eines GTR. Bestimme die ersten 20 Folgenglieder und zeichne den Graphen der Folge. Untersuche, ob die Folge einen Grenzwert hat.
Falls ja, bestimme die Platznummer, ab der der Abstand der Folgenglieder zum Grenzwert kleiner als 0,000001 ist.

a) $a(n) = 3 - \frac{1}{n}$ **c)** $a(n) = 7 - \left(\frac{1}{2}\right)^n$ **e)** $a(n) = \frac{1}{n} \cdot (1 - (-1)^n)$ **g)** $a(n) = 2$

b) $a(n) = 3 - n$ **d)** $a(n) = \frac{n^2 + 1}{n}$ **f)** $a(n) = 2 + \frac{(-1)^n}{10^n}$ **h)** $a(n) = -2$

5. Kontrolliere die Aufgaben von Tilman. Begründe deine Anmerkungen.

$a(n) = (-1)^n + \frac{1}{n}$ Die Werte nähern sich sowohl 1 als auch −1 an. Die Folge hat zwei Grenzwerte.

$b(n) = 2$ Die Folge hat keinen Grenzwert, da die Folgenglieder sich keinem Wert annähern, sondern stets gleich sind.

$c(n) = \frac{2n+1}{3n} = \frac{2}{3} + \frac{1}{3n} \to \frac{2}{3}$ für $n \to \infty$, also Grenzwert $\frac{2}{3}$.

6. Gib den Grenzwert der Folge an.

a) $a(n) = 1 + \frac{1}{n}$ **c)** $a(n) = \frac{-7}{n^2}$ **e)** $a(n) = 5 \cdot \left(\frac{1}{2}\right)^{n-1}$ **g)** $a(n) = \frac{n+1}{n}$

b) $a(n) = 7 - \frac{1}{n^2}$ **d)** $a(n) = -8 + \left(\frac{1}{10}\right)^n$ **f)** $a(n) = \frac{1}{n+1}$ **h)** $a(n) = \sin(n \cdot \pi)$

7. Gib drei verschiedene Folgen a(n), b(n) und c(n) mit dem Grenzwert 4 an. Zeichne den Graphen mit dem GTR. Die Folgen sollen außerdem folgende Eigenschaften erfüllen:
(1) Für alle n gilt: $a(n) < a(n+1)$
(2) Für alle n gilt: $b(n) > b(n+1)$
(3) Für alle geraden n gilt: $c(n) < 4$
Für alle ungeraden n gilt: $c(n) > 4$

8. Versuche herauszufinden, ob die Folge konvergent ist. Wie heißt dann der Grenzwert?

a) $a(n) = (1 - (-1)^n) \cdot \frac{1}{n}$ **d)** $a(n) = (1 + (-1)^{n+1}) \cdot n$ **g)** $a(n) = \frac{16}{2^{n-1}}$

b) $a(n) = (1 + (-1)^{n+1}) \cdot \left(7 - \frac{1}{n}\right)$ **e)** $a(n) = \frac{1}{n} + (1 + (-1)^n)$ **h)** $a(n) = n \cdot \cos n$

c) $a(n) = -6 + (n-1) \cdot 2$ **f)** $a(n) = \frac{1}{10^{n-1}} + 5$ **i)** $a(n) = \frac{\sin n}{n}$

9. Untersuche, ab welcher Stelle sich die Folgenglieder um weniger als
(1) 0,1; (2) 0,001; (3) 0,0000001 vom Grenzwert unterscheiden.

a) $a(n) = \frac{1}{\sqrt{n+1}}$ **b)** $b(n) = 2 + \frac{(-1)^n}{n+1}$ **c)** $c(n) = \frac{3n^2 - 1}{n^2}$

10. In einem begrenzten Gebiet können maximal 300 Feldhamster leben. Am Anfang sind nur 10 Hamster vorhanden. Von Jahr zu Jahr nimmt der Bestand an Hamstern um 10 % des Unterschiedes zwischen 300 und dem vorherigen Bestand zu.
Beschreibe das Wachstum der Hamsterpopulation mithilfe einer Folge. Stelle das Wachstum auch grafisch dar. Wann erreicht die Population erstmals eine Größe von 250 Tieren?

11. Untersuche, ob die Funktion einen Grenzwert für $x \to \infty$ hat.

a) $f(x) = \frac{1}{x}$ **b)** $f(x) = 0{,}7^x$ **c)** $f(x) = \frac{3}{x^2}$ **d)** $f(x) = \frac{x^2+1}{x}$

12. Überlege eine Erklärung für den Begriff *Grenzwert einer Funktion für* $x \to -\infty$.

13. a) Zeichne den Graphen der Funktion f mit dem Term $f(x) = \left(\frac{2}{3}\right)^{x-2} + 3$. Beschreibe die Eigenschaften des Graphen. Gibt es Geraden, an die der Graph sich anschmiegt? Begründe.

b) Betrachte allgemeiner Funktionen mit einem Term des Typs $f(x) = \left(\frac{2}{3}\right)^{x+a} + b$. Welche Eigenschaften weisen deren Graphen auf?

14. Untersuche folgende Funktionen auf Asymptoten.

a) $f(x) = 2^x - 3$ **c)** $f(x) = x^{-3} + 5$ **e)** $f(x) = (x+2)^{-1} + 4$ **g)** $f(x) = x^2$

b) $f(x) = 2^{x-3}$ **d)** $f(x) = (x-3)^5$ **f)** $f(x) = (x-3)^{-2} - 1$ **h)** $f(x) = x^{\frac{1}{2}}$

15. *Partnerarbeit*: Tauscht die Rollen nach jeder Teilaufgabe. Ein Partner nennt eine Funktion, deren Graph die angegebenen Asymptoten hat. Der andere kontrolliert durch Zeichnen mit dem GTR.

a) $y = 2,\ x = -1$ **c)** $y = 0,\ x = 4$ **e)** $y = 3,\ x = 0$ **g)** $y = 3$

b) $y = -3,\ x = -2$ **d)** $y = 0,\ x = -2$ **f)** $y = -2,\ x = 0$ **h)** $y = -2$

2.10 Aufgaben zur Vertiefung

1. **a)** Überprüfe die Behauptung in der Anzeige.

b) Welcher Zinssatz würde sich ergeben, wenn man sogar halbmonatlich verzinsen würde?

c) Welche Zinssätze ergäben sich für wöchentliche, tägliche, stündliche, minütliche bzw. sekündliche Verzinsung?

d) Kann man auf diese Weise einen beliebig hohen Zinssatz erreichen?

2. Berechne den Term $\frac{p \cdot \log 2}{\log\left(1 + \frac{p}{100}\right)}$ für verschiedene Werte von p.

a) Setze der Reihe nach $p = 1; 2; 3; \ldots; 10$.

b) Setze der Reihe nach $p = 20; 30; 40; \ldots; 100$.

Stelle einen Zusammenhang mit der Faustformel für die Verdopplungszeit her.

3. Die *Koch'sche Schneeflockenkurve* erhält man ausgehend von einem gleichseitigen Dreieck. Man drittelt die Seiten und setzt an das mittlere Drittel ein gleichseitiges Dreieck an. Man erhält ein Zwölfeck. Auch bei diesem drittelt man die Seiten und setzt wiederum gleichseitige Dreiecke an. Dieses Vorgehen wird von Figur zu Figur wiederholt.

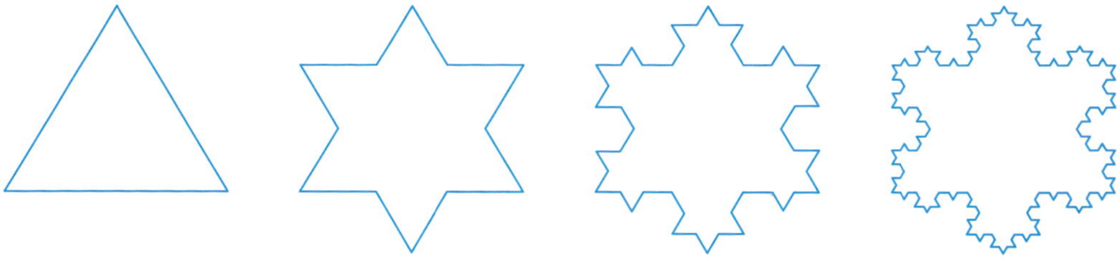

Betrachte ausgehend von einem gleichseitigen Dreieck der Seitenlänge 9 cm die Folge a(n) des Flächeninhalts sowie u(n) des Umfangs der n-ten Figur. Untersuche die Folgen auf Konvergenz.

4. Gib die Folge der Flächeninhalte und die Folge der Umfänge an. Haben diese Folgen einen Grenzwert?

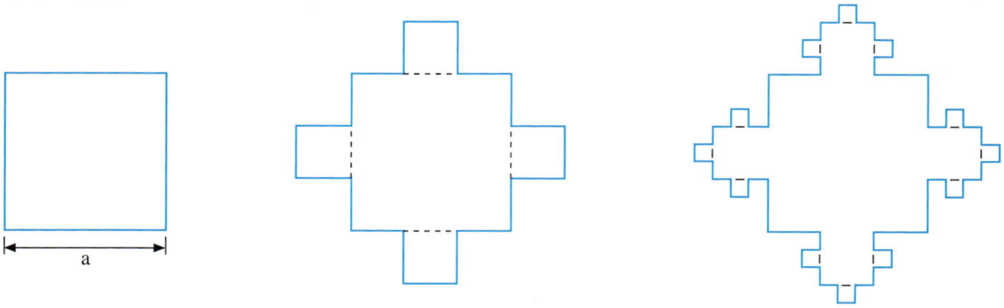

Bist du fit?

1. In der nebenstehenden Zeichnung sind die Graphen von Funktionen dargestellt. Kennzeichne eindeutig,

- für welche der folgenden Funktionen die Graphen angegeben sind,
- für welche der folgenden Funktionen keine Graphen angegeben sind,
- für welche der gezeichneten Graphen keine Funktionen angegeben sind.

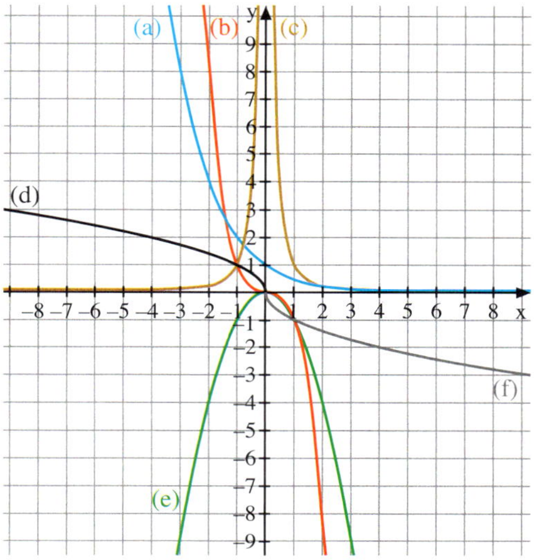

(1) $x \to x^2$
(2) $x \to x^{-2}$
(3) $x \to x^{-3}$
(4) $x \to 2^{-x}$
(5) $x \to -x^3$
(6) $x \to (-x)^2$
(7) $x \to (-x)^{\frac{1}{2}}$
(8) $x \to (-x)^3$
(9) $x \to x^{\frac{1}{2}}$
(10) $x \to 2^x$
(11) $x \to -(-x)^{\frac{1}{2}}$

2. Bestimme zu den gegebenen Funktionen f und g mit $f(x) = (x-4)^4 + 3$ und $g(x) = \frac{3}{(x+2)^5} - 2$ alle wichtigen Eigenschaften. Skizziere sie in ein gemeinsames Koordinatensystem.

3. **a)** Ein Anfangsbestand von 20 verdreifacht sich alle 7 Tage.
Wie groß ist der Bestand nach 5 Tagen?

b) Eine Substanz zerfällt so, dass nach jeweils einem Tag 10 % weniger als am Vortag vorhanden ist. Wie viel g sind nach 2 Wochen zu erwarten, wenn anfangs 30 g vorhanden waren?

4. Ermittle die Funktionsgleichungen zu den rechts gezeichneten Graphen von Exponentialfunktionen.

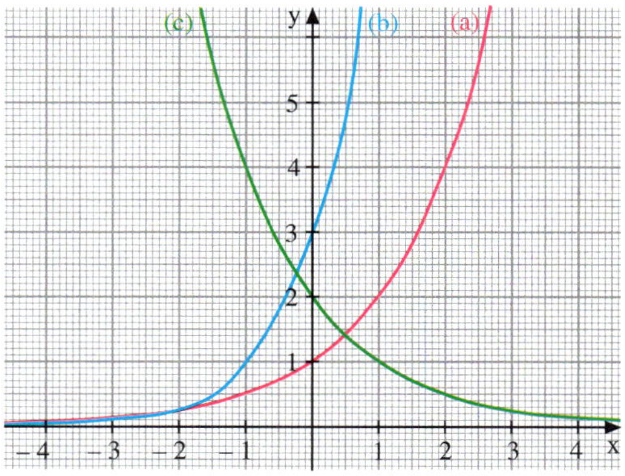

5. Bestimme folgende Logarithmen.

a) $\log_2(64)$ **c)** $\log_5(\sqrt{5})$ **e)** $\log_b(b^n)$

b) $\log_2\left(\frac{1}{4}\right)$ **d)** $\log_5\left(\sqrt[3]{25}\right)$ **f)** $\log_b(1)$

6. Bestimme die Lösungsmenge der Gleichung.

a) $2 \cdot 3^x = 4^x$ **c)** $2 \cdot 7^x = 4 \cdot 5^{x-1}$

b) $3 \cdot 4^{2x} = 5^{x-3}$ **d)** $2^{4x-3} \cdot 4^{2x+1} = 8^x$

7. Skizziere die Graphen der Funktionen zu $y = 3 \cdot 0{,}4^x$ und $y = 2 \cdot 1{,}3^x$. Bestimme die Koordinaten des Schnittpunktes auf Hundertstel genau.

8. Gib eine lineare Funktion, eine Exponentialfunktion und eine Potenzfunktion an, deren Graph durch die Punkte P(2|3) und Q(3|2) verläuft.
Welche Funktionswerte ergeben sich genau in der Mitte bei $x = 2{,}5$?

9. **a)** Wann wird bei Annahme gleich bleibender Wachstumsraten die Bevölkerung von Afrika die von Asien übertroffen haben?

b) Wann wird bei Annahme gleich bleibender Wachstumsraten die Bevölkerung von Lateinamerika die von Asien übertroffen haben?

	Bevölkerung 2006	Jährliche Wachstumsrate
Afrika	906 000 000	2,3 %
Asien	3 921 000 000	1,3 %
Lateinamerika	559 000 000	1,6 %

p.a.
Abkürzung für lateinisch pro anno, jährlich.

10. Ein Kunde erhält von einer Bank ein Darlehen von 8 000 € zu einem Zinssatz von 8,25 % p.a. Wie lange läuft das Darlehen, wenn der Kunde am Jahresende jährlich 1 150 € zurückzahlen kann? Wie hoch ist die letzte Rate?

11. Eine Gemeinde mit 5 000 Haushalten erhält die Möglichkeit zum DSL-Anschluss. Zu Beginn werden 200 Haushalte angeschlossen. Danach kommen monatlich 5 % der Differenz zu 5 000 hinzu. Zeichne einen Graphen. Wann sind 90 % aller Haushalte angeschlossen?

12. Bestimme die ersten 10 Glieder der Folge und gib eine explizite oder rekursive Vorschrift an.

a) 3; 5; 7; 9; 11; 13; … **b)** Folge der Vielfachen von 5

13. Gib die ersten 5 Folgenglieder an und beschreibe den weiteren Verlauf.

a) $a(n) = 7 - (0{,}5)^n$ **c)** $a(n) = 2n - 2^n$ **e)** $a(n) = (-0{,}5)^n \cdot (n-1) \cdot 0{,}25$

b) $a(n) = \left(0{,}75 + \frac{2}{n}\right) \cdot (-1)^n$ **d)** $a(n) = 2$ **f)** $a(n) = 0{,}25 \cdot (a(n-1) + 0{,}25)$ mit $a(0) = 0$

14. Gegeben ist die Folge a(n) durch $a(n) = 8 + \frac{5}{n}$.

a) Bestimme die ersten 5 Folgenglieder.

b) Bestimme das Folgenglied, ab dem der Abstand zu 8 kleiner als 0,001 ist.

15. Ein Patient hat Fieber mit 40 °C Körpertemperatur. Er erhält ein fiebersenkendes Mittel, das die Körpertemperatur nach Wirkungseintritt stündlich um 80 % der Differenz zur normalen Körpertemperatur von 36,8 °C erniedrigt. Ermittle den zeitlichen Verlauf der Körpertemperatur nach Wirkungseintritt des Medikaments.

16. Durch eine Tropfinfusion wird dem Blut eines Patienten pro Minute 1 mg eines Medikaments gleichmäßig zugeführt. Durch Ausscheidungsprozesse nimmt der Medikamentengehalt im Blut pro Minute um 1 % der aktuell vorhandenen Menge ab. Zu Beginn der Behandlung erhält der Patient eine Startdosis von 80 mg.
Die Folge a(n) gibt den Medikamentengehalt (in mg) in Abhängigkeit von der Zeit n (in min) an.

a) Erstelle eine rekursive Formel für die Folge.

b) Lasse den Graphen der Folge zeichnen; beschreibe ihn. Entnimm ihm eine Vermutung für den Grenzwert der Folge und begründe diese.

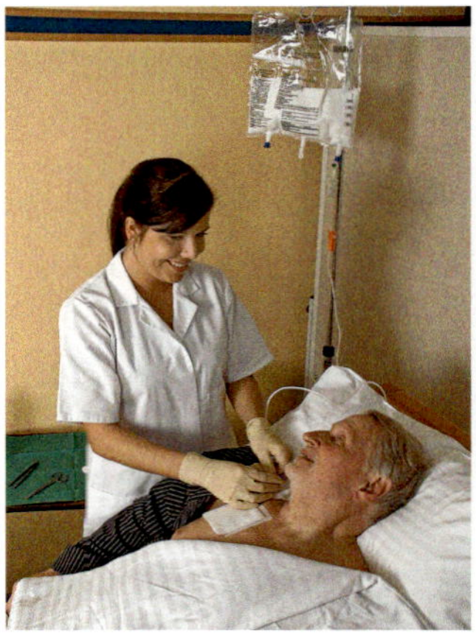

17. Untersuche die Funktion auf Asymptoten.

a) $f(x) = 0{,}3^x$ **b)** $f(x) = 2^x + 1$ **c)** $f(x) = 2 - \frac{3}{x}$ **d)** $f(x) = \frac{2}{x-1} + 3$

Bleib fit im ... Umgang mit der Trigonometrie

Zum Aufwärmen

1. Eine 3 m lange Leiter ist an eine Wand gelehnt, mit der sie einen Winkel von 31° bildet. Wie hoch reicht die Leiter an der Wand? Wie weit steht die Leiter von der Wand ab?

Zum Erinnern

(1) Berechnen von Dreiecken

In **rechtwinkligen Dreiecken** hängt das Verhältnis zweier Seitenlängen nicht von der Größe des Dreiecks ab, sondern nur von den Größen der beiden spitzen Winkel.
Die folgenden Verhältnisse haben bestimmte Namen erhalten.

Sinus eines Winkels = $\frac{\text{Länge der Gegenkathete des Winkels}}{\text{Länge der Hypotenuse}}$

Kosinus eines Winkels = $\frac{\text{Länge der Ankathete des Winkels}}{\text{Länge der Hypotenuse}}$

Tangens eines Winkels = $\frac{\text{Länge der Gegenkathete des Winkels}}{\text{Länge der Ankathete des Winkels}}$

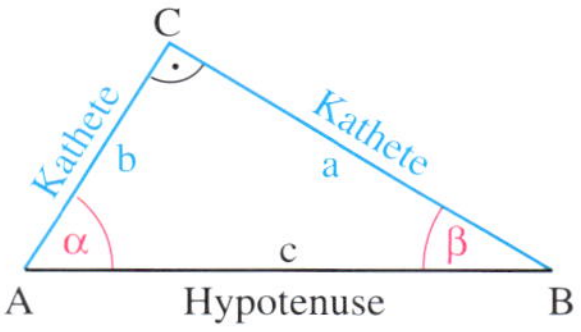

Beispiel: Für das Dreieck ABC mit $\gamma = 90°$ gilt: $\sin(\alpha) = \frac{a}{c}$; $\cos(\alpha) = \frac{b}{c}$; $\tan(\alpha) = \frac{a}{b}$.

Ein **beliebiges Dreieck** kann man durch Einzeichnen einer geeigneten Höhe in rechtwinklige Bereiche zerlegen oder zu einem rechtwinkligen Dreieck ergänzen.

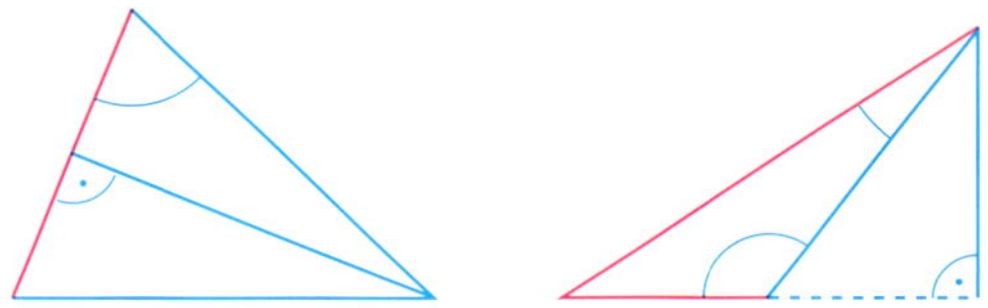

(2) Sinus- und Kosinuskurve

Definition

Gegeben ist ein beliebiger Winkel α mit dem Scheitelpunkt im Koordinatenursprung und dem 1. Schenkel auf (dem positiven Teil) der Rechtsachse des Koordinatensystems. Der 2. Schenkel schneidet den Einheitskreis in einem Punkt $P_\alpha(u|v)$. Für die Koordinaten von P_α gilt dann für jeden beliebigen Winkel α:

$\mathbf{v = \sin(\alpha); \quad u = \cos(\alpha)}$

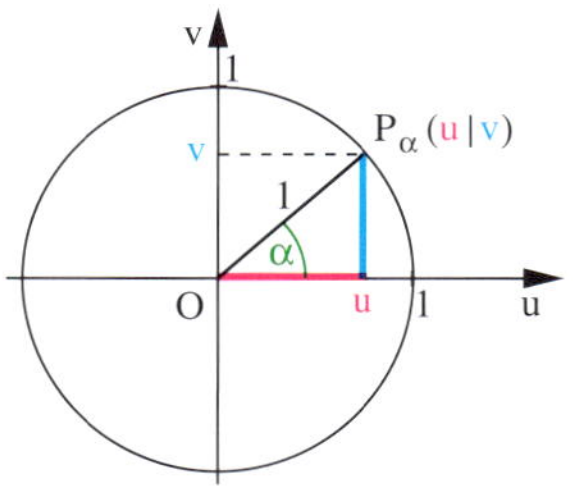

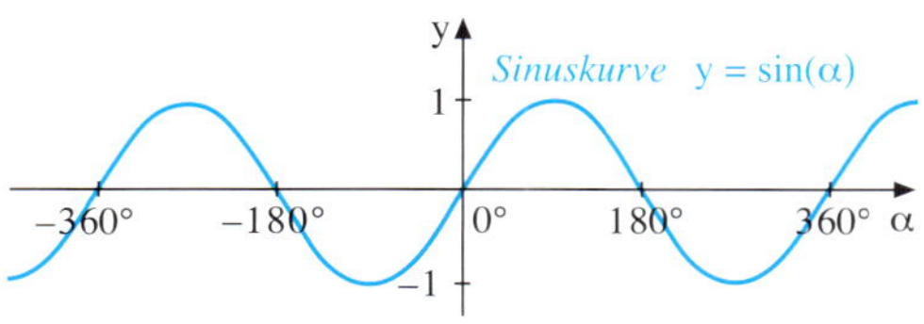

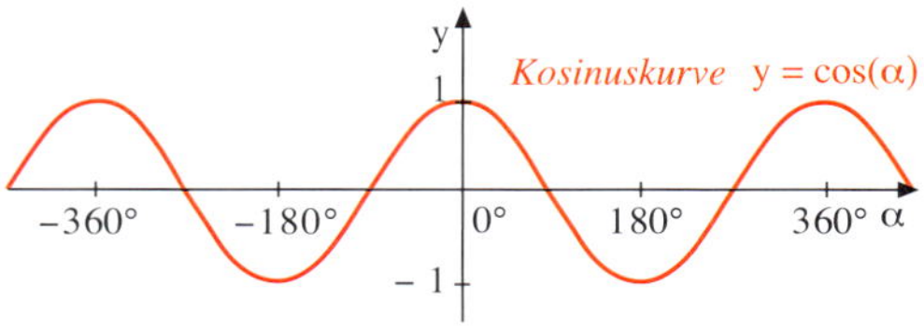

Zum Trainieren

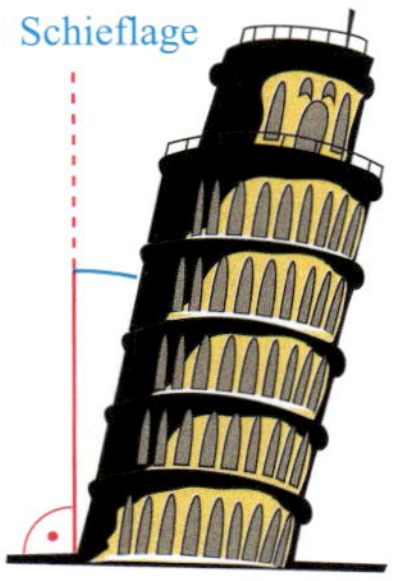

2. Im Internet findet man folgende Daten für die schiefen Türme der Welt:

Schiefer Turm von Pisa in Italien:
54 m hoch, Schieflage 4,43°, Durchmesser 12 m

Kirchturm in Suurhausen in Ostfriesland:
Höhe 27,37 m: Überhang am Dachfirst 2,47 m,
Fläche 11 m x 11 m.

a) Welcher Turm weist eine größere Schieflage auf?

b) Berechne den Unterschied der beiden Längen des Kirchturms in Suurhausen vom Boden bis zum Dachfirst.

3. a) Ein Gebäude wird von einem erhöht liegendem Punkt angepeilt. Die Sehwinkel werden gemessen.
Wie hoch ist das Gebäude?

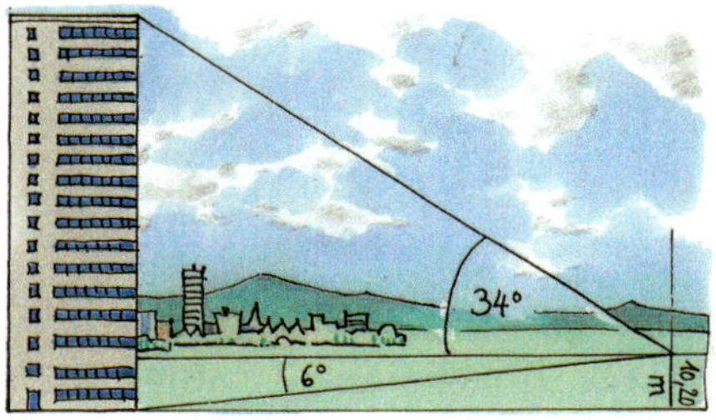

b) Das Gebäude ist insgesamt 11 m hoch. Unter welchen Winkeln sind die Dachsparren geneigt?
Wie lang ist der andere Dachsparren?

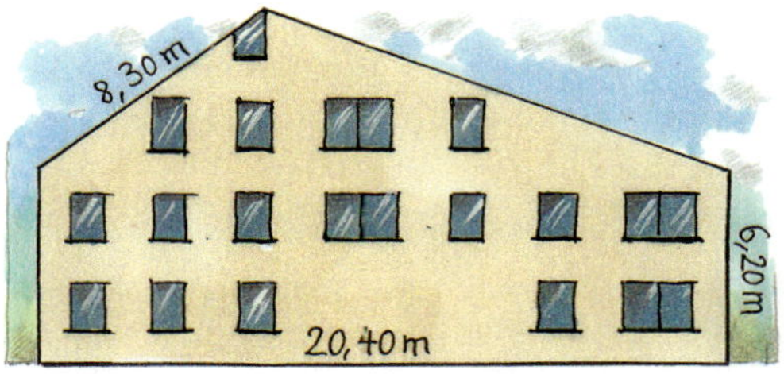

4. Berechne die fehlenden Längen in dem Dreieck ABC.

a)

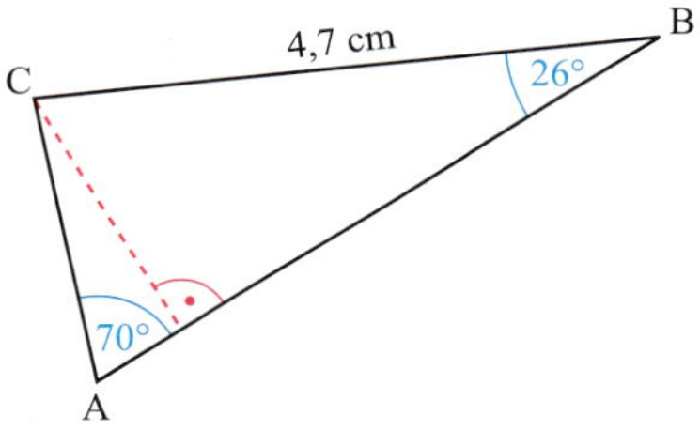

b)

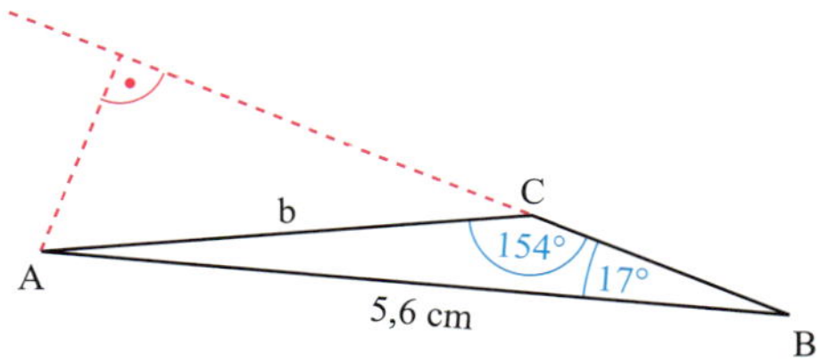

5. Eine quadratische Pyramide mit einer Seitenlänge von 20 m hat 16 m lange Seitenkanten. Berechne den Winkel, den die Seitenkanten mit der Grundfläche bilden, und den Winkel, den die Seitenflächen mit der Grundfläche bilden.

6. Berechne alle Innenwinkel des Dreiecks ABC mit $A(2|0)$, $B(4|3)$ und $C(3|5)$.

7. Nenne Winkel zwischen $-360°$ und $+360°$, für die gilt:

a) $\sin(\alpha) = 0$ **b)** $\cos(\alpha) = -1$ **c)** $\sin(\alpha) = 1$

8. Gib Eigenschaften der Sinus- und Kosinuskurve an.

3. MODELLIEREN PERIODISCHER VORGÄNGE

In der Natur und im Alltag gibt es Vorgänge mit Wiederholungen. Der regelmäßige Herzschlag wird durch eine Folge elektrischer Impulse gesteuert. Mit Elektroden, die man an verschiedenen Körperstellen anbringt, kann man diese Ströme aufzeichnen. Ein solches Diagramm nennt man Elektrokardiogramm oder kurz EKG. Dieses ist oft sehr nützlich für die Diagnose von Herz-Kreislauf-Erkrankungen.

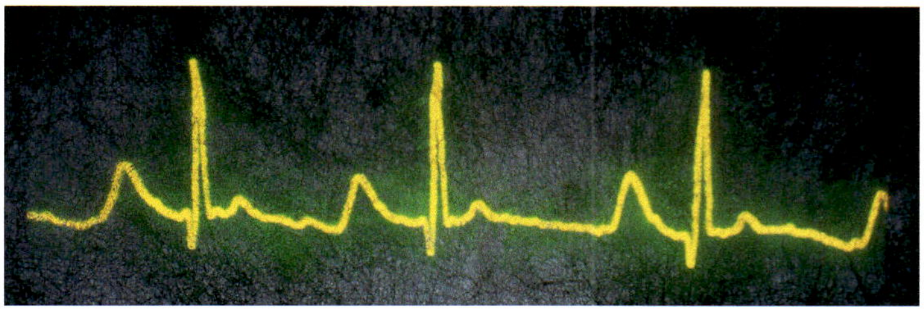

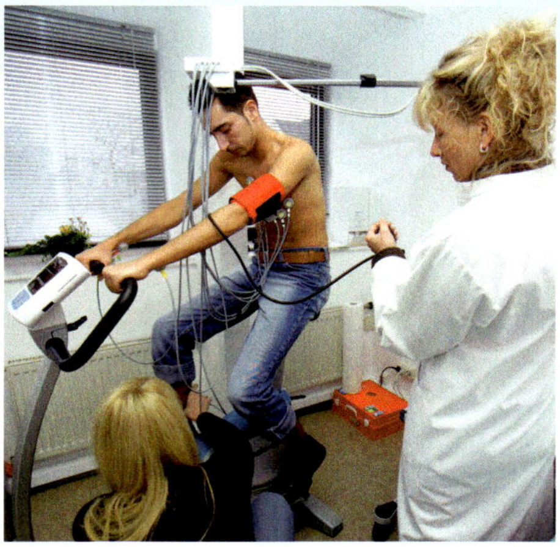

In Hammerfest, der nördlichsten Stadt Europas, scheint die Sonne vom 13. Mai bis zum 29. Juli Tag und Nacht. Selbst bei Mitternacht sehen die Menschen in der Polarregion die so genannte „Mitternachtssonne“. Im unteren Fotomosaik wurde der Stand der Sonne über dem Horizont in stündlichen Abständen fotografiert.

Auf Jahrmärkten gibt es Karussells, deren Gondeln sich drehen und zugleich auf- und abwärts bewegen.

- Bei diesen drei Vorgängen gibt es jeweils eine Größe, deren Werte sich in Abhängigkeit von der Zeit regelmäßig wiederholen. Gib an, um welche Größe es sich jeweils handelt. Nenne Gemeinsamkeiten und Unterschiede.

In diesem Kapitel wollen wir Vorgänge, bei denen es nach bestimmten Zeitabschnitten Wiederholungen gibt, mathematisch beschreiben. Damit sind dann Vorhersagen für den weiteren Verlauf möglich.

3.1 Sinus- und Kosinusfunktion mit ℝ als Definitionsmenge

3.1.1 Bogenmaß eines Winkels

Bislang haben wir die Größe von Winkeln im Gradmaß in der Einheit ° gemessen. Jetzt soll die Größe von Winkeln mithilfe reeller Zahlen angegeben werden.

Aufgabe 1

Berechnen der Größe eines Winkels aus der Bogenlänge

Ein Schweißroboter soll für das Herstellen zweier kreisförmiger Schweißnähte programmiert werden. Die Schweißnähte sollen dabei auf Kreisbögen mit den Radien $r_1 = 1$ m und $r_2 = 1{,}5$ m liegen und eine Bogenlänge von $b_1 = 0{,}48$ m bzw. $b_2 = 0{,}72$ m haben.
Welcher Drehwinkel muss für den Roboterarm jeweils programmiert werden?

Lösung

Für die zu einer Kreisbogenlänge b_α gehörende Winkelgröße α gilt:

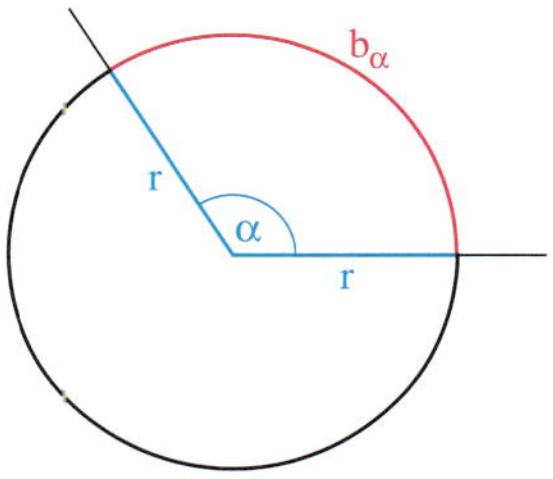

$$b_\alpha = 2\pi r \cdot \frac{\alpha}{360°}, \quad \text{also:} \quad \alpha = \frac{b_\alpha \cdot 360°}{2\pi r} = \frac{b_\alpha \cdot 180°}{\pi r}$$

Damit folgt:

$$\alpha_1 = \frac{0{,}48 \text{ m} \cdot 180°}{\pi \cdot 1 \text{ m}} = 27{,}50\ldots° \approx 27{,}5° \quad \text{und}$$

$$\alpha_2 = \frac{0{,}72 \text{ m} \cdot 180°}{\pi \cdot 1{,}5 \text{ m}} = 27{,}50\ldots° \approx 27{,}5°$$

Information

Größen kann man in verschiedenen Einheiten messen:
Länge: Meter ⟷ inch
Temperatur: Grad Celsius ⟷ Grad Fahrenheit
Winkel: Gradmaß ⟷ Bogenmaß

Bogenmaß eines Winkels

In Aufgabe 1 haben wir beide Male als Winkelgröße 27,5° erhalten. Dies liegt daran, dass der Radius r_2 genau 1,5-mal so groß wie der Radius r_1 und auch die Bogenlänge b_2 genau 1,5-mal so groß wie die Bogenlänge b_1 ist. Formt man die Formel $\alpha = \frac{b_\alpha \cdot 180°}{\pi r}$ um in $\frac{b_\alpha}{r} = \alpha \cdot \frac{\pi}{180°}$, so sieht man, dass das Verhältnis $\frac{b_\alpha}{r}$ aus Bogenlänge b_α und Radius r nur von der Winkelgröße α abhängt, denn π und 180° sind Konstanten.
Das Verhältnis $\frac{b_\alpha}{r}$ können wir daher auch dazu verwenden, um die Größe eines Winkels anzugeben. Man nennt es das *Bogenmaß* des Winkels α. Das Bogenmaß eines Winkels ist eine reelle Zahl. Bisher haben wir die Größe eines Winkels in der Einheit Grad angegeben, also im so genannten Gradmaß. Mit der Formel $\frac{b_\alpha}{r} = \alpha \cdot \frac{\pi}{180°}$ können wir jede Winkelgröße, die im Gradmaß angegeben ist, in das Bogenmaß umrechnen und umgekehrt.

Definition

Das Verhältnis $\frac{b_\alpha}{r}$ aus der Länge b_α des Kreisbogens und dem Radius r heißt das **Bogenmaß** des Winkels α.

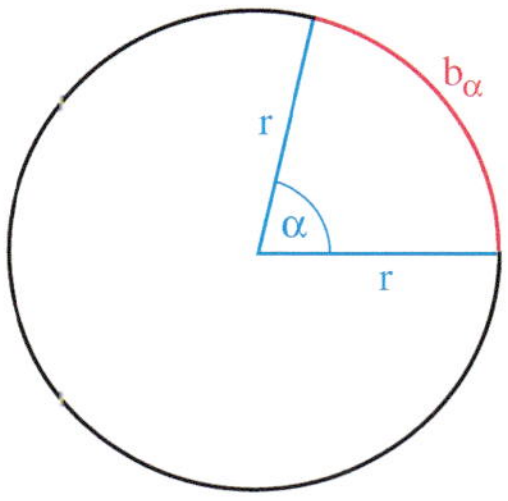

Das Bogenmaß ist eine reelle Zahl!

Satz

(1) Zu dem Gradmaß α eines Winkels gehört das Bogenmaß $x = \alpha \cdot \frac{\pi}{180^\circ}$.

(2) Zu dem Bogenmaß x eines Winkels gehört das Gradmaß $\alpha = x \cdot \frac{180^\circ}{\pi}$.

Beispiele: (1) $\alpha = 152^\circ$

$x = \alpha \cdot \frac{\pi}{180^\circ} = 152^\circ \cdot \frac{\pi}{180^\circ} \approx 2{,}65$

(2) $x = 5{,}1$

$\alpha = x \cdot \frac{\pi}{180^\circ} = 5{,}1 \cdot \frac{\pi}{180^\circ} \approx 292{,}2^\circ$

Aufgabe 2

Umrechnen vom Gradmaß in das Bogenmaß

Gib für −90°, 0°, 30°, 45°, 60°, 90°, 180°, 270°, 360° und 720° den Zusammenhang zwischen Gradmaß und Bogenmaß an.

Lösung

Du könntest das Gradmaß für jede einzelne Winkelgröße mithilfe der Formel $x = \alpha \cdot \frac{\pi}{180^\circ}$ berechnen. Einfacher ist jedoch folgendes Vorgehen:
Zu dem Gradmaß $\alpha = 360^\circ$ eines Winkels gehört das Bogenmaß $x = 2\pi$, zu dem Gradmaß 180° gehört das Bogenmaß π, … Die weiteren Werte für das Bogenmaß ergeben sich aus der Tatsache, dass die Zuordnung zwischen Gradmaß und Bogenmaß proportional ist.

Gradmaß	−90°	0°	30°	45°	60°	90°	180°	270°	360°	720°
Bogenmaß	$-\frac{\pi}{2}$	0	$\frac{\pi}{6}$	$\frac{\pi}{4}$	$\frac{\pi}{3}$	$\frac{\pi}{2}$	π	$\frac{3}{2}\pi$	2π	4π

360° entspricht 2π

Information

Verschiedene Winkelmaße beim Taschenrechner

Der Taschenrechner kann neben dem Gradmaß auch das Bogenmaß für Berechnungen verwenden. Dazu muss er aber auf das Bogenmaß umgeschaltet werden.
Für das Gradmaß wird auch die Abkürzung DEG (Degree) und für das Bogenmaß die Abkürzung RAD (Radiant) verwandt.
Auch Tabellenkalkulationsprogramme verwenden das Bogenmaß für Winkelgrößen.

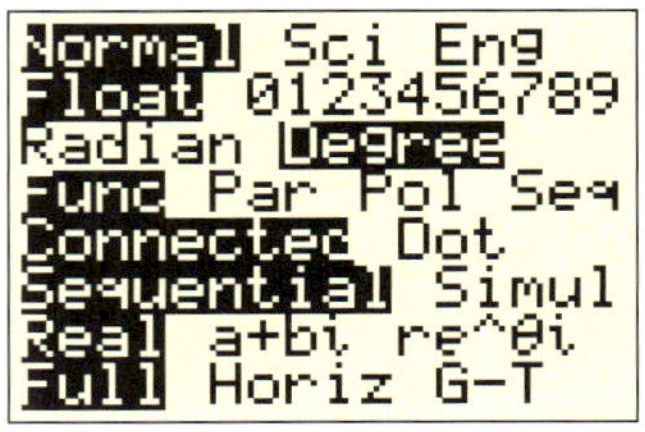

Übungsaufgaben

3. Zur Kontrolle des Winkels einer neu gebauten Diskuswurf-Anlage wird sowohl der Bogen auf dem Wurfkreis gemessen als auch auf der des 50 m-Weitenkreises im Wurfsektor: 0,87 m bzw. 28,50 m.
Überlege, warum es leichter ist, diese Größen statt der Winkelgröße direkt zu messen. Berechne dann die Größe des Winkels.

SPORTINFO

Diskuswerfen

Der Diskus ist eine mit Metall eingefasste Hartholz- oder Metallscheibe, die aus einem Wurfkreis mit 2,50 Meter Durchmesser in das gekennzeichnete Wurffeld geworfen wird.
Der Wurfkreis wird durch eine Metallumrandung oder eine weiße Linie markiert. Vom Mittelpunkt des Kreises führen in einem 40-Grad-Winkel zwei gerade Linien nach vorne und begrenzen somit einen Sektor, in dem alle gültigen Würfe landen müssen. Die Messung der Würfe erfolgt auf einer geraden Linie durch den Kreismittelpunkt von der Auftreffstelle zur Innenkante der Kreisumrandung.

4. Gegeben sind Winkelgrößen im Gradmaß. Berechne jeweils das zugehörige Bogenmaß.

a) 37°; 109°; 348°; 258°; 17,5°; 339,8°; 127,1° **b)** –55°; 456°; –125°; –518°; –256,8°

5. Gegeben sind Winkelgrößen im Bogenmaß. Berechne jeweils das zugehörige Gradmaß.

a) 2,67; 5,14; 0,5; –3,25; 23,6; –1,3; 20,4 **b)** $\frac{3}{2}\pi$; $\frac{\pi}{4}$; $\frac{5}{4}\pi$; $-\frac{7}{4}\pi$; $-\frac{3}{8}\pi$; $-\frac{5}{8}\pi$; $\frac{7}{8}\pi$; $-\frac{\pi}{6}$

6. Rechne jeweils in das andere Winkelmaß um, gerundet auf Zehntel.

a) 17°; 3,4; 2,7; 93°; –93; 1,9° **b)** 1°; 1; –1; –1°; π; π°

7. *Partnerarbeit:* Lasse dir von deinem Partner einen Winkel im Bogenmaß bzw. im Gradmaß sagen. Schätze den Winkel im anderen Maß. Dein Partner berechnet den Wert zur Kontrolle. Tauscht die Rollen nach jeder Aufgabe.

3.1.2 Definition der Sinus- und Kosinusfunktion

Aufgabe 1

Die Sinusfunktion und die Kosinusfunktion können auch für Winkelgrößen im Bogenmaß definiert werden. In der grafischen Darstellung wird das Gradmaß an der Rechtsachse durch das Bogenmaß ersetzt. Die Werte an der Rechtsachse sind dann reelle Zahlen.

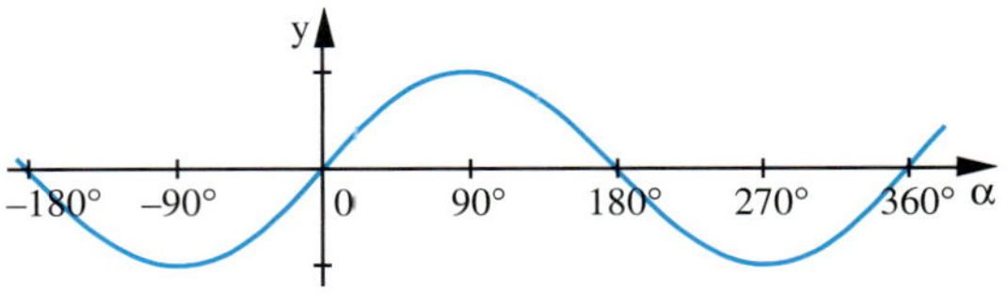

a) Zeichne den Graphen der Sinusfunktion für Winkelgrößen im Bogenmaß und gib an der Rechtsachse zusätzlich die Werte für das Gradmaß an.

b) Lies am Graphen die Funktionswerte für sin (0,5); sin (1); sin (2,5); $\sin\left(\frac{\pi}{2}\right)$ und sin (π) ab.

c) Zeichne entsprechend zu Teilaufgabe a) auch den Graphen der Kosinusfunktion.

Lösung

a) Mithilfe einer Wertetabelle erhalten wir den Graphen:

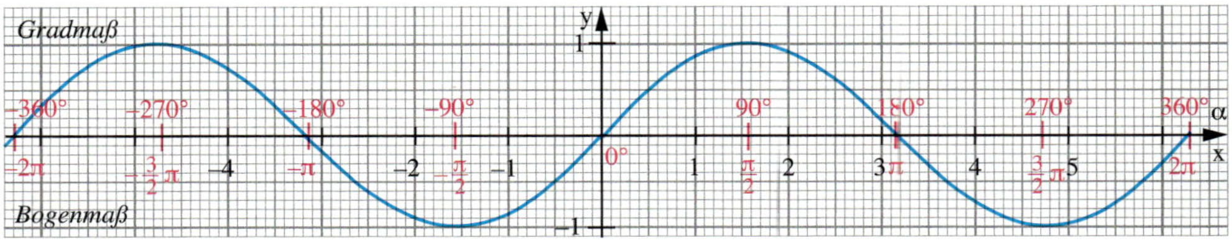

b) Unter Berücksichtigung der Ablesegenauigkeit ergibt sich:

sin (0,5) ≈ 0,5; sin (1) ≈ 0,8; sin (2,5) ≈ 0,6; $\sin\left(\frac{\pi}{2}\right) = 1$; sin (π) = 0

c) Mithilfe einer Wertetabelle erhalten wir den Graphen:

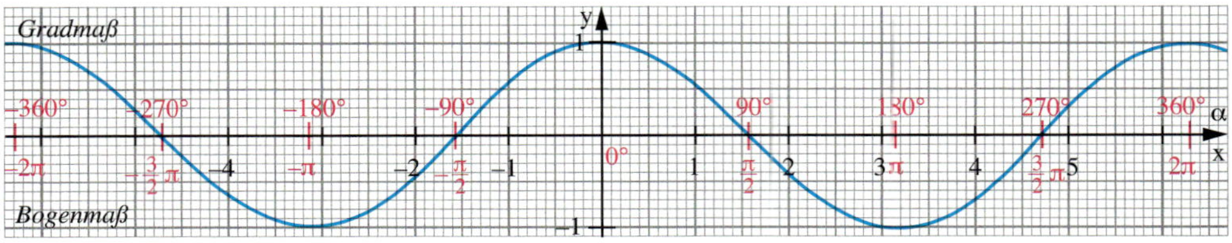

Information

Definition

Die Funktion mit der Gleichung $y = \sin(x)$ und ℝ (bzw. einer Teilmenge von ℝ) als Definitionsmenge heißt **Sinusfunktion.** Ihr Graph heißt auch *Sinuskurve.*
Die Funktion mit der Gleichung $y = \cos(x)$ und ℝ (bzw. einer Teilmenge von ℝ) als Definitionsmenge heißt **Kosinusfunktion.** Ihr Graph heißt auch *Kosinuskurve.*

Graph der Sinusfunktion:

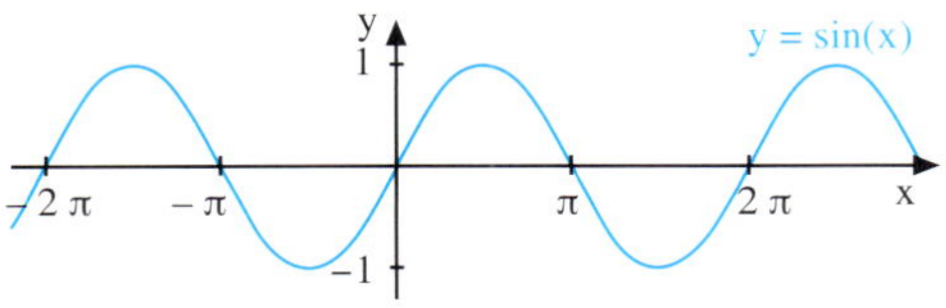

Graph der Kosinusfunktion:

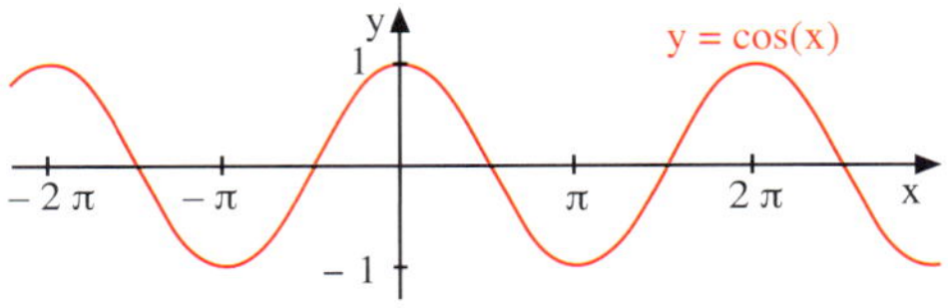

Die Wertemenge ist jeweils die Menge aller reellen Zahlen y, für die gilt: $-1 \le y \le 1$.

Satz

Die Sinus- und die Kosinusfunktion sind periodische Funktionen mit der Periode 2π:
$\mathbf{\sin(x + 2\pi) = \sin(x)}$ $\mathbf{\cos(x + 2\pi) = \cos(x)}$

Besondere Werte: $\sin(0) = 0$ $\sin\left(\frac{\pi}{2}\right) = 1$ $\sin(\pi) = 0$ $\sin\left(\frac{3}{2}\pi\right) = -1$ $\sin(2\pi) = 0$
$\cos(0) = 1$ $\cos\left(\frac{\pi}{2}\right) = 0$ $\cos(\pi) = -1$ $\cos\left(\frac{3}{2}\pi\right) = 0$ $\cos(2\pi) = 1$

Übungsaufgaben

2. **a)** Zeichne mit dem Rechner den Graphen der Funktion „Sinus“ und „Kosinus“ im Bogenmaß.
b) Begründe, dass der angezeigte Graph in beiden Fällen der Graph einer Funktion ist.
c) Erläutere den Verlauf des Graphen jeweils mithilfe der Definition am Einheitskreis.

3. Gerrit hat versucht, den Graphen der Sinusfunktion mit seinem Rechner zu zeichnen. Welchen Fehler hat er gemacht?

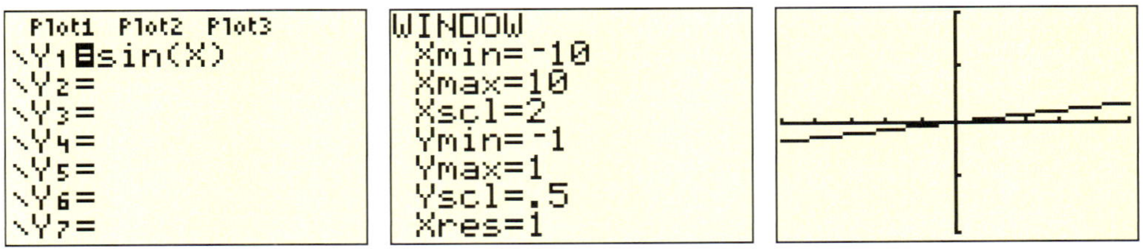

4. Zeichne den Graphen der Sinusfunktion und verdeutliche daran die folgenden Funktionswerte.
(1) $\sin(\pi)$ (2) $\sin(\pi°)$ (3) $\sin(15)$ (4) $\sin(15°)$ (5) $\sin(-1)$ (6) $\sin(-1°)$

5. Zeichne den Graphen der Funktion mit der angegebenen Gleichung im Bereich $-13 \le x \le 13$.
a) $y = 1 + \sin(x)$ **b)** $y = \frac{1}{2}x - \cos(x)$ **c)** $y = \sin(x) + \cos(x)$ **d)** $y = \frac{1}{10}x^2 - \cos(x)$

6. Zeichne den Graphen der Kosinusfunktion mit dem Rechner und untersuche, wie sich die verschiedenen Fenster, die man im Zoom-Menü wählen kann, auf die Darstellung des Graphen auswirken.

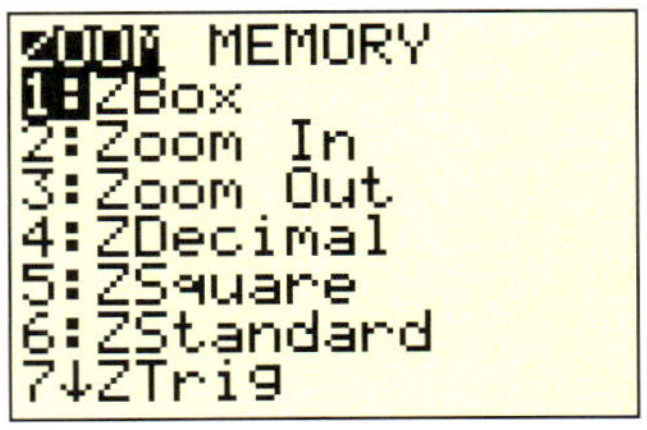

Verwende ZoomDec oder ZoomSqr für gleiche Einteilung auf beiden Achsen.

3.1.3 Eigenschaften der Sinus- und Kosinusfunktion

Aufgabe 1

a) Zeichne die Graphen der Sinus- und Kosinusfunktion und untersuche sie auf Symmetrie.

b) Gib die Nullstellen der beiden Funktionen an.

Lösung

a) (1) Wir können nur einen kleinen Ausschnitt des Graphen der Sinusfunktion zeichnen.

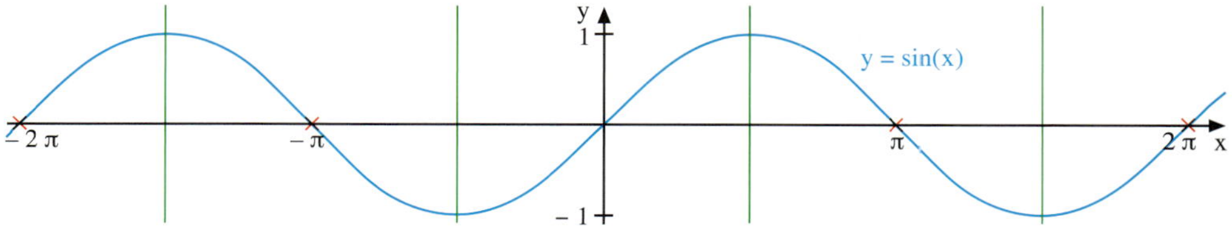

Die rot markierten Punkte sind Symmetriepunkte. Die grünen Geraden sind Symmetrieachsen.

(2) Auch vom Graphen der Kosinusfunktion können wir nur einen kleinen Ausschnitt zeichnen.

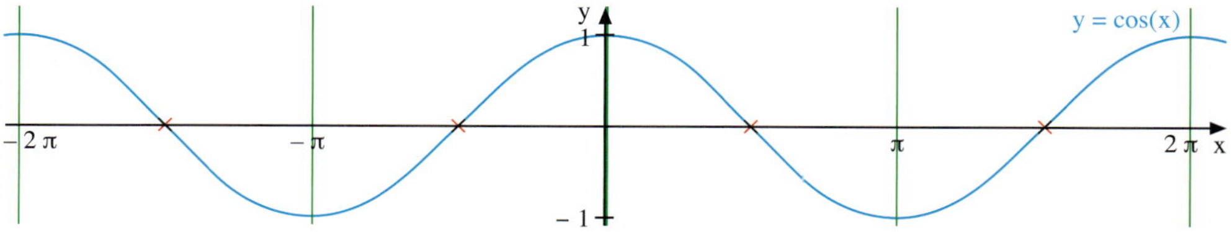

Die rot markierten Punkte sind Symmetriepunkte. Die grünen Geraden sind Symmetrieachsen.

Menge der ganzen Zahlen:
$\mathbb{Z} = \{..., -2, -1, 0, 1, 2, ...\}$

b) Die Sinusfunktion hat zwischen 0 und 2π die Nullstellen 0; π; 2π. Wegen der Periode 2π hat sie in $\mathbb{R}$ unendlich viele Nullstellen, z.B. -3π, -2π, $-\pi$, 0, π, 2π, 3π; allgemein $k \cdot \pi$ mit $k \in \mathbb{Z}$.
Auch die Kosinusfunktion hat unendlich viele Nullstellen, z.B. $-\frac{5}{2}\pi$, $-\frac{3}{2}\pi$, $-\frac{1}{2}\pi$, $\frac{1}{2}\pi$, $\frac{3}{2}\pi$, $\frac{5}{2}\pi$; allgemein $\frac{\pi}{2} + k \cdot \pi$ mit $k \in \mathbb{Z}$.

Information

(a) Der Graph der Sinusfunktion ist punktsymmetrisch zu allen Punkten, an denen der Graph die x-Achse schneidet, insbesondere auch zum Koordinatenursprung O.

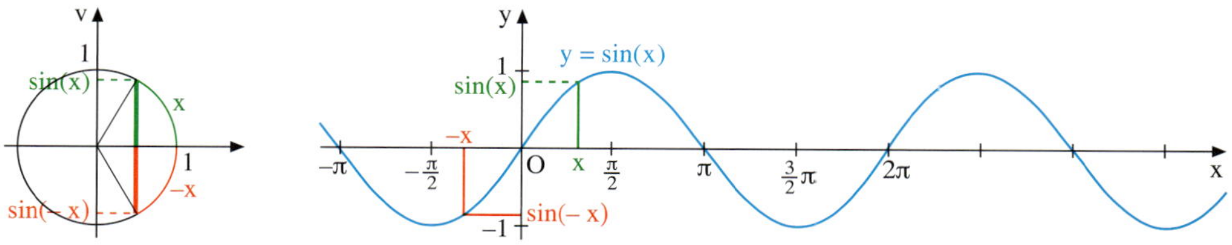

Bezüglich des Koordinatenursprungs O(0|0) gilt also: $\sin(-x) = -\sin(x)$

(b) Der Graph der Sinusfunktion ist achsensymmetrisch zu allen zur y-Achse parallelen Geraden, die durch einen Hoch- oder Tiefpunkt des Graphen verlaufen.

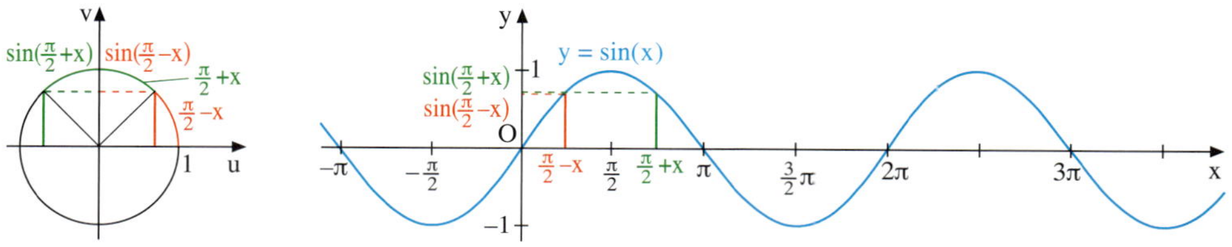

Bezüglich der Geraden durch den Hochpunkt $H\left(\frac{\pi}{2}\middle|1\right)$ gilt also: $\sin\left(\frac{\pi}{2} + x\right) = \sin\left(\frac{\pi}{2} - x\right)$

(c) Der Graph der Kosinusfunktion ist punktsymmetrisch zu allen Punkten, an denen der Graph die x-Achse schneidet.

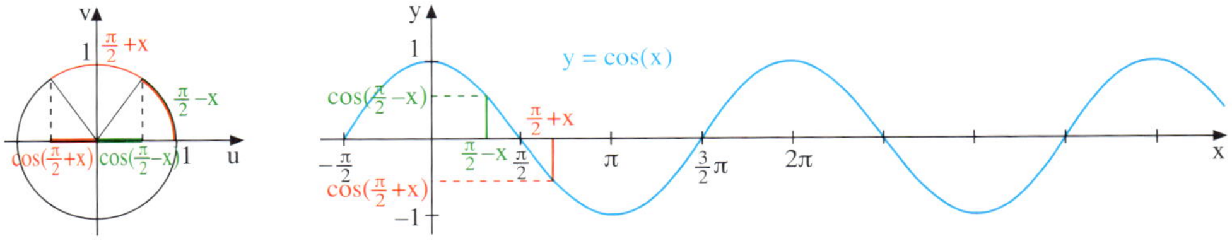

Bezüglich des Punktes $N\left(\frac{\pi}{2}\middle|0\right)$ gilt also beispielsweise: $\cos\left(\frac{\pi}{2}+x\right) = -\cos\left(\frac{\pi}{2}-x\right)$

(d) Der Graph der Kosinusfunktion ist achsensymmetrisch zu allen zur y-Achse parallelen Geraden, die durch einen Hoch- oder Tiefpunkt des Graphen verlaufen, insbesondere auch zur y-Achse.

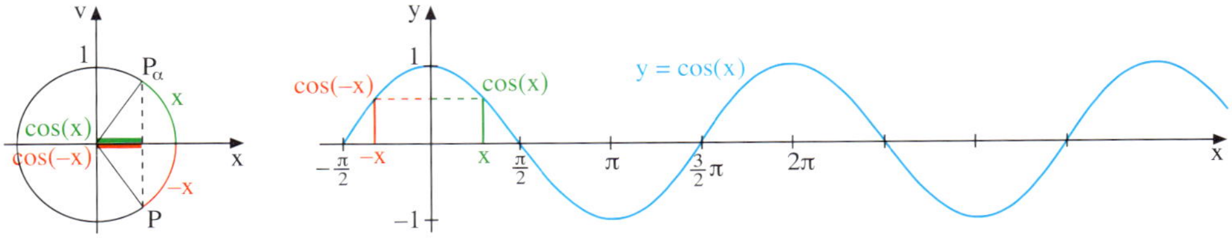

Bezüglich der y-Achse gilt also: $\cos(-x) = \cos(x)$

Satz

Sinus- und Kosinusfunktion haben punkt- und achsensymmetrische Graphen. Insbesondere gilt:

(1) Der Graph der Sinusfunktion ist punktsymmetrisch zum Koordinatenursprung.
Für alle Winkelgrößen x gilt: $\mathbf{\sin(-x) = -\sin(x)}$

(2) Der Graph der Kosinusfunktion ist achsensymmetrisch zur y-Achse.

Aufgabe 2

Bestimmen von Winkelgrößen zu vorgegebenen Sinus- und Kosinuswerten

a) Bestimme mithilfe des Rechners *eine* Winkelgröße x aus dem Bereich $0 \le x \le 2\pi$, für die gilt:
(1) $\sin(x) = 0{,}9$ (2) $\sin(x) = -0{,}8$ (3) $\cos(x) = 0{,}7$ (4) $\cos(x) = -0{,}5$

b) Zeichne die Graphen der Sinus- und Kosinusfunktion. Ermittle am Graphen alle weiteren Winkelgrößen aus dem Bereich $0 \le x \le 2\pi$ mit den Sinus- und Kosinuswerten aus Teilaufgabe a).

c) Bestimme alle Winkelgrößen $x \in \mathbb{R}$ mit den Sinus- und Kosinuswerten aus Teilaufgabe a).

Lösung

a) Mithilfe des Rechners erhalten wir Näherungswerte für die gesuchten Winkelgrößen, die wir auf Zehntel gerundet angeben:

(1) $x_1 = 1{,}1$

(2) $-0{,}9$ liegt nicht im Bereich $0 \le x \le 2\pi$. Da die Sinusfunktion die Periode 2π hat, gilt $\sin(x) = \sin(x + 2\pi)$.
Eine gesuchte Winkelgröße aus dem Bereich $0 \le x \le 2\pi$ ist daher: $x_1 = -0{,}9 + 2\pi \approx 5{,}4$

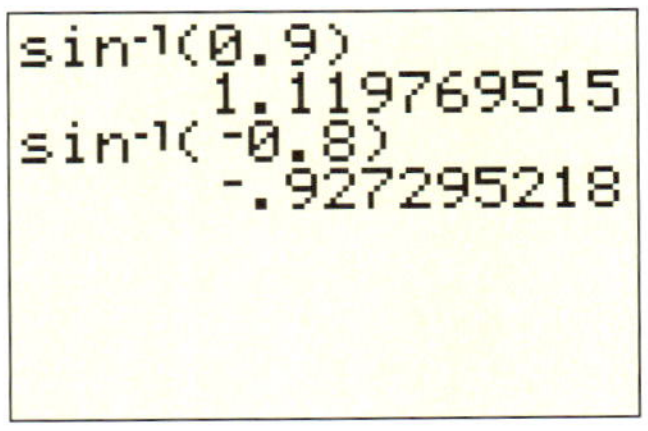

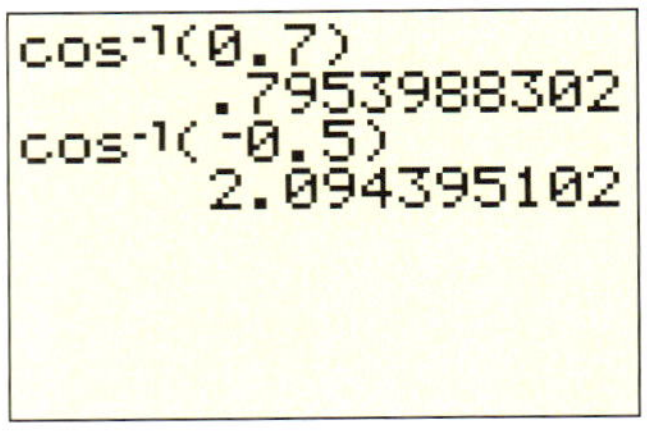

(3) $x_1 = 0{,}8$

(4) $x_1 = 2{,}1$

b) Weitere Werte erhalten wir mithilfe der Symmetrieeigenschaften der Graphen.

(1) Aus $\sin(\pi - x) = \sin(x)$ folgt $x_2 = \pi - 1{,}1 \approx 2{,}0$

(2) Aus $\sin(\pi + x) = \sin(2\pi - x)$ folgt $x_2 = \pi + 0{,}9 \approx 4{,}0$

(3) Aus $\cos(2\pi - x) = \cos(x)$ folgt $x_2 = 2\pi - 0{,}8 \approx 5{,}5$

(4) Aus $\cos(2\pi - x) = \cos(x)$ folgt $x_2 = 2\pi - 2{,}1 \approx 4{,}2$

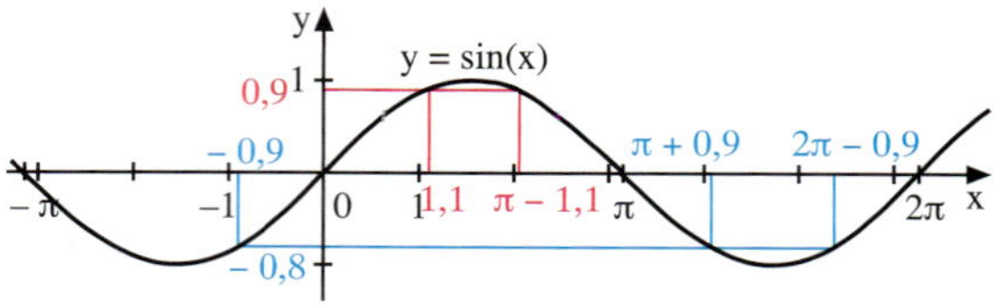

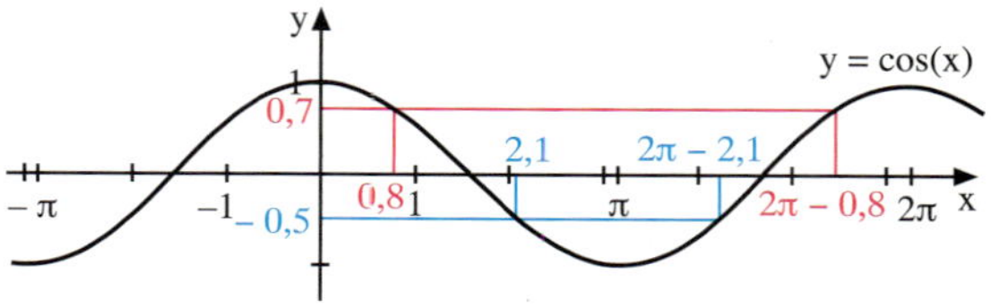

c) Da die Sinus- und Kosinusfunktion periodische Funktionen mit der Periode 2π sind, erhält man alle Lösungen, indem man zu den Lösungen im Bereich $0 \le x \le 2\pi$ ganzzahlige (auch negative) Vielfache von 2π addiert (siehe rechts).

Menge der ganzen Zahlen:
$\mathbb{Z} = \{..., -2, -1, 0, 1, 2, ...\}$

(1) $x = 1{,}1 + k \cdot 2\pi$	oder	$x = p - 1{,}1 + k \cdot 2\pi$
(2) $x = -0{,}9 + k \cdot 2\pi$	oder	$x = p + 0{,}9 + k \cdot 2\pi$
(3) $x = 0{,}8 + k \cdot 2\pi$	oder	$x = -0{,}8 + k \cdot 2\pi$
(4) $x = 2{,}1 + k \cdot 2\pi$	oder	$x = -2{,}1 + k \cdot 2\pi$

mit $k \in \mathbb{Z}$.

Übungsaufgaben

3. a) Rechts wurde mit dem Rechner der Sinuswert eines Winkels im Bogenmaß bestimmt und anschließend die zu diesem Sinuswert gehörende Winkelgröße berechnet. Nimm Stellung dazu.

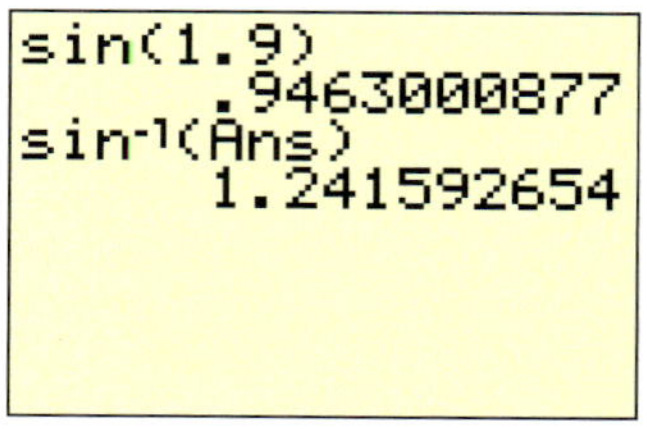

b) Bei welchen weiteren Winkelgrößen statt 4 ergibt sich für ihren Sinus ebenfalls $-0{,}7568024953$?

4. Bestimme alle Winkelgrößen aus dem Bereich $0 \le x \le 2\pi$ mit:

a) $\sin(x) = 0$ **b)** $\sin(x) = 0{,}71$ **c)** $\cos(x) = 0{,}5$ **d)** $\cos(x) = -1$ **e)** $\sin(x) = 2{,}5$

5. Bestimme alle $x \in \mathbb{R}$ mit:

a) $\cos(x) = 0{,}47$ **b)** $\sin(x) = -0{,}22$ **c)** $\sin(x) = 0{,}72$ **d)** $\cos(x) = -0{,}12$

6. Hier kannst du exakte Werte für x angeben. Begründe.

a) $\sin(x) = 1$ **c)** $\cos(x) = 0$ **e)** $\cos(x) = \frac{1}{2}$ **g)** $\cos(x) = -\frac{1}{2}\sqrt{2}$

b) $\sin(x) = 0$ **d)** $\cos(x) = -\sqrt{1}$ **f)** $\sin(x) = \frac{1}{2}$ **h)** $\cos(x) = -\frac{1}{2}\sqrt{3}$

7. Bestimme alle Stellen, an denen der größtmögliche [kleinstmögliche] Funktionswert angenommen wird, für

a) die Sinusfunktion; **b)** die Kosinusfunktion.

CAS

8. Rechts ist das Fenster eines CAS-Rechners abgebildet. Erläutere die Anzeige.

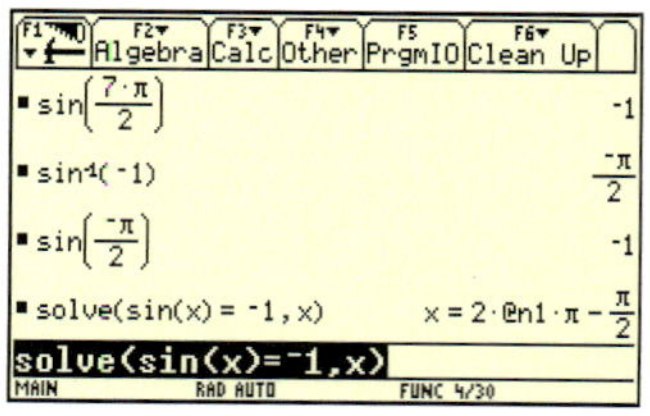

3.2 Strecken des Graphen der Sinus- und Kosinusfunktion

Die Bilder zeigen Bewegungen verschiedener auf- und abschwingender Federclowns. Es ergeben sich Graphen, die denen der Sinus- und Kosinusfunktion sehr ähnlich sind. Im Vergleich zur Sinusfunktion sind sie in Richtung der x- und y-Achse gestreckt oder gestaucht und in Richtung der x- und y-Achse verschoben. Solche Funktionen werden auch als *allgemeine Sinus- und Kosinusfunktionen* bezeichnet.

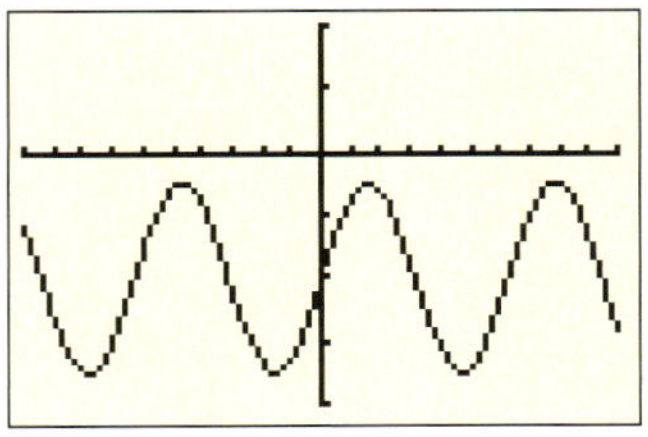

Aufgabe 1

Strecken parallel zur y-Achse

Zeichne den Graphen der Sinusfunktion mit $y = \sin(x)$ im Bereich $-2\pi \le x \le 2\pi$.

a) Strecke den Graphen der Sinusfunktion von der x-Achse aus parallel zur y-Achse mit dem Faktor 2. Erstelle auch die Funktionsgleichung der zugehörigen Funktion.

b) Strecke den Graphen der Sinusfunktion von der x-Achse aus parallel zur y-Achse mit dem Faktor $\frac{1}{2}$ und erstelle die Funktionsgleichung.

c) Vergleiche die gestreckten Graphen mit dem Graphen der Sinusfunktion.

Lösung

a) Das Strecken der Sinuskurve parallel zur y-Achse mit dem Faktor 2 bedeutet, dass die y-Koordinate jedes Punktes verdoppelt wird, während die x-Koordinate beibehalten wird.

Graph:

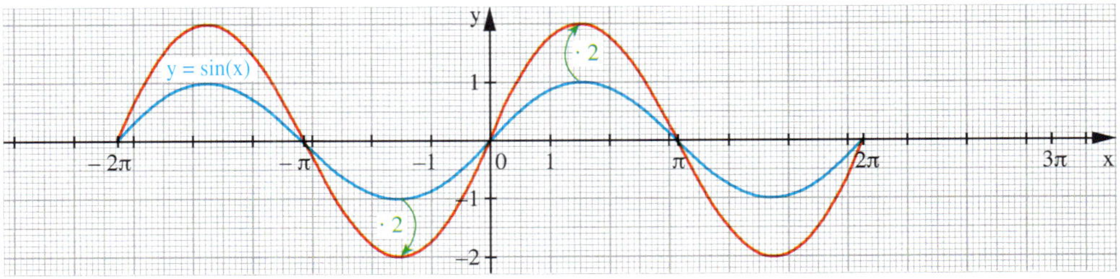

Wertetabelle (mit gerundeten Werten):

x	-2π	$-\frac{7}{4}\pi$	$-\frac{3}{2}\pi$	$-\frac{5}{4}\pi$	$-\pi$	$-\frac{3}{4}\pi$	$-\frac{\pi}{2}$	$-\frac{\pi}{4}$	0	$\frac{\pi}{4}$	$\frac{\pi}{2}$	$\frac{3}{4}\pi$	π	$\frac{5}{4}\pi$	$\frac{3}{2}\pi$	$\frac{7}{4}\pi$	2π
sin (x)	0	0,7	1	0,7	0	−0,7	−1	−0,7	0	0,7	1	0,7	0	−0,7	−1	−0,7	0
2 · sin (x)	0	1,4	2	1,4	0	−1,4	−2	−1,4	0	1,4	2	1,4	0	−1,4	−2	−1,4	0

· 2

Die Funktionsgleichung zum gestreckten Graphen lautet somit $y = 2 \cdot \sin(x)$.

b) Entsprechend wird beim Strecken des Graphen der Sinusfunktion von der x-Achse aus parallel zur y-Achse mit dem Faktor $\frac{1}{2}$ die y-Koordinate jedes Punktes mit dem Faktor $\frac{1}{2}$ multipliziert.

Graph:

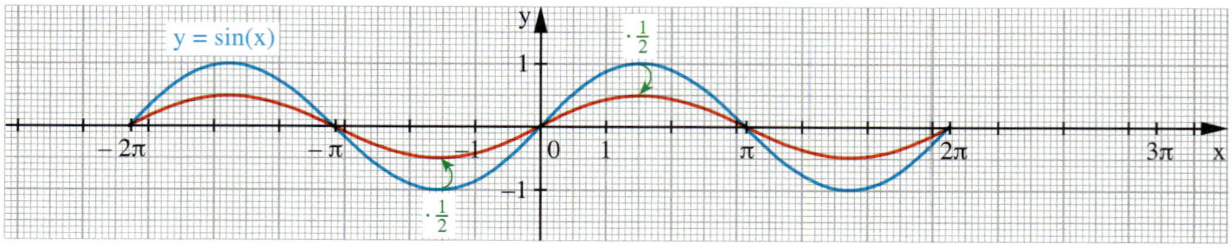

Wertetabelle (mit gerundeten Werten):

x	-2π	$-\frac{7}{4}\pi$	$-\frac{3}{2}\pi$	$-\frac{5}{4}\pi$	$-\pi$	$-\frac{3}{4}\pi$	$-\frac{\pi}{2}$	$-\frac{\pi}{4}$	0	$\frac{\pi}{4}$	$\frac{\pi}{2}$	$\frac{3}{4}\pi$	π	$\frac{5}{4}\pi$	$\frac{3}{2}\pi$	$\frac{7}{4}\pi$	2π
sin (x)	0	0,7	1	0,7	0	−0,7	−1	−0,7	0	0,7	1	0,7	0	−0,7	−1	−0,7	0
$\frac{1}{2} \cdot \sin(x)$	0	0,35	0,5	0,35	0	−0,35	$-\frac{1}{2}$	−0,35	0	0,35	$\frac{1}{2}$	0,35	0	−0,35	−0,5	−0,35	0

$\cdot \frac{1}{2}$

Die Funktionsgleichung zum gestreckten Graphen lautet somit $y = \frac{1}{2} \cdot \sin(x)$.

c) Wir vergleichen die gestreckten Graphen mit dem der Sinusfunktion. Sie besitzen
- dieselben Nullstellen: $-2\pi,\ \pi,\ 0,\ \pi,\ 2\pi,\ \ldots$
- dieselben Bereiche, in denen sie steigen bzw. fallen.
- dieselbe Periode 2π.

Beide Funktionen unterscheiden sich bei dem größten und kleinsten Funktionswert und folglich bei den Wertemengen:

Funktion zu	*größter Funktionswert*	*kleinster Funktionswert*	*Wertemenge*
$y = \sin(x)$	1	−1	$-1 \le y \le 1$
$y = 2 \cdot \sin(x)$	2	−2	$-2 \le y \le 2$
$y = \frac{1}{2} \cdot \sin(x)$	$\frac{1}{2}$	$-\frac{1}{2}$	$-\frac{1}{2} \le y \le \frac{1}{2}$

Information

Durch Strecken des Graphen der Sinusfunktion parallel zur y-Achse erhält man Graphen zur Beschreibung der Bewegung von Federclowns, deren maximale Auslenkung verschieden ist.

Amplitude ⟨lat.⟩
Physik: Schwingungsweite
Math.: größter absoluter Funktionswert einer periodischen Funktion

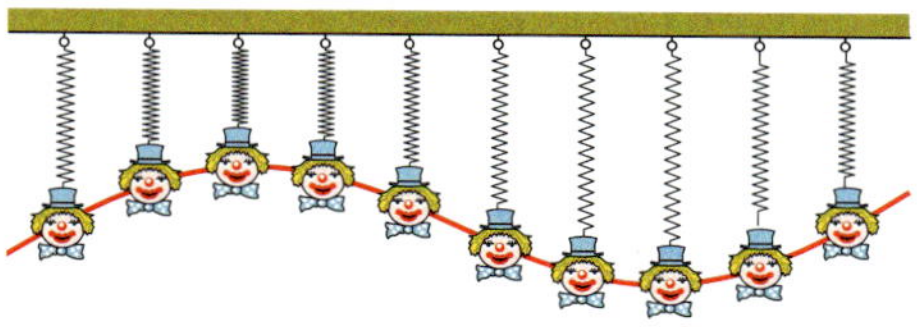

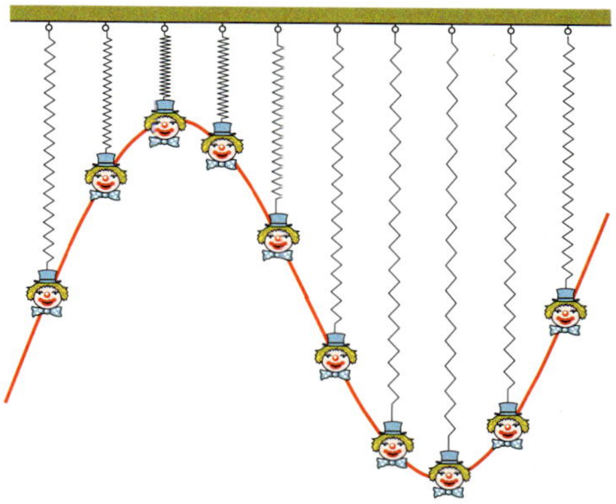

Die maximale Auslenkung aus der Nulllage bezeichnet man auch als *Amplitude.*

Eigenschaften der Funktionen mit $y = a \cdot \sin(x)$ mit $a > 0$

(1) Der Graph entsteht durch Strecken mit dem Faktor a parallel zur y-Achse aus dem Graphen der Sinusfunktion mit $y = \sin(x)$.

(2) Die Periode ist 2π.

(3) Der größte Funktionswert ist a, der kleinste $-a$. Die Wertemenge ist die Menge aller reellen Zahlen y mit $-a \le y \le a$.

(4) Nullstellen sind $\ldots, -4\pi, -3\pi, -2\pi, -\pi, 0, \pi, 2\pi, 3\pi, 4\pi, \ldots$, allgemein $k \cdot \pi$ mit $k \in \mathbb{Z}$.

Beachte: Man spricht in der Mathematik auch von Streckung, wenn der positive Streckfaktor kleiner als 1 ist, also eine Stauchung vorliegt.

Aufgabe 2

Strecken parallel zur x-Achse

Zeichne den Graphen der Sinusfunktion mit $y = \sin(x)$ im Bereich $0 \le x \le 2\pi$.

a) Strecke den Graphen der Sinusfunktion von der y-Achse aus parallel zur x-Achse mit dem Faktor 2.
Erstelle auch die Funktionsgleichung der zugehörigen Funktion.

b) Strecke den Graphen der Sinusfunktion von der y-Achse aus parallel zur x-Achse mit dem Faktor $\frac{1}{2}$ und erstelle die Funktionsgleichung.

c) Vergleiche die gestreckten Graphen mit dem der Sinusfunktion.

Lösung

a) Entsprechend zum Strecken parallel zur y-Achse bedeutet das Strecken parallel zur x-Achse mit dem Faktor 2, dass die x-Koordinate jedes Punktes verdoppelt wird, während die y-Koordinate beibehalten wird.

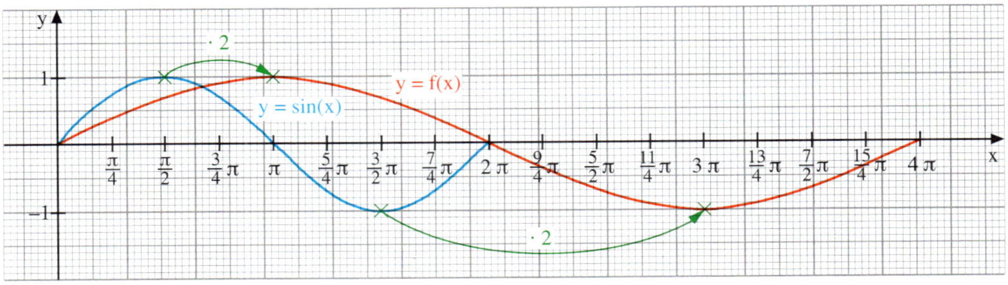

Am Graphen erkennen wir:
Die neue Funktion f hat an der Stelle x denselben Wert wie die Sinusfunktion an der Stelle $\frac{x}{2}$.
Es gilt also: $y = \sin\left(\frac{x}{2}\right)$ mit $0 \le x \le 4\pi$
Eine Wertetabelle bestätigt diesen Zusammenhang:

x	0	$\frac{\pi}{2}$	π	$\frac{3}{2}\pi$	2π	$\frac{5}{2}\pi$	3π	$\frac{7}{2}\pi$	4π
$\sin(x)$	0	1	0	-1	0				
$\sin\left(\frac{x}{2}\right)$	0	$\frac{1}{2}\sqrt{2}$	1	$\frac{1}{2}\sqrt{2}$	0	$-\frac{1}{2}\sqrt{2}$	-1	$-\frac{1}{2}\sqrt{2}$	0
$\frac{x}{2}$	0	$\frac{\pi}{4}$	$\frac{\pi}{2}$	$\frac{3}{4}\pi$	π	$\frac{5}{4}\pi$	$\frac{3}{2}\pi$	$\frac{7}{4}\pi$	2π

b) Strecken parallel zur x-Achse mit dem Faktor $\frac{1}{2}$ bedeutet, dass die x-Koordinate jedes Punktes halbiert wird.
Am Graphen erkennt man wiederum:
Die neue Funktion f hat an der Stelle x denselben Wert wie die Sinusfunktion an der Stelle 2x. Es gilt also: $y = \sin(2x)$ mit $0 \le x \le \pi$. Auch das bestätigen wir mit der Wertetabelle:

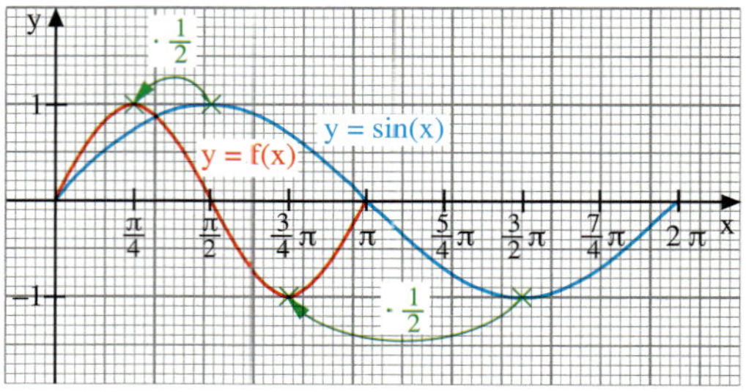

x	0	$\frac{\pi}{4}$	$\frac{\pi}{2}$	$\frac{3}{4}\pi$	π	$\frac{5}{4}\pi$	$\frac{3}{2}\pi$	$\frac{7}{4}\pi$	2π
sin (x)	0	$\frac{1}{2}\sqrt{2}$	1	$\frac{1}{2}\sqrt{2}$	0	$-\frac{1}{2}\sqrt{2}$	−1	$-\frac{1}{2}\sqrt{2}$	0
sin (2x)	0	1	0	−1	0				
2x	0	$\frac{\pi}{2}$	π	$\frac{3}{2}\pi$	2π				

c) Wir vergleichen die gestreckten Graphen mit dem der Sinusfunktion.
Sie besitzen dieselbe Amplitude 1 und somit dieselbe Wertemenge $-1 \le y \le 1$.
Beide Funktionen unterscheiden sich in der Periode und den Nullstellen von der Sinusfunktion.

Funktionen	*Periode*	*Nullstellen*
$y = \sin(x)$	2π	…, 0; π; 2π; 3π; … allgemein $k \cdot \pi$ mit $k \in \mathbb{Z}$
$y = \sin(2x)$	π	…, 0; $\frac{\pi}{2}$; π; $\frac{3}{2}\pi$; 2π; … allgemein $k \cdot \frac{\pi}{2}$ mit $k \in \mathbb{Z}$
$y = \sin\left(\frac{1}{2}x\right)$	4π	…, 0; 2π; 4π; 6π; … allgemein $k \cdot 2\pi$ mit $k \in \mathbb{Z}$

Information

Durch Strecken des Graphen der Sinusfunktion parallel zur x-Achse erhält man Graphen zur Beschreibung der Bewegung von Federclowns, deren Periode verschieden von 2π ist.

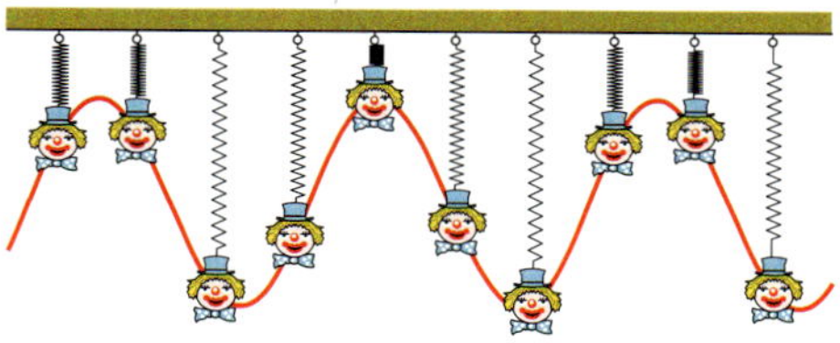

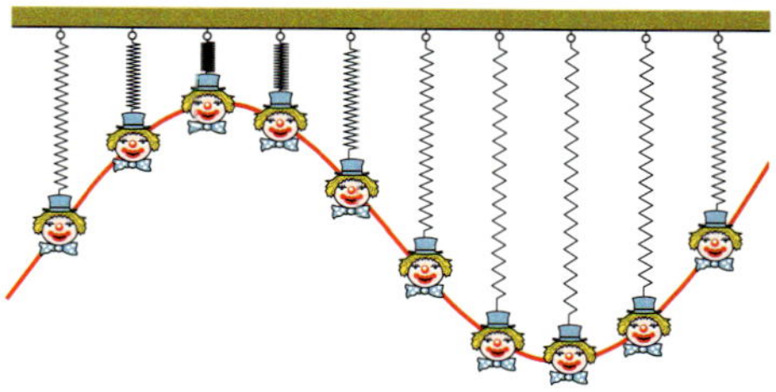

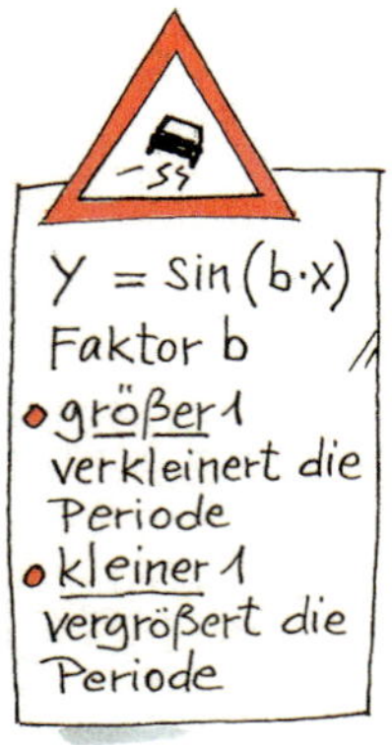

Eigenschaften der Funktionen mit $y = \sin(b \cdot x)$ mit $b > 0$

(1) Der Graph entsteht durch Strecken mit dem Faktor $\frac{1}{b}$ parallel zur x-Achse aus dem Graphen der Sinusfunktion mit $y = \sin(x)$.

(2) Die Periode ist $\frac{2\pi}{b}$.

(3) Der größte Funktionswert ist 1, der kleinste −1.

(4) Die Wertemenge ist die Menge aller reellen Zahlen y mit $-1 \le y \le 1$.

(5) Die Nullstellen sind $k \cdot \frac{\pi}{b}$ mit $k \in \mathbb{Z}$.

Weiterführende Aufgaben

3. *Negative Streckfaktoren*

Untersuche, wie sich der Graph der Sinusfunktion verändert, wenn man mit einem negativen Faktor parallel zur y-Achse [parallel zur x-Achse] streckt. Betrachte insbesondere auch den Spezialfall –1 als Streckfaktor.

(1) Strecken parallel zur y-Achse mit dem Faktor –1 entspricht einem Spiegeln an der x-Achse.
(2) Strecken parallel zur x-Achse mit dem Faktor –1 entspricht einem Spiegeln an der y-Achse.

4. *Verketten der Streckungen parallel zur y- und zur x-Achse*

Strecke den Graphen der Sinusfunktion zunächst mit einem Faktor a parallel zur y-Achse. Strecke dann den gestreckten Graphen mit einem Faktor $\frac{1}{b}$ parallel zur x-Achse.
Wähle verschiedene Beispiele für a und b.
Gib die Eigenschaften des entstandenen Graphen und seine Funktionsgleichung an.

Übungsaufgaben

5. Untersuche mit einem Rechner, wie der Graph der Funktion zu $y = a \cdot \cos(x)$ aus dem Graphen der Kosinusfunktion hervorgeht. Wähle verschiedene Werte für a.
Formuliere eine Regel.

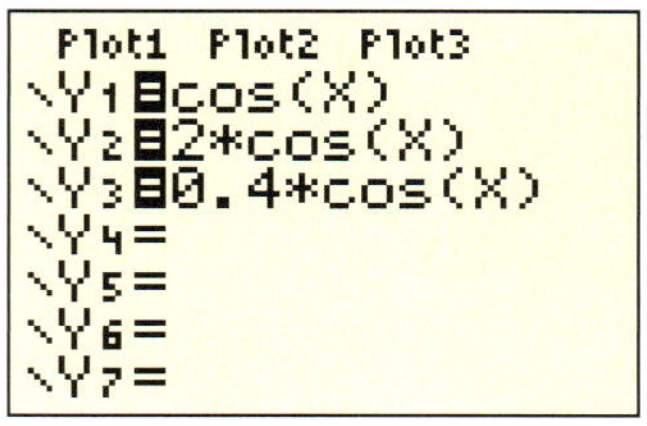

6. Gib zu den Graphen die Funktionsgleichung an.

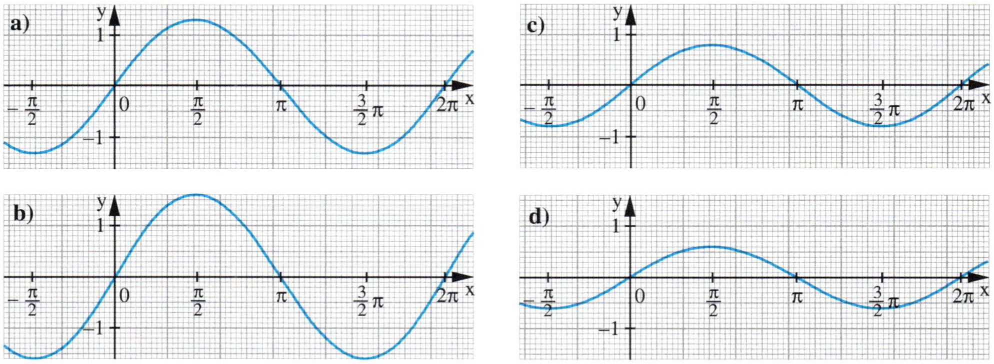

7. Gegeben ist die Funktion f mit $f(x) = 2{,}5 \cdot \sin(x)$ im Bereich $-\frac{\pi}{2} \le x \le \frac{\pi}{2}$.

a) Der Punkt $P_1\left(\frac{\pi}{4} \middle| y_1\right)$ soll zum Graphen gehören. Bestimme die fehlende Koordinate.

b) Der Punkt $P_2(x_2 | -1{,}25)$ soll zum Graphen gehören. Bestimme die fehlende Koordinate.

8. Bestimme den Faktor a in der Funktionsgleichung $y = a \cdot \sin(x)$ [$y = a \cdot \cos(x)$], sodass gilt:

a) Die Wertemenge der Funktion ist die Menge aller reellen Zahlen y mit $-1{,}3 \le y \le 1{,}3$.

b) Der Graph geht durch den Punkt $P\left(\frac{\pi}{6} \middle| 3\right)$.

9. Durch die Gleichung $y = a \cdot \sin(x)$ [$y = a \cdot \cos(x)$] ist eine Funktion gegeben. Der Graph dieser Funktion geht durch den Punkt P. Wie lautet die Funktionsgleichung?

a) $P\left(\frac{\pi}{3} \middle| 1{,}4\right)$ **b)** $P\left(-\frac{\pi}{3} \middle| -1{,}9\right)$ **c)** $P\left(\frac{7}{4}\pi \middle| -0{,}4\right)$ **d)** $P\left(-\frac{5}{4}\pi \middle| 1{,}5\right)$

10. Untersuche mit einem Rechner, wie der Graph der Funktion zu $y = \cos(b \cdot x)$ aus dem Graphen der Kosinusfunktion hervorgeht. Wähle verschiedene Werte für b. Formuliere eine Regel.

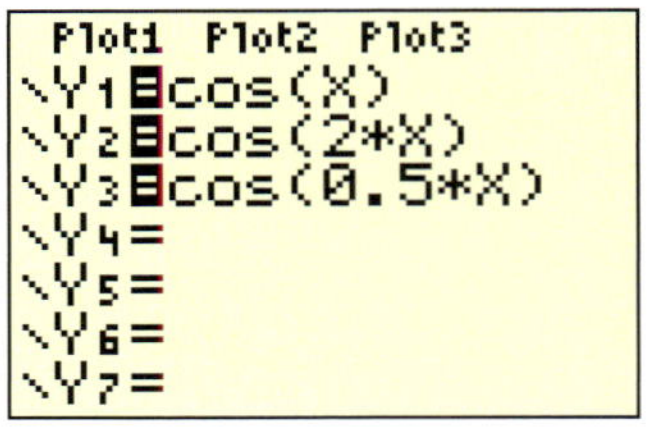

11. Zeichne im Bereich $-2\pi \le x \le 2\pi$ den Graphen der Funktion. Gib die Eigenschaften an.

a) $y = \sin\left(\frac{1}{3}x\right)$ **b)** $y = \sin(3x)$ **c)** $y = \cos(2{,}5x)$

12. Zeichne im Bereich $-2\pi \le x \le 2\pi$ den Graphen der Funktion. Gib die Eigenschaften an.

a) $y = 3 \cdot \sin(0{,}5x)$ **b)** $y = 3 \cdot \sin(2x)$ **c)** $y = 2 \cdot \sin(3x)$ **d)** $y = 2 \cdot \cos\left(\frac{1}{4}x\right)$

13. Kontrolliere Devins Hausaufgaben.

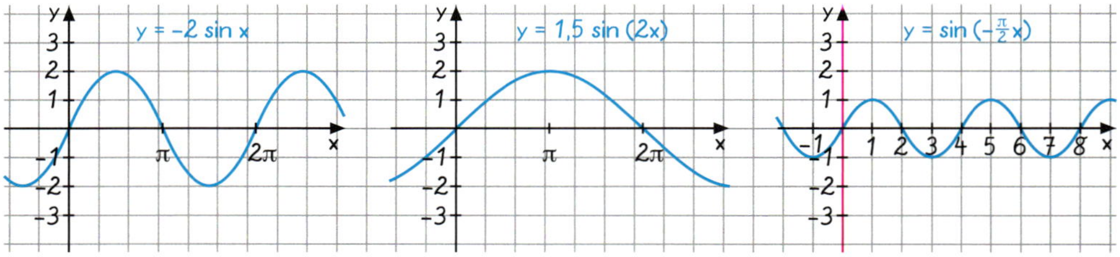

14. Gib die Funktionsgleichung zum Graphen an.

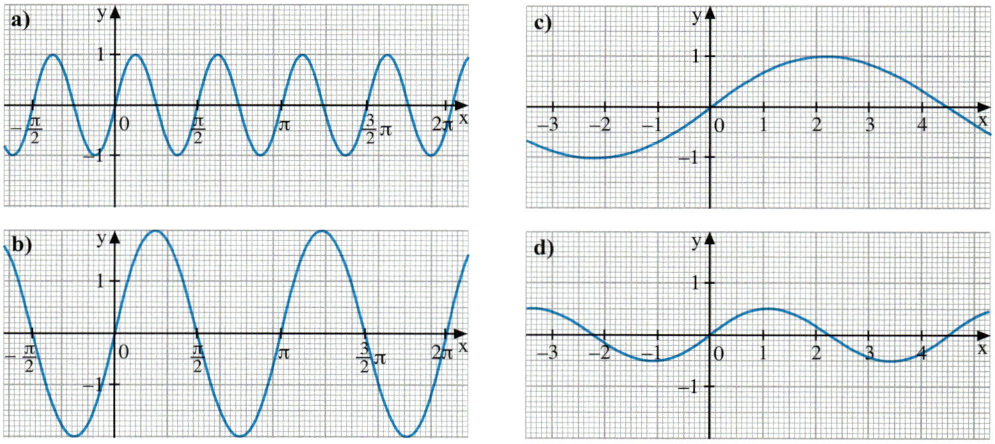

15. Gegeben ist die Funktion mit $y = \sin\left(\frac{1}{3}x\right)$ im Bereich $-3\pi \le x \le 3\pi$.

(1) Der Punkt $P_1\left(\frac{\pi}{2} \mid y_1\right)$ soll zum Graphen der Funktion gehören. Bestimme die 2. Koordinate.

(2) Der Punkt $P_2\left(x_2 \mid -\frac{1}{2}\right)$ soll zum Graphen der Funktion gehören. Bestimme die 1. Koordinate.

Beschreibe wie du vorgegangen bist. Welche Unterschiede weisen beide Teilaufgaben auf?

16. Durch $y = \sin(b \cdot x)$ ist eine Funktion gegeben. Bestimme alle Werte für Faktor b, falls gilt:

a) Die Periode ist $\frac{\pi}{2}$. **b)** Der Graph geht durch den Punkt $P\left(\frac{\pi}{12} \mid \frac{1}{2}\sqrt{2}\right)$.

17. Gegeben ist die Funktion mit der Gleichung $y = 1{,}5 \cdot \sin(2x)$ im Bereich $-2\pi \le x \le 2\pi$. Beschreibe, wie der Graph dieser Funktion aus dem Graphen der Sinusfunktion mit $y = \sin(x)$ entsteht. Zeichne auch den Graphen. Gib die Eigenschaften der Funktion an.

3.3 Verschieben des Graphen der Sinus- und Kosinusfunktion
Zum Selbstlernen

Ziel

Eine Normalparabel kannst du im Koordinatensystem verschieben. Hier lernst du kennen, wie man die Graphen der Sinus- und Kosinusfunktion verschiebt.

Zum Erarbeiten

Verschieben des Graphen der Sinusfunktion parallel zur y-Achse

Zeichne den Graphen der Sinusfunktion mit $y = \sin(x)$ im Bereich $0 \le x \le 2\pi$.

a) *Verschiebe den Graphen parallel zur y-Achse um 1 Einheit nach oben und gib den Funktionsterm $f(x)$ des verschobenen Graphen an.*

b) *Verschiebe den Graphen parallel zur y-Achse um 2 Einheiten nach unten und gib den Funktionsterm $g(x)$ des verschobenen Graphen an.*

a) An dem Graphen erkennst du:
Beim Verschieben eines Punktes $P(x|y)$ der Sinuskurve um 1 Einheit nach oben wird die x-Koordinate beibehalten und zum y-Wert wird 1 addiert.
Der Funktionsterm lautet also:
$f(x) = \sin(x) + 1$

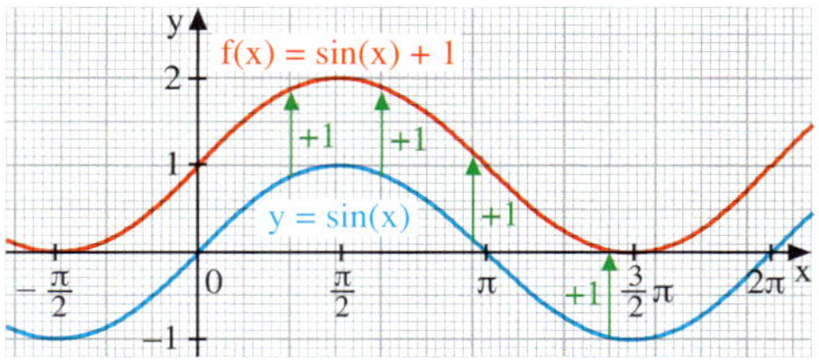

b) An dem Graphen erkennst du:
Beim Verschieben eines Punktes $P(x|y)$ der Sinuskurve um 2 Einheiten nach unten wird die x-Koordinate beibehalten und vom y-Wert wird 2 subtrahiert.
Der Funktionsterm lautet also:
$g(x) = \sin(x) - 2$

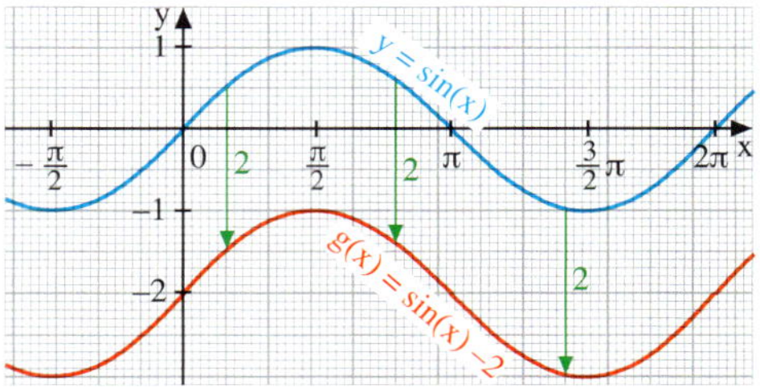

Verschieben parallel zur y-Achse

Den Graphen der Funktion f mit $f(x) = \sin(x) + d$ erhält man durch Verschieben des Graphen der Sinusfunktion mit $y = \sin(x)$ parallel zur y-Achse.

Wenn $d > 0$, wird nach oben verschoben;

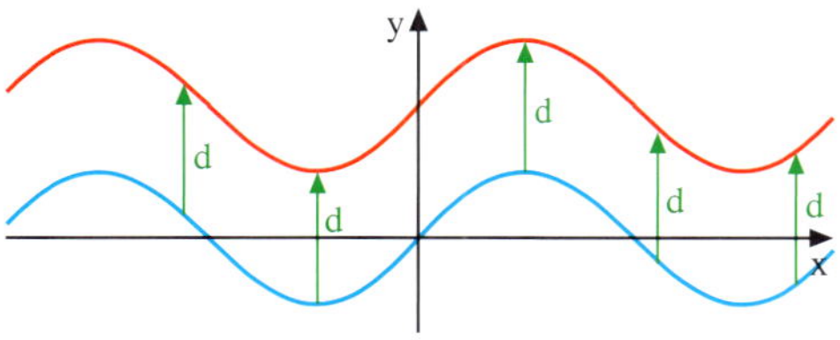

wenn $d < 0$, wird nach unten verschoben.

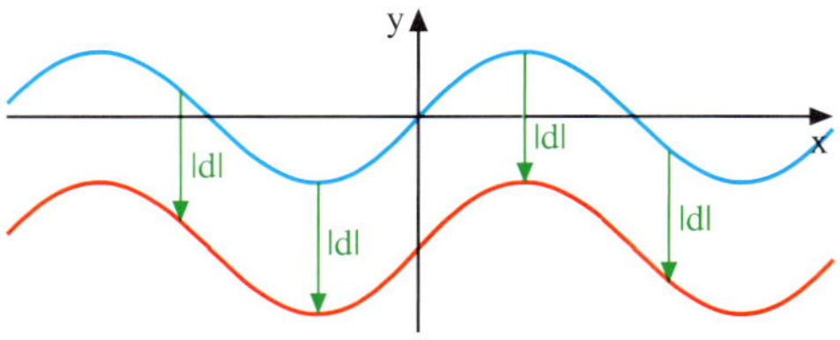

Verschieben des Graphen der Sinusfunktion parallel zur x-Achse

Zeichne den Graphen der Sinusfunktion mit $y = \sin(x)$ im Bereich $0 \le x \le 2\pi$.

a) *Verschiebe den Graphen um $\frac{\pi}{4}$ parallel zur x-Achse nach rechts und gib den Funktionsterm $f(x)$ des verschobenen Graphen an.*

b) *Verschiebe den Graphen um $\frac{\pi}{4}$ parallel zur x-Achse nach links und gib den Funktionsterm $g(x)$ des verschobenen Graphen an.*

a) Am Graphen erkennen wir: Die neue Funktion f hat an der Stelle x denselben Wert wie die Sinusfunktion an der Stelle $x - \frac{\pi}{4}$.
Es gilt also:
$f(x) = \sin\left(x - \frac{\pi}{4}\right)$
mit $\frac{\pi}{4} \le x \le \frac{9}{4}\pi$.

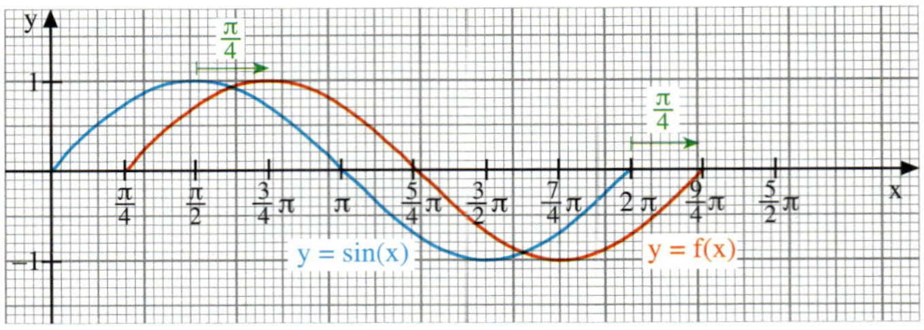

Eine Wertetabelle bestätigt diesen Zusammenhang:

x	0	$\frac{1}{4}\pi$	$\frac{1}{2}\pi$	$\frac{3}{4}\pi$	π	$\frac{5}{4}\pi$	$\frac{3}{2}\pi$	$\frac{7}{4}\pi$	2π	$\frac{9}{4}\pi$
sin(x)	0	$\frac{1}{2}\sqrt{2}$	1	$\frac{1}{2}\sqrt{2}$	0	$-\frac{1}{2}\sqrt{2}$	−1	$-\frac{1}{2}\sqrt{2}$	0	
$\sin\left(x - \frac{\pi}{4}\right)$		0	$\frac{1}{2}\sqrt{2}$	1	$\frac{1}{2}\sqrt{2}$	0	$-\frac{1}{2}\sqrt{2}$	−1	$-\frac{1}{2}\sqrt{2}$	0
$x - \frac{\pi}{4}$		0	$\frac{1}{4}\pi$	$\frac{1}{2}\pi$	$\frac{3}{4}\pi$	π	$\frac{5}{4}\pi$	$\frac{3}{2}\pi$	$\frac{7}{4}\pi$	2π

b) Am Graphen erkennst du: Die neue Funktion g hat an der Stelle x denselben Wert wie die Sinusfunktion an der Stelle $x + \frac{\pi}{4}$.
Es gilt also:
$g(x) = \sin\left(x + \frac{\pi}{4}\right)$
mit $-\frac{\pi}{4} \le x \le \frac{7}{4}\pi$.

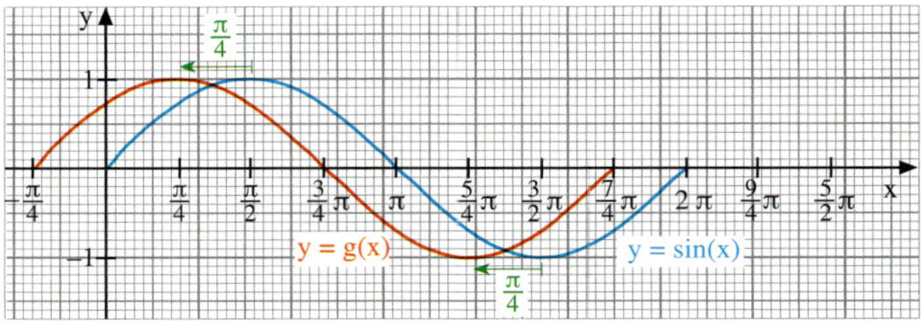

Eine Wertetabelle bestätigt diesen Zusammenhang:

x	$-\frac{\pi}{4}$	0	$\frac{1}{4}\pi$	$\frac{1}{2}\pi$	$\frac{3}{4}\pi$	π	$\frac{5}{4}\pi$	$\frac{3}{2}\pi$	$\frac{7}{4}\pi$	2π
sin(x)		0	$\frac{1}{2}\sqrt{2}$	1	$\frac{1}{2}\sqrt{2}$	0	$-\frac{1}{2}\sqrt{2}$	−1	$-\frac{1}{2}\sqrt{2}$	0
$\sin\left(x + \frac{\pi}{4}\right)$	0	$\frac{1}{2}\sqrt{2}$	1	$\frac{1}{2}\sqrt{2}$	0	$-\frac{1}{2}\sqrt{2}$	−1	$-\frac{1}{2}\sqrt{2}$	0	
$x + \frac{\pi}{4}$	0	$\frac{1}{4}\pi$	$\frac{1}{2}\pi$	$\frac{3}{4}\pi$	π	$\frac{5}{4}\pi$	$\frac{3}{2}\pi$	$\frac{7}{4}\pi$	2π	

Information

Verschieben parallel zur x-Achse

Den Graphen einer Funktion f mit f(x) = sin(x + c) erhält man durch Verschieben des Graphen der Sinusfunktion mit y = sin(x) parallel zur x-Achse.

Wenn c < 0, wird nach rechts verschoben; wenn c > 0, wird nach links verschoben.

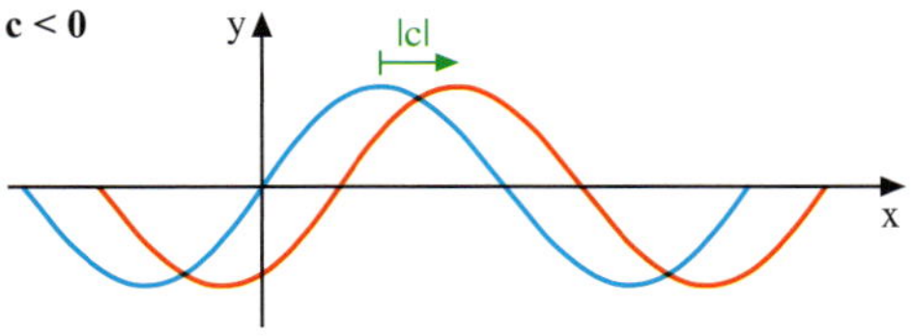

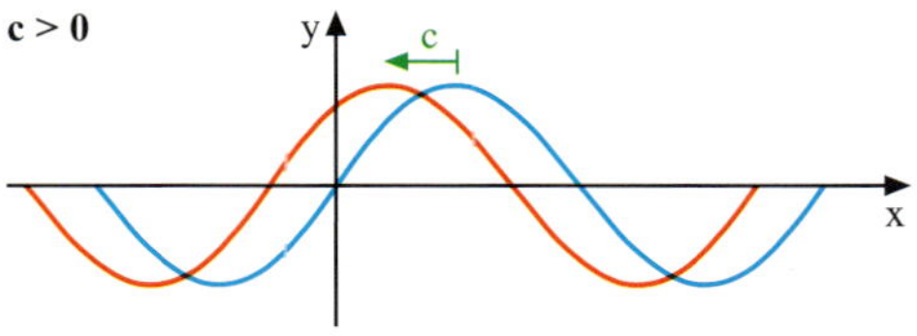

Beachte: In der Physik nennt man c auch die *Phasenverschiebung* und wählt dann dafür den griechischen Buchstaben ϕ (gelesen: Phi).

Zum Selbstlernen

Zusammenhang zwischen Sinus und Kosinus

Vergleiche die Graphen der Sinus- und der Kosinusfunktion miteinander und gib an, wie man aus dem Graphen der Sinusfunktion den Graphen der Kosinusfunktion erzeugen kann.

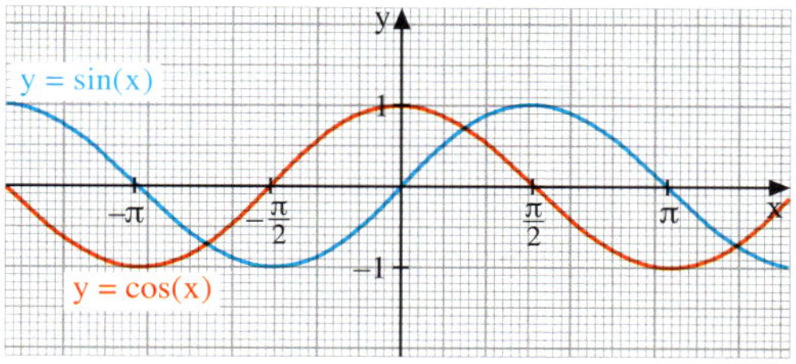

Verschiebt man den Graphen der Sinusfunktion um $\frac{\pi}{2}$ nach links, so erhält man den Graphen der Kosinusfunktion. Also gilt:
$\cos(x) = \sin\left(x + \frac{\pi}{2}\right)$

> Für die Sinus- und Kosinusfunktion gilt: $\cos(x) = \sin\left(x + \frac{\pi}{2}\right)$ $\quad \sin(x) = \cos\left(x - \frac{\pi}{2}\right)$

Zum Üben

1. Vergleiche den Graphen der Sinusfunktion mit dem zu:
(1) $y = \sin(x) + 2$ (2) $y = \sin(x) - 3$ (3) $y = \sin(x) - \pi$ (4) $y = \pi + \sin(x)$

2. Ermittle zum Graphen einen Funktionsterm.

a)
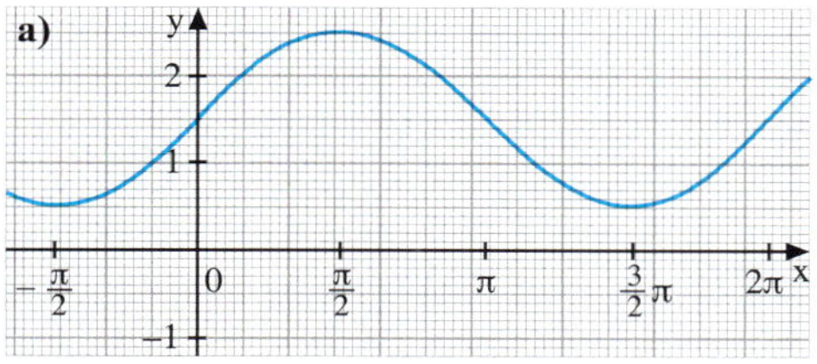

b)
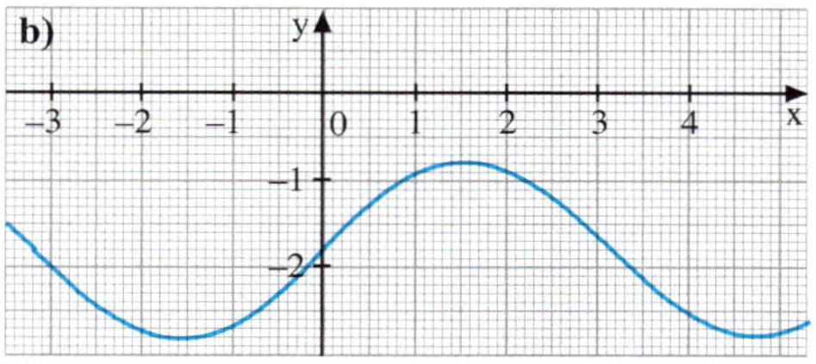

3. Vergleiche den Graphen der Sinusfunktion mit $y = \sin x$ mit denen zu:
(1) $y = \sin\left(x + \frac{\pi}{2}\right)$ (2) $y = \sin\left(x + \frac{\pi}{4}\right)$ (3) $y = \sin\left(x - \frac{\pi}{2}\right)$ (4) $y = \sin\left(x - \frac{\pi}{4}\right)$
Wie gehen die Graphen der angegebenen Funktionen aus dem der Sinusfunktion hervor?

4. Untersuche mit einem Rechner, wie der Graph der Funktion zu $y = \cos(x + c)$ aus dem Graphen der Kosinusfunktion hervorgeht. Wähle verschiedene Werte für c.
Schreibe eine Zusammenfassung.

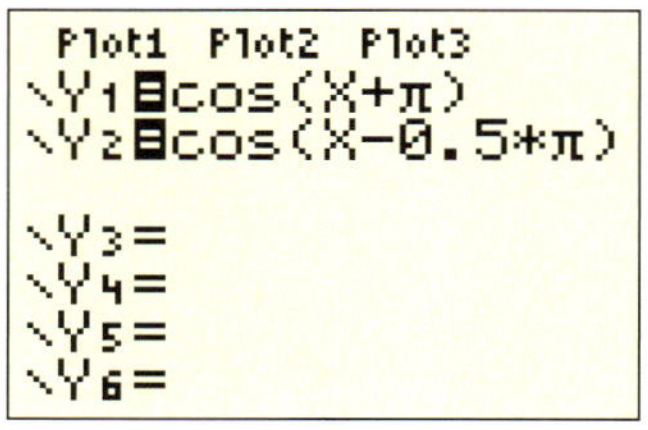

5. Ermittle zum Graphen einen Funktionsterm.

a)
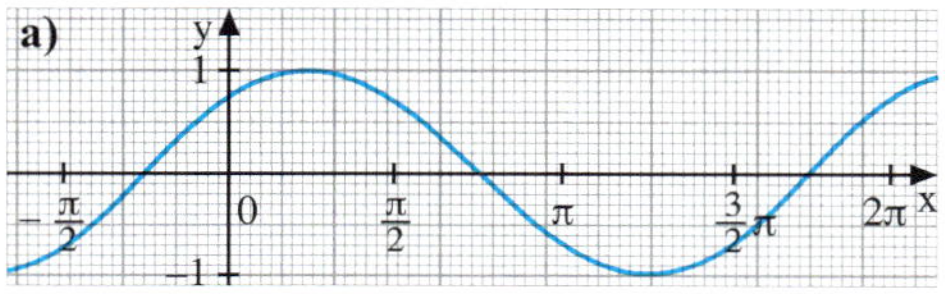

c)
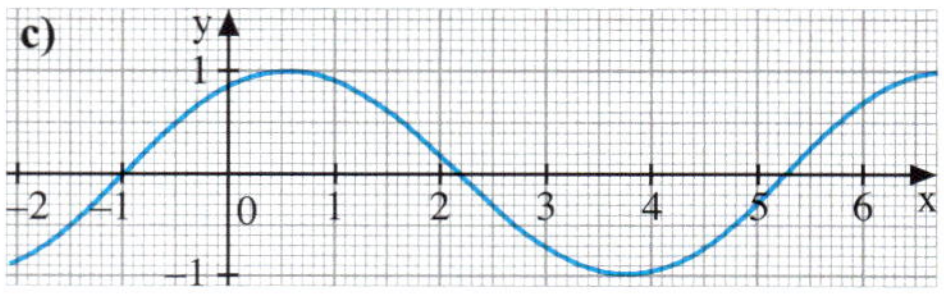

b)
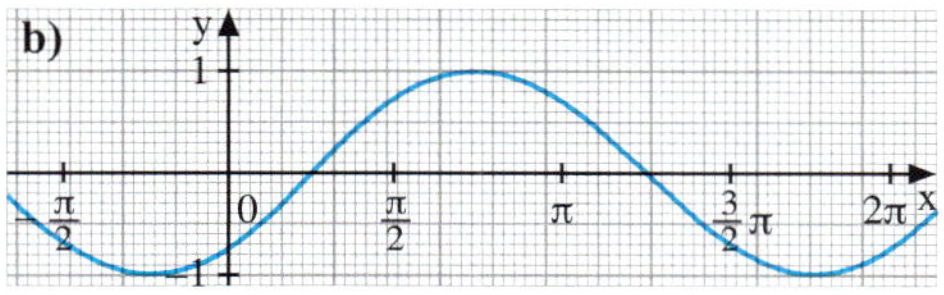

d)
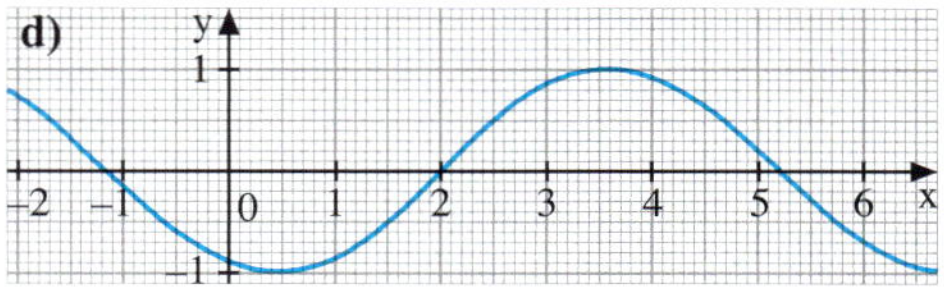

Zum Selbstlernen

3.4 Allgemeine Sinusfunktion

Aufgabe 1

Graph der allgemeinen Sinusfunktion

Zeichne den Graphen der Sinusfunktion mit $y = \sin(x)$.

(1) Strecke den Graphen zu $y = \sin(x)$ mit dem Faktor 1,5 parallel zur y-Achse.
(2) Strecke den Graphen aus (1) mit dem Faktor $\frac{1}{2}$ parallel zur x-Achse.
(3) Verschiebe den gestreckten Graphen um $\frac{\pi}{6}$ nach rechts.
(4) Verschiebe nun diesen Graphen um 1 nach oben.

Gib jeweils die Funktionsgleichung der Graphen an.

Lösung

(1) Strecken wir den Graphen der Sinusfunktion mit dem Faktor 1,5 parallel zur y-Achse, so erhalten wir den Graphen zur Funktion mit
$y = 1{,}5\ \sin(x)$.

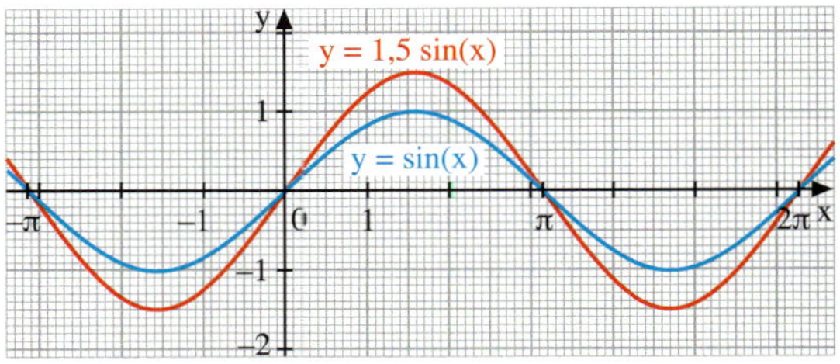

(2) Strecken wir diesen Graphen parallel zur x-Achse mit dem Faktor $\frac{1}{2}$, so erhalten wir den Graphen zur Funktion mit
$y = 1{,}5\sin(2x)$.

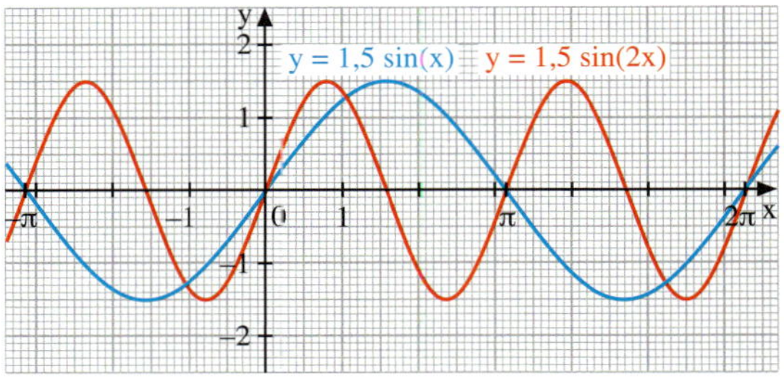

(3) Verschieben wir diesen Graphen um $\frac{\pi}{6}$ nach rechts, so erhalten wir den Graphen zur Funktion mit
$y = 1{,}5\sin\left(2\left(x - \frac{\pi}{6}\right)\right)$, also
$y = 1{,}5\sin\left(2x - \frac{\pi}{3}\right)$.

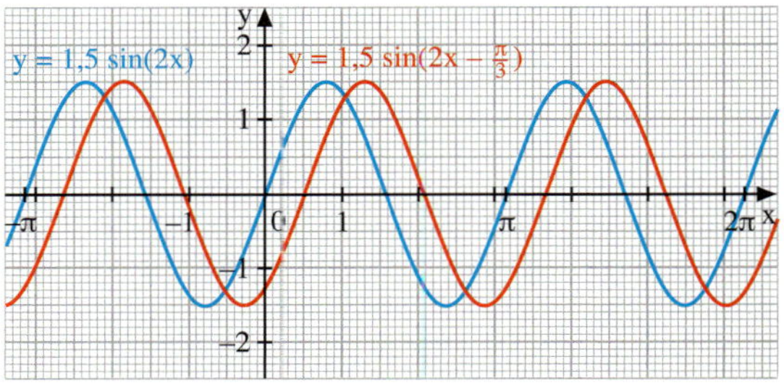

(4) Verschieben wir diesen Graphen um 1 nach oben, so erhalten wir den Graphen zur Funktion mit
$y = 1{,}5\ \sin\left(2x - \frac{\pi}{3}\right) + 1$.

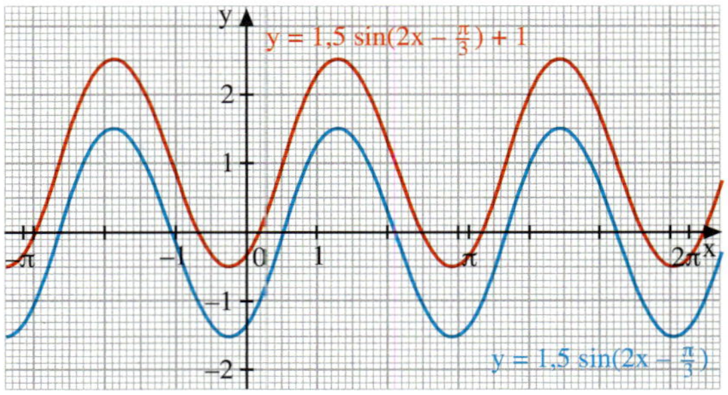

Information

Durch Verallgemeinerung des Ergebnisses von Aufgabe 1 erhalten wir:

Graph der allgemeinen Sinusfunktion mit $y = a \cdot \sin(b(x + c)) + d$

Aus dem Graphen der Sinusfunktion mit $y = \sin(x)$ erhält man den zur allgemeinen Sinusfunktion mit $y = a \cdot \sin(b(x + c)) + d$ durch

(1) Strecken mit dem Faktor a parallel zur y-Achse;
(2) anschließendes Strecken mit dem Faktor $\frac{1}{b}$ parallel zur x-Achse;
(3) anschließendes Verschieben um $|c|$ parallel zur x-Achse;
wenn $c < 0$, wird nach rechts verschoben; wenn $c > 0$, wird nach links verschoben;
(4) anschließendes Verschieben um $|d|$ parallel zur y-Achse;
wenn $d > 0$, wird nach oben verschoben; wenn $d < 0$, wird nach unten verschoben.

Beachte: Löst man z.B. im Funktionsterm $\sin\left(2\left(x + \frac{\pi}{4}\right)\right)$ die Klammern auf, so erhält man den einfacheren Funktionsterm $\sin\left(2x + \frac{\pi}{2}\right)$. Aus diesem kann man aber die Verschiebung parallel zur x-Achse nicht unmittelbar ablesen.

Aufgabe 2

Reihenfolge von Strecken und Verschieben parallel zur x-Achse

a) Strecke den Graphen der Sinusfunktion parallel zur x-Achse mit dem Faktor $\frac{1}{2}$; verschiebe dann den gestreckten Graphen um $\frac{\pi}{2}$ nach links. Erstelle den Funktionsterm.

b) Verschiebe den Graphen der Sinusfunktion um $\frac{\pi}{2}$ nach links; strecke dann den verschobenen Graphen parallel zur x-Achse mit dem Faktor $\frac{1}{2}$. Erstelle den Funktionsterm.

c) Vergleiche die in den Teilaufgaben a) und b) erhaltenen Graphen.

Lösung

a) (1) Strecken parallel zur x-Achse mit $\frac{1}{2}$

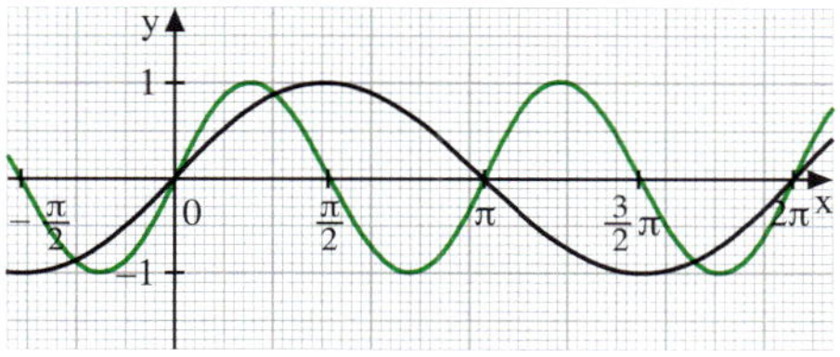

Funktionsterm: $f_1(x) = \sin(2x)$

(2) Verschieben um $\frac{\pi}{2}$ nach links

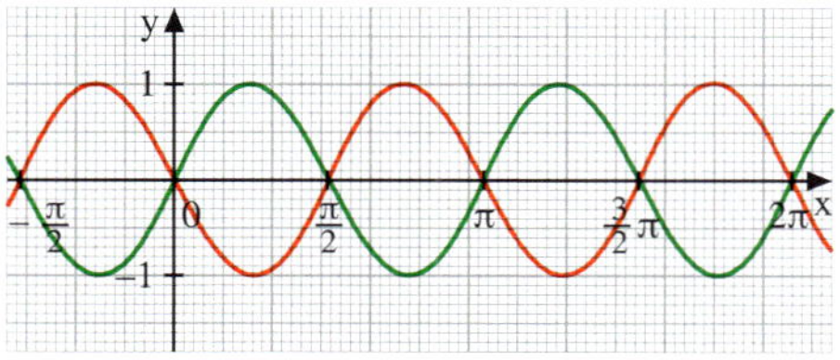

Funktionsterm: $f_2(x) = \sin\left(2\left(x + \frac{\pi}{2}\right)\right)$

b) (1) Verschieben um $\frac{\pi}{2}$ nach links

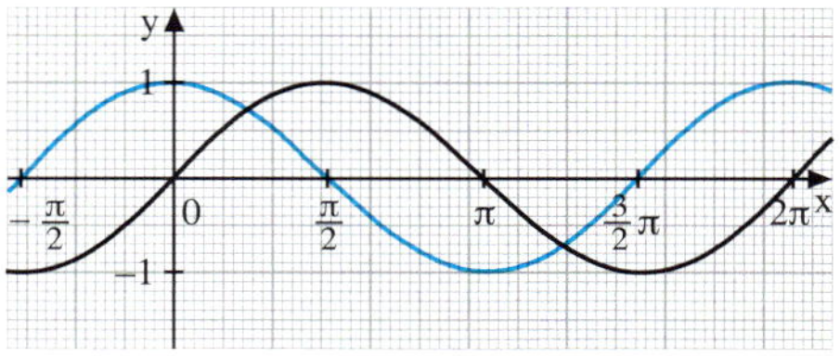

Funktionsterm: $g_1(x) = \sin\left(x + \frac{\pi}{2}\right)$

(2) Strecken parallel zur x-Achse mit $\frac{1}{2}$

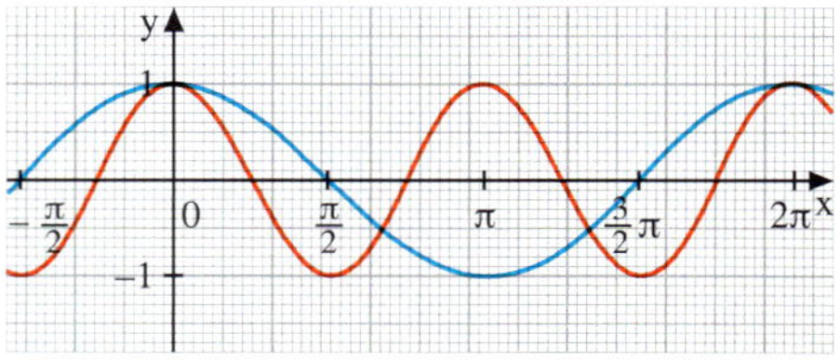

Funktionsterm: $g_2(x) = \sin\left(2x + \frac{\pi}{2}\right)$

c) Die auf den beiden Wegen enthaltenen Graphen sind verschieden. Wird der Graph der Sinusfunktion zunächst verschoben und dann der verschobene Graph gestreckt, so wird auch der Betrag der Verschiebung mit gestreckt. Er unterscheidet sich von dem bei dem umgekehrten Vorgehen: erst Strecken, dann Verschieben.
Folgerung: Die Reihenfolge von Verschieben und Strecken parallel zur x-Achse kann nicht ohne weiteres vertauscht werden.

Information

Die Lösung der Aufgabe 2 zeigt, dass es beim Verschieben und Strecken auf die Reihenfolge ankommt. In der Information auf Seite 127 haben wir zuerst gestreckt und dann verschoben.

Den Graphen der Funktion zu $y = \sin(bx + c)$ erhält man aus den Graphen der Sinusfunktion mit $y = \sin(x)$ durch

(1) Verschieben um $|c|$ parallel zur x-Achse (nach rechts für $c > 0$ bzw. nach links für $c < 0$);

(2) Strecken mit dem Faktor $\frac{1}{b}$ parallel zur x-Achse.

Weiterführende Aufgabe

3. *Bestimmen der Funktionsgleichung einer allgemeinen Sinusfunktion aus dem Graphen*

Bestimme die Funktionsgleichung einer allgemeinen Sinusfunktion zu dem gezeichneten Graphen.

Anleitung: Verfahre in der umgekehrten Reihenfolge zu der in der Information auf Seite 127:

(1) Verschiebung parallel zur y-Achse (3) Streckung parallel zur x-Achse
(2) Verschiebung parallel zur x-Achse (4) Streckung parallel zur y-Achse

Kontrolliere anschließend mit einem Rechner.

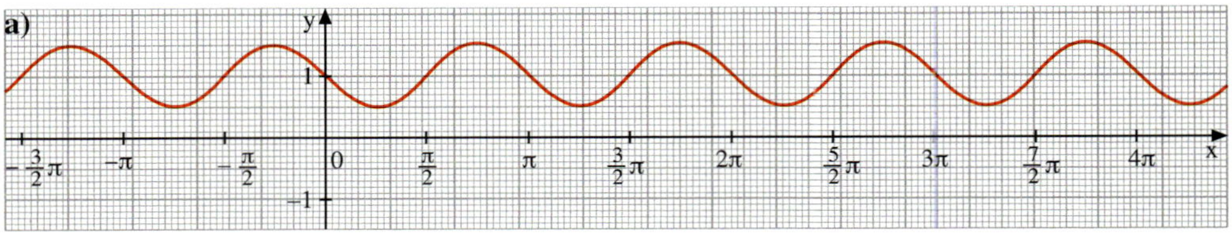

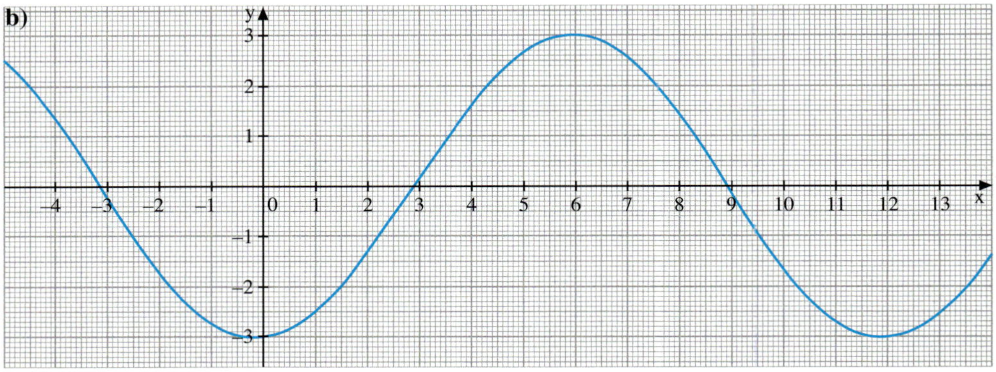

Information

Auf folgende Weise kann man mögliche Werte für die Parameter einer allgemeinen Sinusfunktion mit dem Funktionsterm $f(x) = a\sin(b(x + c)) + d$ aus dem Graphen ermitteln:

Zunächst bestimmt man den größten Funktionswert (*Maximum*) und den kleinsten Funktionswert (*Minimum*).

Dann gilt für die Parameter:

d: Mittelwert aus Maximum und Minimum

a: halbe Differenz von Maximum und Minimum

c: Gegenzahl der ersten positiven Stelle, an der der Funktionswert d beträgt und der Funktionsgraph ansteigt

b: Quotient aus 2π und der Periodenlänge p

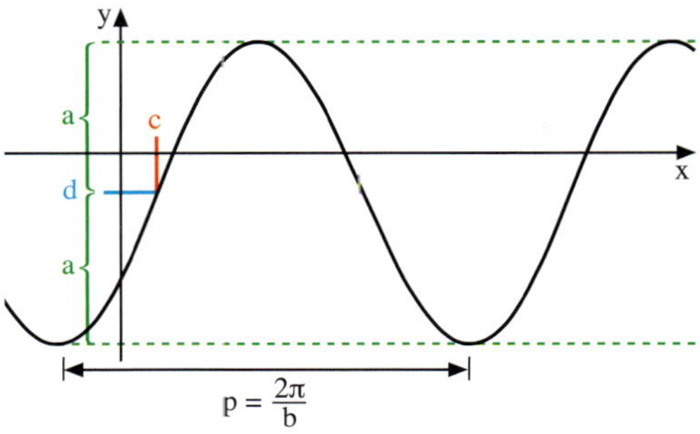

Übungsaufgaben

4. *Partnerarbeit:* Verschafft euch mit einem Rechner einen Überblick über die Funktionen mit einer Funktionsgleichung der Gestalt $y = a \cdot \sin(b(x + c)) + d$ mit reellen Zahlen a, b, c, d. Variiert dazu die Parameter a, b, c, d geeignet.
Fasst anschließend die Ergebnisse so übersichtlich zusammen, dass ihr einen Vortrag darüber halten könnt.

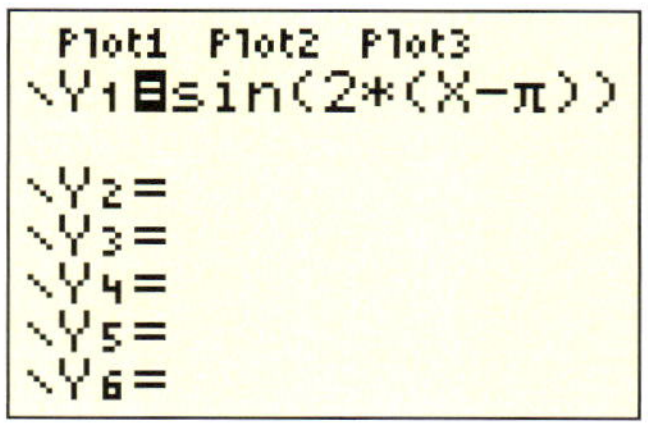

5. Zeichne den Graphen der Sinusfunktion und führe nacheinander folgende Abbildungen aus. Ermittle auch die Funktionsterme der einzelnen Funktionen.

a) Strecken mit dem Faktor 3 parallel zur y-Achse, dann Strecken mit dem Faktor 2 parallel zur x-Achse, dann Verschieben parallel zur x-Achse um π nach rechts, dann Verschieben parallel zur y-Achse um 4 nach oben.

b) Strecken mit dem Faktor −2 parallel zur y-Achse, dann Strecken mit dem Faktor $\frac{1}{3}$ parallel zur x-Achse, dann Verschieben parallel zur x-Achse um $\frac{\pi}{2}$ nach links, dann Verschieben parallel zur y-Achse um 1,5 nach unten.

c) Strecken mit dem Faktor −2 parallel zur y-Achse, dann Strecken mit dem Faktor −1 parallel zur x-Achse, dann Verschieben parallel zur x-Achse um 2 nach rechts, dann Verschieben parallel zur y-Achse um 1 nach oben.

d) Strecken mit dem Faktor $-\frac{1}{2}$ parallel zur y-Achse, dann Strecken mit dem Faktor π parallel zur x-Achse, dann Verschieben parallel zur x-Achse um 1 nach links, dann Verschieben parallel zur y-Achse um 3 nach unten.

6. Beschreibe, wie der Graph der angegebenen Funktion aus dem der Sinusfunktion mit $y = \sin(x)$ hervorgeht.

a) $y = 2\sin\left(2\left(x + \frac{\pi}{4}\right)\right)$

b) $y = 3\sin\left(\frac{1}{2}(x - \pi)\right) + 1$

c) $y = \frac{1}{2}\sin(3(x - 1))$

d) $y = -2\sin\left(\frac{\pi}{2}(x + 2)\right) - 2$

7. Mache an einem selbst gewählten Beispiel deutlich, dass es beim Verschieben und Strecken eines Funktionsgraphen auf die Reihenfolge ankommt.

8. Untersuche die Graphen der Funktionen f und g mit $f(x) = \sin\left(2x + \frac{\pi}{4}\right)$ und $g(x) = \sin\left(2\left(x + \frac{\pi}{8}\right)\right)$.
Wie gehen die Graphen der Funktionen f und g aus denen der Sinusfunktion mit $y = \sin x$ hervor?

9. Marc hat die Graphen allgemeiner Sinusfunktionen von Hand skizziert.
Kontrolliere seine Lösungen.

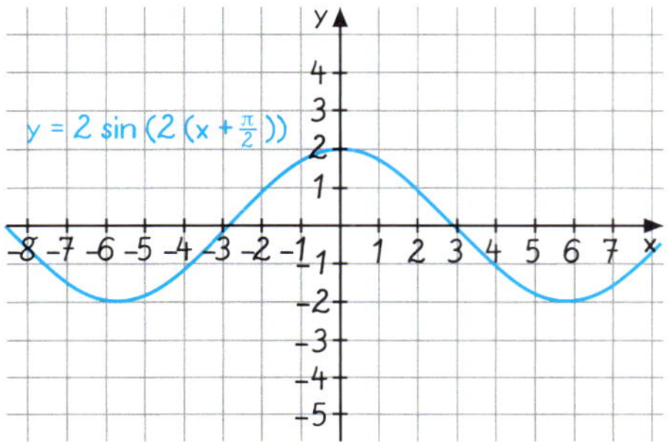

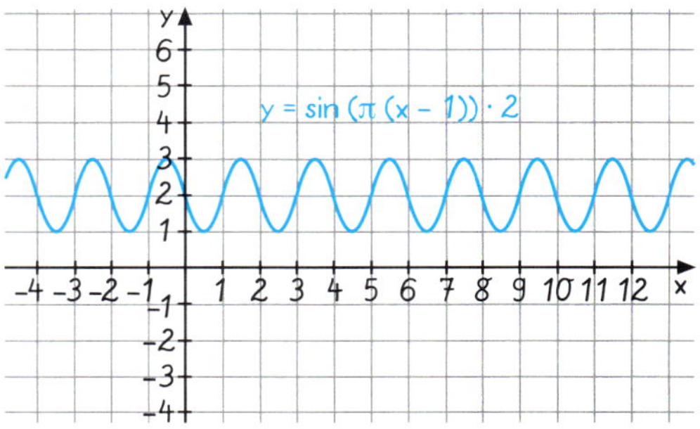

10. Zeichne den Graphen der Kosinusfunktion. Führe nacheinander folgende Abbildungen aus und ermittle die Funktionsterme der einzelnen Funktionen.

a) Strecken mit dem Faktor -2 parallel zur y-Achse, dann Strecken mit dem Faktor $\frac{1}{3}$ parallel zur x-Achse, dann Verschieben um $\frac{\pi}{2}$ nach links, dann Verschieben um 1,5 nach unten.

b) Strecken mit dem Faktor -2 parallel zur y-Achse, dann Strecken mit dem Faktor -1 parallel zur x-Achse, dann Verschieben um 2 nach rechts, dann Verschieben um 1 nach oben.

11. Gib zu dem dargestellten Graphen den Funktionsterm einer allgemeinen Sinusfunktion an.

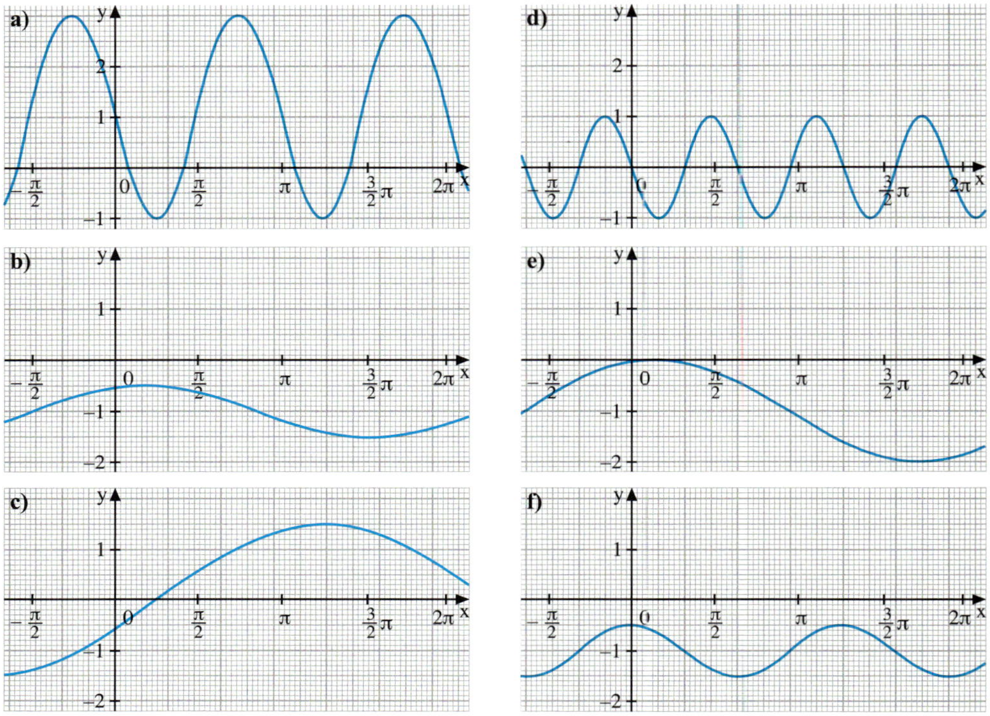

12. **a)** Gib zu den Graphen mögliche Funktionsgleichungen an.

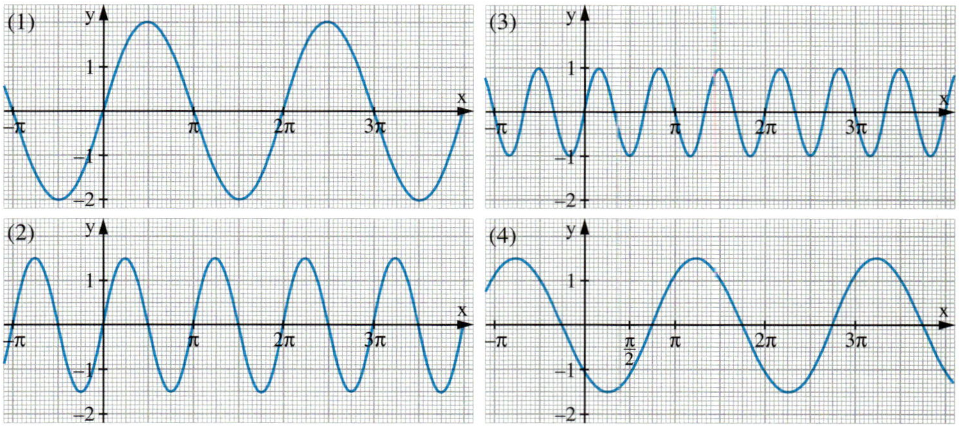

b) Nimm an, die Graphen beschreiben die Bewegung einer Riesenradgondel. Welche Unterschiede gibt es in den Bewegungen?

3.5 Modellieren mit allgemeinen Sinusfunktionen

Aufgabe 1

Pegel, der, Wasserstandsmesser
Tide, die, (norddeutsch) regelmäßig wiederkehrende Bewegung der See, Flut
NN Abkürzung für Normalnull

Das Amt für Strom- und Hafenbau in Hamburg veröffentlicht im Internet regelmäßig die aktuellen Daten zum Pegelstand der Elbe bei St. Pauli.
Stelle die gegebenen Daten grafisch dar und bestimme eine allgemeine Sinusfunktion, die die Tidenkurve im gegebenen Zeitraum möglichst beschreibt.

Uhrzeit	*Wasserstand über NN (in cm)*	*Uhrzeit*	*Wasserstand über NN (in cm)*	*Uhrzeit*	*Wasserstand über NN (in cm)*
0.00	143	3.30	48	7.00	–124
0.30	161	4.00	17	7.30	–142
1.00	175	4.30	–7	8.00	–160
1.30	168	5.00	–32	8.30	–171
2.00	148	5.30	–58	9.00	–154
2.30	118	6.00	–80		
3.00	84	6.30	–100		

Lösung

Da der Pegelstand sich periodisch um Normalnull verändert, modellieren wir ihn mithilfe einer allgemeinen Sinusfunktion, die nicht parallel zur y-Achse verschoben ist: $y = a \sin(b(x + c))$.

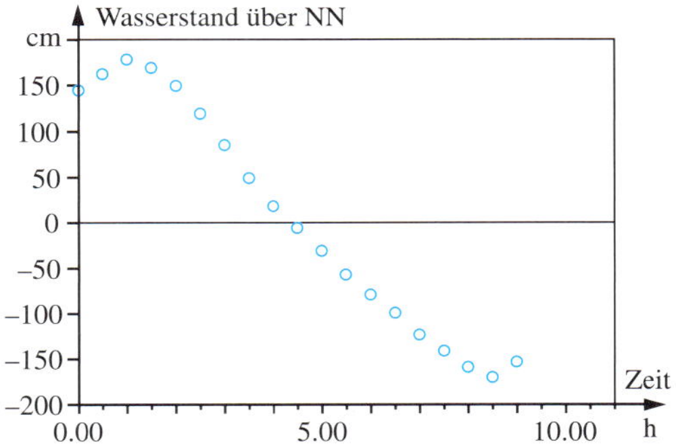

Die Darstellung zeigt, dass die Amplitude a mit 175 cm gut angenähert ist. Der höchste Wasserstand liegt um 1.00 Uhr, der darauf folgende niedrigste um 8.30 Uhr vor. Die halbe Periodenlänge beträgt somit etwa 7,5 Stunden, die Periode beträgt also 15 Stunden. Damit ist der Graph dieser Funktion gegenüber dem der Sinusfunktion mit $y = \sin x$ um den Faktor $\frac{15}{2\pi} \approx 2{,}4$ parallel zur x-Achse gestreckt. Weiterhin liegt die erste positive Nullstelle beim Zeitpunkt $\approx 4{,}3$ Stunden, die der Funktion mit $y = \sin\left(\frac{2\pi}{15}x\right)$ liegt bei 7,5 Stunden. Also muss der Graph um 3,2 nach links verschoben werden.

Somit erhalten wir die Funktionsgleichung

$y = 175 \cdot \sin\left(\frac{1}{\frac{15}{2\pi}}(x + 3{,}2)\right)$ oder ausgerechnet näherungsweise $y \approx 175 \cdot \sin(0{,}42x + 1{,}34)$.

Der Vergleich zwischen den Messwerten und der gefundenen Sinusfunktion zeigt, dass die Rechnungen die Messwerte gut annähern. Im Bereich um die Hoch- und Niedrigwasserpunkte ist die Sinusfunktion aber „breiter" als es die Messwerte vorgeben.

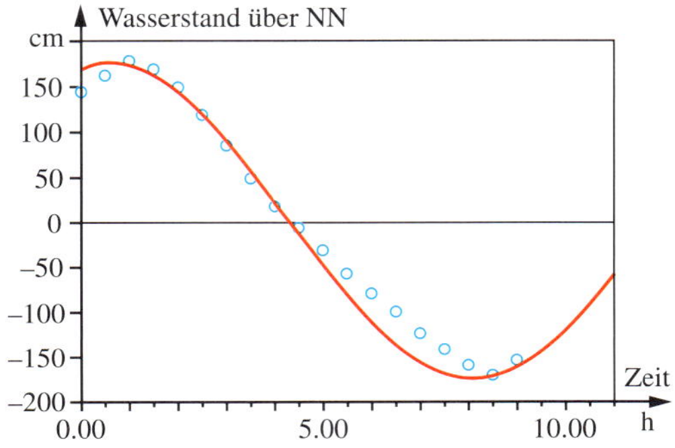

Information

(1) Modellieren mithilfe von Sinusfunktionen

Periodische Vorgänge in Natur und Technik kann man häufig mit Sinusfunktionen modellieren. Man kann sich dabei auf die allgemeinen Sinusfunktionen beschränken und allgemeine Kosinusfunktionen vermeiden, da man die Graphen von Kosinusfunktionen durch Verschieben von Graphen von Sinusfunktionen erhalten kann.
Die Bestimmung der Periodenlänge und der Amplitude sind die zentrale Aufgabe beim Erstellen der Funktionsgleichung. Verschiebungen kann man häufig durch eine geeignete Wahl des Koordinatensystems vermeiden.

(2) Anpassen einer Sinusfunktion mithilfe des grafikfähigen Taschenrechners

Wir haben in der Aufgabe 1 eine allgemeine Sinusfunktion mithilfe von Überlegungen zu Eigenschaften des Graphen gefunden. Auch mit dem GTR kann man ähnlich wie bei den Regressionsgeraden für lineare Funktionen möglichst gut passende allgemeine Sinusfunktionen bestimmen. Dazu werden zunächst die Koordinaten der Messpunkte mit dem Befehl **STAT,** dort im Menü **EDIT,** und dort im Untermenü **Edit** in zwei Listen, z. B. L1 und L2 eingegeben. Mit dem Befehl **STATPLOT** kannst du einen Plot der Werte festlegen. Vereinbare anschließend mit dem Befehl **WINDOW** ein geeignetes Fenster zum Zeichnen der Werte und lasse die Punkte mit dem Befehl **GRAPH** zeichnen.

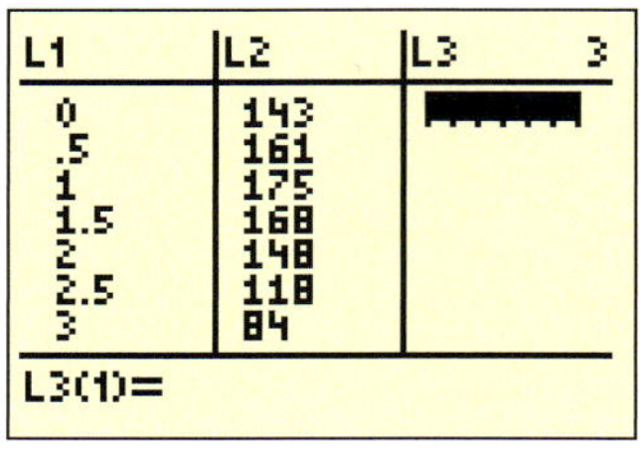

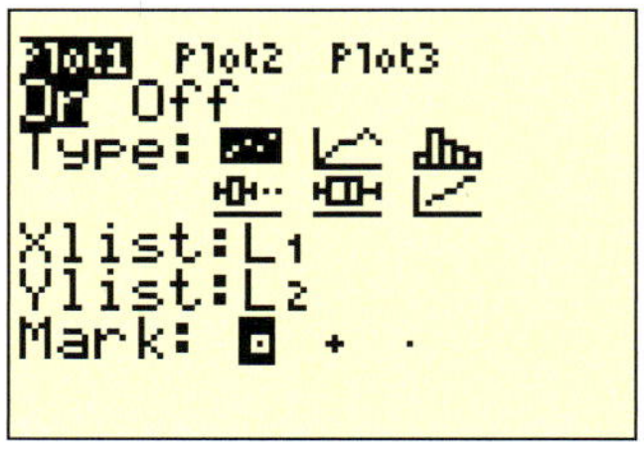

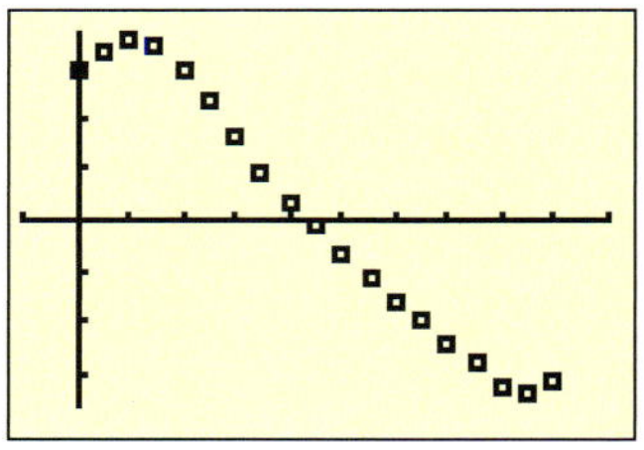

Das Bestimmen der Funktionsgleichung einer allgemeinen Sinusfunktion erfolgt mithilfe des Befehls **SinReg**; diesen findest du mit dem Befehl **STAT,** dort im Untermenü **CALC.** Bei diesem Befehl muss als erstes die Liste der 1. Koordinaten der Messpunkte (hier L1) und als zweites die Liste der zweiten Koordinaten (hier L2) angegeben werden. Danach sollte die Periode angegeben werden. Zum Schluss wird die Variable angegeben, in der der Funktionsterm gespeichert werden soll (hier Y1). Auf dem Bildschirm erscheinen dann die Koeffizienten des Funktionstermes, den man auch im **Y=**-Menü nachlesen kann.

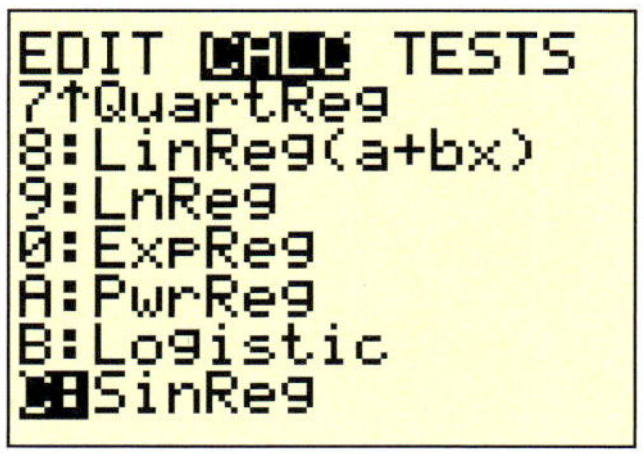

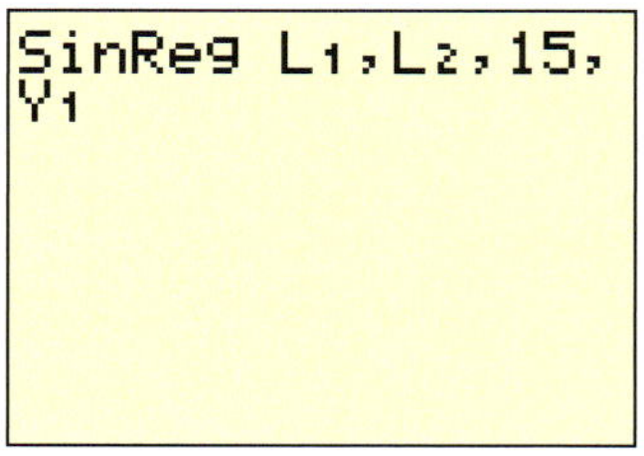

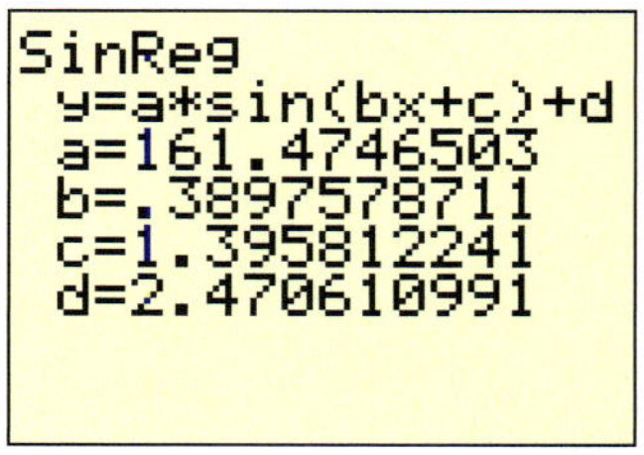

Nach dem Befehl **GRAPH** wird dann der Graph der gefundenen allgemeinen Sinusfunktion durch die Messpunkte gezeichnet, sodass man einen Eindruck von der Güte der Anpassung gewinnt.

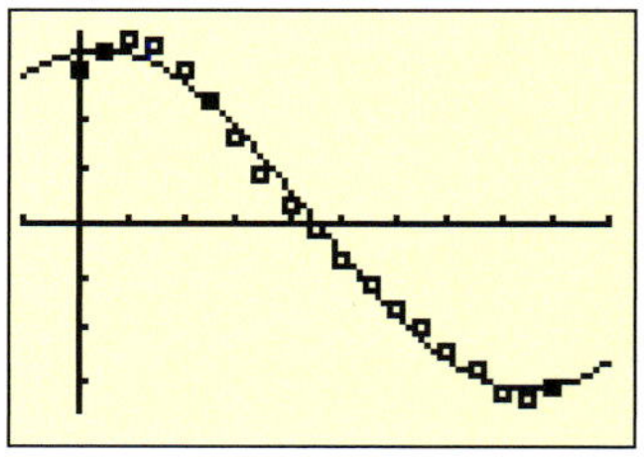

Übungsaufgaben

2. Unter der astronomischen Sonnenscheindauer versteht man die Zeitspanne zwischen Sonnenaufgang und Sonnenuntergang. Der 50. Breitengrad verläuft mitten durch die Bundesrepublik, z. B. durch Rüsselsheim. Für Orte auf ihm beträgt die astronomische Sonnenscheindauer ungefähr:

Datum	22.6.	22.7.	22.8.	22.9.	22.10.	22.11.	22.12.	22.1.	22.2.	22.3.	22.4.	22.5.
Dauer (in h)	16,2	15,4	13,8	12,0	10,2	8,6	7,8	8,7	10,3	12,2	13,9	15,4

a) Bestimme eine allgemeine Sinusfunktion, welche die astronomische Sonnenscheindauer für Orte auf dem 50. Breitengrad gut annähert.

b) Bestimme mithilfe von Teilaufgabe a) die astronomische Sonnenscheindauer am 10. Juli.

3. Welche allgemeine Sinusfunktion beschreibt die mittlere Sonnenscheindauer in Hessen möglichst gut?

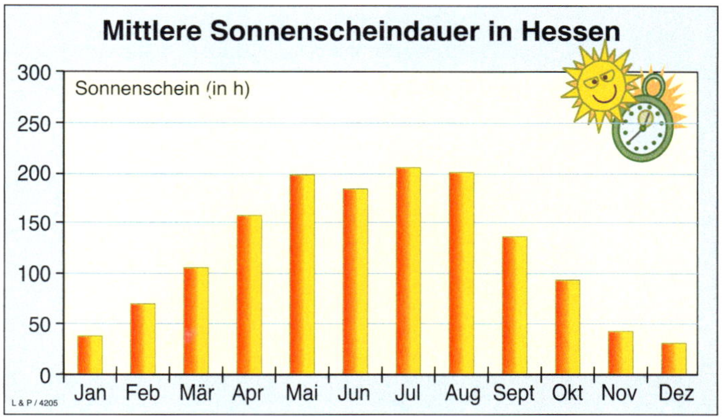

4. Meteorologen erfassen Temperaturdaten über lange Zeiträume, um Veränderungen im Klima untersuchen zu können. Für die Messstation auf Helgoland wurden die unten stehenden Tagesmittelwerte gemessen.

a) Stelle die Messwerte grafisch dar.

b) Bestimme den Term einer allgemeinen Sinusfunktion, die die Messwerte möglichst gut annähert.

JJJJMM bedeutet, dass die ersten 4 Ziffern die Jahreszahl und die übrigen 2 den Monat angeben.

Monatswerte					
JJJJMM	Tagesmittel (in °C)	JJJJMM	Tagesmittel (in °C)	JJJJMM	Tagesmittel (in °C)
200307	18.3	200206	15.3	200105	10.9
200306	15.8	200205	11.8	200104	6.2
200305	11.1	200204	7.9	200103	2.9
200304	7.6	200203	5.7	200102	3.0
200303	4.8	200202	5.8	200101	3.7
200302	0.8	200201	4.7	200012	5.9
200301	2.5	200112	4.6	200011	8.8
200212	2.3	200111	9.0	200010	12.9
200211	7.0	200110	14.3	200009	15.4
200210	10.3	200109	14.4	200008	16.8
200209	16.7	200108	18.0	200007	15.1
200208	19.8	200107	17.4	200006	14.1
200207	17.0	200106	13.3		

5. Soffie hat zu den Daten eines periodischen Prozesses mithilfe des GTR den Term einer allgemeinen Sinusfunktion ermittelt.

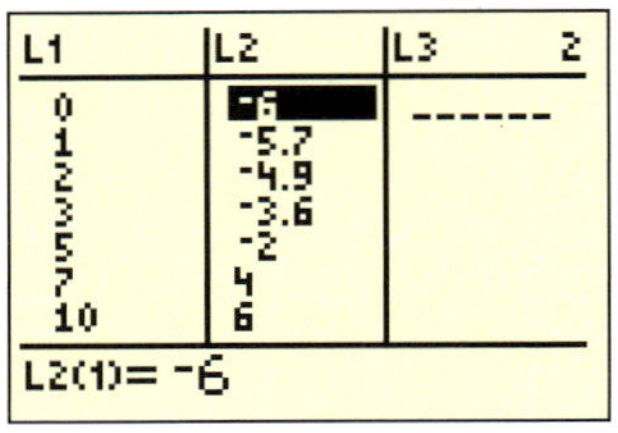

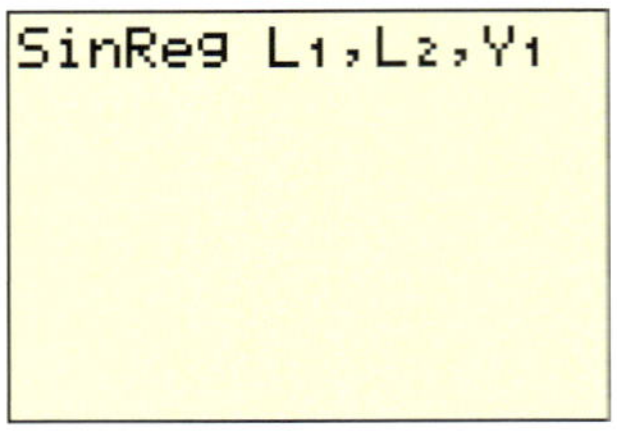

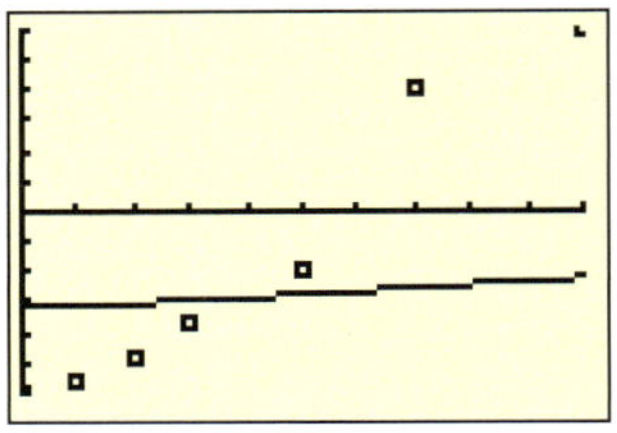

Da ihr das Ergebnis nicht zusagt, hat sie es noch einmal auf andere Weise versucht. Finde den Fehler bei ihrem ersten Vorgehen und gib ihr einen Tipp.

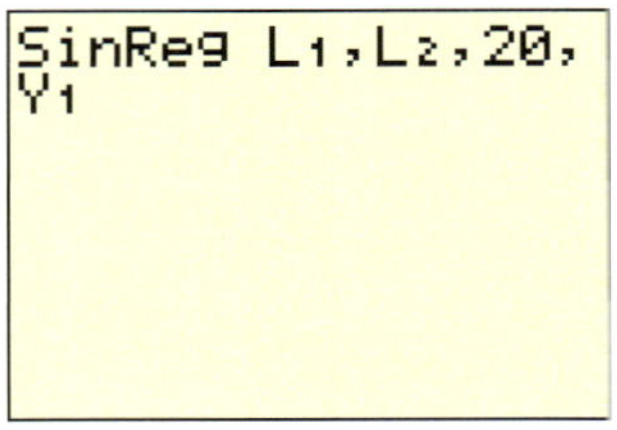

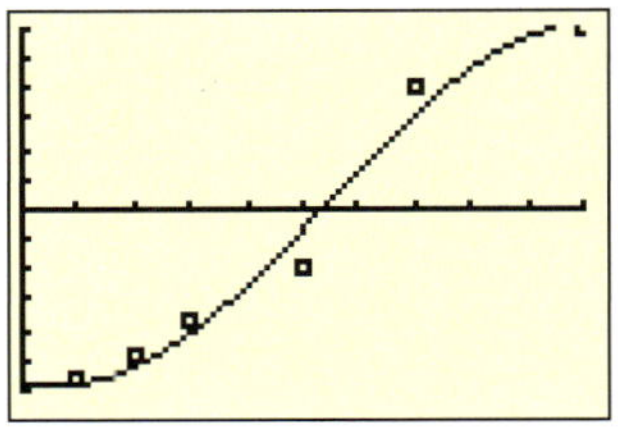

6. Beschreibe die mittleren Tagestemperaturen durch allgemeine Sinusfunktionen.

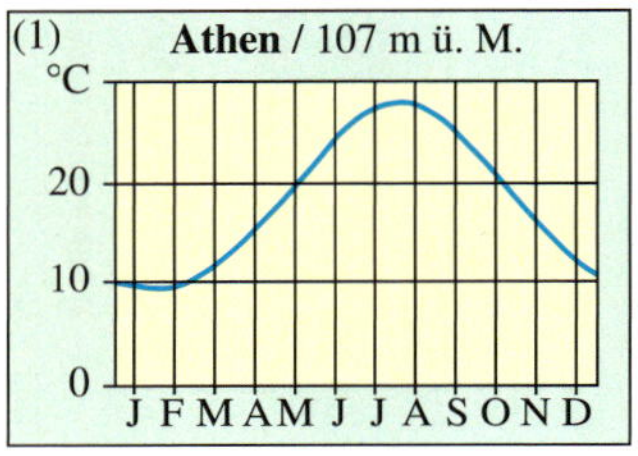

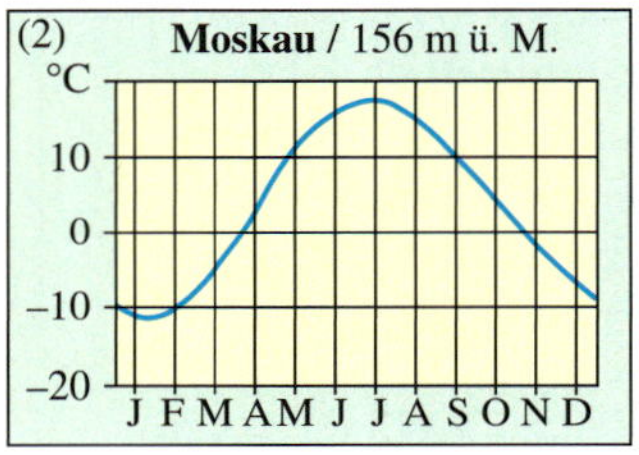

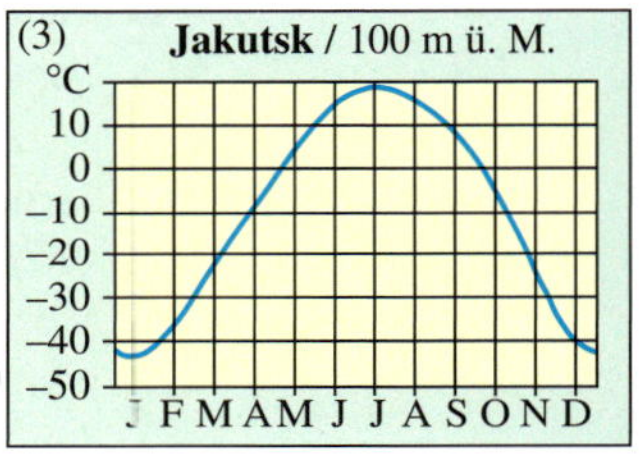

7. Taschenkalender enthalten oftmals auch die Auf- und Untergangszeiten des Mondes. Bestimme ein geeignetes Modell für die Mondscheindauer.

Mondscheindauer in Berlin		
Datum	Aufgang	Untergang
01.03.09	07.49	23.46
02.03.09	08.11	–
03.03.09	08.42	01.11
04.03.09	09.26	02.29
05.03.09	10.28	03.35
06.03.09	11.45	04.25
07.03.09	13.13	05.01
08.03.09	14.43	05.26
09.03.09	16.11	05.45
10.03.09	17.37	06.00

Mondscheindauer in Berlin		
Datum	Aufgang	Untergang
11.03.09	19.01	06.14
12.03.09	20.22	06.27
13.03.09	21.43	06.41
14.03.09	23.02	06.58
15.03.09	–	07.18
16.03.09	00.17	07.45
17.03.09	01.26	08.21
18.03.09	02.25	09.08
19.03.09	03.11	10.05
20.03.09	03.46	11.12

Mondscheindauer in Berlin		
Datum	Aufgang	Untergang
21.03.09	04.12	12.23
22.03.09	04.32	13.37
23.03.09	04.47	14.52
24.03.09	05.01	16.08
25.03.09	05.13	17.24
26.03.09	05.25	18.43
27.03.09	05.39	20.05
28.03.09	05.55	21.30
29.03.09	06.15	22.57
30.03.09	06.44	–
31.03.09	07.25	00.19

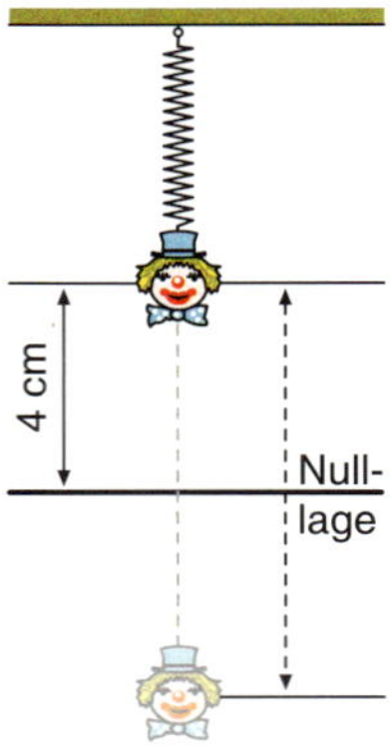

8. Ein Federpendel ist aus der Nulllage um 4 cm nach oben ausgelenkt worden. 2 Sekunden nach dem Loslassen ist es das erste Mal wieder ganz oben angelangt. Beschreibe die Auslenkung in Abhängigkeit von der Zeit durch eine geeignete Sinus- oder Kosinusfunktion.

9. In Zeitschriften findet man neben Horoskopen gelegentlich auch Informationen zum Biorhythmus. Danach sollen die körperliche, die emotionelle und die intellektuelle Leistungsfähigkeit Höhen und Tiefen wie eine Sinuskurve haben. Man gibt dabei 23 Tage (körperlich), 28 Tage (emotional) und 33 Tage (intellektuell) für die jeweilige Periode ab dem eigenen Geburtsdatum an. Stelle geeignete Fragen und beantworte sie mithilfe des GTR.

3.6 Tangensfunktion

Aufgabe 1

Für spitze Winkel α gilt $\tan(\alpha) = \frac{\sin(\alpha)}{\cos(\alpha)}$. Diese Gleichung soll für alle Winkelgrößen (sowohl im Gradmaß als auch im Bogenmaß) gelten. Deshalb verwendet man diese Gleichung zur Definition des Tangens beliebiger Winkelgrößen, deren Kosinus nicht null ist.
Skizziere den Graphen der Sinus- und der Kosinusfunktion im Bereich $-\frac{\pi}{2} \le x \le 2{,}5\,\pi$. Erschließe daraus den Verlauf des Graphen der Tangensfunktion. Nenne Eigenschaften der Tangensfunktion.

Lösung

An den Nullstellen der Sinusfunktion, also den Stellen $(\ldots;\ 0;\ \pi;\ 2\pi;\ \ldots)$, hat auch die Tangensfunktion den Wert 0.
An den Nullstellen der Kosinusfunktion $(\ldots;\ -\frac{\pi}{2};\ \frac{\pi}{2};\ 1{,}5\,\pi;\ 2{,}5\,\pi;\ \ldots)$ ist der Tangens nicht definiert, da nicht durch 0 dividiert werden kann. Nähert man sich der Definitionslücke $\frac{\pi}{2}$ von links an, so nähern sich die Sinuswerte 1 und die Kosinuswerte sind positiv, aber nähern sich 0.
Als Quotient $\frac{\sin(\alpha)}{\cos(\alpha)}$ wird der Tangens beliebig groß. Der Graph schmiegt sich der Geraden mit der Gleichung $x = \frac{\pi}{2}$ im positiven Bereich an.
Nähert man sich der Stelle $\frac{\pi}{2}$ von rechts an, so nähert sich $\sin(x)$ wiederum dem Wert 1; $\cos(x)$ ist negativ und nähert sich dem Wert 0. Also werden die Tangenswerte unbegrenzt kleiner. Auch auf dieser Seite schmiegt sich der Tangensgraph der Geraden zu $x = \frac{\pi}{2}$ an, aber im negativen Bereich.
Entsprechendes gilt für die übrigen Definitionslücken. Der Graph wiederholt sich jeweils bei π, hat also die Periode π.

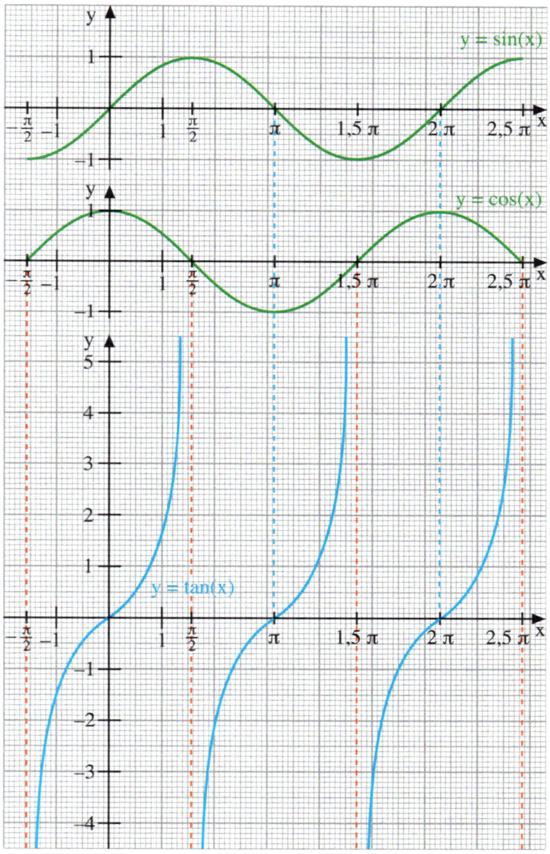

Information

(1) Tangensfunktion

Definition

Für beliebige Winkelgrößen $x \in \mathbb{R}$ (im Bogenmaß) mit $x \neq \frac{\pi}{2} + k \cdot \pi$ $(k \in \mathbb{Z})$ gilt:

$$\mathbf{\tan(x) = \frac{\sin(x)}{\cos(x)}}$$

Die Funktion mit der Gleichung $y = \tan(x)$, wobei $x \in \mathbb{R}$ und $x \neq \frac{\pi}{2} + k \cdot \pi$ mit $k \in \mathbb{Z}$, heißt **Tangensfunktion**.
Die Definitionsmenge der Tangensfunktion ist die Menge $\mathbb{R}$ der reellen Zahlen ohne die Zahlen $\ldots,\ -\frac{5}{2}\pi;\ -\frac{3}{2}\pi;\ -\frac{1}{2}\pi;\ \frac{1}{2}\pi;\ \frac{3}{2}\pi;\ \frac{5}{2}\pi;\ \ldots$, allgemein $(2k+1) \cdot \frac{\pi}{2}$ mit $k \in \mathbb{Z}$.

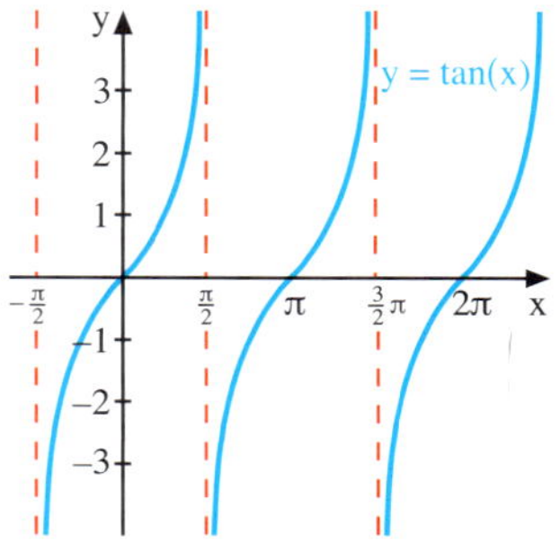

Eigenschaften der Funktion mit y = tan (x)

(1) Nullstellen sind bei $k \cdot \pi$ mit $k \in \mathbb{Z}$.

(2) Die Funktion ist periodisch mit der kleinsten Periodenlänge π. Es gilt:
$\mathbf{tan\,(x + \pi) = tan\,(x)}$

(3) Bei Annäherung an die Stellen $\frac{1}{2}\pi + k\pi$ mit $k \in \mathbb{Z}$ schmiegt sich der Graph sowohl von links als auch von rechts der Geraden $x = \frac{1}{2}\pi + k \cdot \pi$ immer mehr an. Diese Geraden sind senkrechte Asymptoten des Graphen.

(4) Die Wertemenge der Tangensfunktion ist $\mathbb{R}$.

(2) Darstellung des Tangens am Einheitskreis

Der Tangens einer Winkelgröße ist als Tangentenabschnitt am Einheitskreis darstellbar.

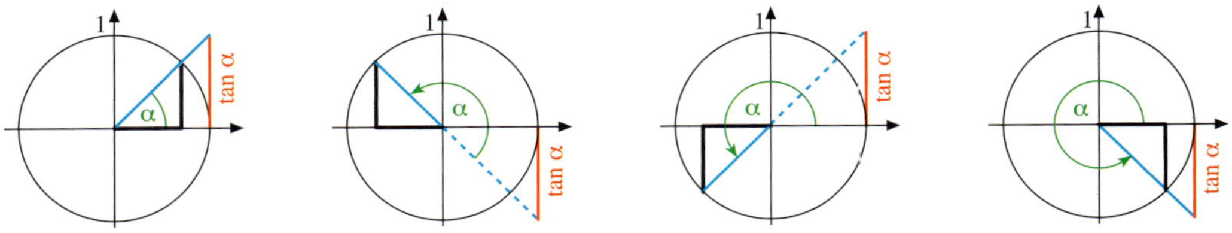

Da die eingezeichneten Dreiecke jeweils ähnlich zueinander sind, stimmen die entsprechenden Seitenverhältnisse überein.
Es gilt also jeweils für die Kathetenverhältnisse: $\frac{\sin(\alpha)}{\cos(\alpha)} = \frac{\tan(\alpha)}{1}$

Weiterführende Aufgabe

2. *Punktsymmetrie des Graphen der Tangensfunktion*
Begründe folgenden Satz mithilfe der Darstellung des Tangens am Einheitskreis.

- Der Graph der Tangensfunktion ist punktsymmetrisch zu allen Punkten, an denen der Graph die x-Achse schneidet, insbesondere auch zum Koordinatenursprung.
  Bezüglich des Koordinatenursprungs gilt also:
  $\mathbf{tan\,(-x) = tan\,(x)}$
- Der Graph der Tangensfunktion ist punktsymmetrisch zu allen Stellen auf der x-Achse, für die die Tangensfunktion nicht definiert ist. Es gilt also:
  $\mathbf{tan\left(\frac{\pi}{2} + x\right) = tan\left(\frac{\pi}{2} - x\right)}$

Übungsaufgaben

3. Skizziere mit einem Rechner den Graph der Tangensfunktion. Beschreibe ihn und begründe seine Eigenschaften mithilfe der Sinus- und Kosinusfunktion.

4. Stelle dir den Graph der Tangensfunktion vor und schätze damit folgende Werte. Kontrolliere anschließend durch Berechnung mit dem Rechner.

a) tan (−0,5) **b)** tan (1) **c)** tan (2) **d)** tan (5)

5. Bestimme alle x, für die gilt:

a) tan (x) = 0 **b)** tan (x) = 1 **c)** tan (x) = 0,7 **d)** tan (x) = −0,2

3.7 Aufgaben zur Vertiefung

1. In den Abbildungen sind die Graphen von periodischen Funktionen gezeigt. Sie sind aus Stücken der Sinuskurve zusammengesetzt. Untersuche die Graphen der Funktionen auf Punkt- und Achsensymmetrie. Gib gegebenenfalls die Symmetriepunkte bzw. die Symmetrieachsen an. Bestimme auch die Periodenlänge.

a)

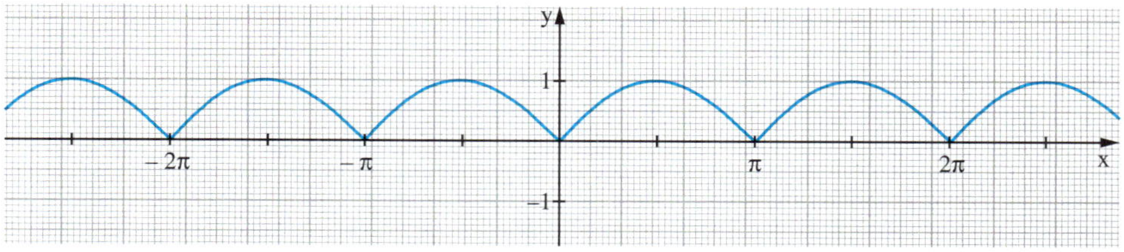

b)

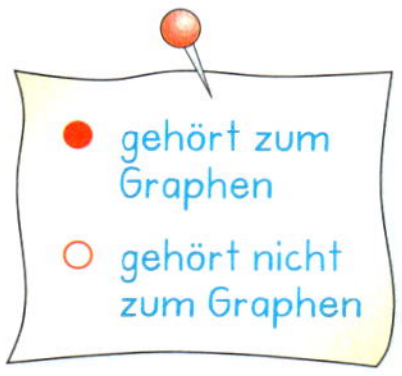

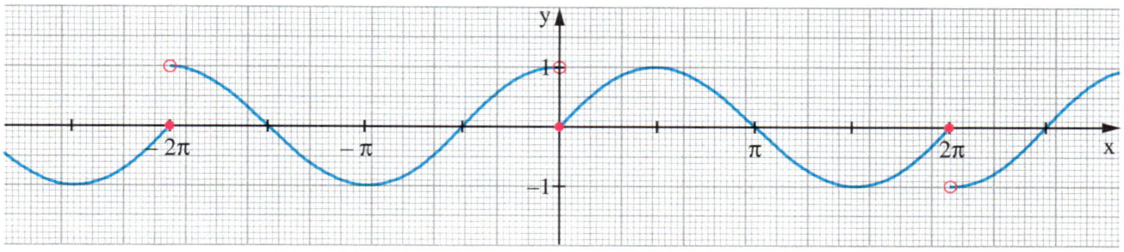

c)

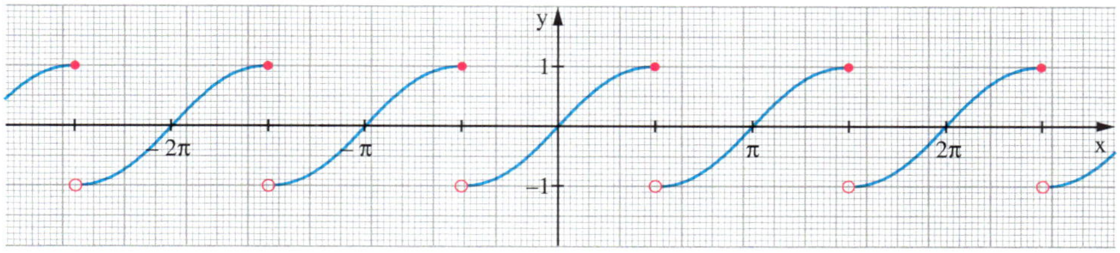

d)

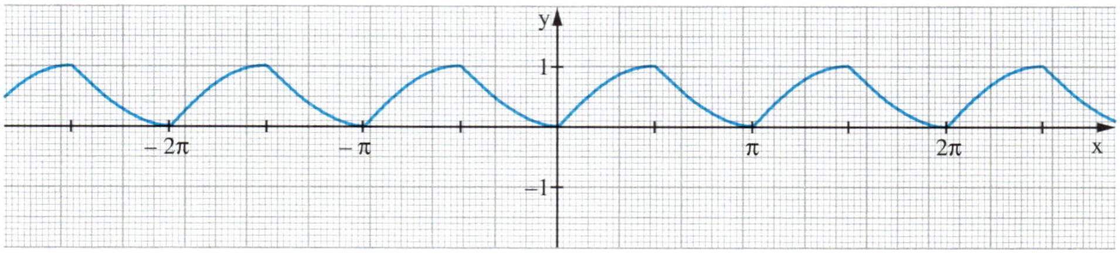

2. Erstelle selbst Bilder wie in Aufgabe 1. Dokumentiere die Lösungen.

3. Zeichne den Graphen der Kosinusfunktion mit $y = \cos(x)$ und geeignete Parabelbögen (Streckungen und Verschiebungen der Normalparabel), die die Kosinusfunktion abschnittsweise annähern. Beurteile die Güte, mit der die Kosinusfunktion selbst modelliert wird. Verwende dazu auch die **TABLE**-Funktion des Rechners.

4. Begründe am Einheitskreis folgende Formeln.

a) $\tan(\pi - x) = -\tan(x)$

b) $\tan(2\pi - x) = -\tan(x)$

Im Blickpunkt

Im Blickpunkt

Spiralen

Friedensreich Hundertwasser (738) GRASS FOR THOSE WHO CRY

In der Natur kommen oft Spiralen vor. Seit Jahrtausenden sind sie auch zur künstlerischen Gestaltung verwendet worden.

1. Erläutere, warum eine Spirale kein Graph einer Funktion ist.

2. Auch Kreise sind keine Funktionsgraphen. An einem Kreis soll eine Beschreibung von Kurven erarbeitet werden, die nicht Graph einer Funktion sind.
   Der Arm eines Bohrautomaten ist in der Ebene frei beweglich. Mit dem Bohrer sollen in eine Scheibe mit dem Durchmesser 2,40 m 12 Löcher in rotationssymmetrischer Anordnung, jeweils 20 cm vom Rand entfernt, gebohrt werden.
   Wähle ein geeignetes Koordinatensystem und gib dann die Koordinaten der Bohrlöchermittelpunkte an.

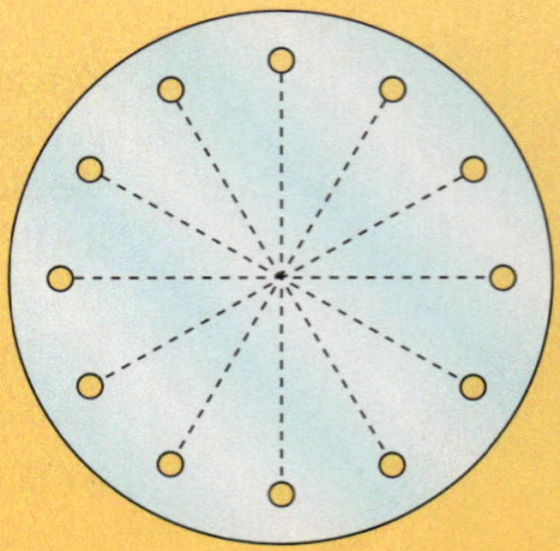

3. Erläutere die folgende Möglichkeit zur Beschreibung eines Kreises.

Die Beschreibung aller Punkte $P(x|y)$ durch die Gleichungen $x = r \cdot \cos\alpha$ und $y = r \cdot \sin\alpha$ heißt **Parameterdarstellung des Kreises** mit Radius r um den Ursprung.

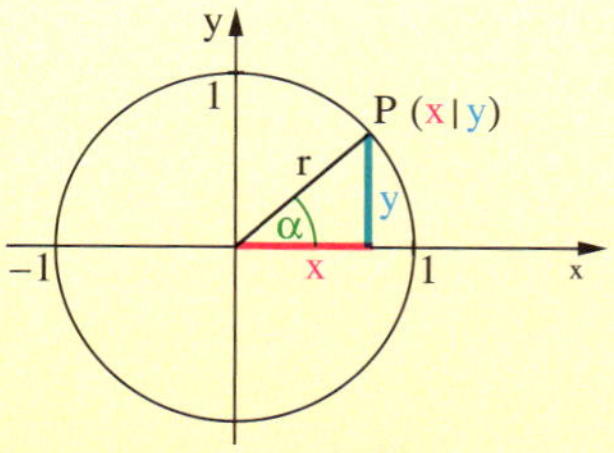

4. Der GTR kann nicht nur Funktionsgraphen zeichnen, sondern auch mit Parameterdarstellungen arbeiten.

Zur Parameterdarstellung eines Kreises mit dem GTR muss dieser in den Parametermodus für grafische Darstellungen umgeschaltet werden.

Im Menü **Y =** werden dann für die x-Koordinate und für die y-Koordinate die Werte eingegeben; im Beispiel für einen Kreis mit $r = 2{,}5$.

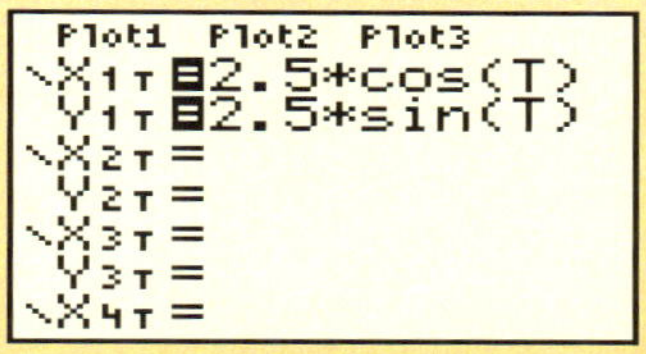

Damit keine Verzerrungen des Bildes auftreten, wählt man mithilfe des Befehls **ZSquare** ein Koordinatensystem mit gleicher Skalierung der x- und y-Achse.

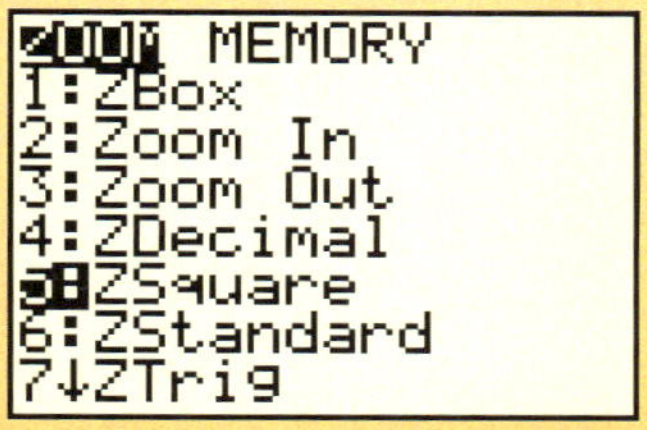

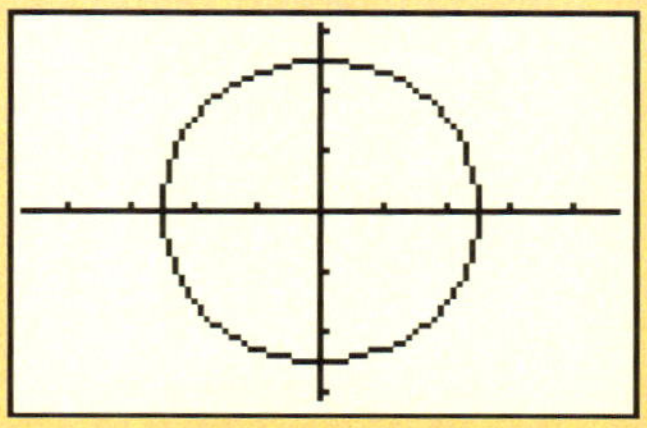

5. Zeichne mit deinem GTR einen Kreis mit dem Radius 3.

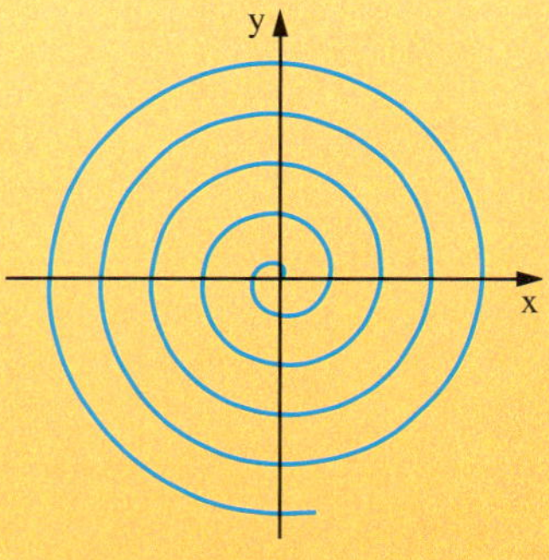

6. Eine besonders einfache Spirale ist die **archimedische Spirale:**

Statt Strahl sagt man auch Halbgerade.

Ein im Ursprung beginnender Strahl g bewegt sich mit konstanter Geschwindigkeit ω_0 (Winkelgeschwindigkeit). Gleichzeitig bewegt sich ein Punkt auf dem Strahl mit konstanter Geschwindigkeit v_0 nach außen.

Der Punkt P beschreibt dadurch in der Ebene eine Kurve, welche *archimedische Spirale* genannt wird (Bild rechts).

a) Zeige, dass mit der Zeit t als Parameter die archimedische Spirale die Parameterdarstellung $x = v_0 \cdot t \cos(\omega_0 \cdot t)$ und $y = v_0 \cdot t \sin(\omega_0 \cdot t)$ hat.

b) Zeichne mit dem GTR für verschiedene Werte von v_0 und ω_0 Spiralen. Beschreibe, welchen Einfluss v_0 und ω_0 auf die Spiralenform haben.

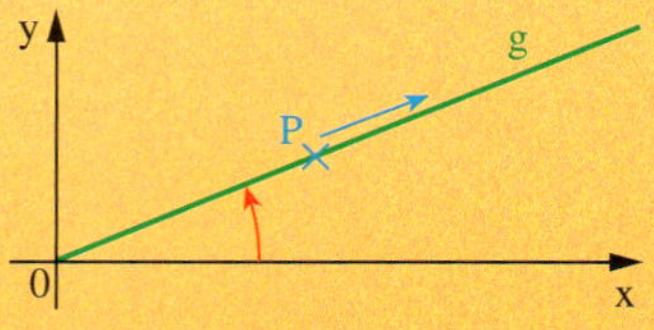

Bist du fit?

1. Rechne die Winkelangaben in das jeweils andere Winkelmaß um. Runde im Gradmaß auf zehntel Grad, im Bogenmaß auf Hundertstel.

a) 20°; 48°; 217°; 90°; 68°

b) 1,4; 0,6; 4,2; 2,1; 1,7

c) $\pi°$; π; 1; 1°; 100°

d) 3,8°; −2,9; 171°; 1,4; −126°

2. Bestimme alle Winkelgrößen (im Bogenmaß), die die Gleichung lösen. Runde auf Zehntel.

a) $\sin(x) = 1$ **b)** $\cos(x) = 0{,}42$ **c)** $\sin(x) = 0{,}84$ **d)** $\cos(x) = -0{,}72$

3. Skizziere die Kosinuskurve. Gib dann Symmetrieeigenschaften der Kosinusfunktion an und begründe diese am Einheitskreis.

4. Zeichne den Graphen der Funktion und prüfe, ob die gegebenen Punkte auf dem Graphen liegen.

a) Funktionsgleichung $y = 1{,}5 \cdot \cos(x)$ $P\left(\frac{\pi}{9}\middle|2\right)$; $Q\left(\frac{\pi}{3}\middle|\frac{3}{4}\right)$; $R\left(\frac{5\pi}{2}\middle|-1\right)$

b) Funktionsgleichung $y = 2 \cdot \sin\left(\frac{1}{2}x\right) + 1$ $S(2\pi|0)$; $T\left(\frac{\pi}{3}\middle|2\right)$; $U(6\pi|0)$

5. Beschreibe, wie der Graph der Funktionen aus dem der Sinusfunktion mit $y = \sin(x)$ hervorgeht.

a) $y = 0{,}5 \cdot \sin(2x)$

b) $y = 2 \cdot \sin\left(x - \frac{\pi}{2}\right)$

c) $y = \sin(x + \pi) - \pi$

d) $y = -\sin\left(\frac{1}{2}(x + \pi)\right)$

e) $y = \sin(\pi x - 2\pi)$

f) $y = \cos(x)$

6. Gib eine Funktionsvorschrift der abgebildeten Funktionsgraphen an.

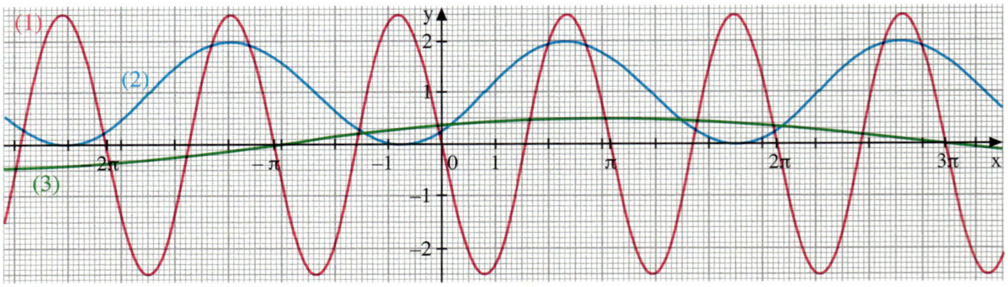

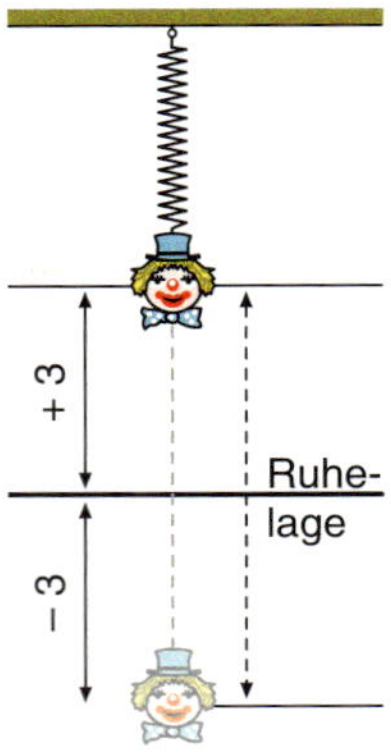

7. Zu Beobachtungsbeginn befindet sich das Pendel in unterer Maximalauslenkung. In Bezug zur Ruhelage werden folgende Messwerte für die Auslenkung aufgenommen:

Zeit (in s)	0	2	4	6	10	15	20
Auslenkung (in cm)	−3	−2,86	−2,45	−1,81	−0,97	2,02	3

a) Gib eine Funktion an, die die Bewegung gut modelliert.

b) Wie lange braucht das Pendel, um den Ausgangspunkt wieder zu erreichen? Welche Auslenkung hat das Pendel nach 1 Minute?

c) Welche Annahmen zur Vereinfachung hast du gemacht?

8. Der Graph einer Sinusfunktion mit dem Term $f(x) = a \sin(b(x - c)) + d$ ist unter anderem durch Verschiebung um 1 nach rechts aus dem Graphen der Sinusfunktion entstanden. Er hat die Periode 5 und verläuft durch die Punkte $P(2{,}25|7)$ und $Q(4{,}75|1)$. Ermittle den Funktionsterm.

4. DIFFERENZIALRECHNUNG

Während der Tour de France werden täglich die Höhenprofile der einzelnen Etappen in den Sportteilen der Zeitungen veröffentlicht.
Aus diesen Höhenprofilen kann man u.a. entnehmen, welche *Steigungen* die Radsportler zu bewältigen haben. So kann man Etappen oder Teile von Etappen miteinander vergleichen.
Die folgende Grafik zeigt das Höhenprofil der 17. Etappe vom 22. Juli 2010.

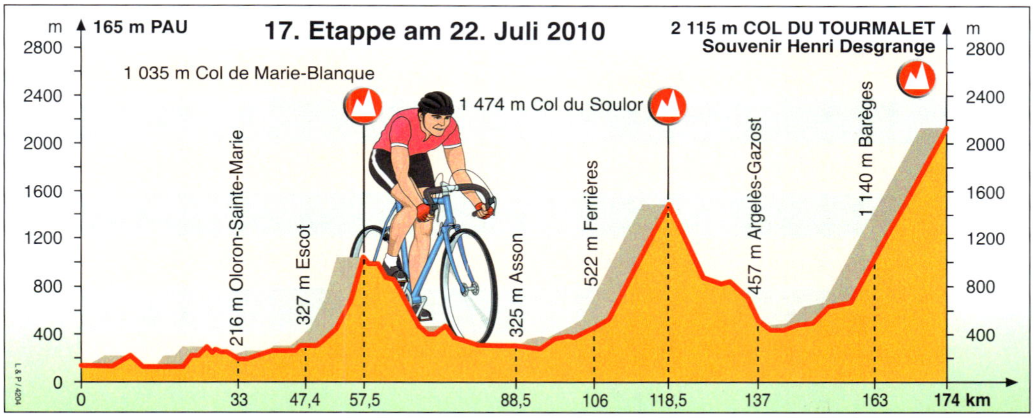

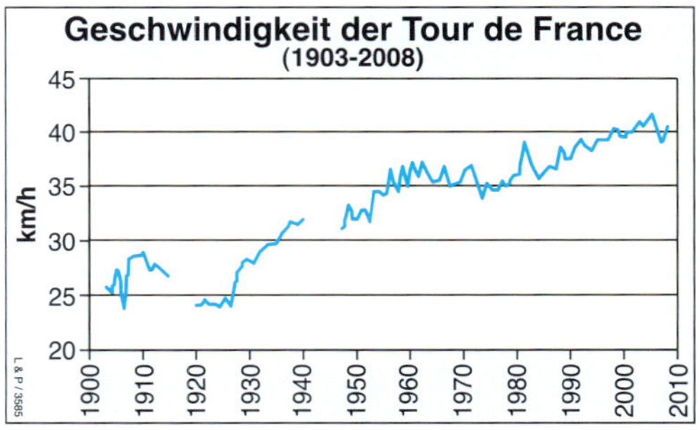

- Beschreibe das abgebildete Höhenprofil mit Worten.
  In welchen Abschnitten liegen die größten Steigungen?
  In welchen Teilen werden die Fahrer vermutlich eine hohe Geschwindigkeit erreichen?
- Das Höhenprofil vermittelt einen übertriebenen Eindruck von den Steigungen der Etappe. Woran liegt das?
- Schätze für einige Teilstrecken dieser Etappe die Steigung, die die Fahrer überwinden müssen.
- Die Geschwindigkeit, mit der die Tour de France gefahren wird, hat sich in den letzten Jahrzehnten sehr geändert. In welchem Zeitraum erfolgte der stärkste Leistungsanstieg?

Du weißt schon, was man unter der Steigung einer Geraden versteht und wie man die Steigung einer Geraden bestimmt.
In diesem Kapitel werden wir erarbeiten, was man unter der Steigung eines gekrümmten Graphen versteht und wie man diese bestimmen kann. Mit diesen Kenntnissen lässt sich das Änderungsverhalten von Funktionen gut beschreiben.

4.1 Änderungsrate und Sekantensteigung

Aufgabe 1

Änderungsrate aus diskreten Daten

Bei einer Überschwemmung eines Flusses wurden folgende Wasserstände im Radio gemeldet.

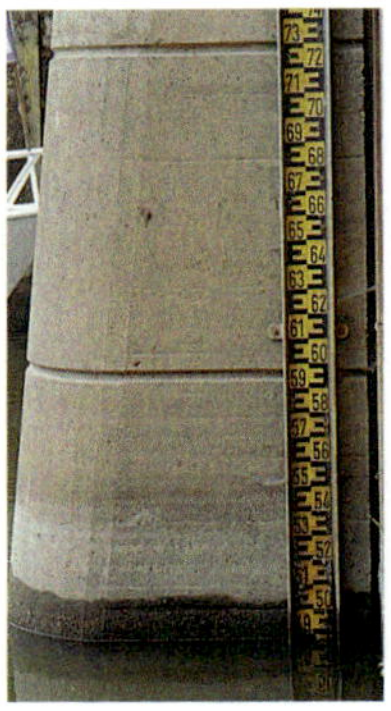

Uhrzeit	6 Uhr	8 Uhr	9 Uhr	12 Uhr	16 Uhr
Wasserstand	2,0 m	2,2 m	2,4 m	3,3 m	4,1 m

Skizziere den Graphen der Funktion *Uhrzeit* ⟶ *Wasserstand*. Bestimme, wann der Wasserstand am schnellsten angestiegen ist.

Lösung

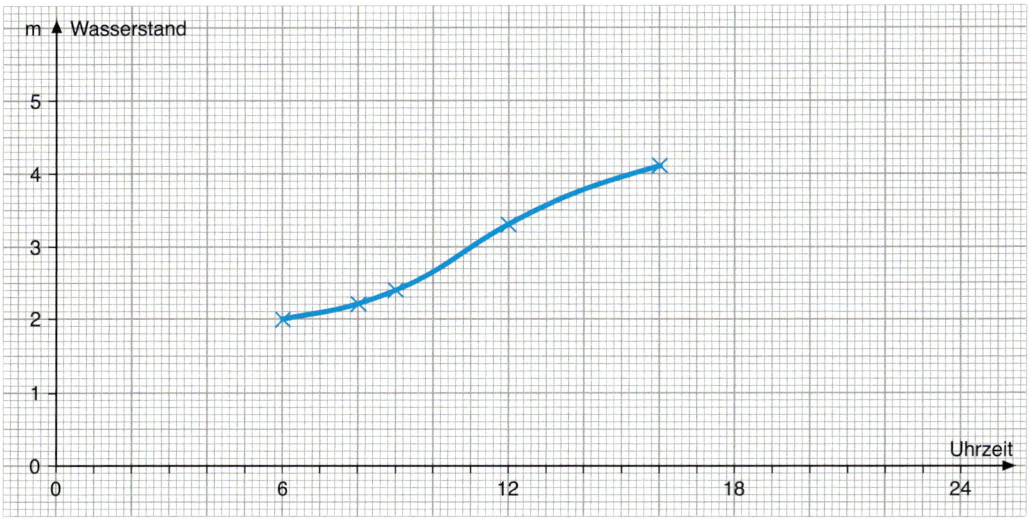

Die einzelnen Punkte wurden verbunden, da es auch für die Zeitpunkte zwischen den Messungen Wasserstände gibt; ihre genaue Höhe ist aber nicht bekannt. Am Graphen erkennt man, dass der Wasserstand zu Beginn langsam anstieg, dann schneller und zum Schluss wieder etwas langsamer. Da die Abstände zwischen den Zeitpunkten unterschiedlich groß sind, kann man nicht nur die Wasserstandsänderungen zwischen diesen Zeitpukten miteinander vergleichen, sondern muss die Länge der Zeitspanne berücksichtigen. Wir stellen dies in einer Tabelle zusammen.

	6 bis 8 Uhr	8 bis 9 Uhr	9 bis 12 Uhr	12 bis 16 Uhr
Zeitspanne	2 h	1 h	3 h	4 h
Wasserstandsänderung	0,2 m	0,2 m	0,9 m	0,8 m
Wasserstandsänderung pro Stunde	$\frac{0{,}2\text{ m}}{2\text{ h}} = 0{,}1\ \frac{\text{m}}{\text{h}}$	$\frac{0{,}2\text{ m}}{1\text{ h}} = 0{,}2\ \frac{\text{m}}{\text{h}}$	$\frac{0{,}9\text{ m}}{3\text{ h}} = 0{,}3\ \frac{\text{m}}{\text{h}}$	$\frac{0{,}8\text{ m}}{4\text{ h}} = 0{,}2\ \frac{\text{m}}{\text{h}}$

Zum Vergleich der Werte wurden in der letzten Zeile der Tabelle die Wasserstandsänderungen pro Stunde berechnet.

Ergebnis: Von 9 Uhr bis 12 Uhr stieg der Wasserstand am schnellsten; genauer kann man den Zeitpunkt aus den vorliegenden Daten nicht bestimmen.

Aufgabe 2

Änderungsrate bei linearen Funktionen

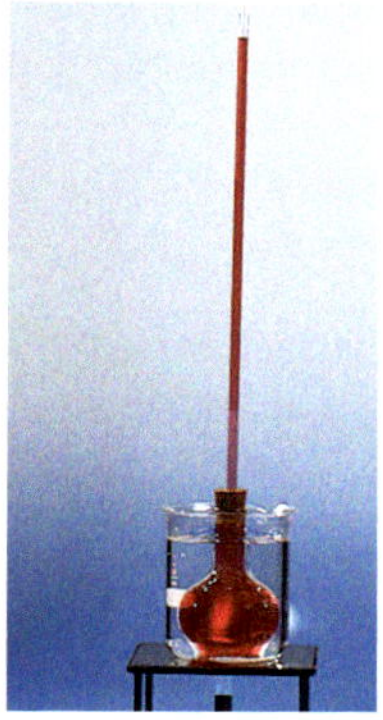

Sabrina und Lennart experimentieren mit einem Flüssigkeitsthermometer, das noch keine Messskala aufweist. Zum Erstellen einer Messskala halten sie das Thermometer zunächst in Eiswasser der Temperatur 0 °C und markieren die Höhe der Flüssigkeit im Kapillarrohr als Nullpunkt.
Halten sie das Thermometer in schmelzendes Glycerin (18 °C), so steigt der Flüssigkeitsstand um 4,5 cm über den Nullpunkt an. Halten sie es in kochendes Wasser der Temperatur 100 °C, so steigt es sogar um 25 cm über den Nullpunkt an. Halten sie das Thermometer in schmelzendes Rizinusöl (– 12 °C), so fällt der Flüssigkeitsstand um 3 cm unter den Nullpunkt.

LEXIKON F

Flüssigkeitsthermometer bestehen aus einem kleinen **Glas**-Kolben zur Aufnahme der Thermometerflüssigkeit mit angeschmolzener kalibrierter Glaskapillare und einer Anzeige (Skala). Proportional zur Temperaturänderung ändert sich das Volumen der **Flüssigkeit**, wodurch der Stand in der **Kapillare** steigt beziehungsweise sinkt. Anhand des Standes und der Skalenmarkierung lässt sich die Temperatur ablesen. Je nach Messbereich verwendet man verschiedene Flüssigkeiten, z. B. **Alkohol** (–120° C bis 60° C), **Toluol** (–90° C bis 110° C) oder **Pentan** (–200° C) bis 35° C) und früher sehr häufig auch **Quecksilber** (–35° C bis 357° C), das heute aber fast nur noch im wissenschaftlichen Bereich anzutreffen ist.

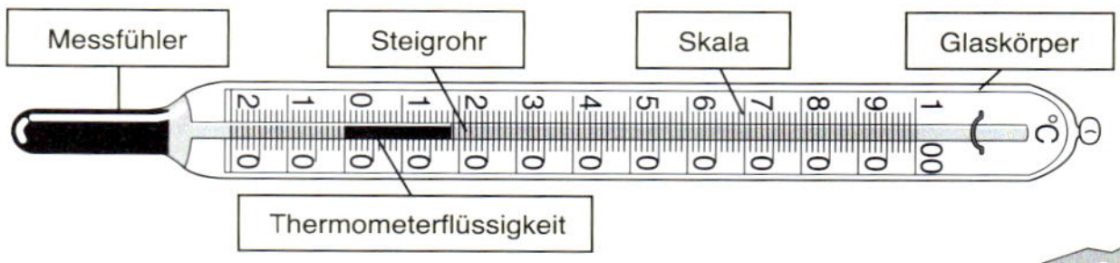

Zeichne den Graphen der Funktion *Temperatur → Flüssigkeitsstand*.
Vergleiche dann folgende Temperaturänderungen mit den zugehörigen Flüssigkeitsstandsänderungen:

(1) Erwärmung von 0 °C auf 18 °C
(2) Erwärmung von 18 °C auf 100 °C
(3) Abkühlung von 0 °C auf – 12 °C

Welche Folgerung kannst du daraus für die Einteilung der Messskala ziehen?

Lösung

Die Messpunkte liegen auf einer Geraden durch den Ursprung des Koordinatensystems.
Wir zeichnen die Temperaturänderungen und Flüssigkeitsstandsänderungen in den Graphen ein und stellen die Ergebnisse in einer Tabelle übersichtlich zusammen:

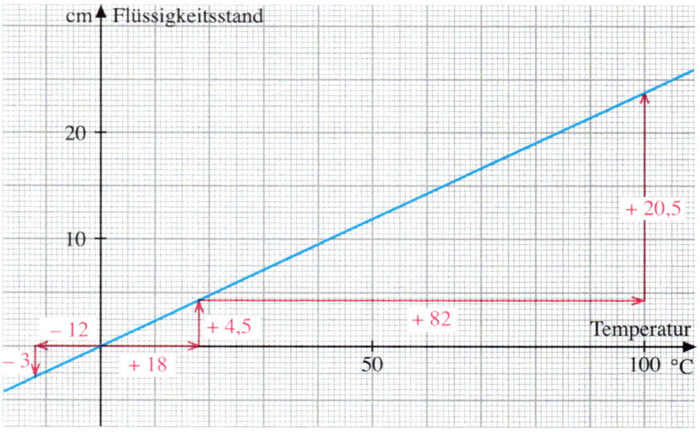

Jn der Physik werden Temperaturänderungen in K statt in °C angegeben.

Temperaturänderung (in °C)	+ 18	+ 82	– 12
Flüssigkeitsstandsänderung (in cm)	+ 4,5	+ 20,5	– 3,0
$\frac{\text{Flüssigkeitsstandsänderung}}{\text{Temperaturänderung}}$ $\left(\text{in } \frac{\text{cm}}{°\text{C}}\right)$	$\frac{+4{,}5}{+18} = 0{,}25$	$\frac{+20{,}5}{+82} = 0{,}25$	$\frac{-3{,}0}{-12} = 0{,}25$

Der Tabelle kann man entnehmen, dass die Flüssigkeitsstandsänderung (in cm) immer 0,25-mal so groß ist wie die Temperaturänderung (in °C). Daher kann man die Skala am Thermometer gleichmäßig einteilen: Eine doppelt so große Temperaturänderung führt auch zu einer doppelt so großen Flüssigkeitsstandsänderung.

Information

(1) Intervall

In Aufgabe 1 haben wir die Wasserstandsänderungen in bestimmten Zeitspannen betrachtet, in Aufgabe 2 die Längenänderungen in bestimmten Temperaturbereichen von einer Anfangs- bis zu einer Endtemperatur. Ensprechende Bereiche bezeichnet man als *Intervalle*.

Definition

Für zwei reelle Zahlen a, b mit $a < b$ ist das **(abgeschlossene) Intervall** [a;b] die Menge aller reellen Zahlen von a bis b:

$[a;b] = \{x \in \mathbb{R} \mid a \leq x \leq b\}$

Beispiel: [3;6]

Auf der Zahlengeraden kann man ein abgeschlossenes Intervall durch eine Strecke veranschaulichen.

(2) Änderungsrate

In Aufgabe 2 wurde betrachtet, wie sich eine Temperaturänderung auf den Flüssigkeitsstand auswirkt. Wir verallgemeinern: Verändert man bei einer Funktion den Ausgangswert von x_1 auf x_2 (wobei $x_2 \neq x_1$), so ändert sich der zugehörige Funktionswert von $f(x_1)$ auf $f(x_2)$.
Man kann die beiden Änderungen vergleichen, indem man den Quotienten $\frac{f(x_2) - f(x_1)}{x_2 - x_1}$ bildet.
Dieser Quotient heißt **Änderungsrate.**

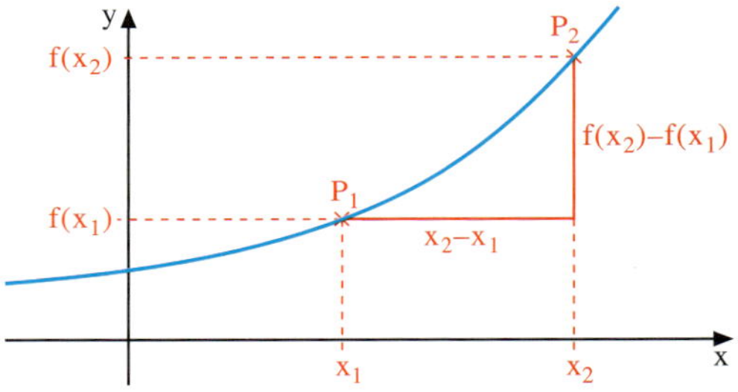

Er gibt an, mit welchem Faktor man die Änderung $x_2 - x_1$ der Ausgangswerte (Stellen) multiplizieren muss, um die Änderung $f(x_2) - f(x_1)$ der zugehörigen Funktionswerte zu erhalten.

Im Allgemeinen kann man bei einer Funktion nicht von *der* Änderungsrate sprechen, da sie in verschiedenen Intervallen verschieden groß ist. Z. B. gilt für das Beispiel rechts für die Änderungsrate

(1) zwischen 6 und 7 Uhr:
$$\frac{0{,}9\,°C - 1{,}8\,°C}{7\,h - 6\,h} = -0{,}9\,\frac{°C}{h}$$

(2) zwischen 9 und 10 Uhr:
$$\frac{11{,}1\,°C - 8{,}2\,°C}{10\,h - 9\,h} = 2{,}9\,\frac{°C}{h}$$

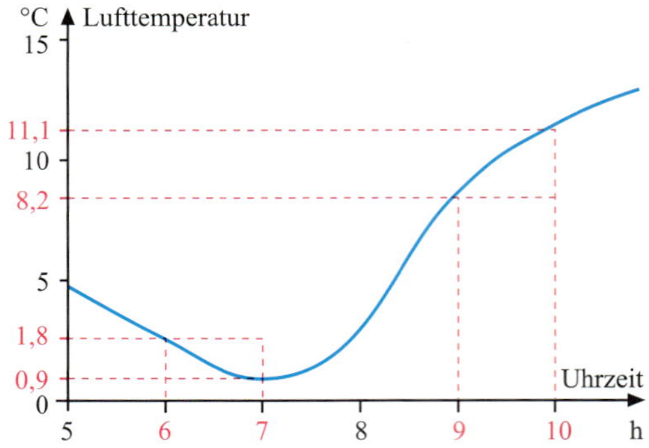

Bei der Angabe einer Änderungsrate muss somit auch angegeben werden, welches Intervall man betrachtet, in dem sich die Ausgangswerte verändern.

Man sagt auch ***Differenzenquotient***.

Definition: *Änderungsrate*

Gegeben ist eine Funktion f, die in einem Intervall [a; b] definiert ist.

Der Quotient $\frac{f(b) - f(a)}{b - a}$ heißt mittlere (oder durchschnittliche) **Änderungsrate von f im Intervall [a; b]**.

Geometrisch gedeutet ist dieser Quotient die Steigung m der Geraden (Sekante) durch die Punkte $P(a|f(a))$ und $Q(b|f(b))$ auf dem Graphen von f, also $m = \frac{f(b) - f(a)}{b - a}$.

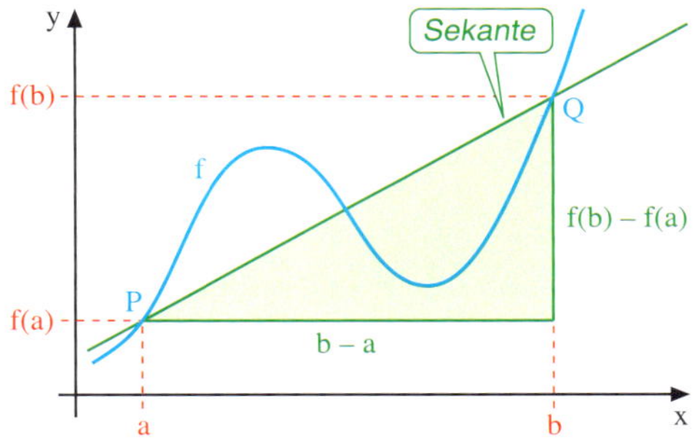

(3) Änderungsrate bei linearen Funktionen

Anhand der Berechnungsvorschrift der Änderungsrate erkennt man, dass sie mit der Steigung der Verbindungsstrecke der beiden Punkte $P_1(x_1|f(x_1))$ und $P_2(x_2|f(x_2))$ übereinstimmt. Ist der Graph eine Gerade, so ist die Änderungsrate überall gleich.

Beispiel: Für das Thermometer in Aufgabe 1 beträgt die Änderungsrate $0{,}25\,\frac{\text{cm}}{°\text{C}}$.

Bei einer linearen Funktion ist die Änderungsrate stets gleich der Steigung der zugehörigen Geraden.

Übungsaufgaben

3. Bei einer Sonnenblume wurde an verschiedenen Tagen gemessen, wie groß sie schon war:

Alter (in Tagen)	0	20	24	30	39	50	75
Höhe (in cm)	0	13	39	64	105	156	192

Zeichne den Graphen der Funktion *Alter* → *Höhe* und bestimme, wann die Sonnenblume am schnellsten gewachsen ist.

4. Ein Wetterdienst hat die Temperaturen eines Frühlingstages dargestellt.

a) Bestimme die Änderungsrate in der Zeit
(1) von 0 Uhr bis 5 Uhr;
(2) von 6 Uhr bis 9 Uhr;
(3) von 10 Uhr bis 12 Uhr;
(4) von 14 Uhr bis 24 Uhr.

b) Ermittle, in welchem Zeitraum von einer vollen Stunde bis zur nächsten
(1) der schnellste Temperaturanstieg;
(2) der schnellste Temperaturabfall
erfolgte.

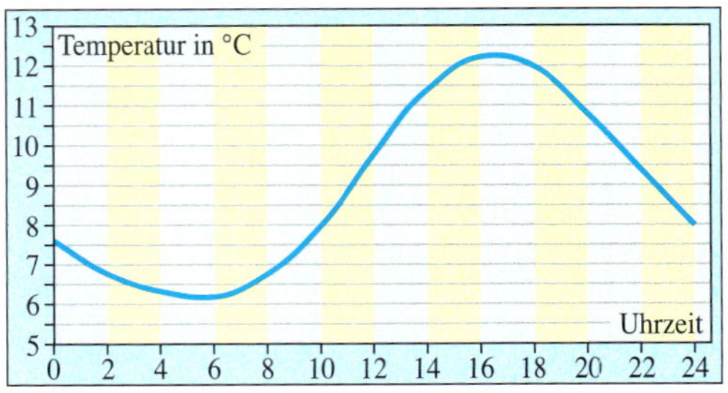

5. In einem Routenplaner wurden für die Strecke von Herborn nach Aßlar die nebenstehenden Daten ausgegeben.

a) Bestimme durch eine Überschlagsrechnung die durchschnittliche Geschwindigkeit über die gesamte Strecke.

b) Untersuche nun die Durchschnittsgeschwindigkeiten auf den einzelnen Streckenabschnitten.

(1) Auf welchem Streckenabschnitt wird vermutlich die höchste Geschwindigkeit gefahren? Auf welchem Streckenabschnitt wird vermutlich die kleinste Geschwindigkeit gefahren?

(2) Stelle in einem Koordinatensystem die Fahrstrecke in Abhängigkeit von der Fahrzeit dar. Kannst du deine Vermutungen aus Teilaufgabe a) anhand des Graphen bestätigen? Kontrolliere rechnerisch.

c) Welche Bedeutung hat in diesem Sachverhalt der Begriff Änderungsrate? Begründe.

Station	Strecke	Fahrzeit
35614 Aßlar		
35745 Herborn	23,60 km	0,16 min

Abschnitt	Gesamte Fahrstrecke	Gesamte Fahrzeit
1 Start	0,44 km	00:01
2	1,79 km	00:02
3	2,98 km	00:03
4	18,53 km	00:11
5	21,49 km	00:13
6	22,08 km	00:14
7 Ziel	23,60 km	00:16

L&P / 4206

6. Nimm Stellung zu den Äußerungen. Begründe deine Meinung.

7. Die Tabelle gibt die Bevölkerungsentwicklung einer Stadt an.

Jahr	1950	1970	1989	2000	2007
Einwohnerzahl	69 301	72 406	70 115	70 087	72 554

Bestimme, in welcher der angegebenen Zeitspannen die Bevölkerung sich am schnellsten verändert hat.

8. Stelle den folgenden Sachverhalt grafisch dar. Bestimme die Änderungsrate mit den Einheiten. Welche Bedeutung hat sie?

a) Marcs Eltern bekommen Heizöl geliefert.
Marc beobachtet die Tankuhr am Heizöltank und notiert die Werte in einer Tabelle.

Fülldauer (in min)	0	5	10	15	20
Tankinhalt (in *l*)	1 200	1 650	2 100	2 550	3 000

b) Ein Testzug fährt auf einer Neubaustrecke. Seine Position wird in Abhängigkeit von der Zeit festgestellt.

Zeit (in min)	0	5	10	15	20	25	30
Entfernung vom Streckenanfang (in km)	13,7	17,9	22,1	26,3	30,5	34,7	38,9

c) Ein Gefäß wird mit Öl gefüllt und dabei gewogen:

Füllmenge (in cm^3)	0	100	200	300	400	500	600
Gewicht (in g)	572	645	718	791	864	947	1 020

9. Skizziere den Graphen der Funktion *Zeit* → *Geschwindigkeit* und bestimme die Änderungsraten für die angegebenen Intervalle. Erläutere auch, was die Änderungsrate angibt.

Das liebt der Biker: Gaaaas, und ab geht die Post. Und das möglichst, ohne drei Gänge herunterzuschalten. Daher messen wir den **Durchzug**, also die Beschleunigung jeder Maschine im letzten Gang, von 60 bis maximal 180 km/h:

60 km/h – 100 km/h	5,3 sek
100 km/h – 140 km/h	6,3 sek
140 km/h – 180 km/h	7,6 sek

L&P/3145

10. In einer Vereinszeitung wird über verschiedene Entwicklungen in den letzten Jahren berichtet. Zur Veranschaulichung sind auch grafische Darstellungen angefertigt worden. Ordne die Schlagzeilen den unten abgebildeten Graphen zu. Begründe deine Zuordnung.

Beitragserhöhungen werden geringer

Mitgliederanzahlen wachsen schneller

Schuldenberg schmilzt mit steigendem Tempo

Durchschnittsalter sinkt langsam, aber stetig

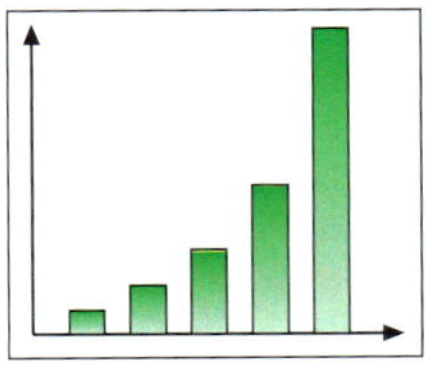
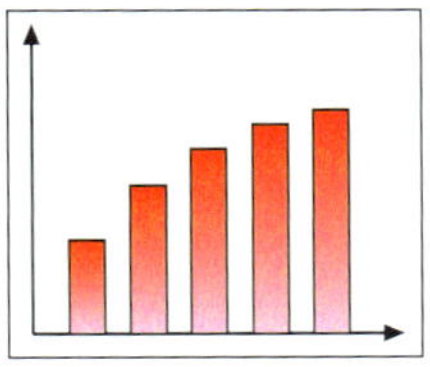
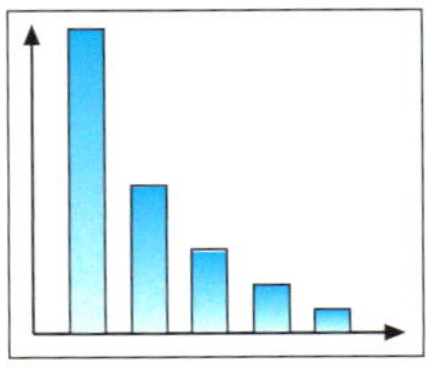
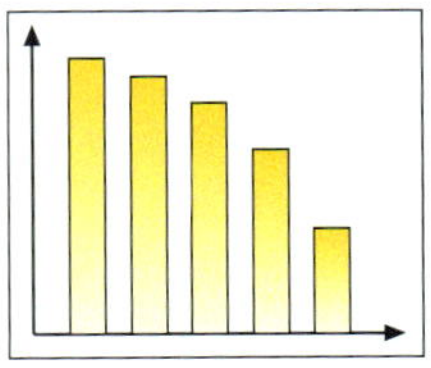

4.2 Tangentensteigung und Änderungsrate – Ableitung

4.2.1 Steigung eines Funktionsgraphen in einem Punkt – Ableitung

Einführung

Wir denken uns den Graphen der Funktion als ein Höhenprofil einer Straße und stellen uns vor, dass wir mit einem Fahrrad diese Straße von links nach rechts entlang fahren. Im Punkt $A(a|f(a))$ fahren wir bergauf; der Graph *steigt* an. Im Punkt $B(b|f(b))$ haben wir den Gipfel eines Berges (Hochpunkt) erreicht. Im Punkt $C(c|f(c))$ fahren wir bergab; der Graph *fällt*.

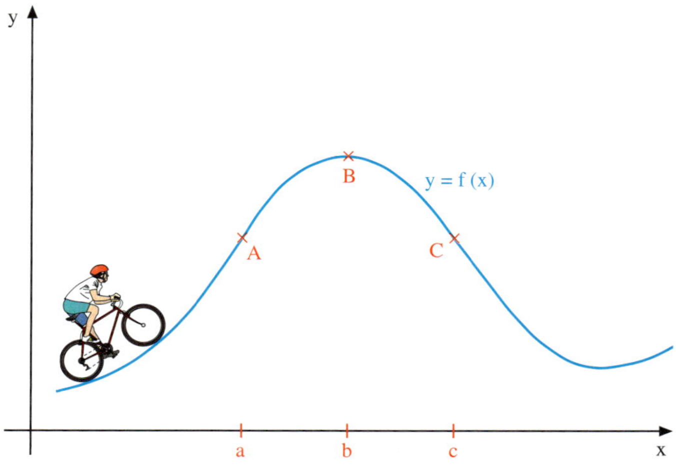

Stellen wir uns dagegen vor, dass wir auf einer Geraden entlang fahren, so ändert sich die Steigung nicht. Bei gekrümmten Graphen jedoch kann man offensichtlich nur von der Steigung des Graphen in einem einzelnen Punkt sprechen, da die Steigung in jedem Punkt des Graphen verschieden sein kann.

Wir versuchen, die Steigung des Funktionsgraphen in einem Punkt mithilfe des bekannten Begriffs der Steigung einer Geraden zu erklären. Dazu zeichnen wir in diesem Punkt eine Gerade an den Graphen, die sich diesem in der Nähe des Punktes möglichst gut anschmiegt. Ähnlich wie beim Kreis bezeichnen wir diese Gerade als *Tangente*. In der Nähe des betrachteten Punktes unterscheiden sich dann die Steigungen des Graphen nur wenig von der Steigung der Tangente.

Information

(1) Steigung eines Graphen in einem Punkt

Die Überlegungen aus der Einführung legen folgende Definition nahe.

Definition

P ist ein Punkt auf dem Graphen einer Funktion f mit $P(x_0|f(x_0))$.

Als **Steigung des Graphen der Funktion f im Punkt P** bezeichnet man die Steigung der Tangente an den Graphen in diesem Punkt P.

Die Steigung der Tangente an den Graphen einer Funktion an der Stelle x_0 heißt **Ableitung** der Funktion f an der Stelle x_0.

Diese Ableitung von f an der Stelle x_0 wird mit $f'(x_0)$ bezeichnet, gelesen: *f Strich von x_0*.

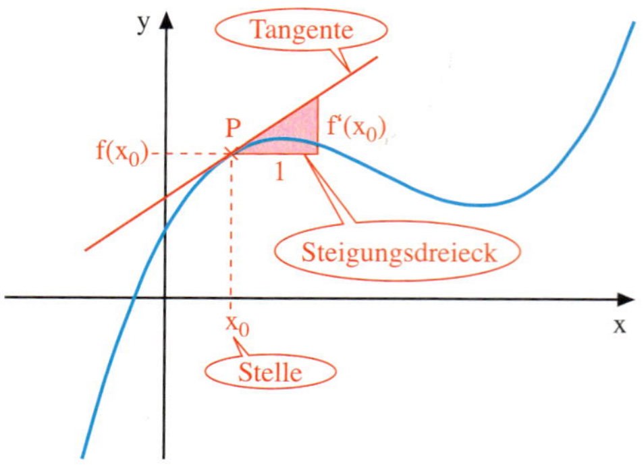

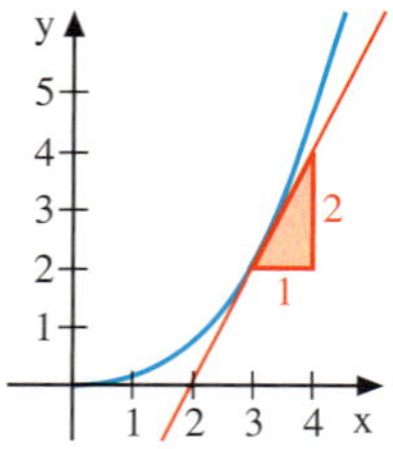

Beispiel:

Der Graph der Funktion f hat an der Stelle 3 die Steigung 2.

Man sagt dann: f hat an der Stelle 3 die Ableitung 2.

Man schreibt: $f'(3) = 2$, gelesen: *f Strich von 3 ist gleich 2*.

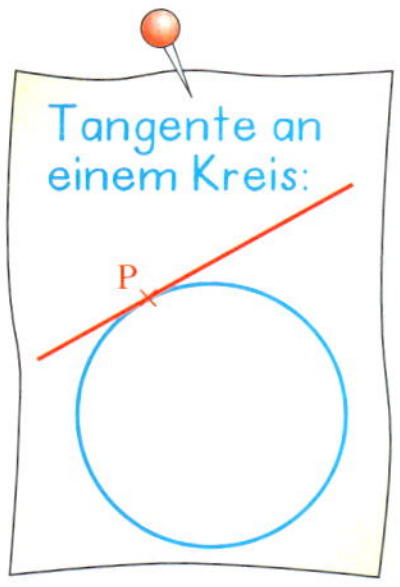

(2) Verschiedene Lagen der Tangente an einen Funktionsgraphen

Eine Tangente an einem Kreis hat mit diesem nur einen einzigen Punkt gemeinsam. Bei einer Tangente an einem Funktionsgraphen sind mehrere Fälle möglich.

Die Tangente berührt den Graphen in einem Punkt.

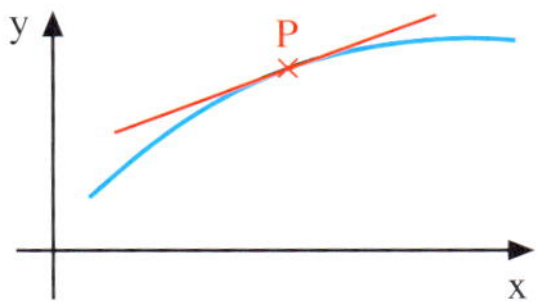

Die Tangente durchsetzt den Graphen in einem Punkt.

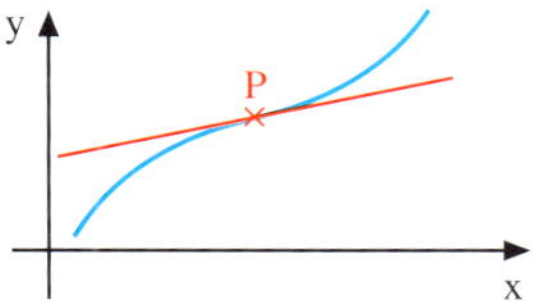

Die Tangente berührt oder schneidet den Graphen noch in weiteren Punkten.

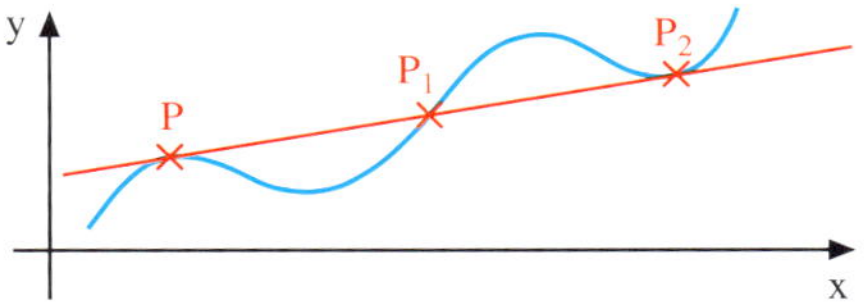

In allen Fällen jedoch schmiegt sich die Tangente in der Nähe des Punktes P möglichst gut an den Graphen an.

Aufgabe 1

Die Grafik zeigt das Höhenprofil einer Straße. Es ist der Graph der Funktion
Entfernung vom Ausgangspunkt (in km) → Höhe über dem Ausgangspunkt (in m).

Die Straße hat an den einzelnen Stellen unterschiedliche Steigungen.

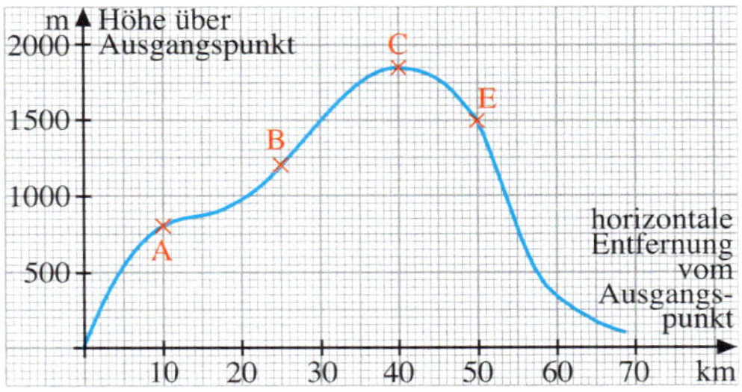

a) In welchen Punkten ist die Steigung positiv, in welchen negativ? Wo ist sie gleich null?

b) Ein Autofahrer fährt auf dieser Straße den links abgebildeten Verkehrsschildern vorbei. An welchen der Punkte A, B, E könnte das gewesen sein?

Lösung

a) Dort, wo es bergauf geht, ist die Steigung positiv: Punkt A und Punkt B.
Dort, wo es bergab geht, ist die Steigung negativ: Punkt E.
Die Tangente im Punkt C verläuft parallel zur horizontalen Achse, die Steigung des Graphen in C ist also null.

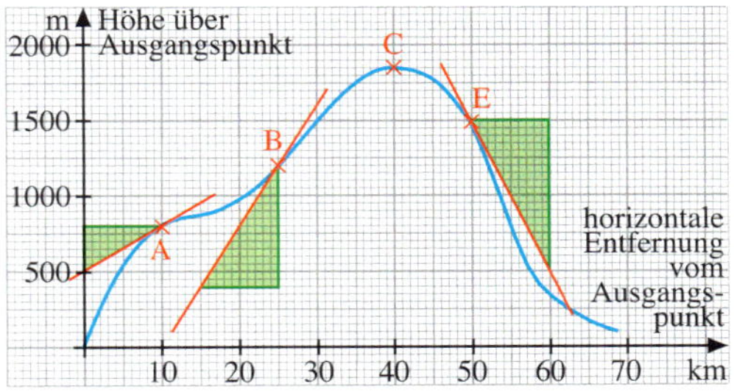

b) Zur Bestimmung der Steigung des Graphen in den Punkten A, B und E zeichnen wir in diesen Punkten jeweils die Tangenten an den Funktionsgraphen, also die Geraden, die sich möglichst gut anschmiegen.
Dann wählen wir ein geeignetes Steigungsdreieck aus und ermitteln damit die Steigung der Tangente.
Wir erhalten folgende Näherungswerte:

Steigung bei A: $\frac{800\text{ m} - 500\text{ m}}{10\text{ km}} = \frac{300\text{ m}}{10\,000\text{ m}} = 0{,}03 = 3\ \%$

Steigung bei B: $\frac{1\,200\text{ m} - 400\text{ m}}{10\text{ km}} = \frac{800\text{ m}}{10\,000\text{ m}} = 0{,}08 = 8\ \%$

Steigung bei E: $\frac{500\text{ m} - 1\,500\text{ m}}{10\text{ km}} = \frac{-1\,000\text{ m}}{10\,000\text{ m}} = -0{,}1 = -10\ \%$

Ergebnis: Das Verkehrsschild, das eine Steigung von 8 % anzeigt, müsste am Punkt B stehen. Das Verkehrsschild, das 10 % Gefälle angibt, müsste am Punkt E stehen.

Weiterführende Aufgaben

2. *Tangentensteigung mit einem Rechner bestimmen*

Stelle den Graphen der Funktion f mit $f(x) = -x^4 + 5$ mithilfe eines Rechners dar. Im Menü **Math** des Rechners gibt es unter anderem den Befehl **Tangent**. Mit diesem Befehl zeichnet der Rechner näherungsweise die Tangente an den Graphen der Funktion zu einer vorgegebenen Stelle und zeigt deren Gleichung an. Im Rechnerfenster rechts wurde dies für die Stelle 1 durchgeführt. Bestimme mit diesem Befehl näherungsweise die Steigung der Tangente an der angegebenen Stelle.

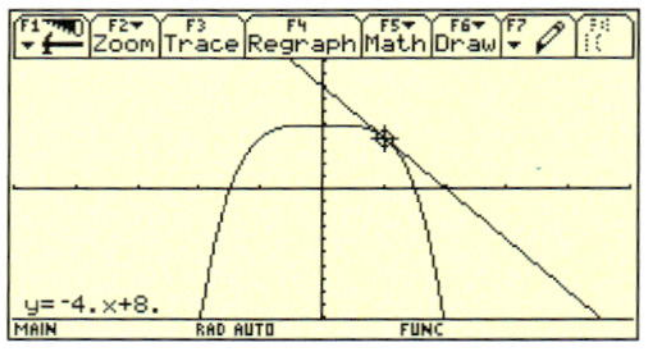

a) -1 **b)** $0{,}5$ **c)** $-0{,}6$

3. *Punkte, für die man keine Steigung des Graphen angeben kann*

Für $f(x) = \sqrt{|x-3|} + 1$ ist die Tangente an den Graphen im Punkt $P(3\,|\,1)$ orthogonal zur x-Achse. Warum ist für den Graphen im Punkt P keine Steigung definiert?

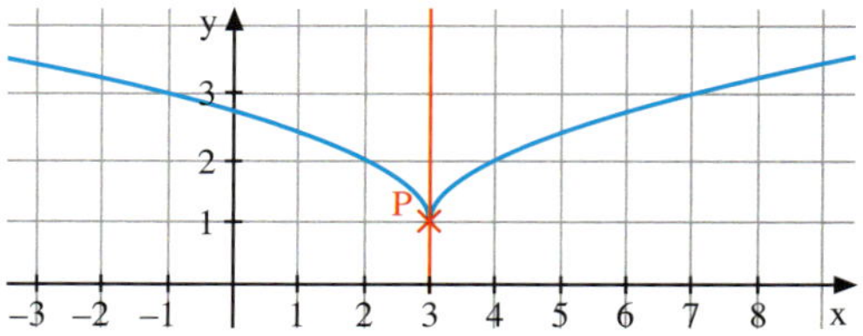

Übungsaufgaben

4. Für einen Schweizer Triathlon ist das Höhenprofil der Radstrecke angegeben.

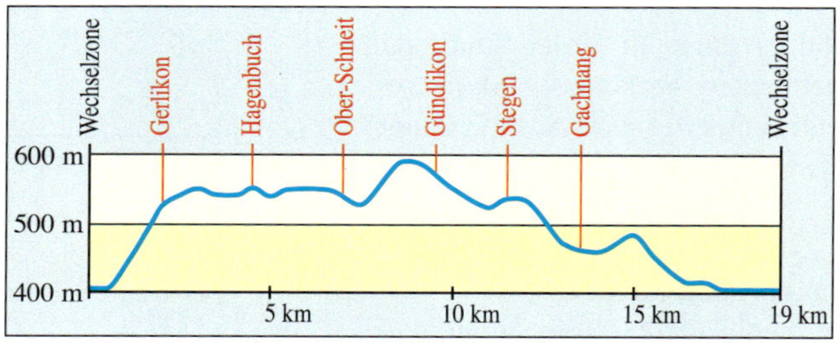

In welchen Punkten ist die Steigung positiv, in welchen negativ. Wo ist sie gleich null? Bestimme die Steigung in den angegebenen Bahnpunkten und erkläre dein Vorgehen.

5. Vergleiche die Steigungen des Graphen in den Punkten:

(1) A und B
(2) C und D
(3) E und F
(4) G und H

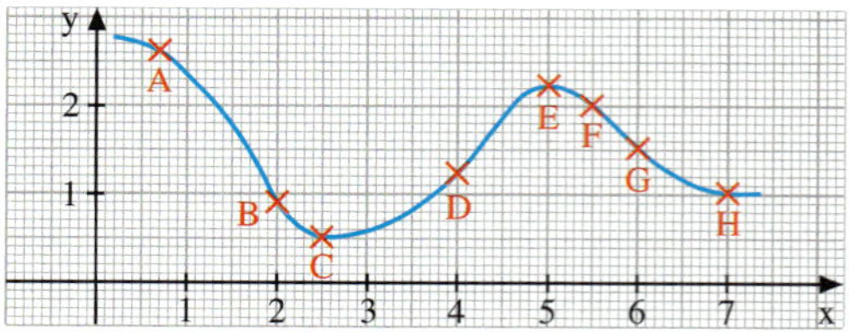

6. Bestimme die Steigung des Graphen der Funktion f im Punkt P. Notiere das Ergebnis in der Schreibweise mit der Ableitung.

a)

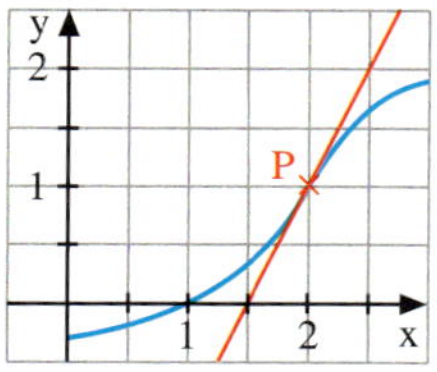

b)

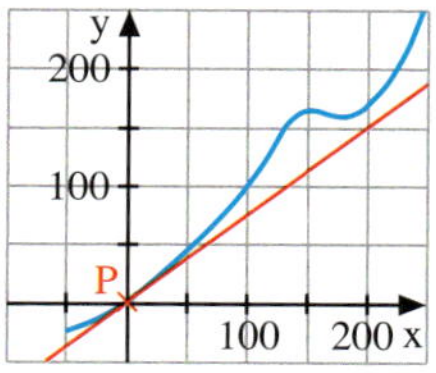

c)

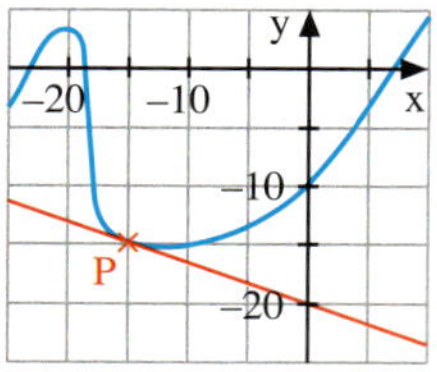

d)

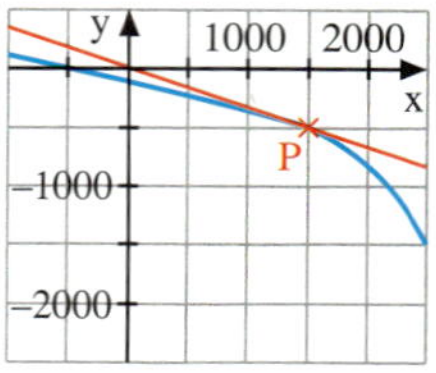

7. Lara, Jana und Timo haben die Ableitung $f'(0{,}75)$ mithilfe des abgebildeten Steigungsdreiecks bestimmt.
Wer hat die Ableitung richtig bestimmt? Was haben die anderen falsch gemacht?

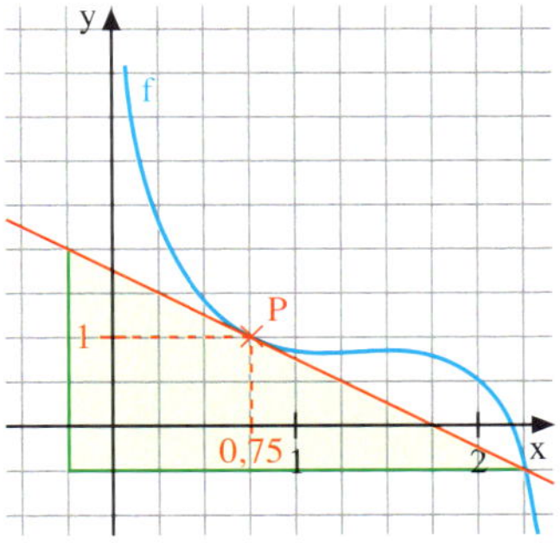

Lara	Jana	Timo
$f'(0{,}75) = \frac{-5}{10}$	$f'(0{,}75) = \frac{-2{,}5}{2{,}25}$	$f'(0{,}75) = -\frac{2{,}5}{2{,}5}$
$f'(0{,}75) = -0{,}5$	$f'(0{,}75) = -1{,}\overline{1}$	$f'(0{,}75) = -1$

8. Zeichne einen Graphen, für den beim Durchlaufen von links nach rechts gilt:

a) Vom Punkt A bis zum Punkt B ist die Steigung positiv. Im Punkt B ist die Steigung null. Vom Punkt B bis zum Punkt C ist die Steigung negativ.

b) Vom Punkt A bis zum Punkt B ist die Steigung negativ. Im Punkt B ist die Steigung null. Von B bis C ist sie positiv. Von C bis D ist sie überall gleich, und zwar positiv.

c) Die Steigung ist immer negativ, wird aber immer größer.

9. Skizziere einen Graphen und einen Punkt P auf dem Graphen, sodass Folgendes gilt:

a) Die Steigung im Punkt P ist 1. Der Graph verläuft oberhalb der Tangente in P.

b) Die Steigung im Punkt P ist –1 [0]. Die Tangente durchsetzt den Graphen.

c) Die Steigung im Punkt P ist $-\frac{1}{3}$. Die Tangente schneidet [berührt] den Graphen noch in einem weiteren Punkt.

d) Die Steigung im Punkt P kann nicht angegeben werden.

10. *Teamarbeit:* Verwendet die CD „Mathematik interaktiv", um möglichst große Ausdrucke vom Funktionsgraphen für eure Gruppe anzufertigen. Bestimmt dann näherungsweise die Ableitungen der Funktionen. Vergleicht eure Ergebnisse untereinander.
Mögliche Funktionsgleichungen und Stellen x_0 sind zum Beispiel:
(1) $y = -(x-2)^2 + 3;\quad x_0 = 3;\quad [x_0 = 1]$
(2) $y = (x-1)(x+2)x;\quad x_0 = 1;\quad [x_0 = -1]$
(3) $y = 0{,}2x^3 - 1{,}2x^2 + 0{,}6x + 5;\quad x_0 = -1;\quad [x_0 = 2;\quad x_0 = 0{,}25]$

11. Zeichne die Normalparabel und markiere den Punkt $P(2{,}5\,|\,6{,}25)$. Stelle dann einen Taschenspiegel so auf die Zeichnung durch den Punkt P, dass der Verlauf des Spiegelbildes der Parabel den Verlauf der Parabel auf dem Blatt Papier knickfrei fortsetzt.
Markiere dann die Kante des Spiegels auf dem Papier. Die erhaltene Gerade ist orthogonal zur gesuchten Tangente. Zeichne nun noch die Tangente ein und bestimme deren Steigung.
Bestimme auch für andere Punkte auf diese Weise die Steigung.

4.1.2 Lokale Änderungsrate

Einführung

Ein Automobilhersteller hat ein Versuchsfahrzeug mit einem verbrauchsoptimierten Antrieb entwickelt und möchte dessen Fahrleistungen mit dem eines Serienfahrzeuges vergleichen.
Zur Bestimmung der Beschleunigungsdaten wird das Fahrzeug aus dem Stand beschleunigt und seine Entfernung vom Startpunkt (f(x) in m) in Abhängigkeit von der Zeit (x in s) gemessen.
Die Messungen ergeben, dass diese Funktion näherungsweise durch den Funktionsterm $f(x) = x^2$ beschrieben werden kann.
Zum Vergleich der Beschleunigung des Versuchsfahrzeugs mit der des Serienfahrzeugs stellen wir folgende Frage:
Welche Geschwindigkeit hat das Versuchsfahrzeug 10 Sekunden nach dem Start erreicht?
Die Geschwindigkeit berechnet sich als zurückgelegte Strecke pro Zeitabschnitt.
In den ersten 10 Sekunden entfernt sich das Fahrzeug 10^2 m = 100 m von seinem Startpunkt.
Dies entspricht einer Geschwindigkeit von:

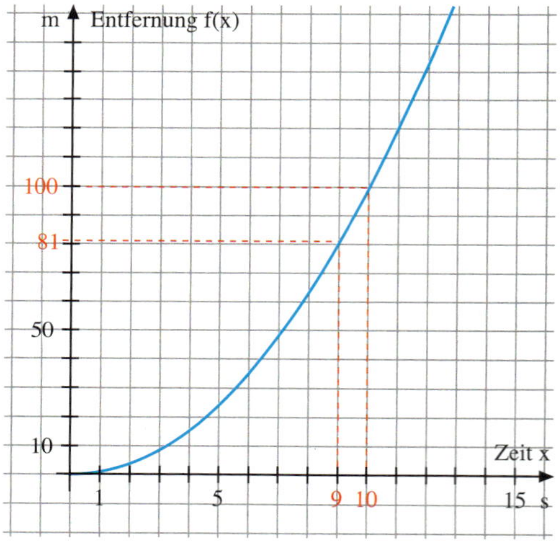

$$\frac{100\text{ m}}{10\text{ s}} = 10\,\frac{\text{m}}{\text{s}}$$

Die Einheit $\frac{\text{m}}{\text{s}}$ für die Geschwindigkeit ist in der Physik üblich, im Alltag ist jedoch die Einheit $\frac{\text{km}}{\text{h}}$ gebräuchlicher. Es gilt:

$$1\,\frac{\text{m}}{\text{s}} = \frac{0{,}001\text{ km}}{\frac{1}{3600}\text{ h}} = 3{,}6\,\frac{\text{km}}{\text{h}}$$

Eine Stunde hat 3 600 Sekunden.

Also beträgt die Geschwindigkeit innerhalb der ersten 10 Sekunden 36 $\frac{\text{km}}{\text{h}}$. Diese Geschwindigkeit ist eine *Durchschnittsgeschwindigkeit* in den ersten 10 Sekunden. Am Graphen erkennt man deutlich, dass sich das Fahrzeug zunächst langsamer bewegt, z. B. 1 m in der 1. Sekunde, und dann immer schneller, z. B. 3 m in der 2. Sekunde.
Ein Näherungswert für die Geschwindigkeit nach 10 Sekunden ist z. B. die Durchschnittsgeschwindigkeit in der Zeitspanne von 9 bis 10 Sekunden.
Nach 9 Sekunden hat das Fahrzeug 9^2 m = 81 m zurückgelegt, nach 10 Sekunden 10^2 m = 100 m.
Für die Durchschnittsgeschwindigkeit in dieser Zeitspanne gilt also:

$$\frac{100\text{ m} - 81\text{ m}}{10\text{ s} - 9\text{ s}} = \frac{19\text{ m}}{1\text{ s}} = 68{,}4\,\frac{\text{km}}{\text{h}}$$

Man erhält noch bessere Annäherungen für die Geschwindigkeit nach 10 Sekunden, wenn man die Zeitspanne, für die man die Durchschnittsgeschwindigkeit bestimmt, noch kleiner wählt. Wir stellen die Ergebnisse in der Tabelle rechts zusammen.

Zeitspanne	Durchschnittsgeschwindigkeit
0 s – 10 s	$36\,\frac{\text{km}}{\text{h}}$
9 s – 10 s	$68{,}4\,\frac{\text{km}}{\text{h}}$
9,5 s – 10 s	$\frac{100\text{ m} - 90{,}25\text{ m}}{10\text{ s} - 9{,}5\text{ s}} = \frac{9{,}75\text{ m}}{0{,}5\text{ s}} = 19{,}5\,\frac{\text{m}}{\text{s}} = 70{,}2\,\frac{\text{km}}{\text{h}}$
9,9 s – 10 s	$\frac{100\text{ m} - 98{,}01\text{ m}}{10\text{ s} - 9{,}9\text{ s}} = \frac{1{,}99\text{ m}}{0{,}1\text{ s}} = 19{,}9\,\frac{\text{m}}{\text{s}} = 71{,}64\,\frac{\text{km}}{\text{h}}$
9,99 s – 10 s	$\frac{100\text{ m} - 99{,}801\text{ m}}{10\text{ s} - 9{,}99\text{ s}} = \frac{0{,}1999\text{ m}}{0{,}01\text{ s}} = 19{,}99\,\frac{\text{m}}{\text{s}} = 71{,}964\,\frac{\text{km}}{\text{h}}$

Je kleiner die Zeitspanne wird, desto größer wird die Geschwindigkeit in dieser Zeitspanne und desto besser stimmt sie mit der *Momentangeschwindigkeit* zum Zeitpunkt 10 Sekunden überein.

Um diese zu bestimmen, betrachten wir eine kleine Zeitspanne von t bis 10. Der Übersichtlichkeit halber verzichten wir hier darauf, auch die Maßeinheiten zu notieren. Zu Beginn dieser Zeitspanne ist die Entfernung des Fahrzeugs vom Startpunkt t^2, am Ende 10^2. Für die Durchschnittsgeschwindigkeit v in dieser Zeitspanne gilt dann:

3. Binomische Formel

$$v = \frac{10^2 - t^2}{10 - t} = \frac{(10 - t)(10 + t)}{10 - t} = 10 + t$$

Wir erkennen an diesem Term: Je kleiner die Zeitspanne wird, also je näher t an 10 ist, desto näher ist v an 10 + 10 = 20. Daher hat die Momentangeschwindigkeit zum Zeitpunkt 10 s den Wert:

$$20\,\frac{\text{m}}{\text{s}} = 72\,\frac{\text{km}}{\text{h}}$$

Ergebnis: Nach 10 Sekunden hat das Fahrzeug eine Geschwindigkeit von $72\,\frac{\text{km}}{\text{h}}$ erreicht; seine Beschleunigung ist also nicht so groß wie die eines Serienfahrzeuges.

Aufgabe 1

Auf einer Teststrecke mit genau fest gelegten Bedingungen wurde ständig gemessen, wie viel Benzin ein Auto schon verbraucht hatte. Die Abbildung rechts zeigt das Testergebnis.

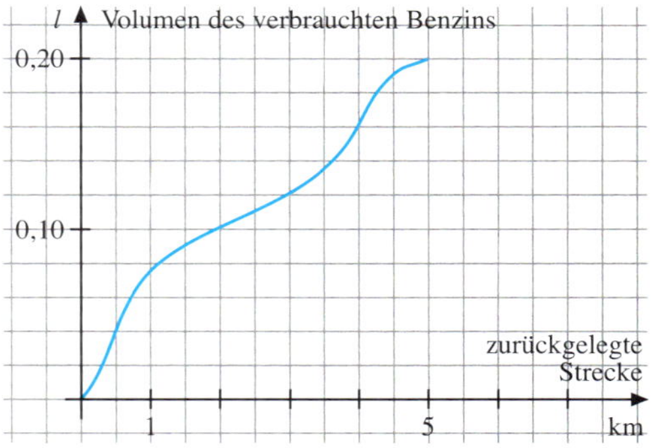

a) Der Benzinverbrauch wird üblicherweise in *l* pro 100 km angegeben. Bestimme den Verbrauch auf dieser Strecke.

b) Begründe, dass der Benzinverbrauch auf dieser Strecke nicht gleichbleibend war.
Wie müsste ein Graph bei gleich bleibendem Verbrauch aussehen?
Nenne je eine Teilstrecke, auf der der Verbrauch kleiner bzw. größer als der Durchschnittsverbrauch war.

c) In manchen Fahrzeugen gibt es Bordcomputer, die auch den momentanen Benzinverbrauch anzeigen.
An welcher Stelle der Teststrecke ist dieser am kleinsten, bzw. am größten?

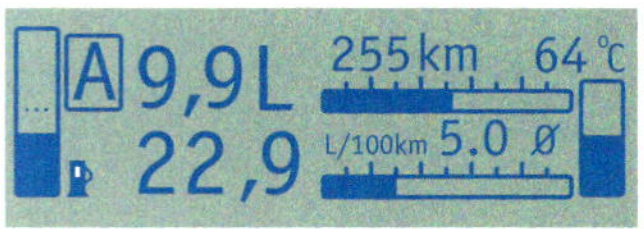

d) Wie könnte man vorgehen, um den momentanen Kraftstoffverbrauch an der Stelle 0,5 km zu bestimmen?

Lösung

a) Auf einer Fahrtstrecke von 5 km wurden insgesamt 0,20 l Benzin benötigt, das entspricht einem Verbrauch von $\frac{0{,}2\,l}{5\text{ km}} = \frac{0{,}04\,l}{1\text{ km}} = \frac{4\,l}{100\text{ km}}$.

b) Bei gleich bleibendem Verbrauch auf der Strecke müsste der Graph gleichmäßig ansteigen, also auf einer Gerade liegen.

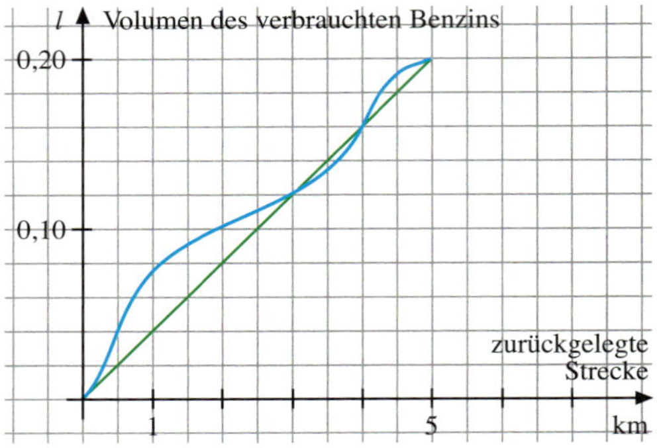

Teilstrecken mit anderem Benzinverbrauch sind z. B. die folgenden:
Auf der ersten Strecke von 0 bis 1 km verläuft der Graph steiler als die eingezeichnete Gerade. Dort ergibt sich ein höherer Benzinverbrauch:

$$\frac{0{,}065\,l}{1\text{ km}} = \frac{6{,}5\,l}{100\text{ km}}$$

Z. B. auf der Stecke zwischen 1 km und 2 km verläuft der Graph flacher als die eingezeichnete Gerade. Hier ist der Benzinverbrauch niedriger als der Durchschnittsverbrauch:

$$\frac{0{,}105\,l - 0{,}075\,l}{2\text{ km} - 1\text{ km}} = \frac{0{,}03\,l}{1\text{ km}} = \frac{3\,l}{100\text{ km}}$$

c) Der größte momentane Benzinverbrauch liegt an der Stelle vor, an der der Graph am steilsten ansteigt, da dann am meisten Benzin für eine Strecke benötigt wird. Beim hier gezeichneten Graph ist das bei 0,5 km der Fall.
Der kleinste momentane Benzinverbrauch liegt entsprechend an der Stelle vor, an der der Graph am flachsten ansteigt, hier also bei 2 km.

d) Man könnte den momentanen Benzinverbrauch an der Stelle 0,5 km näherungsweise ermitteln, indem man die benötigte Benzinmenge für eine kleine Strecke, z. B. von 0,5 km bis 0,6 km betrachtet. Der Durchschnittsverbrauch während dieser Strecke ist dann die Steigung der Geraden, die den Graphen an den Stellen 0,5 km und 0,6 km schneidet.

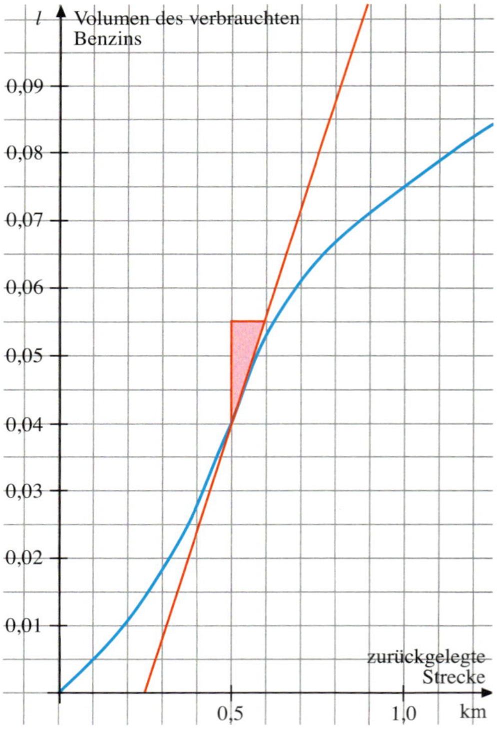

Einen noch genaueren Wert für den momentanen Benzinverbrauch an der Stelle 0,5 km erhält man, wenn man eine noch kleinere Strecke, z. B. von 0,5 km bis 0,51 km wählt.

Der momentane Benzinverbrauch an der Stelle 0,5 km ist gerade die Steigung der Tangente an der Stelle 0,5 km an dem Graphen; er wird in der Einheit $\frac{l}{100\text{ km}}$ angegeben.

Information

(1) Lokale Änderungsrate einer Funktion an einer Stelle

In der Einführung haben wir die Geschwindigkeit eines Autos berechnet als Quotient aus der zurückgelegten Strecke und der dafür benötigten Zeit. Zunächst haben wir Durchschnittsgeschwindigkeiten berechnet, also Änderungsraten in bestimmten Intervallen. Mit deren Hilfe haben wir dann die momentane Geschwindigkeit zu einem Zeitpunkt ermittelt.

In Aufgabe 1 haben wir den Benzinverbrauch eines Autos berechnet als Quotient aus dem benötigten Benzinvolumen und der damit gefahrenen Strecke, also als Änderungsrate des Benzinvolumens bezüglich der Fahrstrecke. Die Verbrauchsanzeige dagegen zeigt zu jedem Zeitpunkt den momentanen Benzinverbrauch an. Auch er wird in $\frac{l}{100\text{ km}}$ angegeben, da man hochrechnet, wie viel Benzin man verbrauchen würde, wenn man 100 km in dieser momentanen Fahrweise fahren würde.

Die Änderungsrate in einem Intervall kann geometrisch als Steigung einer Sekante durch zwei Punkte auf dem Funktionsgraphen gedeutet werden. Bei der Lösung von Aufgabe 1 c) haben wir den momentanen Kraftstoffverbrauch als Steigung des Graphen in einem Punkt gedeutet. Man spricht in diesem Zusammenhang deshalb auch von einer lokalen (oder auch punktuellen) Änderungsrate. Die Steigung eines Graphen in einem Punkt $P(x_0|f(x_0))$, kennen wir als Ableitung $f'(x_0)$, also als Steigung der Tangente an den Graphen von f in P.

Statt von lokaler oder punktueller Änderungsrate spricht man manchmal auch von momentaner Änderungsrate.

Definition: *Lokale Änderungsrate*

Die **lokale Änderungsrate** einer Funktion f an einer Stelle x_0 ist die Ableitung $f'(x_0)$ der Funktion an der Stelle x_0.

Geometrisch gedeutet ist die lokale Änderungsrate einer Funktion f an einer Stelle x_0 die Steigung der Tangente an den Graphen von f im Punkt $P(x_0|f(x_0))$.

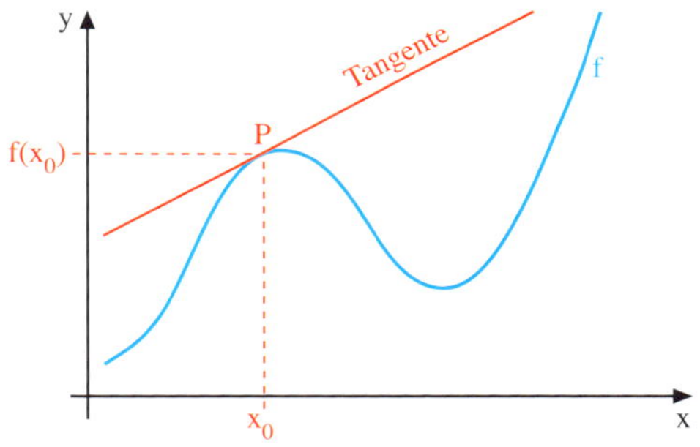

(2) Beispiele für die inhaltliche Bedeutung von Änderungsraten in Anwendungen

Änderungsraten dienen zur Beschreibung von Änderungen.

Statt Änderungsrate im Intervall sagt man auch mittlere Änderungsrate oder durchschnittliche Änderungsrate.

Funktion	Änderungsrate im Intervall	lokale Änderungsrate
Zeit → zurückgelegter Weg	Durchschnitts-geschwindigkeit	Momentan-geschwindigkeit
Zeit → Geschwindigkeit	durchschnittliche Beschleunigung	Momentan-beschleunigung
Weg → benötigtes Benzinvolumen	durchschnittlicher Benzinverbrauch	momentaner Benzinverbrauch
Zeit → Wassermenge in einer Badewanne, die gefüllt wird	durchschnittliche Zuflussgeschwindigkeit	momentane Zuflussgeschwindigkeit
Höhenprofil: Entfernung → Höhe	durchschnittliche Steigung	Steigung in einem Punkt

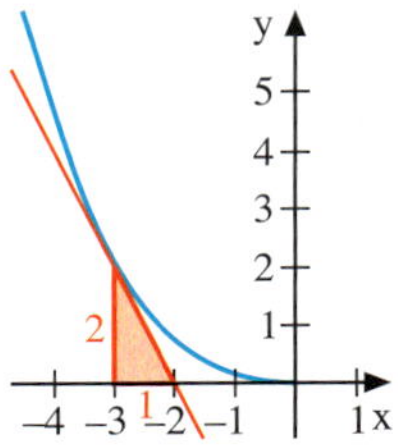

(3) Ableitung, Steigung, lokale Änderungsrate

Ableitung, Steigung und lokale Änderungsrate sind drei verschiedene Begriffe, die denselben Sachverhalt kennzeichnen.
Hat eine Funktion f an der Stelle –3 die Ableitung –2, so schreibt man dafür $f'(-3) = -2$.
Geometrisch bedeutet dies, dass die Tangente an den Graphen von f an der Stelle –3 die Steigung –2 hat. Rechnerisch kann man die Änderung der Funktionswerte an dieser Stelle durch die lokale Änderungsrate –2 beschreiben.

Übungsaufgaben

2. Die Flughöhe eines Segelflugzeuges wird während eines Fluges ständig gemessen und im Cockpit angezeigt. Ein automatischer Schreiber hält diese Messergebnisse in einem so genannten Segelflugbarogramm fest.

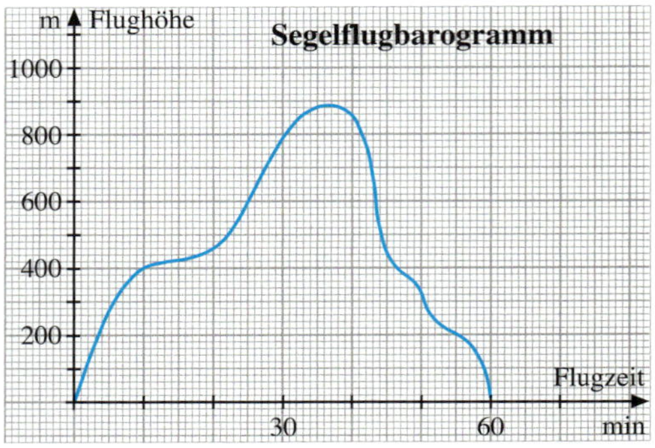

a) Beschreibe mithilfe des Graphen das Flugverhalten des Segelfliegers.

b) Berechne die durchschnittliche Steiggeschwindigkeit in den ersten 10 Minuten in $\frac{m}{s}$.

c) Berechne die durchschnittliche Sinkgeschwindigkeit im Zeitraum von 40 bis 60 Minuten.

d) Im Cockpit zeigt ein Instrument, das so genannte Variometer, zu jedem Zeitpunkt die aktuelle Steig- bzw. Sinkgeschwindigkeit an. Bestimme aus dem obigen Diagramm die Steiggeschwindigkeit zum Zeitpunkt 30 min.

3.

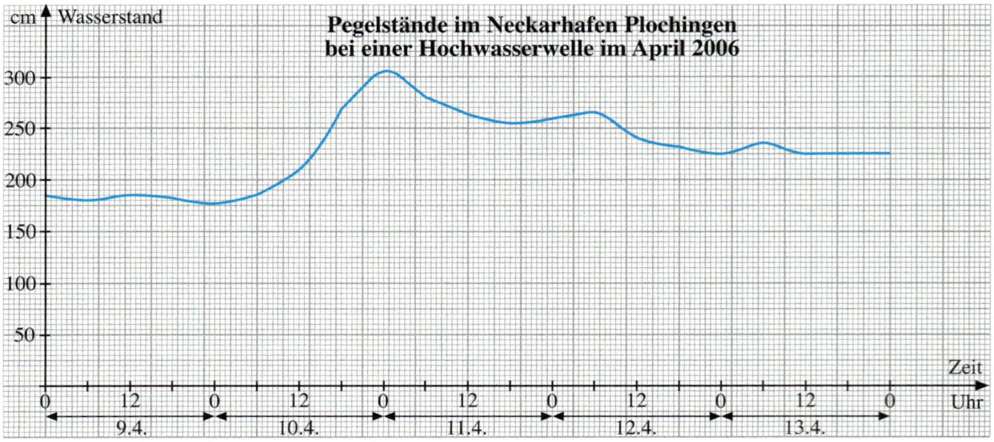

a) Bestimme für jeden Tag die Änderungsrate des Pegelstandes.

b) Bestimme den Zeitpunkt, zu dem die lokale Änderungsrate am größten war. Wie groß war sie?

c) Wann ist der Wasserstand am schnellsten gefallen und wie schnell?

4. Die Tabelle enthält Daten eines startenden Space-Shuttles der NASA.

Zeit (in s)	0	5	10	20	40	60	120
Höhe (in m)	0	92,5	370	1 480	5 920	13 320	53 280

a) Stelle die Tabellendaten in einem Koordinatensystem dar und beschreibe den Startverlauf.

b) Begründe kurz, dass die Änderungsraten hier Angaben über durchschnittliche Geschwindigkeiten machen. Berechne die Durchschnittsgeschwindigkeit über den Zeitabschnitten [0; 5], [5; 10], ..., [60; 120], und zwar in der Einheit $\frac{\text{km}}{\text{h}}$.

c) Jemand behauptet, man könne die Durchschnittsgeschwindigkeit des Shuttles über den gesamten angegebenen Zeitraum als Durchschnitt der in Teilaufgabe b) berechneten Geschwindigkeiten berechnen. Zeige, dass dies nicht stimmt.

5. Gute oder schlechte Nachrichten? Nimm Stellung.

6. Der Kurs einer Aktie steigt stark an, wenn sehr viele Anleger die Aktie kaufen möchten. Zu welchen Zeitpunkten war die Nachfrage nach der Aktie der Deutschen Post besonders groß?

7. Ein Flüssigkeitsbehälter wird durch ein Ventil entleert. Zum Zeitpunkt t ist im Behälter das Volumen V(t).
Präzisiere die Begriffe *durchschnittliche Ausflussgeschwindigkeit in einem Zeitintervall* und *momentane Ausflussgeschwindigkeit zum Zeitpunkt t*; deute diese Begriffe dazu auch am Graphen der Funktion $t \rightarrow V(t)$. Verwende auch den Begriff der Änderungsrate.

ϑ: griechischer Buchstabe Theta

8. Ein Thermograph zeichnet über einen längeren Zeitraum zu jedem Zeitpunkt die Temperatur auf. Zum Zeitpunkt t beträgt die Temperatur $\vartheta(t)$. Der Thermograph zeichnet den Graphen der Funktion $t \to \vartheta(t)$ auf. Deute die Ausdrücke:

$$\vartheta(t) - \vartheta(t_0), \quad \frac{\vartheta(t) - \vartheta(t_0)}{t - t_0} \quad \text{und} \quad \vartheta'(t_0)$$

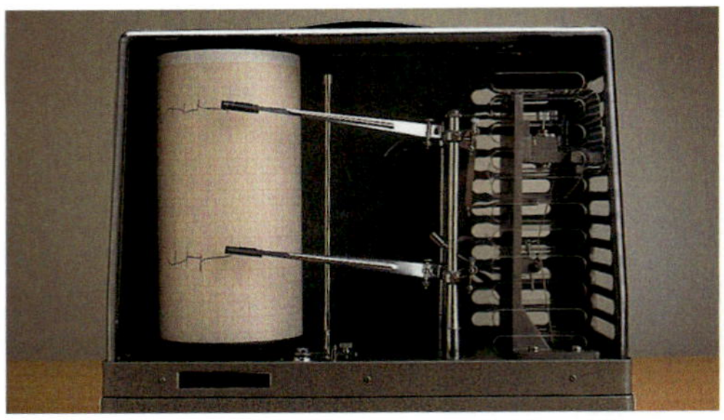

9. Der Luftdruck nimmt mit der Höhe ab. Zu jeder Höhe h gehört ein bestimmter Luftdruck p(h).

Gib die Bedeutung folgender Terme für den betrachteten Sachverhalt an:

$$p(h) - p(h_0), \quad \frac{p(h) - p(h_0)}{h - h_0} \quad \text{und} \quad p'(h_0).$$

10. Verwende im Programm Graphix von der CD „Mathematik interaktiv" den Programmpunkt *Änderungsdiagramm*.

a) Gib zunächst im Menü *Formel* eine Geradengleichung ein, z. B. $y = \frac{1}{2}x + 3$. Wähle bei den Diagrammoptionen die dritte Option ganz rechts.
Beschreibe und erkläre die Grafik und die Tabelle, die das Programm erzeugt. Verwende auch noch weitere Geradengleichungen.

b) Schalte im Menü *Zunahme y* nun auf die Option $\frac{\Delta y}{\Delta x}$.
Erläutere die Grafik und die Tabelle des Programms; arbeite auch hier mit weiteren Geradengleichungen.

c) Verwende nun statt einer linearen Funktion die Quadratfunktion.
Welche Aussage kannst du über das Änderungsverhalten der Funktionswerte folgern?

d) *Partnerarbeit:* Experimentiert mit weiteren Funktionen und vergleicht eure Ergebnisse.

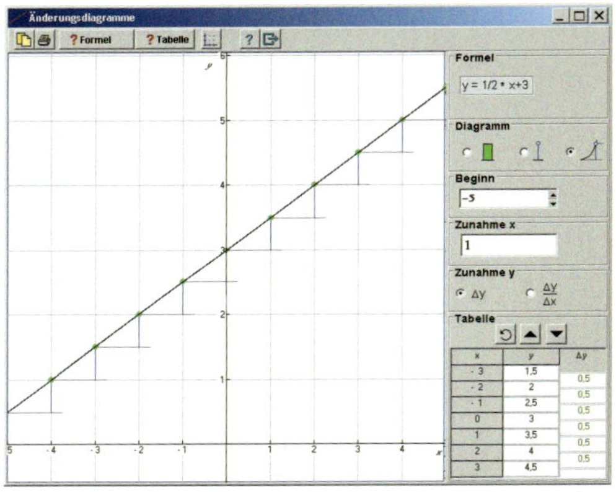

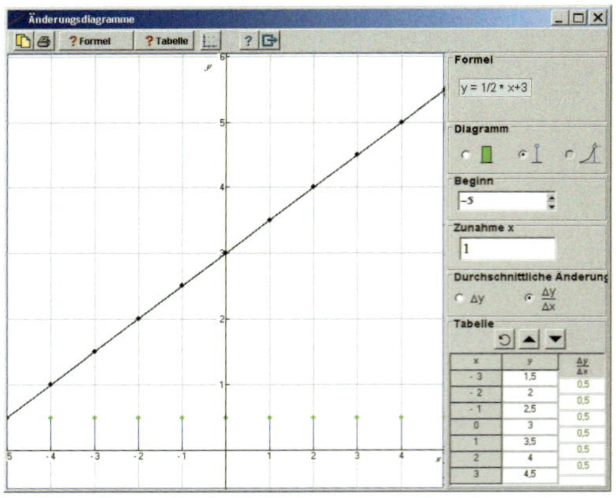

Δ ist der griechische Buchstabe Delta und soll an Differenz erinnern.

11. **a)** Eine nichtlineare Funktion f soll auf einem Intervall [a; b] die Änderungsrate 0 haben. Skizziere einen solchen Graphen in einem Intervall [a; b].
Beschreibe, in welchen Teilen des Intervalls [a; b] die Steigung positiv ist und in welchen negativ.

b) Eine nichtlineare Funktion f soll auf dem Intervall [0; 4] die Änderungsrate 1 haben. Skizziere verschiedene mögliche Graphen für dieses Intervall.

4.3 Ableitung der Quadratfunktion

Einführung

(1) Grundidee

Wir wollen die Steigung der Normalparabel an der Stelle 0,5 bestimmen. Mit dem Funktionsterm $f(x) = x^2$ erhalten wir die 2. Koordinate des Punktes P: $f(0{,}5) = 0{,}5^2 = 0{,}25$.

Wir betrachten zunächst statt der Tangente im Punkt $P(0{,}5\,|\,0{,}25)$ Geraden durch P, die die Normalparabel noch in einem weiteren Punkt Q schneiden. Solche Geraden nennt man *Sekanten*. Aus den Koordinaten der Punkte auf der Normalparabel kann man die Steigung einer Sekante genau berechnen. Je näher der zweite Schnittpunkt Q der Sekante am Punkt P liegt, desto näher liegt die Sekante an der Tangente und desto weniger unterscheidet sich die Steigung der Sekante von der Steigung der Tangente.

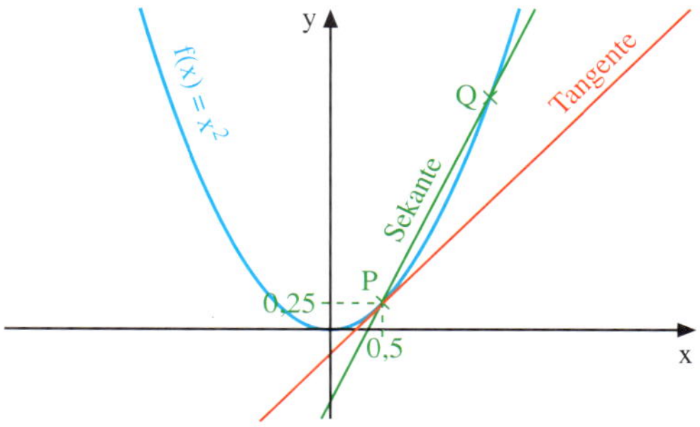

(2) Berechnen der Steigung von Sekanten durch den Punkt $P(0{,}5\,|\,0{,}25)$

Wir betrachten zunächst eine Sekante mit dem zweiten Schnittpunkt $Q(1{,}5\,|\,2{,}25)$.
Diese Sekante hat die Steigung:

$$m = \frac{f(1{,}5) - f(0{,}5)}{1{,}5 - 0{,}5} = \frac{2{,}25 - 0{,}25}{1{,}5 - 0{,}5} = \frac{2}{1} = 2$$

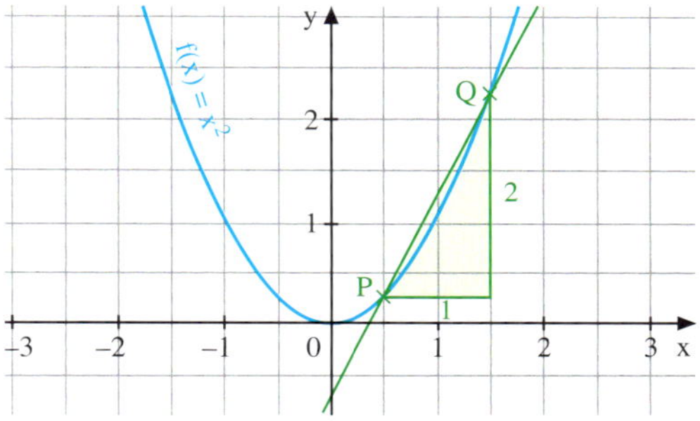

Einen noch besseren Näherungswert für die Tangentensteigung erhalten wir, wenn wir die Sekante durch den zweiten Punkt $R(1\,|\,1)$ betrachten.
Diese Sekante hat die Steigung:

$$m = \frac{f(1) - f(0{,}5)}{1 - 0{,}5} = \frac{1 - 0{,}25}{1 - 0{,}5} = \frac{0{,}75}{0{,}5} = 1{,}5$$

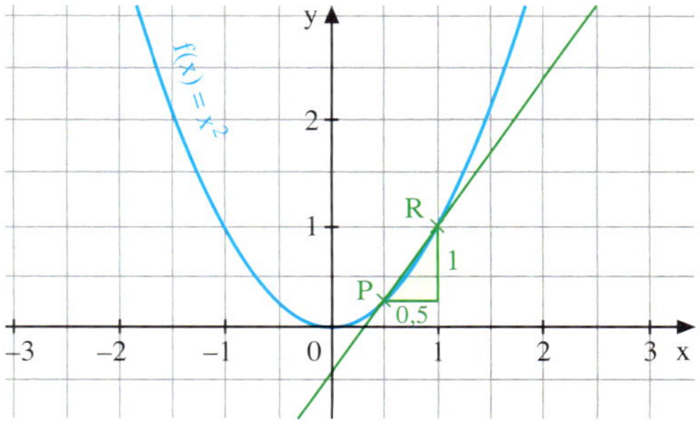

Um die Steigungen weiterer Sekanten zu berechnen, bezeichnen wir den zweiten Schnittpunkt allgemein mit $Q(x\,|\,x^2)$ mit $x \neq 0{,}5$. Für die Steigung der Sekanten erhalten wir den Term:

$$m = \frac{f(x) - f(0{,}5)}{x - 0{,}5} = \frac{x^2 - 0{,}25}{x - 0{,}5}$$

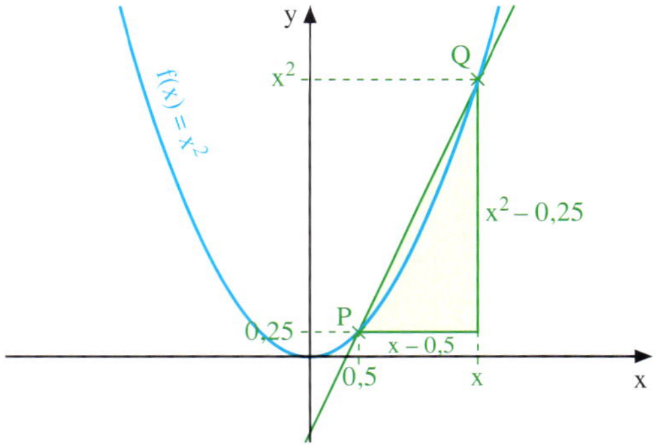

Mithilfe dieses Terms können wir die Steigung weiterer Sekanten bequem mit dem GTR berechnen:

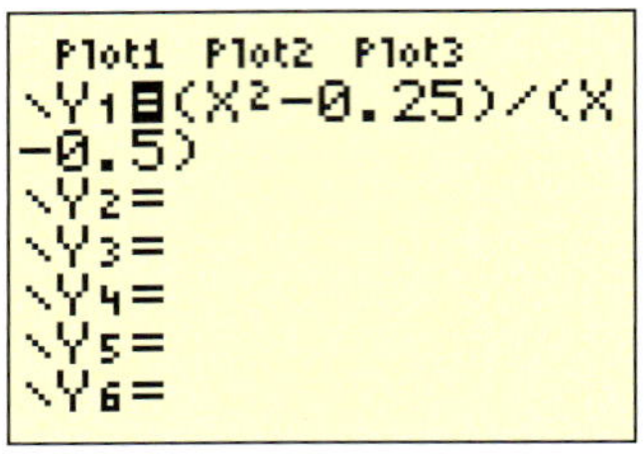

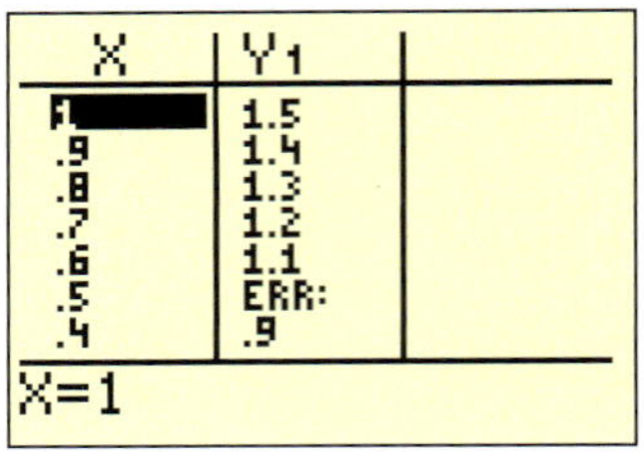

Für $x = 0,5$ meldet der Rechner einen Fehler (Err:), weil der Nenner des Terms $\frac{x^2 - 0,25}{x - 0,5}$ den Wert 0 hat.

Der Rechner liefert auch einen Wert für die Sekante, wenn der zweite Schnittpunkt Q links von der Stelle 0,5 liegt. Die Formel für die Steigung der Sekanten gilt auch, falls der zweite Schnittpunkt Q links von $P(0,5\,|\,0,25)$ liegt:

$$\frac{0,25 - x^2}{0,5 - x} = \frac{-(0,25 - x^2)}{-(0,5 - x)} = \frac{-0,25 + x^2}{-0,5 + x} = \frac{x^2 - 0,25}{x - 0,5}$$

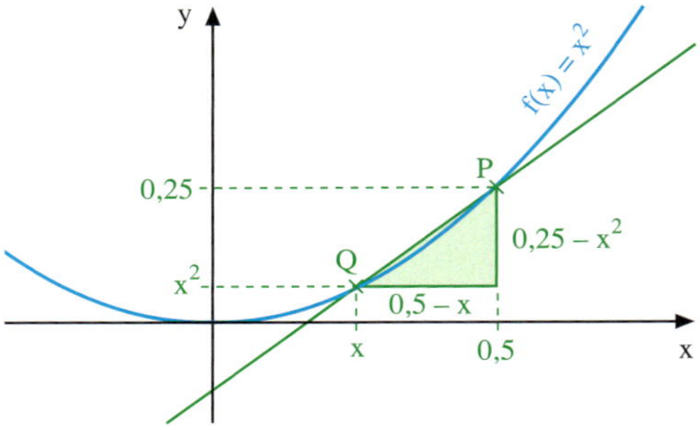

Um noch genauere Werte für die Tangentensteigung zu erhalten, muss man die Wertetabelle verfeinern. Dabei gibt es auch die Möglichkeit, statt der Schrittweite Stellen einzugeben, für die die Werte berechnet werden sollen.

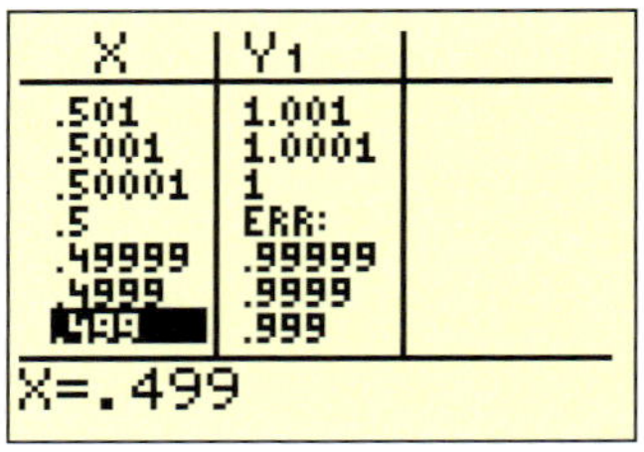

Aus den Werten der Tabelle lässt sich vermuten, dass die Sekantensteigung umso näher bei 1 liegt, je näher x bei 0,5 liegt.

(3) Bestimmen der Tangentensteigung im Punkt P(0,5 | 0,25)

Durch Umformen des Terms für die Sekantensteigung kann man zeigen, dass sich die Werte tatsächlich genau der Zahl 1 nähern. Für $x \neq 0,5$ gilt:

$$m = \frac{x^2 - 0,25}{x - 0,5}$$

$$= \frac{(x + 0,5)\,(x - 0,5)}{x - 0,5}$$

3. Binomische Formel

$$= x + 0,5$$

Liegt Q rechts von P (d.h. ist $x > 0,5$), so ist $m = x + 0,5 > 1$.
Liegt Q links von P (d.h. ist $x < 0,5$), so ist $m = x + 0,5 < 1$.
An der Formel $m = x + 0,5$ (für $x \neq 0,5$) erkennt man, dass sich die Sekantensteigung m umso weniger von der Zahl $0,5 + 0,5$, also 1, unterscheidet, je weniger sich x von 0,5 unterscheidet.
Die Zahl 1 ist offenbar die gesuchte Steigung der Tangente im Punkt $P(0,5\,|\,0,25)$.
Die Tangente im Punkt $P(0,5\,|\,0,25)$ hat die Steigung $f'(0,5) = 1$.

Information

In der Einführung haben wir für die Sekantensteigung den Term $x + 0{,}5$ ermittelt. Zur Berechnung der Tangentensteigung haben wir die Stelle x, an der die Sekante die Normalparabel schneidet, der Stelle 0,5 immer mehr angenähert und untersucht, wie sich dabei die Sekantensteigung ändert. Kurz kann man das so formulieren:

$x + 0{,}5 \to 0{,}5 + 0{,}5 = 1$ für $x \to 0{,}5$; gelesen: *x + 0,5 strebt gegen 1 für x gegen 0,5*

Die Zahl 1 bezeichnet man auch als *Grenzwert* des Terms $x + 0{,}5$ bei Annäherung von x an 0,5. Dafür schreibt man auch:

limes ⟨lat.⟩ Grenze

$\lim\limits_{x \to 0{,}5} (x + 0{,}5) = 1$, gelesen: *limes von x + 0,5 für x gegen 0,5 ist gleich 1*

Die Steigung der Tangente an den Graphen einer Funktion f im Punkt $P(x_0|f(x_0))$ erhält man folgendermaßen:

(1) Man wählt einen von P verschiedenen Punkt $Q(x|f(x))$ auf dem Graphen von f.

(2) Man bestimmt die Steigung der Sekante durch P und Q:
$$m = \frac{f(x) - f(x_0)}{x - x_0}$$
Diesen Term bezeichnet man als **Differenzenquotient**.

(3) Man lässt den Punkt Q auf dem Graphen zum Punkt P wandern; dabei nähert sich x der Stelle x_0 an. Die Steigung der Tangenten ist dann der *Grenzwert* der Steigungen der Sekanten durch Q und P:
$$f'(x_0) = \lim_{x \to x_0} \frac{f(x) - f(x_0)}{x - x_0}$$

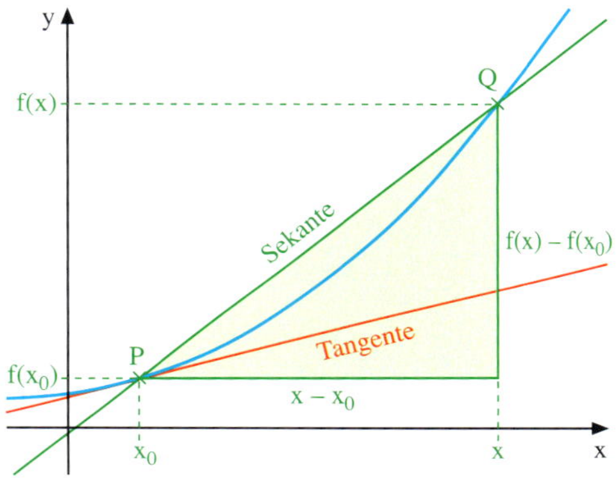

Aufgabe 1

Bestimme die Steigung der Normalparabel in einem beliebigen Punkt $P(x_0|x_0^2)$.

Lösung

(1) Bestimmen der Sekantensteigung

Wir betrachten eine Sekante durch den Punkt $P(x_0|x_0^2)$ und einen anderen Punkt $Q(x|x^2)$. Für deren Steigung gilt:
$$m = \frac{x^2 - x_0^2}{x - x_0} = \frac{(x + x_0)(x - x_0)}{(x - x_0)} = x + x_0 \quad (\text{für } x \neq x_0)$$

(2) Bestimmen der Tangentensteigung

Wandert der zweite Schnittpunkt $Q(x|x^2)$ der Sekante auf der Normalparabel immer näher an den Punkt $P(x_0|x_0^2)$, so gilt für die Sekantensteigung:

$m = x + x_0 \;\to\; x_0 + x_0 = 2x_0$ für $x \to x_0$

Die Tangentensteigung ist der Grenzwert der Sekantensteigung:
$$f'(x_0) = \lim_{x \to x_0} \frac{x^2 - x_0^2}{x - x_0} = \lim_{x \to x_0} (x + x_0) = 2x_0$$

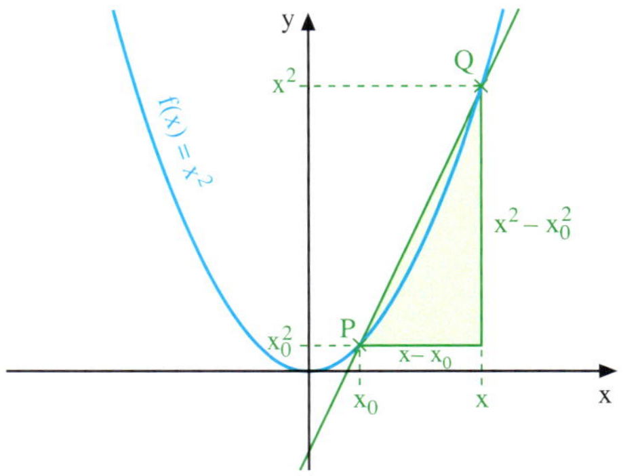

Information

(1) Ableitung der Quadratfunktion

In der Aufgabe 1 haben wir bewiesen:

> **Satz**
> Die Quadratfunktion f mit $f(x) = x^2$ hat an der Stelle x_0 die Ableitung $f'(x_0) = 2x_0$.

(2) Berechnen der Tangentensteigung mit der h-Schreibweise

In der Aufgabe 1 haben wir die Koordinaten des 2. Schnittpunktes der Sekanten mit $Q(x|x^2)$ bezeichnet. Für manche Berechnungen ist es günstiger, die Stelle, an der die Sekante den Graphen zum zweiten Mal schneidet, nicht mit x sondern mit $x_0 + h$ zu bezeichnen. Dabei gibt h an, wie weit die zweite Schnittstelle von x_0 entfernt ist. h ist positiv, falls der Punkt Q rechts von P liegt, h ist negativ, falls Q links von P liegt.

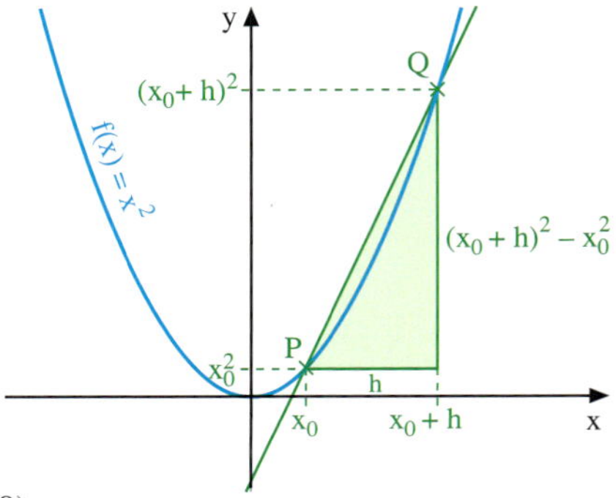

Für die Steigung m der Sekante durch P und Q gilt:

$$m = \frac{(x_0+h)^2 - x_0^2}{h} = \frac{x_0^2 + 2x_0h + h^2 - x_0^2}{h} = 2x_0 + h \quad (\text{für } h \neq 0)$$

Stellt man sich nun vor, dass Q auf P zu wandert, so unterscheidet sich h immer weniger von 0 und die Steigung m immer weniger von $2x_0$:

$$m = 2x_0 + h \;\rightarrow\; 2x_0 \quad \text{für } h \rightarrow 0$$

Daher gilt für die Tangentensteigung:

$$f'(x_0) = \lim_{h \to 0} \frac{(x_0+h)^2 - x_0^2}{h} = \lim_{h \to 0} (2x_0 + h) = 2x_0$$

Übungsaufgaben

2. Für die Funktion f mit $f(x) = 4 - x^2$ soll die Tangentensteigung im Punkt $P(1|3)$ möglichst genau bestimmt werden. Betrachte das Bild rechts. Dort wird die Tangente in P näherungsweise durch Sekanten ersetzt.

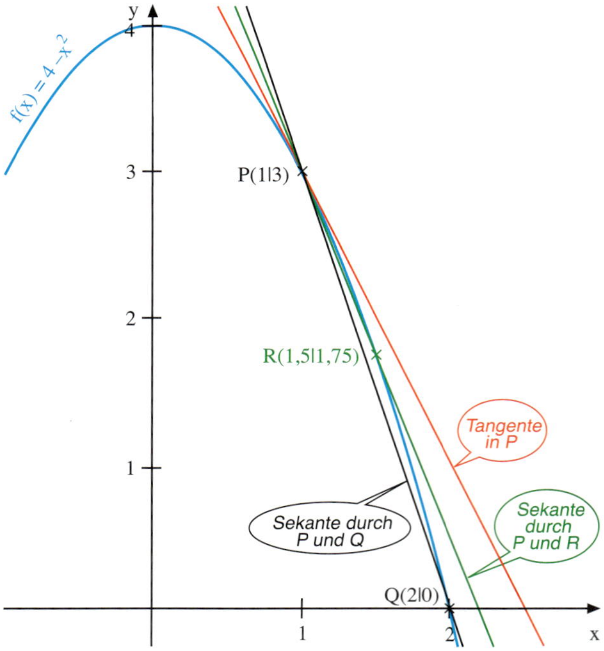

a) Bestimme die Steigungen aller eingezeichneten Sekanten rechnerisch.
Wie kann man einen noch besseren Näherungswert für die Tangentensteigung erhalten?

b) Entwickle aus den Überlegungen in Teilaufgabe a) ein Verfahren zur rechnerischen Bestimmung der Ableitung an einer beliebigen Stelle x_0.

3. Bestimme mithilfe von Sekantensteigungen die Steigung der Tangente an den Graphen der Funktion $f(x) = x^2$ an der angegebenen Stelle, ohne den Satz von Seite 162 zu verwenden.

a) 2 **b)** -1 **c)** 0 **d)** $-0{,}5$ **e)** $\sqrt{5}$

4. a) Gib die Ableitung der Quadratfunktion an der Stelle 3 $[7;\ -4;\ -0{,}5;\ \frac{2}{3}]$ an.

b) An welcher Stelle hat die Quadratfunktion die Ableitung 8 $[-6;\ 0;\ \frac{1}{2};\ -0{,}8]$?

5. Betrachte die Quadratfunktion f mit $f(x) = x^2$.

a) Gib an: (1) $f'(5)$, (2) $f'(-5)$, (3) $f'(0)$, (4) $f'\left(\frac{1}{2}\right)$, (5) $f'\left(-\frac{1}{2}\right)$

b) An welchen Stellen x gilt: (1) $f'(x) = 3$, (2) $f'(x) = -3$, (3) $f'(x) = 0$, (4) $f'(x) = 1{,}8$?

6. Bestimme die Ableitung der Funktion f an den Stellen 3 und -3 mithilfe der h-Schreibweise.

a) $f(x) = x^2 + 3$ **b)** $f(x) = 3x^2$ **c)** $f(x) = (x-2)^2$ **d)** $f(x) = x^2 + 2x$

7. Arbeite mit der dem Buch beiliegenden CD „Mathematik interaktiv“. Stelle mit dem Programmteil „Steigung“ das Verfahren zur Bestimmung der Tangente an eine Parabel grafisch dar.
Experimentiere mit den Programm und beschreibe deine Beobachtungen.

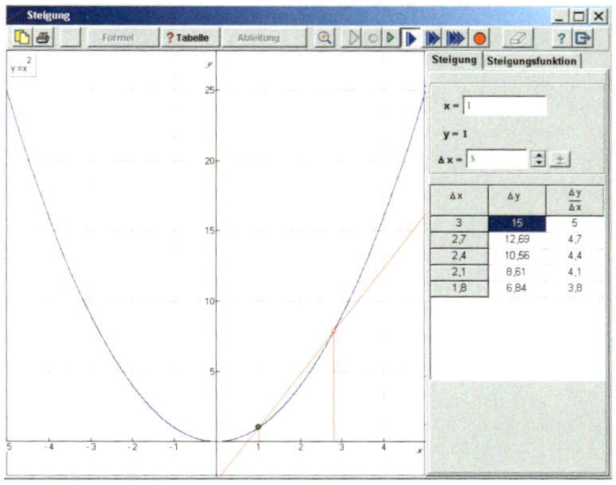

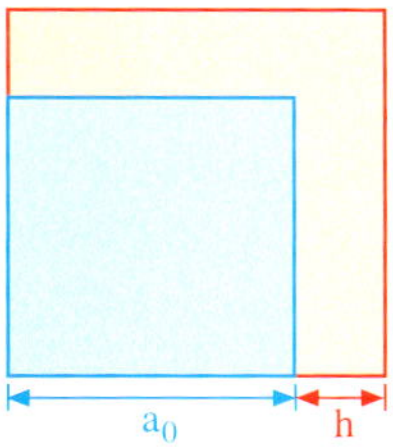

8. Betrachte die Funktion, die jeder Seitenlänge a_0 den Flächeninhalt des entsprechenden Quadrates zuordnet. Berechne die lokale Änderungsrate für eine Seitenlänge a_0. Deute das Ergebnis geometrisch.

9. Die Parabelkirche in Gelsenkirchen wurde von dem Architekten Josef Franke in den Jahren 1927 bis 1929 erbaut. Beim Bau des Kirchenmittelschiffes (bei einer Breite b von 10 Metern und einer Höhe h von 15 Metern) wurden die in den Boden eingelassenen Stützpfeiler aus Fertigungsgründen als einfache Geradenstücke, nicht mehr als Parabelstücke angefertigt.

a) Wähle ein Koordinatensystem und bestimme eine Parabelgleichung.

b) Berechne die Steigung eines in den Boden eingelassenen geraden Stützpfeilers.

c) Welchen Winkel schließen Pfeiler und Erdboden miteinander ein?

d) Ermittle Gleichungen für die Stützpfeiler.

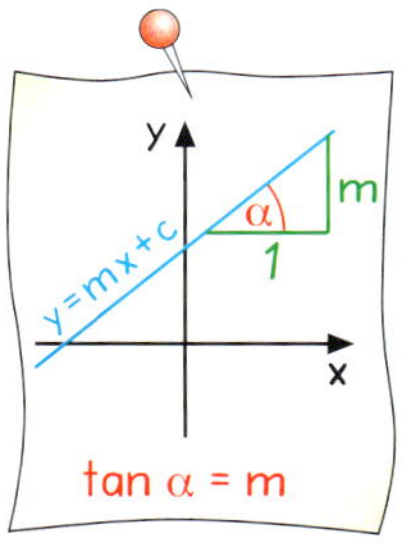

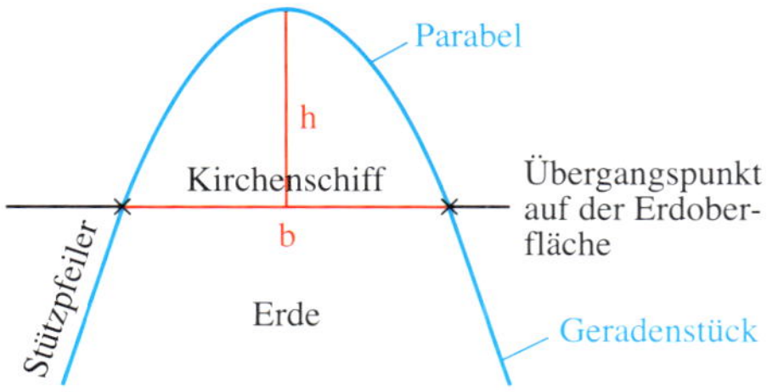

4.4 Ableitung weiterer Funktionen *Zum Selbstlernen*

Ziel

Hier bestimmst du die Ableitungen weiterer Funktionen mit den Verfahren, die du bei der Quadratfunktion kennen gelernt hast.

Zum Erarbeiten

Ableitung der Kubikfunktion

A

Kubikfunktionen ordnet jeder Zahl ihre 3. Potenz zu: $y = x^3$

Bestimme die Ableitung der Kubikfunktion f mit $f(x) = x^3$ an einer Stelle x_0 mithilfe der h-Schreibweise.

Die Steigung der Tangente an der Stelle x_0 wird in folgenden Schritten bestimmt:

(1) Bestimmen der Sekantensteigung
Wir betrachten eine Sekante durch die Punkte $P(x_0|x_0^3)$ und $Q(x_0+h|(x_0+h)^3)$ mit $h \neq 0$.
Für deren Steigung gilt:

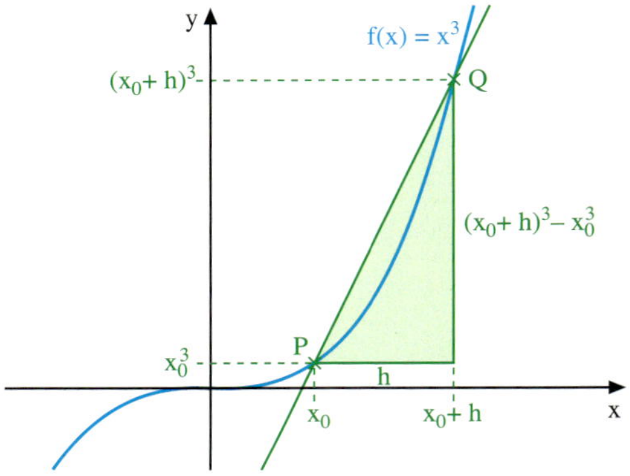

2. Binomische Formel

$$m = \frac{(x_0+h)^3 - x_0^3}{x_0+h-x_0} = \frac{(x_0+h)^2\,(x_0+h) - x_0^3}{h}$$

$$= \frac{(x_0^2 + 2x_0h + h^2)\,(x_0+h) - x_0^3}{h}$$

$$= \frac{x_0^3 + 3x_0^2h + 3x_0h^2 + h^3 - x_0^3}{h}$$

$$= \frac{3x_0^2h + 3x_0h^2 + h^3}{h} = 3x_0^2 + 3x_0h + h^2$$

(2) Bestimmen der Tangentensteigung
Wandert der zweite Schnittpunkt $Q(x_0+h|(x_0+h)^3)$ der Sekante auf der Normalparabel immer näher an den Punkt $P(x_0|x_0^3)$ heran, unterscheidet sich h immer weniger von 0. Für die Sekantensteigung folgt daraus:

$$m = 3x_0^2 + 3x_0h + h^2 \;\longrightarrow\; 3x_0^2 \quad \text{für } h \to 0$$

Die Tangentensteigung ist der Grenzwert der Sekantensteigung:

$$f'(x_0) = \lim_{h\to 0} \frac{(x_0+h)^3 - x_0^3}{h} = \lim_{h\to 0}\,(3x_0^2 + 3x_0h + h^2) = 3x_0^2$$

Satz
Die Kubikfunktion f mit $f(x) = x^3$ hat an der Stelle x_0 die Ableitung $f'(x_0) = 3x_0^2$.

Ableitung der Kehrwertfunktion

A

Kehrwertfunktion ordnet jeder von 0 verschiedenen Zahl ihren Kehrwert zu: $y = \frac{1}{x}$

Bestimme die Ableitung der Kehrwertfunktion f mit $f(x) = \frac{1}{x}$ für $x \neq 0$ an einer Stelle $x_0 \neq 0$ mithilfe der h-Schreibweise.

Die Steigung der Tangente an der Stelle x_0 wird in folgenden Schritten bestimmt:

(1) Bestimmen der Sekantensteigung
Wir betrachten eine Sekante durch die Punkte $P\left(x_0\middle|\frac{1}{x_0}\right)$ und $Q\left(x_0+h\middle|\frac{1}{x_0+h}\right)$ mit $h \neq 0$.

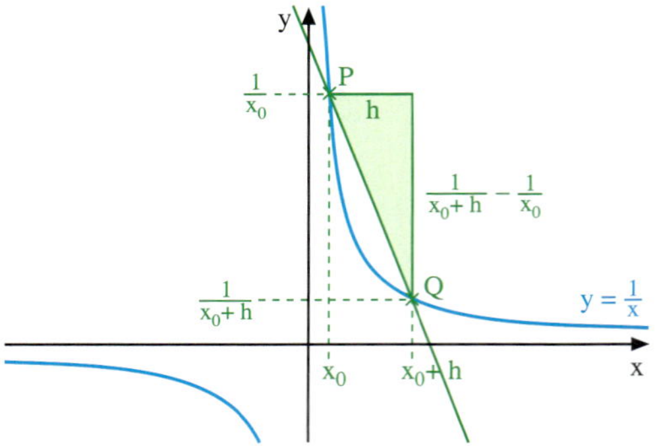

Für deren Steigung gilt:

$$m = \frac{\frac{1}{x_0+h} - \frac{1}{x_0}}{x_0+h-x_0} = \frac{\frac{x_0}{(x_0+h)\,x_0} - \frac{x_0+h}{x_0(x_0+h)}}{h}$$

Erweitern auf den Hauptnenner $x_0(x_0+h)$

$$= \frac{-\frac{h}{x_0(x_0+h)}}{h} = -\frac{h}{x_0(x_0+h)\,h} = -\frac{1}{x_0(x_0+h)}$$

(2) Bestimmen der Tangentensteigung

Wandert der zweite Schnittpunkt $Q\left(x_0+h \,\middle|\, \frac{1}{x_0+h}\right)$ der Sekante auf der Hyperbel immer näher an den Punkt $P\left(x_0 \,\middle|\, \frac{1}{x_0}\right)$, unterscheidet sich h immer weniger von 0 und es folgt für die Sekantensteigung:

$$m = -\frac{1}{x_0(x_0+h)} \;\longrightarrow\; -\frac{1}{x_0\,x_0} = -\frac{1}{x_0^2} \quad \text{für} \quad h \to 0$$

Die Tangentensteigung ist der Grenzwert der Sekantensteigung:

$$f'(x_0) = \lim_{h \to 0} \frac{\frac{1}{x_0+h} - \frac{1}{x_0}}{h} = \lim_{h \to 0} \left(-\frac{1}{x_0(x_0+h)}\right) = -\frac{1}{x_0^2}$$

Satz

Die Kehrwertfunktion f mit $f(x) = \frac{1}{x}$ hat an der Stelle $x_0 \neq 0$ die Ableitung $f'(x_0) = -\frac{1}{x_0^2}$.

Ableitung der Quadratwurzelfunktion

Bestimme die Ableitung der Quadratwurzelfunktion f mit $f(x) = \sqrt{x}$ für $x \geq 0$ an einer Stelle $x_0 > 0$. Überlege anschließend, warum die Stelle $x_0 = 0$ ausgeschlossen wurde.

Die Steigung der Tangente an der Stelle x_0 wird in folgenden Schritten bestimmt:

(1) Bestimmen der Sekantensteigung

Wir betrachten eine Sekante durch die Punkte $P\left(x_0 \,\middle|\, \sqrt{x_0}\right)$ und $Q\left(x \,\middle|\, \sqrt{x}\right)$ mit $x \neq x_0$.

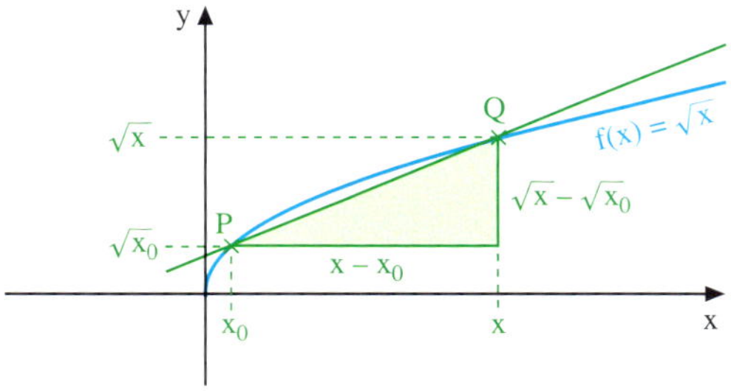

Für deren Steigung gilt:

$$m = \frac{\sqrt{x} - \sqrt{x_0}}{x - x_0}$$

3. Binomische Formel

$$= \frac{\sqrt{x} - \sqrt{x_0}}{(\sqrt{x})^2 - (\sqrt{x_0})^2} = \frac{\sqrt{x} - \sqrt{x_0}}{(\sqrt{x} + \sqrt{x_0})\,(\sqrt{x} - \sqrt{x_0})}$$

$$= \frac{1}{(\sqrt{x} + \sqrt{x_0})}$$

$(\sqrt{a})^2 = \sqrt{a} \cdot \sqrt{a} = a$

(2) Bestimmen der Tangentensteigung

Wandert der zweite Schnittpunkt $Q\left(x \,\middle|\, \sqrt{x}\right)$ der Sekante auf den Graphen immer näher an den Punkt $P\left(x_0 \,\middle|\, \sqrt{x_0}\right)$, so unterscheidet sich x immer weniger von x_0. Für die Sekantensteigung folgt daraus:

$$m = \frac{1}{(\sqrt{x} + \sqrt{x_0})} \;\longrightarrow\; \frac{1}{(\sqrt{x_0} + \sqrt{x_0})} = \frac{1}{2\sqrt{x_0}} \quad \text{für} \quad x \to x_0$$

Die Tangentensteigung ist der Grenzwert der Sekantensteigung:

$$f'(x_0) = \lim_{x \to x_0} \frac{\sqrt{x} - \sqrt{x_0}}{x - x_0} = \lim_{x \to x_0} \left(\frac{1}{(\sqrt{x} + \sqrt{x_0})}\right) = \frac{1}{2\sqrt{x_0}}$$

Zum Selbstlernen

(3) Ausschließen der Stelle 0

Die Sekante durch den Ursprung $O(0|0)$ und den Punkt $Q(x|\sqrt{x})$ hat die Steigung $m = \frac{\sqrt{x}-0}{x-0} = \frac{\sqrt{x}}{x} = \frac{1}{\sqrt{x}}$. Je näher Q auf dem Graphen an 0 rückt, desto kleiner wird $\sqrt{x}$. Die Sekantensteigung $\frac{1}{\sqrt{x}}$ wird beliebig groß. An der Stelle 0 hat die Quadratwurzelfunktion somit eine senkrechte Tangente, da die Normalparabel an der Stelle 0 eine waagerechte Tangente hat. Für eine Gerade, die parallel zur y-Achse verläuft, kann man keine Steigung angeben. Daher musste die Stelle 0 beim Bestimmen der Ableitung ausgeschlossen werden.

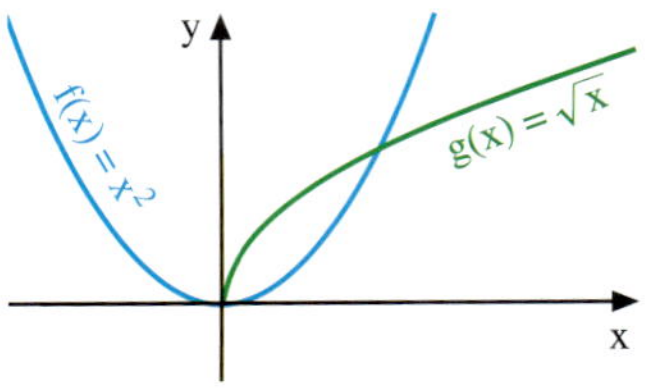

Satz
Die Quadratwurzelfunktion f mit $f(x) = \sqrt{x}$ hat an der Stelle $x_0 > 0$ die Ableitung $f'(x_0) = \frac{1}{2\sqrt{x_0}}$.

Zum Üben

1. Die Ableitung der Kubikfunktion und der Kehrwertfunktion haben wir mit der h-Schreibweise bestimmt, die der Quadratwurzelfunktion nicht. Untersuche, ob die Bestimmung der Ableitung mit der jeweils anderen Methode genau so günstig ist.

2. Bestimme die Ableitung einer linearen Funktion f mit $f(x) = mx + b$ an einer Stelle x_0. Gib zunächst an, welches Ergebnis du erwartest. Bestimme dann die Ableitung mithilfe von Sekantensteigungen.

3. Beweise:

Die Funktion f mit $f(x) = x^4$ hat an einer Stelle x_0 die Ableitung $f'(x_0) = 4x_0^3$.

4. Beweise:

Die Funktion f mit $f(x) = \frac{1}{x^2}$ hat an einer Stelle $x_0 \neq 0$ die Ableitung $f'(x_0) = -\frac{2}{x_0^3}$.

5. Bestimme die Ableitungen $f'(1)$, $f'(2)$, $f'(2{,}5)$, $f'(\frac{1}{4})$ für die Funktion f mit

a) $f(x) = x^3$, **b)** $f(x) = \frac{1}{x}$, **c)** $f(x) = \sqrt{x}$, **d)** $f(x) = x^4$, **e)** $f(x) = \frac{1}{x^2}$

6. An welcher Stelle hat der Graph von f die angegebene Steigung?

a) $f(x) = x^3$, Steigung 27 [7; 0]
b) $f(x) = x^4$, Steigung 16 [–1; 4]
c) $f(x) = \frac{1}{x}$, Steigung –1 [–4; –7]
d) $f(x) = \sqrt{x}$, Steigung $\frac{1}{9}$ [16; 3]

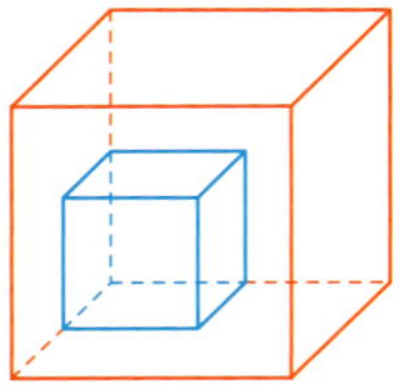

7. Welche Steigungen kommen für den Graphen von f überhaupt nicht vor? Deute das Ergebnis geometrisch.

a) $f(x) = x^3$ **b)** $f(x) = \frac{1}{x}$ **c)** $f(x) = \sqrt{x}$

8. Betrachte die Funktion, die jeder Kantenlänge das Volumen des zugehörigen Würfels zuordnet. Berechne die lokale Änderungsrate für eine Kantenlänge a_0. Deute das Ergebnis geometrisch.

Zum Selbstlernen

4.5 Differenzierbarkeit

Einführung

Rechts siehst du den Graphen der Funktion f mit $f(x) = |x^2 - 1|$. Man kann ihn sich folgendermaßen entstanden denken:
Der Teil des Graphen zu $y = x^2 - 1$, der unterhalb der x-Achse liegt, wird an der x-Achse gespiegelt. Somit hat der Graph zu $f(x) = |x^2 - 1|$ an den Stellen 1 und –1 eine Spitze.
Wir wollen nun die Ableitung von f an der Stelle 1 bestimmen. Dazu betrachten wir zunächst eine Sekante durch den Punkt $P(1|0)$ mit zweitem Schnittpunkt $Q(x|f(x))$ mit $x \neq 1$. Deren Steigung beträgt:

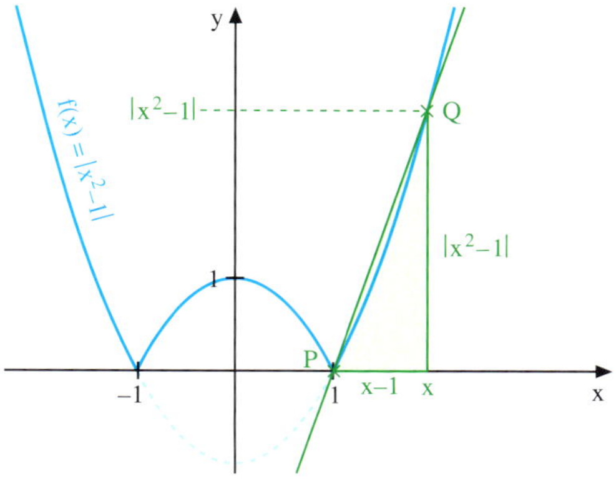

$$m = \frac{f(x) - f(1)}{x - 1} = \frac{|x^2 - 1| - 0}{x - 1} = \frac{|x^2 - 1|}{x - 1}$$

Wegen des Betrages müssen wir eine Fallunterscheidung zum Umformen dieses Terms vornehmen.

1. Fall: Für $x > 1$, d.h. Q liegt rechts von P, gilt:

$$m = \frac{|x^2 - 1|}{x - 1} = \frac{x^2 - 1}{x - 1} \qquad (\text{da } x^2 - 1 > 0 \text{ für } x > 1)$$

$$= \frac{(x+1)(x-1)}{x-1} = x + 1$$

Es gilt: $x + 1 \rightarrow 2$ für $x \rightarrow 1$

2. Fall: Für $x < 1$ liegt Q links von P. Da wir Q an P annähern wollen, können wir uns darauf beschränken, nur den Fall $x > 0$ zu betrachten. In diesem Fall gilt:

$$m = \frac{|x^2 - 1|}{x - 1} = \frac{-(x^2 - 1)}{x - 1} \qquad (\text{da } x^2 - 1 < 0 \text{ für } 0 < x < 1)$$

$$= \frac{-(x+1)(x-1)}{x-1} = -x - 1$$

Es gilt: $-x - 1 \rightarrow -2$ für $x \rightarrow 1$

Lässt man bei einer Sekante, deren zweiter Schnittpunkt rechts von P liegt, diesen Schnittpunkt auf P zu wandern, so nähern sich die Sekantensteigungen dem Wert 2. Dagegen nähern sich bei Sekanten mit zweitem Schnittpunkt links von P die Sekantensteigungen dem Wert –2. Bei Annäherung von links und rechts nähern sich die Sekanten verschiedenen Geraden an. Es gibt also keine Gerade, die sich zugleich links und rechts von P gut an den Graphen von f anschmiegt. Daher gibt es keine Tangente im Punkt P an der Stelle 1. Folglich hat die Funktion f an der Stelle 1 keine Ableitung.
Entsprechende Überlegungen lassen sich für die Stelle –1 durchführen.

Aufgabe 1

Die Heavisidefunktion H hat keinen einheitlichen Funktionsterm, sondern wird abschnittsweise definiert:

$$H(x) = \begin{cases} 0 & \text{für } x \leq 0 \\ 1 & \text{für } x > 0 \end{cases}$$

Zeichne den Graphen der Funktion und untersuche, ob die Funktion eine Ableitung an der Stelle 0 besitzt.

OLIVER HEAVISIDE
(1850–1925)
britischer Mathematiker
und Physiker

Lösung

● gehört zum Graphen
○ gehört nicht zum Graphen

Wir betrachten zunächst eine Sekante durch den Punkt $P(0|0)$ und den zweiten Schnittpunkt $Q(x|H(x))$ mit $x \neq 0$. Für deren Steigung m gilt:

$$m = \frac{H(x) - H(0)}{x - 0} = \frac{H(x) - 0}{x - 0} = \frac{H(x)}{x},$$

also $m = \begin{cases} \frac{1}{x} & \text{für } x > 0 \\ 0 & \text{für } x < 0 \end{cases}$

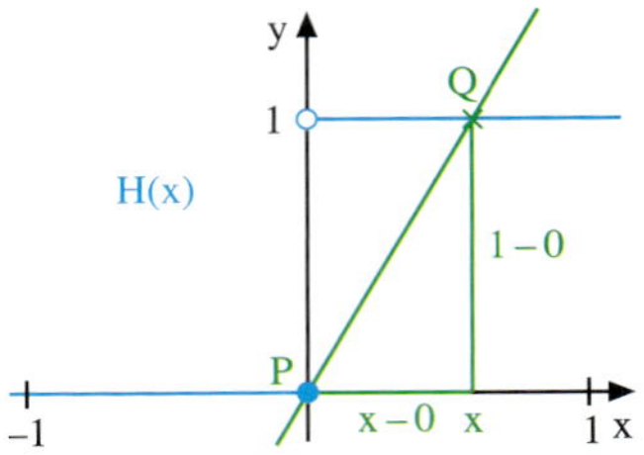

Alle Sekanten mit zweiten Schnittpunkt Q links von P haben also die Steigung 0.

Für Sekanten mit zweitem Schnittpunkt rechts von P gilt:

x-Koordinate von Q	1	0,5	0,1	0,01	0,001	…
Sekantensteigung $\frac{1}{x}$	1	2	10	100	1 000	…

Je näher der zweite Schnittpunkt an P rückt, desto größer wird die Steigung der Sekante. Sie nähert sich keiner Zahl an. Bei Annäherung von links und rechts nähern sich die Sekanten verschiedenen Geraden an. Es gibt also keine Gerade, die sich zugleich links und rechts von P gut an den Graphen von H anschmiegt. Daher gibt es keine Tangente im Punkt P an der Stelle 0. Folglich hat die Heavisidefunktion H an der Stelle 0 keine Ableitung.

Information

An einer Stelle, an der ein Graph eine Spitze oder einen Sprung aufweist, gibt es keine Gerade, die sich dem Graphen zugleich links und rechts von dieser Stelle gut anschmiegt. Der Graph hat an dieser Stelle keine Tangente. Daher hat die Funktion an dieser Stelle keine Ableitung. An dieser Stelle nähern sich die Sekantensteigungen keiner gemeinsamen Zahl an, wenn sich die zweite Schnittstelle von links oder rechts dieser Stelle nähert.

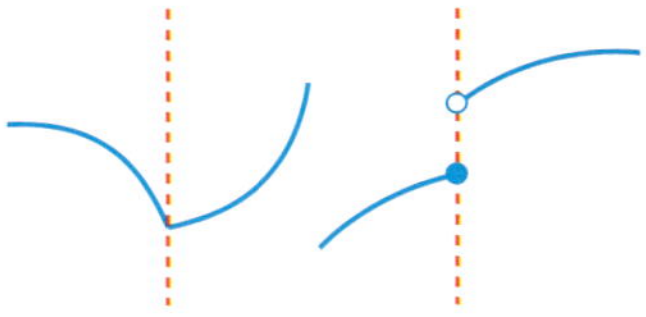

Definition

Zur Bestimmung der Ableitung einer Funktion f an einer Stelle x_0 geht man folgendermaßen vor:

(1) Man bestimmt für Sekanten, die den Graphen an einer zweiten Stelle $x \neq x_0$ schneiden, die Steigung, d.h. den Differenzenquotienten: $m = \frac{f(x) - f(x_0)}{x - x_0}$

(2) Man nähert die Stelle x immer mehr der Stelle x_0 an. Nähern sich dabei die Werte des Differenzenquotienten sowohl bei Annäherung von links als auch von rechts derselben Zahl an, so nennt man die Funktion **differenzierbar** an der Stelle x_0. Der Grenzwert des Differenzenquotienten ist die **Ableitung**: $f'(x_0) = \lim\limits_{x \to x_0} \frac{f(x) - f(x_0)}{x - x_0}$

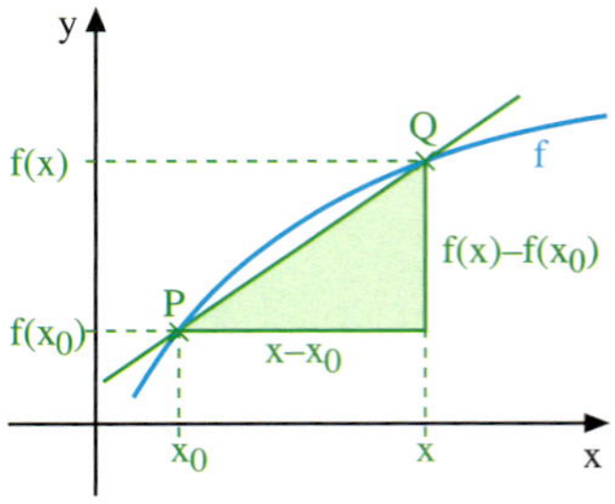

Andernfalls heißt die Funktion f **nicht differenzierbar** an der Stelle x_0 und hat dann an dieser Stelle keine Ableitung.

Eine Funktion heißt differenzierbar in ihrer Definitionsmenge, wenn sie an jeder Stelle ihrer Definitionsmenge differenzierbar ist.

Weiterführende Aufgabe

2. *Untersuchung auf Differenzierbarkeit bei parallel zur y-Achse verlaufenden Tangenten*

Betrachte die Funktion f mit: $f(x) = \begin{cases} \sqrt{x} & \text{für } x \geq 0 \\ -\sqrt{-x} & \text{für } x < 0 \end{cases}$

Untersuche, ob die Funktion f an der Stelle 0 differenzierbar ist. Hat der Graph an der Stelle 0 eine Tangente?

Information

(1) Exakte Definition der Tangente

Auf Seite 148 haben wir anschaulich von einer Tangenten an einen Funktionsgraphen gesprochen. Beim zeichnerischen Bestimmen ergaben sich dabei ungenaue Werte. Mithilfe der Ableitung können wir nun festlegen:

Definition

Der Graph einer Funktion f hat in einem Punkt $P(x_0|f(x_0))$ eine Tangente, wenn f an der Stelle x_0 differenzierbar ist.

Die **Tangente** ist die Gerade durch P, welche die Steigung $f'(x_0) = \lim\limits_{x \to x_0} \frac{f(x) - f(x_0)}{x - x_0}$ hat.

Ist f an der Stelle x_0 nicht differenzierbar, so hat der Graph im Punkt $P(x_0|f(x_0))$ keine Tangente, es sei denn, die Tangente verläuft parallel zur y-Achse.

(2) Andere Sprech- und Bezeichnungsweisen

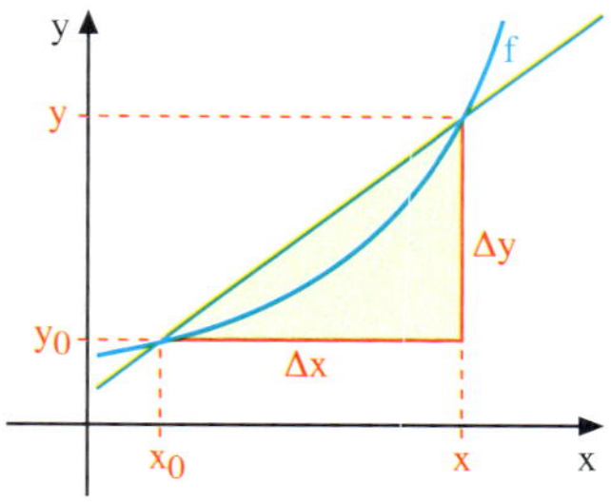

Die Ableitung der an der Stelle x_0 differenzierbaren Funktion wird auch **Differenzialquotient** genannt. Diese Bezeichnung hat historische Gründe. LEIBNIZ vertrat die Auffassung, die Steigung der Tangente sei ein Quotient von so genannten Differenzialen. Vor allem bei Anwendungen in Physik und Technik schreibt man auch Δx (*gelesen:* Delta x) für die Koordinatendifferenz $x - x_0$:

Delta (Δ, δ) griechischer Buchstabe

$\Delta x = x - x_0$

Für die Differenz $f(x) - f(x_0)$ schreibt man dann folgerichtig Δy:

$\Delta y = y - y_0 = f(x) - f(x_0)$

Für die Sekantensteigung m gilt dann: $m = \frac{\Delta y}{\Delta x}$

Für die Ableitung $f'(x)$ an einer beliebigen Stelle x schreibt man auch y' oder $\frac{dy}{dx}$.

$\frac{dy}{dx}$ ist nach unserer Theorie *kein* Quotient. Deswegen wird gelesen: *dy nach dx*. Das Symbol $\frac{dy}{dx}$ muss hier als Ganzes gesehen werden.

Gottfried Wilhelm Leibniz (1646–1716)

GOTTFRIED WILHELM LEIBNIZ führte dieses Symbol im Jahr 1675 ein.

Beispiel: Die Funktion f ist durch die Gleichung $y = x^2$ gegeben.

Dann ist $\frac{dy}{dx} = 2x$

(gelesen: *dy nach dx gleich 2x*).

Bei CAS-Rechnern lautet der Befehl zum Ableiten $\frac{d}{dx}(\,)$. Er erfolgt über die Taste ***d***. Die Schreibweise dieses Befehls erinnert an die von LEIBNIZ.

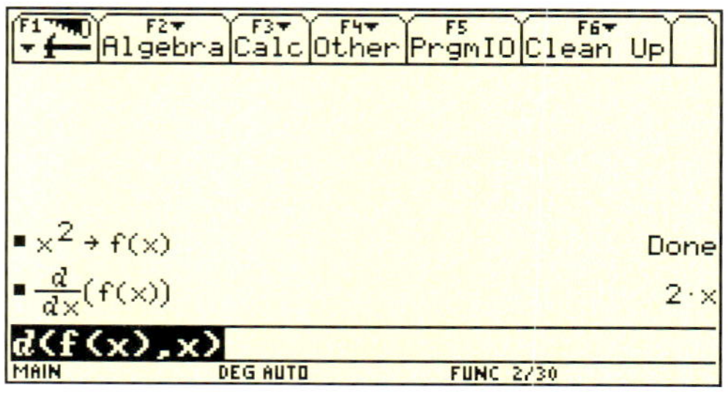

Übungsaufgaben

3. Der Graph zu $f(x) = |4 - x^2|$ weist besondere Punkte auf.
Untersuche, ob der Graph in diesen Punkten eine Tangente hat.

4. *Funktionenmikroskop*

In den Bildern rechts wurde jeweils eine Stelle des Graphen zur Funktion f mit $f(x) = |x^2 - 2{,}25|$ mehrfach vergrößert.
Beschreibe und vergleiche.

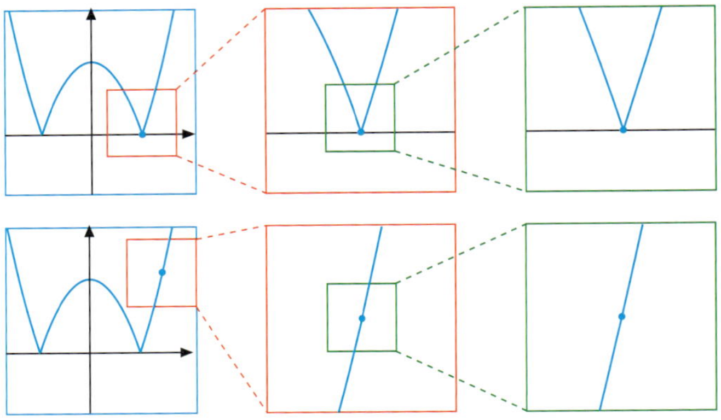

5. An den Graphen einer Funktion sind an der Stelle x_0 Tangenten eingezeichnet. Nimm Stellung dazu.

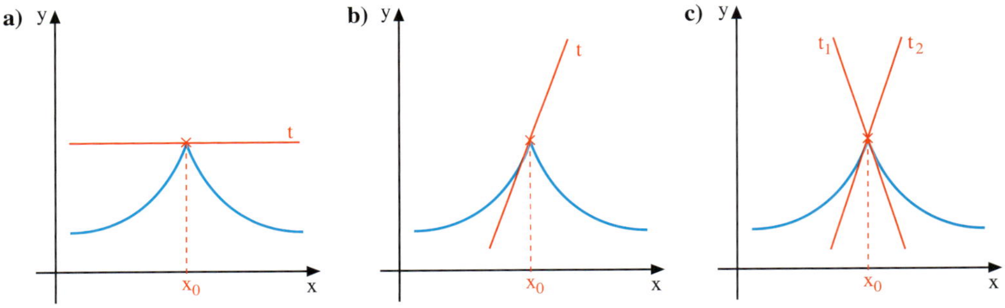

6. Untersuche, ob die Funktion f an der angegebenen Stelle differenzierbar ist. Hat der Graph an dieser Stelle eine Tangente?

a) $f(x) = |x|$; Stelle 0

b) $f(x) = |x^2 - 9|$; Stelle 3 [Stelle −3]

c) $f(x) = x \cdot |x|$; Stelle 0

7. An welchen Stellen hat der Graph keine Tangente?

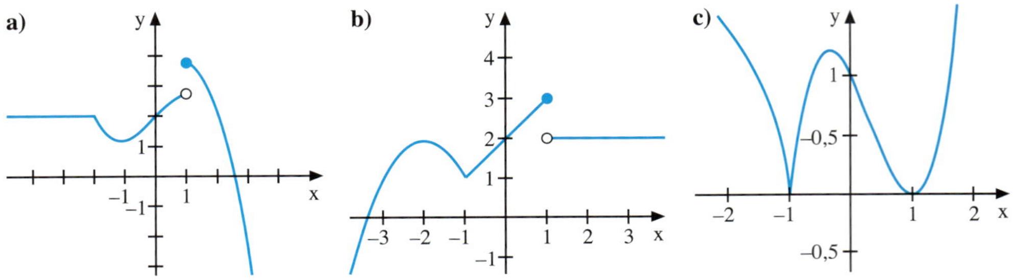

4.6 Stetigkeit

Einführung

Lucas telefoniert mit einer Telefonkarte, auf der nur noch wenig Guthaben ist. Daher betrachtet er das angezeigte Restguthaben sorgfältig: 1,30 €; 1,10 €; 0,90 €; …

Zu bestimmten Zeitpunkten verringert sich das Guthaben schlagartig um 20 Cent. Betrachtet man den Graphen der Funktion *Gesprächsdauer (in min)* → *Restguthaben (in €)*, so weist dieses eine Besonderheit auf:
Der Graph fällt nicht kontinuierlich, sondern zu bestimmten Zeitpunkten mit einem Sprung: Bis unmittelbar vor 2 Minuten Gesprächsdauer beträgt das Guthaben 1,30 €, ab genau 2 Minuten dann nur noch 1,10 €. An dieser Stelle symbolisiert ● einen Punkt, der zum Graphen gehört, und ○ einen Punkt, der nicht dazu gehört.
Im Gegensatz zu vielen anderen Graphen, die wir bislang betrachtet haben, kann man diesen also nicht in einem Zuge durchzeichnen.

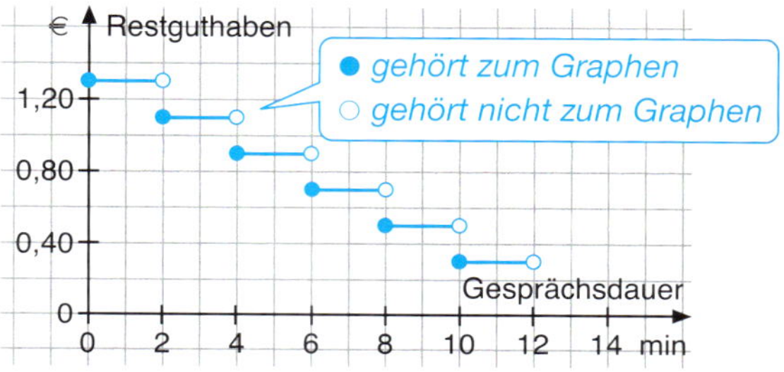

Aufgabe 1

Zeichne die Graphen der Funktionen zu

(1) $f(x) = \begin{cases} -x-1 & \text{für } x \le 1 \\ x^2 & \text{für } x > 1 \end{cases}$ (2) $g(x) = \begin{cases} |x|+1 & \text{für } x \neq 1 \\ -1 & \text{für } x = 0 \end{cases}$

Beschreibe Besonderheiten der Graphen.

Lösung

Beide Graphen weisen an einer Stelle einen Sprung auf.

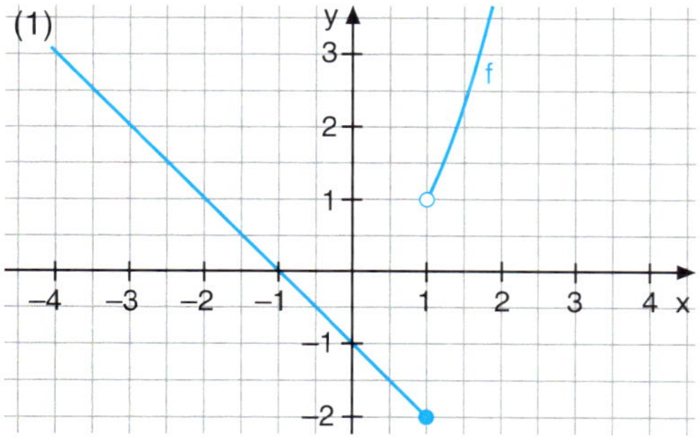

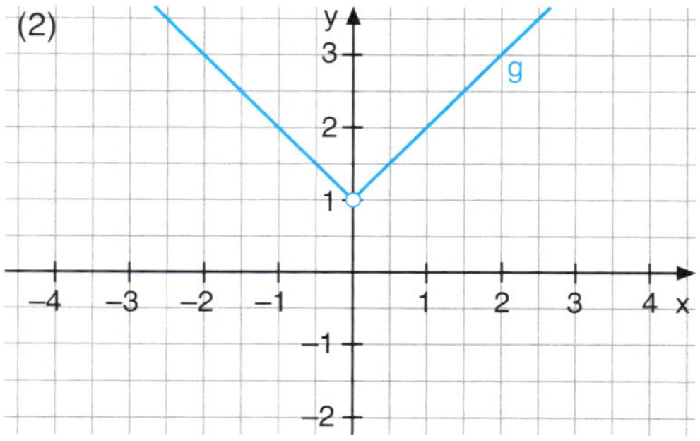

Nähert man sich auf dem Graphen von f von links der Stelle 1, so nähern sich die Funktionswerte dem Funktionswert $f(1) = -2$. Nähert man sich dagegen von rechts dieser Stelle, so nähern sich die Funktionswerte dem Wert 1.

Nähert man sich auf dem Graphen von g der Stelle 0, so nähern sich die Funktionswerte dem Wert 1; es ist aber $g(1) = -1$.

Information

In der Einführung und in Aufgabe 1 haben wir Funktionen betrachtet, die Stellen aufweisen, an denen der Graph einen Sprung macht. Nähern sich die x-Werte dieser Stelle an, so nähern sich die zugehörigen Funktionswerte nicht dem Funktionswert an dieser Stelle an. Wir nennen die Funktion an dieser Stelle *unstetig*.

Definition

Die Funktion f sei an der Stelle x_0 definiert. Sie heißt dann **an der Stelle x_0 stetig**, falls $\lim\limits_{x \to x_0} f(x)$ existiert und $\lim\limits_{x \to x_0} f(x) = f(x_0)$ ist. Andernfalls heißt die Funktion *an der Stelle x_0 unstetig*.

(1) f ist stetig an der Stelle x_0

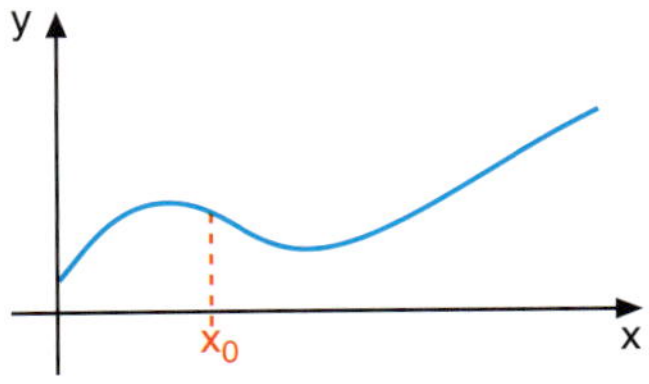

anschaulich: kein Sprung

(2) f ist unstetig an der Stelle x_0

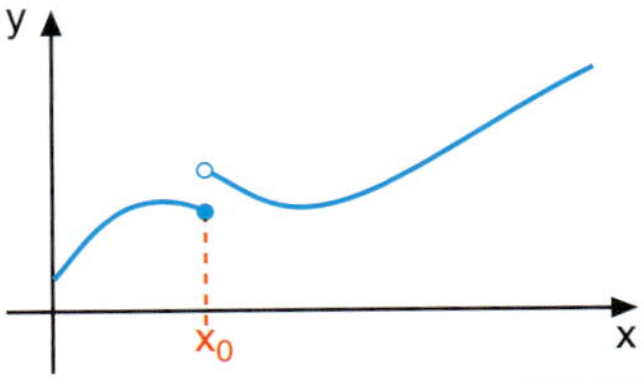

(3) f ist weder stetig, noch unstetig an der Stelle x_0

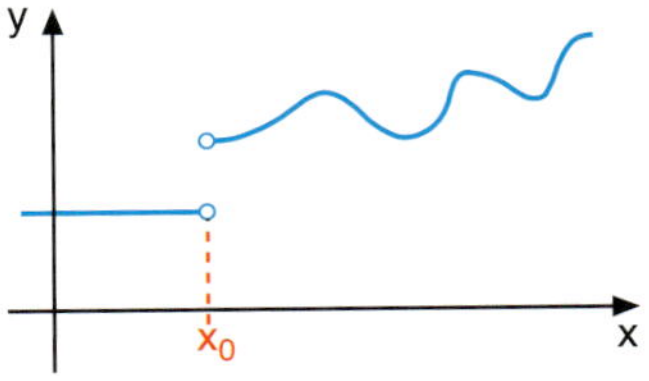

Eine Funktion heißt **stetig**, wenn sie an jeder Stelle ihres Definitionsbereichs stetig ist.

Beispiele:
Potenzfunktionen, ganzrationale Funktionen, Exponentialfunktionen und trigonometrische Funktionen sind stetig.

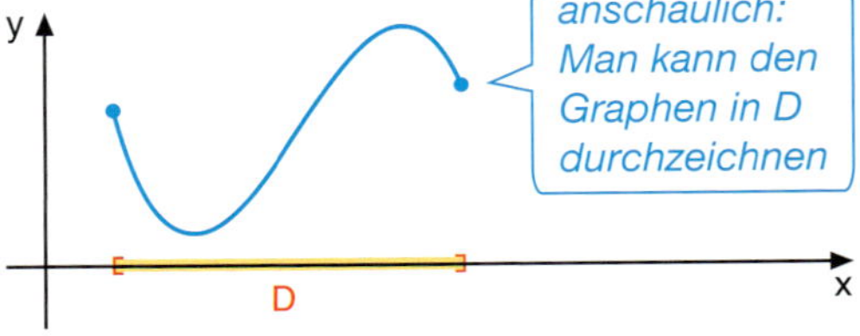

anschaulich: Man kann den Graphen in D durchzeichnen

Übungsaufgaben

2. Zeichne für Postpakete den Graphen der Funktion *Gewicht (in kg) ⟶ Porto (in €)*. Beschreibe Besonderheiten des Graphen.

Preise für Postpakete

Maße	Gewicht	Deutschland
Paket max. 120 x 60 x 60 cm	bis 10 kg	6,90 Euro
	bis 20 kg	9,90 Euro
	bis 31,5 kg	13,90 Euro

3. Zeige, dass die Funktion f an der Stelle x_0 unstetig ist.

a) $f(x) = \begin{cases} x & \text{für } x < 0 \\ x^2 + 1 & \text{für } x \geq 0 \end{cases}; \quad x_0 = 0$

b) $f(x) = \begin{cases} x + 4 & \text{für } x \geq -3 \\ 4 - x & \text{für } x < -3 \end{cases}; \quad x_0 = -3$

Statt [x] schreibt man auch INT(X).

4. Zeichne den Graphen der Funktion und untersuche diese auf Stetigkeit.

a) $H(x) = \begin{cases} 0 & \text{für } x \leq 0 \\ 1 & \text{für } x > 0 \end{cases}$ **b)** $f(x) = [x]$

Heaviside-Funktion

Gauß-Klammer [x] bezeichnet die größte ganze Zahl kleiner gleich x.

5. Üblicherweise wird definiert: $0^0 = 1$.

a) Untersuche die Funktionen zu $f(x) = x^0$ sowie $g(x) = 0^x$ auf Stetigkeit.

b) Wie würde sich das Ergebnis von Teilaufgabe a) ändern, wenn man definieren würde $0^0 = 0$?

c) Gib mithilfe der obigen Überlegungen ein Argument an, warum die zunächst ungewöhnlich erscheinende Definition $0^0 = 1$ sinnvoller ist als $0^0 = 0$.

6. a) Die Funktion $x \mapsto \frac{x^2 - 1}{x - 1}$ ist an der Stelle 1 nicht definiert. Sie hat dort eine Lücke. Welchen Funktionswert muss man für x = 1 festsetzen, damit die dadurch erweiterte Funktion an der Stelle 1 stetig ist (sogenannte *stetige Erweiterung* an der Stelle 1)?

b) Verfahre ebenso mit folgenden Funktionen: (1) $x \mapsto \frac{x^2 - 4}{x + 2}$ (2) $x \mapsto \frac{\sin x}{x}$

4.7 Ableitungsfunktion

Aufgabe 1

Betrachte die Quadratfunktion f mit $f(x) = x^2$.

a) Lege eine Tabelle an, in der für jede der Stellen $-4; -3; -2; -1; 0; 1; 2; 3; 4$ die Ableitung von f an der betreffenden Stelle notiert ist.
Die Tabelle kann als Wertetabelle einer neuen Funktion aufgefasst werden. Zeichne den Graphen dieser Funktion und gib ihren Funktionsterm an.

b) Vergleiche diese neue Funktion mit der Funktion f.

Lösung

a) Für die Ableitung an der Stelle x_0 gilt: $f'(x_0) = 2x_0$
Damit erhält man folgende Tabelle:

x_0	−4	−3	−2	−1	0	1	2	3	4
$f'(x_0)$	−8	−6	−4	−2	0	2	4	6	8

Der Graph dieser Funktion ist eine Ursprungsgerade mit der Steigung 2. Der Funktionsterm dieser Funktion ist 2x. Er gibt die Ableitung der Quadratfunktion f an der Stelle x an. Also können wir dafür schreiben: $f'(x) = 2x$

b) Links von der y-Achse fällt der Graph der Funktion f und zwar umso weniger, je mehr er sich der Stelle 0 nähert. Die Steigung ist hier an jeder Stelle negativ und wird zunehmend weniger negativ. Entsprechend verläuft der Graph der *Ableitungsfunktion f′* unterhalb der x-Achse und nähert sich dieser von unten an.
An der Stelle 0 hat der Graph der Funktion f eine waagerechte Tangente im Scheitelpunkt. Entsprechend hat die Ableitungsfunktion an der Stelle 0 den Wert 0.
Rechts von der y-Achse steigt der Graph der Funktion f zunehmend stärker an. Die Steigung ist hier an jeder Stelle positiv und wird immer größer. Entsprechend verläuft der Graph der Ableitungsfunktion f′ oberhalb der x-Achse und steigt stets an.

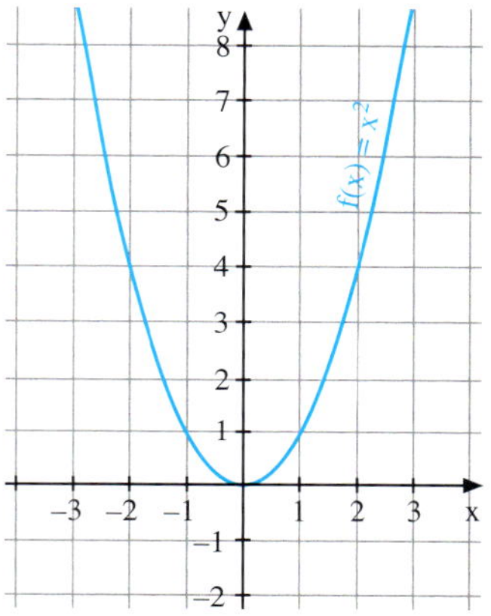

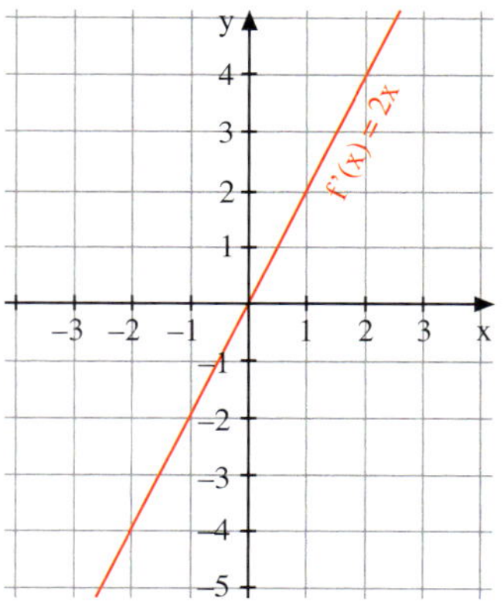

Information

(1) Ableitungsfunktion

In Aufgabe 1 haben wir zu der Quadratfunktion f mit $f(x) = x^2$ die Funktion betrachtet, die an jeder Stelle x die Ableitung der Quadratfunktion angibt. Der Funktionsterm dieser Funktion f′ ist $f'(x) = 2x$.

Definition

Unter der **Ableitungsfunktion f′ der Ausgangsfunktion f** (meist kurz **Ableitung f′** von f genannt) versteht man diejenige Funktion, die jeder Stelle x die Ableitung von f an dieser Stelle zuordnet.

Mithilfe der h-Schreibweise zum Bestimmen der Ableitungen können wir den Funktionsterm der Ableitungsfunktion so schreiben: $f'(x) = \lim\limits_{h \to 0} \frac{f(x+h) - f(x)}{h}$

Da dieser Funktionsterm der Grenzwert eines Differenzenquotienten ist, nennt man das Bilden der Ableitung f′ einer Funktion f auch **Differenzieren**.

(2) Zusammenstellung wichtiger Grundfunktionen und ihrer Ableitungen

Funktion: $f(x) = mx + b$
Ableitung: $f'(x) = m$
Graphen:

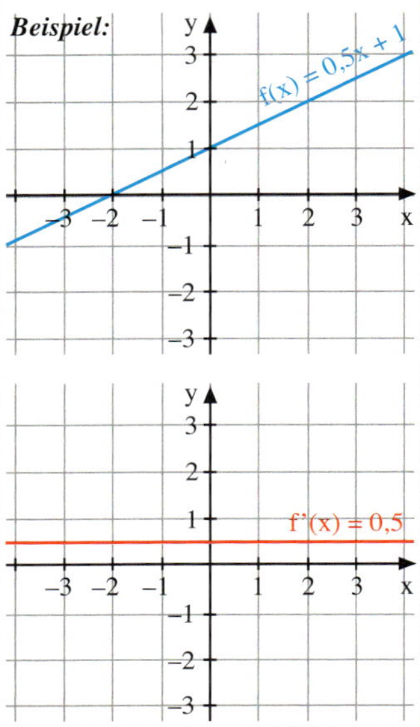

Funktion: $f(x) = x^2$
Ableitung: $f'(x) = 2x$
Graphen:

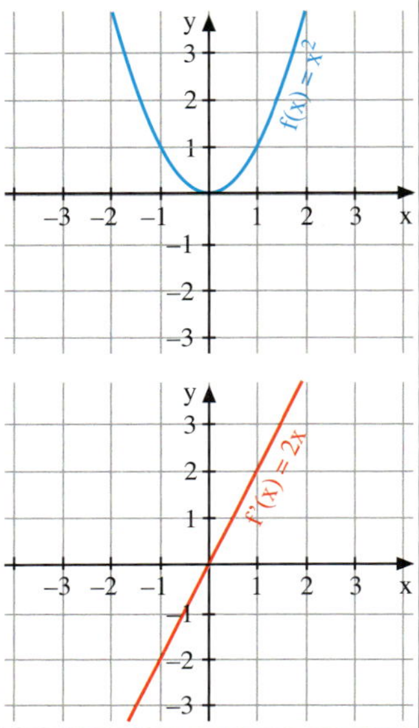

Funktion: $f(x) = x^3$
Ableitung: $f'(x) = 3x^2$
Graphen:

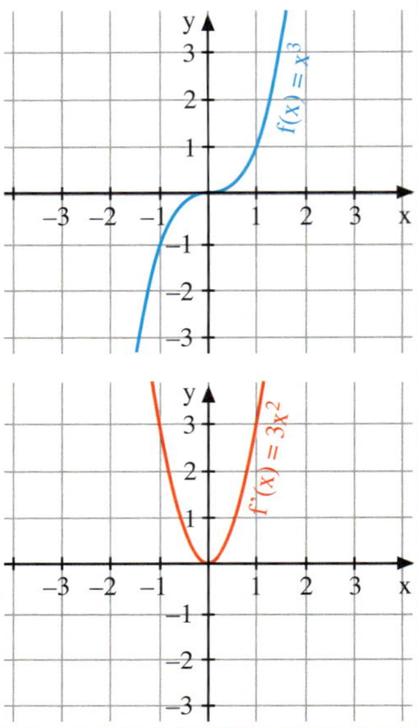

Funktion: $f(x) = x^4$
Ableitung: $f'(x) = 4x^3$
Graphen:

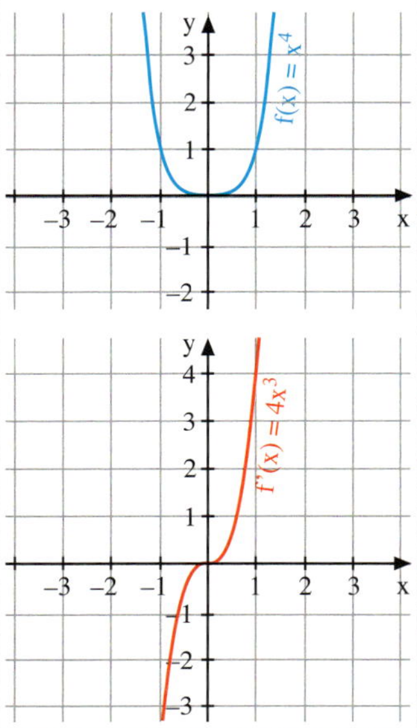

Funktion: $f(x) = \frac{1}{x}$ $(x \neq 0)$
Ableitung: $f'(x) = -\frac{1}{x^2}$ $(x \neq 0)$
Graphen:

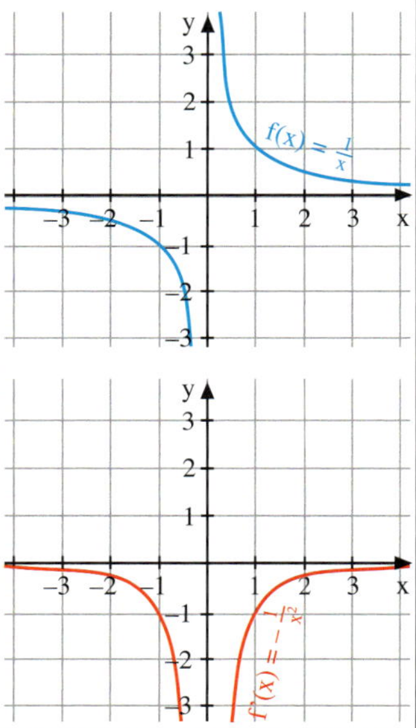

Funktion: $f(x) = \sqrt{x}$ $(x \geq 0)$
Ableitung: $f'(x) = \frac{1}{2\sqrt{x}}$ $(x > 0)$
Graphen:

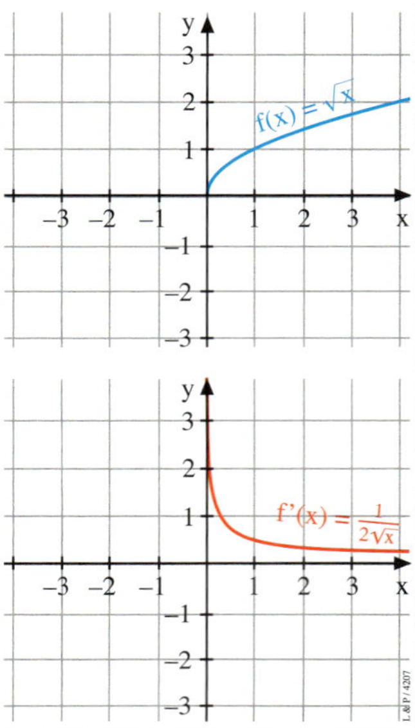

Weiterführende Aufgaben

2. *Graph der Ableitungsfunktion durch grafisches Differenzieren bestimmen*

In der Abbildung rechts ist nur der Graph einer Funktion gegeben. Der Funktionsterm ist nicht bekannt. Durch grafisches Differenzieren kann man jedoch hier den Graphen der Ableitungsfunktion näherungsweise bestimmen. Übertrage dazu die Grafik mit beiden Koordinatensystemen auf Karopapier. Bestimme durch zeichnerisches Differenzieren die Tangentensteigungen der Tangenten an den eingezeichneten und an weiteren Punkten. Trage die erhaltenen Werte in das untere Koordinatensystem ein.

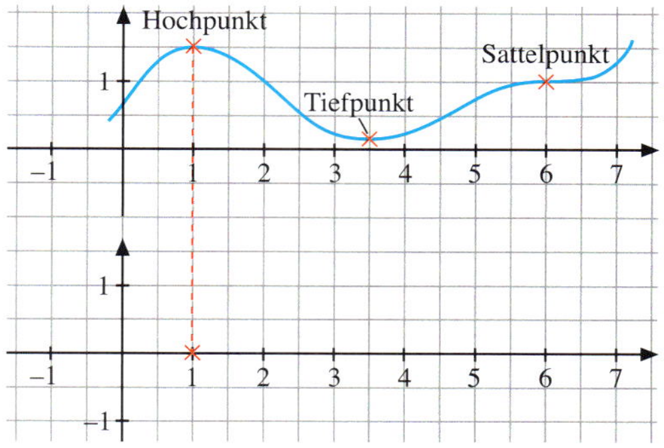

Verwende dabei zunächst markante Punkte des Graphen: *Hochpunkte, Tiefpunkte, Sattelpunkte*. Verbinde die erhaltenen Punkte zu einem durchgehenden Graphen. So erhält man den Graphen der Ableitungsfunktion.

3. *Graph der Ableitungsfunktion mit einem GTR bestimmen*

Will man den Graphen einer Funktion zusammen mit dem Graphen ihrer Ableitungsfunktion zeichnen, kann man im Y-Editor die Funktionsterme der Funktion und der Ableitungsfunktion eingeben.

Der GTR bietet jedoch auch die Möglichkeit, den Graphen einer Ableitungsfunktion zu zeichnen, deren Term man nicht kennt. In diesem Fall bestimmt der GTR die Ableitung näherungsweise mit dem Befehl **nDeriv** aus dem **Math**-Menü.

Es sind dabei anzugeben:

- Der Funktionsterm f(x) der Funktion, deren Ableitung bestimmt werden soll.
- Die Variable, nach der abgeleitet werden soll, also hier x.

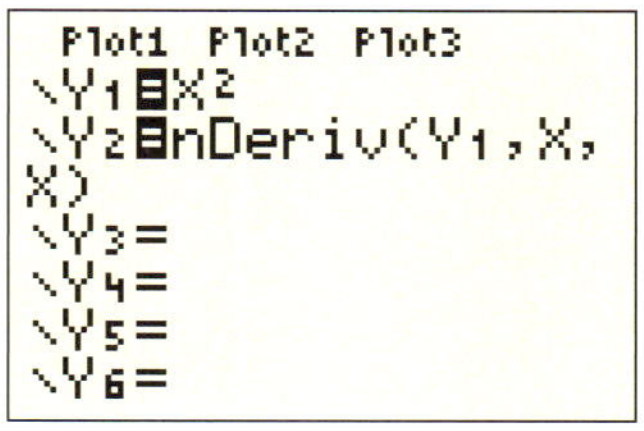

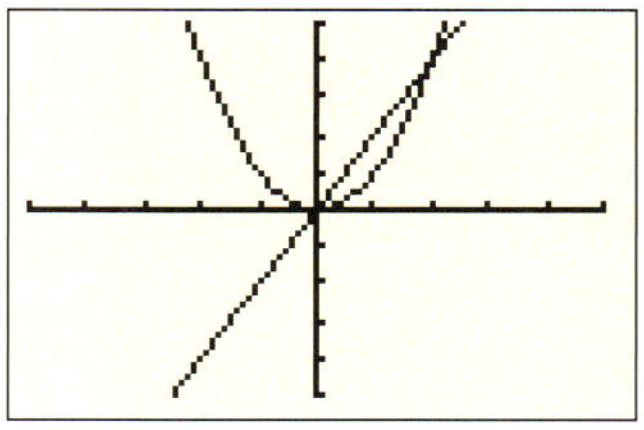

- Die Stelle, an der die Ableitung bestimmt werden soll, also hier auch x.

Führe dieses mit selbst gewählten Funktionen durch.

Übungsaufgaben

4. Gegeben ist die Funktion f mit $f(x) = x^3$. Notiere in einer Tabelle die Ableitung von f an den folgenden Stellen: -3; -2; -1; 0; $+1$; $+2$; $+3$

Die Tabelle kann als Wertetabelle der Ableitungsfunktion f' aufgefasst werden. Gib den Funktionsterm $f'(x)$ an und zeichne den Graphen von f'.

5. Zeichne die Graphen von f und f' in untereinander gezeichnete Koordinatensysteme.

a) $f(x) = 2x + 3$ **b)** $f(x) = -3x + 1$ **c)** $f(x) = x$ **d)** $f(x) = 5$ **e)** $f(x) = \frac{1}{x^2}$

6. Beschreibe, wie der Graph der Funktion f aus dem Graphen der Quadratfunktion entsteht. Folgere daraus die Ableitung der Funktion. Zeichne die Graphen von f und f' in untereinander gezeichnete Koordinatensysteme.

a) $f(x) = x^2 + 1$ **b)** $f(x) = x^2 - 3$ **c)** $f(x) = -x^2$ **d)** $f(x) = (x + 1)^2$ **e)** $f(x) = (x - 3)^2$

7. Übertrage den Funktionsgraphen in dein Heft und bestimme durch grafisches Differenzieren in ein darunter gezeichnetes Koordinatensystem den Graphen der Ableitungsfunktion.

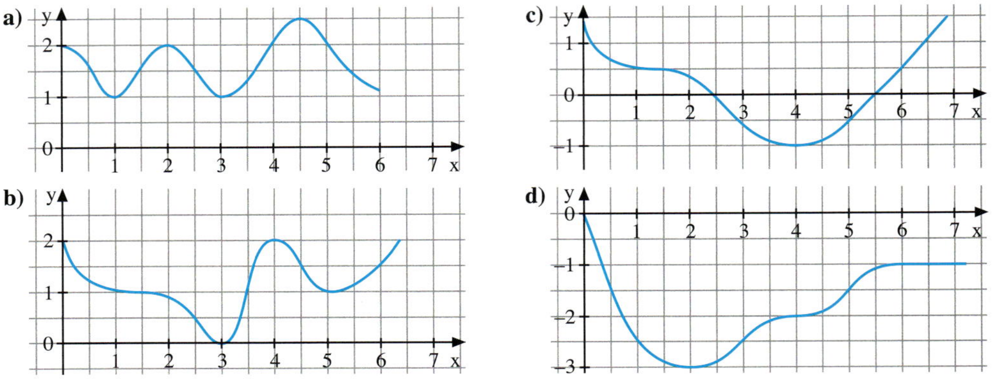

8. *Partnerarbeit:* Zeichne selbst Funktionsgraphen und lasse deinen Partner durch grafisches Differenzieren in einem darunter gezeichneten Koordinatensystem den Graphen der Ableitungsfunktion skizzieren. Tauscht die Rollen nach jedem Graphen.

9. In (1), (2) und (3) sind Graphen von Funktionen gezeichnet, in (A), (B) und (C) die Graphen ihrer Ableitungsfunktionen. Ordne zu und begründe deine Entscheidung.

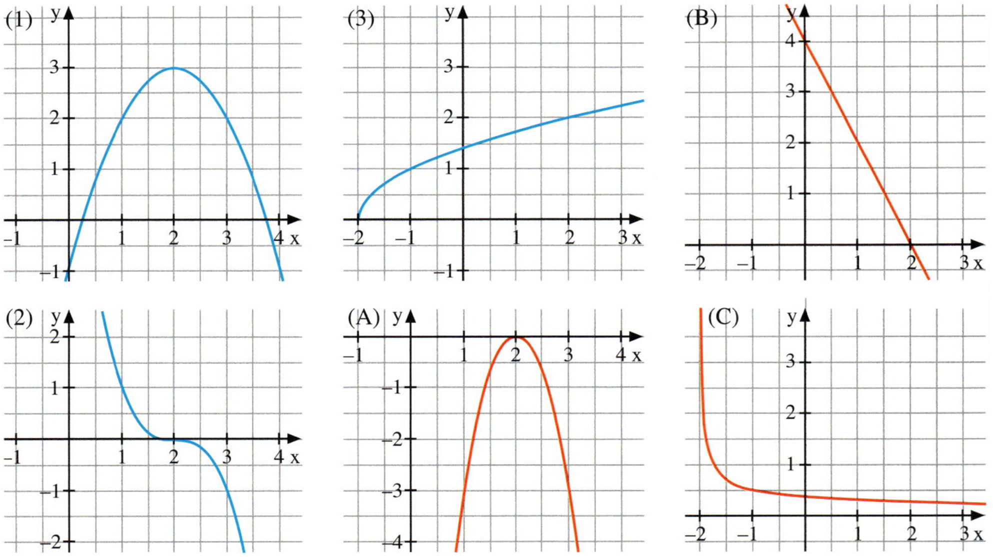

10. Zeichne mithilfe des GTR die Graphen der Funktion f und der Ableitungsfunktion f′.

a) $f(x) = x^3 + x^2$ **b)** $f(x) = x^2 - x$ **c)** $f(x) = 4x^2 + 2x$ **d)** $f(x) = -2x^2 + 3x$

11. Gegeben sind die Funktionen f und g mit $f(x) = x^3 - 2$ und $g(x) = x^3 + 4$. Gib eine Wertetabelle für die Ableitungsfunktionen f′ und g′ an. Verwende dazu einen GTR. Was stellst du fest?

12. Die Ableitungsfunktion f′ einer Funktion f ist konstant; es gilt $f'(x) = 3$ für alle $x \in \mathbb{R}$. Mache Aussagen zur Ausgangsfunktion f.

13. Das Diagramm rechts zeigt den Anfahrvorgang eines Autos.

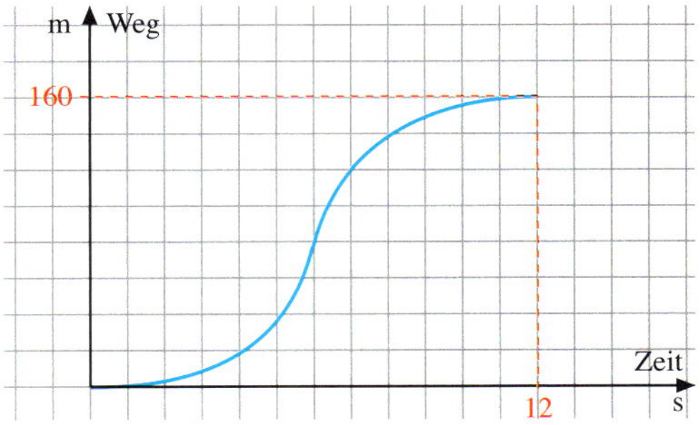

a) Berechne die Durchschnittsgeschwindigkeit während dieses Anfahrvorgangs. Veranschauliche sie grafisch.

b) Ermittle zu einigen Zeitpunkten die Momentangeschwindigkeiten und zeichne den Graphen der Funktion *Zeit ⟶ Momentangeschwindigkeit.* Stelle Zusammenhänge zu den Graphen der Funktion *Zeit ⟶ Weg* her.

14. Rechts siehst du einen Graphen, der Marias Schulweg beschreibt.

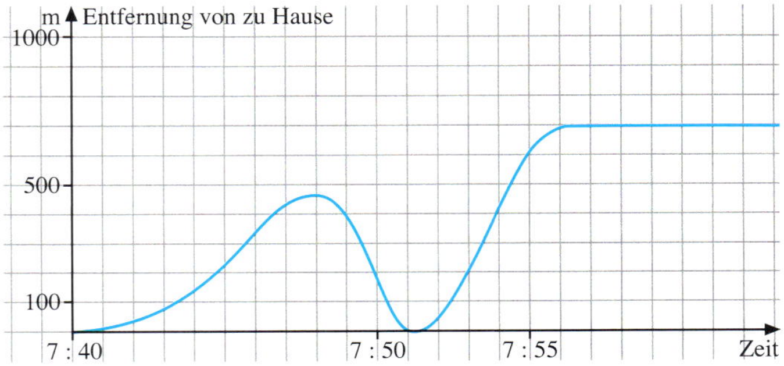

a) Welche Informationen kannst du daraus entnehmen?

b) Skizziere dazu den entsprechenden Graphen mit den jeweiligen lokalen Änderungsraten. Beschreibe ihn, auch im Zusammenhang zum obenstehenden Graphen.

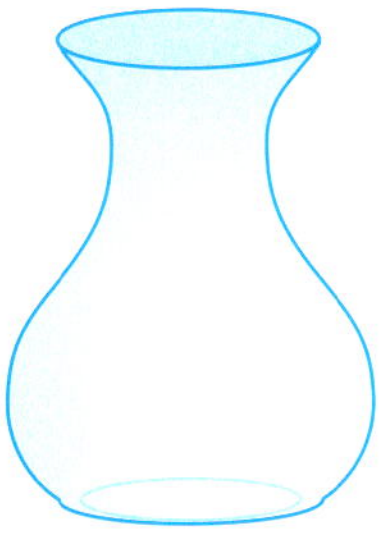

15. Betrachte zur Vase links die Funktion *eingefüllte Wassermenge (in ml) ⟶ Füllhöhe (in cm).*

a) Skizziere den Graphen dieser Funktion.

b) Skizziere auch den Graphen der zugehörigen lokalen Änderungsraten. Vergleiche beide Graphen.

16. Beim Test eines neuen Motorrad-Modells wurden die Beschleunigungswerte gemessen.

Beschleunigung	Zeit	Beschleunigung	Zeit
0 - 10 km/h	0,55 s	0 - 110 km/h	3,8 s
0 - 20 km/h	0,85 s	0 - 120 km/h	4,3 s
0 - 30 km/h	1,2 s	0 - 130 km/h	4,8 s
0 - 40 km/h	1,5 s	0 - 140 km/h	5,2 s
0 - 50 km/h	1,8 s	0 - 150 km/h	5,8 s
0 - 60 km/h	2,1 s	0 - 160 km/h	6,6 s
0 - 70 km/h	2,45 s	0 - 170 km/h	7,2 s
0 - 80 km/h	2,8 s	0 - 180 km/h	8,0 s
0 - 90 km/h	3,1 s	0 - 190 km/h	8,9 s
0 - 100 km/h	3,4 s	0 - 200 km/h	9,9 s

L & P / 3153

a) Zeichne den Graphen der Funktion *Zeit (in s) ⟶ erreichte Geschwindigkeit* $\left(in\ \frac{km}{h}\right)$. Beschreibe ihn.

b) Ermittle grafisch zu den angegebenen Zeitpunkten die lokalen Änderungsraten. Welche Bedeutung haben sie?

c) Zeichne einen Graphen für die lokale Änderungsrate in Abhängigkeit von der Zeit und beschreibe ihn.

4.8 Ableitung der Sinus- und Kosinusfunktion

Aufgabe 1

a) Bestimme durch grafisches Differenzieren den Graphen der Ableitungsfunktion der (1) Sinusfunktion; (2) Kosinusfunktion. Formuliere eine Vermutung.

b) Überprüfe deine Vermutung mithilfe des GTR.

Lösung

a) Wir erstellen den Graphen der Ableitung anhand markanter Punkte, in denen der Graph der Funktion die Steigung 0 hat (Hoch- und Tiefpunkte).

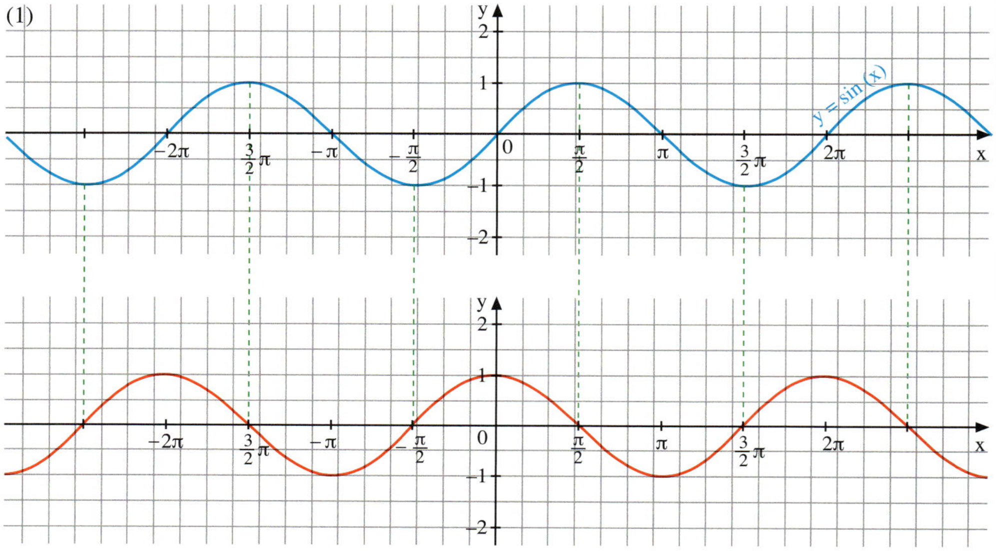

Vermutung: Die Sinusfunktion mit $f(x) = \sin(x)$ hat die Ableitung $f'(x) = \cos(x)$.

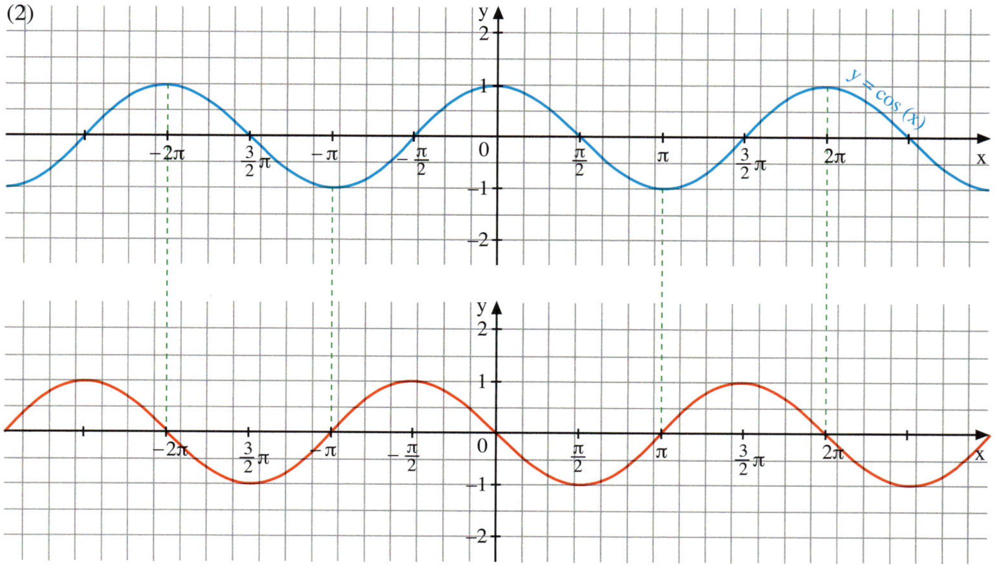

Vermutung: Die Kosinusfunktion mit $f(x) = \cos(x)$ hat die Ableitung $f'(x) = -\sin(x)$.

b) Beim grafischen Differenzieren in Teilaufgabe a) haben wir die Steigungen in den Hoch- und Tiefpunkten exakt bestimmt.
Mithilfe des **nDeriv**-Befehls des GTR können auch an den übrigen Stellen gute Näherungswerte ermittelt werden. Wir zeichnen jeweils die Graphen der numerisch ermittelten Ableitungsfunktion und der vermuteten Ableitungsfunktion in ein Koordinatensystem.
Die jeweilige Übereinstimmung der beiden Graphen bestätigt unsere Vermutung.

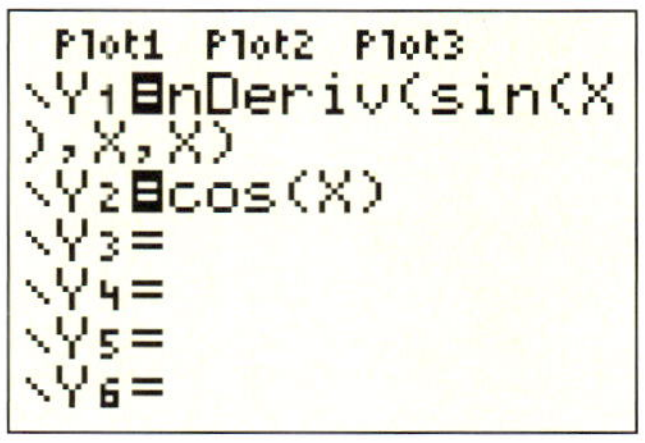

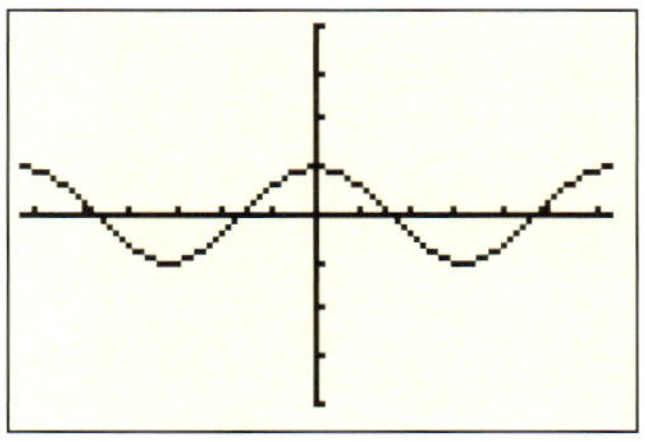

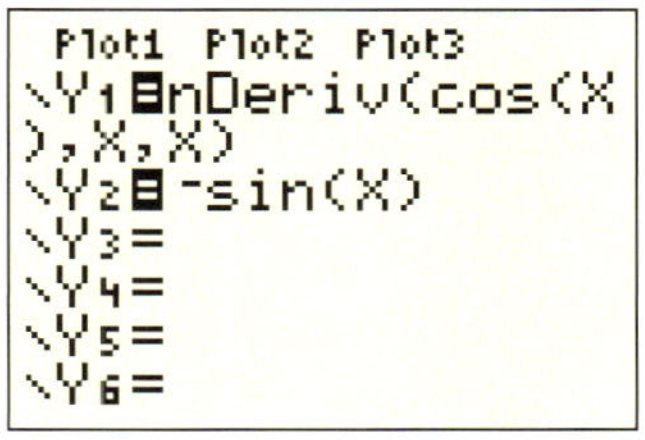

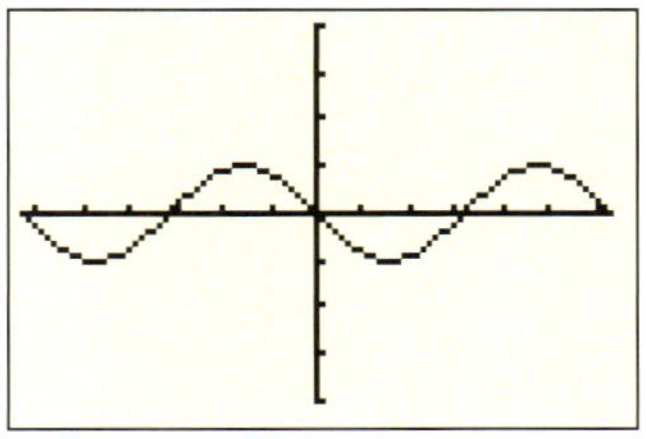

Information

Wir fassen die Ergebnisse von Aufgabe 1 zusammen. Auf einen Beweis verzichten wir.

Für die Sinusfunktion f mit $f(x) = \sin(x)$ gilt: $f'(x) = \cos(x)$
Für die Kosinusfunktion f mit $f(x) = \cos(x)$ gilt: $f'(x) = -\sin(x)$

Übungsaufgaben

2. Ermittle mithilfe des **nDeriv**-Befehls des GTR die Ableitung der Sinus- und Kosinusfunktion. Was vermutest du?

3. Bestimme die Ableitung der Funktion f für die angegebenen Stellen.
Stellen: $0,\ \frac{\pi}{2},\ \frac{\pi}{4},\ \pi,\ \frac{3}{2}\pi,\ 2\pi,\ \frac{3}{4}\pi$

a) $f(x) = \sin(x)$ **b)** $f(x) = \cos(x)$

4. An welchen Stellen hat die Ableitung der Funktion f den Wert $0,\ \frac{1}{2},\ -\frac{1}{2},\ 1,\ -1$?

a) $f(x) = \sin(x)$ **b)** $f(x) = \cos(x)$

5. Welche Werte kommen für die Tangentensteigung an den Graphen der Sinusfunktion nicht vor?

6. Mithilfe der Figur rechts kann bewiesen werden, dass die Ableitung der Sinusfunktion die Kosinusfunktion ist. Die x-Werte sind hier als Bogenlängen auf einem Einheitskreis gezeichnet.

(1) Beweise zunächst, dass die beiden Dreiecke APQ und OFM ähnlich zueinander sind.

(2) Erstelle dann den Term für den Differenzenquotienten $\frac{\sin(x_0 + h) - \sin(x_0)}{h}$. Zeige, dass dieser wertgleich zu $\cos\left(x_0 + \frac{h}{2}\right)$ ist.

(3) Folgere daraus die Ableitung.

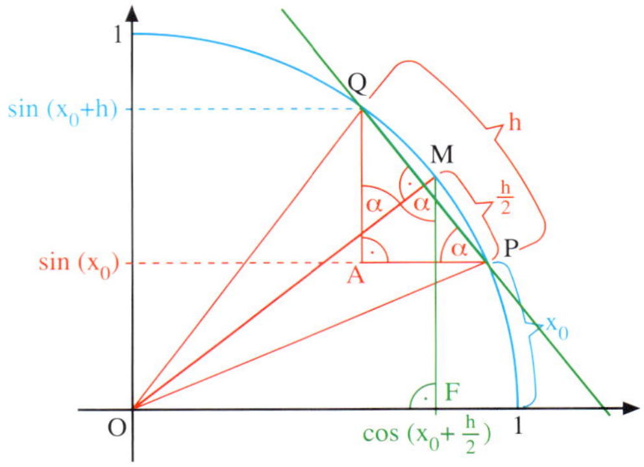

4.9 Ableitung von Potenzfunktionen – Potenzregel

Aufgabe 1

a) Erstelle eine Tabelle mit den Potenzfunktionen zu $f(x) = x$, $f(x) = x^2$, $f(x) = x^3$, $f(x) = x^4$ und ihren Ableitungen. Formuliere eine Regel für die Ableitung der Potenzfunktion zu $f(x) = x^n$.

b) Überprüfe, ob die vermutete Regel auch für die Exponenten 0, –1, und $\frac{1}{2}$ zutrifft.

Lösung

a)

$f(x)$	x	x^2	x^3	x^4
$f'(x)$	1	$2x$	$3x^2$	$4x^3$

Vermutung: Die Potenzfunktion zu $f(x) = x^n$ hat die Ableitung $f'(x) = n \cdot x^{n-1}$.

b) *Exponent 0:* Die Potenzfunktion f mit $f(x) = x^0 = 1$ hat die Ableitung $f'(x) = 0$.
Dafür können wir auch schreiben: $f'(x) = 0 \cdot x^{-1}$ falls $x \neq 0$.
Also trifft die Regel auch für den Exponenten 0 zu falls $x \neq 0$.

Exponent –1: Die Potenzfunktion f mit $f(x) = x^{-1} = \frac{1}{x}$ mit $x \neq 0$ hat die Ableitung $f'(x) = -\frac{1}{x^2}$.
Dafür können wir auch schreiben: $f'(x) = -1 \cdot x^{-2}$
Also trifft die Regel auch für den Exponenten –1 zu.

Exponent $\frac{1}{2}$: Die Potenzfunktion f mit $f(x) = x^{\frac{1}{2}} = \sqrt{x}$ hat die Ableitung $f'(x) = \frac{1}{2\sqrt{x}}$ für $x > 0$.
Dafür können wir auch schreiben: $f'(x) = \frac{1}{2} \cdot \frac{1}{\sqrt{x}} = \frac{1}{2} \cdot x^{-\frac{1}{2}}$
Also trifft die Regel auch für den Exponenten $\frac{1}{2}$ zu.

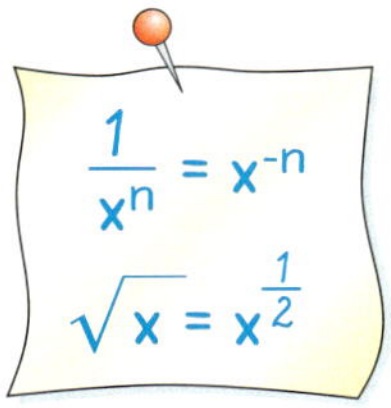

Information

Aufgabe 1 zeigt, dass die Potenzfunktionen sowohl für ganzzahlige als auch gebrochene Exponenten nach einer einheitlichen Regel abgeleitet werden können. Wir verzichten auf einen Beweis.

Potenzregel
Für alle rationalen Zahlen r gilt: Die Funktion zu $f(x) = x^r$ hat als Ableitung: $f'(x) = r \cdot x^{r-1}$

Übungsaufgaben

2. Rechts siehst du, wie die Ableitungen einiger Potenzfunktionen mithilfe von CAS bestimmt werden. Formuliere eine Regel und überprüfe diese an weiteren Beispielen.

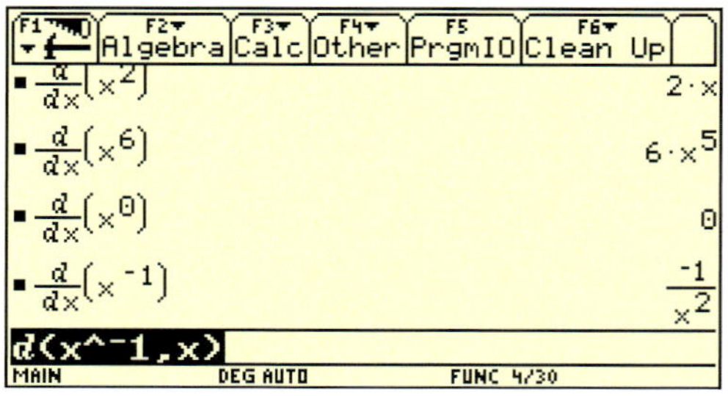

3. Bestimme die Ableitung.

a) $f(x) = x^7$ **c)** $f(x) = x^{-3}$ **e)** $f(x) = x^{n+2}$
b) $f(x) = x^{12}$ **d)** $g(s) = s^{-2}$ **f)** $f(x) = x^{\frac{3}{2}}$

4. Bestimme eine Potenzfunktion mit der angegebenen Ableitung.

a) $f'(x) = 14x^{13}$ **c)** $f'(x) = -5x^{-6}$ **e)** $v'(h) = 2h^2$ **g)** $f'(x) = (s-2)x^{s-3}$
b) $f'(x) = 7x^6$ **d)** $h'(t) = 5t^4$ **f)** $u'(z) = -2z^{-3}$ **h)** $f'(x) = \frac{3}{2}x^{\frac{1}{2}}$

5. Welche Fehler wurden rechts gemacht?

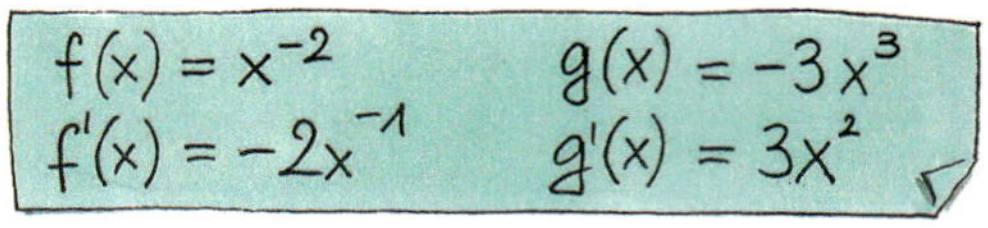

6. An welchen Stellen haben die Funktionen zu f mit $f(x) = x^n$ mit $n \in \mathbb{Z}$ die Steigung 1 [–1]?

4.10 Ableitungsregeln

4.10.1 Faktorregel

Aufgabe 1

Es soll die Ableitung der Funktion f mit $f(x) = 1{,}5\,x^2$ bestimmt werden.

a) Zeichne den Graphen der Funktion f und beschreibe, wie er aus der Normalparabel, dem Graphen der Quadratfunktion u mit $u(x) = x^2$, hervorgeht.

b) Zeichne an der Stelle 2 sowohl an den Graphen von u als auch an den Graphen von f die Tangenten und vergleiche sie. Formuliere eine Vermutung für die Ableitung von f.

c) Überprüfe diese Vermutung mithilfe des GTR.

d) Begründe die Vermutung mithilfe von Sekantensteigungen.

Lösung

a) Der Graph von f entsteht aus der Normalparabel durch Strecken mit dem Faktor 1,5 parallel zur y-Achse.

b) Die Tangente an die Normalparabel an der Stelle 2 hat die Steigung $f'(2) = 2 \cdot 2 = 4$.
Die Tangente an die Funktion f an der Stelle 2 entsteht vermutlich auch durch Strecken mit dem Faktor 1,5 aus der entsprechenden Tangente an die Normalparabel. Ihre Steigung beträgt dann $1{,}5 \cdot 4 = 6$.
Da diese Überlegungen sich auf andere Stellen übertragen lassen, hat die Funktion f vermutlich die Ableitung:
$f'(x) = 1{,}5 \cdot u'(x) = 1{,}5 \cdot 2x = 3x$

Andere Möglichkeit: Vergleich der Wertetabellen

c) Wir zeichnen mit dem GTR mithilfe des Befehls **nDeriv** den Graphen der Ableitung der Funktion g sowie den Graphen der Funktion zu $y = 3x$.
Da beide Graphen aufeinander fallen, ist die Vermutung bestätigt.

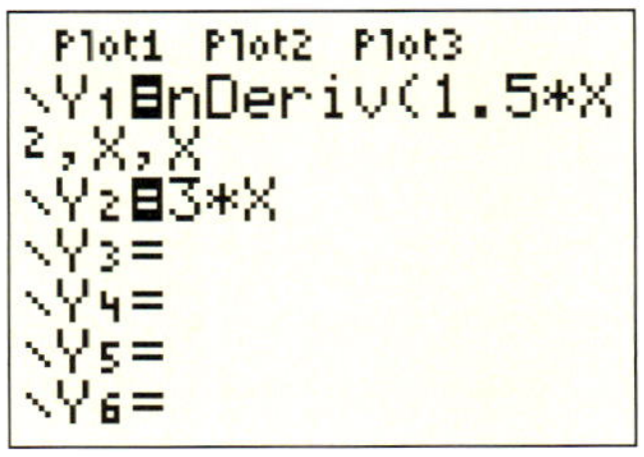

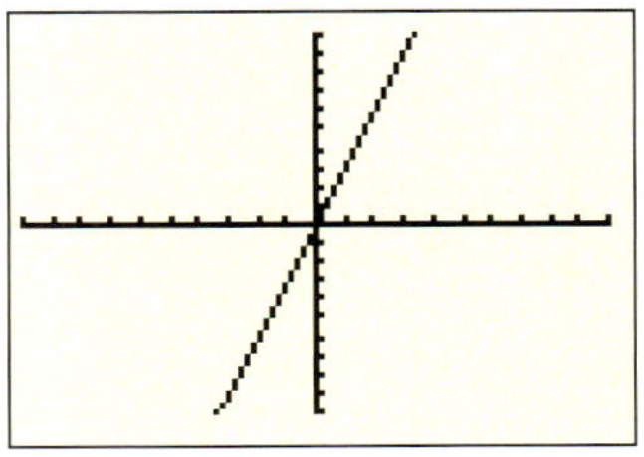

d) Wir bestimmen die Ableitung an einer Stelle x mit der h-Schreibweise. Dazu betrachten wir zunächst eine Sekante des Graphen zu g durch die Punkte $P(x\,|\,1{,}5x^2)$ und $Q(x+h\,|\,1{,}5(x+h)^2)$ mit $h \neq 0$.

Diese Sekante hat die Steigung:

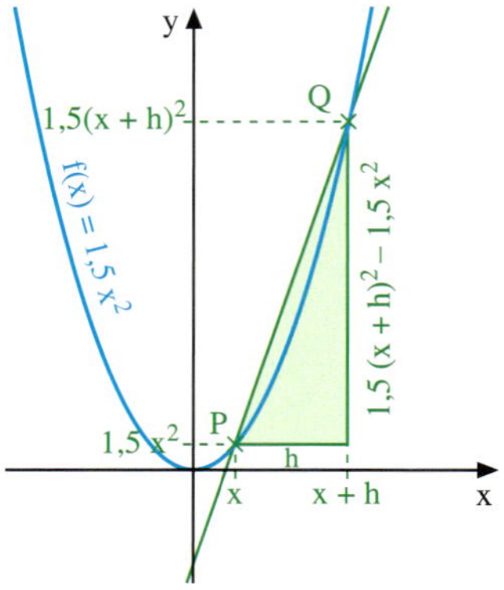

$$m = \frac{1{,}5\,(x+h)^2 - 1{,}5x^2}{h} = \frac{1{,}5\,((x+h)^2 - x^2)}{h} = \frac{1{,}5\,(x^2 + 2xh + h^2 - x^2)}{h} = \frac{1{,}5\,(2xh + h^2)}{h} = \frac{1{,}5h\,(2x+h)}{h} = 1{,}5\,(2x+h)$$

Nähert sich nun der zweite Schnittpunkt Q der Sekante auf dem Graphen immer mehr P an, so folgt: $m = 1{,}5\,(2x+h) \rightarrow 1{,}5 \cdot 2x = 3x$ für $h \rightarrow 0$

Also hat die Tangente an der Stelle x die Steigung $f'(x) = 3x$.

Information

Das Vielfache einer differenzierbaren Funktion ist auch differenzierbar.

Satz: *Faktorregel*

Wenn die Funktion u die Ableitung u′ hat, dann hat die Funktion f mit $f(x) = k \cdot u(x)$ die Ableitung: $f'(x) = k \cdot u'(x)$ mit $k \in \mathbb{R}$

Beispiele:

$f(x) = -2x^4$ $\qquad$ $g(x) = 5 \cdot \sin x$

$f'(x) = (-2) \cdot 4x^3 = -8x^3$ $\qquad$ $g'(x) = 5 \cdot \cos x$

Ein konstanter Faktor bleibt beim Ableiten erhalten!

Begründung:

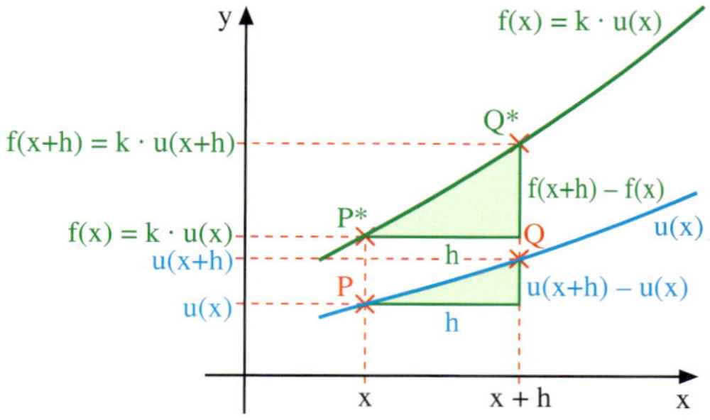

Der Graph der Funktion f mit $f(x) = k \cdot u(x)$ geht aus dem der Funktion u durch Streckung mit dem Faktor k parallel zur y-Achse hervor. Dabei ist anschaulich klar, dass die Tangenten an dem Graphen von f durch Streckung aus den Tangenten an den Graphen von u entstehen.

Dies lässt sich auch mithilfe von Sekantensteigungen beweisen.

Wir betrachten eine Sekante des Graphen von f durch die Punkte $P^*(x\,|\,f(x))$ und $Q^*(x+h\,|\,f(x+h))$. Für deren Steigung gilt:

$$m = \frac{f(x+h) - f(x)}{h} = \frac{k \cdot u(x+h) - k \cdot u(x)}{h} = k \cdot \frac{u(x+h) - u(x)}{h}$$

Der Term $\frac{u(x+h) - u(x)}{h}$ gibt die Steigung der Sekante des Graphen von u durch die Punkte $P(x\,|\,u(x))$ und $Q(x+h\,|\,u(x+h))$ an. Je mehr sich $x + h$ der Stelle x annähert, desto mehr nähert sich diese Sekantensteigung der Tangentensteigung $u'(x)$ an der Stelle x an:

$$\frac{u(x+h) - u(x)}{h} \rightarrow u'(x) \quad \text{für } h \rightarrow 0$$

Für die Ableitung der Funktion f an der Stelle x gilt daher: $f'(x) = k \cdot u'(x)$

Übungsaufgaben

2. Bestimme die Ableitung zu $f(x) = 2 \cdot \sin(x)$. Vergleiche mit der Ableitung der Sinusfunktion.

3. Bestimme die Ableitung.

a) $f(x) = 3x^5$	**d)** $f(t) = \frac{1}{10}t^6$	**g)** $f(s) = (-7) \cdot \frac{1}{s}$	**j)** $g(r) = \frac{2}{3}r^3$
b) $f(x) = 7x^9$	**e)** $h(t) = \sqrt{2} \cdot t^4$	**h)** $f(s) = \frac{1}{3}\sqrt{s}$	**k)** $f(r) = 4 \cdot \sin(r)$
c) $g(x) = \frac{1}{8}x^5$	**f)** $f(t) = \frac{3}{4}t^8$	**i)** $h(s) = -\frac{1}{6}s$	**l)** $f(r) = -5 \cdot \cos(r)$

4. Wie könnte die zugehörige Funktion f lauten? Überprüfe durch Ableiten.

a) $f'(x) = 4x^3$	**d)** $f'(s) = 7s^8$	**g)** $f'(x) = 0$	**j)** $f'(x) = \sin(x)$
b) $f'(x) = x^4$	**e)** $f'(x) = 4x^6$	**h)** $f'(x) = 5x$	**k)** $f'(x) = 3 \cdot \cos(x)$
c) $f'(x) = x^9$	**f)** $f'(x) = \frac{1}{x^2}$	**i)** $f'(x) = 7x^2$	**l)** $f'(t) = 2 \cdot \sin(t)$

5. Nimm an, dass der Querschnitt des Kraters durch eine gestreckte Parabel bestimmt werden kann. Bestimme deren Gleichung. Ermittle damit die Tiefe des Kraters.

Marsmobil

Am 25.1.2004 landete das Marsmobil Opportunity auf dem Mars im Krater Eagle, der einen Durchmesser von 22 m aufweist. Am 24.3.2004 gelang es ihm im zweiten Anlauf, diesen Krater zu verlassen. Beim ersten Versuch, die 16 %ige Steigung zu nehmen, rutschte der Rover wieder ab und drohte sogar umzukippen.

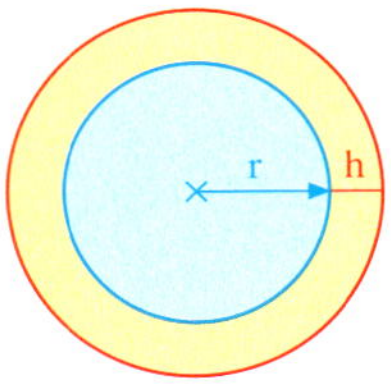

6. Betrachte die Funktion, die für Kreise jedem Radius r den Flächeninhalt A (r) des entsprechenden Kreises zuordnet.

a) Bestimme die lokale Änderungsrate dieser Funktion. Deute das Ergebnis geometrisch.

b) Zeichne den Graphen der Funktion zu A (r) und den der lokalen Änderungsrate in zwei Koordinatensysteme untereinander. Beschreibe beide Graphen.

Formelsammlung kann helfen.

7. Führe entsprechende Überlegungen wie in Übungsaufgabe 6 für die Funktion *Radius* ⟶ *Volumen* bei Kugeln durch.

8. a) Ermittle eine Formel für die Geschwindigkeit v(t) einer Schneelawine in Abhängigkeit von der Zeit t.

b) Zeichne den Graphen von v(t) für verschiedene Neigungswinkel α in ein gemeinsames Koordinatensystem.

c) Gib Beispiele für den Neigungswinkel α und die Zeit t an, sodass die Lawinengeschwindigkeit 300 $\frac{km}{h}$ beträgt.

SCHNEELAWINEN

Tückische Gefahr für Winterurlauber

Lawinen können mehrere Ursachen haben:

Vibrationen lockern den Schnee

Gewichtsbelastungen, Schwerkraft

Temperaturschwankungen machen Schnee instabil.

Lawinen können den Berg mit der Geschwindigkeit eines Formel-I-Rennwagens hinunterdonnern: 300 km/h sind keine Seltenheit! Je steiler der Hang ist, und desto länger die Lawine schon rutscht, desto schneller wird sie: Für den zurückgelegten Weg s(t) in Abhängigkeit von der Zeit t gilt im Extremfall bei Schneestaublawinen: $s(t) = \frac{1}{2} g \sin(\alpha) \cdot t^2$
Dabei ist $g = 9{,}81 \frac{m}{s^2}$ die Erdbeschleunigung und α der Neigungswinkel des Berges.

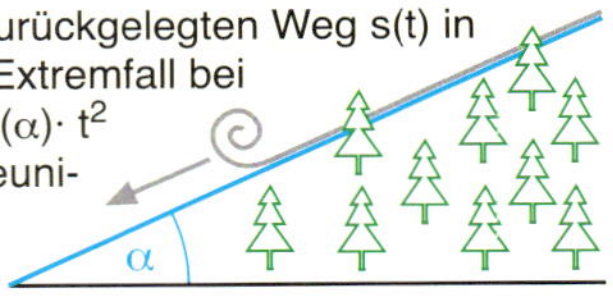

4.10.2 Summenregel

Aufgabe 1

Gegeben sind die Funktionen u mit $u(x) = x^3$ und v mit $v(x) = x^2$.

a) Untersuche mithilfe des GTR die Ableitung f′ der Funktion $f(x) = u(x) + v(x) = x^3 + x^2$. Vergleiche dabei die Funktionswerte von f′ mit den Funktionswerten von u′ und v′.

b) Formuliere eine Vermutung und begründe sie mithilfe von Sekantensteigungen.

Lösung

a) Für die Ableitungsfunktionen u′ und v′ gilt:
$u'(x) = 3x^2$ und $v'(x) = 2x$
Wir geben die Summe dieser Funktionsterme bei Y1 in den Funktionseditor des Rechners ein. Die Ableitungsfunktion der Funktion f bestimmen wir näherungsweise mit dem Befehl **nDeriv** (Eingabe bei Y2). Die Wertetabellen zeigen, dass die Summen der Funktionswerte von u′ und v′ mit den Funktionswerten von f′ übereinstimmen. An den beiden Graphen sieht man, dass sie genau übereinander liegen.

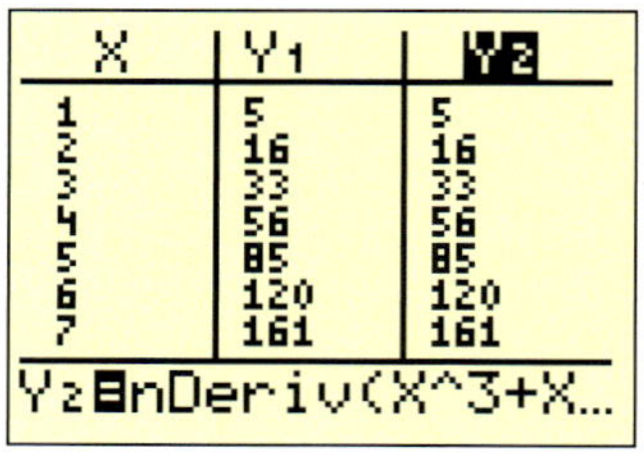

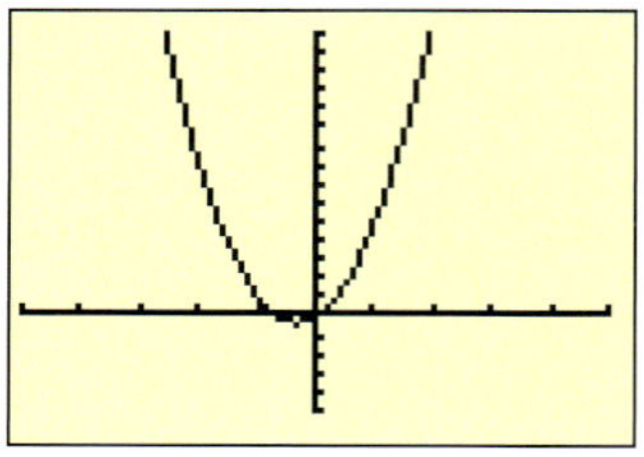

b) *Vermutung:*
Für die Ableitung der Funktion f mit $f(x) = x^3 + x^2$ gilt:
$f'(x) = 3x^2 + 2x$

Begründung:
Wir betrachten eine Sekante des Graphen von f durch die Punkte $P(x|f(x))$ und $Q(x+h|f(x+h))$. Für deren Steigung gilt:

$$m = \frac{f(x+h) - f(x)}{h}$$
$$= \frac{\left((x+h)^3 + (x+h)^2\right) - (x^3 + x^2)}{h}$$
$$= \frac{(x+h)^3 + (x+h)^2 - x^3 - x^2}{h}$$
$$= \frac{(x+h)^3 - x^3 + (x+h)^2 - x^2}{h}$$
$$= \frac{(x+h)^3 - x^3}{h} + \frac{(x+h)^2 - x^2}{h}$$

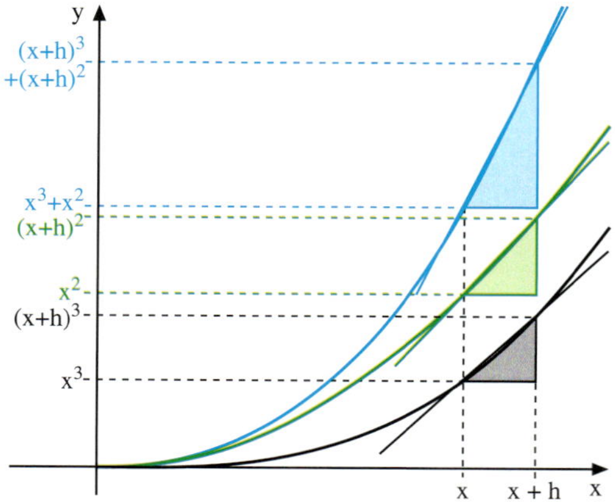

Dieser Term ist die Summe der Steigung der Sekante an den Graphen von u durch die Punkte $P_1(x|x^3)$ und $Q_1(x+h|(x+h)^3)$ und der Steigung der Sekante an den Graphen von v durch die Punkte $P_2(x|x^2)$ und $Q_2(x+h|(x+h)^3)$. Je mehr sich x + h der Stelle x annähert, desto mehr nähern sich diese Sekantensteigungen den Tangentensteigungen u′(x) und v′(x) an:

$$m = \frac{(x+h)^3 - x^3}{h} + \frac{(x+h)^2 - x^2}{h} \to 3x^2 + 2x \quad \text{für } h \to 0$$

Also gilt für die Ableitung der Funktion f an der Stelle x:

$$f'(x) = 3x^2 + 2x = u'(x) + v'(x)$$

Information

Die Summe zweier differenzierbarer Funktionen ist auch differenzierbar.

Die Überlegungen aus der obigen Aufgabe lassen sich auf beliebige Funktionen verallgemeinern.

Satz: *Summenregel*

Wenn die Funktion u die Ableitung $u'(x)$ und die Funktion v die Ableitung $v'(x)$ hat, dann hat die Funktion f mit $f(x) = u(x) + v(x)$ die Ableitung:

$f'(x) = u'(x) + v'(x)$

Beispiele:

$f(x) = x^4 + x^5$ $\qquad$ $g(x) = \frac{1}{x} + \sin(x)$

$f'(x) = 4x^3 + 5x^4$ $\qquad$ $g'(x) = -\frac{1}{x^2} + \cos(x)$

Eine Summe wird gliedweise abgeleitet!

Begründung der Summenregel:

Wir betrachten die Sekante an den Graphen f durch die Punkte $P(x|f(x))$ und $Q(x+h|f(x+h))$. Für deren Steigung gilt:

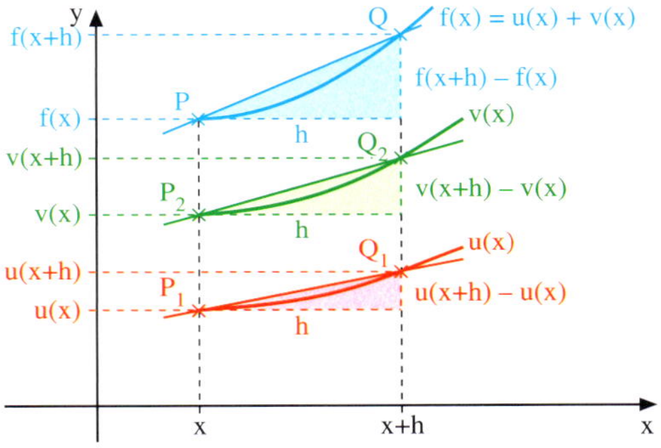

$$\begin{aligned} m &= \frac{f(x+h) - f(x)}{h} \\ &= \frac{u(x+h) + v(x+h) - (u(x) + v(x))}{h} \\ &= \frac{u(x+h) - u(x) + v(x+h) - v(x)}{h} \\ &= \frac{u(x+h) - u(x)}{h} + \frac{v(x+h) - v(x)}{h} \end{aligned}$$

Der linke Bruchterm gibt Steigung der Sekante des Graphen von u durch die Punkte $P_1(x|u(x))$ und $Q_1(x+h|u(x+h))$ an. Der rechte Bruchterm gibt Steigung der Sekante des Graphen von v durch die Punkte $P_2(x|v(x))$ und $Q_2(x+h|v(x+h))$ an.

Je mehr sich x + h der Stelle x annähert, desto mehr nähern sich diese Sekantensteigungen den Tangentensteigungen $u'(x)$ und $v'(x)$ an der Stelle x an:

$$\frac{u(x+h) - u(x)}{h} + \frac{v(x+h) - v(x)}{h} \longrightarrow u'(x) + v'(x) \quad \text{für } h \longrightarrow 0$$

Für die Ableitung der Funktion f gilt daher:

$f'(x) = u'(x) + v'(x)$

Weiterführende Aufgaben

2. *Differenzregel*

Beweise folgende Regel zum Ableiten einer Differenz.

Satz: *Differenzregel*

Wenn die Funktion u die Ableitung $u'(x)$ und die Funktion v die Ableitung $v'(x)$ hat, dann hat die Funktion f mit $f(x) = u(x) - v(x)$ die Ableitung:

$f'(x) = u'(x) - v'(x)$

Beispiele:

$f(x) = x^4 - x^5$ $\qquad$ $f(x) = \frac{1}{x} - \sin(x)$

$f'(x) = 4x^3 - 5x^4$ $\qquad$ $f'(x) = -\frac{1}{x^2} - \cos(x)$

Eine Differenz wird gliedweise abgeleitet!

3. *Ein konstanter Summand fällt beim Differenzieren weg*

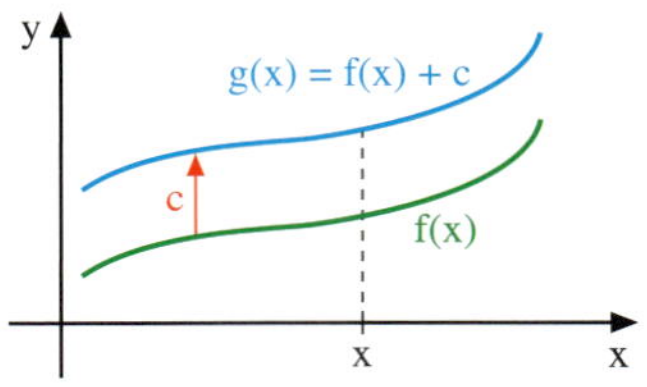

a) Der Graph der Funktion f wird um c parallel zur y-Achse verschoben. Wir erhalten den Graphen der Funktion g mit $g(x) = f(x) + c$.
Begründe geometrisch, dass beide Funktionen an der Stelle x dieselbe Steigung haben, dass also gilt: $g'(x) = f'(x)$

b) Das Ergebnis in Teilaufgabe a) kann man auch so formulieren:

Ein konstanter Summand wird beim Differenzieren zu null.

Begründe diese Regel auch mithilfe von Ableitungsregeln.

4. *Werden Produkte und Quotienten gliedweise abgeleitet?*

Zeige am Beispiel $f(x) = x^5$ und $g(x) = x^3$, dass im Allgemeinen gilt:

a) $(f(x) \cdot g(x))' \neq f'(x) \cdot g'(x)$ **b)** $\left(\frac{f(x)}{g(x)}\right)' \neq \frac{f'(x)}{g'(x)}$

Information

Rückblick auf die Ableitungsregeln

Potenzregel, Faktorregel, Summenregel und Differenzregel sind in unterschiedlichem Sinne Ableitungsregeln:
Während die Potenzregel unmittelbar die Ableitung einer Potenzfunktion angibt, lassen sich die anderen drei Regeln nur anwenden, um die Ableitung einer Funktion auf schon bekannte Ableitungen zurückzuführen.

Übungsaufgaben

5. Ermittle die Ableitung der Funktion f mit $f(x) = x^2 + \frac{1}{x}$.
Formuliere eine allgemeine Vermutung.

6. Leite die Funktion f ab.

a) $f(x) = x^5 + x^8$
b) $f(x) = x^4 - x^3$
c) $f(x) = x^3 + x^4$
d) $f(x) = x^5 - x^7$
e) $g(x) = x^9 + x^5$
f) $f(x) = 2x^4 - 3x^6$
g) $h(x) = x^{10} + 2x$
h) $f(s) = 2s^2 + 3s$
i) $f(x) = x + \frac{1}{x}$
j) $f(x) = \frac{1}{x} - \sqrt{x}$
k) $f(x) = x^2 + \sqrt{x}$
l) $h(t) = t^2 - \frac{1}{t^2}$

7. Bilde die Ableitung der Funktion f.

a) $f(x) = \frac{1}{8}x^5 + \frac{1}{2}x^3 - 0{,}7x$
b) $f(x) = 2x^4 - 7x^2 + 5x$
c) $f(x) = 8x^{12} - \sqrt[3]{17}\, x^2 + 5x$
d) $h(x) = 9x^4 - \sqrt{3}\, x^3 + 5x - 7$
e) $g(x) = 4x^6 + 2x^3 - 9x^2 - 18x + 2$
f) $f(x) = 9x^4 - \frac{1}{3}x^3 + \frac{1}{2}x^2 - \sqrt[3]{2x} + 8$

8. Gib die Ableitung an.

a) $f(x) = \frac{3}{x} + 2\sqrt{x}$
b) $f(x) = \frac{1}{x} - x^2 - x^4$
c) $g(x) = \frac{7}{x} + \frac{2}{3}x^2 + 5$
d) $h(x) = 4x^5 + \frac{3}{x} - \frac{1}{2}\sqrt{x}$
e) $f(x) = \frac{1}{x} + \cos(x)$
f) $f(x) = ax^2 - \frac{b}{x} + \frac{\sqrt{x}}{5}$
g) $h(x) = 2\sin(x) - 3\cos(x)$
h) $f(x) = a \cdot \cos(x) + c$
i) $f(t) = 4\sqrt{t} + 2\cos(t)$

9. Gegeben ist die Ableitungsfunktion f′. Gesucht ist eine mögliche Ausgangsfunktion f.

a) $f'(x) = 3x^2 + 2x$
b) $f'(x) = 4x^3 - 7x^6$
c) $f'(x) = 9x^8 - 6x^5 + 8$
d) $f'(t) = t^6 + t^2$
e) $f'(x) = x^4 - x^3$
f) $f'(x) = 8x^3 - 6x^2$
g) $f'(x) = 2x^4 - 8x^3 + 2x^2$
h) $f'(t) = \sin(t) - \cos(t)$
i) $f'(x) = 2\cos(x) - \frac{1}{2x^2}$

10. Kontrolliere durch Rechnung.

$f(x) = x^2 \cdot \frac{1}{x}$ $\qquad g(x) = \frac{\sqrt{x}}{x}$

$f'(x) = 2x \cdot \left(-\frac{1}{x^2}\right) = -\frac{2}{x}$ $\qquad g'(x) = \frac{\frac{1}{2\sqrt{x}}}{1} = \frac{1}{2\sqrt{x}}$

11. Leite folgende Funktion ab.

a) $f(x) = (x+1)^2$

b) $f(x) = x^{-1} + x^{\frac{1}{2}}$

c) $f(x) = \frac{x^2 - 1}{x + 1}$

d) $f(x) = (7x - 4) \cdot (3x^2 + 7x + 4)$

e) $f(x) = (ax^2 + b) \cdot (cx + d)$

f) $g(x) = 3 \cdot (4 - x^2) \cdot (2 - x) + \frac{1}{2}(4 - x)$

g) $f(t) = t \cdot (t - 1) - t \cdot (t + 1)$

h) $f(s) = (s - 5)^2 + (s - 2)^2 - 3(s + 5)$

i) $f(p) = 2p(p - 4)^2 + 7p^2(p + 5)^2$

12. Ein Fallschirmspringer fliegt im freien Fall, dann öffnet er den Fallschirm und schwebt zu Boden. Für die Höhe (in m) h(t) in Abhängigkeit von der Zeit t (in s) kann näherungsweise folgende Funktionsvorschrift verwendet werden:

$$h(t) = \begin{cases} 2500 - 4{,}1 \cdot t^2 & \text{für } 0 \le t \le 20 \\ 26{,}5 \cdot t^2 - 1224 \cdot t + 14740 & \text{für } 20 \le t \le 23 \\ -5 \cdot t + 721{,}5 & \text{für } t \ge 23 \end{cases}$$

a) Zeichne mit dem GTR den Graphen dieser Funktion.
In welchen Zeitabschnitten nimmt die Geschwindigkeit zu, in welchen nimmt sie ab und in welchen bleibt sie konstant?

b) Skizziere den Graphen der Geschwindigkeit-Zeit-Funktion.

c) Finde eine Funktionsvorschrift für die Geschwindigkeit-Zeit-Funktion. Zeichne den zugehörigen Graphen mit dem GTR und kontrolliere damit das Resultat aus Teilaufgabe b).
Mit welcher Geschwindigkeit kommt der Springer am Boden an?
Wann hat er seine größte Geschwindigkeit? Was passiert unmittelbar danach?

13.

Technische Meisterleistung

Um einen reibungslosen Schiffsverkehr im Hafenbecken zu ermöglichen, wurde in Duisburg eine bewegliche Fußgängerbrücke erdacht. Bei Bedarf kann sie sich unterschiedlich stark krümmen und sich zu einem Buckel formen. Die Pylone (Pfeiler der Hängebrücke) werden dabei von vier Hydraulikzylindern immer weiter nach außen gezogen. Dadurch spannen sich die beiden Tragseile und der damit verbundene Fußweg wird nach oben gezogen. Das Tragwerk und der Fußweg bilden dabei jeweils unterschiedlich gekrümmte Parabeln.
Wenn die Brücke in eine mittlere Stellung gezogen wird, liegt ihr Scheitelpunkt etwa 4,50 Meter über dem Normalniveau, in der höchsten Lage sind es 9 Meter und der Steigungswinkel α des Fußweges erreicht dabei fast 45°.

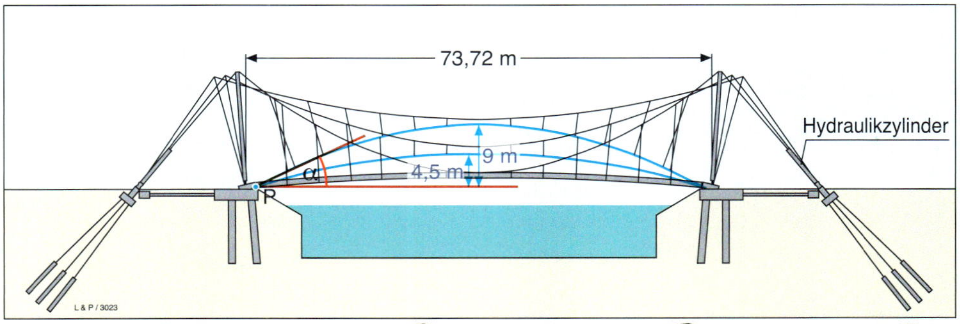

Überprüfe die Aussage über den Steigungswinkel α im Zeitungstext durch eigene Berechnungen.

Im Blickpunkt

Im Blickpunkt

Parabelflug

Zehnjähriges Jubiläum

Vom 3. bis zum 17. September 2007 veranstaltete das Deutsche Zentrum für Luft- und Raumfahrt (DLR) zum zehnten Mal seine Parabelflüge mit dem Airbus A300 ZERO-G. Vom Köln Bonn Airport aus startet das größte fliegende Labor der Welt zu insgesamt fünf Forschungsflügen in die Schwerelosigkeit. Diese nutzen die Wissenschaftler für ihre Versuche in Biologie, Humanphysiologie, Physik und Materialforschung. Über dem Atlantik vollführt das Flugzeug etwa dreißig Mal immer wieder dasselbe Flugmanöver:

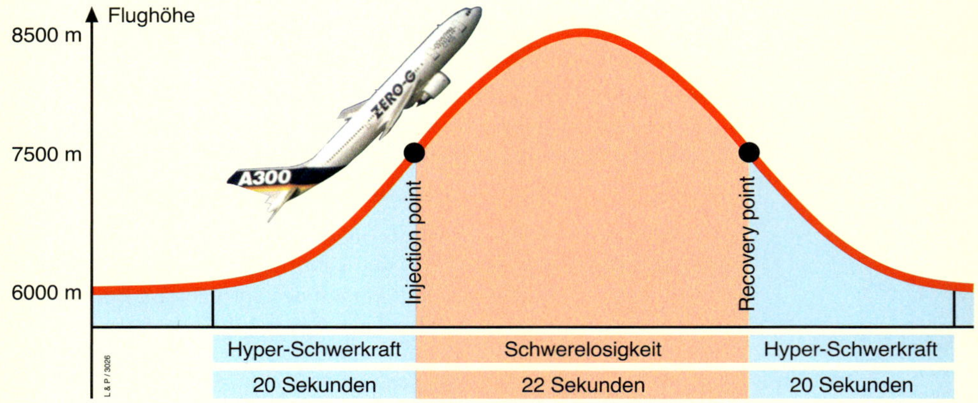

Die Maschine fliegt zunächst horizontal mit Höchstgeschwindigkeit. Sie geht dann mit einem Bahnneigungswinkel von 45° in einer 1. Phase in einen Steigflug über. Während dieser Phase herrscht in der Maschine ca. doppelte Erdbeschleunigung, also ca. 2g.
In der normalerweise ca. 5 Sekunden andauernden 2. Phase, der Transitionsphase, werden die Triebwerke gedrosselt, sodass der Schub nur den Luftwiderstand ausgleicht. In dieser Phase kann man eine deutliche Schwerkraftabnahme spüren (freier Fall).
In der 3. Phase, der eigentlichen Schwerelosigkeitsphase, die im englischen Sprachraum mit microgravity genauer beschrieben wird, steigt die Maschine weiter, indem sie einer Wurfparabel folgt. Sie erreicht am höchsten Punkt, abhängig vom Flugzeugtyp, etwa 8500 m. Die Zeitdauer der Schwerelosigkeit beträgt ca. 22 Sekunden.
Der Pilot steuert in der 4. Phase die Maschine so, dass sie einen Bahnneigungswinkel von ca. – 45° erreicht und leitet damit durch Starten der Triebwerke den Parabelflug aus. Hierbei herrschen wiederum ca. 2g. Dieser Vorgang dauert 20 Sekunden.
Nach ca. 2 Minuten kann dann der nächste Parabelflug beginnen.

1. **a)** Beschreibe die Parabel, auf der sich das Flugzeug in der Phase der Schwerelosigkeit befindet, in einem geeigneten Koordinatensystem.

b) Ein anderes Flugzeug startet mit einem Steigwinkel von 52°, erreicht eine Höhe von 10 000 m und hat eine 25 Sekunden dauernde Phase der Schwerelosigkeit.
Erstelle eine Parabelgleichung und vergleiche mit der aus der Aufgabe 1.

2. Kontrolliere die Daten des obigen Artikels durch geeignete Recherche.

4.11 Aufgaben zur Vertiefung

1. *Gleichung der Tangente in einem Punkt*

a) Bestimme rechnerisch die Gleichung der Tangente an den Graphen der Funktion f mit $f(x) = x^2$ im Punkt (1) $P(1|1)$; (2) $Q(2|4)$; (3) $R(3|9)$; (4) $P(a|a^2)$.

b) Zeige:

> Die Tangente an den Graphen der Funktion f im Punkt $P(x_0|f(x_0))$ hat die Gleichung:
> $y = f'(x_0) \cdot (x - x_0) + f(x_0)$

2. Gegeben ist die Funktion f mit $f(x) = \frac{1}{x^2 + 1}$.
Bestimme rechnerisch die Ableitung $f'(2)$ als Grenzwert von Sekantensteigungen.

3. Bei einem Kies- und Sandwerk kann man beobachten, dass die Höhe eines Sandberges nach einer gewissen Zeit kaum noch zu wachsen scheint, obwohl über den Trichter in regelmäßigen Zeitabschnittten gleichmäßig neuer Sand hinzugefügt wird. Der Sandberg hat die Form eines Kegels und wird deswegen auch in der Baubranche Schüttkegel genannt. Wir betrachten sein Anwachsen. Das Verhältnis $\frac{\text{Höhe h}}{\text{Radius r}}$ hängt von der Materialbeschaffenheit, insbesondere auch von der Feuchtigkeit des Sandes ab. Oft gilt $\frac{h}{r} = 1{,}5$.

Gib den Term der Funktion an, die dem Volumen V des Sandkegels die Höhe h zuordnet. Erläutere den Begriff „lokale Höhenrate" und berechne mit dem GTR zu gegebenen Volumina diese lokale Höhenrate näherungsweise.
Erkläre damit die oben beschriebene Beobachtung.

4. *Tangentenkonstruktion für die Normalparabel*

Man kann folgendermaßen die Tangente im Punkt P an die Parabel mit der Gleichung $y = x^2$ geometrisch konstruieren: Man zeichnet durch den Punkt P eine Parallele zur x-Achse. Diese Parallele schneidet die y-Achse in einem Punkt P_1. Dann bestimmt man Q auf der y-Achse so, dass $|OQ| = |OP_1|$ ist. Die Gerade QP ist dann die gesuchte Tangente.
Zeige, dass dieses Verfahren korrekt ist.

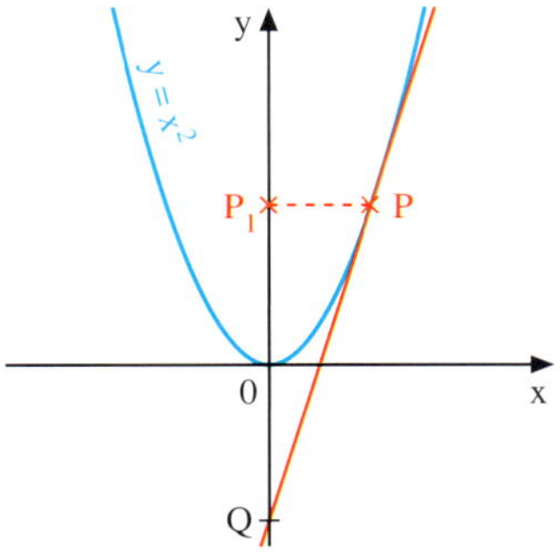

5. Zeichne durch die Punkte $P(1|1)$ und $Q(3|9)$ einer Normalparabel eine Sekante.

a) Mache plausibel, dass es eine Tangente an die Normalparabel gibt, die zu dieser Sekante parallel ist.

b) Berechne die Stelle, an der die zu dieser Sekanten parallele Tangente die Normalparabel berührt.

c) Untersuche dieselbe Fragestellung für andere selbst gewählte Sekanten der Normalparabel. Was fällt auf? Versuche, deine Vermutung allgemein zu beweisen.

Bist du fit?

1. Bestimme die Steigung des Funktionsgraphen im Punkt P.

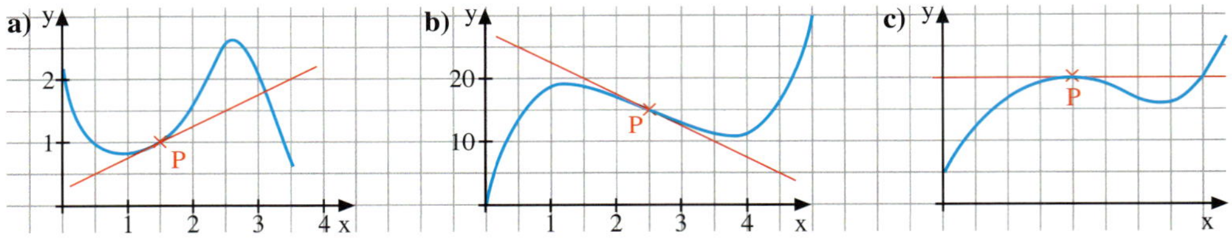

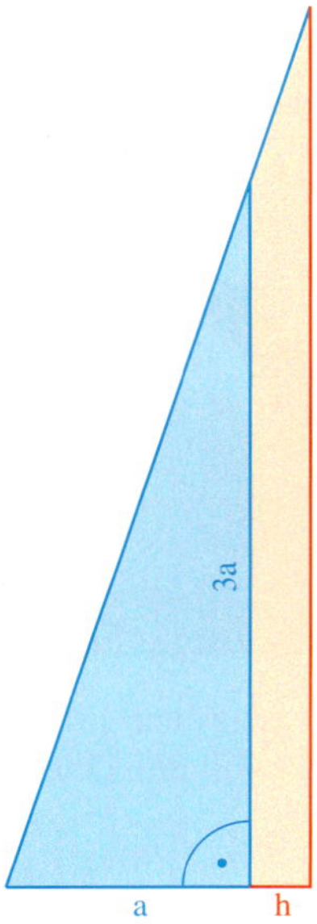

2. Bestimme für rechtwinklige Dreiecke mit den Kathetenlängen a und 3a den Flächeninhalt (siehe Bild links). Ermittle dann dessen lokale Änderungsrate. Deute das Ergebnis auch geometrisch.

3. Bestimme die Ableitung $f'(x)$.

a) $f(x) = -2x^3 + 5x - 7$ **b)** $f(x) = 3\sqrt{x} - x^4$ **c)** $f(x) = x^n - b$ **d)** $f(x) = 0{,}5 \cdot \sin x + 2$

4. Gib *eine* Funktion f an, welche die angegebene Ableitung $f'(x)$ hat.

a) $f'(x) = 2x - 6x^2$ **b)** $f'(x) = \frac{1}{3}x^2 + 3$ **c)** $f'(x) = \cos(x)$ **d)** $f'(x) = -\frac{1}{x^3}$

5. Skizziere den Graphen der zugehörigen Ableitungsfunktion f′ für $-4 < x < 10$.

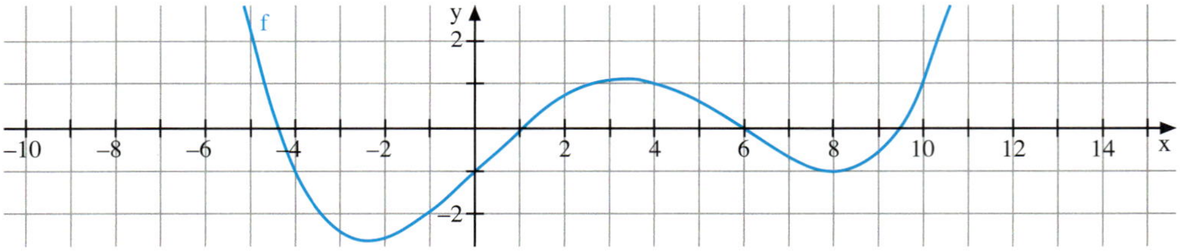

6. Zu welchem Graphen (1), (2), (3) gehört der Graph der Ableitungsfunktion (A), (B), (C)?

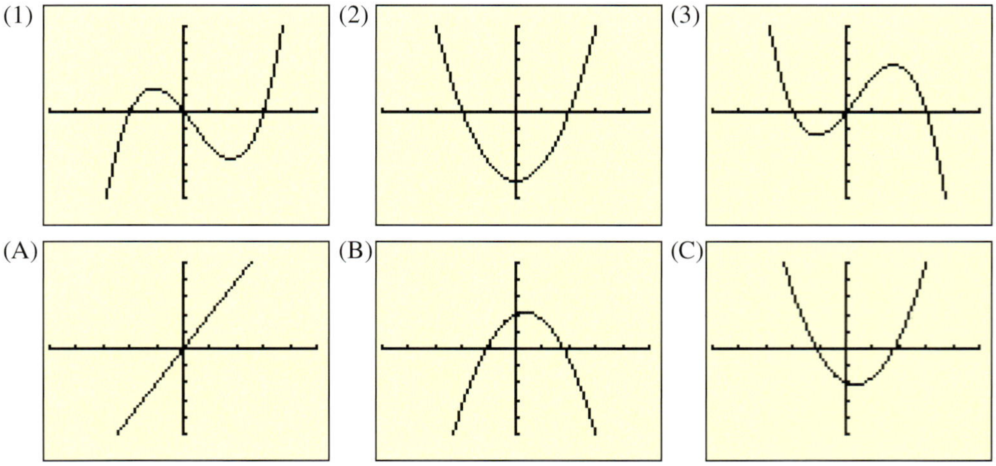

7. Gegeben ist die Funktion f mit $f(x) = \frac{1}{x^3}$. Bestimme rechnerisch die Ableitung $f'(x_0)$ von f an einer beliebigen Stelle $x_0 \in \mathbb{R}$ mit $x_0 \neq 0$ als Grenzwert von Sekantensteigungen.

5. FUNKTIONSUNTERSUCHUNGEN

Kraftstoffverbrauch von Autos

Aufgrund der Klima schädigenden Wirkung der Abgase von Verbrennungsmaschinen, der immer knapper werdenden Rohölreserven und der hohen Treibstoffkosten ist es beim Bau von Automotoren heute besonders wichtig, auf den Treibstoffverbrauch zu achten.
Dieser Verbrauch hängt von verschiedenen Faktoren ab: der Fahrweise des Fahrers, dem Gewicht und der Form des Fahrzeugs und vielem anderen mehr. Um diese Zusammenhänge besser untersuchen zu können, gibt man den Verbrauch eines Fahrzeugs in Liter pro 100 gefahrenen Kilometern an.
Manch einer meint, dass man trotz höheren Verbrauchs ruhig sehr schnell fahren könne, da man ja schneller ans Ziel komme und somit über eine kürzere Zeit Treibstoff verbrauche als wenn man langsam fahren würde.

L & P / 4320

Die folgende Grafik zeigt den Treibstoffverbrauch T(v) eines Autos umgerechnet auf eine Distanz von 100 km in Abhängigkeit von der Geschwindigkeit v. Dargestellt ist diese Funktion für einzelne Gänge.

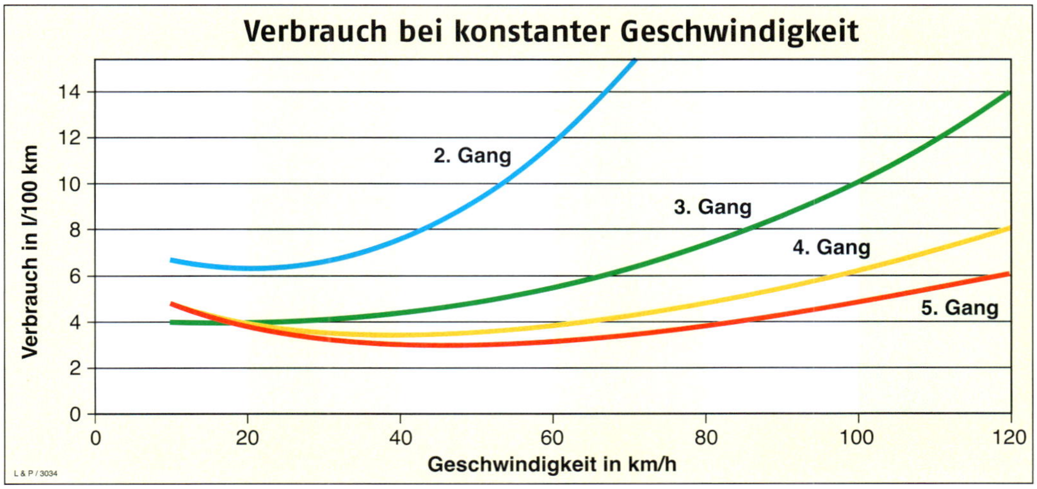

Aus dem obigen Graphen kann man verschiedene Informationen entnehmen.

- Beschreibe die Graphen.
- Bei welcher Geschwindigkeit ist der Treibstoffverbrauch minimal?
- Für welches Schaltverhalten des Fahrers ist der Treibstoffverbrauch gering, für welches hoch?

In diesem Kapitel lernst du Kriterien und Verfahren kennen, um Funktionen und ihre Graphen untersuchen und beschreiben zu können. Dazu bedienen wir uns der Mittel der Differenzialrechnung.

5.1 Ganzrationale Funktionen

5.1.1 Polynome und ganzrationale Funktionen

Aufgabe 1

In einer Werkstatt wird zum Auffangen und Aufbewahren von Altöl eine Wanne für Altöl verwendet.

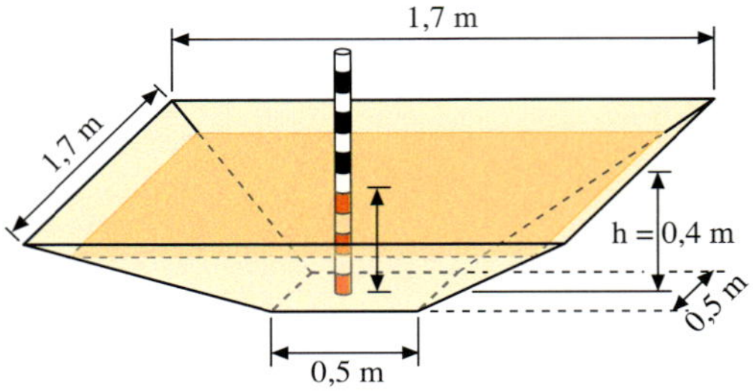

a) Berechne das Volumen des enthaltenen Altöls V (in m^3), die so genannte Füllmenge, in Abhängigkeit von der Füllhöhe x (in m). Benutze dazu eine Formelsammlung.

b) Skizziere den Graphen der Funktion *Füllhöhe (in m)⟶ Füllmenge (in m^3)* und beschreibe ihn.

Lösung

a) Die ganze Wanne hat die Form eines Pyramidenstumpfes mit quadratischer Grundfläche. Auch das bis zur Füllhöhe darin stehende Altöl nimmt die Form eines Pyramidenstumpfes mit quadratischer Grundfläche an. Der Formelsammlung kann man Formeln für Pyramidenstümpfe entnehmen. Am geeignetsten ist hier die Formel für das Volumen eines quadratischen Pyramidenstumpfs: $V = \frac{1}{3}h(a_1^2 + a_1 a_2 + a_2^2)$.
Die Seitenlänge a_2 ist 0,5 m und die Höhe h ist die Füllhöhe x. Zu bestimmen ist noch die Seitenlänge a_1. Bei einer Füllhöhe von 0 m beträgt diese 0,5 m; bei einer Füllhöhe von 0,4 m beträgt sie 1,7 m. Dazwischen ändert sie sich gleichmäßig mit ansteigender Füllhöhe. Der Zuwachs beträgt 1,7 m – 0,5 m = 1,2 m bei 0,4 m Höhenzuwachs, also 3 m pro m Höhenzuwachs. Damit kann man die Seitenlänge a_1 in Abhängigkeit von der Füllhöhe x mit dem Term einer linearen Funktion beschreiben: $a_1 = 0{,}5 + 3x$. Mit diesen Informationen ergibt sich durch Einsetzen in die obige Formel:

Binomische Formel

$$V = \frac{1}{3}x((0{,}5 + 3x)^2 + (0{,}5 + 3x) \cdot 0{,}5 + 0{,}5^2)$$
$$= \frac{1}{3}x(0{,}25 + 3x + 9x^2 + 0{,}25 + 1{,}5x + 0{,}25)$$
$$= \frac{1}{3}x(9x^2 + 4{,}5x + 0{,}75) = 3x^3 + 1{,}5x^2 + 0{,}25x$$

Formelsammlung

Pyramidenstumpf

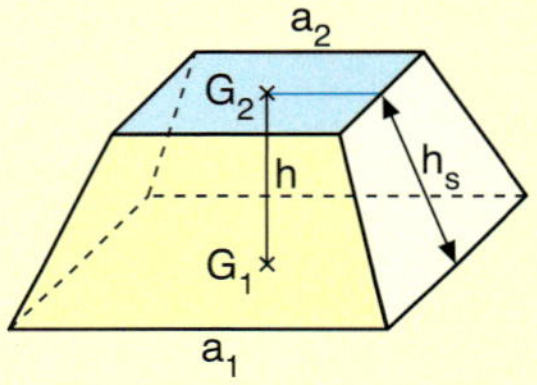

$V = \frac{1}{3}h(G_1 + \sqrt{G_1 \cdot G_2} + G_2)$

Quadratischer Pyramidenstumpf:

$V = \frac{1}{3}h(a_1^2 + a_1 \cdot a_2 + a_2^2)$

$M = 4 \cdot \frac{a_1 + a_2}{2} \cdot h_s$

$O = a_1^2 + a_2^2 + 4 \cdot \frac{a_1 + a_2}{2} \cdot h_s$

$h_s = \sqrt{h^2 + \left(\frac{a_1 + a_2}{2}\right)}$

b) Wir zeichnen den Graphen mit einem GTR.

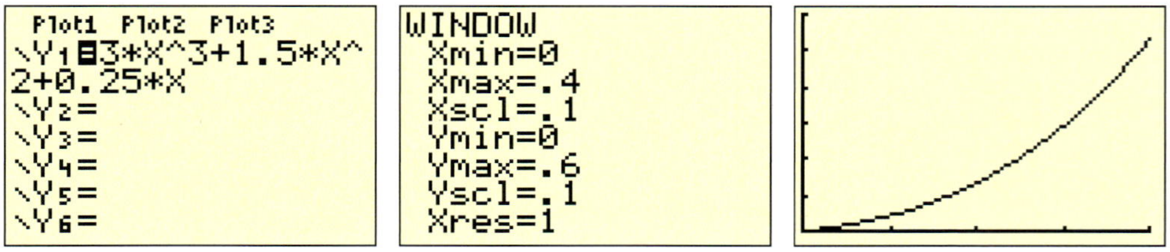

Die Füllmenge steigt nicht gleichmäßig mit steigender Füllhöhe an, sondern zunächst langsam und dann immer stärker. Dies liegt daran, dass die Wanne nach oben weiter wird und je höher das Altöl schon steht, desto mehr Altöl kommt pro cm Füllhöhenvergrößerung hinzu. Die Änderungsrate der Funktion *Füllhöhe (in m) ⟶ Füllmenge (in m^3)* ist also nicht konstant, sondern nimmt stets zu.

Information

In Aufgabe 1 haben wir den Funktionsterm für die Füllmenge V in Abhängigkeit von der Füllhöhe x als Summe von Vielfachen verschiedener Potenzen der Variablen x geschrieben:

$V = 3x^3 + 1{,}5x^2 + 0{,}25x$

Dabei werden die Potenzen x^3, x^2 und x jeweils mit konstanten reellen Zahlen, hier 3; 1,5 und 0,25 multipliziert.
Solche Terme nennt man *Polynome*. Man versteht darunter eine Summe von Vielfachen von Potenzen einer Variablen.

Definition: *Polynome und ganzrationale Funktionen*

(1) Ein Term der Form $a_n x^n + a_{n-1} x^{n-1} + \ldots + a_2 x^2 + a_1 x + a_0$ mit $n \in \mathbb{N}$, $a_0, a_1, a_2, \ldots, a_{n-1}, a_n \in \mathbb{R}$ und $a_n \neq 0$ heißt **Polynom** mit der Variablen x.
Die Zahlen $a_0, a_1, a_2, \ldots, a_{n-1}, a_n$ nennt man die **Koeffizienten** des Polynoms.
Als **Grad** des Polynoms wird der höchste Exponent n von x bezeichnet, dessen zugehöriger Koeffizient a_n nicht null ist.

(2) Eine Funktion f, deren Funktionsterm f(x) als Polynom geschrieben werden kann, heißt **ganzrationale Funktion**.
Der Grad des Polynoms heißt auch Grad der ganzrationalen Funktion.
Als Definitionsmenge einer ganzrationalen Funktion wählt man üblicherweise die Menge $\mathbb{R}$ der reellen Zahlen.

Die Koeffizienten müssen keine ganzen Zahlen sein.

Beispiel:

Die Funktion f mit $f(x) = \frac{1}{2}x^7 - 3x^5 + \sqrt{2}\,x^3 - x + 13$ ist eine ganzrationale Funktion 7. Grades. Ihr Funktionsterm lässt sich in der Form

$f(x) = \frac{1}{2}x^7 + 0 \cdot x^6 - 3x^5 + 0 \cdot x^4 + \sqrt{2}\,x^3 + 0 \cdot x^2 - 1 \cdot x + 13$ schreiben.

Die Exponenten aller vorkommenden Potenzen der Variablen x sind natürliche Zahlen; für die Koeffizienten gilt:

$a_7 = \frac{1}{2}$; $a_6 = 0$; $a_5 = -3$; $a_4 = 0$; $a_3 = \sqrt{2}$; $a_2 = 0$; $a_1 = -1$; $a_0 = 13$

Weiterführende Aufgabe

2. *Spezialfälle ganzrationaler Funktionen*

Untersuche, ob lineare und quadratische Funktionen sowie Potenzfunktionen zu den ganzrationalen Funktionen gehören. Gib gegebenenfalls den Grad an.

Auch konstante Funktionen sind lineare Funktionen!

Übungsaufgaben

3. Aus einem rechteckigen Karton mit den Seitenlängen 30 cm und 40 cm soll eine oben offene Schachtel hergestellt werden. Dazu werden an allen vier Ecken gleich große Quadrate aus dem Karton ausgeschnitten und anschließend die vier verbliebenen Randstücke nach oben gebogen. Falze zum Zusammenkleben werden nicht berücksichtigt.
Berechne das Volumen der Schachtel in Abhängigkeit von der Seitenlänge x der an den Ecken herausgeschnittenen Quadrate.

4. Bestimme den Grad der ganzrationalen Funktion.

a) $f(x) = 3x^2 - 7 + 5x^6 + \frac{x}{2}$ **c)** $f(x) = 13$ **e)** $f(x) = (2x^3 + 1)^2$

b) $f(x) = 7x + 3$ **d)** $f(x) = (x - 5)^2$ **f)** $f(x) = 3 \cdot (x - 2) - 2 \cdot (x^2 + 3)^2$

5. Ist Maiks Behauptung richtig oder falsch? Begründe deine Entscheidung.

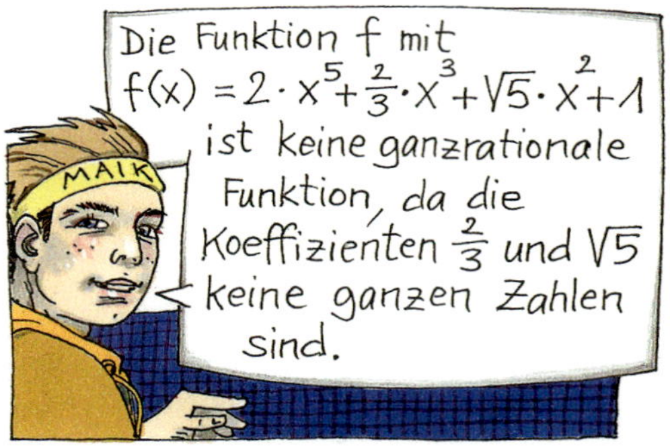

6. Ist f eine ganzrationale Funktion? Begründe deine Entscheidung. Bestimme gegebenenfalls den Grad der ganzrationalen Funktion und ihre Koeffizienten.

a) $f(x) = \frac{3x^5 - 4x + 1}{5}$ **c)** $f(x) = \sqrt{2}$

b) $f(x) = \frac{3x^5 - 4x + 1}{x}$ **d)** $f(x) = \sqrt{2} - \frac{3}{\sqrt{x}}$

7. Ein Getreidesilo ist 16 m hoch. Vereinfacht dargestellt besteht er aus einem Zylinder mit einer aufgesetzten Halbkugel.

a) Bestimme das Volumen eines insgesamt 16 m hohen Silos in Abhängigkeit vom Radius x des Zylinders.

b) Die Innenwand des zylinderförmigen Teils soll mit einem Spezialanstrich versehen werden. Wie groß ist die Größe der Fläche, die gestrichen werden muss, in Abhängigkeit vom Radius x?

c) Bestimme anhand einer Wertetabelle oder eines Graphen näherungsweise das maximal mögliche Volumen.

8. Der abgebildete Graph ist durch Verschieben und/oder Strecken aus dem Graphen einer Potenzfunktion hervorgegangen. Gib die Abbildungen an. Prüfe, ob eine ganzrationale Funktion vorliegt, indem du einen Funktionsterm ermittelst. Überprüfe dein Ergebnis mit dem GTR.

a)
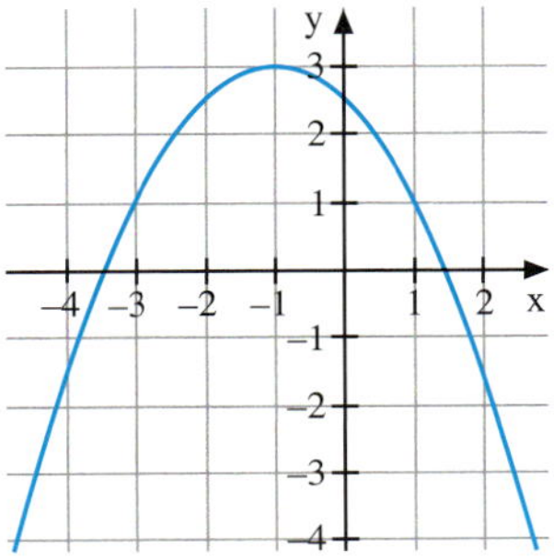

b)
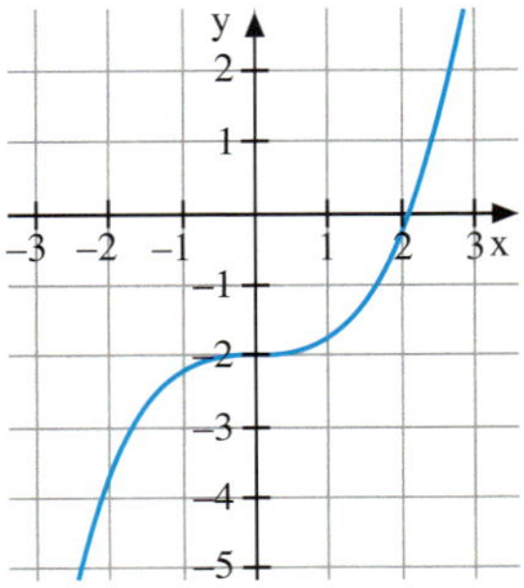

c)
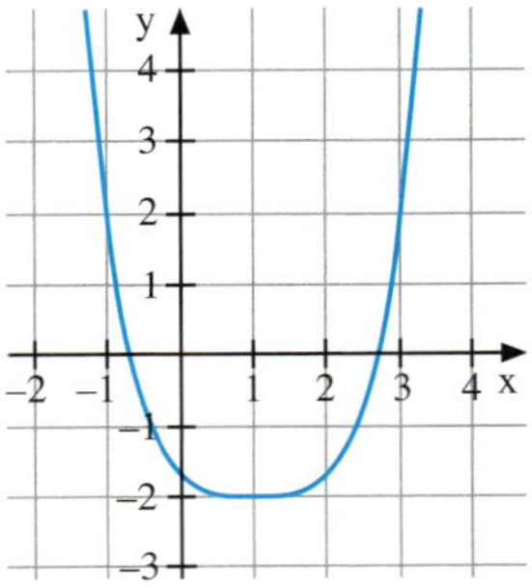

9. Untersuche die Funktionen, die sich durch Addition oder Multiplikation der Funktionen mit den folgenden Termen ergeben.
$f_1(x) = x - 2$; $f_2(x) = x + 2$; $f_3(x) = -x + 1$; $f_4(x) = x$; $f_5(x) = x^2 + 1$

a) Begründe, dass sich in jedem Fall eine ganzrationale Funktion ergibt.

b) Erzeuge eine Funktion vom Grad 4.

c) Welchen Einfluss hat das Addieren bzw. Multiplizieren auf den Grad der neuen Funktion?

5.1.2 Globalverlauf ganzrationaler Funktionen

Einführung

Wir zeichnen den Graphen der Funktion f mit $f(x) = 0{,}1\,x^3 - 0{,}3\,x + 0{,}1$ mit dem GTR in verschiedenen Fenstern.

$-3 \leq x \leq 3;\quad -1 \leq y \leq 1$ | $-5 \leq x \leq 5;\quad -5 \leq y \leq 5$ | $-10 \leq x \leq 10;\quad -10 \leq y \leq 10$

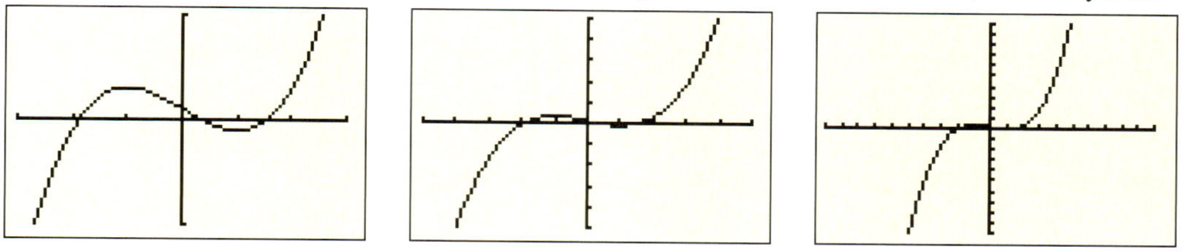

Im linken Fenster erkennt man gut, dass der Graph zunächst bis zu einem Hochpunkt ansteigt, dann abfällt bis zu einem Tiefpunkt und anschließend wieder ansteigt. In den beiden anderen Fenstern mit einem größeren Zeichenbereich sieht der Graph zunehmend aus wie der einer kubischen Potenzfunktion.

Wir zeichnen zum Vergleich den Graphen der Funktion g mit $g(x) = 0{,}1\,x^3$ in denselben Fenstern.

$-10 \leq x \leq 10;\ -20 \leq y \leq 20$ | $-15 \leq x \leq 15;\ -1\,000 \leq y \leq 1\,000$ | $-100 \leq x \leq 100;\ -100\,000 \leq y \leq 100\,000$

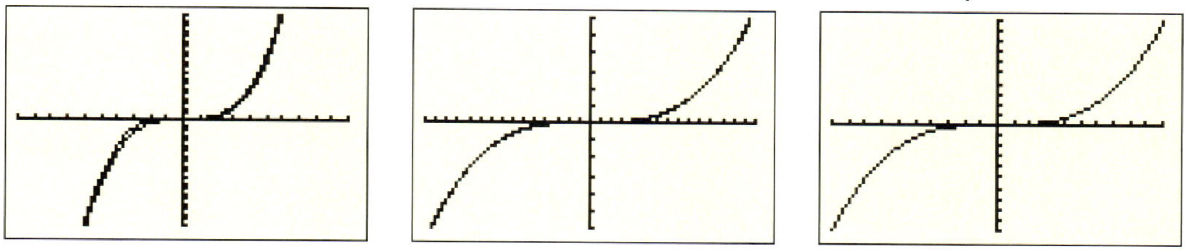

Offensichtlich sieht der Graph von f immer mehr wie der Graph von g aus, je größer der Zeichenbereich gewählt wird. Dies bedeutet: Wenn die (positiven) x-Werte unbeschränkt größer bzw. die (negativen) x-Werte unbeschränkt kleiner werden, stimmen die Funktionswerte f(x) ungefähr mit $0{,}1\,x^3$ überein. Die Summanden mit den niedrigeren Potenzen scheinen dann keine Rolle mehr zu spielen.

Dieses Verhalten der Funktionswerte f(x) kann man sich folgendermaßen klarmachen:

Wir klammern die Potenz von x mit dem höchsten Exponenten, also x^3, aus:

$$f(x) = x^3 \cdot \left(0{,}1 - \frac{0{,}3}{x^2} + \frac{0{,}1}{x^3}\right)$$

Am Term in der Klammer erkennen wir:

- Je größere Werte wir für x einsetzen, desto größer werden die Nenner der Terme. Die Werte der Terme $\frac{0{,}3}{x^2}$ und $\frac{0{,}1}{x^3}$ unterscheiden sich bei größer werdendem x immer weniger von 0 und damit nähert sich der Wert der Klammer der Zahl 0,1.
- Entsprechend nähert sich der Wert der Klammer beim Einsetzen von $-10, -100, -1\,000, \ldots$ ebenfalls immer mehr der Zahl 0,1 an.

Betrachtet man unbeschränkt größer werdende Zahlen für x, wie z. B. 10, 100, 1 000, …, so schreibt man dafür:

$x \to \infty$, gelesen: *x gegen unendlich*

Für $x \to \infty$ werden die Funktionswerte f(x) der Funktion f mit $f(x) = 0{,}1\,x^3 - 0{,}3\,x + 0{,}1$ unbeschränkt größer. Wir schreiben dafür:

$f(x) \to \infty$ für $x \to \infty$, gelesen: *f(x) geht gegen unendlich für x gegen unendlich*

Betrachtet man unbeschränkt kleiner werdende Zahlen für x, wie z.B. −10, −100, −1 000, ..., so schreibt man dafür:

$x \to -\infty$, gelesen: *x gegen minus unendlich*

Für $x \to -\infty$ werden die Funktionswerte $f(x)$ der Funktion f mit $f(x) = 0{,}1\,x^3 - 0{,}3\,x + 0{,}1$ unbeschränkt kleiner. Wir schreiben dafür:

$f(x) \to -\infty$ für $x \to -\infty$, gelesen: *f(x) geht gegen minus unendlich für x gegen minus unendlich*

Das Verhalten der Funktionswerte einer Funktion für $x \to \infty$ und $x \to -\infty$ bezeichnet man als **Globalverlauf** der Funktion.

Aufgabe 1

Untersuche den Globalverlauf der Funktion f mit:

a) $f(x) = -2x^3 + 3x^2$ **b)** $f(x) = \frac{1}{2}x^4 - x^3 + 2x^2 - 5$ **c)** $f(x) = -2x^6 + x^4 + 3$

Lösung

Wir klammern jeweils die Potenz mit dem höchsten Exponenten aus.

a) $f(x) = x^3 \cdot \left(-2 + \frac{3}{x}\right)$

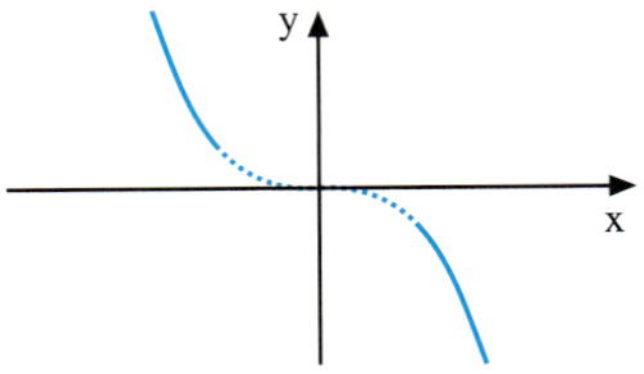

Sowohl für $x \to \infty$ als auch für $x \to -\infty$ nähert sich der Wert in der Klammer der Zahl −2 an.
Aus $x^3 \to \infty$ für $x \to \infty$ folgt: $f(x) \to -\infty$ für $x \to \infty$
Aus $x^3 \to -\infty$ für $x \to -\infty$ folgt: $f(x) \to \infty$ für $x \to -\infty$

b) $f(x) = x^4 \cdot \left(\frac{1}{2} - \frac{1}{x} + \frac{2}{x^2} - \frac{5}{x^4}\right)$

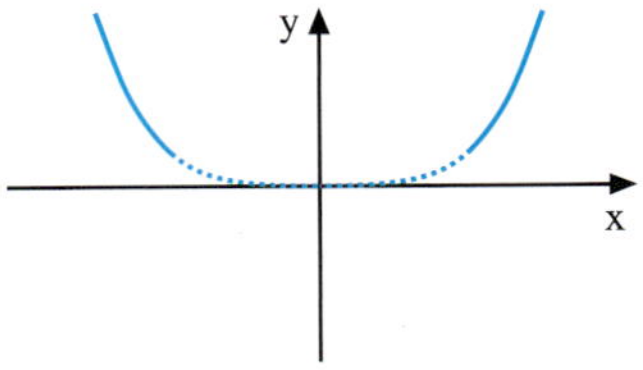

Sowohl für $x \to \infty$ als auch für $x \to -\infty$ nähert sich der Wert in der Klammer der Zahl $\frac{1}{2}$ an.
Aus $x^4 \to \infty$ für $x \to \infty$ folgt: $f(x) \to \infty$ für $x \to \infty$
Aus $x^4 \to \infty$ für $x \to -\infty$ folgt: $f(x) \to \infty$ für $x \to -\infty$

c) $f(x) = x^6 \cdot \left(-2 + \frac{1}{x^2} + \frac{3}{x^6}\right)$

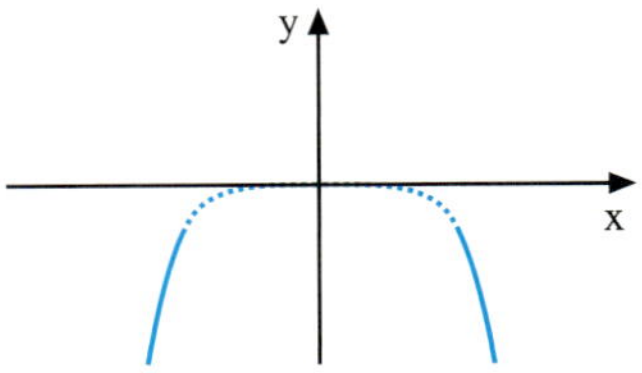

Sowohl für $x \to \infty$ als auch für $x \to -\infty$ nähert sich der Wert in der Klammer der Zahl −2 an.
Aus $x^6 \to \infty$ für $x \to \infty$ folgt: $f(x) \to -\infty$ für $x \to \infty$
Aus $x^6 \to \infty$ für $x \to -\infty$ folgt: $f(x) \to -\infty$ für $x \to -\infty$

Information

In der Einführung und in der Aufgabe 1 haben wir gesehen:
Für $x \to \infty$ und $x \to -\infty$ bestimmt der Summand mit dem höchsten Exponenten über das Verhalten der Funktionswerte einer ganzrationalen Funktion.

Satz: *Globalverlauf einer ganzrationalen Funktion*

Bei einer ganzrationalen Funktion f mit $f(x) = a_n x^n + a_{n-1} x^{n-1} + \ldots + a_2 x^2 + a_1 x + a_0$, wobei $a_n \neq 0$, entscheidet der Summand $a_n x^n$ mit dem größten Exponenten über das Verhalten von $f(x)$ für $x \to \infty$ und $x \to -\infty$.

Dabei gilt für die Potenz x^n:

Wenn $x \to +\infty$, dann $x^n \to +\infty$.

Wenn $x \to -\infty$, dann $x^n \to \begin{cases} +\infty, & \text{falls } n \text{ gerade} \\ -\infty, & \text{falls } n \text{ ungerade} \end{cases}$.

Beim Verhalten des Summanden $a_n x^n$ ist das Vorzeichen von a_n zu beachten.

Man kann den Globalverlauf einer ganzrationalen Funktion f mit
$f(x) = a_n x^n + a_{n-1} x^{n-1} + \ldots + a_2 x^2 + a_1 x + a_0$
vom Grad n auf einen der folgenden Funktionstypen mit $y = a_n x^n$ zurückführen:

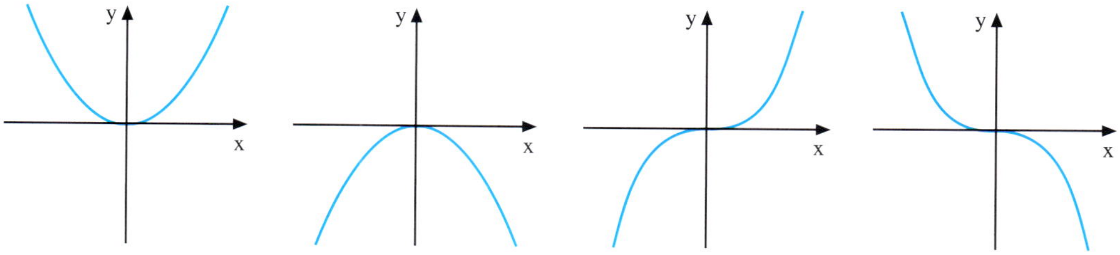

n gerade, $a_n > 0$	n gerade, $a_n < 0$	n ungerade, $a_n > 0$	n ungerade, $a_n < 0$
$f(x) \to \infty$ für $x \to \infty$	$f(x) \to -\infty$ für $x \to \infty$	$f(x) \to \infty$ für $x \to \infty$	$f(x) \to -\infty$ für $x \to \infty$
$f(x) \to \infty$ für $x \to -\infty$	$f(x) \to -\infty$ für $x \to -\infty$	$f(x) \to -\infty$ für $x \to -\infty$	$f(x) \to \infty$ für $x \to -\infty$

Übungsaufgaben

2. Gegeben ist die Funktion f mit $f(x) = -\frac{1}{12}x^4 - \frac{1}{9}x^3 + \frac{3}{2}x^2 + 3x - 4$.
Zeichne mit einem Rechner den Graphen von f zusammen mit dem Graphen der Funktion g mit $g(x) = -\frac{1}{12}x^4$ nacheinander in drei verschieden skalierte Koordinatensysteme für $-5 \le x \le 5$ bzw. für $-15 \le x \le 15$ bzw. für $-50 \le x \le 50$. Vergleiche jeweils die beiden Graphen.

3. Untersuche das Verhalten der Funktion f für $x \to \infty$ und für $x \to -\infty$.

a) $f(x) = -\frac{3}{4}x^2 + \frac{1}{2}x^5 + 3$

b) $f(x) = -3x^5 + 12x^3 - 8$

c) $f(x) = \frac{1}{2}x^4 - 28x^3 + 6x^2 - 34$

d) $f(x) = 4x^3 + 2x^2 - 7x + 12$

e) $f(x) = -2x^4 + x^3 + 21x^2 + 45x + 205$

f) $f(x) = \frac{1}{4} \cdot (2x+1)^3 + \frac{1}{2}x^2 + 2$

4. Kontrolliere folgende Behauptungen zum Globalverlauf der Funktion f mit $f(x) = x^3 + x$.

Je größer x wird, desto weniger unterscheiden sich die Funktionswerte von $f(x) = x^3 + x$ und $g(x) = x^3$.

Je größer x wird, desto mehr nähert sich der Quotient $\frac{f(x)}{x^3}$ dem Wert 1 an.

5. Das nebenstehende GTR-Bild zeigt den Graphen einer ganzrationalen Funktion 6. Grades.
Begründe, warum der wesentliche Verlauf des Graphen nicht vollständig zu sehen ist.

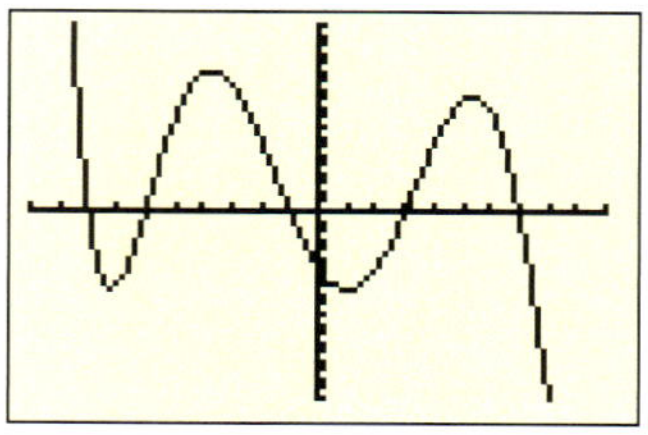

6. Ordne den Graphen die zugehörigen Funktionsterme zu, ohne den GTR zu verwenden. Begründe deine Entscheidung.

$f(x) = -\frac{1}{4}x^4 + 2x^2 + 1$

$f(x) = \frac{1}{4}x^3 - 2x$

$y = \frac{1}{9}x^4 - \frac{1}{4}x^3 + 1$

$y = -\frac{1}{6}x^3 + 3x$

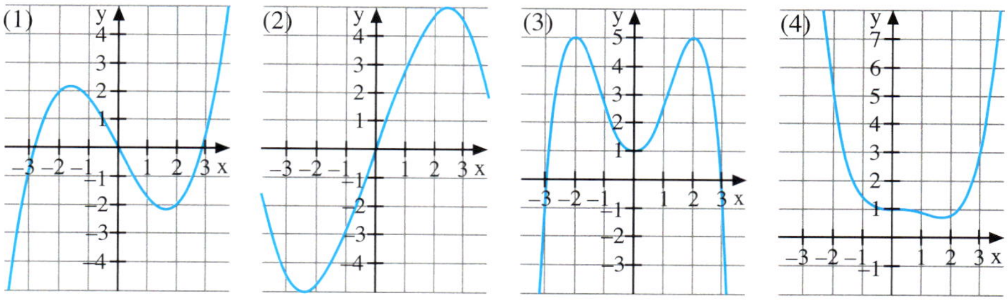

5.2 Symmetrie *Zum Selbstlernen*

Ziel

Bereits bei den Potenzfunktionen hast du Symmetrieeigenschaften von Funktionsgraphen betrachtet. Jetzt lernst du, wie man am Funktionsterm einer Funktion leicht erkennbare Symmetrien zur y-Achse bzw. zum Koordinatenursprung untersuchen kann.

Zum Erarbeiten

Zeichne den Graphen der Funktion f mit $f(x) = \frac{1}{2}x^4 - 4x^2 + 3$ und betrachte auch eine Wertetabelle. Welche Symmetrieeigenschaft des Graphen stellst du fest? Begründe deine Aussage.

Beim Betrachten des Funktionsgraphen kann man vermuten, dass er achsensymmetrisch zur y-Achse verläuft. Die Funktionswerte stimmen an Stellen, die zur y-Achse symmetrisch liegen, überein.

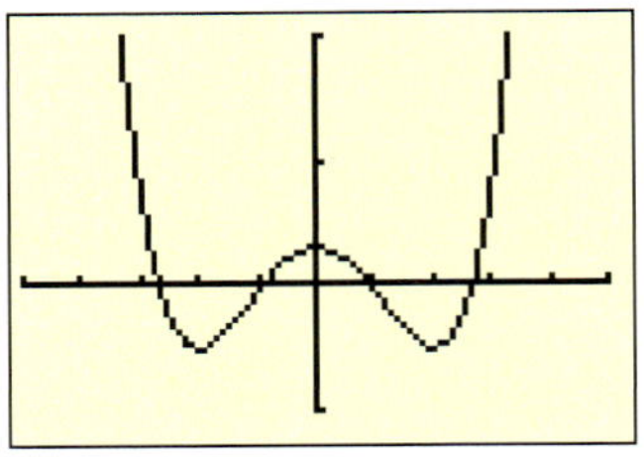

X	Y1
-3	7.5
-2	-5
-1	-.5
0	3
1	-.5
2	-5
3	7.5

X=-3

Es ist z. B.:

$f(4) = \frac{1}{2} \cdot 4^4 - 4 \cdot 4^2 + 3 = \frac{1}{2} \cdot 256 - 4 \cdot 16 + 3 = 67$

$f(-4) = \frac{1}{2} \cdot (-4)^4 - 4 \cdot (-4)^2 + 3 = \frac{1}{2} \cdot 256 - 4 \cdot 16 + 3 = 67$; also gilt: $f(-4) = f(4)$

Die Funktionswerte stimmen an den Stellen -4 und 4 überein, da nur Potenzen von x mit geraden Exponenten vorhanden sind. Die Punkte $P_1(-4|67)$ und $P_2(4|67)$ liegen also achsensymmetrisch zur y-Achse. Dies gilt auch für alle anderen Stellen, die sich nur durch das Vorzeichen unterscheiden, wie man leicht zeigen kann:

$f(-x) = \frac{1}{2} \cdot (-x)^4 - 4 \cdot (-x)^2 + 3 = \frac{1}{2} \cdot x^4 - 4 \cdot x^2 + 3 = f(x)$

Da im Funktionsterm von f nur Potenzen von x mit geraden Exponenten vorkommen, behalten alle Summanden im Funktionsterm ihren Wert, wenn man x durch $-x$ ersetzt.
Es gilt also: $f(-x) = f(x)$

Untersuche, ob der Graph der Funktion g mit $g(x) = \frac{1}{3}x^3 - 2x$ eine Symmetrie aufweist.

Vermutlich ist der Graph der Funktion g punktsymmetrisch zum Ursprung. Die Funktionswerte unterscheiden sich an Stellen, die zur y-Achse symmetrisch liegen, nur durch ihr Vorzeichen. Z.B. gilt an den Stellen -6 und 6:

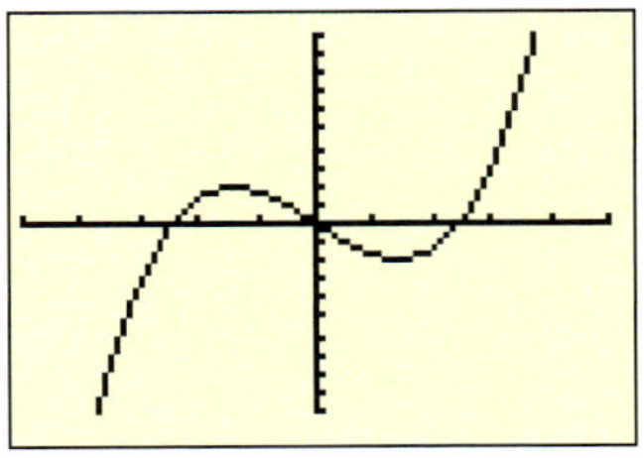

X	Y1
-3	-3
-2	1.3333
-1	1.6667
0	0
1	-1.667
2	-1.333
3	3

X=-3

$g(6) = \frac{1}{3} \cdot 6^3 - 2 \cdot 6 = \frac{1}{3} \cdot 216 - 12 = 60$

$g(-6) = \frac{1}{3} \cdot (-6)^3 - 2 \cdot (-6) = \frac{1}{3} \cdot (-216) + 12 = -60$; also gilt: $g(-6) = -g(6)$

Die Funktionswerte an den beiden Stellen -6 und 6 stimmen bis auf das Vorzeichen überein, da im Funktionsterm von g nur Potenzen von x mit ungeraden Exponenten vorkommen. Die Punkte $Q_1(-6|-60)$ und $Q_2(6|60)$ liegen punktsymmetrisch zum Ursprung. Dies kann man verallgemeinern:

$g(-x) = \frac{1}{3} \cdot (-x)^3 - 2 \cdot (-x) = -\frac{1}{3} \cdot x^3 + 2 \cdot x = -\left(\frac{1}{3} \cdot x^3 - 2 \cdot x\right) = -g(x)$

Kommen im Funktionsterm einer ganzrationalen Funktion g nur Potenzen von x mit ungeraden Exponenten vor, so ändern alle Summanden im Funktionsterm ihr Vorzeichen, wenn man x durch $-x$ ersetzt. Damit gilt dann: $g(-x) = -g(x)$

Zum Selbstlernen

Untersuche den Graphen zu $h(x) = \frac{1}{5}x^5 - \frac{3}{4}x^4$ auf Symmetrie.

Der Graph der Funktion h ist weder achsensymmetrisch zur y-Achse noch punktsymmetrisch zum Ursprung. Z.B. stimmt der Funktionswert $h(-3)$ weder mit $h(3)$ noch mit $-h(3)$ überein.

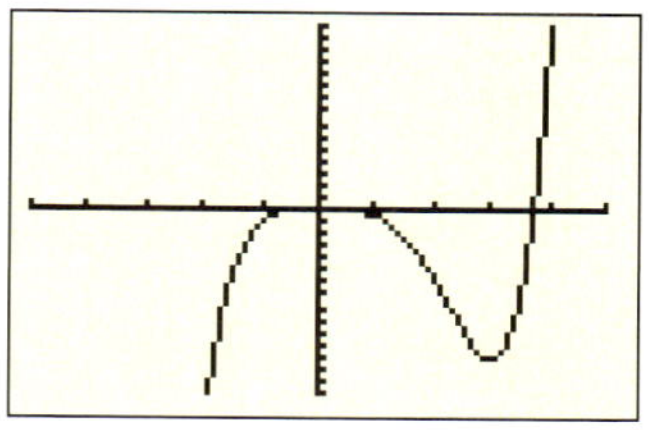

X	Y1
-3	-109.4
-2	-18.4
-1	-.95
0	0
1	-.55
2	-5.6
3	-12.15

X= -3

Im Funktionsterm von h kommen sowohl Potenzen von x mit geraden als auch mit ungeraden Exponenten vor.

Information

Wir fassen die Ergebnisse zusammen:

Satz: *Symmetrieeigenschaften eines Graphen*

Der Graph einer Funktion f ist achsensymmetrisch zur y-Achse, falls gilt:
$f(-x) = f(x)$ für alle x

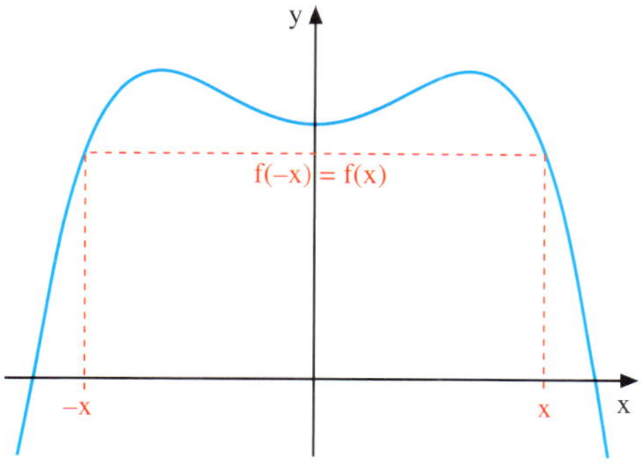

Der Graph einer Funktion f ist punktsymmetrisch zum Koordinatenursprung, falls gilt:
$f(-x) = -f(x)$ für alle x

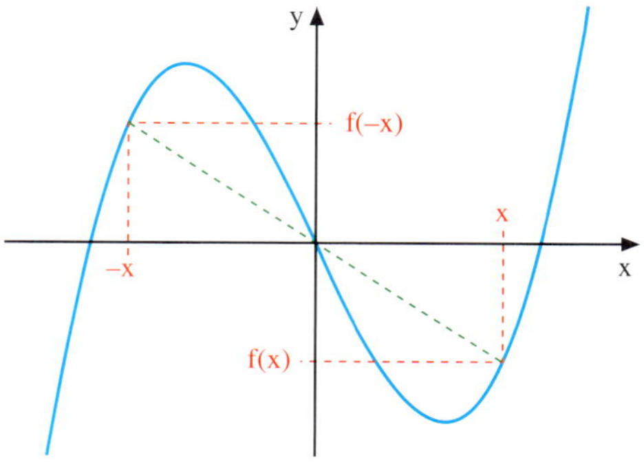

Ist f eine ganzrationale Funktion, so lässt sich eine vorhandene Symmetrie einfach erkennen:

(1) Treten im Funktionsterm von f nur Potenzen von x mit geraden Exponenten auf, so ist der Graph von f achsensymmetrisch zur y-Achse.

(2) Treten im Funktionsterm von f nur Potenzen von x mit ungeraden Exponenten auf, so ist der Graph von f punktsymmetrisch zum Koordinatenursprung.

Untersuche, ob der Graph zu $f(x) = x^3 - x - 5$ punktsymmetrisch zum Ursprung ist.

Der Graph verläuft durch den Punkt $P(0|-5)$ auf der y-Achse, also nicht durch den Ursprung. Daher kann er nicht punktsymmetrisch zum Ursprung sein.

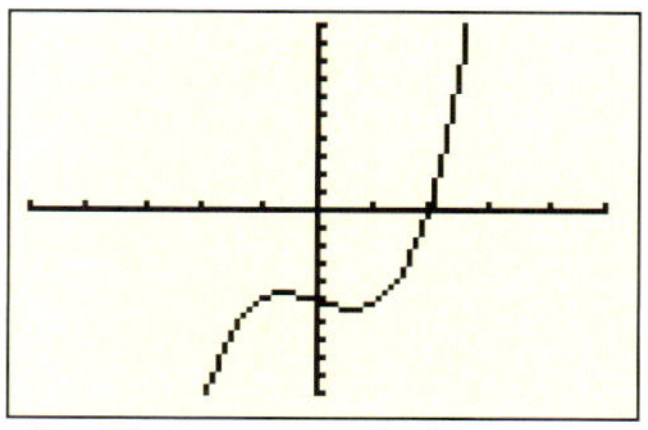

Der Funktionsterm enthält zwar die ungeraden Exponenten 3 und 1 von x, aber zusätzlich als Teilterm ohne x die Zahl -5. Diese Zahl sorgt dafür, dass der Graph nicht durch den Ursprung verläuft.

Statt nur -5 kann man auch $-5 \cdot x^0$ schreiben und erkennt so den geraden Exponenten 0, der zusätzlich zu den ungeraden Exponenten 3 und 1 der Variablen x im Funktionsterm vorkommt.

Zum Üben

1. Vervollständige die Wertetabelle, die zu einer Funktion f gehört, deren Graph punktsymmetrisch zum Ursprung ist.

x	−5	−3	−2	−1	0	1	2	3	5
f(x)	−80	0		8			−10		

2. Paul hat am Funktionsterm einer ganzrationalen Funktion f erkannt, dass der Graph von f punktsymmetrisch zum Ursprung ist. Zum Zeichnen des Graphen legt er eine Wertetabelle an:

x	−3	−2	−1	0	1	2	3
f(x)	−7,5	0	1,5	1	−1,5	0	6,5

Hat Paul richtig gerechnet?

3. Untersuche, ob der Funktionsgraph symmetrisch zur y-Achse oder zum Ursprung ist.

a) $f(x) = -\frac{1}{4}x^5 + 3x$ **c)** $f(x) = -\frac{1}{2}x^4 + 3x^2 - 8x + 2$ **e)** $f(x) = \left(\frac{1}{2}x^3 - 1\right)^2$

b) $f(x) = x^3 - 5x + 1$ **d)** $f(x) = \frac{1}{100}x^6 - 12x^2 + 4$ **f)** $f(x) = x^3(x^5 + x)$

4. Nimm Stellung zu Larissas Behauptung rechts.

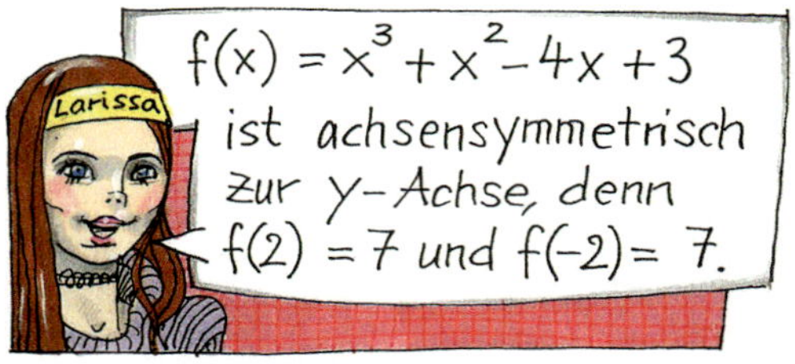

5. Untersuche, ob die folgenden Aussagen richtig oder falsch sind. Begründe jeweils deine Antwort.

(1) Ist beim Funktionsterm einer ganzrationalen Funktion der konstante Summand a_0 ungleich 0, kann der Graph von f nicht punktsymmetrisch zum Ursprung verlaufen.

(2) Es gibt Funktionen, deren Graphen symmetrisch zur x-Achse verlaufen.

6. Ordne die GTR-Bilder den Funktionstermen zu, ohne selbst einen GTR zu verwenden. Entscheide auch, ob der Verlauf des Graphen im Wesentlichen vollständig zu sehen ist.

(1) $f(x) = x^4 - 33x^2 + 90$ (2) $g(x) = 0{,}1x^5 - 1{,}1x^3 + x$ (3) $h(x) = x^3 + x^2 - 9x - 9$

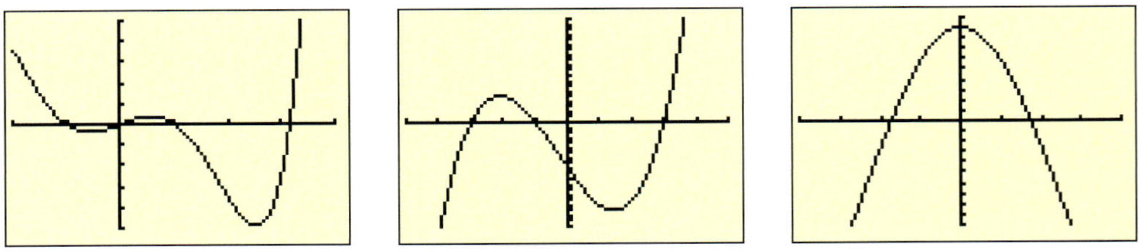

7. Die Funktion f ist gegeben durch den Funktionsterm $f(x) = 2 \cdot (x-1)^8 - 3 \cdot (x-1)^6 + 5$. Begründe, dass der Graph von f symmetrisch in Bezug zur Geraden zu x = 1 ist.

8. Die Funktion f ist gegeben durch den Funktionsterm $f(x) = 3x^5 + 3x^3 - x + 4$. Begründe, dass der Graph von f punktsymmetrisch zum Punkt P(0|4) ist.

9. Gib den Term einer ganzrationalen Funktion an, die symmetrisch ist:

a) zur Geraden mit x = −2 **b)** zum Punkt P(1|2)

Zum Selbstlernen

5.3 Nullstellen ganzrationaler Funktionen

5.3.1 Linearfaktorzerlegung

Aufgabe 1

Algebraische Summe: Term mit Additions- und Subtraktionsschritten, der als Summe geschrieben werden kann.

Linearfaktorzerlegung quadratischer Funktionen

a) Bestimme die Nullstellen der Funktionen f mit $f(x) = \frac{1}{2}(x-2)(x+3)$ und g mit $g(x) = x^2 + 6x - 7$. An welchem Funktionsterm kann man die Nullstellen schneller erkennen?

b) Der Funktionsterm von f ist als Produkt geschrieben, der von g als algebraische Summe. Forme nun beide in die jeweils andere Form um:
(1) Löse im Funktionsterm von f die Klammern auf.
(2) Schreibe den Funktionsterm von g als Produkt zweier Terme, sodass man die Nullstellen unmittelbar erkennen kann.

Lösung

Ein Produkt ist gleich 0, wenn mindestens ein Faktor 0 ist, sonst nicht.

a) *Nullstellen von f*

$\frac{1}{2}(x-2)(x+3) = 0$

$x - 2 = 0$ *oder* $x + 3 = 0$

$x = 2$ *oder* $x = -3$

Nullstellen von g

$x^2 + 6x - 7 = 0$

$(x+3)^2 = 7 + 9 = 16$ (Quadratische Ergänzung)

$x + 3 = 4$ *oder* $x + 3 = -4$

$x = 1$ *oder* $x = -7$

Aus dem Funktionsterm von f kann man die Nullstellen unmittelbar erkennen, bei dem von g müssen sie erst durch Lösen einer quadratischen Gleichung ermittelt werden.

b) (1) Durch Ausmultiplizieren erhalten wir eine algebraische Summe:
$f(x) = \frac{1}{2}(x-2)(x+3) = \frac{1}{2}(x^2 - 2x + 3x - 6) = \frac{1}{2}x^2 + \frac{1}{2}x - 3$

(2) Da g die Nullstellen 1 und −7 hat, versuchen wir g als Produkt der Terme $(x-1)$ und $(x+7)$ zu schreiben:
$(x-1)(x+7) = x^2 - x + 7x - 7 = x^2 + 6x - 7 = g(x)$

Information

(1) Linearfaktoren

In Aufgabe 1 wurden Terme quadratischer Funktionen in verschiedenen Formen betrachtet:

(a) in ausmultiplizierter Form: $f(x) = ax^2 + bx + c$
(b) als Produkt linearer Terme: $f(x) = a(x - x_1)(x - x_2)$

Die Terme $(x - x_1)$ und $(x - x_2)$ bezeichnet man als **Linearfaktoren** des Funktionsterms, die Darstellung $f(x) = a(x - x_1)(x - x_2)$ als **Linearfaktorzerlegung** des Funktionsterms.

Beispiele:
Nullstelle 3: Linearfaktor $x - 3$
Nullstelle −4: Linearfaktor $x - (-4) = x + 4$
Nullstelle 0: Linearfaktor $x - 0 = x$

(2) Linearfaktorzerlegung quadratischer Terme

Jeden quadratischen Funktionsterm in Linearfaktorzerlegung $f(x) = a(x - x_1)(x - x_2)$ kann man ausmultiplizieren und erhält einen Term der Gestalt $f(x) = ax^2 + bx + c$.

Umgekehrt ist es schwieriger, einen quadratischen Term der Gestalt $f(x) = ax^2 + bx + c$ in Linearfaktoren zu zerlegen. Da man den Faktor a ausklammern kann, reicht es, einen Term der Form $h(x) = x^2 + px + q$ zu betrachten.

$$\begin{aligned} f(x) &= ax^2 + bx + c \\ &= a\left(x^2 + \tfrac{b}{a}x + \tfrac{c}{a}\right) \\ &= a(x^2 + px + q) \end{aligned}$$

Hat die Funktion h mit $h(x) = x^2 + px + q$ Nullstellen, so können diese z.B. mithilfe der Lösungsformel für quadratische Gleichungen berechnet werden:

$x_1 = -\frac{p}{2} + \sqrt{\left(\frac{p}{2}\right)^2 - q}$ und $x_2 = -\frac{p}{2} - \sqrt{\left(\frac{p}{2}\right)^2 - q}$

Da die Funktion mit dem Term $(x - x_1)(x - x_2)$ genau diese Nullstellen hat, überprüfen wir, ob dieser Term mit dem von f übereinstimmt.

$$\begin{aligned}
&(x - x_1)(x - x_2)\\
&= \left(x - \left(-\tfrac{p}{2} + \sqrt{\left(\tfrac{p}{2}\right)^2 - q}\right)\right)\left(x - \left(-\tfrac{p}{2} - \sqrt{\left(\tfrac{p}{2}\right)^2 - q}\right)\right)\\
&= \left(x + \tfrac{p}{2} - \sqrt{\left(\tfrac{p}{2}\right)^2 - q}\right)\left(x + \tfrac{p}{2} + \sqrt{\left(\tfrac{p}{2}\right)^2 - q}\right)\\
&= \left(x + \tfrac{p}{2}\right)^2 - \left(\sqrt{\left(\tfrac{p}{2}\right)^2 - q}\right)^2\\
&= x^2 + px + \left(\tfrac{p}{2}\right)^2 - \left(\left(\tfrac{p}{2}\right)^2 - q\right)\\
&= x^2 + px + q
\end{aligned}$$

3. binomische Formel

Da dieser Term der Funktionsterm h(x) ist, ist es gelungen, den Term h(x) in Linearfaktoren zu zerlegen. Hat die Funktion h nur eine Nullstelle, so stimmen die Lösungen x_1 und x_2 überein, die obige Berechung verläuft damit jedoch völlig analog.

> Hat eine quadratische Funktion f mit dem Term $f(x) = ax^2 + bx + c$ die Nullstellen x_1 und x_2, so hat f die Linearfaktorzerlegung $f(x) = a(x - x_1)(x - x_2)$.
> Hat f nur eine Nullstelle, so stimmen x_1 und x_2 überein.

Aufgabe 2

Linearfaktoren ganzrationaler Funktionen

a) Bestimme alle Nullstellen der Funktion f mit $f(x) = (x + 2)(x - 1)(x^2 + 1)$. Zeige, dass f eine ganzrationale Funktion 4. Grades ist.

b) Ermittle aus dem Graphen der Funktion g mit $g(x) = x^3 - 3x^2 - x + 3$ die Nullstellen von g. Schreibe anschließend den Funktionsterm von g in Linearfaktorzerlegung.

Lösung

a) Da der Funktionsterm von f als Produkt geschrieben ist, kann man die Nullstellen leicht ermitteln.

$$\begin{aligned}
f(x) &= 0\\
(x + 2)(x - 1)(x^2 + 1) &= 0\\
x + 2 = 0 \textit{ oder } x - 1 = 0 &\textit{ oder } x^2 + 1 = 0\\
x = -2 \textit{ oder } x = 1 &\textit{ oder } x^2 = -1
\end{aligned}$$

Da x^2 bei allen Einsetzungen für x nicht negativ ist, hat f nur die beiden Nullstellen -2 und 1.
Durch Ausmultiplizieren des Funktionsterms erhält man:

$$\begin{aligned}
f(x) &= (x + 2)(x - 1)(x^2 + 1)\\
&= (x^2 - x + 2x - 2)(x^2 + 1)\\
&= (x^2 + x - 2)(x^2 + 1)\\
&= x^4 + x^2 + x^3 + x - 2x^2 - 2\\
&= x^4 + x^3 - x^2 + x - 2
\end{aligned}$$

Also ist f eine ganzrationale Funktion 4. Grades.

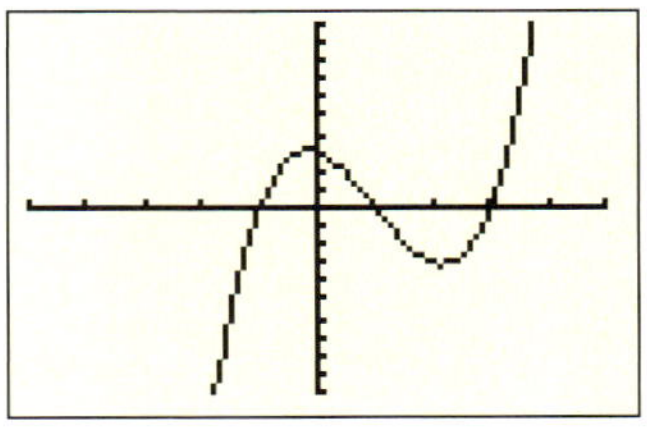

b) Zeichnet man den Graphen von g mit dem GTR, so kann man vermuten, dass g die Nullstellen –1, 1 und 3 hat.
Durch Berechnen der Funktionswerte $g(-1)$, $g(1)$ und $g(3)$ kann man das bestätigen, z.B.:

$g(-1) = (-1)^3 - 3 \cdot (-1)^2 - (-1) + 3 = -1 - 3 + 1 + 3 = 0$

Zu diesen drei Nullstellen gehören die Linearfaktoren $x - (-1) = x + 1$, $x - 1$ sowie $x - 3$.
Die Funktion mit dem Term $(x + 1)(x - 1)(x - 3)$ ist offensichtlich eine ganzrationale Funktion 3. Grades mit denselben Nullstellen wie g.
Wir prüfen durch Ausmultiplizieren, ob dieser Term mit dem von g übereinstimmt:

$$\begin{aligned}(x + 1)(x - 1)(x - 3) &= (x^2 - 1)(x - 3) \\ &= x^3 - 3x^2 - x + 3\end{aligned}$$

Also gilt: $g(x) = (x + 1)(x - 1)(x - 3)$

Information

In Aufgabe 2a) haben wir gesehen, dass ein Produkt von Linearfaktoren und eines quadratischen Terms sich durch Ausmultiplizieren als Term einer ganzrationalen Funktion darstellen lässt. Umgekehrt haben wir in Aufgabe 2b) die Nullstellen einer ganzrationalen Funktion bestimmt und gesehen, dass sich dieser Funktionsterm als Produkt der zugehörigen Linearfaktoren schreiben lässt.
Der Linearfaktor zu jeder Nullstelle der Funktion g ist ein Faktor des Funktionsterms $g(x)$, z.B. ist 3 Nullstelle von g und $g(x)$ hat die Form $g(x) = (x^2 - 1)(x - 3)$, d.h. wir haben den Funktionsterm $g(x)$ geschrieben als Produkt des Linearfaktors $x - 3$ und des quadratischen Terms $x^2 - 1$.
Allgemein gilt:

Satz

Ist x_1 eine Nullstelle der ganzrationalen Funktion f mit dem Grad n, so lässt sich der Funktionsterm von f als Produkt des Linearfaktors $x - x_1$ mit einem Polynom $g(x)$ schreiben:

$f(x) = (x - x_1) \cdot g(x)$

Dabei ist $g(x)$ ein Polynom, das den Grad $n - 1$ hat.

Wir verzichten auf einen Beweis. Ein rechnerisches Verfahren zur Bestimmung des Polynoms $g(x)$ wird im Abschnitt 5.3.3 behandelt.

Weiterführende Aufgabe CAS

3. *Linearfaktorzerlegung ganzrationaler Funktionen mithilfe von CAS*

Rechts unten siehst du, wie mithilfe des Befehls **factor** der Funktionsterm $f(x) = x^3 - 2x^2 + x - 2$ in ein Produkt umgeformt wurde. Beachte, dass das CAS keine vollständige Zerlegung in Linearfaktoren vorgenommen hat. Überlege, warum der quadratische Term $x^2 + 1$ nicht in Linearfaktoren zerlegt wurde.
Faktorisiere entsprechend:

a) $f_1(x) = x^4 - 4x^3 + 5x^2 - 4x + 4$

b) $f_2(x) = x^5 - 6x^4 + 13x^3 - 14x^2 + 12x - 8$

c) $f_3(x) = x^6 - 8x^5 + 25x^4$

d) $f_4(x) = -40x^3 + 40x^2 - 32x + 16$

e) $f_5(x) = x^4 - 1$

f) $f_6(x) = x^4 - 2x^2 + 1$

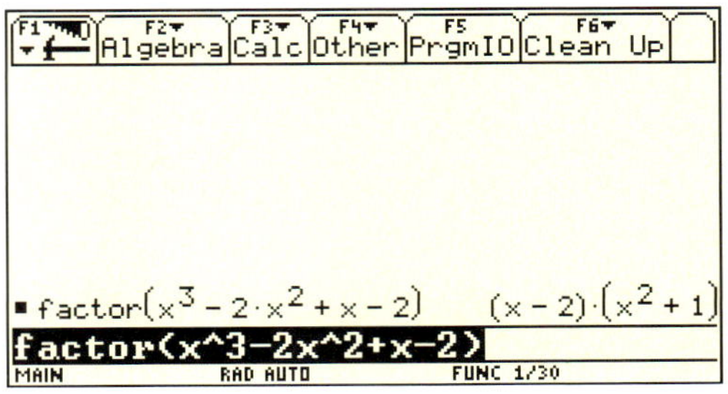

Übungsaufgaben

4. **a)** Bestimme die Nullstellen der Funktion f_1 mit $f_1(x) = (2x - 3) \cdot (x + 2) \cdot (x^2 + 2)$.

b) Bestimme die Nullstellen des Graphen der Funktion f_2 mit $f_2(x) = x^3 - x^2 - 6x$.
Wie kann man mit diesem Ergebnis den Funktionsterm von f_2 als Produkt schreiben?

c) Ermittle anhand des Graphen die Nullstellen der Funktion f_3 mit $f_3(x) = x^3 + 3x^2 - 4x - 12$. Stelle den Funktionsterm von f_3 in Produktform dar und bestätige diese Zerlegung rechnerisch.

5. Bestimme alle Nullstellen der Funktion f.

a) $f(x) = (x - 3)(x + 2)(x - 5)$

b) $f(x) = x(x + 4)(x^2 + 3)$

c) $f(x) = (x - 1)^2 (x + 5)$

d) $f(x) = (x + 2)^2 (x - 3)^3 (x^2 - 9)$

e) $f(x) = x^5 - 4x^3$

f) $f(x) = x^4 + 5x^3 - 6x^2$

6. Bestimme einen möglichen Funktionsterm.

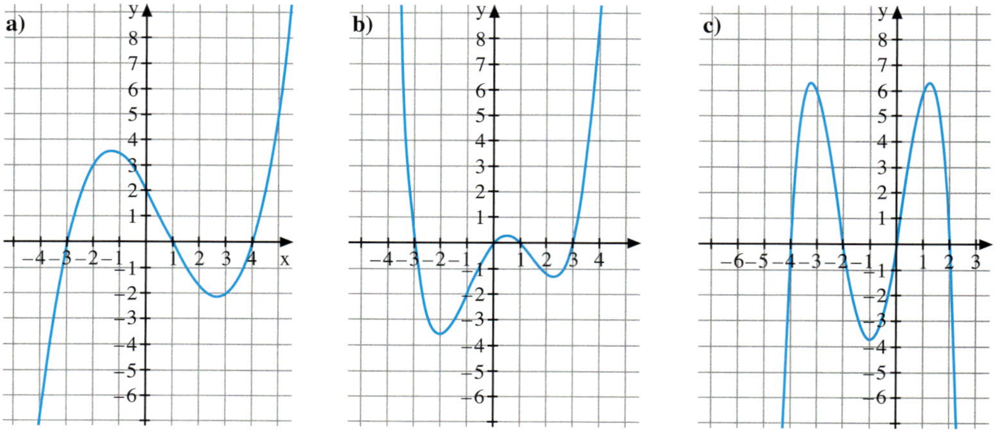

7. Anna liest am Graphen der Funktion f die Nullstellen ab und erstellt damit den Funktionsterm:
$f(x) = (x - 4) \cdot (x - 1) \cdot (x + 2)$
Ist dieser Funktionsterm richtig?

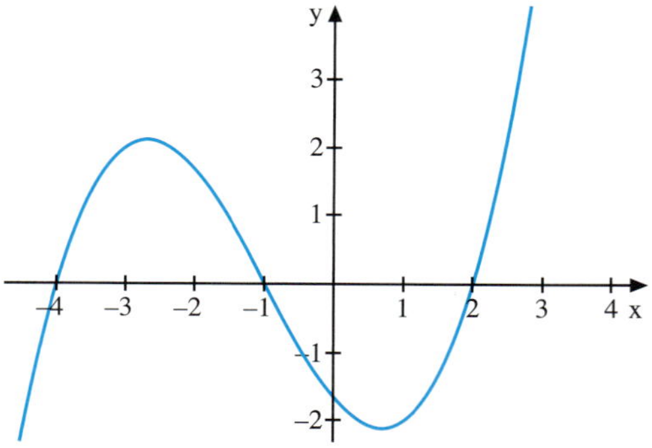

8. Eine ganzrationale Funktion 3. Grades hat die drei Nullstellen $x_1 = -3$, $x_2 = 1$ und $x_3 = 2$. Ihr Graph verläuft durch den Punkt P(3|4).
Bestimme den Funktionsterm der Funktion.

CAS **9.** Zerlege den Funktionsterm der Funktion f vollständig in Linearfaktoren.

a) $f(x) = 8x^2 + 2x - 3$ **b)** $f(x) = 6x^3 + 11x^2 - 10x$ **c)** $f(x) = \frac{1}{4}x^7 - \frac{13}{4}x^5 + 9x^3$

5.3.2 Sätze über Nullstellen

Aufgabe 1

Minimale und maximale Anzahlen von Nullstellen

Das rechnerische Bestimmen von Nullstellen kann schwierig sein. Manche Aussagen über die Existenz von Nullstellen lassen sich jedoch einfach treffen, ohne diese genau zu kennen.

a) Entscheide ohne weitere Hilfsmittel anhand des Funktionsterms, welche der folgenden Funktionen mindestens eine Nullstelle haben müssen.

(1) $f(x) = x^3 - x + 7$ (2) $g(x) = x^4 + x + 5$ (3) $h(x) = -2x^5 + x^2 + 3$

b) Entscheide ohne weitere Hilfsmittel, wie viele Nullstellen die Funktion f mit $f(x) = 2x^4 - x^2 + 7x - 5$ maximal haben kann.

Lösung

a) Wir betrachten den Globalverlauf der Funktionen.

(1) $f(x) = x^3 - x + 7$
$f(x) \to \infty$ für $x \to \infty$
$f(x) \to -\infty$ für $x \to -\infty$

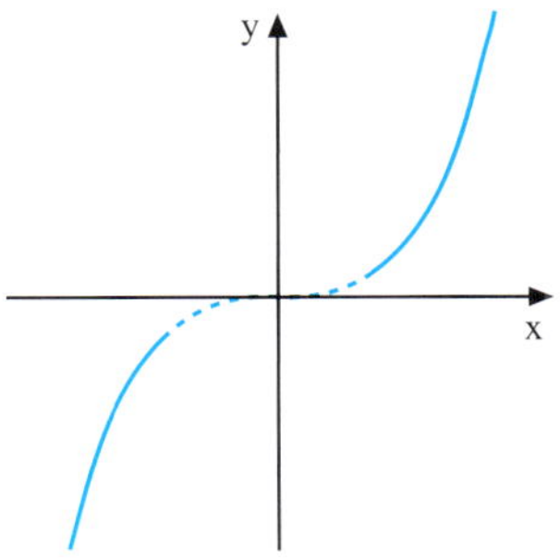

Der Graph von f muss die x-Achse schneiden. f hat mindestens eine Nullstelle.

(2) $g(x) = x^4 + x + 5$
$g(x) \to \infty$ für $x \to \infty$
$g(x) \to \infty$ für $x \to -\infty$

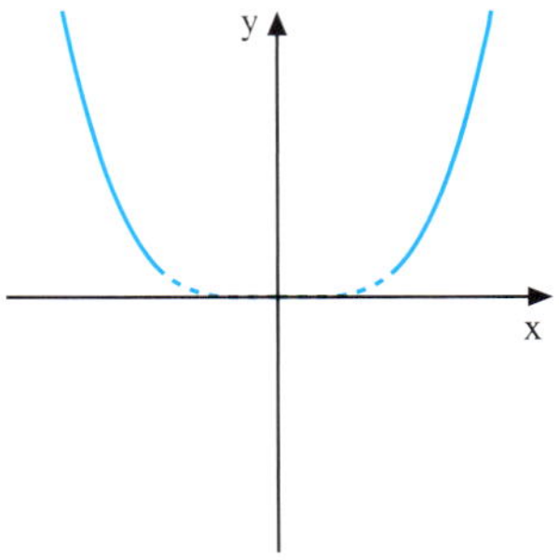

Der Graph von g kann die x-Achse schneiden, muss es aber nicht. Möglicherweise hat g keine Nullstelle.

(3) $h(x) = -2x^5 + x^2 + 3$
$h(x) \to -\infty$ für $x \to \infty$
$h(x) \to \infty$ für $x \to -\infty$

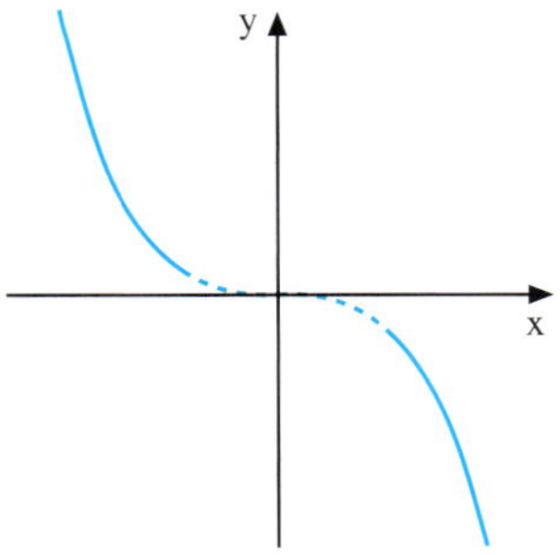

Der Graph von h muss die x-Achse schneiden. h hat mindestens eine Nullstelle.

b) Nach dem Satz von Seite 203 ist für jede Nullstelle von f der zugehörige Linearfaktor als Faktor im Funktionsterm enthalten. Daraus ergibt sich, dass f höchstens 4 Nullstellen haben kann. Denn hätte f zum Beispiel 5 Nullstellen x_1, x_2, x_3, x_4, x_5, so wäre das Produkt der Linearfaktoren dieser Nullstellen ein Polynom 5. Grades:
$(x - x_1)(x - x_2)(x - x_3)(x - x_4)(x - x_5) = x^5 + \ldots$

Information

Minimale und maximale Nullstellenanzahl bei ganzrationalen Funktionen

Für quadratische Funktionen weißt du, dass sie keine, eine oder zwei Nullstellen haben können. Verallgemeinert man die Überlegungen der Aufgabe 1, so erhält man:

Satz: *Existenz und größtmögliche Anzahl der Nullstellen einer ganzrationalen Funktion in Abhängigkeit vom Grad der Funktion*

Für eine ganzrationale Funktion f vom Grad n gilt:

(1) Die Funktion f hat höchstens n Nullstellen.

(2) Ist der Grad der Funktion f eine ungerade Zahl, so hat f mindestens eine Nullstelle.

Die beiden Aussagen im obigen Satz sind anschaulich klar, wir verzichten auf einen Beweis.

Aufgabe 2

Mehrfache Nullstellen

Bestimme die Nullstellen der Funktion f mit $f(x) = (x + 3)^3 (x - 3) (x - 1)^2$. Betrachte das Verhalten des Graphen in der Nähe der Nullstellen. Welche Unterschiede stellst du fest? Begründe am Funktionsterm.

Lösung

Die Funktion f hat die drei Nullstellen $x_1 = -3$, $x_2 = 3$ und $x_3 = 1$. Beim Betrachten des Funktionsgraphen in der Nähe der drei Nullstellen stellt man fest, dass die Funktionswerte in der Umgebung der Nullstellen −3 und 3 jeweils das Vorzeichen wechseln. An diesen beiden Stellen schneidet der Graph die x-Achse. An der Stelle 1 dagegen haben die Funktionswerte in der Umgebung der Stelle $x_3 = 1$ das gleiche Vorzeichen, der Graph berührt also an dieser Stelle die x-Achse nur.

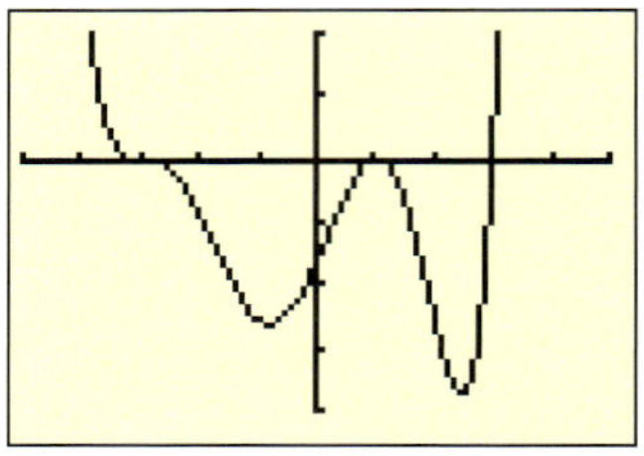

Zur Begründung des Verlaufs des Graphen in der Nähe der Nullstelle 3 folgern wir das Vorzeichen der Funktionswerte aus den Vorzeichen der Linearfaktoren.

	$(x+3)^3$	$x-3$	$(x-1)^2$	$f(x) = (x+3)^3 (x-3) (x-1)^2$
$2{,}5 < x < 3$	> 0	< 0	> 0	< 0
$3 < x < 3{,}5$	> 0	> 0	> 0	> 0

Da der Linearfaktor x − 3 das Vorzeichen an der Nullstelle 3 ändert, alle anderen Faktoren aber nicht, ändert sich das Vorzeichen der Funktionswerte an der Stelle 3.
Entsprechend erhalten wir für die Nullstelle 1:

	$(x+3)^3$	$x-3$	$(x-1)^2$	$f(x) = (x+3)^3 (x-3) (x-1)^2$
$0{,}5 < x < 1$	> 0	< 0	> 0	< 0
$1 < x < 1{,}5$	> 0	< 0	> 0	< 0

Alle Faktoren ändern ihr Vorzeichen an der Stelle 1 nicht, daher bleibt auch das Vorzeichen der Funktionswerte hier gleich.
Entsprechend erhalten wir für die Nullstelle −3:

	$(x+3)^3$	$x-3$	$(x-1)^2$	$f(x) = (x+3)^3 (x-3) (x-1)^2$
$-3{,}5 < x < -3$	< 0	< 0	> 0	> 0
$-3 < x < -2{,}5$	> 0	< 0	> 0	< 0

Der Vorzeichenwechsel des Faktors $(x + 3)^3$ an der Stelle −3 verursacht also den Wechsel der Vorzeichen der Funktionswerte an dieser Nullstelle.

Information

(1) Mehrfache Nullstelle

In der Linearfaktorzerlegung der Funktion f aus Aufgabe 2 kommen Linearfaktoren mehrfach vor:
$f(x) = (x + 3)^3 (x - 3) (x - 1)^2$
Da der Linearfaktor zur Nullstelle −3 dreifach vorkommt, bezeichnet man −3 als **dreifache Nullstelle**.
Entsprechend ist 3 eine **einfache Nullstelle** und 1 eine **doppelte Nullstelle**.

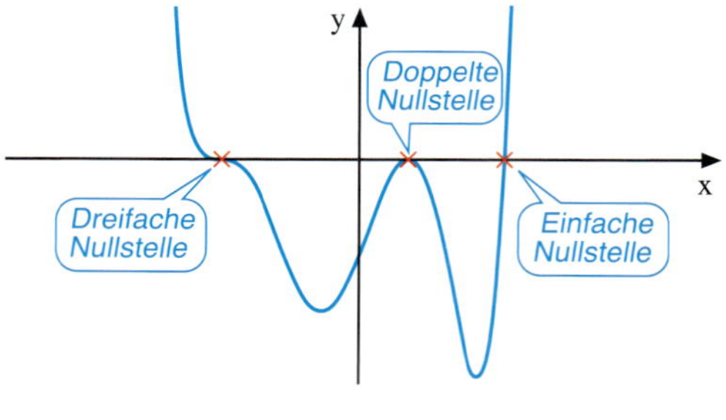

(2) Vorzeichenwechsel

Hat eine Funktion links und rechts von einer Nullstelle Funktionswerte mit verschiedenen Vorzeichen, so spricht man von einer *Nullstelle mit Vorzeichenwechsel.*
Sind die Vorzeichen der Funktionswerte auf beiden Seiten der Nullstelle gleich, so spricht man von einer *Nullstelle ohne Vorzeichenwechsel.*

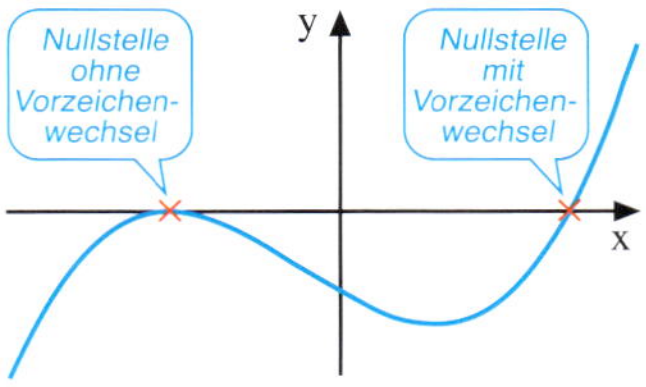

(3) Vorzeichenwechsel an mehrfachen Nullstellen

Einfache (dreifache, fünffache,…) Nullstellen sind Nullstellen mit Vorzeichenwechsel.
Doppelte (vierfache, sechsfache,…) Nullstellen sind Nullstellen ohne Vorzeichenwechsel.

Der Graph einer ganzrationalen Funktion f verläuft in der Nähe einer n-fachen Nullstelle prinzipiell so wie der Graph einer entsprechenden Potenzfunktion g mit $g(x) = k \cdot x^n$ in der Nähe der Stelle 0 mit geeignetem Streckfaktor k.

Einfache Nullstelle: *Doppelte Nullstelle:* *Dreifache Nullstelle:*

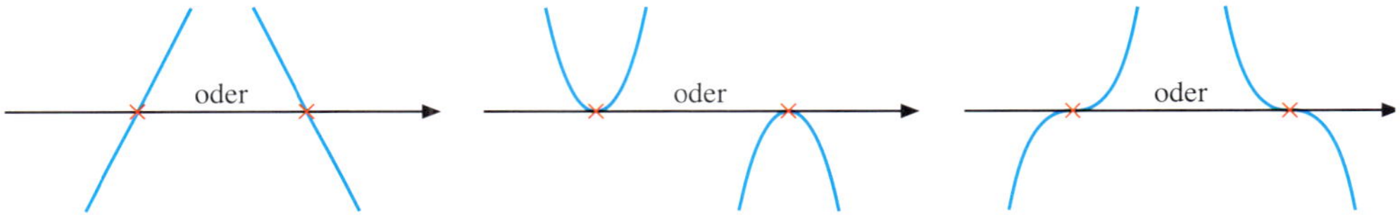

(4) Nullstellen mit dem GTR bestimmen

Niels Henrik Abel (1802 – 1829)

Um die Nullstellen einer Funktion f zu bestimmen, muss man die Lösungen der Gleichung $f(x) = 0$ berechnen. Gleichungen zweiten Grades kann man mithilfe der quadratischen Ergänzung oder der bekannten Lösungsformel lösen. Für Gleichungen 3. und 4. Grades kennt man ebenfalls Lösungsformeln, die jedoch so schwer zu handhaben sind, dass sie in der Regel nicht verwendet werden. Der norwegische Mathematiker Abel hat bewiesen, dass es für Gleichungen 5. und höheren Grades prinzipiell keine solche Formel gibt. In vielen Fällen lassen sich deshalb die Nullstellen einer Funktion nur näherungsweise bestimmen. Die Verwendung eines GTR erleichtert diese Aufgabe erheblich.
Mit einem GTR kann man die Nullstellen einer Funktion näherungsweise mithilfe des Befehls **zero** aus dem Menü **CALC** ermitteln. Dazu muss man ein Intervall angeben, in dem die zu bestimmende Nullstelle liegt: **Left Bound** und **Right Bound** dienen zur Eingabe der Intervallgrenzen. Mit **Guess** wird dann noch ein Schätzwert für die Nullstelle eingegeben.

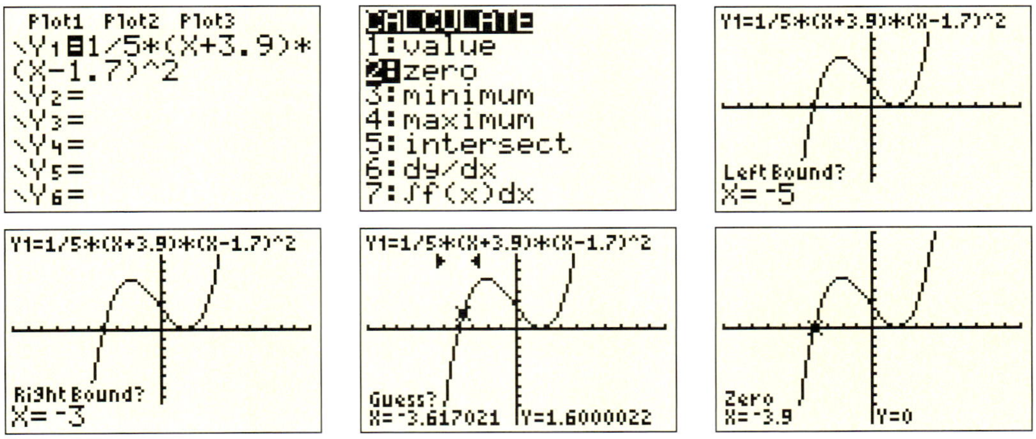

(5) Probleme bei der Nullstellenbestimmung mit dem GTR

Wir betrachten noch einmal die Funktion f zu $f(x) = \frac{1}{5}(x + 3{,}9) \cdot (x - 1{,}7)^2$ aus der Information (4).
Die Nullstelle bei $-3{,}9$ hat einen Vorzeichenwechsel und kann vom GTR bestimmt werden.
Dagegen lässt sich die Nullstelle ohne Vorzeichenwechsel bei 1,7 nicht ermitteln. Der GTR liefert die Fehlermeldung NO SIGN CHNG (kein Vorzeichenwechsel).

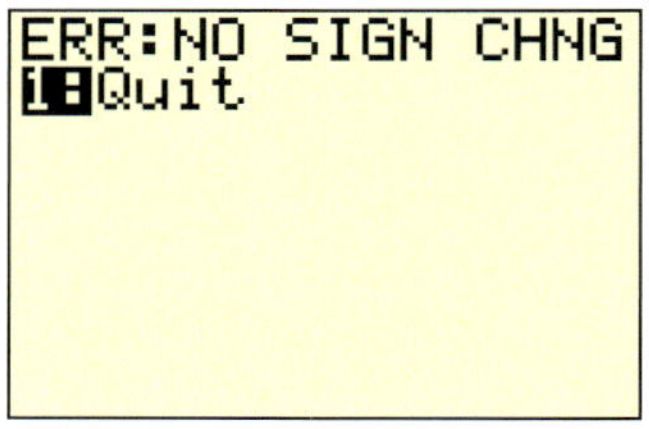

Übungsaufgaben **3.** Nimm Stellung zu den Behauptungen. Begründe deine Meinung.

4. Bestimme ohne Verwendung des GTR alle Nullstellen der Funktion f. Gib jeweils an, ob es sich um einfache, doppelte, dreifache usw. Nullstellen handelt. An welchen Nullstellen wechseln die Funktionswerte das Vorzeichen, an welchen bleibt es gleich?

a) $f(x) = \frac{3}{5} \cdot (2x - 1) \cdot (5 + 3x) \cdot (x - 3)^2$
b) $f(x) = (x - 4)^3 \cdot x^2 \cdot (x + 1)$
c) $f(x) = -3(x - 2)^5 (x + 2)^7$
d) $f(x) = \frac{1}{6}x^5 - 2x^4$
e) $f(x) = x^4 - 6x^3 + 9x^2$
f) $f(x) = (x + 3) \cdot (x^2 - 4x + 9)$

5. Gib alle Nullstellen der ganzrationalen Funktion f an und notiere jeweils, ob es sich um eine einfache oder mehrfache Nullstelle handelt.
Skizziere damit einen ungefähren Verlauf des Graphen von f. Kontrolliere mit dem GTR.

a) $f(x) = (x - 2) \cdot (x + 3)^2$
b) $f(x) = (x - 4)^3 \cdot x^2 \cdot (x + 5)$
c) $f(x) = (5 - 2x)(x + 1)^3$
d) $f(x) = x^4 + 3x^3 - 18x^2$
e) $f(x) = \frac{1}{4}x^5 - 2x^2$
f) $f(x) = (x^2 - 9) \cdot (x^2 - 6x + 15)$

6. Die Abbildung zeigt den Graphen der Funktion f mit
$f(x) = \frac{1}{1000}x^4 - \frac{23}{500}x^3 + \frac{321}{1000}x^2 + \frac{151}{250}x - \frac{123}{25}$
in der Standardeinstellung des GTR.
Sind in der Abbildung alle Nullstellen von f sichtbar?
Begründe zuerst deine Antwort, ohne den Rechner zu benutzen. Bestimme anschließend die Nullstellen von f.

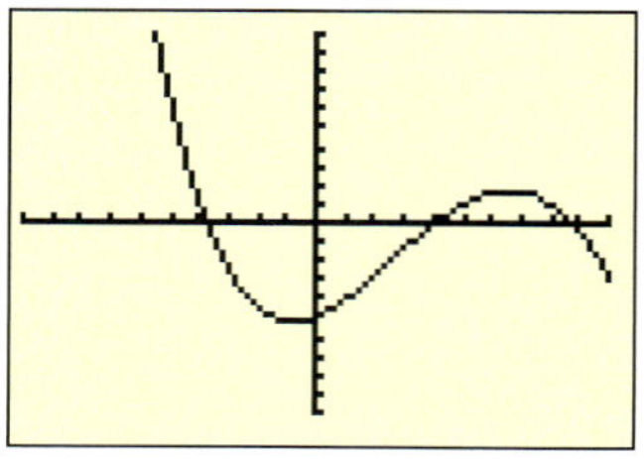

7. Eine ganzrationale Funktion 3. Grades hat die einfache Nullstelle -2 und die doppelte Nullstelle 3. Ist der Funktionsgraph rechts richtig wiedergegeben?

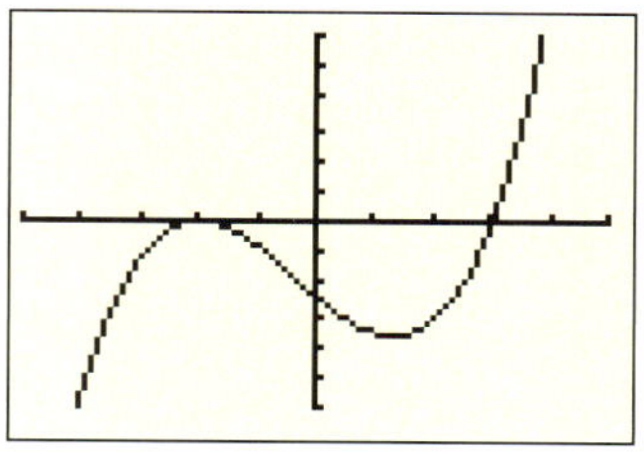

8. Gib drei Beispiele für ganzrationale Funktionen an, die keine Nullstellen besitzen.

9. Sven hat den Graphen der Funktion f mit
$f(x) = \frac{1}{8} \cdot (x+3)^2 \cdot (x+1) \cdot (x-2)^2$ rechts gezeichnet.
Leider hat er vergessen, die y-Achse einzuzeichnen. Kannst du ihm helfen, ohne den GTR zu benutzen?

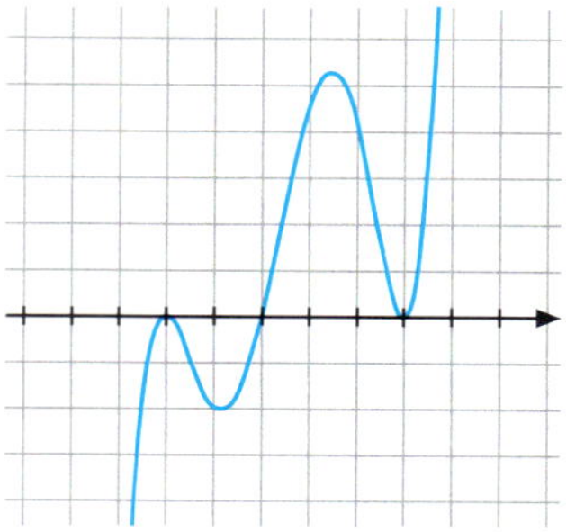

10. An welchen Stellen tritt bei den Funktionswerten der Funktion f ein Vorzeichenwechsel auf?
In welchen Intervallen sind die Funktionswerte positiv, in welchen negativ?
Kontrolliere mit dem GTR.

a) $f(x) = (x-2)^2 \cdot (x-4)$
b) $f(x) = (2-x) \cdot (x+1) \cdot (x+4)^2$
c) $f(x) = (x+1)^2 \cdot (x^2-9)$
d) $f(x) = (x^2-4) \cdot (x^2+1)$
e) $f(x) = (x+3)^5 \cdot (x-2)^4$
f) $f(x) = (2x+1) \cdot (3x-8)^3$

11. Nimm Stellung zu Sandras Aussage.

> Sandra:
> Eine ganzrationale Funktion 5. Grades kann entweder eine, drei oder fünf Nullstellen besitzen. Eine andere Anzahl kommt nicht in Frage.

12. Gegeben sind die Funktionen f und g mit
$f(x) = \frac{3}{16}x^3 - \frac{9}{4}x$ und
$g(x) = -\frac{3}{4}x^2$.
Bestimme die Koordinaten der Schnittpunkte der beiden Funktionsgraphen. Skizziere anschließend die beiden Graphen in einem gemeinsamen Koordinatensystem.

13. Bestimme die Nullstelle der Funktion f mit $f(x) = x^3 + 1$.
Zeige, dass sich die Funktion g mit $g(x) = x^3 - 12x^2 + 48x - 63$ in der Form $g(x) = (x-4)^3 + 1$ schreiben lässt.
Durch welche Abbildung erhält man den Graphen von g aus dem Graphen von f? Was kannst du über die Nullstellen von g aussagen?

14. Eine ganzrationale Funktion f vom Grad 7 hat die dreifache Nullstelle -3 und die vierfache Nullstelle 2. Kann f weitere Nullstellen besitzen? Begründe deine Antwort.
Skizziere den Graphen von f und gib einen möglichen Funktionsterm von f an.

15. Kann eine ganzrationale Funktion, deren Graph punktsymmetrisch zum Ursprung verläuft, dort eine doppelte Nullstelle besitzen? Begründe.

16. Für welche Werte von a hat die Funktion f mit $f(x) = (x^2-9) \cdot (x^2+a)$
(1) zwei Nullstellen; (2) drei Nullstellen; (3) vier Nullstellen?

5.3.3 Polynomdivision

Einführung

Die Nullstellen der Funktion f mit $f(x) = 12x^3 - 23x^2 - 3x + 2$ sollen bestimmt werden.

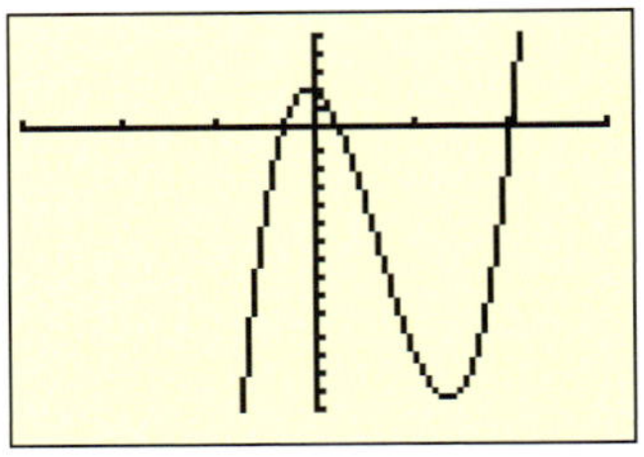

1. Schritt: Bestimmen einer Nullstelle durch Probieren

Am Graphen lässt sich gut 2 als Nullstelle vermuten. Durch Einsetzen kann man dies bestätigen.
$f(2) = 12 \cdot 2^3 - 23 \cdot 2^2 - 3 \cdot 2 + 2 = 96 - 92 - 6 + 2 = 0$

2. Schritt: Abspalten eines Linearfaktors – Polynomdivision

Nach dem Satz von Seite 203 lässt sich der Funktionsterm von f als Produkt des Linearfaktors $x - 2$ dieser Nullstelle und eines Polynoms $g(x)$ schreiben:

$12x^3 - 23x^2 - 3x + 2 = (x - 2) \cdot g(x)$

Das Polynom $g(x)$ können wir ermitteln, indem wir $12x^3 - 23x^2 - 3x + 2$ durch $x - 2$ dividieren. Das Verfahren zur Division erfolgt analog zur schriftlichen Division bei natürlichen Zahlen:

Polynomdivision

$$\begin{aligned}
&(12x^3 - 23x^2 - 3x + 2) : (x - 2) = 12x^2 + x - 1\\
&\underline{-(12x^3 - 24x^2)} \leftarrow \cdot (x - 2)\\
&\qquad x^2 - 3x + 2\\
&\qquad \underline{-(x^2 - 2x)} \leftarrow \cdot (x - 2)\\
&\qquad\qquad -x + 2\\
&\qquad\qquad \underline{-(-x + 2)} \leftarrow \cdot (x - 2)\\
&\qquad\qquad\quad 0
\end{aligned}$$

Schriftliche Division

$$\begin{aligned}
&6552 : 21 = 312\\
&\underline{63} \leftarrow \cdot 21\\
&\ 25\\
&\ \underline{21} \leftarrow \cdot 21\\
&\quad 42\\
&\quad \underline{42} \leftarrow \cdot 21\\
&\quad\ 0
\end{aligned}$$

Damit können wir den Funktionsterm $f(x)$ als Produkt schreiben:
$f(x) = 12x^3 - 23x^2 - 3x + 2 = (x - 2) \cdot (12x^2 + x - 1)$

3. Schritt: Bestimmen der weiteren Nullstellen

Die Gleichung $f(x) = 0$ kann man so schreiben:

$(x - 2) \cdot (12x^2 + x - 1) = 0$
$x - 2 = 0$ *oder* $12x^2 + x - 1 = 0$
$x = 2$ *oder* $x = \frac{1}{4}$ oder $x = -\frac{1}{3}$

Lösen mithilfe quadratischer Ergänzung oder der Lösungsformel

Die Nullstellen von f sind: $2;\ \frac{1}{4};\ -\frac{1}{3}$.

Der Funktionsterm von f kann damit vollständig in Linearfaktoren zerlegt werden:

$$\begin{aligned}
f(x) &= (x - 2) \cdot 12 \cdot \left(x - \tfrac{1}{4}\right)\left(x + \tfrac{1}{3}\right)\\
&= 12 \cdot (x - 2)\left(x - \tfrac{1}{4}\right)\left(x + \tfrac{1}{3}\right)
\end{aligned}$$

Information

Nullstellen einer ganzrationalen Funktion durch Probieren finden

Hilfreich für das Auffinden von Nullstellen ist der folgende Satz.

Satz

Für eine ganzrationale Funktion f mit $f(x) = a_n x^n + a_{n-1} x^{n-1} + \ldots + a_2 x^2 + a_1 x + a_0$, deren Koeffizienten alle ganzzahlig sind, gilt:
Jede ganzzahlige Nullstelle von f ist ein Teiler des absoluten Gliedes a_0.

Beweis des Satzes:

Ist x_0 eine Nullstelle von f, so gilt:

$$0 = f(x_0) = a_n x_0^n + a_{n-1} x_0^{n-1} + \ldots + a_2 x_0^2 + a_1 x_0 + a_0$$
$$= x_0 \cdot (a_n x_0^{n-1} + a_{n-1} x_0^{n-2} + \ldots + a_2 x_0 + a_1) + a_0$$

Hieraus folgt: $-x_0 \cdot (a_n x_0^{n-1} + a_{n-1} x_0^{n-2} + \ldots + a_2 x_0 + a_1) = a_0$.

Da x_0 und alle Koeffizienten $a_n, a_{n-1}, \ldots, a_2, a_1$ ganzzahlig sind, ist auch der Term $a_n x_0^{n-1} + a_{n-1} x_0^{n-2} + \ldots + a_2 x_0 + a_1$ ganzzahlig und daher x_0 ein Teiler von a_0.

Aufgabe 1

Ermittle ohne GTR alle Nullstellen der Funktion f mit $f(x) = 5x^3 - 8x^2 - 27x + 18$.

Lösung

„Nullstellenkandidaten" sind nach Satz auf Seite 210 die Teiler von 18, also $+1;\ -1;\ +2;\ -2;\ +3;\ -3;\ +6;\ -6;\ +9;\ -9;\ +18;\ -18$.

Man stellt fest, dass $f(-2) = 0$ ist. Also kann man den Linearfaktor $(x + 2)$ durch Polynomdivision abspalten:

$$\begin{array}{l}
(5x^3 - 8x^2 - 27x + 18) : (x + 2) = 5x^2 - 18x + 9 \\
\underline{-(5x^3 + 10x^2)} \\
\quad -18x^2 - 27x + 18 \\
\quad \underline{-(-18x^2 - 36x)} \\
\qquad 9x + 18 \\
\qquad \underline{-(9x + 18)} \\
\qquad\qquad 0
\end{array}$$

$f(x) = (x + 2) \cdot (5x^2 - 18x + 9)$

Die Lösungen der quadratischen Gleichung $5x^2 - 18x + 9 = 0$ sind 3 und $\frac{3}{5}$; folglich gilt:

$5x^2 - 18x + 9 = 5 \cdot (x - 3) \cdot \left(x - \frac{3}{5}\right)$

Damit lautet die Faktorisierung: $f(x) = 5 \cdot (x + 2) \cdot (x - 3) \cdot \left(x - \frac{3}{5}\right)$

Ergebnis: Die Nullstellen der Funktion f sind -2, 3 sowie $\frac{3}{5}$.

Übungsaufgaben

2. Führe die Polynomdivision aus.

a) $(x^3 - 8x^2 + 22x - 21) : (x - 3)$

b) $(x^3 - 8x - 8) : (x + 2)$

c) $(x^4 - 1{,}5x^3 - x^2 + 5{,}5x - 6) : (x - 1{,}5)$

d) $(2x^4 - 5x^3 + 6x^2 - 9x + 2) : (x - 2)$

e) $(3x^5 - 1{,}5x^4 + 1{,}5x^3 + 0{,}5x^2 - 0{,}5x) : (x + 0{,}5)$

f) $(x^3 - 1) : (x - 1)$

g) $(x^{10} - 1) : (x - 1)$

h) $(x^n - 1) : (x - 1)$

3. Prüfe für geeignete ganze Zahlen, ob sie Nullstellen der ganzrationalen Funktion f sind. Bestimme dann durch Polynomdivision die weiteren Nullstellen.

a) $f(x) = x^5 - x^4 - 5x^3 - 5x^2 + 4x + 6$

b) $f(x) = x^5 - 6x^4 + 4x^3 + 4x^2 + 3x + 10$

c) $f(x) = x^3 - 5x^2 + 2x + 8$

d) $f(x) = 2 \cdot x^3 - 3x^2 - 23x + 12$

e) $f(x) = x^3 + 4x^2 + 13x + 10$

f) $f(x) = 4x^3 + 8x^2 - x - 2$

g) $f(x) = x^5 - x^3$

h) $f(x) = x^3 + 3x^2 + 2x$

4.

Gesucht: Nullstellen von $f(x) = x^3 - 2x^2 - 11x + 12$

Probieren: $f(1) = 1 - 2 - 11 + 12 = 0$

Polynomdivision: $(x^3 - 2x^2 - 11x + 12) : (x - 1) = x^2 - x - 10 + \frac{2}{x-1}$

Paul hat versucht, die Nullstellen einer Funktion zu bestimmen. Er ist nun ratlos, wie er weitermachen soll. Kannst du ihm helfen?

5.4 Extrema und Monotonie

5.4.1 Änderungsverhalten und Funktionen

Aufgabe 1

In einer Wetterstation im Taunus wurde an einem Frühlingstag über einen Zeitraum von 24 Stunden der Temperaturverlauf aufgezeichnet. Dieser kann als Graph einer Funktion f aufgefasst werden, die jedem Zeitpunkt x die Temperatur f(x) zuordnet.
Beschreibe den Temperaturverlauf.

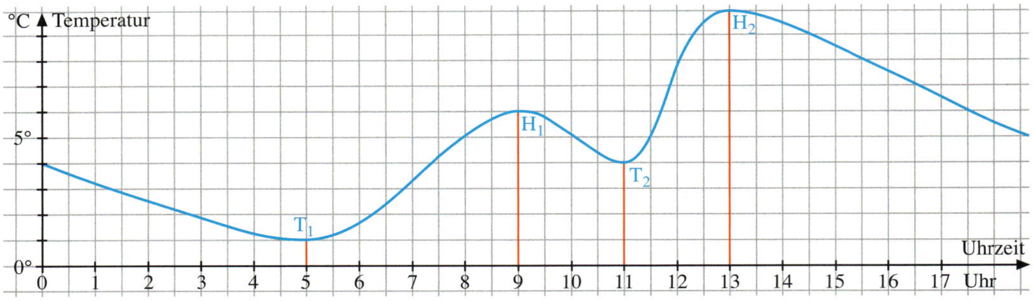

Lösung

Mit Beginn der Aufzeichnung um 0 Uhr fallen die Temperaturen bis um 5 Uhr. Zu diesem Zeitpunkt haben sie ihren Tiefpunkt erreicht. Ab 5 Uhr steigen die Temperaturen bis zu einem Hochpunkt um 9 Uhr. Danach fallen sie bis zu einem zweiten Tiefpunkt um 11 Uhr. Im Bereich zwischen 11 Uhr und 13 Uhr erfolgt ein erneuter Anstieg bis zu einem zweiten Hochpunkt. Ab 13 Uhr nehmen die Temperaturen ständig bis zum Ende der Aufzeichnung um 24 Uhr ab.
Die Bereiche, in denen die Temperaturen zu- und abnehmen, werden durch Hoch- oder Tiefpunkte voneinander getrennt. Wechselt man von einem Bereich fallender Temperaturen in einen Bereich steigender Temperaturen, so liegt dazwischen ein Tiefpunkt. Tiefpunkte liegen somit an den Stellen 5 und 11. Wenn man dagegen von einem Bereich mit steigenden Temperaturen in einen Bereich mit fallenden Temperaturen wechselt, so trennt ein Hochpunkt diese beiden Bereiche. Dies ist an den Stellen 9 und 13 der Fall.

Information

(1) Der Begriff des Intervalls

Bei Aufgabe 1 kommen verschiedene Bereiche vor, in denen wir den Temperaturverlauf betrachtet haben. Einen solchen Abschnitt auf der x-Achse beschreibt man durch ein *Intervall*.

Definition

Ein **Intervall** ist eine besondere Teilmenge von $\mathbb{R}$.

Beispiele:

(1) *Abgeschlossenes Intervall* von a bis b
$[a; b] = \{x \in \mathbb{R} \mid a \le x \le b\}$
Beispiel: $[3; 5]$

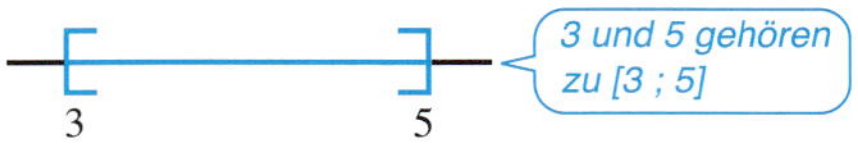

(2) *Offenes Intervall* von a bis b
$]a; b[= \{x \in \mathbb{R} \mid a < x < b\}$
Beispiel: $]-1; 2[$

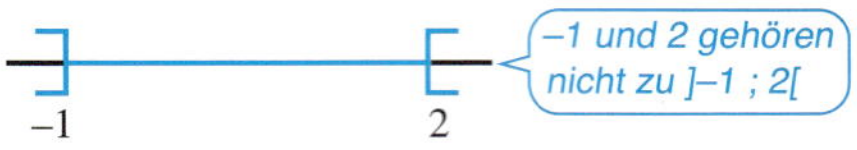

monoton ⟨griech.⟩ eintönig, einförmig

(2) Streng monotone Funktionen

Will man den Verlauf des Graphen einer Funktion f beschreiben, so fallen sehr schnell die Intervalle auf, in denen bei wachsenden x-Werten die Funktionswerte f(x) ständig zu- oder abnehmen.
Nehmen die Funktionswerte f(x) in einem Intervall ständig zu, wenn die x-Werte größer werden, so sagt man, die Funktion f ist in diesem Intervall *streng monoton wachsend*. Man versteht darunter, dass bei zwei beliebigen x-Werten aus diesem Intervall zum größeren x-Wert immer auch der größere Funktionswert gehört.
Entsprechend bezeichnet man eine Funktion als *streng monoton fallend*, wenn ihre Funktionswerte ständig abnehmen.

Definition: *Strenge Monotonie*

Eine Funktion f heißt in einem Intervall **streng monoton wachsend**, wenn für beliebige Stellen x_1, x_2 aus dem Intervall gilt:
Wenn $x_1 < x_2$, dann ist $f(x_1) < f(x_2)$.

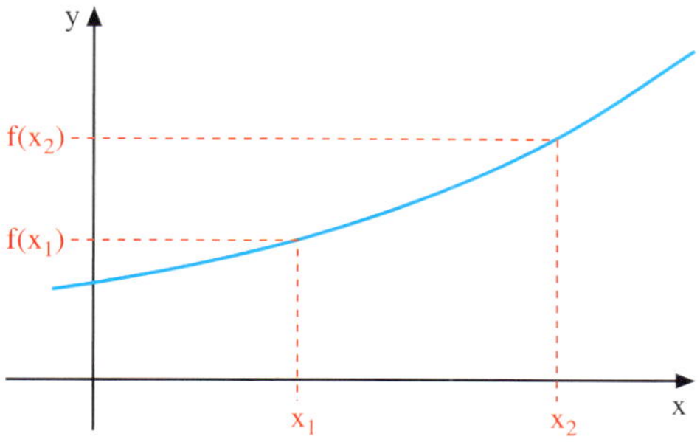

Eine Funktion f heißt in einem Intervall **streng monoton fallend**, wenn für beliebige Stellen x_1, x_2 aus dem Intervall gilt:
Wenn $x_1 < x_2$, dann ist $f(x_1) > f(x_2)$.

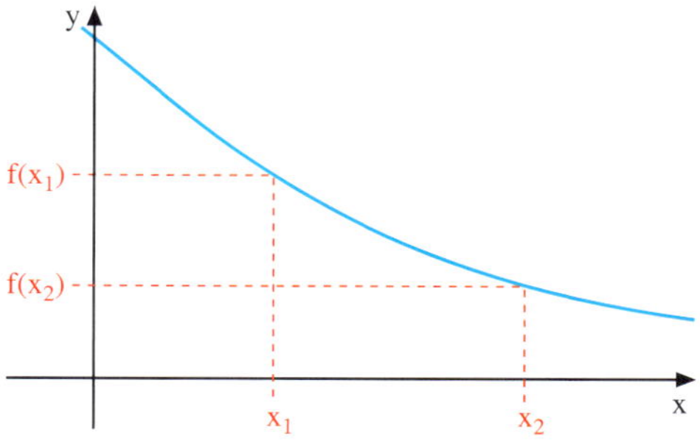

Gilt für $x_1 < x_2$ statt $f(x_1) < f(x_2)$ nur $f(x_1) \leq f(x_2)$, so heißt f *monoton wachsend*. Ist eine Funktion f auf dem Intervall monoton wachsend, so heißt dies, dass die Funktionswerte auf dem Intervall nicht abnehmen. Sie müssen aber nicht ständig zunehmen, sie können auch für verschiedene x-Werte aus dem Intervall denselben Funktionswert annehmen.

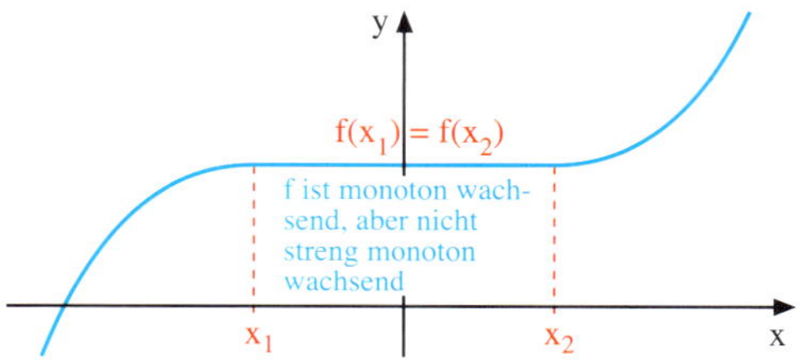

Definition: *Monotonie*

Eine Funktion heißt in einem Intervall **monoton wachsend**, wenn für beliebige Stellen x_1, x_2 aus dem Intervall gilt:
Wenn $x_1 < x_2$, dann ist $f(x_1) \leq f(x_2)$.

Eine Funktion heißt in einem Intervall **monoton fallend**, wenn für beliebige Stellen x_1, x_2 aus dem Intervall gilt:
Wenn $x_1 < x_2$, dann ist $f(x_1) \geq f(x_2)$.

Für die Intervallgrenzen a und b darf man auch die Symbole ∞ und $-\infty$ verwenden.
Es gilt z. B.:

$]-\infty;\ b] = \{x \in \mathbb{R} \mid x \leq b\}$ $]-\infty;\ b[= \{x \in \mathbb{R} \mid x < b\}$

$]a;\ \infty[= \{x \in \mathbb{R} \mid x > a\}$ $[a;\ \infty[= \{x \in \mathbb{R} \mid x \geq a\}$

(3) Definition von Extremstellen

Wechselt der Graph einer Funktion bei wachsenden x-Werten von einem Intervall, in dem f streng monoton wachsend ist, in ein Intervall, in dem f streng monoton fallend ist, so liegt zwischen den beiden Intervallen eine Stelle, an welcher der Funktionsgraph einen *Hochpunkt* hat. Vergleicht man die Funktionswerte in der Nähe des Hochpunktes miteinander, so gibt es kurz vor und kurz nach dem Hochpunkt keinen Funktionswert, der größer ist als der Funktionswert des Hochpunktes.

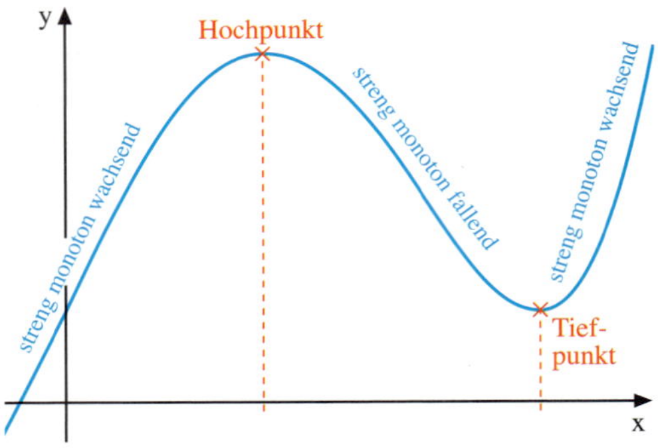

Wechselt man dagegen aus einem Intervall, in dem f streng monoton fallend ist, in ein Intervall, in dem f streng monoton wachsend ist, so liegt dazwischen eine Stelle mit einem *Tiefpunkt*.
Man bezeichnet solche Stellen als *Extremstellen*.

Definition

Gegeben ist eine Funktion f mit der Definitionsmenge $\mathbb{R}$.

Der Punkt $T(x_e \mid f(x_e))$ heißt **Tiefpunkt** des Funktionsgraphen, falls man ein offenes Intervall um x_e angeben kann, sodass für alle x aus diesem Intervall gilt: $f(x) \geq f(x_e)$

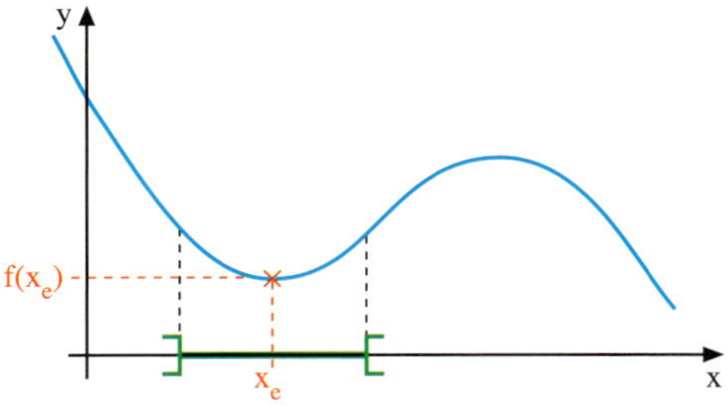

Den Funktionswert $f(x_e)$ bezeichnet man als **Minimum**.

Der Punkt $H(x_e \mid f(x_e))$ heißt **Hochpunkt** des Funktionsgraphen, falls man ein offenes Intervall um x_e angeben kann, sodass für alle x aus diesem Intervall gilt: $f(x) \leq f(x_e)$

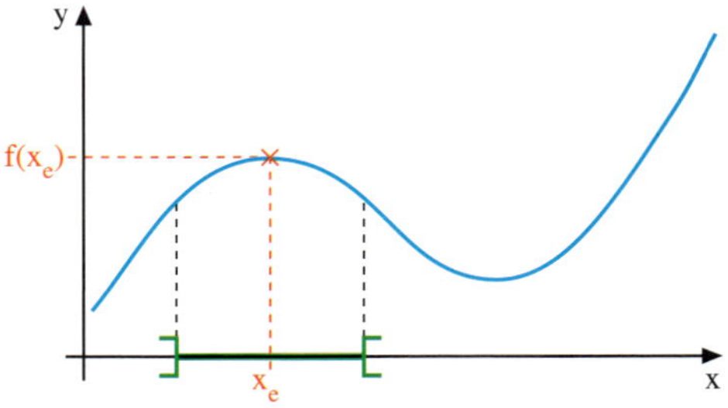

Den Funktionswert $f(x_e)$ bezeichnet man als **Maximum**.

Ist $P(x_e \mid f(x_e))$ ein **Extrempunkt** (Hoch- oder Tiefpunkt), dann heißt x_e **Extremstelle** der Funktion. Den Funktionswert $f(x_e)$ nennt man auch **Extremum**.

Weiterführende Aufgaben

2. *Beweis der Monotonie mithilfe der Definition*

Beweise, dass die Quadratfunktion f mit $f(x) = x^2$

a) für $x > 0$ streng monoton steigend ist;

b) für $x < 0$ streng monoton fallend ist.

Hinweis: Betrachte die Skizze rechts. Berechne $f(x_2)$ und vergleiche mit $f(x_1)$.

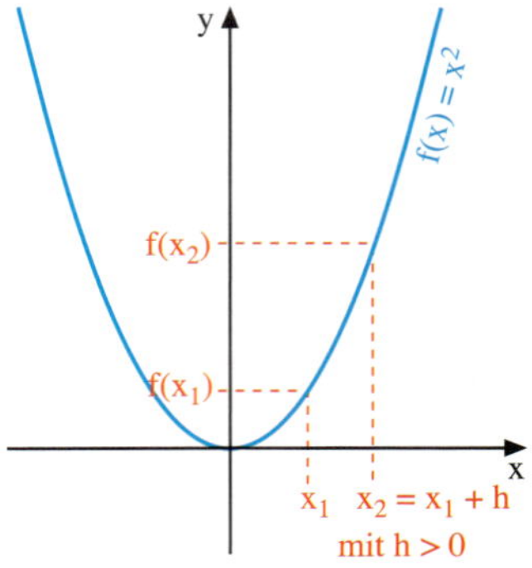

3. *Bestimmen von Extremstellen mit dem GTR*

a) Erläutere das Vorgehen zur Bestimmung von Extremstellen mit dem GTR.

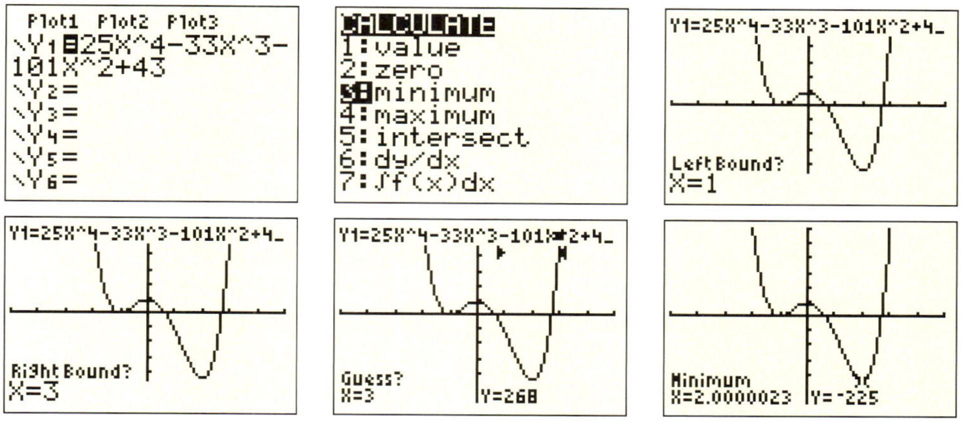

b) Ermittle weitere Extrempunkte der Funktion f mit $f(x) = 25x^4 - 33x^3 - 101x^2 + 43$.

Übungsaufgaben **4.**

Ebbe und Flut

An der Nordseeküste steigt während der Flut der Wasserspiegel zweimal am Tag zwischen zwei und drei Meter an und überflutet das Watt. Genauso wie das Wasser während der Flut ansteigt, fällt es während der Ebbe wieder. Den Unterschied zwischen dem Scheitelpegel der Flut und dem niedrigsten Pegelstand bei Ebbe nennt man Tidenhub.

In der Grafik wurde der Pegelstand in einem Küstenort zwischen 0 Uhr und 16 Uhr als Graph einer Funktion f dargestellt, die jedem Zeitpunkt x seinen Pegelstand f(x) zuordnet.
Beschreibe den Verlauf des Pegelstandes an diesem Tag. Wie groß ist der Tidenhub?

5. Ermittle am Graphen von f die Intervalle, in denen f streng monoton wachsend bzw. streng monoton fallend ist und gib die Koordinaten der Hoch- und Tiefpunkte an.

a) $f(x) = -3x^2 + 4x + 2$

b) $f(x) = \frac{1}{3}x^3 + 3x$

c) $f(x) = \frac{1}{3}x^3 - \frac{1}{4}x^2 - 5x + 2$

d) $f(x) = \frac{1}{4}x^4 - \frac{3}{2}x^2 + 2x - 2$

e) $f(x) = \sin x$ für $0 \le x \le 2\pi$

f) $f(x) = x^{-2}$

6. Fällt dir auch ein Beispiel einer solchen Funktion wie in der Abbildung rechts ein? Begründe.

7. **a)** Skizziere den Graphen einer Funktion, die auf dem Intervall $[-2; 2]$ monoton fallend, aber nicht streng monoton fallend ist.

b) Kann eine Funktion, die auf einem Intervall $]a; b[$ streng monoton ist, in diesem Intervall einen Extrempunkt haben?

8. Rechts ist der Graph einer Funktion f im Intervall $[-4; 4]$ abgebildet. Gib möglichst große Intervalle an, in denen f monoton [streng monoton] ist.

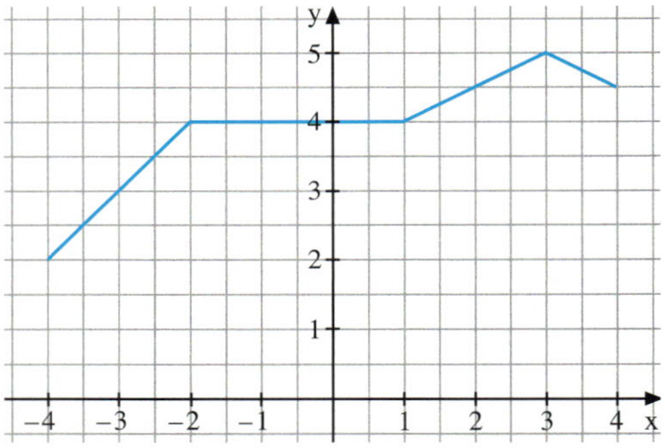

9. Untersuche das Monotonieverhalten von f. Wie geht der Graph von f aus dem Graphen der entsprechenden Potenzfunktion hervor?

a) $f(x) = \frac{1}{5}(x+1)^3 - 2$

b) $f(x) = x^2 + 6x + 9$

10. Untersuche das Monotonieverhalten von f mithilfe der Definition. Begründe am Funktionsterm.

a) $f(x) = -2x + 5$ **b)** $f(x) = x^4$ **c)** $f(x) = 2^x$

11. Begründe anhand des Funktionsterms, dass der Graph von f genau einen Extrempunkt hat. Bestimme die Extremstelle und gib die Art des Extrempunktes an.

a) $f(x) = (x+3)^2$ **b)** $f(x) = 4x - x^2$ **c)** $f(x) = \frac{1}{4}x^4 - 4$

12. Wie beurteilst du Franks Begründung rechts?

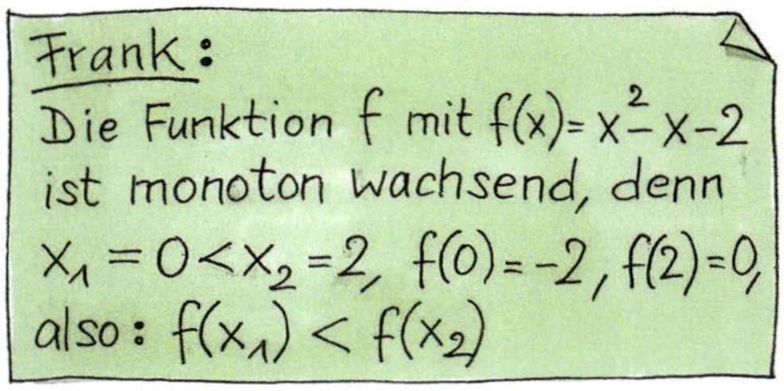

13. Der Graph einer quadratischen Funktion f schneidet die x-Achse an den beiden Stellen -5 und 3.
Wo liegt die Extremstelle von f? Beschreibe das Monotonieverhalten von f.
Skizziere einen möglichen Graphen von f.

14. Der Graph der Funktion f soll an der Stelle x_0 einen Tiefpunkt haben. Was kannst du über die Stelle x_0 bei der Funktion g aussagen? Erläutere jeweils, wie der Graph der Funktion g aus dem Graphen der Funktion f hervorgeht. Achte, soweit notwendig, auf Fallunterscheidungen.

a) $g(x) = f(x) + c$ mit $c \in \mathbb{R}$ **b)** $g(x) = -f(x)$ **c)** $g(x) = a \cdot f(x)$ mit $a \in \mathbb{R} \setminus \{0\}$

15. Bestimme die Extrempunkte von f mithilfe eines GTR.

a) $f(x) = x^3 - 3x^2 - 45x$ **b)** $f(x) = x^3 - 8x^2 - 1$ **c)** $f(x) = \frac{1}{4}x^3 + 5x^2 - 4x + \frac{2}{3}$

16. Sandra bestimmt den Hochpunkt eines Funktionsgraphen mit dem GTR und gibt als Lösung H(2,72|6,76) an. Ist diese Lösung richtig? Begründe deine Meinung.

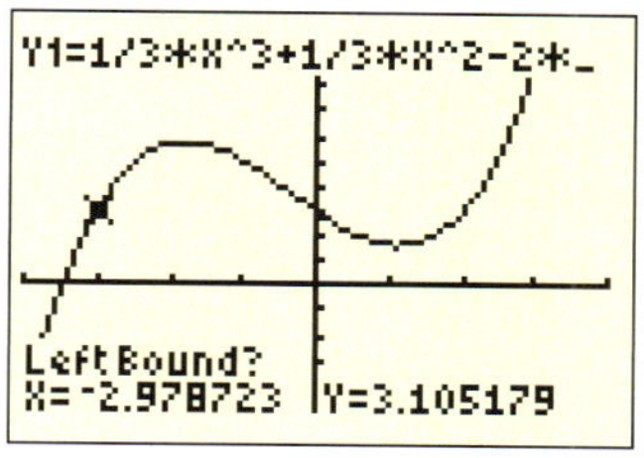

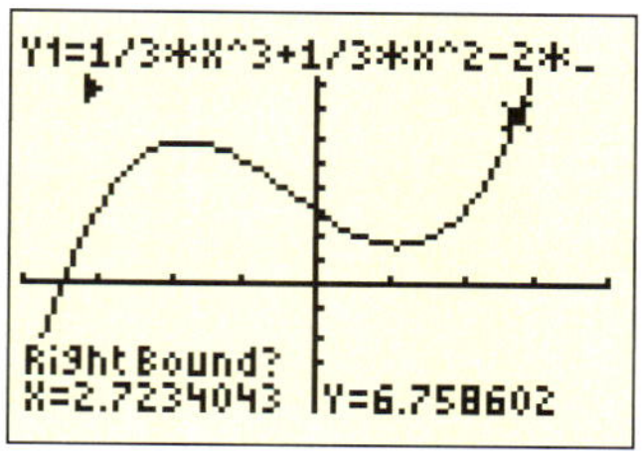

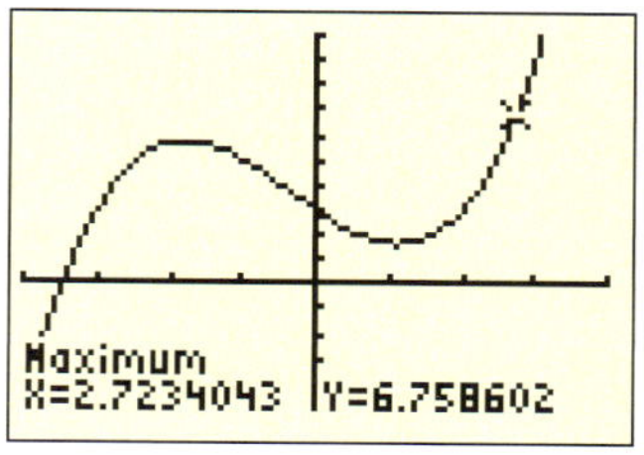

17. Sind im gezeichneten Ausschnitt alle Extrempunkte des Graphen der Funktion f sichtbar? Begründe deine Antwort. Gib gegebenenfalls an, wo du weitere Extrempunkte vermutest und ob es sich um Hoch- oder Tiefpunkte handelt.

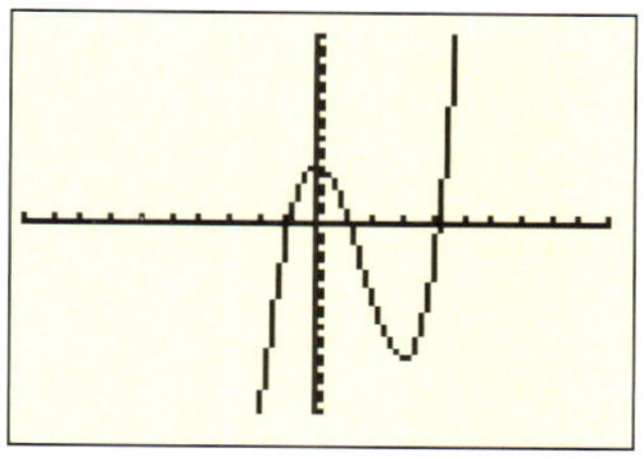

$f(x) = \frac{1}{12}x^4 + x^3 - 6x^2 + 6$

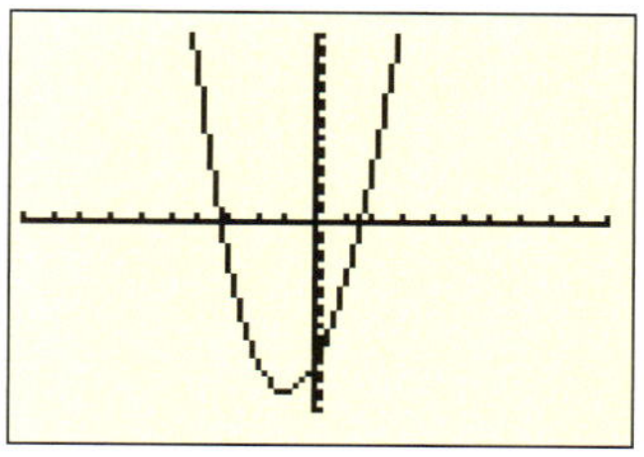

$f(x) = -\frac{1}{6}x^3 + \frac{11}{4}x^2 + 6x - 15$

5.4.2 Untersuchung auf Monotonie und Extrema mithilfe der 1. Ableitung

Im Folgenden soll untersucht werden, wie das Monotonieverhalten einer Funktion und die Steigungen ihres Graphen zusammenhängen und wie man damit Extremstellen ermitteln kann.

Aufgabe 1

Grafisches Differenzieren von monotonen Funktionen

a) Skizziere zum vorgegebenen Graphen von f den Graphen von f′.
Formuliere einen Zusammenhang zwischen dem Monotonieverhalten des Graphen von f und dem Vorzeichen der Werte von f′ als Wenn-dann-Aussage.

b) Formuliere eine entsprechende Aussage für monoton fallende Funktionen.

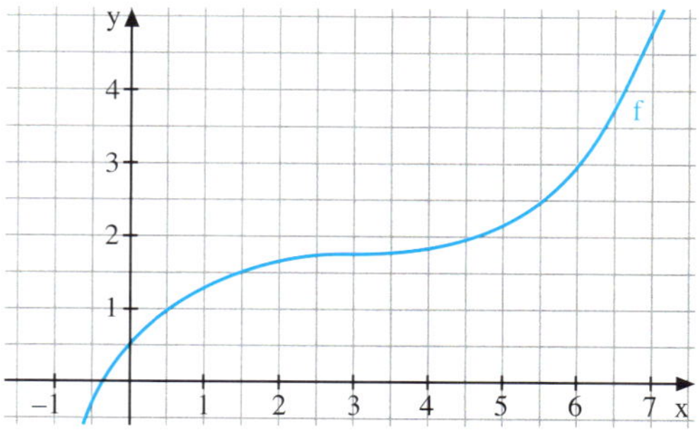

Lösung

a) Der Graph von f(x) steigt von links nach rechts an, jedoch immer weniger bis hin zur Stelle 3, an der er eine waagerechte Tangente hat. Die Werte von f′ sind stets positiv, nehmen aber bis zur Stelle 3 hin ab auf den Wert 0.
Rechts von der Stelle 3 steigt der Graph von f zunehmend stärker an. Entsprechend hat f′ immer größer werdende positive Werte.

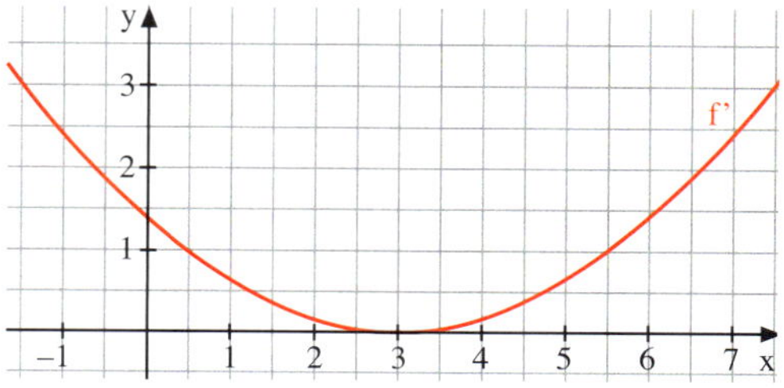

Wenn eine Funktion f in einem Intervall streng monoton wächst, dann gilt für alle Stellen x aus diesem Intervall: $f'(x) \geq 0$.

b) Streng monoton fallende Funktionen steigen an keiner Stelle an. Also gilt:

Wenn eine Funktion f in einem Intervall streng monoton fällt, dann gilt für alle Stellen x aus diesem Intervall: $f'(x) \leq 0$.

Aufgabe 2

Von der Ableitungsfunktion auf die Ausgangsfunktion schließen

Skizziere zum gegebenen Graphen einer Ableitungsfunktion f′ einen möglichen Graphen der Funktion f durch den vorgegebenen Punkt. Begründe dein Vorgehen.

a) Der Graph von f verläuft durch $O(0|0)$.

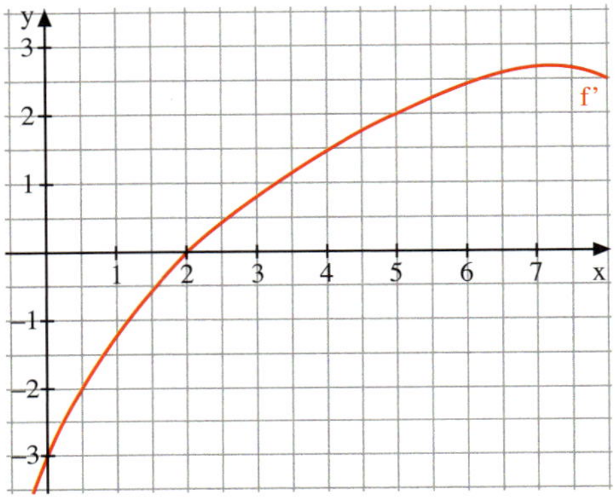

b) Der Graph von f verläuft durch $P(0|-2)$.

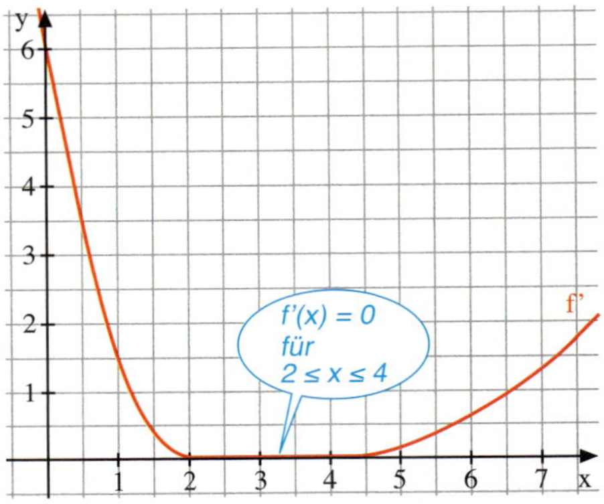

Lösung

a) Für $x < 2$ gilt $f'(x) < 0$. In diesem Bereich hat der Graph der Funktion f Tangenten mit negativer Steigung. Die Funktion f ist streng monoton fallend für $x < 2$.
Aus $f'(2) = 0$ folgt, dass der Graph von f an der Stelle 2 eine waagerechte Tangente hat.
Für $x > 2$ gilt $f'(x) > 0$. In diesem Bereich hat der Graph der Funktion f Tangenten mit positiven Steigungen. Die Funktion f ist monoton wachsend für $x > 2$.

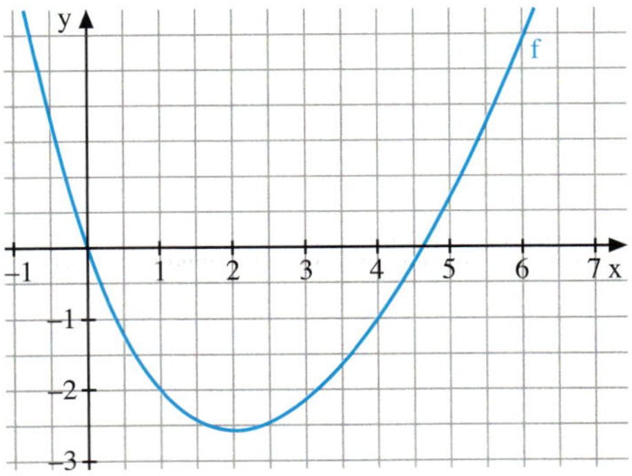

b) Für $0 \leq x < 2$ ist $f'(x) > 0$. In diesem Bereich hat der Graph der Funktion f Tangenten mit positiver Steigung. Die Funktion f ist streng monoton wachsend.
Für $2 \leq x \leq 4$ gilt $f'(x) = 0$. In diesem Bereich verläuft der Graph von f parallel zur x-Achse, alle Funktionswerte sind gleich.
Für $x > 4$ ist $f'(x) > 0$ und der Graph von f ist streng monoton wachsend.
Die Funktion f ist für $x \geq 0$ nicht streng monoton wachsend, sondern nur monoton wachsend.

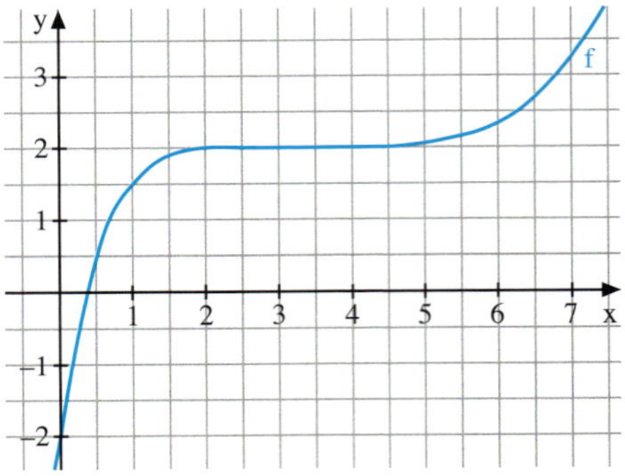

Information

Die Lösung der Aufgabe 2 lässt folgenden Satz vermuten:

Satz: *Monotoniesatz*

Gegeben ist eine Funktion f in einem Intervall I.

(1) Wenn $f'(x) > 0$ für alle x aus einem Intervall I, dann ist die Funktion f im Intervall I streng monoton wachsend.

(2) Wenn $f'(x) < 0$ für alle x aus einem Intervall I, dann ist die Funktion f im Intervall I streng monoton fallend.

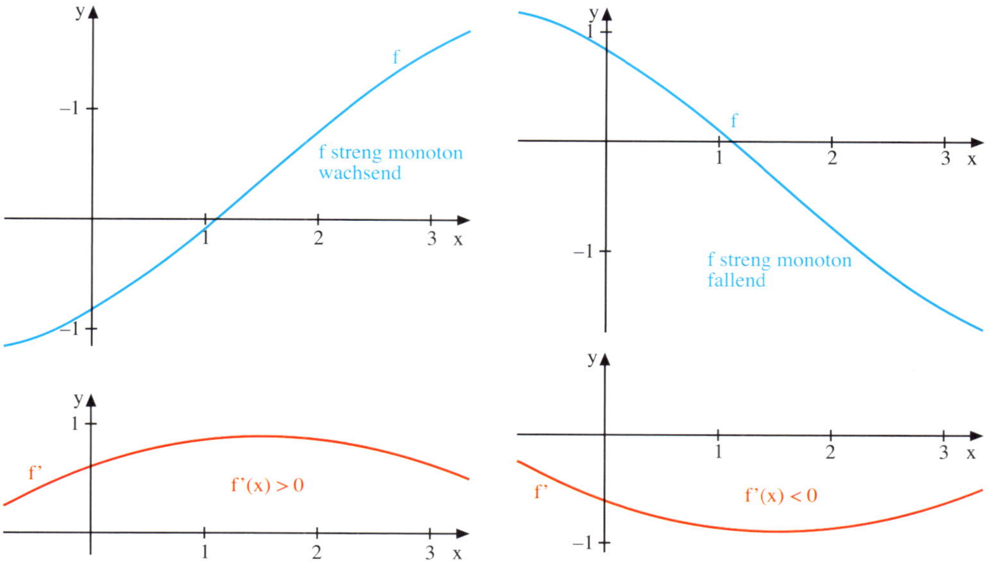

Der Monotoniesatz ist anschaulich einleuchtend, sein Beweis aber schwieriger als man vermutet. Wir verzichten daher auf einen Beweis.

Aufgabe 3

Untersuchung auf Extrempunkte

Untersuche den Graphen der Funktion f mit $f(x) = \frac{1}{4}x^4 - \frac{7}{9}x^3$ auf Extrempunkte. Berechne deren Koordinaten exakt.

Lösung

Wir zeichnen zunächst den Graphen von f. Man erkennt, dass in der Nähe der Stelle 2 ein Tiefpunkt vorliegt. Dort hat der Graph von f eine waagerechte Tangente.

Zur Berechnung des Tiefpunktes bilden wir die Ableitung f′ und bestimmen deren Nullstellen:

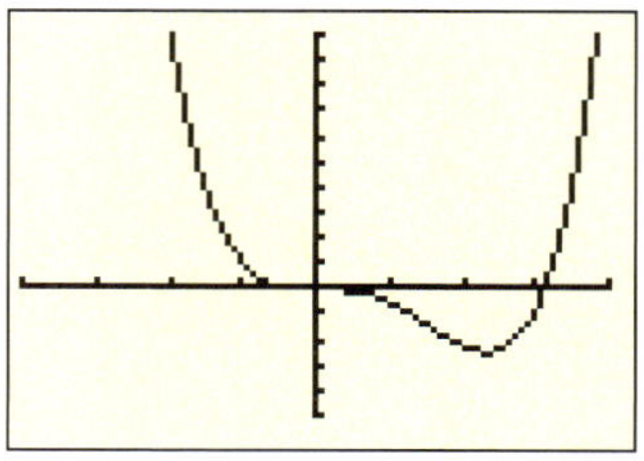

$f'(x) = x^3 - \frac{7}{3}x^2$

$x^3 - \frac{7}{3}x^2 = 0$

$x^2\left(x - \frac{7}{3}\right) = 0$

$x^2 = 0$ *oder* $x - \frac{7}{3} = 0$

$x = 0$ *oder* $x = \frac{7}{3}$

An der Stelle 0 hat der Graph von f eine waagerechte Tangente, aber keinen Extrempunkt. Einziger Extrempunkt ist der Tiefpunkt an der Stelle $\frac{7}{3}$. Seine 2. Koordinate beträgt $f\left(\frac{7}{3}\right) = -\frac{2401}{972}$. Der Tiefpunkt hat die Koordinaten $T\left(\frac{7}{3} \,\middle|\, -\frac{2401}{972}\right)$, näherungsweise $T(2{,}3\,|\,-2{,}5)$.

Information

Anschaulich haben wir uns bei der Lösung von Aufgabe 3 klargemacht, dass ein Funktionsgraph an einem Hochpunkt oder Tiefpunkt eine waagerechte Tangente hat.

> **Satz:** *Kriterium für Extremstellen*
> Wenn der Graph einer Funktion f an der Stelle x_e einen Extrempunkt besitzt, dann ist $f'(x_e) = 0$, sofern f an der Stelle x_e eine Ableitung hat.

Die Stelle 0 des Graphen der Funktion f in Aufgabe 3 zeigt, dass aber nicht jeder Punkt mit einer waagerechten Tangente ein Extrempunkt sein muss. Es kann auch ein *Sattelpunkt* vorliegen.

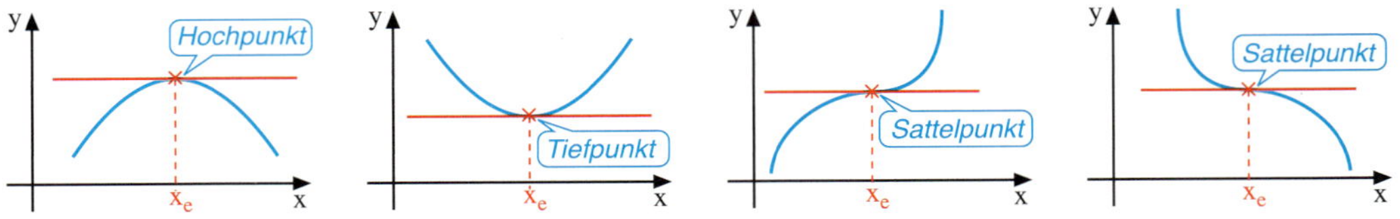

Andererseits muss aber an jeder Stelle, an der die Funktion differenzierbar ist und ihr Graph einen Extrempunkt hat, die Ableitung den Wert null haben. Das bedeutet auch: An jeder Stelle, an der die 1. Ableitung ungleich null ist, kann die Funktion keinen Extrempunkt haben.
Man sagt auch: Die Bedingung $f'(x_e) = 0$ ist *notwendig* für das Vorliegen eines Extrempunktes an der Stelle x_e, aber *nicht hinreichend*.

(2) Vorzeichenwechsel-Kriterium als hinreichendes Kriterium für Extremstellen

Wir untersuchen am Beispiel der Funktion f aus Aufgabe 3, warum die Nullstelle der Ableitung bei 0 im Gegensatz zu der bei $\frac{7}{3}$ keine Extremstelle der Funktion f ist.
An der Stelle 0 gilt $f'(0) = 0$, und sowohl kurz vor als auch kurz nach dieser Stelle sind die Funktionswerte $f'(x)$ negativ. Das bedeutet: Der Graph von f fällt ab bis zur Stelle 0, hat dort eine waagerechte Tangente und fällt danach weiter ab. An dieser Stelle kann somit weder ein Hoch- noch ein Tiefpunkt vorliegen. An der Nullstelle $\frac{7}{3}$ der Ableitung wechselt diese ihr Vorzeichen. Kurz vor $\frac{7}{3}$ ist $f'(x)$ negativ, kurz danach positiv. Das bedeutet, dass der Graph von f′ bis zur Stelle $\frac{7}{3}$ abfällt und danach ansteigt, also einen Tiefpunkt hat.

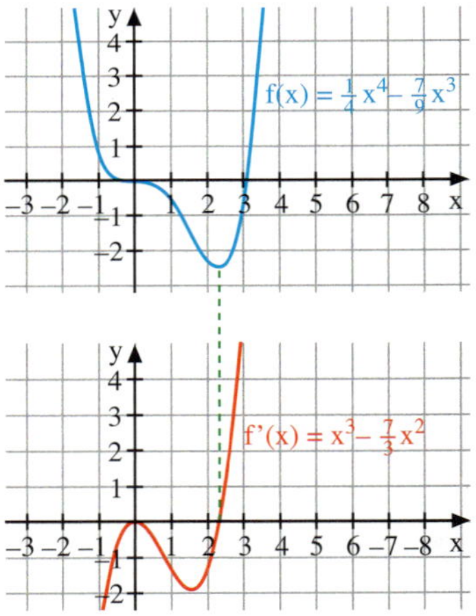

> **Satz:** *Vorzeichenwechsel-Kriterium für Extremstellen*
> Für eine Funktion f mit der Ableitung f′ in einem Intervall gilt:
> Wenn die Ableitung f′ an der Stelle x_e eine Nullstelle mit Vorzeichenwechsel hat, dann hat der Graph der Funktion f an der Stelle x_e einen Extrempunkt.

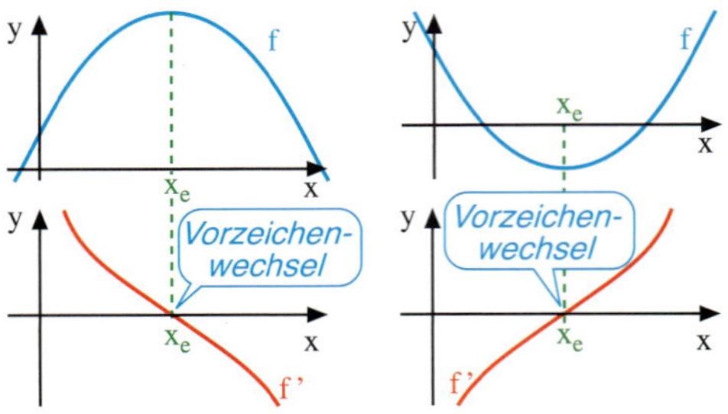

Weiterführende Aufgaben

4. *Monotonieverhalten einer Funktion mit $f'(x) = 0$*

Für eine Funktion f soll für alle Stellen x aus einem Intervall gelten: $f'(x) = 0$. Skizziere einen möglichen Graphen von f. Untersuche das Monotonieverhalten von f.

5. *Größtmögliche Anzahl von Extremstellen einer ganzrationalen Funktion*

Wie viele Extremstellen kann eine ganzrationale Funktion vom Grad n höchstens haben? Begründe deine Aussage.

Übungsaufgaben

6. **a)** Skizziere zum Graphen der Funktion f jeweils den Graphen der Ableitungsfunktion f′.
In welchen Intervallen ist f streng monoton wachsend bzw. streng monoton fallend? Formuliere einen Zusammenhang zwischen dem Monotonieverhalten von f und dem Vorzeichen von f′ als Wenn-dann-Satz.
Welche Steigung hat der Graph in einem Extrempunkt?

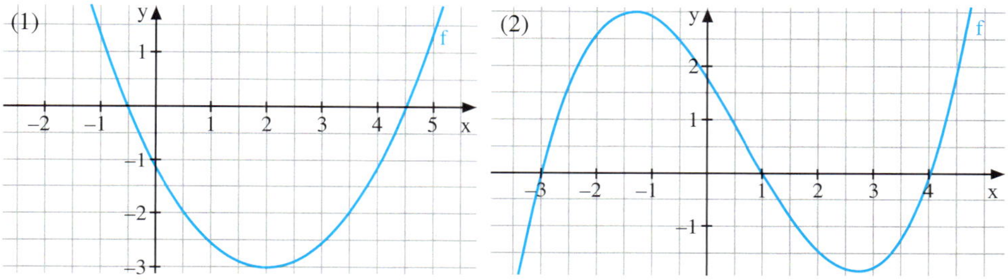

b) Gegeben ist der Graph einer Ableitungsfunktion f′. Skizziere einen möglichen Graphen der Funktion f.
Formuliere einen Zusammenhang zwischen dem Vorzeichen von f′ und dem Monotonieverhalten von f als Wenn-dann-Satz. Welche Bedeutung haben die Stellen mit $f'(x) = 0$?

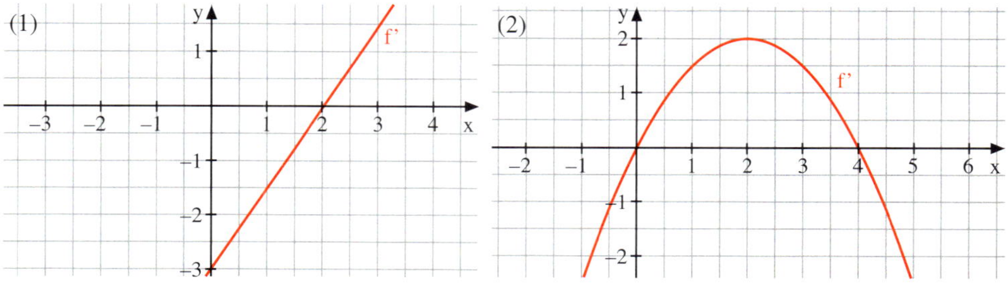

7. Gegeben ist der Graph einer Funktion f. Skizziere den Graphen der Ableitungsfunktion f′.

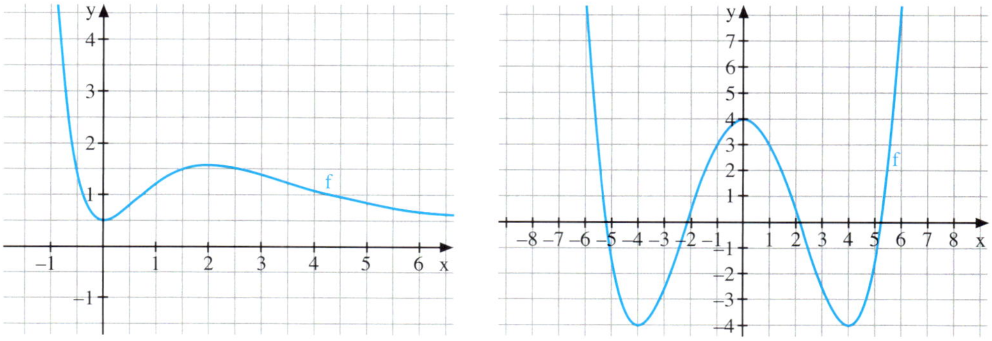

8. Betrachte den nebenstehenden Graphen einer Funktion f. Untersuche, ob die folgenden Aussagen richtig oder falsch sind. Begründe jeweils deine Entscheidung.

(1) Die Funktion f′ ist im Intervall [−1; 4] streng monoton wachsend.

(2) $f'(x) > 0$ für $0 < x < 4$

(3) Die Funktion f′ ist für $x < 0$ streng monoton fallend, für $x > 0$ streng monoton wachsend.

(4) $f'(4) = 0$

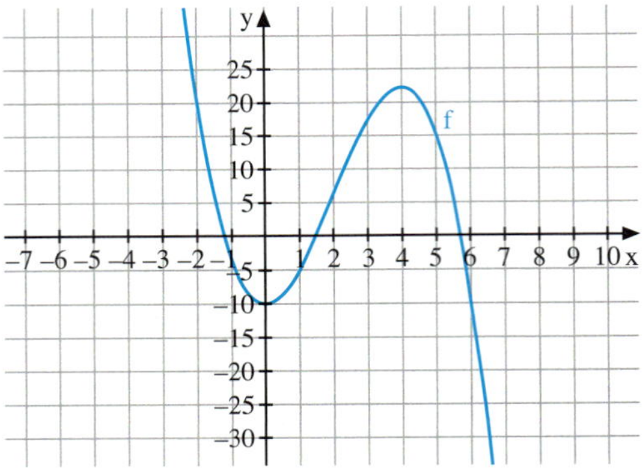

9. Gegeben ist der Graph einer Ableitungsfunktion f′. Skizziere einen möglichen Graphen von f.

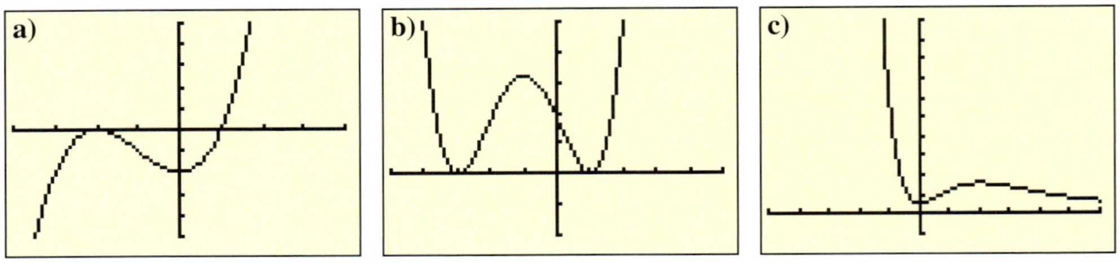

10. Überprüfe die Richtigkeit der folgenden Aussage. Gib, falls eine Aussage falsch ist, ein Gegenbeispiel an.

a) Jede Funktion mit $f'(x) \geq 0$ im Intervall I ist monoton wachsend, aber nicht streng monoton wachsend.

b) Ist die Funktion f streng monoton wachsend im Intervall I, so kann an keiner Stelle des Intervalls $f'(x) = 0$ sein.

11. Wo können Extremstellen von f liegen?

a) $f(x) = \frac{1}{2}x^2 + 2x + 3$

b) $f(x) = \frac{1}{3}x^3 + \frac{1}{2}x^2 - 6x - 4$

c) $f(x) = \frac{1}{4}x^3 - \frac{3}{2}x^2 + 3x$

d) $f(x) = \frac{1}{8}x^4 + \frac{1}{2}x^3 - x^2 - 3$

12. Zeige, dass die Funktion f keine Extremstellen besitzt. Rechne ohne GTR.

a) $f(x) = \frac{1}{2}x - 4$ **b)** $f(x) = x^3 + 6x - 2$ **c)** $f(x) = \frac{1}{5}x^5 + \frac{11}{3}x^3 + 18x - 5$

13. Hat die Ableitung f′ an den angegebenen Stellen einen Vorzeichenwechsel?

a) $f(x) = x^4$; Stellen 0; 2

b) $f(x) = x^5$; Stellen 0; −1

c) $f(x) = \frac{1}{4}x^4 + \frac{1}{3}x^3$; Stellen 0; 1

d) $f(x) = \sin(x)$; Stellen 0; $\frac{\pi}{2}$; π

e) $f(x) = 1 + \frac{1}{x}$; Stellen 1; −2

f) $f(x) = x - 2\sqrt{x}$; Stellen 1; 2

14. Von einer Funktion f ist die Ableitungsfunktion f′ gegeben.
Überprüfe mithilfe eines GTR, an welchen Stellen die Funktion f einen Extrempunkt hat. Gib jeweils an, ob es sich um einen Hochpunkt oder um einen Tiefpunkt handelt.

a) $f'(x) = x^2 - 7x + 12$ **b)** $f'(x) = x^3 - 2x^2 - x + 1$ **c)** $f'(x) = x^4 - 6x^2 + 8x - 3$

15. Überprüfe Sofias Hausaufgabe rechts.

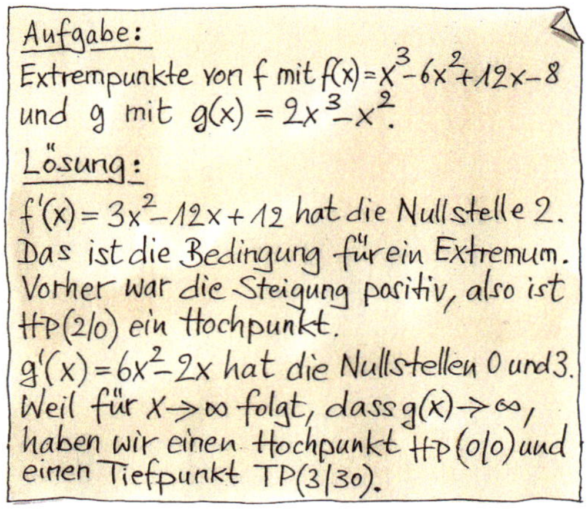
Aufgabe:
Extrempunkte von f mit $f(x) = x^3 - 6x^2 + 12x - 8$
und g mit $g(x) = 2x^3 - x^2$.
Lösung:
$f'(x) = 3x^2 - 12x + 12$ hat die Nullstelle 2.
Das ist die Bedingung für ein Extremum.
Vorher war die Steigung positiv, also ist
HP(2/0) ein Hochpunkt.
$g'(x) = 6x^2 - 2x$ hat die Nullstellen 0 und 3.
Weil für $x \to \infty$ folgt, dass $g(x) \to \infty$,
haben wir einen Hochpunkt HP(0/0) und
einen Tiefpunkt TP(3/30).

16. Eine Funktion f ist im Intervall $[-3; 5]$ streng monoton wachsend. An genau zwei Stellen in diesem Intervall gilt $f'(x) = 0$. Skizziere einen möglichen Graphen der Funktion f und ihrer Ableitungsfunktion f′.

17. Skizziere einen möglichen Graphen von f mit
(1) $f(-1) = 1$ und $f(5) = 7$;
(2) $f'(2) = 0$ sowie
(3) $f'(x) > 0$ für alle $x \neq 2$ im Intervall $I = [-1; 5]$.

18. Betrachte den nebenstehenden Graphen der Funktion f mit $f(x) = \frac{1}{40} \cdot x^4 - \frac{1}{10} x^3 - 9x^2 + \frac{1}{10}$. Beurteile die folgenden Aussagen; korrigiere sie oder vervollständige sie gegebenenfalls.

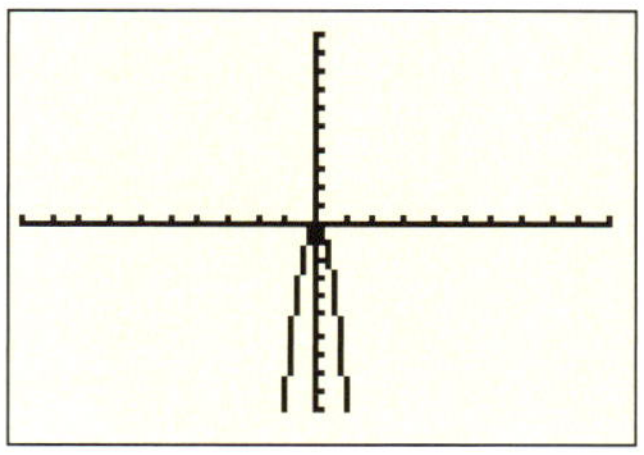

(1) Der Funktionsgraph hat genau einen Extrempunkt, nämlich den Hochpunkt $H(0|0)$.
(2) Die Funktion f ist für $x < 0$ streng monoton wachsend, für $x > 0$ streng monoton fallend.
(3) Sowohl für $x \to \infty$ als auch für $x \to -\infty$ gilt $f(x) \to \infty$.

19. Begründe folgende Aussage oder widerlege sie.

a) Jede ganzrationale Funktion 2. Grades hat genau eine Extremstelle.

b) Ist der Grad einer ganzrationalen Funktion gerade, so hat sie mindestens eine Extremstelle.

c) Eine ganzrationale Funktion mit 4 Extremstellen hat mindestens den Grad 5.

20. Die Abbildung zeigt den Graphen der Ableitungsfunktion f′ einer Funktion f. Entscheide, welche der folgenden Aussagen wahr, falsch oder unentscheidbar sind. Begründe jeweils deine Entscheidung.

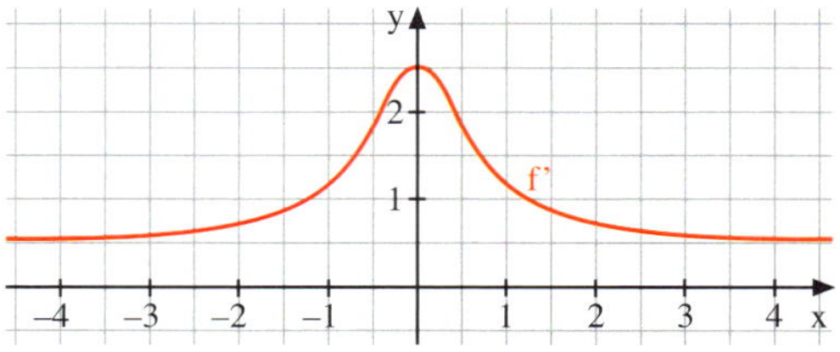

(1) Die Funktion f ist im Intervall $[-4; 4]$ streng monoton wachsend.
(2) Der Graph der Funktion f hat an der Stelle $x = 0$ einen Hochpunkt.
(3) Der Graph von f ist achsensymmetrisch zur y-Achse.
(4) Der Graph von f hat im Intervall $[-4; 4]$ zwei Tangenten, die parallel zur Geraden mit der Gleichung $y = x$ sind.

21. Der Graph einer ganzrationalen Funktion 4. Grades ist symmetrisch zur Geraden $x = 6$ und hat im Punkt $H(2|4)$ einen Hochpunkt. Was kannst du über die Existenz und die Lage weiterer Extrempunkte des Graphen aussagen? Skizziere einen möglichen Funktionsgraphen.

22. Der Graph einer ganzrationalen Funktion 5. Grades, der punktsymmetrisch zum Ursprung ist, hat die Hochpunkte $H_1(-4|5)$ und $H_2(1|2)$. Gibt es weitere Extrempunkte? Bestimme gegebenenfalls ihre Art und gib ihre Koordinaten an. Skizziere einen möglichen Funktionsgraphen.

Im Blickpunkt

Im Blickpunkt

Verkehrsfluss in Abhängigkeit von der Geschwindigkeit

In einem Autotunnel in Norwegen ist die Geschwindigkeit auf 50 $\frac{km}{h}$ beschränkt.
„Dieses Schneckentempo verursacht einen Stau nach dem anderen!“, behauptet ein Automobilclub und fordert eine Heraufsetzung der Geschwindigkeit. Ein Gegner gibt zu bedenken:
„Bei kleineren Geschwindigkeiten sind aber die Sicherheitsabstände zwischen den Fahrzeugen kürzer und daher könnten mehr Fahrzeuge den Tunnel pro Zeiteinheit passieren.“
Welche Position ist sachlich korrekt?
Zur Klärung dieser Frage ist es nötig, den erforderlichen Abstand zwischen zwei Fahrzeugen in Abhängigkeit von der Geschwindigkeit zu kennen. Aus der Fahrschule sind zwei Modelle bekannt:

(1) Der Anhalteweg eines Fahrzeuges setzt sich zusammen aus dem Reaktionsweg und dem Bremsweg. Der Reaktionsweg ist der Weg, den das Fahrzeug vom Erkennen der Notwendigkeit zu bremsen bis zum Beginn des Bremsvorganges zurücklegt. Für ihn gilt die Faustformel:
Reaktionsweg (in m) = Geschwindigkeit (in $\frac{km}{h}$) durch 3.
Der Bremsweg ist der Weg, den das Fahrzeug vom Beginn des Bremsvorganges bis zum Stillstand zurücklegt. Für ihn gilt die Faustformel:
Bremsweg (in m) = (Geschwindigkeit (in $\frac{km}{h}$) durch 10) mal (Geschwindigkeit (in $\frac{km}{h}$) durch 10).
Zusammengefasst ergibt sich also für den Anhalteweg $s_A(v)$ (in m) in Abhängigkeit von der Geschwindigkeit v (in $\frac{km}{h}$) die Gleichung $s_A(v) = \frac{1}{3}v + \left(\frac{v}{10}\right)^2$ (Anhaltewegregel).
Hält ein Autofahrer diesen Weg als Abstand zum Fahrzeug davor ein, so kommt sein Fahrzeug an der Stelle zum Stillstand, an der der Vordermann zu bremsen begann.

(2) Die „Tacho-halbe-Regel“ geht davon aus, dass auch der Vordermann nicht sofort zum Stillstand kommt, wenn er zu bremsen beginnt und fordert:
Sicherheitsabstand (in m) = Geschwindigkeit (in $\frac{km}{h}$) durch 2, also $s_T(v) = \frac{1}{2}v$.

1. Welche vereinfachenden Modell-Annahmen liegen diesen beiden Regeln zugrunde?

2. Der Reaktionsweg ergibt sich aus dem Produkt von Reaktionszeit t_R und Geschwindigkeit v. Die Faustformel gibt für den Reaktionsweg $\frac{1}{3}v$ an. Berechne damit die Reaktionszeit t_R; achte dabei auf die verschiedenen Einheiten der Geschwindigkeit und des Weges. Ermittle, von welcher Reaktionszeit des Fahrers die „Tacho-halbe-Regel“ ausgeht. Überlege anschließend, welche Gründe für einen Abstand gemäß der Anhalteweg-Regel und welche Gründe für einen Abstand gemäß der „Tacho-halbe-Regel“ sprechen.

Schrecksekunde
Zeitspanne, innerhalb derer ein Mensch beim plötzlichen Auftauchen einer drohenden Gefahr (insbesondere durch ein ungewöhnliches Ereignis, auf das er nicht gefasst war) daran gehindert ist, sofort einen der Situation entsprechenden Entschluss zur Abwehr der Gefahr zu fassen. Die Schrecksekunde schwankt individuell und situativ zwischen 0,6 und 1,2 Sekunden.

3. Untersuche zeichnerisch und rechnerisch, ob die „Tacho-halbe-Regel“ bei allen Geschwindigkeiten kleinere Sicherheitsabstände fordert als die Anhalteweg-Regel. Begründe das erhaltene Ergebnis.

4. Es ist nahe liegend, den Verkehrsfluss durch die Anzahl von Autos, die den Tunnel pro Zeiteinheit passieren, zu beschreiben. Diese Größe bezeichnet man als Verkehrsdurchsatz.
Rechnerisch einfacher zu handhaben ist jedoch die Taktzeit, d. h. die Zeit, die vergeht, bis nach einem Auto das nächste in den Tunnel einfährt.
Welcher Zusammenhang besteht zwischen den beiden Größen Verkehrsdurchsatz und Taktzeit?

5. Es soll nun die Taktzeit bestimmt werden. Grob vereinfachend gehen wir dazu von folgenden Annahmen aus:

- Alle Autofahrer fahren in einer einspurigen Kolonne mit der gleichen Geschwindigkeit v.
- Alle Fahrzeuge in der Kolonne halten den gleichen Abstand $s_A(v)$ gemäß der Anhalteweg-Regel voneinander.
- Alle Fahrzeuge in der Kolonne haben die einheitliche Länge L = 4,50 (in m).

Begründe, dass für die aus der Anhalteweg-Regel folgende Taktzeit gilt:
$t_A(v) = \frac{L}{v} + \frac{s_A(v)}{v}$.

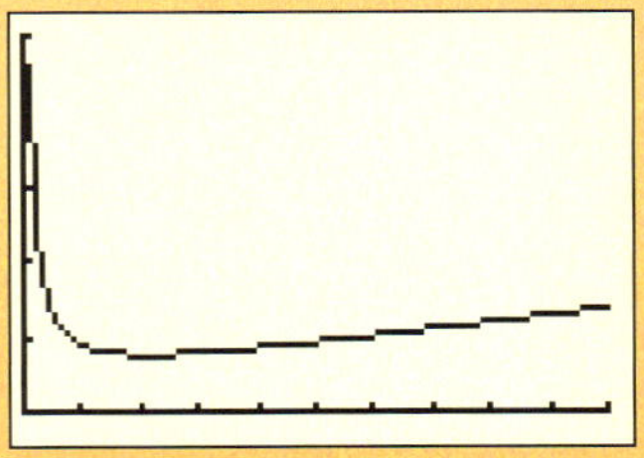

Setze dann den Term für den Anhalteweg $s_A(v)$ ein und vereinfache.
Zeige, dass sich für die Taktzeit in Abhängigkeit von der Geschwindigkeit der nebenstehende Graph ergibt.
Bestimme dann, welche Geschwindigkeit v die minimale Taktzeit liefert.
Was bedeutet dies für den dazugehörigen Verkehrsdurchsatz?
Welche Antwort ist für die Entscheidung zwischen den beiden obigen Positionen zu geben?

6. Führe nun dieselben Überlegungen für die Taktzeit $t_T(v)$ durch, wenn man als Abstand zwischen den Fahrzeugen nicht den Anhalteweg, sondern den Sicherheitsabstand gemäß der „Tacho-halbe-Regel“ fordert.
Welches (ganz andere) Ergebnis erhältst du nun?

5.5 Wendepunkte – Krümmungsverhalten

Aufgabe 1

Übertrage den rechts abgebildeten Graphen der Funktion in dein Heft.

a) Skizziere den Graphen der Ableitungsfunktion anhand besonderer Punkte.

b) Untersuche, welche Bedeutung die besonderen Punkte des Ableitungsgraphen für den Funktionsgraphen haben.
Stelle dir dazu auch vor, der Funktionsgraph würde den Verlauf einer Straße darstellen.

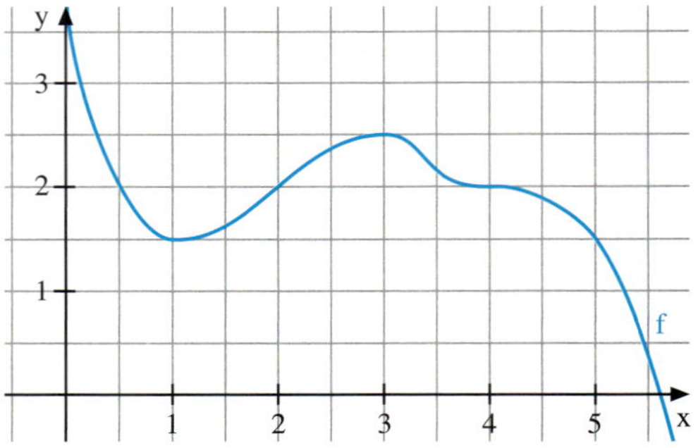

Lösung

a) An den Stellen 1, 3 und 4 hat der Funktionsgraph waagerechte Tangenten; somit hat der Ableitungsgraph bei 1, 3 und 4 Nullstellen. Aus dem Ansteigen bzw. Abfallen des Funktionsgraphen zwischen diesen Stellen erkennt man das Vorzeichen der Werte der Ableitung.

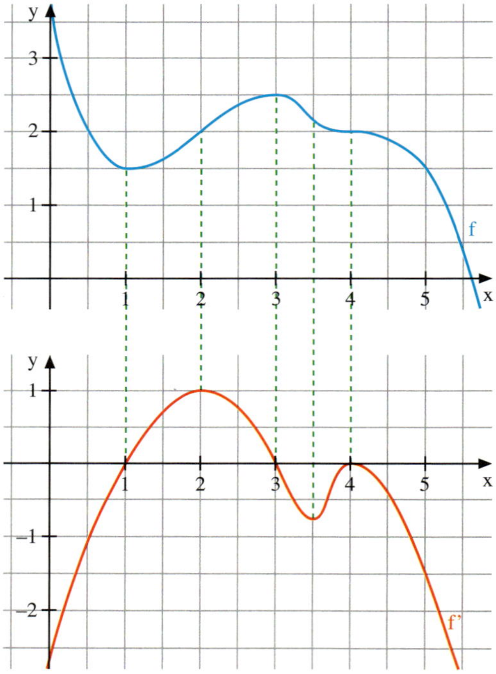

b) Der Graph der Ableitung weist drei Extremstellen auf. An der Stelle 2 liegt ein Hochpunkt vor. Dies bedeutet, dass zwischen den Stellen 1 und 3 der Graph von f an der Stelle 2 die größte Steigung hat. Vor dieser Stelle weist der Funktionsgraph eine Linkskurve auf, danach eine Rechtskurve.
An der Stelle 3,5 hat der Ableitungsgraph einen Tiefpunkt. Der Funktionsgraph hat zwischen den Stellen 3 und 4 an dieser Stelle die kleinste Steigung, also das größte Gefälle. Es findet hier ein Wechsel von einer Rechtskurve in eine Linkskurve statt.
An der Stelle 4 liegt dann wiederum ein Hochpunkt des Ableitungsgraphen vor; der Funktionsgraph hat hier die Steigung 0 in einem Sattelpunkt. Davor, zwischen den Stellen 3 und 4, und auch nach der Stelle 4 ist die Steigung des Funktionsgraphen negativ. Also ist die Steigung 0 wiederum die größte Steigung in diesem Bereich. Ebenfalls findet wieder ein Kurvenwechsel statt, hier von einer Links- in eine Rechtskurve.

Information

(1) Linkskurve und Rechtskurve eines Funktionsgraphen

In Aufgabe 1 haben wird die Begriffe Linkskurve und Rechtskurve aus dem Alltag übernommen. Sie sollen nun für Funktionsgraphen mithilfe der Ableitung präzisiert werden. Dazu betrachten wir die folgenden Funktionsgraphen mit ihren Ableitungsgraphen:

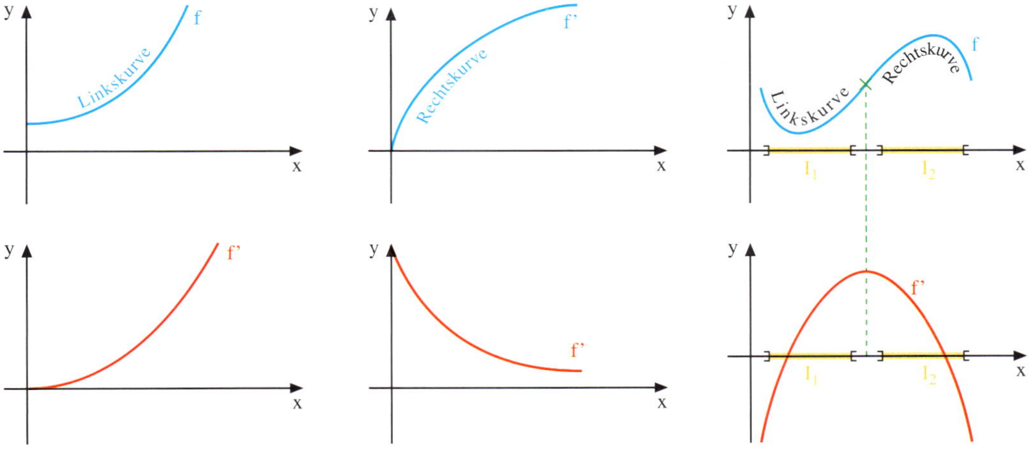

In einer Linkskurve des Graphen nimmt die Steigung ständig zu; die Ableitungsfunktion ist monoton steigend. In einer Rechtskurve nimmt die Steigung des Funktionsgraphen ab; die Ableitungsfunktion ist monoton fallend. Wir verwenden diese Eigenschaft zur Definition der Begriffe *Linkskurve* und *Rechtskurve*.

Definition

Die Funktion f soll in einem Intervall I an jeder Stelle eine Ableitung besitzen.

(1) Der Graph von f bildet im Intervall I eine **Linkskurve**, falls die Ableitungsfunktion f′ in Intervall I streng monoton steigt. Man sagt auch: Der Graph von f ist **linksgekrümmt**.

(2) Der Graph von f bildet im Intervall I eine **Rechtskurve**, falls die Ableitungsfunktion f′ in Intervall I streng monoton fällt. Man sagt auch: Der Graph von f ist **rechtsgekrümmt**.

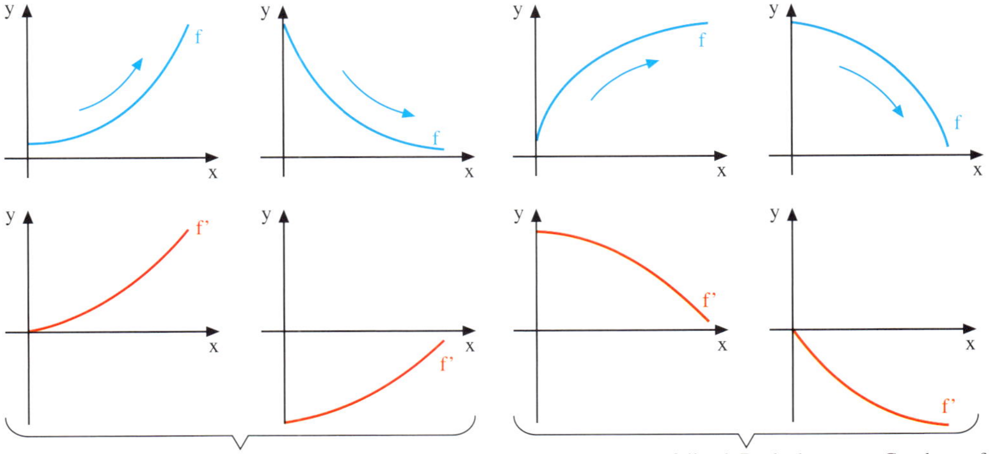

f' streng monoton steigend: Linkskurve am Graph von f

f' streng monoton fallend: Rechtskurve am Graph von f

(2) Wendepunkt

An einer Stelle, an der bei einem Funktionsgraphen ein Übergang von einer Rechtskurve in eine Linkskurve stattfindet, hat dieser eine minimale Steigung, da vor dieser Stelle die Ableitungswerte kleiner werden (streng monotones Fallen von f′) und nach dieser Stelle die Ableitungswerte größer werden (monotones Steigen von f′).
Entsprechend findet an einer Stelle mit maximaler Steigung ein Übergang von einer Linkskurve in eine Rechtskurve statt. Stellt man sich den Funktionsgraph als Verlauf einer Straße vor, so muss ein Fahrer an solchen Punkten mit Kurvenwechsel den Lenker wenden. Daher bezeichnet man solche Punkte auch als *Wendepunkte*.

Definition

Ein Punkt eines Funktionsgraphen, an dem ein Wechsel von einer Rechtskurve in eine Linkskurve oder umgekehrt von einer Links- in eine Rechtskurve stattfindet, heißt **Wendepunkt** des Graphen der Funktion. Die x-Koordinate dieses Punktes nennt man auch **Wendestelle**.

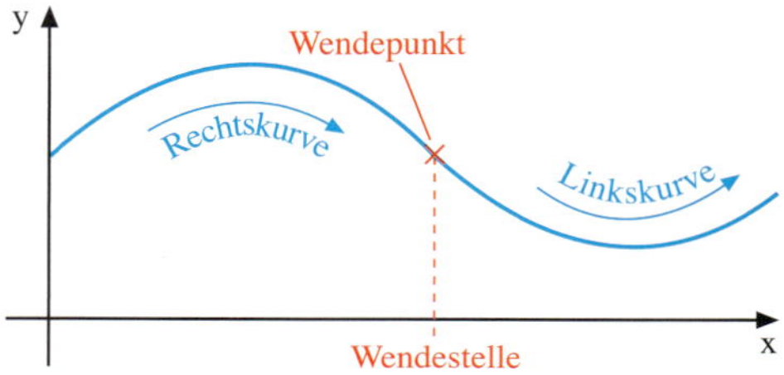

Aufgabe 2

Rechts ist der Graph der Funktion zu $f(x) = x^5 - x^4$ gezeichnet.
Untersuche den Graphen auf Wendepunkte. Führe anschließend eine rechnerische Bestimmung durch.

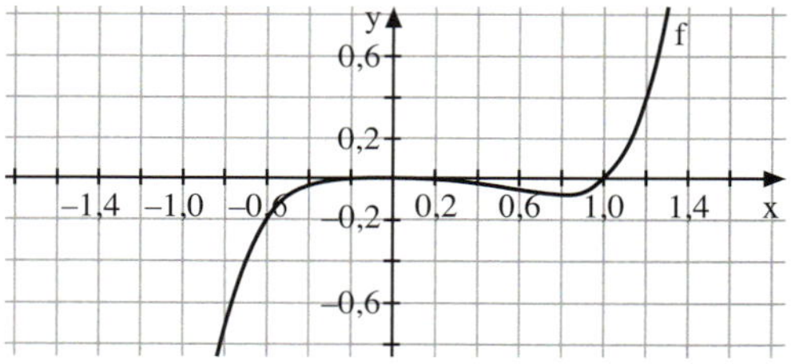

Lösung

Der Graph zeigt zunächst eine Rechtskurve und wechselt dann an einer Stelle in der Nähe von 0,5 in eine Linkskurve. An dieser Stelle liegt ein Wendepunkt vor.
Am Wendepunkt findet bei der Ableitungsfunktion f′ ein Wechsel vom monotonen Fallen zum monotonen Steigen statt; also liegt an dieser Stelle ein Tiefpunkt des Graphen f′ vor. Die genaue Lage dieses Tiefpunktes können wir bestimmen, indem wird die Ableitungsfunktion f′ noch einmal ableiten und die Nullstellen dieser zweiten Ableitung bestimmen.

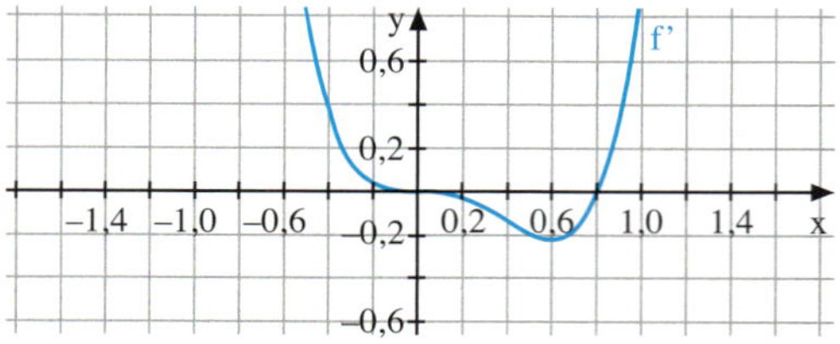

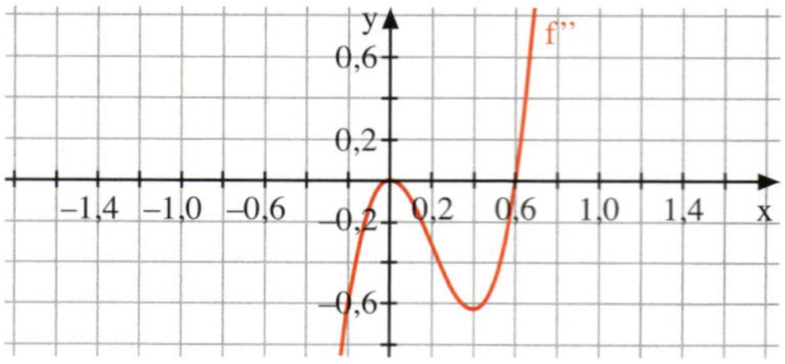

1. Ableitung: $f'(x) = 5x^4 - 4x^3$
Ableitung der Ableitung: $f''(x) = 20x^3 - 12x^2$
Nullstellen der 2. Ableitung: $20x^3 - 12x^2 = 0$

$4x^2(5x - 3) = 0$

$4x^2 = 0$ oder $5x - 3 = 0$

$x = 0$ oder $x = \frac{3}{5} = 0{,}6$

An der Stelle 0 liegt kein Wendepunkt der Funktion vor, da an dieser Stelle die Ableitung f′ nicht ihr Monotonieverhalten ändert, also keinen Extrempunkt hat. Der einzige Wendepunkt des Funktionsgraphen liegt also an der Stelle 0,6.
Seine 2. Koordinate ist $f(0{,}6) = -0{,}05184$. Folglich liegt der Wendepunkt bei $W(0{,}6 \mid -0{,}05184)$.

Information

(1) Zweite Ableitung einer Funktion

In Aufgabe 2 haben wir gesehen, dass man bei der Berechnung von Wendepunkten die Ableitung der Ableitung einer Funktion benötigt.

Definition

Hat auch die Ableitung f′ einer Funktion f noch eine Ableitung, so bezeichnet man diese als **zweite Ableitung** der Funktion und nennt sie f″.

Beispiele: $f(x) = 2x + 4$ $\quad g(x) = \sin(x)$
$f'(x) = 2$ $\quad g'(x) = \cos(x)$
$f''(x) = 0$ $\quad g''(x) = -\sin(x)$

(2) Charakterisieren von Links- und Rechtskurve mit der zweiten Ableitung

Die Monotonie einer Funktion f kann man mithilfe des Monotoniesatzes mit der Ableitung f′ der Funktion untersuchen. Links- und Rechtskurve eines Funktionsgraphen erkennt man an der Monotonie der 1. Ableitung der Funktion. Diese kann man folglich mithilfe der 2. Ableitung untersuchen. Daraus folgt:

Satz

Die Funktion f soll in einem Intervall I eine erste und zweite Ableitung besitzen.

(1) Gilt für alle x aus dem Intervall $f''(x) > 0$, so hat der Graph von f in diesem Intervall eine Linkskurve.
(2) Gilt für alle x aus dem Intervall $f''(x) < 0$, so hat der Graph von f in diesem Intervall eine Rechtskurve.

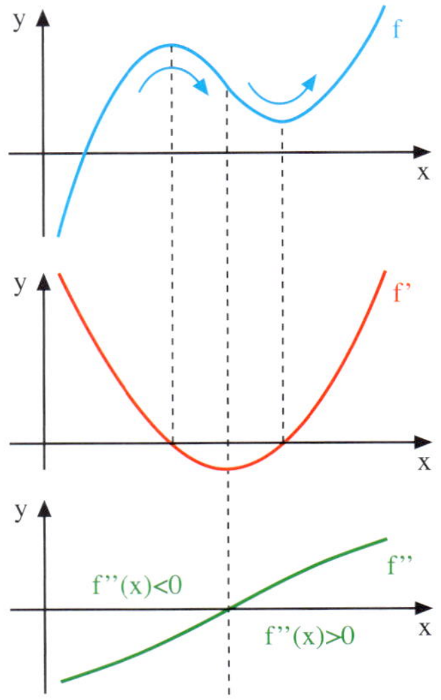

(3) Bestimmen von Wendepunkten

Da Wendestellen einer Funktion f die Extremstellen der Ableitung f′ dieser Funktion sind, hat an den Wendestellen die 2. Ableitung f″ der Funktion Nullstellen.

Satz: *Notwendiges Kriterium für Wendestellen*

Für eine Funktion f, die an der Stelle x_W differenzierbar ist, gilt:

Hat eine Funktion f an der Stelle x_W eine Wendestelle, so gilt für die zweite Ableitung: $f''(x_W) = 0$.

Beachte: Da nicht jede Nullstelle der 2. Ableitung zu einer Extremstelle der 1. Ableitung gehört, gibt es Nullstellen der 2. Ableitung, die keine Wendestellen der Funktion sind. Ein Beispiel dafür ist die Stelle 0 der Funktion f in Aufgabe 2.
Aus dem Vorzeichenwechsel-Kriterium für Extremstellen ergibt sich das entsprechende Kriterium für Wendestellen.

Satz: *Hinreichendes Kriterium für Wendestellen*

Für eine Funktion f mit den Ableitungen f′ und f″ in einem Intervall gilt:

Hat die 2. Ableitung f″ an der Stelle x_W eine Nullstelle mit Vorzeichenwechsel, so hat der Graph von f an der Stelle x_W einen Wendepunkt.

Weiterführende Aufgabe

3. *Sattelpunkt*

Untersuche die Funktion zu $f(x) = x^3$ grafisch und rechnerisch auf Wendepunkte. Beschreibe, welcher besondere Fall vorliegt.

Information

Sattelpunkte als spezielle Wendepunkte

Bereits auf Seite 220 haben wir Sattelpunkte kennen gelernt als Punkte mit waagerechter Tangente, die weder Hoch- noch Tiefpunkte sind. Jetzt können wir dies präzisieren:

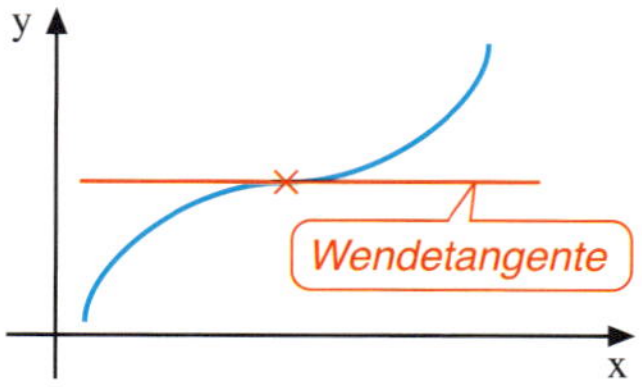

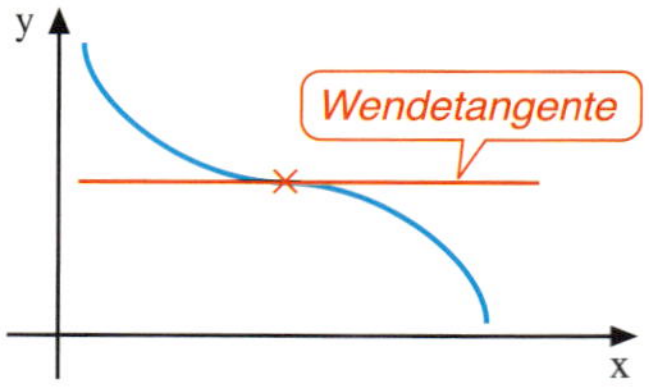

Definition

Ein **Sattelpunkt** ist ein Wendepunkt mit einer zur x-Achse parallelen Tangente.

Übungsaufgaben

4. Der Schottenring war eine der ältesten Rennstrecken in Hessen, die auch heute noch gelegentlich für Motorradrennen genutzt wird. Der Graph rechts zeigt einen Teil der Strecke. Fasse die Strecke als Graph einer Funktion auf. Skizziere zu dem Funktionsgraphen den Ableitungsgraphen. Erläutere Zusammenhänge zwischen beiden Graphen unter Berücksichtigung besonderer Punkte.

5. *Partnerarbeit:*

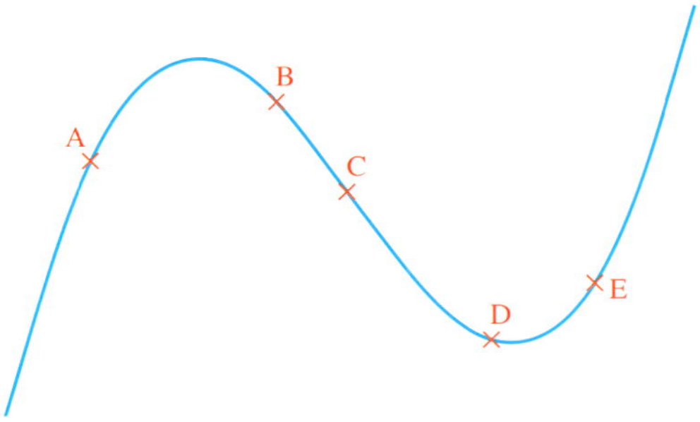

Zeichnet mit Kreide eine Kurve wie oben links auf den Schulhof, groß genug, sodass man sie mit einem Fahrrad abfahren kann.
Ein Schüler fährt die Kurve mit seinem Rad ab.
Beschreibt seine Lenkerstellung.
Skizziere anschließend die Kurve als Funktionsgraph in dein Heft und den dazugehörigen Graphen der Ableitungsfunktion. Vergleiche den Ableitungsgraphen mit der von euch beobachteten Lenkerstellung.

6. Ermittle die 2. Ableitung zur Funktion f.

a) $f(x) = x^3$ **b)** $f(x) = x^4 - 3x$ **c)** $f(x) = 2x + 1$ **d)** $f(x) = \sin(x)$ **e)** $x^3 + \frac{1}{x}$

7. Gib verschiedene Funktionen an, die alle dieselbe zweite Ableitung besitzen:

a) $f''(x) = 6x^3$ **b)** $f''(x) = x^4$ **c)** $f''(x) = x^2 - x$ **d)** $f(x) = 1$ **e)** $f''(x) = \sin(x)$

8. Bestimme Intervalle, in denen der Graph von f eine Linkskurve bzw. eine Rechtskurve hat.

a) $f(x) = \frac{1}{3}x^3 - x$ **b)** $f(x) = \frac{1}{4}x^4 - \frac{1}{2}x^2$ **c)** $f(x) = (x-2)^3$ **d)** $f(x) = \sin(x)$

9. Nimm Stellung zu den Äußerungen der Schüler.

10. Bestimme die Wendepunkte des Graphen der Funktion f und gib an, in welchen Intervallen eine Rechts- beziehungsweise Linkskurve beschrieben wird.

a) $f(x) = \frac{1}{2}x^3 + 2x$
b) $f(x) = -3 \cdot x^2 - 2 \cdot x + 1$
c) $f(x) = \frac{1}{2}x^2$
d) $f(x) = x^4 - 2 \cdot x$
e) $f(x) = -3 \cdot x + 4$
f) $f(x) = (x-1)^3$

11. Kontrolliere Antonias Hausaufgabe. Erläutere deine Anmerkungen.

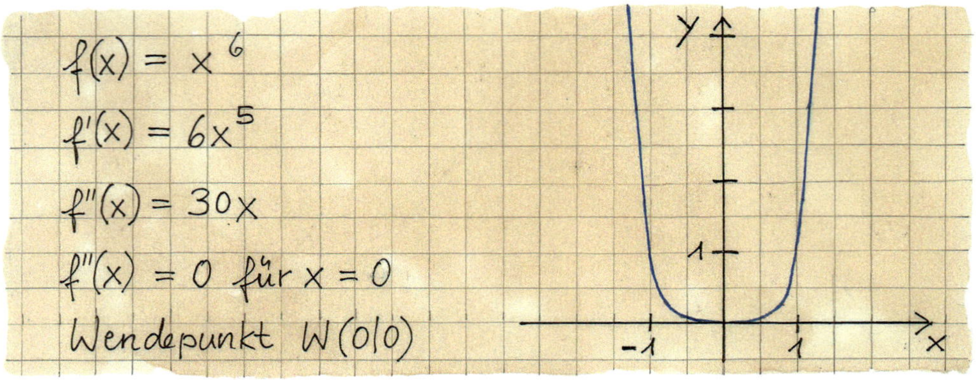

12. Untersuche die Funktion f zu $f(x) = x^4 - x$ auf Extrempunkte und Wendepunkte. Erläutere insbesondere die Besonderheit an der Stelle 0.

13. In der nebenstehenden Abbildung ist der Graph der 1. Ableitung f′ einer Funktion dargestellt.

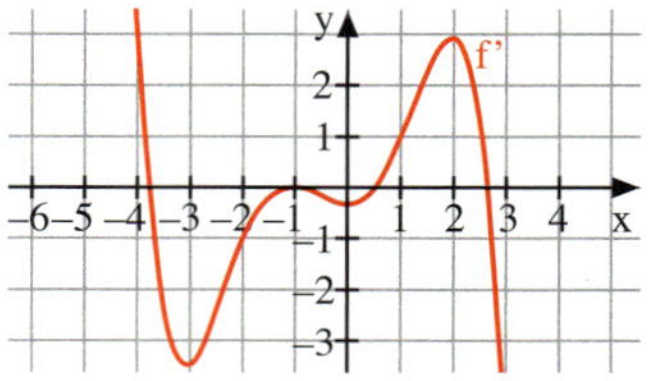

a) An welchen Stellen hat die Funktion f Extrempunkte bzw. Wendepunkte?

b) Der Graph der Ausgangsfunktion f verläuft durch den Koordinatenursprung. Skizziere den Graphen von f.

14. Von einer Funktion f ist die zweite Ableitung f″ bekannt. Was lässt sich über Wendepunkte und Extrempunkte von f aussagen? Skizziere einen möglichen Verlauf des Funktionsgraphen.

a) $f''(x) = -x + 1$ **b)** $f''(x) = x^2 - 1$

15. Eine Bergetappe wird beschrieben durch den Graphen der Funktion zu $f(x) = -0{,}1x^6 + 0{,}9x^5 - 3x^4 + 4{,}4x^3 - 2{,}4x^2 + 2$ im Intervall [0; 2,5], wobei in einem örtlichen Koordinatensystem in der Einheit km gemessen wird.

a) Bestimme die Stelle, an der die Steigung dieser Bergetappe maximal ist. Wie groß ist diese?

b) Untersuche, an welcher Stelle das größte Gefälle vorliegt.

16. Das Wachstum einer Schimmelpilzkultur wird im Zeitintervall [0; 2,3] beschrieben durch $f(x) = 9x^3 - x^5$. Dabei bezeichnet x die Zeit nach Beobachtungsbeginn in Tagen und f(x) die von der Kultur bedeckte Fläche in cm^2. Untersuche, wann die Änderungsrate der bedeckten Fläche maximal ist. Welche Bedeutung hat der entsprechende Zeitpunkt für das Wachstum?

17. Skizziere den Graphen einer Funktion, die genau folgende charakteristische Punkte besitzt:

a) einen Wendepunkt, keinen Extrempunkt

b) einen Wendepunkt, einen Hochpunkt und einen Tiefpunkt

c) einen Wendepunkt, einen Hochpunkt und keinen Tiefpunkt

d) drei [zwei] Wendepunkte, keinen Extrempunkt

e) zwei Tiefpunkte, einen Hochpunkt, zwei Wendepunkte

f) einen Tiefpunkt, keinen Hochpunkt, zwei Wendepunkte

5.6 Kurvendiskussion

Mit Funktionenplottern kann wohl der Graph einer Funktion, z. B. zur Funktion f mit $f(x) = x^5 - 21x^3 + 20x^2$, in beliebigen Ansichtsfenstern gezeichnet werden. Dennoch bleibt die Frage offen, ob der gewählte Ausschnitt alle wesentlichen Eigenschaften zeigt.

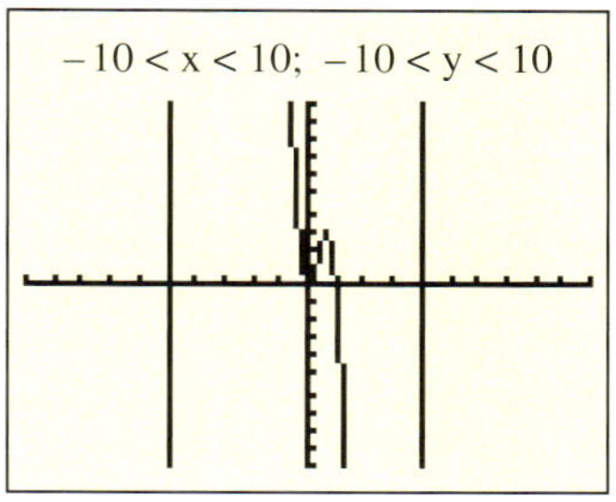

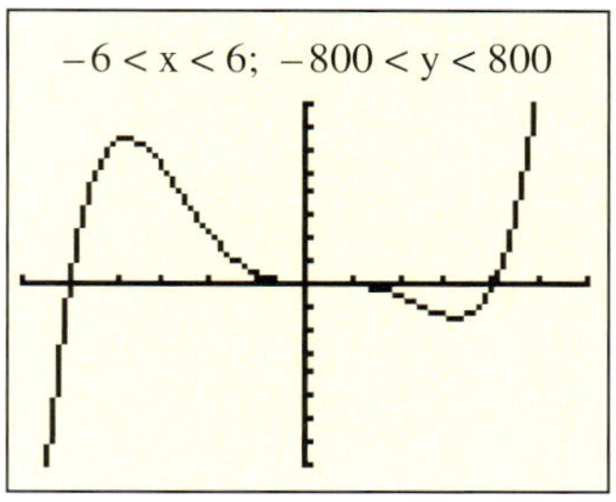

Die Frage nach den Eigenschaften lässt sich aber zweifelsfrei beantworten durch geeignete Analyse des Funktionsterms bezüglich bestimmter Aspekte. In den vorherigen Abschnitten hast du schon verschiedene Aspekte, die man bei Funktionen untersuchen kann, kennen gelernt. In diesem Abschnitt sollen diese nun an einer Funktion übersichtlich und vollständig dargestellt werden. In den Übungsaufgaben sind nicht stets alle Aspekte einer Funktionsuntersuchung zu bearbeiten, sondern die dem speziellen Beispiel oder der besonderen Fragestellung angemessenen.

Aufgabe 1

Untersuche die Funktion f mit $f(x) = x^5 - \frac{5}{3}x^3$ auf besondere Eigenschaften. Begründe diese am Funktionsterm.

Lösung

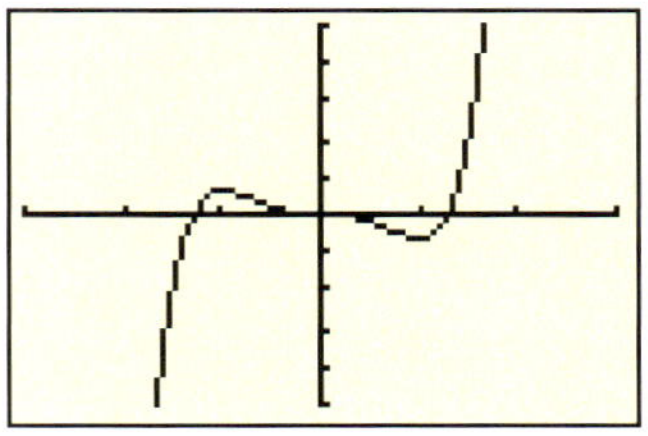

Wir zeichnen zunächst den Graphen der Funktion mit dem GTR oder einem Funktionenplotter.
Diesem Graphen entnehmen wir Vermutungen über Eigenschaften der Funktion, die wir am Funktionsterm überprüfen können.

(1) Symmetrie

Der Graph scheint punktsymmetrisch zum Ursprung zu sein. Dies trifft zu, da wegen der ausschließlich ungeraden Exponenten der Variablen gilt:

$$f(-x) = (-x)^5 - \tfrac{5}{3}(-x)^3 = -x^5 + \tfrac{5}{3}x^3 = -\left(x^5 - \tfrac{5}{3}x^3\right) = -f(x)$$

(2) Globalverlauf

Das dargestellte Fenster legt einen Verlauf der Funktionswerte von $-\infty$ nach $+\infty$ nahe. Das trifft zu, da $f(x) = x^5 - \frac{5}{3}x^3 = x^5\left(1 - \frac{5}{3} \cdot \frac{1}{x^2}\right)$ im Globalverlauf mit dem der Potenzfunktion zu x^5 übereinstimmt.

(3) Nullstellen

Im Ansichtsfenster sind drei Nullstellen zu erkennen. Dies lässt sich rechnerisch bestätigen:

$f(x) = 0$

$x^5 - \frac{5}{3}x^3 = 0$

$x^3\left(x^2 - \frac{5}{3}\right) = 0$

$x^3 = 0$ *oder* $x^2 - \frac{5}{3} = 0$

$x = 0$ *oder* $x = \sqrt{\frac{5}{3}} \approx 1{,}29$ *oder* $x = -\sqrt{\frac{5}{3}} \approx -1{,}29$

Die Funktion hat also genau drei Nullstellen.

(4) Extrempunkte

Das Ansichtsfenster zeigt einen Hochpunkt und einen Tiefpunkt. Wir untersuchen, ob es weitere gibt, indem wir alle Stellen bestimmen, an denen der Graph waagerechte Tangenten hat.

$f'(x) = 0$

$5x^4 - 5x^2 = 0$

$5x^2(x^2 - 1) = 0$

$5x^2 = 0$ *oder* $x^2 - 1 = 0$

$x = 0$ *oder* $x = 1$ *oder* $x = -1$

Die Funktionswerte an diesen Stellen sind $f(-1) = (-1)^5 - \frac{5}{3}(-1)^3 = \frac{2}{3}$, $f(0) = 0$ und $f(1) = -\frac{2}{3}$.
Wegen $f\left(-\sqrt{\frac{5}{3}}\right) = 0$ und $f(0) = 0$ muss der Punkt $H\left(-1 \,\middle|\, \frac{2}{3}\right)$ ein Hochpunkt sein, so wie es der Graph auch zeigt. Entsprechend ist $T\left(1 \,\middle|\, -\frac{2}{3}\right)$ ein Tiefpunkt. An der Stelle 0 liegt eine doppelte Nullstelle von f′ vor, also ohne Vorzeichenwechsel. Dementsprechend ist $S(0|0)$ kein Extrempunkt, sondern ein Sattelpunkt.

(5) Wendepunkte

Der Hochpunkt des Graphen liegt in einer Linkskurve, der Sattelpunkt liefert einen Übergang von einer Links- in eine Rechtskurve. Also muss es außer dem Sattelpunkt noch zwei Wendepunkte geben. Ob es gegebenenfalls noch weitere Wendepunkte gibt, ermitteln wir mithilfe der 2. Ableitung:

$f''(x) = 0$

$20x^3 - 10x = 0$

$10x\,(2x^2 - 1) = 0$

$10x = 0$ *oder* $2x^2 - 1 = 0$

$x = 0$ *oder* $x = \sqrt{\frac{1}{2}} \approx 0{,}71$ *oder* $x = -\sqrt{\frac{1}{2}} \approx -0{,}71$

Da wir schon die Wechsel der Kurvenform festgestellt haben, liefern alle drei Nullstellen der 2. Ableitung Wendepunkte. Die Funktionswerte sind:

$f\left(\sqrt{\frac{1}{2}}\right) = \left(\sqrt{\frac{1}{2}}\right)^5 - \frac{5}{3}\left(\sqrt{\frac{1}{2}}\right)^3 = \frac{1}{4}\sqrt{\frac{1}{2}} - \frac{5}{3} \cdot \frac{1}{2}\sqrt{\frac{1}{2}} = -\frac{7}{12}\sqrt{\frac{1}{2}} \approx -0{,}41$

$f\left(-\sqrt{\frac{1}{2}}\right) = \frac{7}{12}\sqrt{\frac{1}{2}} \approx 0{,}41$ wegen der Punktsymmetrie

$f(0) = 0$

Wendepunkte sind somit $W_1\left(-\sqrt{\frac{1}{2}} \,\middle|\, \frac{7}{12}\sqrt{\frac{1}{2}}\right)$, $W_1\left(\sqrt{\frac{1}{2}} \,\middle|\, -\frac{7}{12}\sqrt{\frac{1}{2}}\right)$ sowie der Sattelpunkt $S(0|0)$.

Die obigen Ergebnisse bestätigen, dass das abgebildete Fenster alle wesentlichen Eigenschaften von f zeigt.

Information

Bestandteile einer Kurvendiskussion sind:

(1)	Symmetrie zum Koordinatensystem:	Exponenten der Variable betrachten, sind alle gerade oder ungerade
(2)	Globalverlauf:	Summand mit der höchsten Potenz der Variablen betrachten
(3)	Nullstellen:	Gleichung $f(x) = 0$ lösen
(4)	Extremstellen:	Gleichung $f'(x) = 0$ lösen und kontrollieren, welche der Lösungen Extremstellen liefern
(5)	Wendestellen:	Gleichung $f''(x) = 0$ lösen und kontrollieren, welche der Lösungen Wendestellen liefern

Weiterführende Aufgaben

2. *f″-Kriterium für Extremstellen*

Begründe folgenden Satz.

Satz

Für eine Funktion f mit den Ableitungen f′ und f″ in einem Intervall gilt:
Wenn $f'(x_e) = 0$ und zugleich $f''(x_e) \neq 0$ gilt, dann ist x_e Extremstelle von f.
Insbesondere hat dann der Graph von f

- im Fall $f''(x_e) < 0$ einen Hochpunkt bei x_e,
- im Fall $f''(x_e) > 0$ einen Tiefpunkt bei x_e.

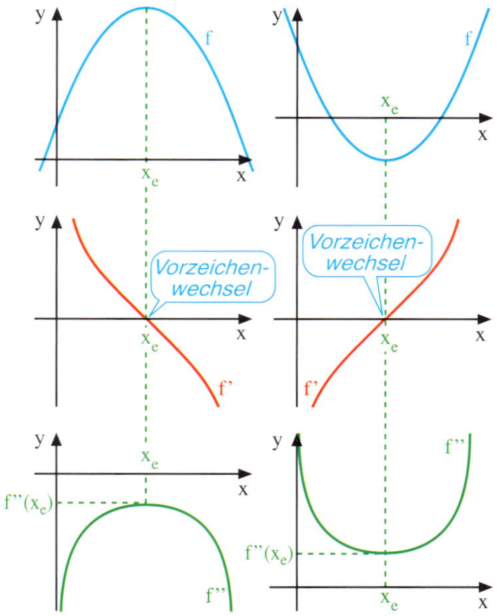

3. *Kurvendiskussion einer nicht ganzrationalen Funktion*

Führe eine Kurvendiskussion durch für die Funktion f mit $f(x) = \frac{x}{2} + \frac{1}{x}$.

Übungsaufgaben

4. Untersuche den Graphen der Funktion f ohne Verwendung eines GTR.

a) $f(x) = x^3 + 3x^2 - 9x$
b) $f(x) = 2x^3 - 5x$
c) $f(x) = x^3 + 4x^2$
d) $f(x) = -2x^3 + 3x^2 + 12x - 13$
e) $f(x) = x^4 - 2x^2$
f) $f(x) = \frac{1}{4}x^4 - \frac{1}{3}x^3 - \frac{1}{2}x^2 + 2$

5. Untersuche den Graphen der Funktion f ohne Verwendung eines GTR.

a) $f(x) = x(x - 4)^2$
b) $f(x) = (x - 1)(x + 2)(x + 3)$
c) $f(x) = x^2(x - 2)^2$
d) $f(x) = \frac{1}{3}(x^2 - 1)(x^2 - 4)$
e) $f(x) = x^3(1 - x^2)$
f) $f(x) = (x^3 - 1)(x^3 + 1)$

6. Der Graph der Funktion f mit $f(x) = 0{,}25x^4 - 0{,}07x^3 + 0{,}001x^2$ wurde mithilfe eines GTR gezeichnet.

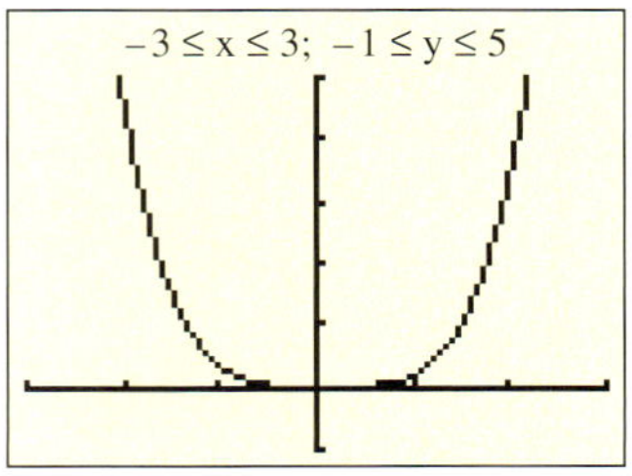

a) Stelle eine erste Vermutung über Extrem- und Wendepunkte auf und überprüfe die Vermutung, indem du den Graphen mit dem **ZOOM**-Menü detaillierter betrachtest. Korrigiere gegebenenfalls die erste Vermutung.

b) Untersuche den Funktionsgraphen rechnerisch anhand geeigneter Kriterien. Was ergibt sich im Hinblick auf die Vermutungen aus Teilaufgabe a)?

7. Gegeben ist die Funktion f mit $f(x) = 0{,}25\,x^4 + x^3 - 4{,}5\,x^2$. Das GTR-Fenster zeigt den nebenstehenden Ausschnitt des Funktionsgraphen.

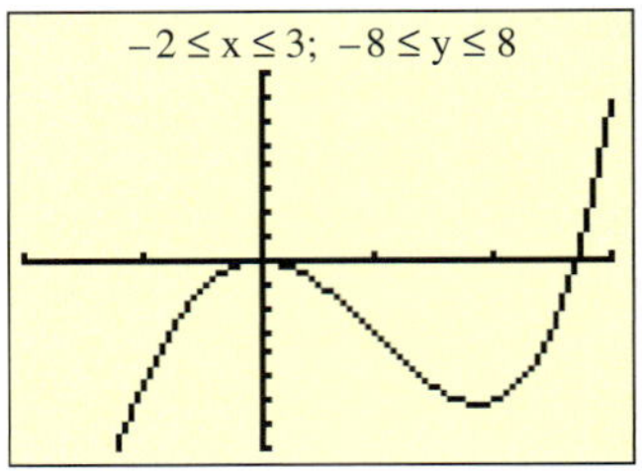

a) Begründe, dass die Funktion f genau drei Nullstellen und genau drei Extrempunkte hat.

b) Gib ohne zu rechnen an, wie viele Wendepunkte die Funktion f hat.

8. Der Graph der Funktion f mit $f(x) = x^4 - 6{,}8\,x^3 - 2\,x^2 + 530{,}4\,x$ wurde mithilfe eines GTR gezeichnet.
Es liegt die Vermutung nahe, dass ein Sattelpunkt vorliegt.

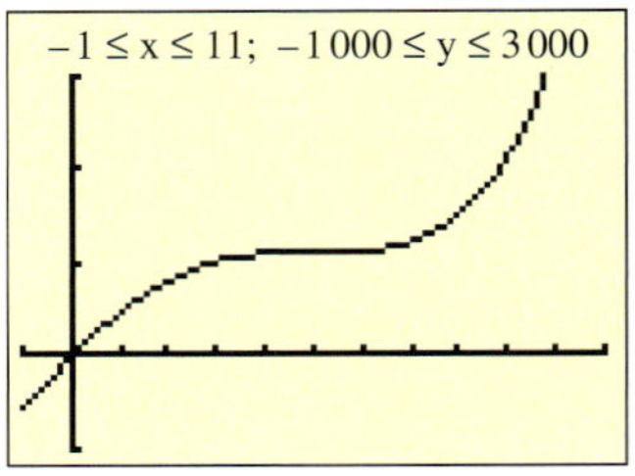

a) Untersuche den Funktionsgraphen rechnerisch ohne Zuhilfenahme eines GTR anhand geeigneter Kriterien.
Hinweis: Es ist $f'(x) = 0{,}4 \cdot (x^2 - 26)\,(10\,x - 51)$.

b) Untersuche den Funktionsgraphen mithilfe eines GTR.

9. Die Funktion f ist gegeben durch:
$f(x) = 0{,}1\,x^6 - 15{,}6\,x^5 + 75{,}25\,x^4 + 103\,x^3 - 606\,x^2 + 679{,}4\,x - 236{,}15$

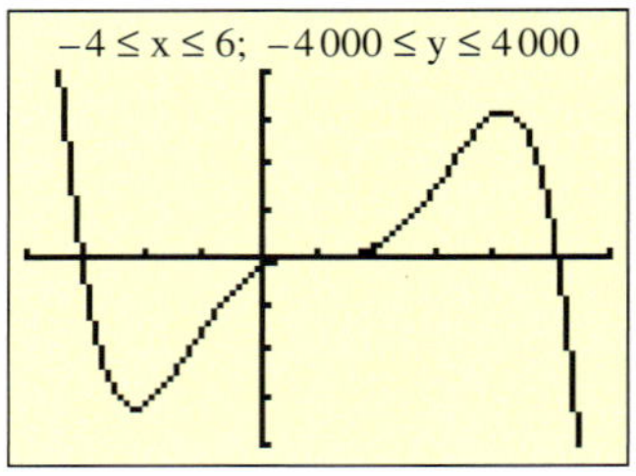

a) Nimm Stellung zum rechts abgebildeten Ausschnitt des Graphen von f.

b) Untersuche den Graphen von f mithilfe eines GTR.

c) Vergleiche den Graphen von f mit dem Graphen von g mit:
$g(x) = -14{,}86\,x^5 + 74{,}3\,x^4 + 99\,x^3 - 594{,}3\,x^2 + 668{,}6\,x - 236{,}15$

10. Welchen Grad hat die ganzrationale Funktion zum abgebildeten Graphen mindestens?

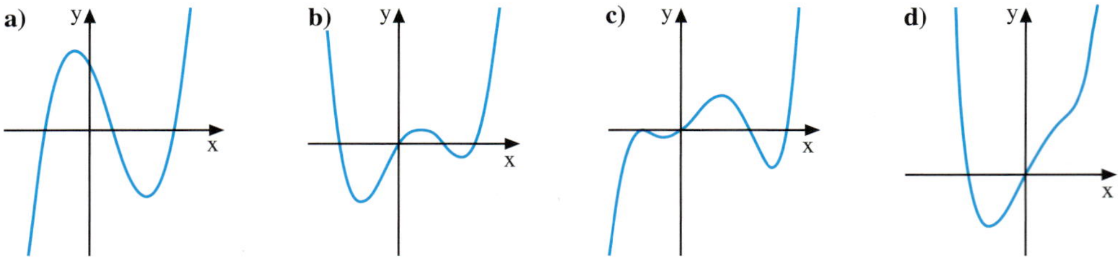

11. Ordne die rechts abgebildeten Graphen begründet den Funktionen f, g und h zu:

$f(x) = \frac{1}{16}\,(x^4 - 6\,x^3 + 4\,x^2 + 24\,x - 32)$

$g(x) = \frac{1}{32}\,(-x^4 - 6\,x^3 + 4\,x^2 - 24\,x + 32)$

$h(x) = \frac{1}{512}\,(-x^4 + 12\,x^3 - 16\,x^2 - 192\,x + 512)$

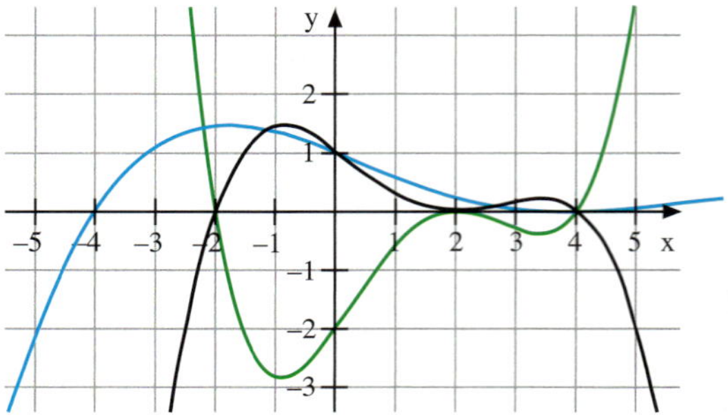

12. Untersuche folgende Funktionen.

a) $f(x) = x - \frac{1}{x}$

b) $f(x) = x^3 + \frac{1}{x}$

c) $f(x) = x + \frac{1}{x^2}$

d) $f(x) = x - \sqrt{x}$

5.7 Klassifikation ganzrationaler Funktionen 2. und 3. Grades

Einführung

In Klasse 9 hast du gesehen, dass sich der Graph jeder quadratischen Funktion f mit $f(x) = ax^2 + bx + c$, $a \neq 0$, durch Verschieben und/oder Strecken aus der Normalparabel erzeugen lässt. Daraus folgt, dass der Graph jeder quadratischen Funktion eine Parabel ist, entweder eine nach oben oder eine nach unten geöffnete Parabel. Dieses Ergebnis kann man mithilfe von Ableitungen noch schneller erhalten:
Die Ableitung der quadratischen Funktion ist $f'(x) = 2ax + b$. Je nach Vorzeichen von a ist dies eine steigende oder fallende Gerade. Also gibt es nur zwei Typen für den Verlauf der Ableitungsfunktion einer quadratischen Funktion, die wir als erstes zeichnen.

1. Fall: $a > 0$ *2. Fall:* $a < 0$

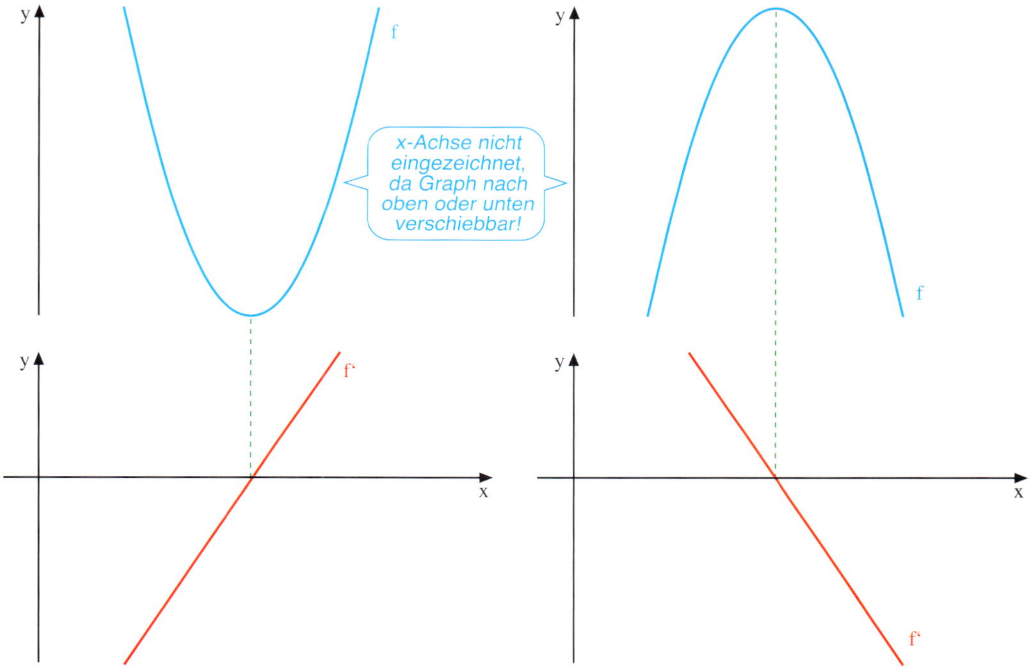

Aus dem Vorzeichen der Ableitung wurde der Verlauf des Graphen von f ermittelt: Für den Fall der steigenden Gerade sind die Werte der Ableitung zunächst negativ und werden immer größer, bis sie den Wert 0 erreichen. Der Graph von f ist monoton fallend aber immer weniger bis hin zu einem Punkt, in dem er eine waagerechte Tangente hat. Danach steigt der Graph immer stärker an, da die Werte der Ableitung positiv sind und zunehmen. Bei dem Koordinatensystem für den Graphen von f wurde keine x-Achse eingezeichnet, da sich beim Verschieben des Graphen von f parallel zur y-Achse nach oben oder unten die Ableitung f' nicht ändert.
Entsprechend kann man im Fall der fallenden Gerade als Graph der Ableitung überlegen.
Jede quadratische Funktion hat also entweder einen Graphen mit einem Hochpunkt oder einen mit einem Tiefpunkt. Da die Gerade als Ableitungsfunktion punktsymmetrisch zur Nullstelle ist, steigt der Graph der quadratischen Funktion auf der einen Seite des Extrempunkts genau so an, wie er auf der anderen Seite abfällt. Also ist der Graph achsensymmetrisch zu einer senkrechten Gerade durch den Extrempunkt.

Aufgabe 1

Untersuche, welche Formen für den Graphen einer kubischen Funktion f mit $f(x) = ax^3 + bx^2 + cx + d,\ a \neq 0,$ infrage kommen.

Lösung

Die Ableitung der kubischen Funktion f ist $f'(x) = 3ax^2 + 2bx + c$, also eine quadratische Funktion. Deren Graph ist eine nach oben oder unten geöffnete Parabel, je nach Vorzeichen von a. Für den Verlauf des Graphen von f spielt es eine Rolle, wie viele Nullstellen die Ableitung hat, da dies festlegt, wie viele Punkte mit waagerechter Tangente der Graph von f hat. Die Parabel kann zwei, eine oder keine Nullstellen haben. Also gibt es für die nach oben geöffnete Parabel folgende Fälle:

(1)

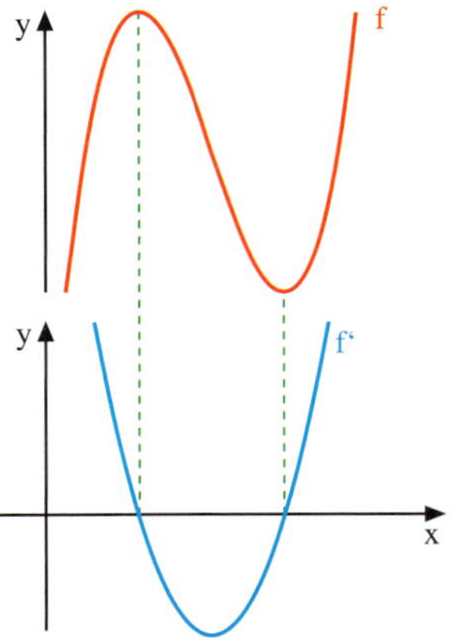

Der Graph von f steigt zunächst an bis zu einem Hochpunkt, fällt dann ab bis zu einem Tiefpunkt und steigt anschließend wieder an.

(2)

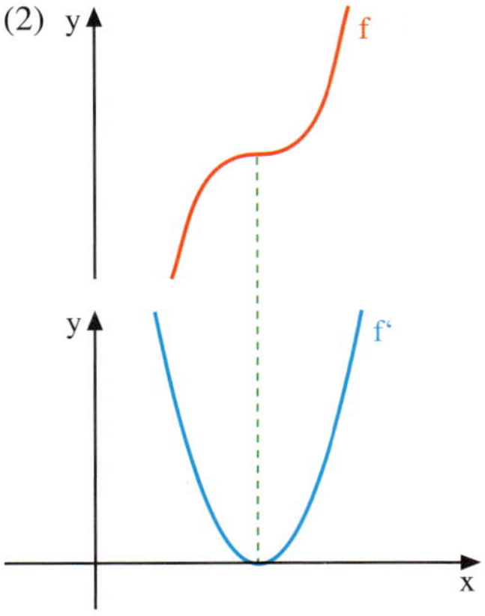

Der Graph von f steigt zunächst an, aber immer schwächer bis zu einem Punkt mit einer waagerechten Tangente (Sattelpunkt) und steigt dann immer stärker an.

(3)

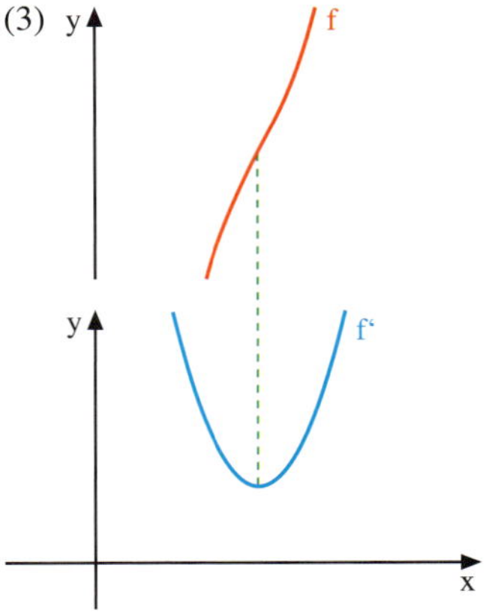

Der Graph von f steigt zunächst an, aber immer schwächer bis zu einem Punkt mit minimaler, aber positiver Steigung, dem Wendepunkt des Graphen. Danach steigt er immer stärker an.

Entsprechend ergeben sich die möglichen Graphenverläufe aus den nach unten geöffneten Parabeln als Graphen der Ableitung.

(4)

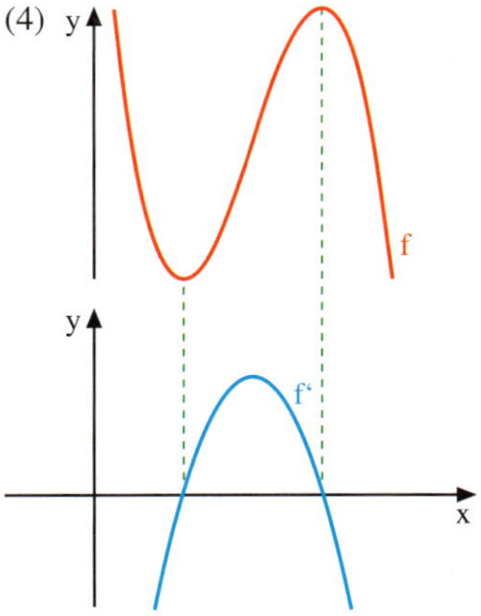

(5)

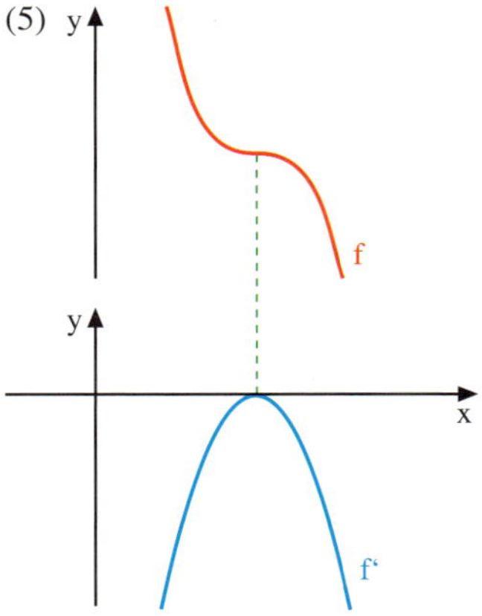

(6)

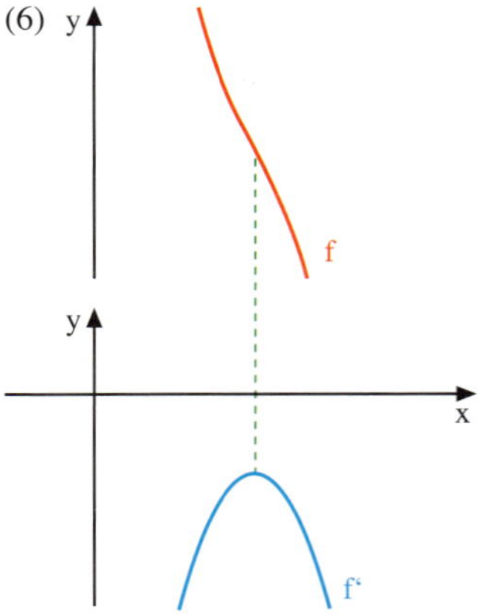

Also gibt es im wesentlichen 6 verschiedene Fälle für das Aussehen des Graphen einer kubischen Funktion. Der Graph kann keinen, einen oder zwei Punkte mit waagerechter Tangente aufweisen.

Information

Für den Graphen einer kubischen Funktion f mit $f(x) = ax^3 + bx^2 + cx + d$ gibt es drei Fälle:

(1) Der Graph hat einen Hoch- und einen Tiefpunkt oder

(2) der Graph hat einen Sattelpunkt oder

(3) der Graph hat keinen Punkt mit einer waagerechten Tangente.

Weiterführende Aufgaben

2. *Anzahl der Nullstellen einer kubischen Funktion*

Begründe folgenden Satz:

Satz

Eine kubische Funktion f mit $f(x) = ax^3 + bx^2 + cx + d$ hat eine, zwei oder drei Nullstellen.

3. *Symmetrie der Graphen kubischer Funktionen*

Begründe folgenden Satz:

Satz

Der Graph jeder kubischen Funktion f mit $f(x) = ax^3 + bx^2 + cx + d$ ist punktsymmetrisch.

Übungsaufgaben

4. a) Begründe, dass der Graph rechts nicht zu einer Funktion f mit
$f(x) = ax^3 + bx^2 + cx + d$
gehören kann, indem du den Graphen der Ableitungsfunktion skizzierst.

b) Überlege anhand der möglichen Graphenformen für die Ableitung einer kubischen Funktion, welche Form für den Graphen einer kubischen Funktion infrage kommen.

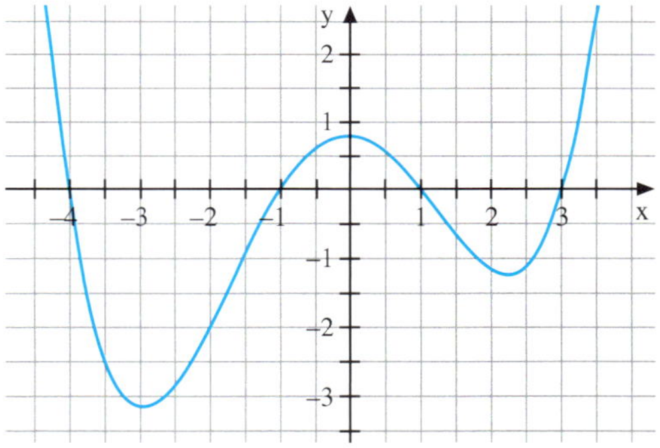

5. Nimm Stellung zu dem Streit!

6. Erstelle eine Übersicht über die möglichen Graphen einer ganzrationalen Funktion 4. Grades.

7. Der Graph einer Ableitungsfunktion ist achsensymmetrisch [punktsymmetrisch]. Folgere daraus anhand geeigneter Skizzen eine Symmetrieaussage für den Graphen der Funktion.

5.8 Funktionenscharen

Aufgabe 1

a) Rechts siehst du die Graphen der Funktionen zu $f_1(x) = x(x-1)^2$, $f_2(x) = x(x-2)^2$ und $f_3(x) = x(x-3)^2$. Beschreibe diese. Äußere Vermutungen.

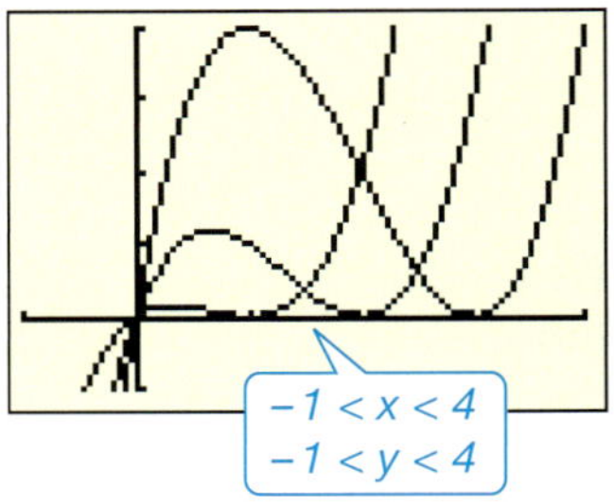

b) Diese Funktionen haben alle einen Funktionsterm der Form $f_a(x) = x(x-a)^2$ mit einem Parameter $a > 0$. Bestimme allgemein die Nullstellen und die Extrempunkte dieser Funktionen.

c) Betrachte die Hochpunkte aller Graphen der Funktionen aus Teilaufgabe b). Alle diese Hochpunkte liegen auf einer Linie, die man als Graph einer Funktion auffassen kann. Bestimme deren Funktionsgleichung.

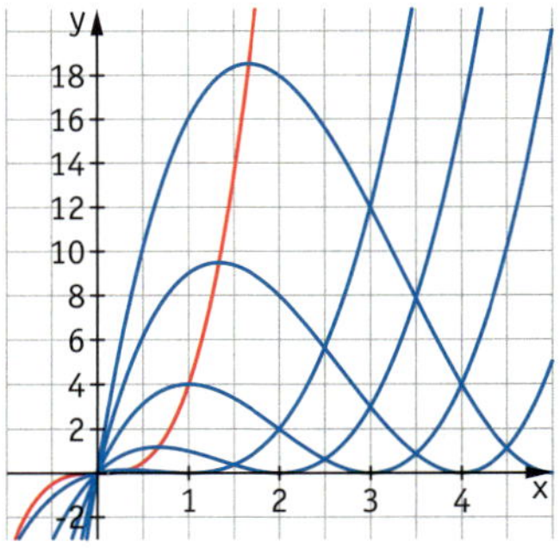

Lösung

a) Alle drei Graphen haben denselben Globalverlauf und verlaufen durch den Ursprung. Die zweite Nullstelle der drei Graphen ist eine doppelte Nullstelle bei 1 bzw. 2 bzw. 3. Ferner haben alle Graphen zwischen den beiden Nullstellen einen Hochpunkt.

b) Die Analyse des Funktionsterms auf Eigenschaften der Graphen ist auch bei einem Funktionsterm mit Parameter möglich.

Globalverlauf

Allgemein gilt:

$f_a(x) = x(x-a)^2 \to \infty$ für $x \to \infty$ und $f_a(x) \to -\infty$ für $x \to -\infty$

Nullstellen

$f_a(x) = 0$, also:
$x(x-a)^2 = 0$
$x = 0$ oder $(x-a)^2 = 0$
$x = 0$ oder $x = a$

Die Funktion f_a hat somit an der Stelle 0 eine einfache und an der Stelle a eine doppelte Nullstelle, also eine Nullstelle ohne Vorzeichenwechsel. Wegen des Globalverlaufs einer ganzrationalen Funktion 3. Grades liegt bei der doppelten Nullstelle zugleich ein Tiefpunkt vor.

Extrempunkte

Zum Berechnen der Extrempunkte benötigt man die 1. Ableitung. Zum Bilden der Ableitung wird der Funktionsterm zunächst ausmultipliziert:

$f_a(x) = x(x-a)^2 = x(x^2 - 2ax + a^2) = x^3 - 2ax^2 + a^2x$.

Daraus ergibt sich: $f_a'(x) = 3x^2 - 4ax + a^2$.

An den Extremstellen hat die 1. Ableitung den Wert 0.

$f_a'(x) = 0$

$3x^2 - 4ax + a^2 = 0$

$x = \frac{a}{3}$ oder $x = a$

Wegen der Nullstellen und des Globalverlaufs muss an der Stelle a ein Tiefpunkt und an der Stelle $\frac{a}{3}$ ein Hochpunkt vorliegen. Der Tiefpunkt hat die Koordinaten $T_a(a|0)$. Für den Hochpunkt muss noch die y-Koordinate berechnet werden:

$f_a\left(\frac{a}{3}\right) = \frac{a}{3}\left(\frac{a}{3} - a\right)^2 = \frac{4}{27}a^3$

Der Hochpunkt des Graphen zur Funktion f_a hat die Koordinaten $H_a\left(\frac{a}{3}\middle|\frac{4}{27}a^3\right)$.

c) Der Hochpunkt hat in Abhängigkeit vom Parameter a die Koordinaten $x = \frac{a}{3}$ und $y = \frac{4}{27}a^3$. Um eine Funktionsgleichung für den Graphen zu bestimmen, auf dem die Hochpunkte liegen, müssen wir eine Funktion $x \to y$ finden, d. h. wir benötigen eine Vorschrift, wie man die y-Koordinate aus der x-Koordinate berechnen kann. Da diese Vorschrift unabhängig vom Parameter a sein muss, formen wir die Gleichung für die x-Koordinate zunächst nach a um: $x = \frac{a}{3}$ liefert $a = 3x$.
Diesen Term für a setzen wir dann in die Gleichung für die y-Koordinate ein: $a = 3x$, also $y = \frac{4}{27}(3x)^3 = 4x^3$. Somit liegen alle Hochpunkte auf dem Graphen der Funktion zu $y = 4x^3$.

Information

(1) Funktionenschar

Ein Term, der neben einer Funktionsvariablen (z. B. der Variablen x) noch einen Parameter (z. B. die Variable a) enthält, definiert mehrere Funktionen zugleich: Zu jeder zulässigen Wahl des Parameters a gehört eine Funktion $x \to f_a(x)$. Die Menge aller dieser Funktionen bezeichnet man als **Funktionenschar**.

(2) Ortslinie

Statt Ortslinie verwendet man oft auch den Begriff Ortskurve.

Einen Graphen, auf dem alle Hochpunkte einer Funktionenschar liegen, bezeichnet man als **Ortslinie** der Hochpunkte. Entsprechend erhält man die Ortslinie für andere markante Punkte, z. B. Wendepunkte.

Vorgehen zum Bestimmen einer Ortslinie

Die Koordinaten für die betrachteten Punkte werden in Abhängigkeit vom Parameter bestimmt.
- Die Gleichung für die x-Koordinate wird nach dem Parameter aufgelöst.
- Damit wird der Parameter in der Gleichung für die y-Koordinate ersetzt.
- Die entstandene Gleichung beschreibt die Ortslinie.

Beispiel:

$f_a(x) = (x - a)^3 + \frac{1}{4}a^2$:

Die Ortskurve der Wendepunkte $W_a\left(a\middle|\frac{1}{4}a^2\right)$ ist der Graph zu $g(x) = \frac{1}{4}x^2$.

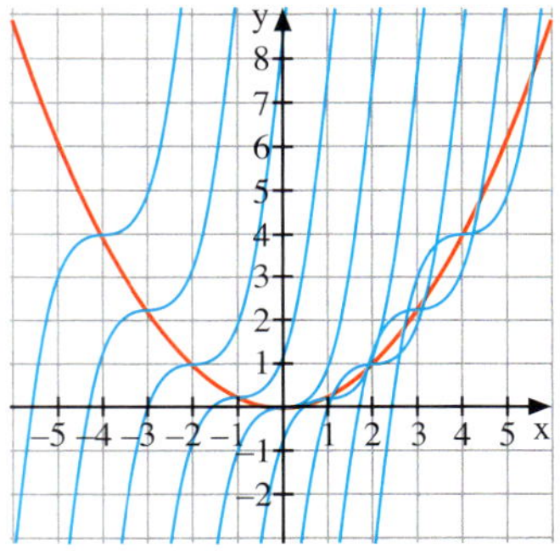

Weiterführende Aufgabe

2. *Klassifikation der Funktionen einer Schar*

Betrachte die Funktionenschar mit dem Term $f_a(x) = x(x^2 - a)$ für $a \in \mathbb{R}$. Je nach dem Wert für den Parameter a sehen die Graphen verschieden aus. Führe eine Fallunterscheidung durch und fertige eine Übersicht an, welche Formen von Graphen möglich sind.

Übungsaufgaben

3. Flugbahnen beim Kugelstoßen können sehr gut durch quadratische Funktionen der Form $f(x) = ax^2 + bx + c$ beschrieben werden, wenn man vom Einfluss des Luftwiderstandes absieht. Dabei hängen die Werte für a und b von der Abstoßgeschwindigkeit und dem Abstoßwinkel des Stoßes ab, der konstante Summand c gibt die Abstoßhöhe an.

Bei den Olympischen Spielen 2004 in Athen erhielt Nadine Kleinert-Schmitt die Silbermedaille im Kugelstoßen der Frauen. Sie verbesserte bei diesem Wettbewerb ihre persönliche Bestleistung von 19,23 m auf 19,55 m.

Bei diesem Versuch wurden als Abstoßgeschwindigkeit $13{,}24\,\frac{m}{s}$, als Abstoßwinkel $37{,}5°$ und als Abstoßhöhe 2,07 m gemessen.

Die Flugbahn bei diesem Stoß lässt sich näherungsweise durch die Funktion f mit $f(x) = -0{,}0445\,x^2 + 0{,}7673\,x + 2{,}07$ beschreiben.

a) Stelle die Flugbahn grafisch dar. Welche Stoßweite erhält man bei dieser Näherungskurve? Gib Gründe für die Abweichung vom gemessenen Wert an.

b) Bei Spitzensportlern schwanken die Abstoßhöhen je nach Körpergröße und Stoßtechnik zwischen 1,90 m und 2,30 m. Im Folgenden soll untersucht werden, welchen Einfluss die Abstoßhöhe auf die Stoßweite hat, wenn Abstoßgeschwindigkeit v_0 und Abstoßwinkel α konstant bleiben.

Gib die Funktionsgleichung der *Funktionenschar* f_h an. Ersetze dazu in der Funktion f die Abstoßhöhe 2,07 m des Versuchs von Nadine Kleinert-Schmitt durch den allgemeinen Parameter h. Die Abstoßgeschwindigkeit $v_0 = 13{,}24\,\frac{m}{s}$ und der Abstoßwinkel $\alpha = 37{,}5°$ werden als konstant vorausgesetzt.

Wie wirkt sich eine Änderung des Parameters h auf die Graphen der Schar aus?

Stelle für mehrere Werte von h die zugehörigen Flugbahnen in einem gemeinsamen Koordinatensystem dar. Wie unterscheiden sich die Stoßweiten, wenn h sich in dem angegebenen Bereich ändert? Gib eine Faustregel an.

4. Gegeben sind die Funktionen f_a mit $f_a(x) = x^2 + ax + a$, $a \in \mathbb{R}$.

a) Untersuche die Graphen der Funktionen f_a auf Extrempunkte. Skizziere den Graphen für $a = -2$, für $a = 0$ und für $a = 2$.

b) Zeige, dass alle Extrempunkte der Graphen der Funktionenschar f_a auf der Parabel mit $y = -x^2 - 2x$ liegen.

c) Für welche Werte für a liegt der Extrempunkt des Graphen von f_a oberhalb der x-Achse?

5. Gib jeweils eine Funktionenschar an, zu der die folgenden Funktionsgraphen gehören.

a) **b)** **c)**

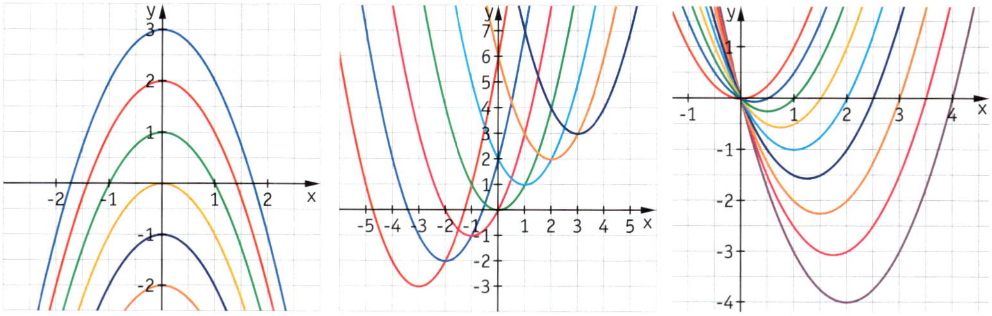

6. In der nebenstehenden Abbildung sind Heizkennlinien für eine Heizungsanlage dargestellt. Sie geben jeweils die Heizwassertemperatur (in °C) in Abhängigkeit von der Außentemperatur (in °C) für verschiedene Einstellungen (Skalenwerte) an der Anlage an. Ermittle einen Funktionsterm $f_k(x)$, der die Heizkennlinien in Abhängigkeit vom Parameter k mit $0 \le k \le 20$ beschreibt. Wähle als Ansatz eine Parabelschar.

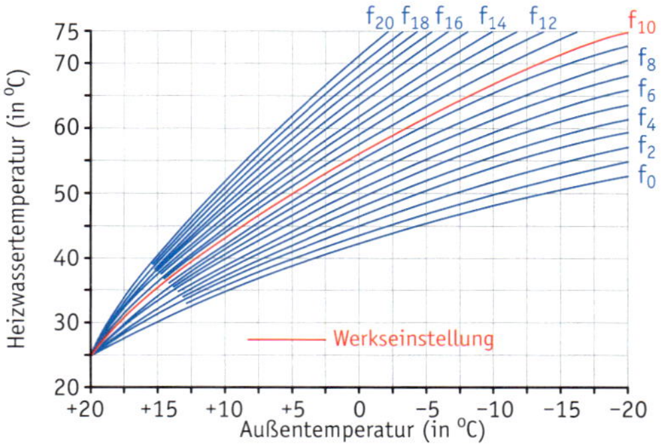

7. Gegeben sind die Funktionen f_k mit $f_k(x) = x^4 - k\,x^2$, $k \in \mathbb{R}$.

a) Untersuche die Graphen der Funktionen f_k auf Extrem- und Wendepunkte. Skizziere den Graphen für $k = -2$ und für $k = 2$.

b) Bestimme die Ortslinie für die Tiefpunkte aller Funktionsgraphen.

c) Es sind $x_e \neq 0$ eine Extremstelle und x_w eine Wendestelle von f_k für $k > 0$.
Zeige: Das Verhältnis $\frac{x_e}{x_w}$ hängt nicht von k ab. Was bedeutet diese Aussage?

8. Gegeben sind die Funktionen f_k mit $f_k(x) = x^2 - k\,x^3$, $k \in \mathbb{R}$.

a) Bestimme die Nullstellen, Extremstellen und Wendestellen der Graphen der Funktionen f_k.

b) Für welchen Wert k hat die Funktion f_k an der Stelle $x = 100$ eine Nullstelle?

c) Zeige, dass die Wendepunkte der Graphen aller Funktionen f_k auf einer Parabel liegen.

d) Welcher von allen Extrempunkten hat vom Punkt $P(0|2)$ minimalen Abstand?

9. Gegeben sind die Funktionen f_k mit $f_k(x) = 2\,x^3 - 3\,k\,x^2 + k^3$, $k \in \mathbb{R}$.

a) Zeige, dass für $k \neq 0$ alle Funktionen die x-Achse berühren.

b) Skizziere die Graphen für $k = -1$ und $k = 1$. Was fällt auf? Begründe deine Vermutung.

c) Zeige: Die Graphen von f_k und f_{-k} mit $k > 0$ sind symmetrisch zueinander.

10. Gegeben ist die Funktionenschar f_a mit $f_a(x) = (x^2 - 1) \cdot (x - a)$, $a \in \mathbb{R}$.

a) Zeige, dass sich alle Funktionsgraphen in zwei Punkten schneiden.

b) Bestimme a so, dass der Graph von f_a die x-Achse berührt.

11. Gegeben ist die Funktionenschar f_t mit $f_t(x) = x^5 - t\,x^3$, $t \in \mathbb{R}$.
Untersuche die Graphen der Funktionen f_t auf besondere Punkte. Zeichne die Graphen von f_t für $t = -3$ und für $t = 3$. Bestimme eine Ortslinie für alle Extrempunkte der Graphen von f_t.

12. Für $k \in \mathbb{R}$ ist $f_k(x) = -x^3 + k\,x^2 + (k-1)\,x$.

a) Zeige, dass sich alle Funktionsgraphen in genau zwei Punkten schneiden.

b) Bestimme k so, dass der Graph von f_k an der Stelle $x = 3$ einen Extrempunkt hat.

c) Für welchen Wert des Parameters k hat der Graph von f_k *keinen* Extrempunkt?

d) Gibt es Parameter k, sodass der Graph von f_k keinen Wendepunkt hat?

13. Für $k \in \mathbb{R}$ ist $f_k(x) = -(x-k)^2 + k$. Zeichne mithilfe eines GTR die Graphen von f_k für $k = -2$; $-1{,}75$; $-1{,}5$; …; $1{,}75$; 2. Stelle eine Vermutung auf bezüglich einer gemeinsamen Tangente für die Graphen aller Funktionen f_k, $k \in \mathbb{R}$. Prüfe diese Vermutung.

14. Zwei Masten A und B einer Seilbahn stehen 500 m auseinander. Der Mast B liegt um 100 m höher als Mast A. Das Seil zwischen den beiden Masten kann durch die Graphen der Funktionenschar f_t mit $f_t(x) = t\,x^2 + (0{,}2 - 500\,t)\,x$ beschrieben werden (Einheiten in m).

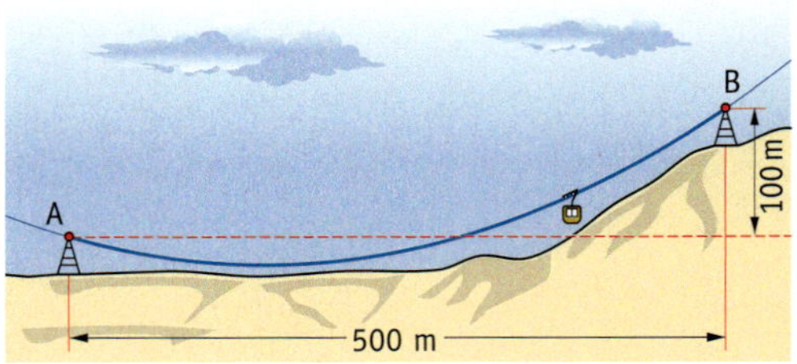

a) Welche Werte kommen für den Parameter t in Frage? Stelle für einige dieser Werte den Verlauf des Seils grafisch dar.

b) Bei welcher Form des Seils kommt das Seil unter einem Winkel von 45° in der Bergstation an? Unter welchem Winkel verlässt in diesem Fall das Seil die Talstation?

c) Zeichnet man die Gerade zwischen Tal- und Bergstation, so versteht man unter dem *Durchhang* des Seiles an einer Stelle x die Differenz zwischen den Funktionswerten der linearen Funktion und der quadratischen Funktion an dieser Stelle. Ermittle für den Verlauf des Seils aus Teilaufgabe b) grafisch die Stelle, an der der Durchhang am größten ist.

15. Zu jedem $t \in \mathbb{R}$ ist eine Funktionenschar f_t gegeben durch $f_t(x) = \frac{1}{4}x^4 + t\,x^3 - x^2$.

a) Zeichne die Graphen zu den Parametern $t = 0$, $t = 0{,}2$ und $t = -0{,}2$ in ein gemeinsames Koordinatensystem.

b) Begründe, dass sich die Tangenten an den Wendestellen der Graphen auf der y-Achse schneiden. Gib die Koordinaten dieses Schnittpunktes an.

c) Untersuche, ob es mehr als einen Punkt gibt, durch den alle Graphen von f_t gehen. Bestimme die Anzahl der gemeinsamen Punkte der Graphen von f_t mit der x-Achse.

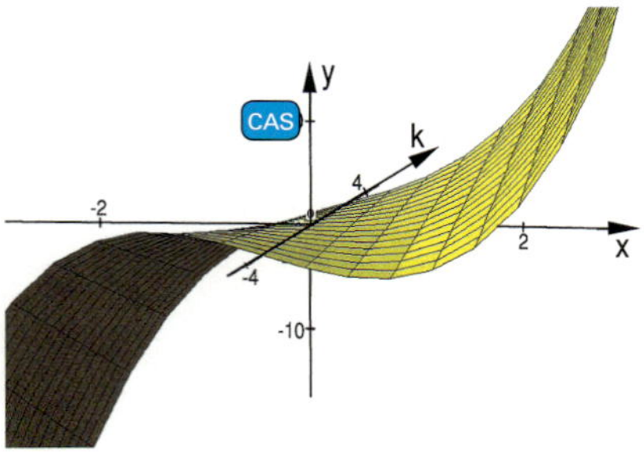

16. Wenn man neben der x-Achse und der y-Achse noch eine 3. Achse für den Parameter k verwendet, kann man $y = f_k(x)$ als Funktionsgleichung mit zwei Veränderlichen auffassen. Den Graphen von f_k kann man dann als gekrümmte Fläche im 3-dimensionalen Raum darstellen.

a) Interpretiere die mit einem CAS gezeichnete Grafik als Darstellung der Funktionenschar f_k mit $f_k(x) = x^3 + k\,x$.

b) Stelle die Funktionenschar f_k mit $f_k(x) = x^4 - k\,x^2$ mithilfe eines CAS dar.

5.9 Extremalprobleme

Aufgabe 1

Maximierungsproblem

Aus einem quadratischen Blatt Papier mit einer Seitenlänge von 20 cm soll eine oben offene Schachtel gebaut werden.

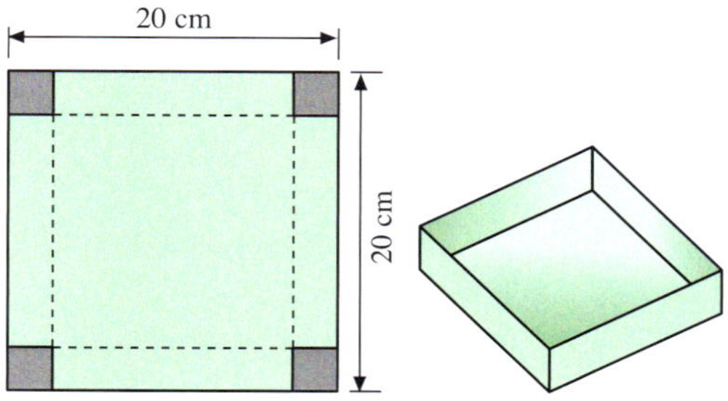

a) Baue eine solche Schachtel.
Vergleiche deine Schachtel mit anderen.
Welche Maße hat die Schachtel mit dem größten Volumen?

b) Verschaffe dir jetzt ohne zu basteln einen Überblick über die Volumina aller möglichen Schachteln und ermittle das Volumen der größtmöglichen Schachtel.

Lösung

a) Wir wählen als Seitenlänge z. B. 10 cm. Dann hat die Schachtel eine Höhe von 5 cm. Entsprechend erhält man für 15 cm Seitenlänge eine Höhe von 2,5 cm.

Wir tragen die Werte in eine Tabelle ein und nehmen noch die kleinst- und größtmögliche Seitenlänge hinzu. Man sieht schon an der Tabelle, dass es irgendwo zwischen 10 cm und 20 cm Seitenlänge ein maximales Volumen gibt.

Seitenlänge (in cm)	Höhe (in cm)	Volumen (in cm^3)
0	10	0
10	5	500
15	2,5	562,5
20	0	0

b) Um uns einen möglichst umfassenden Überblick zu verschaffen, stellen wir die Funktion des Volumens V in Abhängigkeit von der Höhe h im gesamten interessierenden Bereich dar. Beim Ermitteln des Funktionsterms arbeiten wir ohne Angabe der Einheiten, damit der Term übersichtlicher wird.

Für das Volumen der Schachtel gilt: $V = s^2 \cdot h$

Diese beiden Variablen sind nicht zugleich frei wählbar. Wählt man eine Seitenlänge, so liegt die Höhe eindeutig fest:

Aus $s + 2h = 20$ folgt: $h = 10 - \frac{1}{2}s$

Für das Volumen V in Abhängigkeit von s ergibt sich also:

$V(s) = s^2 \cdot \left(10 - \frac{1}{2}s\right)$

Da das Blatt 20 cm breit ist, muss die Seitenlänge weniger als 20 cm betragen. Da sie andererseits auch positiv ist, ist als einschränkende Bedingung zu beachten: $0 < s < 20$

Die Funktion ist also nur in diesem Bereich zu betrachten. Nimmt man noch die Stellen 0 und 20 hinzu, so erkennt man, dass diese Nullstellen der Funktion sind und der Graph zwischen beiden Nullstellen einen höchsten Punkt haben muss.

Wir erhalten den nebenstehenden Graphen. Am Graphen erkennt man: Bei einer Seitenlänge von ungefähr 13,3 cm und ungefähr 3,3 cm Höhe erhält man eine Schachtel mit dem maximalen Volumen von ungefähr 592 cm^3. Zum Basteln reicht die Genauigkeit auf 1 mm völlig aus.

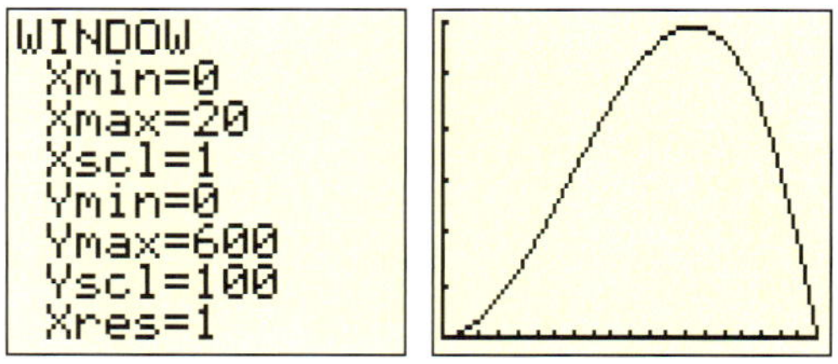

Diese Werte legen die Vermutung nahe, dass die gesuchte Seitenlänge $13\frac{1}{3}$ cm und die Höhe $3\frac{1}{3}$ cm ist. Dies lässt sich numerisch mithilfe des GTR nicht beweisen, sondern nur algebraisch berechnen. An der Stelle des Maximums hat der Funktionsgraph eine waagerechte Tangente, also die Ableitung den Wert 0. Daher bilden wir die Ableitung der Funktion V und bestimmen deren Nullstellen.

$V(s) = s^2\left(10 - \frac{1}{2}s\right) = 10s^2 - \frac{1}{2}s^3$

Damit können wir die Ableitung bestimmen:

$V'(s) = 20s - \frac{3}{2}s^2$

Die Nullstellen dieser Funktion lassen sich leicht berechnen:

$20s - \frac{3}{2}s^2 = 0$

$s\left(20 - \frac{3}{2}s\right) = 0$

$s = 0$ oder $20 - \frac{3}{2}s = 0$

$s = 0$ oder $s = \frac{40}{3} = 13\frac{1}{3}$

Nur die zweite Stelle liegt in der Definitionsmenge und bestätigt die Vermutung.

Aufgabe 2

Randextrema

Von einer wertvollen Glas-Tischplatte mit den Abmessungen 64 cm × 144 cm ist eine Ecke abgestoßen (siehe Bild rechts). Die Bruchkante kann als parabelförmig mit der Gleichung $y = -\frac{1}{16}x^2 + 64$ modelliert werden, wobei x und y in cm angegeben werden. Aus dem Rest soll eine möglichst große rechteckige Platte herausgeschnitten werden.
Bestimme deren Abmessungen; verwende dabei die Differenzialrechnung als Hilfsmittel.

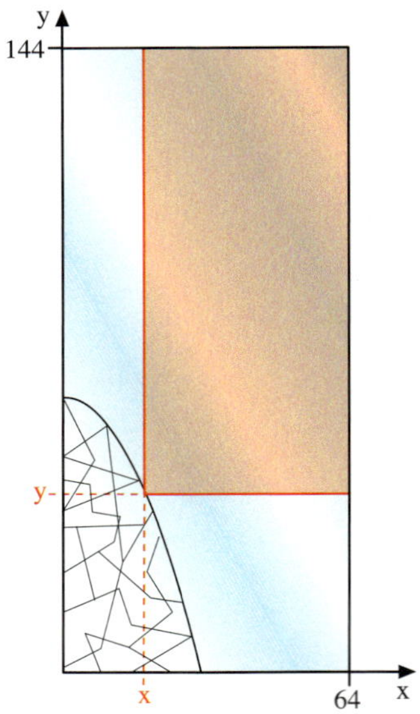

Lösung

(1) Erstellen einer Funktionsgleichung für die Größe der neuen Platte

Für den Flächeninhalt der neuen rechteckigen Platte gilt:

$A = (64 - x)(144 - y)$

Ersetzt man hier y durch den Term für die Parabel, so erhält man

$A(x) = (64 - x)\left(144 - \left(-\frac{1}{16}x^2 + 64\right)\right)$

$\quad = -\frac{1}{16}x^3 + 4x^2 - 80x + 5120$

Die Definitionsmenge dieser Funktion ergibt sich aus $x \geq 0$ und der Bedingung, dass x kleinergleich der positiven Nullstelle der Parabel sein muss, um eine möglichst große Restplatte zu erhalten. Diese Nullstelle ergibt sich aus $-\frac{1}{16}x^2 + 64 = 0$ zu $x = 32$.
Die Definitionsmenge ist also das Intervall [0; 32].

(2) Bestimmen der Extremstellen der Funktion

Zunächst bilden wir die Ableitung der Funktion A und bestimmen deren Nullstellen:

$A'(x) = -\frac{3}{16}x^2 + 8x - 80 = 0$

Die Lösungen dieser quadratischen Gleichung sind 16 sowie $\frac{80}{3} = 26\frac{2}{3}$.
Beide Stellen liegen in der Definitionsmenge der Funktion A und können nicht zugleich Maxima der Funktion liefern. Daher zeichnen wir den Graphen der Funktion A.
An der Stelle 16 liegt ein Tiefpunkt vor, an der Stelle $26\frac{2}{3}$ ein Hochpunkt. Dessen y-Koordinate hat den Wert $f\left(\frac{80}{3}\right) = \frac{125440}{27} \approx 4646$.

Aber auch dieser Hochpunkt liefert nicht die Abmessungen der gesuchten maximal großen Platte, da die Funktion A am Rand der Definitionsmenge an der Stelle 0 dem allergrößten Wert in der Definitionsmenge aufweist, nämlich 5 120.

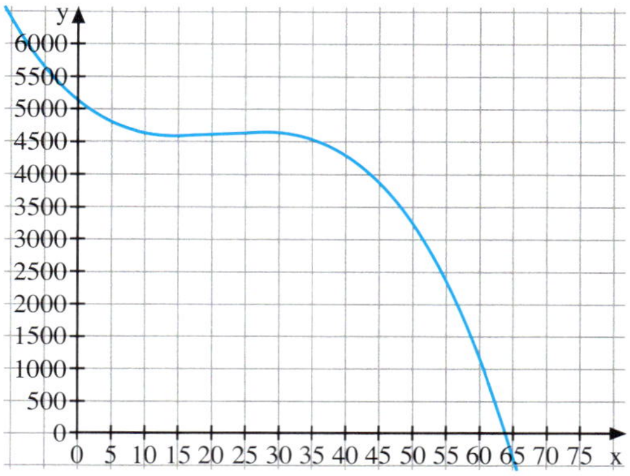

(3) Ergebnis

Man erhält die größtmögliche Platte, wenn man oberhalb des Parabelscheitelpunkts schneidet. Sie hat die Seitenlängen 80 cm und 64 cm und ist 5 120 cm^2 groß.

Weiterführende Aufgabe

3. *Minimierungsproblem*

Getränke wie Milch und Saft werden häufig in quaderförmigen Verpackungen angeboten. Diese bestehen aus Verbundkarton: Auf Pappe sind beidseitig Kunststoffschichten aufgebracht, die die Pappe vor Durchnässung schützen. Der Pappkarton dient dazu, der Verpackung Stabilität zu verleihen. Für manche Flüssigkeiten ist zusätzlich noch eine Aluminiumschicht integriert, damit die Verpackung undurchlässig für Sauerstoff ist und der Inhalt vitamingeschützt ist. Vorteile des Getränkekartons sind sein geringes Gewicht und seine Stabilität. Ein Nachteil ist das immer noch nicht ausgereifte Recycling des Materials.

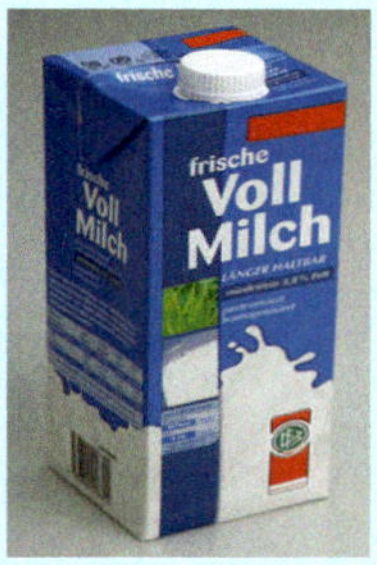

Das Verpackungsmaterial verursacht Kosten in der Herstellung, aber auch Gebühren an das Duale System Deutschland für die Entsorgung. Daher ist es günstig, *optimale Getränkekartons* zu verwenden, das sind Getränkekartons, die bei gegebenem Volumen möglichst wenig Material bei der Herstellung der Verpackung benötigen.
Betrachte eine quaderförmige 1-*l*-Getränkeverpackung mit quadratischer Grundfläche.

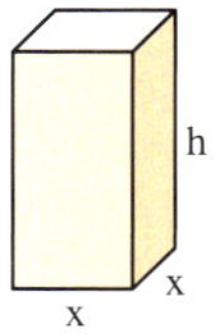

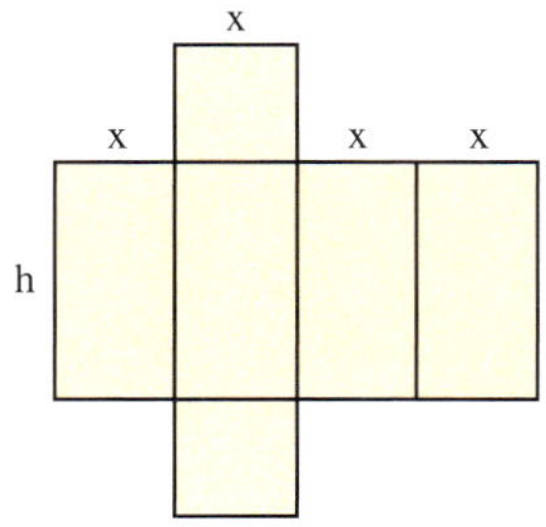

a) Bestimme die Abmessungen, für die der Materialbedarf minimal ist.

b) Getränkekartons werden normalerweise nur bis etwa 1 cm unter dem oberen Rand gefüllt. Da die Kartons nach der Befüllung etwas bauchig sind, ist die Füllhöhe tatsächlich noch etwas geringer. Bestimme die Maße eines optimalen Getränkekartons mit quadratischer Grundfläche für 1 *l* Getränk, der nur bis 1 cm unter dem Rand gefüllt wird, wenn man beim Material nur die Oberfläche berücksichtigt.
Vergleiche die Ergebnisse mit einem quadratischen Milch- oder Getränkekarton für 1 *l* aus einem Supermarkt.

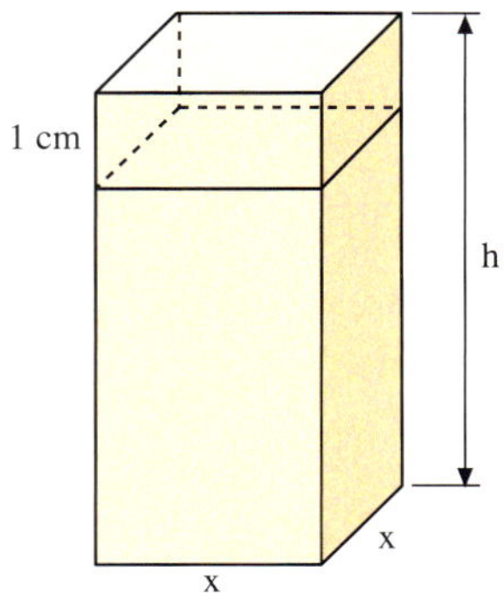

Information

Vorgehen beim Lösen von Extremalproblemen

(1) Erstellen einer Funktionsgleichung für die zu optimierende Größe
- (a) Bezeichne alle wichtigen Größen mit Variablen; häufig ist eine Skizze hilfreich.
- (b) Gib eine Gleichung für die zu optimierende Größe an, die in der Regel noch von mehreren Variablen abhängt (*Extremalbedingung*).
- (c) Erstelle eine Gleichung für den Zusammenhang zwischen diesen Variablen (*Nebenbedingung*).
- (d) Eliminiere Variable in der Extremalbedingung durch Einsetzen der Nebenbedingung, sodass eine Funktionsgleichung mit nur noch einer Variablen entsteht (*Zielfunktion*).
- (e) Ermittle die Definitionsmenge der Zielfunktion.

(2) Ermitteln der Extremstellen der Zielfunktion
- (a) Falls nur numerische Näherungswerte erforderlich sind, kann dies grafisch mithilfe des GTR erfolgen.
- (b) Für exakte Werte oder allgemeine Aussagen betimmt man die Nullstellen der Ableitung der Zielfunktion.
- (c) Stets ist zu prüfen, ob am Rand der Definitionsmenge größere oder kleinere Funktionswerte vorliegen als an den Extremstellen (*Randextrema*).

(3) Angabe des Ergebnisses mit allen relevanten Größen und Kontrolle, ob das Ergebnis in der Realität sinnvoll ist.

Übungsaufgaben

4. Konservendosen mit dem gleichen Fassungsvermögen sind oft genormt, das heißt sie haben unabhängig von der Füllung die gleiche Form.
Überlege, welche Gründe das haben könnte und ermittle die im Materialverbrauch günstigste Form einer 425-ml-Dose. Vergleiche diese mit handelsüblichen Konservendosen.

5. Bei einem Sportstadion ist die Länge der umlaufenden Tartanbahn vorgegeben. Schätze deren Länge ab. Bestimme die Maße des Spielfeldes so, dass es maximalen Flächeninhalt hat.

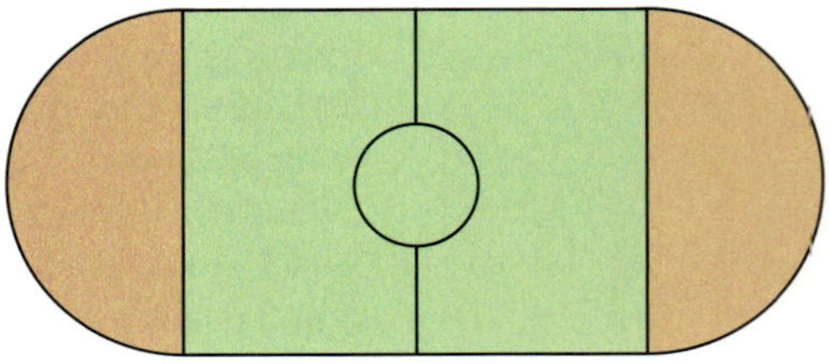

6. Die Deutsche Post hat für den Versand von Päckchen in Rollenform in das Ausland Bedingungen für Länge und Durchmesser festgelegt. Bestimme das rollenförmige Päckchen, das das größtmögliche Volumen hat.

Päckchen

	Deutschland	Europa	Welt	
Päckchen	3,90	8,60	12,90	Euro

Kleinere, leichte Güter können Sie preiswert als PÄCKCHEN versenden.
Höchstgewicht: 2 kg

ROLLENFORM
Mindestmaße: Länge 15 cm, Durchmesser 5 cm
Höchstmaße: International: Länge + zweifacher Durchmesser 104 cm.
Länge 90 cm

7. Aus einem rechteckigen Stück Pappe mit den Seitenlängen 40 cm und 25 cm soll man einen Kasten ohne Deckel herstellen, indem man an jeder Ecke ein Quadrat ausschneidet und die entstehenden Seitenflächen nach oben biegt. Der Kasten soll ein möglichst großes Volumen haben. Wie groß muss man die Grundfläche A und die Höhe h wählen?

8. Eine Landwirtin möchte ein neues Getreidesilo bauen, das die Form eines Zylinders mit einer aufgesetzten Halbkugel erhalten und 80 m^3 Getreide fassen soll. Die gesamte Innenfläche des Silos soll mit einem teuren Isolationsmaterial verkleidet werden. Untersuche, ob es Maße für die geplante Form des Silos gibt, bei denen die Kosten der Isolierung möglichst gering werden.

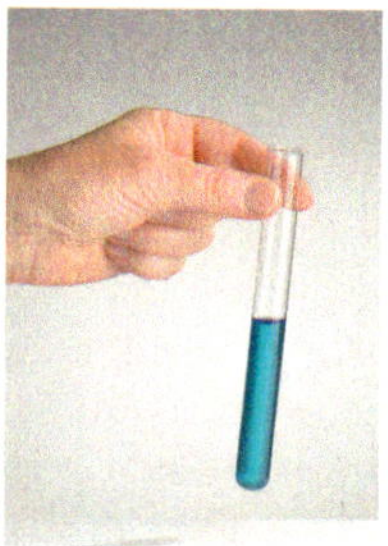

9. Modelliere ein Reagenzglas mithilfe einfacher Körper. Es soll ein Fassungsvermögen von 40 cm^3 aufweisen.
Bestimme, bei welchen Abmessungen sich ein minimaler Materialverbrauch ergibt. Bewerte das erhaltene Ergebnis.

10. Aus einer rechteckigen Fensterscheibe mit den Seitenlängen a = 10 cm und b = 6 cm ist vom Mittelpunkt der kleineren Seite aus eine Ecke unter einem Winkel von 45° abgesprungen. Aus der restlichen Scheibe soll durch Schnitt parallel zu den ursprünglichen Seiten eine möglichst große neue Scheibe hergestellt werden. Gib die Maße der neuen Scheibe an.

11. Messzylinder mit einem Volumen von 65 cm^3 sollen so produziert werden, dass der Glasverbrauch möglichst gering wird. Welchen Radius und welche Höhe sollte man wählen?
Beurteile die erhaltene Lösung.

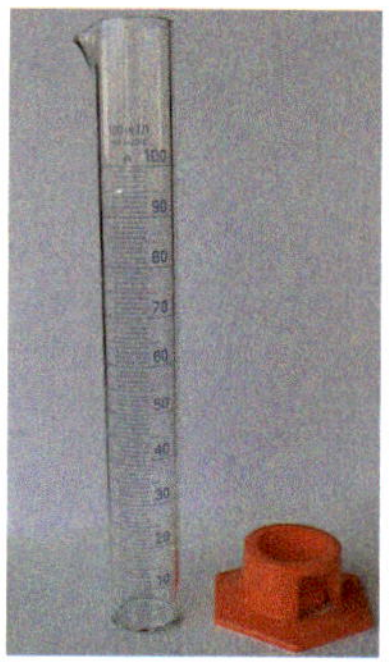

12. Aus vier 2 m langen Zeltstangen soll ein Zelt mit quadratischer Grundfläche so gebaut werden, dass das Volumen möglichst groß ist. Bestimme diese Abmessungen.

13. Ein Dachboden hat als Querschnittsfläche ein gleichschenkliges Dreieck mit einer Höhe von 4,8 m und einer Breite von 8 m. In ihm soll ein möglichst großes quaderförmiges Zimmer eingerichtet werden.
Gib die Maße des Zimmers an.

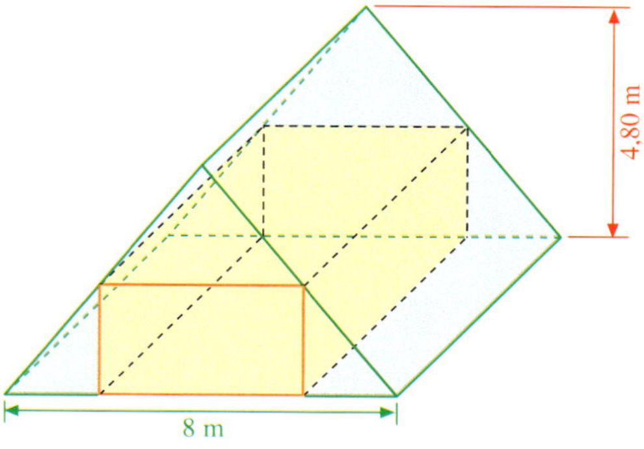

14. Eine 330 ml-Getränkedose hat einen Durchmesser von 5,6 cm und eine Höhe von 14,5 cm. Untersuche, ob man eine Dose mit demselben Volumen herstellen kann, für die weniger Aluminium benötigt wird.

Im Blickpunkt

Im Blickpunkt

Realistischer beschreiben – Modelle variieren

1. Milch wird auch in quaderförmigen Milchtüten mit quadratischer Grundfläche und 1 Liter Inhalt verkauft. Es soll die Form bestimmt werden, für die möglichst wenig Material benötigt wird.

a) Betrachte die Milchtüte als einfachen Quader, ohne Falze zu beachten. Berechne, bei welcher Form sich der minimale Materialbedarf ergibt. Vergleiche mit der handelsüblichen Form.

b) Falte eine handelsübliche Milchtüte auseinander.
Du erkennst, dass die Milchtüte in der Realität aus einem rechteckigen Stück Pappe durch bloßes Falten hergestellt wird. Lege diesen Bauplan zugrunde, ohne Klebefalze zu berücksichtigen.
Untersuche, bei welcher Form sich der minimale Materialbedarf ergibt.

c) Verbessere deine Beschreibung der Milchtüte, indem du auch die nötigen Klebefalze von 0,5 cm Breite berücksichtigst. Bei welcher Form ergibt sich nun der minimale Materialbedarf?

d) In der Realität wird eine solche Milchtüte nicht bis zum oberen Rand gefüllt, sondern es ist ein Luftraum oberhalb der Milch vorgesehen, z. B. damit man die Tüte unproblematisch öffnen kann. Untersuche an einer Milchtüte, wie hoch dieser ist.
Bestimme dann die optimale Milchtüte unter Berücksichtigung dieses Luftraums.

e) Vergleiche deine Ergebnisse in den obigen Teilaufgaben mit den Maßen einer handelsüblichen Milchtüte. Was stellst du fest?

Modellieren

Gegenstände in der Umwelt sind keine mathematischen Körper. Unter gewissen Vereinfachungen lassen sie sich aber als solche beschreiben (modellieren). Entsprechendes gilt für Kurven und Funktionsgraphen sowie vieles andere mehr. Ein mathematisches Modell ist ein vereinfachtes Abbild eines realen Gegenstandes oder Vorgangs, das die Wirklichkeit nur in Teilaspekten, aber nicht vollständig beschreibt. Es kann daher aber als anfänglicher Versuch gute Dienste leisten, um Ergebnisse zu erhalten. Diese müssen dann an der Realität überprüft werden. Bei zu groben Abweichungen kann man eine genauere Beschreibung der Realität vornehmen und so ein besseres Modell erhalten. Gegebenenfalls muss man diesen Prozess mehrfach durchführen, um ein für die Realität befriedigendes Ergebnis zu erhalten.

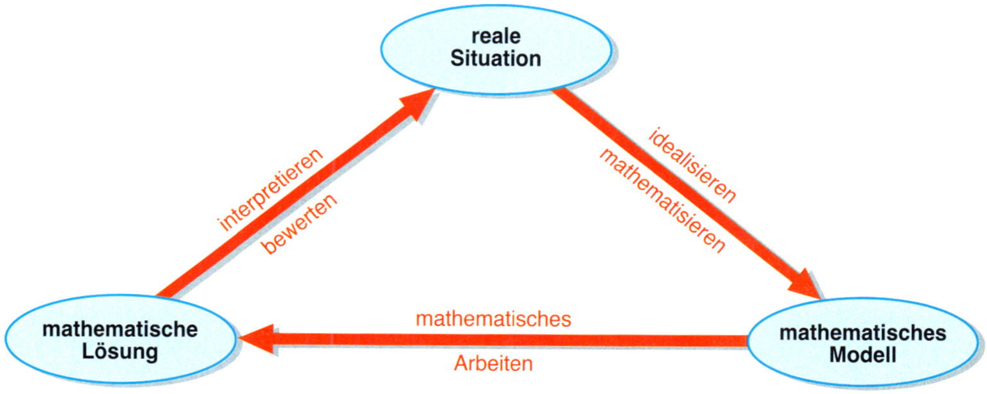

2. Betrachte eine handelsübliche Streichholzpackung. Modelliere sie zunächst ganz einfach und dann schrittweise komplexer. Bestimme jeweils die Abmessungen, bei denen sich der minimale Materialbedarf ergibt. Vergleiche mit den Abmessungen der handelsüblichen Schachtel.

3. Viele Konserven werden in genormten Dosen mit dem Volumen 314 ml verkauft.

a) Untersuche, warum diese Abmessungen gewählt wurden. Benutze dabei ein möglichst einfaches Modell.

b) Verbessere das Modell, indem du nun die Falzränder zum Verbinden von Deckel und Boden mit dem Mantel und die Falz im Mantel berücksichtigst. Wie ändert sich das Ergebnis?

5.10 Bestimmen ganzrationaler Funktionen – lineare Gleichungssysteme

Einführung

Eine Rutsche in ein Schwimmbecken soll aus drei Blechteilen hergestellt werden. Das erste Blechteil, von A nach B, ist waagerecht eben, das dritte, von C nach D, ist auch eben und wird mit einer Steigung von 150 % montiert. Zwischen diesen beiden Blechen soll ein gebogenes Teil knickfrei montiert werden.
Gesucht ist eine Funktion, die den Verlauf dieses Bleches beschreibt.

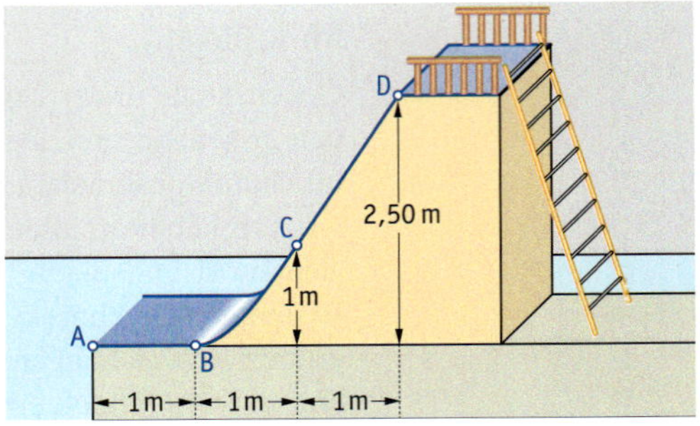

(1) Festlegen eines Koordinatensystems

Wir legen den Ursprung des Koordinatensystems in den Punkt B. Damit gilt $f(0) = 0$. Der Funktionsterm hat somit kein absolutes Glied.

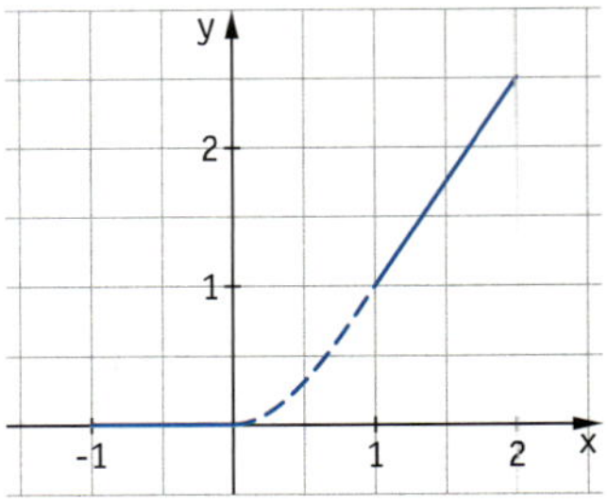

(2) Eigenschaften der Funktion

Für die Funktion f, die das Profil des gebogenen Bleches beschreibt, muss neben $f(0) = 0$ weiterhin gelten:

$f'(0) = 0$; da der Graph im Ursprung eine waagerechte Tangente haben muss, um glatt an das waagerechte Blech anzuschließen.
$f(1) = 1$; da der Graph im Punkt $C(1|1)$ an das dritte Blech anschließt.
$f'(1) = 1{,}5$; da der Graph im Punkt $C(1|1)$ dieselbe Steigung haben muss wie das anschließende Blech mit der Steigung 150 %, um knickfrei daran anzuschließen.

(3) Erstellen eines linearen Gleichungssystems aus den Bedingungen

Nach dem Festlegen des Koordinatensystems haben wir die geforderten Eigenschaften der Funktion in drei Bedingungen zusammengefasst.
Daher liegt es nahe, eine ganzrationale Funktion mit drei Koeffizienten im Funktionsterm ohne absolutes Glied zu bestimmen:

Gesucht: a, b und c

$f(x) = a x^3 + b x^2 + c x$, also eine ganzrationale Funktion 3. Grades.

Die Ableitung dieser Funktion hat den Term:

$f'(x) = 3 a x^2 + 2 b x + c$

Durch Einsetzen der drei Bedingungen aus (2) erhalten wir drei Gleichungen:

$f'(0) = 0$ liefert: $c = 0$
$f(1) = 1$ liefert: $a \cdot 1^3 + b \cdot 1^2 + c \cdot 1 = 1$, also $a + b + c = 1$
$f'(1) = 1{,}5$ liefert: $3a \cdot 1^2 + 2b \cdot 1 + c = 1{,}5$, also $3a + 2b + c = 1{,}5$

Damit erhalten wir drei lineare Gleichungen mit drei Variablen.
Zusammengefasst ist dies ein Gleichungssystem aus drei Gleichungen, die alle drei zugleich erfüllt sein müssen:

$$\left| \begin{array}{rcrcrcl} & & & & c & = & 0 \\ a & + & b & + & c & = & 1 \\ 3a & + & 2b & + & c & = & 1{,}5 \end{array} \right|$$

Aus der ersten Gleichung kann man schon den Wert für c entnehmen. Daher setzt man diesen in die 2. und 3. Gleichung ein.

$$\left|\begin{array}{rcrcrcr} & & & & c & = & 0 \\ a & + & b & + & c & = & 1 \\ 3a & + & 2b & + & c & = & 1{,}5 \end{array}\right| \quad \text{Einsetzen}$$

$$\left|\begin{array}{rcrcrcr} & & & & c & = & 0 \\ a & + & b & & & = & 1 \\ 3a & + & 2b & & & = & 1{,}5 \end{array}\right| \begin{array}{l} \\ \cdot(-2) \\ \oplus \end{array}$$

Betrachtet man nur die 2. und 3. Gleichung, so handelt es sich um ein Gleichungssystem aus 2 Gleichungen mit 2 Variablen. Nächstes Ziel ist es, in einer der beiden Gleichungen eine Variable zu eliminieren. Wir verwenden dazu das Additionsverfahren.

$$\left|\begin{array}{rcrcrcr} & & & & c & = & 0 \\ a & + & b & & & = & 1 \\ a & & & & & = & -0{,}5 \end{array}\right| \quad \text{Einsetzen}$$

Setzt man diesen Wert für a in die 2. Gleichung ein, so enthält diese nur noch eine Variable, deren Wert berechnet werden kann.

$$\left|\begin{array}{rcrcrcr} & & & & c & = & 0 \\ -0{,}5 & + & b & & & = & 1 \\ a & & & & & = & -0{,}5 \end{array}\right|$$

$$\left|\begin{array}{rcrcrcr} & & & & c & = & 0 \\ & & b & & & = & 1{,}5 \\ a & & & & & = & -0{,}5 \end{array}\right|$$

Die gesuchte Funktionsgleichung lautet also $f(x) = -0{,}5\,x^3 + 1{,}5\,x^2$.

(4) Probe am gestellten Problem

Durch Berechnen von $f'(0)$, $f(1)$, $f'(1)$ kann man schnell feststellen, dass diese Funktion alle geforderten Bedingungen erfüllt. Die Ableitungsfunktion hat den Term $f'(x) = -1{,}5\,x^2 + 3\,x$.

$f'(0) = 0$

$f(1) = -0{,}5 \cdot 1 + 1{,}5 \cdot 1 = 1$

$f'(1) = -1{,}5 \cdot 1 + 3 \cdot 1 = 1{,}5$

Dabei ist nur der Bereich $0 \le x \le 1$ zu betrachten.

Durch Zeichnen des Graphen mit dem GTR gewinnt man einen anschaulichen Eindruck von der Form des Bleches.

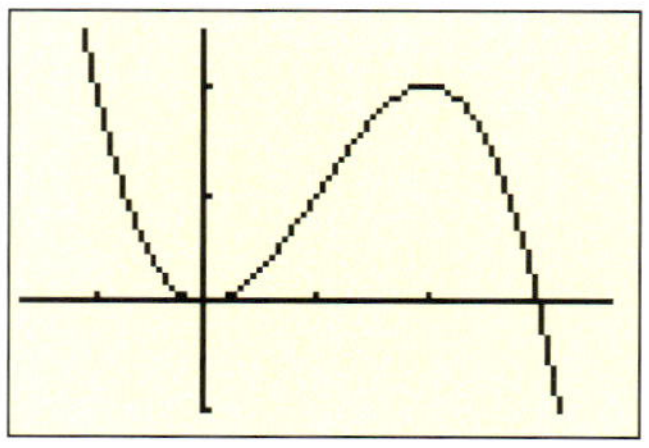

Ergebnis

Das Profil des gebogenen Blechs wird also beschrieben durch die Funktion f mit $f(x) = -0{,}5\,x^3 + 1{,}5\,x^2$ mit $0 \le x \le 1$.

Information

(1) Schritte beim Bestimmen ganzrationaler Funktionen mit vorgegebenen Eigenschaften

In der Einführung sind wir folgendermaßen vorgegangen, um den Term einer Funktion zu ermitteln:

- Formulieren der Bedingungen an die Funktion
- Festlegen eines allgemeinen Funktionsterms mit variablen Koeffizienten
- Erstellen eines linearen Gleichungssystems aus den formulierten Bedingungen
- Lösen des linearen Gleichungssystems
- Probe

Eine solche Aufgabe zum Ermitteln einer Funktion mit vorgegebenen Eigenschaften nennt man auch *Steckbriefaufgabe*.

(2) Lineare Gleichungen – lineare Gleichungssysteme

Aus der Klasse 8 wissen wir:

- Lineare Gleichungen mit *einer* Variablen haben einzelne Zahlen als Lösung. Beispielsweise hat die Gleichung $4 \cdot x = 8$ die Lösung 2; die Gleichung $0 \cdot x = 0$ hat jede reelle Zahl als Lösung.
- Lineare Gleichungen mit *zwei* Variablen haben *Zahlenpaare* als Lösung. Beispielsweise ist $(1 \mid 2)$ eine Lösung der Gleichung $8x - 4y = 0$, denn $8 \cdot 1 - 4 \cdot 2 = 0$.

Entsprechend haben lineare Gleichungen mit *drei* Variablen *Zahlentripel* als Lösung, usw. Beispielsweise ist $(1 \mid 2 \mid 3)$ eine Lösung der linearen Gleichung $4x - y + z = 5$, denn $4 \cdot 1 - 2 + 3 = 5$.
Man nennt eine Gleichung **linear**, wenn sie nur aus einer Summe von Vielfachen der Variablen besteht.
Sollen mehrere lineare Gleichungen zugleich erfüllt sein, so spricht man von einem **linearen Gleichungssystem**.

(2) Lösen eines linearen 3×3-Gleichungssystems

In der Einführung haben wir ein Gleichungssystem aus 3 Gleichungen mit 3 Variablen gelöst. Dies war besonders einfach, weil eine Gleichung schon einen Wert für eine der Variablen enthielt. Allgemein strebt man dieses Zwischenziel an und geht folgendermaßen vor:

$$\left|\begin{array}{rcrcrcr} x &+& 2y &+& 6z &=& 9 \\ x &+& y &+& 4z &=& 5 \\ 2x &+& 3y &+& 13z &=& 23 \end{array}\right| \quad \begin{array}{l} \cdot(-1)\ \text{zur 2. Gleichung addieren};\ \cdot(-2)\ \text{zur 3. Gleichung addieren} \\ \\ \\ \end{array}$$

Mithilfe der 1. Gleichung wird aus der 2. Gleichung und aus der 3. Gleichung die Variable x eliminiert.

$$\left|\begin{array}{rcrcrcr} x &+& 2y &+& 6z &=& 9 \\ &-& y &-& 2z &=& -4 \\ &-& y &+& z &=& 5 \end{array}\right| \quad \cdot(-1)\ \text{zur 3. Gleichung addieren}$$

Mithilfe der 2. Gleichung wird aus der 3. Gleichung die Variable y eliminiert.

Dreiecksgestalt

$$\left|\begin{array}{rcrcrcr} x &+& 2y &+& 6z &=& 9 \\ &-& y &-& 2z &=& -4 \\ && && 3z &=& 9 \end{array}\right|$$

← Wert für z berechnen

$$\left|\begin{array}{rcrcrcr} x &+& 2y &+& 6z &=& 9 \\ &-& y &-& 2z &=& -4 \\ && && z &=& 3 \end{array}\right|$$

← Wert für z einsetzen und vereinfachen (1. Gleichung)
← Wert für z einsetzen und Wert für y berechnen (2. Gleichung)

$$\left|\begin{array}{rcrcl} x &+& 2y && = -9 \\ && y && = -2 \\ && & z & = 3 \end{array}\right|$$

← Wert für y einsetzen und Wert für x berechnen

$$\left|\begin{array}{rrrl} x & & & = -5 \\ & y & & = -2 \\ & & z & = 3 \end{array}\right|$$

Lösungsmenge: $L = \{(-5 \mid -2 \mid 3)\}$

Probe: Das Einsetzen der Lösungsmenge in das Ausgangssystem bestätigt das Ergebnis.

Rückblick auf den Lösungsweg

Der entscheidende Schritt zum Lösen des Gleichungssystems war das Umformen auf **Dreiecksgestalt**. In dieser enthält die letzte Gleichung nur eine Variable und jede vorherige höchstens eine mehr als die nachfolgende. Aus der letzten Gleichung kann dann sofort der Wert einer Variablen berechnet werden. Diese wird dann in die vorletzte Gleichung eingesetzt, aus der dann der Wert einer weiteren Variable berechnet werden kann usw.

Die zum Schluss entstehende Form des Gleichungssystems, aus der man die Lösung unmittelbar ablesen kann, nennt man **Diagonalgestalt**.

$$\left|\begin{array}{rrrl} x & & & = -5 \\ & y & & = -2 \\ & & z & = 3 \end{array}\right|$$

Weiterführende Aufgabe

1. *Sonderfälle*

a) Gesucht ist eine quadratische Funktion, deren Graph einen Tiefpunkt bei $T(2|1)$ hat, ferner soll der Graph an der Stelle -1 die Steigung 3 haben. Deute dein Ergebnis am Graphen.

b) Gesucht ist eine quadratische Funktion, deren Graph an der Stelle 2 eine waagerechte Tangente hat und durch die Punkte $P(1|2)$ und $Q(3|3)$ verläuft. Deute dein Ergebnis am Graphen.

c) Gesucht ist eine quadratische Funktion, deren Graph durch die Punkte $P(1|1)$ und $Q(3|1)$ verläuft und an der Stelle 2 eine waagerechte Tangente hat. Deute dein Ergebnis am Graphen.

> Eine Aufgabe zum Bestimmen einer ganzrationalen Funktion mit vorgegebenen Eigenschaften kann *keine*, *eine* oder *mehrere* Lösungen haben.
> In jedem Fall ist nach dem Lösen des linearen Gleichungssystems eine Probe erforderlich.

Übungsaufgaben

2. Ermittle den Funktionsterm der im Steckbrief rechts gesuchten Funktion.

WANTED

ganzrationale Funktion 3. Grades

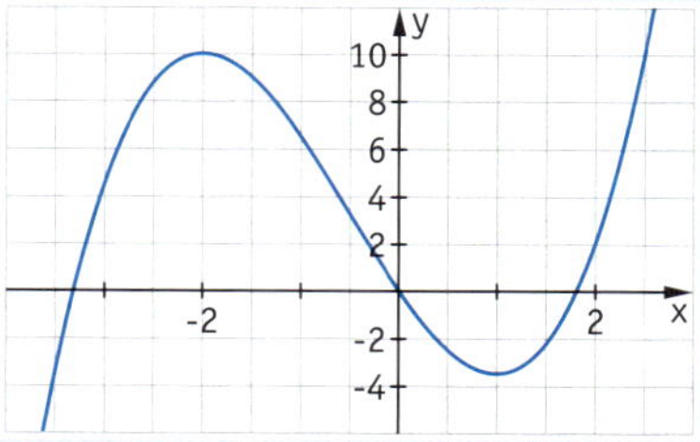

- Graph verläuft durch $O(0|0)$ mit der Steigung -6
- Graph hat einen Hochpunkt $H(-2|10)$

3. Bestimme die Lösungen des linearen Gleichungssystems ohne Rechner.

a) $\left| \begin{array}{l} 2x + 3y = 4 \\ 3x + 4y = 5 \end{array} \right|$

b) $\left| \begin{array}{r} y + 3z = 1 \\ z = 1 \\ x + 2y + 2z = 3 \end{array} \right|$

c) $\left| \begin{array}{r} a + 2b + c = 1 \\ 2a + b - c = -1 \\ -a + 2b + 2c = 1 \end{array} \right|$

4. Bestimme die Lösungsmenge.

a) $\left| \begin{array}{l} x - y + z = 0 \\ x - y + z = 0 \\ x - y + z = 0 \end{array} \right|$

b) $\left| \begin{array}{r} 4x + 3y + 3z = 6 \\ x + 3y - z = 4 \\ 4x + 2y + 3z = 1 \end{array} \right|$

c) $\left| \begin{array}{r} z + 3y = 5 - 4x \\ 2x - 5y + 3z = 1 \\ -2z + 5 = 2 - 7x + y \end{array} \right|$

d) $\left| \begin{array}{r} 2a - 3b - 4c = 8 \\ 3a + 5b + c = 10 \\ -4a + b - 3c = 7 \end{array} \right|$

e) $\left| \begin{array}{r} u + 4v + 2w = 2 \\ u + v - w = -1 \\ -u + 4v + 4w = 2 \\ u + 3v + 3w = 5 \end{array} \right|$

f) $\left| \begin{array}{l} a + b + c = 2 \\ a + c + d = 0 \\ a + b + d = -5 \\ b + c + d = -3 \end{array} \right|$

5. Bei einem Glas wurde gemessen, in welcher Höhe bestimmte Radien vorliegen (Tabelle rechts). Bestimme die Funktion, welche den Radius in Abhängigkeit von der Höhe angibt.

h (in cm)	0	1	2	3
r (in cm)	1	1,5	1,8	2

6. Bestimme eine ganzrationale Funktion dritten Grades, deren Graph die angegebenen Eigenschaften hat. Skizziere zunächst einen möglichen Verlauf des Graphen per Hand.

a) Der Koordinatenursprung ist Punkt des Graphen, W(2|4) ist Wendepunkt, die zugehörige Wendetangente hat die Steigung −3.

b) Der Koordinatenursprung ist Wendepunkt, der Punkt H(3|2) ist Hochpunkt.

c) Der Graph verläuft durch die Punkte A(−4|−8), B(−2|1), C(1|1) und D(3|5).

d) Der Graph geht durch den Ursprung und hat in S(2|1) einen Sattelpunkt.

e) Der Graph hat den Wendepunkt W(0|1) und berührt die Parabel mit der Gleichung $y = x^2 + x$ im Scheitelpunkt.

f) Der Graph hat den Wendepunkt W(1|0). Weitere Nullstellen liegen bei −1 und 3. Die Tangente im Wendepunkt W hat die Steigung −4.

7. Der Graph einer ganzrationalen Funktion soll durch die gegebenen Punkte verlaufen. Bestimme die Funktionsgleichung unter der Voraussetzung, dass der Grad der Funktion möglichst niedrig sein soll.

a) $P_0(-1|1)$, $P_1(0|-3)$, $P_2(2|4)$

b) $P_0(-3|4)$, $P_1(1|10)$, $P_2(2|8)$

c) $P_0(-4|-8)$, $P_1(-2|1)$, $P_2(1|1)$, $P_3(3|5)$

d) $P_0(-3|-7)$, $P_1(-2|-4)$, $P_2(-1|3)$, $P_3(0|0)$

8. Untersuche die Frage, ob es ganzrationale Funktionen dritten Grades mit den angegebenen Eigenschaften gibt. Falls nein, versuche eine passende Funktion vierten Grades zu finden.

a) Der Graph hat im Punkt E(1|4) eine waagerechte Tangente und in W(0|2) einen Wendepunkt.

b) Der Graph verläuft durch den Punkt P(4|32) und hat in T(−1|7) einen Tiefpunkt, die Stelle x = 0,5 ist Wendestelle.

c) Der Graph ist punktsymmetrisch zum Ursprung, geht durch den Punkt P(1|−1) und hat an der Stelle x = 2 einen Extrempunkt.

d) Der Graph hat bei x = −2 und x = 4 relative Extremstellen, der Wendepunkt liegt auf der y-Achse.

9. Finde eine ganzrationale Funktion, deren Graph mit dem gegebenen Graphen übereinstimmt.

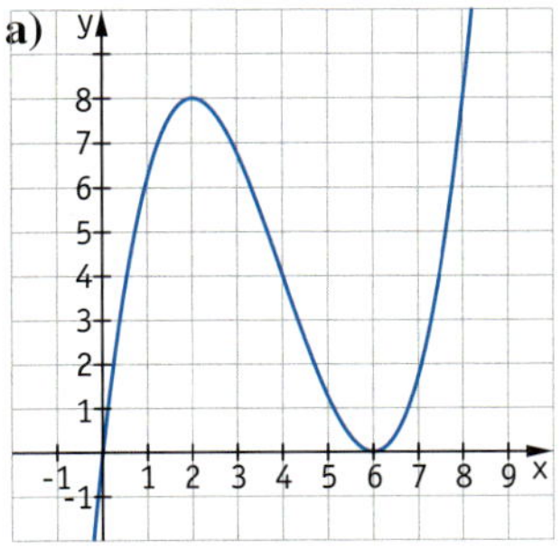

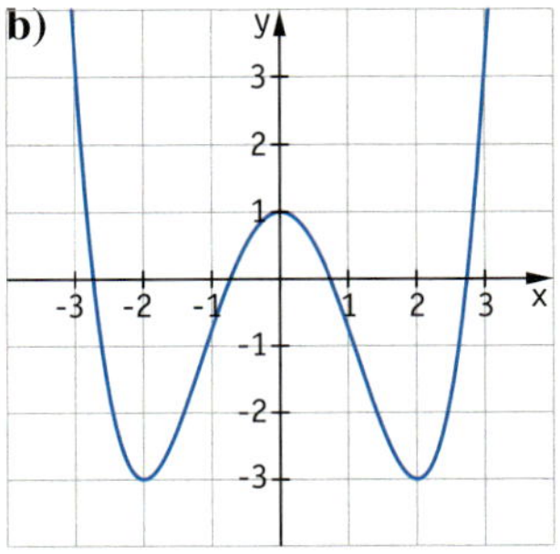

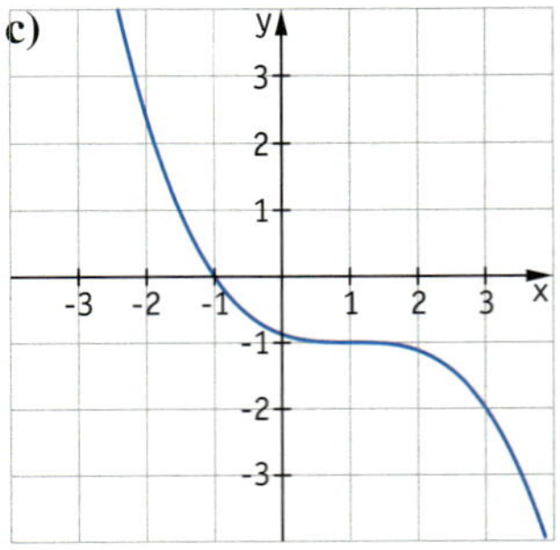

10. Bestimme eine ganzrationale Funktion möglichst niedrigen Grades, sodass gilt:

a) S(0|3) ist Sattelpunkt des Graphen. Im Punkt P(3|0) liegt eine horizontale Tangente vor.

b) T(2|4) ist Tiefpunkt und W(0|0) Wendepunkt des Graphen. Die Wendetangente hat die Steigung 1.

c) H(0|0) ist Hochpunkt des Graphen. Bei 3 ist eine Extremstelle. W(1|11) ist Wendepunkt.

11. Bestimme eine ganzrationale Funktion, deren Graph zur y-Achse symmetrisch ist und für die gilt:

a) Der Graph geht durch $O(0|0)$ und hat bei $x_0 = 3$ eine Nullstelle. Die Steigung in dieser Nullstelle beträgt -48 [2; 0].

b) $W(1|3)$ ist Wendepunkt des Graphen, die zugehörige Wendetangente hat die Steigung -2.

Strategie:
Symmetrien bereits im Ansatz berücksichtigen

- Ansatz für Graphen, die zur y-Achse symmetrisch sind:
  $f(x) = a + b \cdot x^2 + c \cdot x^4 + \dots$
- Ansatz für Graphen, die zum Ursprung symmetrisch sind:
  $f(x) = a \cdot x + b \cdot x^3 + \dots$

12. Der Graph einer ganzrationalen Funktion ist zur y-Achse symmetrisch, hat einen Tiefpunkt auf der x-Achse und an der Stelle $x = 1$ einen Wendepunkt. Bestimme einen Funktionsterm.

13. Bestimme eine ganzrationale Funktion, deren Graph symmetrisch zum Koordinatenursprung ist und für die gilt:

a) Der Graph hat eine Nullstelle bei $x = 2$; die Steigung in dieser Nullstelle beträgt 8.

b) Der Graph hat eine Nullstelle bei $x = 1$; dort hat er eine waagerechte Tangente. Im Ursprung beträgt die Steigung 1.

14. *Partnerarbeit:* Konstruiere eine Steckbriefaufgabe und lasse diese von deinem Partner lösen.

a) Die Steckbriefaufgabe soll genau eine Lösungsfunktion zweiten [dritten] Grades besitzen.

b) Die Steckbriefaufgabe soll unendlich viele Lösungsfunktionen zweiten [dritten] Grades besitzen.

c) Die Steckbriefaufgabe soll keine Lösungsfunktion zweiten [dritten] Grades, aber genau eine lineare [quadratische] Lösungsfunktion besitzen.

d) Das zugehörige lineare Gleichungssystem soll nicht lösbar sein, die Steckbriefaufgabe soll aber unendlich viele Lösungsfunktionen dritten [vierten] Grades besitzen.

e) Die Steckbriefaufgabe soll keine Lösungsfunktion zweiten [dritten] Grades besitzen, obwohl das zugehörige lineare Gleichungssystem lösbar ist.

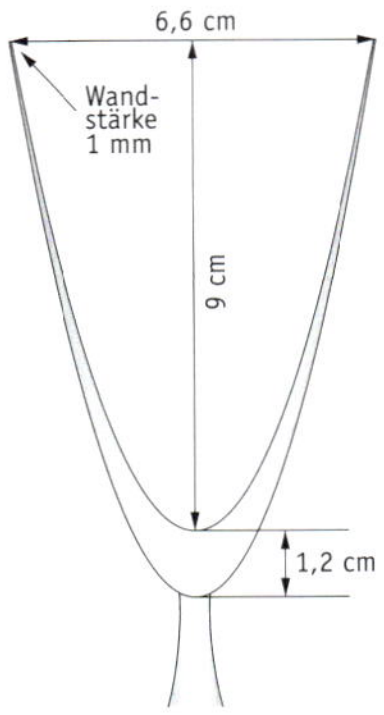

15. Bestimme möglichst einfache Funktionsterme, die die äußere und innere Berandung des Querschnitts des links abgebildeten Sektglases (ohne Stiel) beschreiben.
Zeichne damit ein maßstabsgetreues Schnittbild des Sektglases.

16. Bei einem Freistoß, der ohne Effet getreten wird, soll der Weg des Fußballes durch eine ganzrationale Funktion h dritten Grades beschrieben werden. Dabei soll x die Entfernung des Balles in der Horizontalen vom Ausgangspunkt und h(x) die Höhe des Balles angeben. Die Flugkurve des Balles hat im Ausgangspunkt einen Tiefpunkt und nach 12 m eine maximale Höhe von 4 m.

a) Ermittle einen Funktionsterm der Funktion h und zeichne den Graphen.

b) Wie hoch darf eine aus Gegenspielern gebildete „Mauer" maximal sein, die in 9,15 m Entfernung vom Ausgangspunkt steht, damit der Ball gerade noch über die Mauer fliegt?

c) Der Ball senkt sich in 2 m Höhe ins Tor. Wie weit war der Freistoß vom Tor entfernt?

d) In welcher Entfernung und unter welchem Winkel wäre der Ball am Boden aufgekommen, wenn er nicht ins Tor gegangen wäre?

Im Blickpunkt

Im Blickpunkt

Lösen linearer Gleichungssysteme mit GTR oder CAS

Das Lösen linearer Gleichungssysteme mit mehr als zwei Variablen und Gleichungen wird schnell rechenaufwändig, insbesondere dann, wenn sich keine ganzzahligen Lösungen ergeben. Heutzutage lassen sich hier vorteilhaft Computer-Algebra-Systeme einsetzen. Auch grafikfähige Taschenrechner können diese Gleichungssysteme lösen.

Möchte man z. B. das nebenstehende Gleichungssystem lösen, so kann man statt der ausführlichen Schreibweise nur die Koeffizienten der Variablen und die Zahlen der rechten Seiten notieren, um Schreibarbeit zu sparen:

$$\left| \begin{array}{rcrcrcr} 2x & + & y & + & z & = & 22 \\ -x & + & 2y & + & 3z & = & 3 \\ 3x & + & 2y & + & 4z & = & -34 \end{array} \right|$$

Ausführliche Schreibweise:

$$\left| \begin{array}{rcrcrcr} 2x & + & y & + & z & = & 22 \\ -x & + & 2y & + & 3z & = & 3 \\ 3x & + & 2y & + & 4z & = & 34 \end{array} \right| \begin{array}{l} \\ \cdot 2 \\ \\ \end{array} \Big\} \oplus$$

$$\left| \begin{array}{rcrcrcr} 2x & + & y & + & z & = & 22 \\ & & 5y & + & 7z & = & 28 \\ 3x & + & 2y & + & 4z & = & 34 \end{array} \right|$$

Verkürzte Schreibweise der Koeffizienten:

$$\left| \begin{array}{rrrr} 2 & 1 & 1 & 22 \\ -1 & 2 & 3 & 3 \\ 3 & 2 & 4 & 34 \end{array} \right| \begin{array}{l} \\ \cdot 2 \\ \\ \end{array} \Big\} \oplus$$

$$\left| \begin{array}{rrrr} 2 & 1 & 1 & 22 \\ 0 & 5 & 7 & 28 \\ 3 & 2 & 4 & 34 \end{array} \right|$$

Nach mehreren Umformungsschritten gelangst du schließlich zu:

$$\left| \begin{array}{ccccr} x & & & = & 8 \\ & y & & = & 7 \\ & & z & = & -1 \end{array} \right| \qquad \left| \begin{array}{rrrr} 1 & 0 & 0 & 8 \\ 0 & 1 & 0 & 7 \\ 0 & 0 & 1 & -1 \end{array} \right|$$

1. Führe die Umformungsschritte parallel nebeneinander sowohl in ausführlichen als auch in der abgekürzten Schreibweise durch.

Die verkürzte Schreibweise bezeichnet man auch als *Koeffizientenmatrix* oder kurz nur *Matrix*. Du kannst sie auf folgende Weise in den GTR eingeben:

Matrix ⟨lat.⟩, *Plural*: Matrizen, Math: rechteckiges Schema von Zahlen

Wähle im Menü **MATRIX** den Befehl EDIT, um die Matrix [A] (oder [B], [C], usw.) einzugeben.

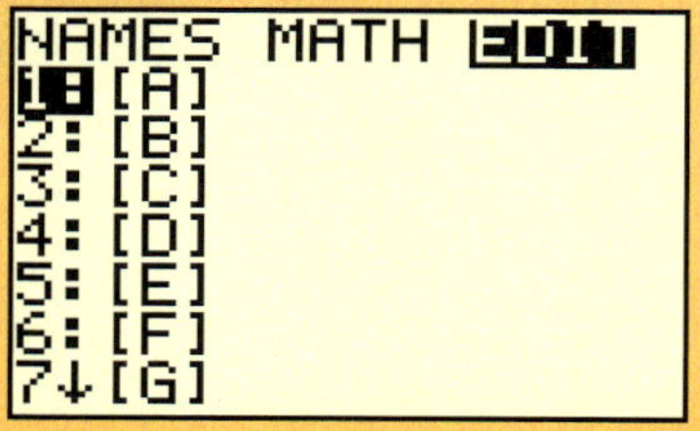

Jetzt musst du angeben, dass die Matrix 3 Zeilen und 4 Spalten haben soll.

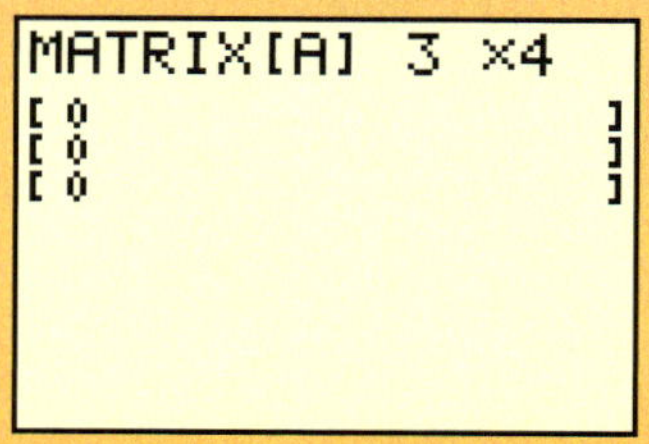

In das Tabellenraster gibst du die Koeffizienten des Gleichungssystems ein.

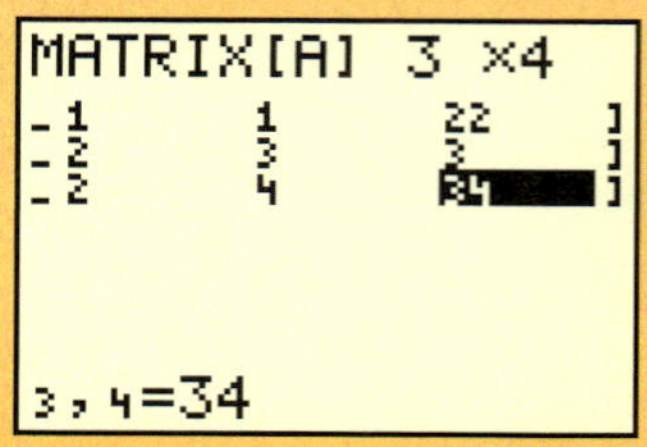

Nachdem du mit der Taste **QUIT** zum normalen Bildschirm zurückgekehrt bist, kannst du dir mit der Tastenkombination **MATRIX**/NAMES die eingegebene Matrix anzeigen lassen.

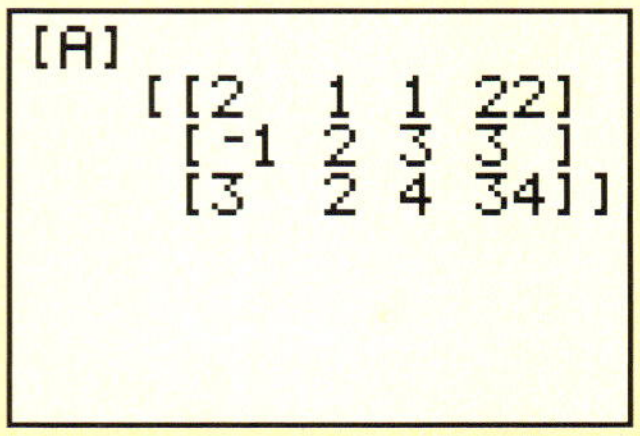

Zugehöriges Gleichungssystem:

$$\left|\begin{aligned} 2x + y + z &= 22 \\ -x + 2y + 3z &= 3 \\ 3x + 2y + 4z &= 34 \end{aligned}\right|$$

Um das Gleichungssystem vom GTR lösen zu lassen, wählst du wieder das Menü **MATRIX**.

rref
Abkürzung für row reduced echolon form (engl).

Wähle das Untermenü MATH und gehe mithilfe der Pfeiltasten zum Befehl **rref(**.

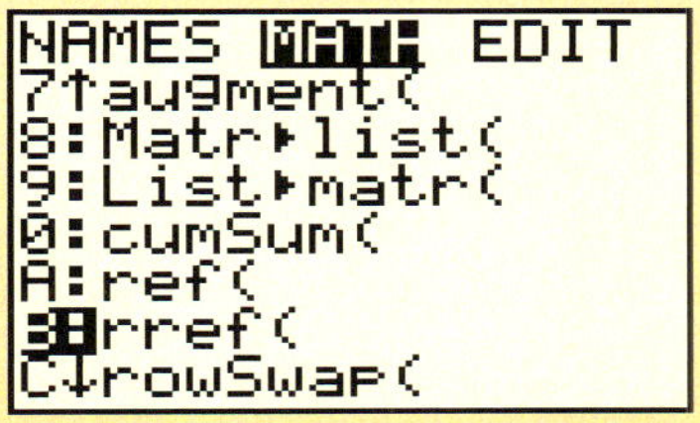

Über die Tastenkombination **MATRIX**/NAMES gibst du [A] ein und bestätigst mit ENTER.

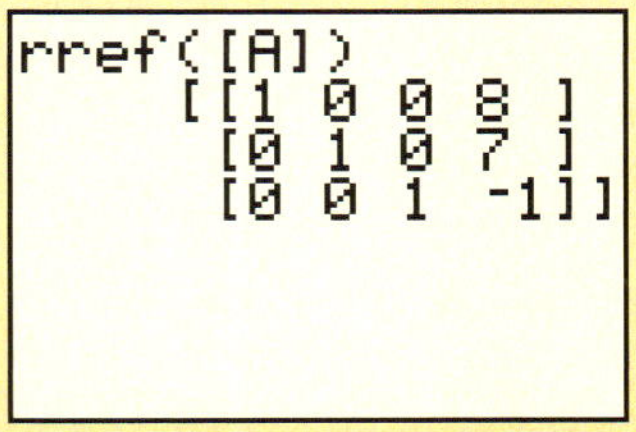

Aus der angezeigten Matrix kannst du die Lösung ablesen:

$$\left|\begin{aligned} x &= 8 \\ y &= 7 \\ z &= -1 \end{aligned}\right|$$

Tipp
Um $\frac{2}{3}$ in den GTR einzugeben, tippe $2 \div 3$.
Mit dem Befehl Frac im Menü MATH kannst du Ergebnisse in Bruchform anzeigen lassen, wenn die Nenner nicht zu groß sind.

2. Löse folgende Gleichungssysteme entsprechend mit dem GTR.

a) $\left|\begin{aligned} 3x + 2y - 4z &= -4 \\ x - y + 5z &= 13 \\ 2x + y - 3z &= -3 \end{aligned}\right|$ **b)** $\left|\begin{aligned} 2x - 6y + z &= -10 \\ 3x + 4y - 3z &= -11 \\ x + y - 2z &= -6 \end{aligned}\right|$ **c)** $\left|\begin{aligned} x + 6y - 3z &= -6 \\ 4x + 3y - 3z &= 3 \\ 4x - 3y + 6z &= 18 \end{aligned}\right|$

Anmerkung:
Bei einem CAS-Rechner und manchen GTR kann man den Befehl **rref** und die Matrix direkt im Hauptbildschirm eingeben und erhält unmittelbar das exakte Ergebnis.

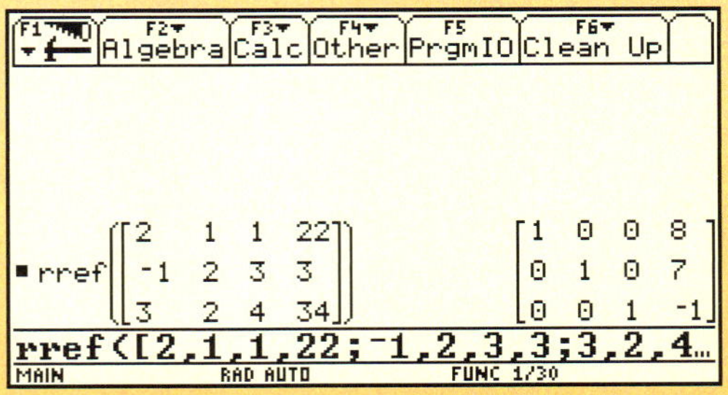

3. Grafikfähige Taschenrechner können ein lineares Gleichungssystem auch dann lösen, wenn ein Sonderfall vorliegt.
Unten siehst du zwei Beispiele. Notiere die zu den Koeffizientenmatrizen gehörenden Gleichungssysteme in ausführlicher Form und begründe, welcher Sonderfall vorliegt. Kontrolliere deine Behauptung durch händische Berechnung.

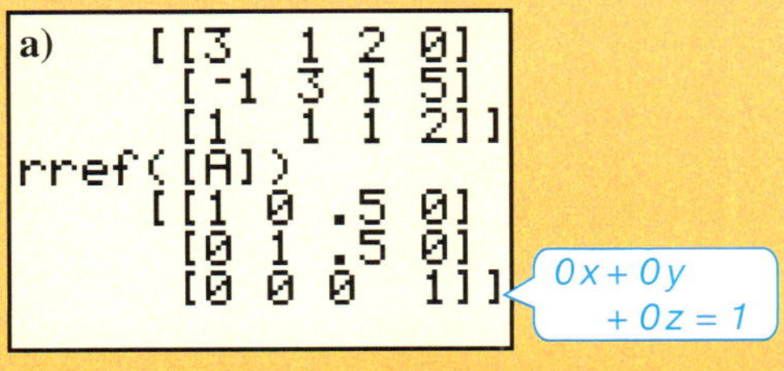

4. Bestimme die Lösungsmenge mit GTR oder CAS.

a) $\left|\begin{aligned} x - y + z &= 4 \\ 2x - y - 3z &= 7 \\ x + 5y - 9z &= 2 \end{aligned}\right|$ **b)** $\left|\begin{aligned} x + y \quad &= 1 \\ x \quad + z &= 6 \\ -y + z &= 4 \end{aligned}\right|$ **c)** $\left|\begin{aligned} 3x + 4y + 5z &= 5 \\ -2x + 3y - 4z &= -4 \\ x - 6y + 3z &= 3 \end{aligned}\right|$

5.11 Aufgaben zur Vertiefung

Kennzeichnung von Punkten:
● gehört zum Graphen;
○ gehört nicht zum Graphen.

1. Betrachte den rechts gezeichneten Graphen der Funktion f mit

$$f(x) = \begin{cases} -x-3 & \text{für} \quad x \le -2 \\ \frac{1}{2}x+2 & \text{für} \quad -2 < x \le 1 \\ -\frac{1}{2}x+2 & \text{für} \quad x > 1 \end{cases}$$

Untersuche anhand der Definition, ob der Graph Extrempunkte hat.

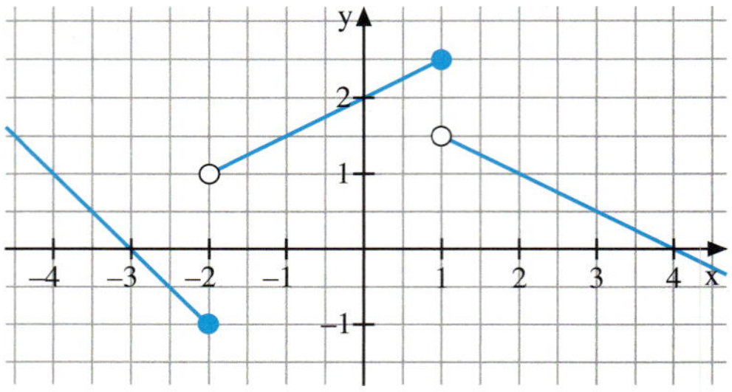

2. Zeichne den Graphen der Funktion f mit $f(x) = |x^2 - 5|$.
Untersuche anhand der Definition, ob der Graph Extrempunkte hat.

3. Bei ganzrationalen Funktionen liegt in einem Extrempunkt des Graphen stets eine waagerechte Tangente vor. Stelle für beliebige Funktionen einen Zusammenhang her zwischen den Punkten mit waagerechter Tangente und den Extrempunkten.

4. Zeichne den Graphen zu der Funktion f mit:

$$f(x) = \begin{cases} x+3 & \text{für} \quad x \le -1 \\ x^2 & \text{für} \quad -1 < x \le 2 \\ \frac{1}{2}x+4 & \text{für} \quad x > 2 \end{cases}$$

Bestimme die Intervalle, in denen f monoton steigend bzw. monoton fallend ist.

5. Ein Schlagball wird in 2 m Höhe abgeworfen und erreicht eine Wurfweite von 50 m. Modelliere die Flugbahn als eine Parabel. Lege dazu das Koordinatensystem so, dass der Abwurfpunkt die Koordinaten $A(0|2)$ hat.

a) Folgere aus den Daten, dass sich die Flugbahn beschreiben lässt mit einem Funktionsterm der Form:
$f(x) = kx^2 - \left(50k + \frac{1}{25}\right)x + 2$
Untersuche, in welchem Bereich der Parameter k liegen kann.

b) Skizziere mit dem GTR einige dieser Graphen und beschreibe den Einfluss des Parameters k auf den Graphen.

c) Bestimme, an welcher Stelle jeweils der Schlagball die maximale Flughöhe erreicht. Wie groß ist diese?

6. Begründe:
Zwischen zwei Nullstellen einer ganzrationalen Funktion liegt stets mindestens eine Extremstelle der Funktion.

Bist du fit?

1. Gegeben sind: $f(x) = (x-2)\cdot(x+1)^2$; $g(x) = (x^2+1)\cdot(x+2)$; $h(x) = (x-1)^3$
Beschreibe ohne Rechnung den Globalverlauf der Funktionen f, g und h. Skizziere deren Graphen und gib die Nullstellen mit ihren Vielfachheiten an.

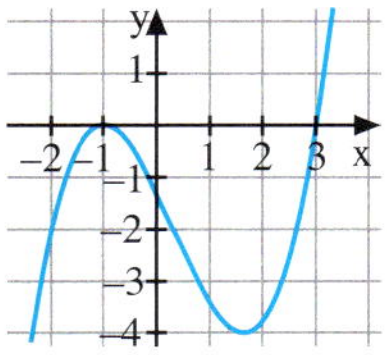

2. a) Gib zu der ganzrationalen Funktion des Graphen links den minimalen Grad an.

b) Gib eine Gleichung an, die einen Graphen wie den Graphen links ergibt.

3. a) Begründe: Jede ganzrationale Funktion 3. Grades besitzt mindestens eine Nullstelle.

b) Begründe: Jede ganzrationale Funktion 4. Grades besitzt mindestens eine Extremstelle.

4. a) Beschreibe das Monotonieverhalten des untenstehenden Funktionsgraphen und skizziere den Graphen der zugehörigen Ableitungsfunktion.

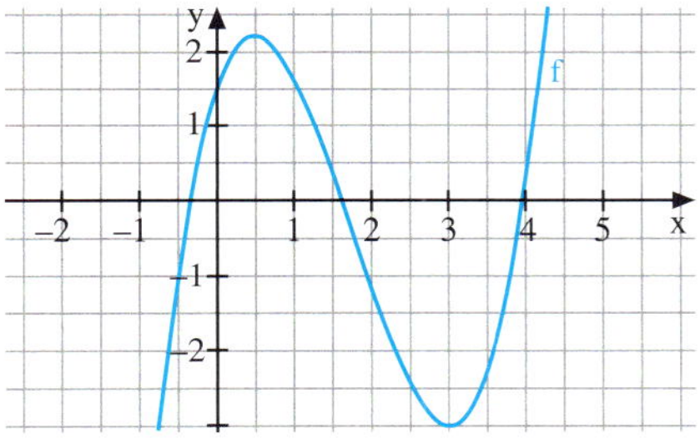

b) Abgebildet ist der Graph einer Ableitungsfunktion f′. Beschreibe das Monotonieverhalten der zugehörigen Funktion f.
Begründe deine Aussagen und skizziere einen möglichen Graphen von f.

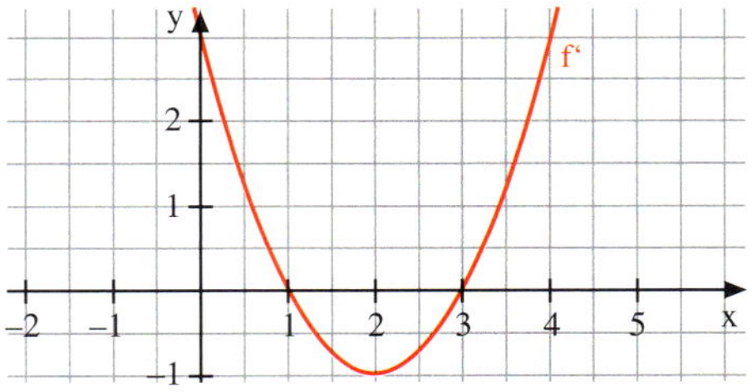

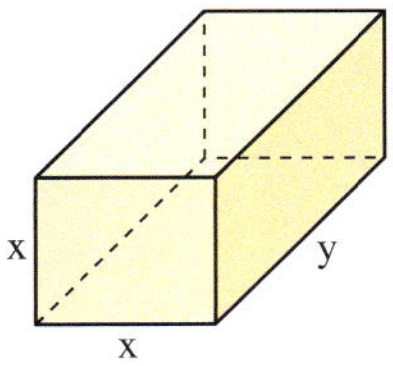

5. Eine Kartonagenfabrik stellt quaderförmige Pakete mit quadratischen Seitenflächen her. Damit die Pakete nicht zu unhandlich werden, sollen noch zwei Bedingungen erfüllt sein:
Die Länge soll nicht größer als 200 cm sein. Länge plus Umfang der quadratischen Seitenfläche soll 360 cm groß sein. Ermittle das Paket mit dem größten Volumen.

6. Untersuche den Graphen der Funktion f mit $f(x) = x^5 - 10x^3 + 25x$ ohne CAS oder GTR.

7. Untersuche, ob es eine ganzrationale Funktion dritten Grades mit den folgenden Eigenschaften gibt. Sollte dies nicht der Fall sein, so versuche, eine geeignete Funktion vierten Grades zu bestimmen: Der Funktionsgraph hat den Tiefpunkt $T(-1|3)$, die Wendestelle $x_w = 0$ und geht durch den Punkt $P(3|3)$.

8. Gegeben sind die Funktionen f_k mit $f_k(x) = 3x^3 - kx^2 + 3kx$. Untersuche die Graphen von f_k. Wie ist k zu wählen, damit der Graph von f_k genau eine waagerechte Tangente besitzt?

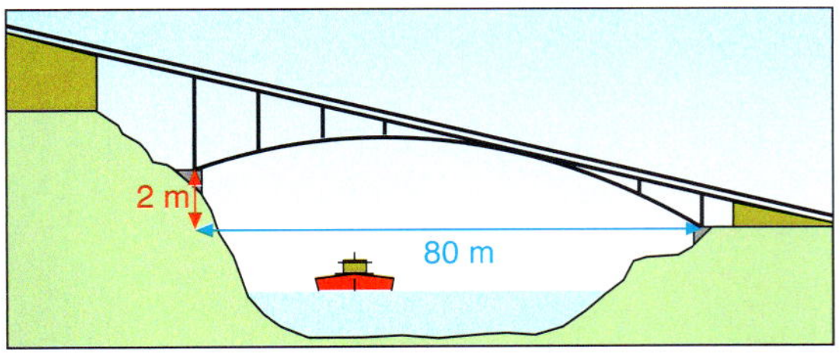

9. Über einen Fluß führt eine Straße, die auf einem parabelförmigen Brückenbogen aufliegt. Die Fahrbahn wird von einer Reihe von Stützen getragen, die von der Auflagestelle aus im 10-Meter-Abstand folgen. Der rechte Auflagekörper des Parabelbogens hat einen horizontalen Abstand von 80 m vom linken und liegt 2 m tiefer. Die Fahrbahn hat ein Gefälle von 5 %. Bestimme die Parabelgleichung und ermittle die Steigung der Straße.

Bist du fit? – Lösungen

Seite 38

1. (1) Um 1 parallel zur y-Achse nach oben verschobene Normalparabel.
(2) $f_2(x) = \frac{2}{5}x - 2$
(3) $f_3(x) = -2x + 3$

2. a) Nullstellen: $x_1 = 1 - \frac{1}{\sqrt{2}} \approx 0{,}29$ und $x_2 = 1 + \frac{1}{\sqrt{2}} \approx 1{,}71$

b) *Nach oben geöffnet:*
Beispiel: $f(x) = 2x^2 + 3x + \frac{5}{4}$
Allgemein: $f(x) = ax^2 + bx + c$ mit $a > 0, c > 0$ und $|c| > \left|\frac{b^2}{4 \cdot a}\right|$
Nach unten geöffnet:
Beispiel: $f(x) = -2x^2 + 3x + \frac{5}{4}$
Allgemein: $f(x) = ax^2 + bx + c$ mit $a < 0, c < 0$ und $|c| > \left|\frac{b^2}{4 \cdot a}\right|$

3. a) Die geringste Sinkgeschwindigkeit liegt bei dem Scheitelpunkt der Parabel vor, also bei $x = \frac{2700}{41} \approx 65{,}85$.
Die geringste Sinkgeschwindigkeit wird bei einer Fluggeschwindigkeit von ungefähr $65{,}85\,\frac{km}{h}$ erreicht.
Sie liegt bei etwa $0{,}52\,\frac{m}{s}$.

b) Von $120\,\frac{km}{h}$ bis $130\,\frac{km}{h}$: $2{,}209\,\frac{m}{s} - 1{,}724\,\frac{m}{s} = 0{,}485\,\frac{m}{s}$
Von $130\,\frac{km}{h}$ bis $140\,\frac{km}{h}$: $2{,}776\,\frac{m}{s} - 2{,}209\,\frac{m}{s} = 0{,}567\,\frac{m}{s}$
Von $140\,\frac{km}{h}$ bis $150\,\frac{km}{h}$: $3{,}425\,\frac{m}{s} - 2{,}776\,\frac{m}{s} = 0{,}649\,\frac{m}{s}$

Bild zu Aufgabe 4:

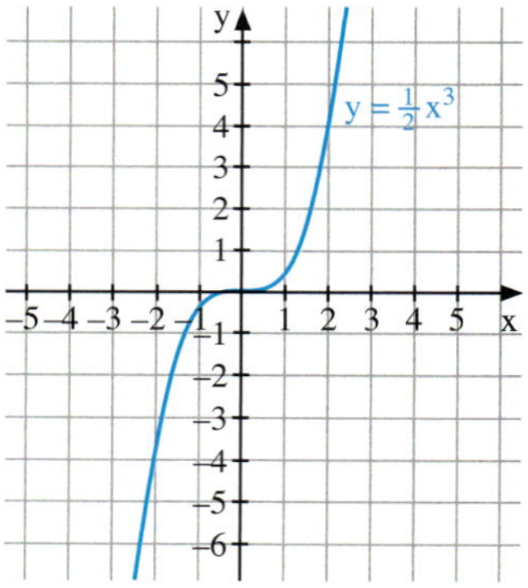

4. a) Da P im 3. Quadranten und Q im 1. Quadranten liegt, muss n ungerade sein. Man erhält mit P folgende Gleichungen:
$a \cdot (-1)^n = -0{,}5$, also $-a = -0{,}5$, da n ungerade, also $a = 0{,}5$.
Mit Q ergibt sich dann: $0{,}5 \cdot 2^n = 4$, also $n = 3$
Die Funktion hat die Funktionsgleichung $y = 0{,}5 \cdot x^3 = \frac{1}{2}x^3$

b) Siehe Bild rechts.

c) $y = \sqrt[3]{2 \cdot x}$ für $x \geq 0$

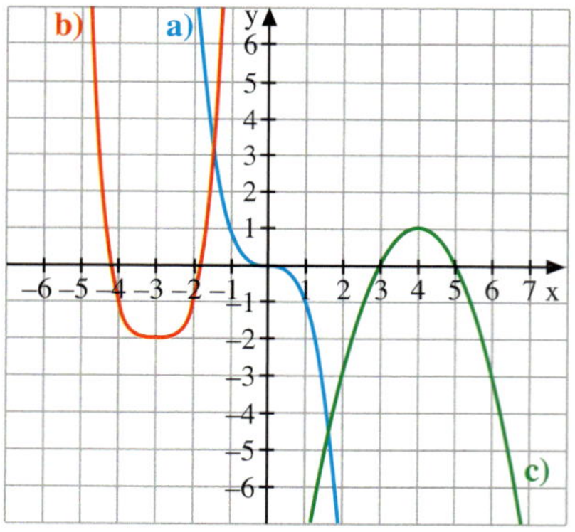

5. Graphen siehe Bild rechts.
a) $D = \mathbb{R}$, $W = \mathbb{R}$
b) $D = \mathbb{R}$, $W = \{x \in \mathbb{R} \mid x \geq -2\}$
c) $D = \mathbb{R}$, $W = \{x \in \mathbb{R} \mid x \leq 1\}$

6. Die maximale Definitionsmenge der Funktion f ist $\mathbb{R}_+ = \{x \in \mathbb{R} \mid x \geq 0\}$.
Für $x > 3$ sind die Funktionswerte kleiner als die x-Werte selbst und für $0 < x < 3$ sind sie größer.
Die Funktion f ist umkehrbar, das sie in ihrem gesamten Definitionsbereich streng monoton steigend ist.
Die Umkehrfunktion f* hat die Funktionsgleichung $y = \frac{1}{3}x^2$.

7. a) $y = \frac{5}{9}x - \frac{160}{9}$ $\left[y = \frac{9}{5}x + 32\right]$

b) 90 °F entsprechen 32,2 °C und 28 °C entsprechen 82,4 °F.

Seite 105

1.

Funktionsvorschrift	Graph
(1) $x \to x^2$	siehe Bild
(2) $x \to x^{-2}$	(c)
(3) $x \to x^{-3}$	siehe Bild
(4) $x \to 2^{-x}$	(a)
(5) $x \to -x^3$	(b)
(6) $x \to (-x)^2$	siehe Bild
(7) $x \to (-x)^{\frac{1}{2}}$	(d)
(8) $x \to (-x)^3$	siehe Bild
(9) $x \to x^{\frac{1}{2}}$	siehe Bild
(10) $x \to 2^x$	siehe Bild
(11) $x \to -(-x)^{\frac{1}{2}}$	siehe Bild
$x \to -x^2$	(e)
$x \to -x^{\frac{1}{2}}$	(f)

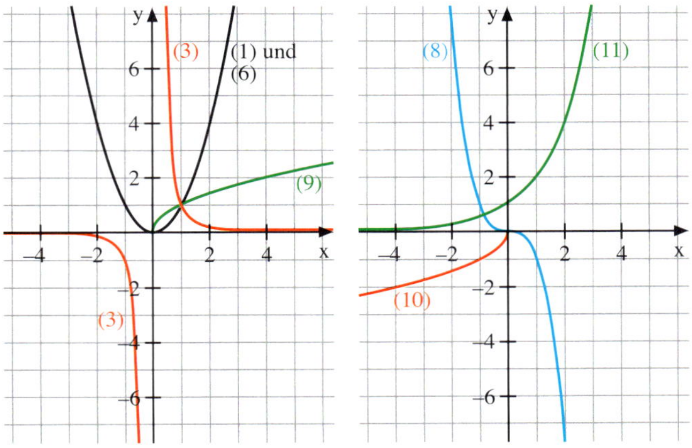

2. Der Graph zu f ist achsensymmetrisch zur Geraden mit $x = 4$. Er fällt für $x \le 4$ und steigt für $x \ge 4$.
Der Graph von f hat keine Nullstellen und keine Asymptoten.
Der Graph zu g hat eine Definitionslücke bei $x = -2$ und eine Nullstelle bei
$\sqrt[5]{\frac{3}{2}} - 2 \approx 0{,}92$.
Asymptoten sind die Geraden zu $y = -2$ und $x = -2$.

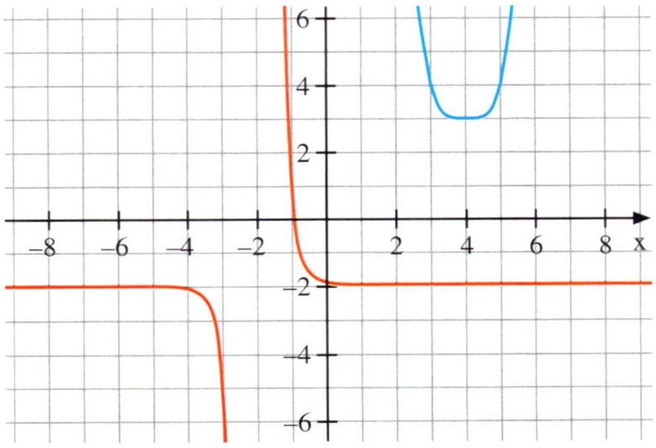

3. **a)** $f(x) = 20 \cdot (\sqrt[7]{3})^x$; $f(5) = 20 \cdot (\sqrt[7]{3})^5 \approx 43{,}84$
Nach 5 Tagen hat der Bestand eine Größe von ungefähr 44.

b) $f(x) = 30 \cdot 0{,}9^x$; $f(14) = 30 \cdot 0{,}9^{14} \approx 6{,}86$
Nach 2 Wochen sind etwa 7 g zu erwarten.

4. **a)** $y = 2^x$ **b)** $y = 3 \cdot 2^x$ **c)** $y = 2 \cdot 2^{-x}$

5. **a)** 6 **b)** -2 **c)** $\frac{1}{2}$ **d)** $\frac{2}{3}$ **e)** n (für $b > 0$) **f)** 0 (für $b > 0$ und $b \neq 1$)

6. **a)** $\left(\frac{4}{3}\right)^x = 2$, also $L = \left\{\frac{\lg 2}{\lg \frac{4}{3}}\right\}$

b) $\left(\frac{5}{4^2}\right)^x = 5^3 \cdot 3$, also $L = \left\{\frac{\lg 375}{\lg \frac{5}{16}}\right\}$

c) $\frac{7^x}{5^{x-1}} = 2$, also $\frac{5 \cdot 7^x}{5^x} = 2$, also $\left(\frac{7}{5}\right)^x = \frac{2}{5}$, also $L = \left\{\frac{\lg \frac{2}{5}}{\lg \frac{7}{5}}\right\}$

d) $2^{8x-1} = 2^{3x}$, also $2^{5x-1} = 2^0$, also $L = \left\{\frac{1}{5}\right\}$

7. $3 \cdot 0{,}4^x = 2 \cdot 1{,}3^x$
$\frac{3}{2} = \left(\frac{1{,}3}{0{,}4}\right)^x$
$x = \frac{\lg 1{,}5}{\lg 3{,}25} \approx 0{,}344$
$y \approx 2{,}189$
Der Schnittpunkt liegt bei $S(0{,}34 \mid 2{,}19)$.

Bild zu Aufgabe 7:

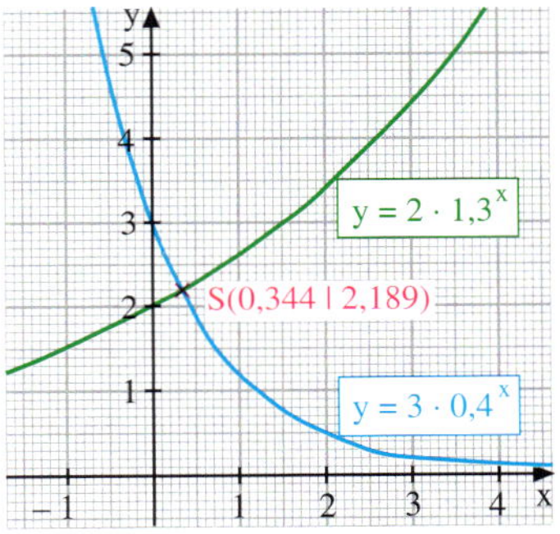

8. *Lineare Funktion mit $y = mx + c$*
Mit $P(2 \mid 3)$ und $Q(3 \mid 2)$ erhält man $m = \frac{2-3}{3-2} = -1$ und $c = 5$.
Die Funktionsgleichung lautet $y = -x + 5$.
$f(2{,}5) = -2{,}5 + 5 = 2{,}5$

Seite 105

8. *Exponentialfunktion mit $y = a \cdot b^x$ mit $a \neq 0$, $b > 0$*

Mit P(2|3) und Q(3|2) erhält man $3 = a \cdot b^2$ und $2 = a \cdot b^3$, und damit $2 \cdot ab^2 = 3 \cdot ab^3$, also $b = \frac{2}{3}$ und $a = \frac{27}{4} = 6{,}75$.

Die Funktionsgleichung lautet $y = 6{,}75 \cdot \left(\frac{2}{3}\right)^x$.

$f(2{,}5) = 6{,}75 \cdot \left(\frac{2}{3}\right)^{2{,}5} \approx 2{,}45$

Potenzfunktion mit $y = a \cdot x^b$

Mit P(2|3) und Q(3|2) erhält man $3 = a \cdot 2^b$ und $2 = a \cdot 3^b$, also $2a \cdot 2^b = 3a \cdot 3^b$, also $\left(\frac{3}{2}\right)^b = \frac{2}{3}$, also $b = -1$ und $a = 6$.

Die Funktionsgleichung lautet $y = 6 \cdot x^{-1}$.

$f(2{,}5) = 6 \cdot 2{,}5^{-1} = 2{,}4$

Seite 106

9. **a)** *Gleichung:* $906\,000\,000 \cdot 1{,}023^x = 3\,921\,000\,000 \cdot 1{,}013^x$, also $x \approx 149{,}14$

Die Bevölkerung von Afrika wird nach etwa 150 Jahren größer sein als die Bevölkerung von Asien.

b) *Gleichung:* $3\,921\,000\,000 \cdot 1{,}013^x = 559\,000\,000 \cdot 1{,}016^x$, also $x \approx 658{,}73$

Die Bevölkerung von Lateinamerika wird nach etwa 660 Jahren die Bevölkerung von Asien übertroffen haben.

10.

Nach 1 Jahr:	8 000,00 € · 1,0825 – 1 150,00 € = 7 510,00 €
Nach 2 Jahren:	7 510,00 € · 1,0825 – 1 150,00 € = 6 979,58 €
Nach 3 Jahren:	6 979,58 € · 1,0825 – 1 150,00 € = 6 405,40 €
Nach 4 Jahren:	6 405,40 € · 1,0825 – 1 150,00 € = 5 783,85 €
Nach 5 Jahren:	5 783,85 € · 1,0825 – 1 150,00 € = 5 111,02 €
Nach 6 Jahren:	5 111,02 € · 1,0825 – 1 150,00 € = 4 382,68 €
Nach 7 Jahren:	4 382,68 € · 1,0825 – 1 150,00 € = 3 594,25 €
Nach 8 Jahren:	3 594,25 € · 1,0825 – 1 150,00 € = 2 740,78 €
Nach 9 Jahren:	2 740,78 € · 1,0825 – 1 150,00 € = 1 816,89 €
Nach 10 Jahren:	1 816,89 € · 1,0825 – 1 150,00 € = 816,78 €
Nach 11 Jahren:	816,78 € · 1,0825 – 884,16 € = 0 €

Das Darlehen läuft 11 Jahre. Im letzten Jahr sind nur noch 884,16 € abzuzahlen.

11. Rekursionsformel: $a(n) = a(n-1) \cdot ((500 - a(n-1) \cdot 0{,}05)$

Monat	Haushalte	Monat	Haushalte	Monat	Haushalte
0	200	16	2 888	31	4 022
1	440	17	2 994	32	4 071
2	668	18	3 094	33	4 117
3	885	19	3189	34	4 161
4	1 091	20	3 280	35	4 203
5	1 286	21	3 366	36	4 243
6	1 472	22	3 448	37	4 281
7	1 648	23	3 526	38	4 317
8	1 816	24	3 600	39	4 351
9	1 975	25	3 670	40	4 383
10	2 126	26	3 737	41	4 414
11	2 270	27	3 800	42	4 443
12	2 407	28	3 860	43	4 471
13	2 537	29	3 917	44	4 497
14	2 660	30	3 971	45	4 522
15	2 777				

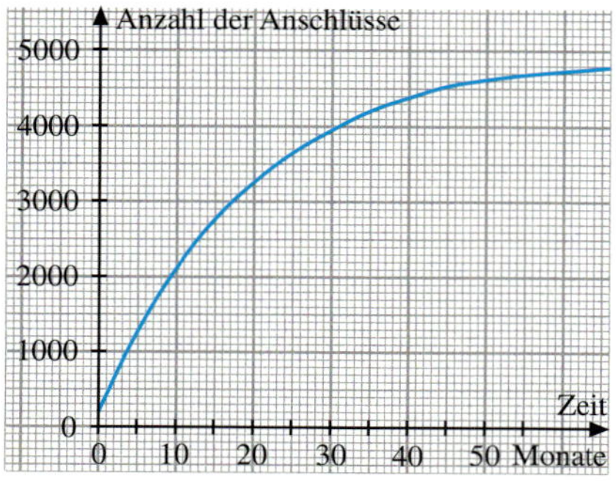

90 % von 5 000 Haushalten sind 4 500 Haushalte

$y = 5\,000 - 4\,800 \cdot 0{,}95^x$

$4\,500 = 5\,000 - 4\,800 \cdot 0{,}95^x$

$0{,}95^x = \frac{500}{4\,800} = \frac{5}{48}$

$x = \frac{\lg \frac{5}{48}}{\lg 0{,}95} \approx 44{,}1$

Nach etwas mehr als 44 Monaten sind 90 % der Haushalte angeschlossen.

Seite 106

12. a) 3; 5; 7; 9; 11; 13; 15; 17; 19; 21
explizite Formel: $a(n) = 2n + 1$ mit $n \geq 1$
rekursive Formel: $a(0) = 3$; $a(n) = a(n-1) + 2$

b) 5; 10; 15; 20; 25; 30; 35; 40; 45; 50
explizite Formel: $a(n) = 5n + 1$ mit $n \geq 1$
rekursive Formel: $a(0) = 5$; $a(n) = a(n-1) + 5$

13. a) $a(0) = 6$; $a(1) = 6{,}5$; $a(2) = 6{,}75$; $a(3) = 6{,}875$; $a(4) = 6{,}9375$; $a(5) = 6{,}96875$
Grenzwert 7

b) $a(1) = -2{,}75$; $a(2) = 1{,}75$; $a(3) = -1{,}41\overline{6}$; $a(4) = 1{,}25$; $a(5) = -1{,}15$
Die Folge hat keinen Grenzwert. Beachtet man allerdings die Folgen der geraden bzw. ungeraden Folgenglieder, so nähern sie sich den Werten 0,75 bzw. –0,75 an.

c) $a(0) = -1$; $a(1) = 0$; $a(2) = 0$; $a(3) = -2$; $a(4) = -8$; $a(5) = -22$
Die Folge strebt gegen $-\infty$ für n gegen unendlich; sie hat also keinen Grenzwert.

d) $a(0) = a(1) = a(2) = a(3) = a(4) = a(5) = 2$

e) $a(0) = 0{,}25$; $a(1) = 0$; $a(2) = \frac{1}{16}$; $a(3) = -\frac{1}{16}$; $a(4) = \frac{3}{64}$; $a(5) = -\frac{1}{32}$
Die Folge nähert sich mit wechselndem Vorzeichen der 0.

f) $a(0) = 0$; $a(1) = \frac{1}{16}$; $a(2) = \frac{5}{64}$; $a(3) = \frac{21}{256}$; $a(4) = \frac{85}{1024}$; $a(5) = \frac{341}{4096}$. Der Grenzwert ist $\frac{1}{12}$.

14. a) $a(1) = 13$; $a(2) = 10{,}5$; $a(3) = 9\frac{2}{3}$; $a(4) = 9\frac{1}{4}$; $a(5) = 9$
Der Grenzwert der Folge ist 8.

b) $\frac{5}{n} - \frac{5}{n-1} = -\frac{5}{n^2-n} < 0{,}001$, also $n^2 - n > 5\,000$, also $n < -70{,}21\ldots$ oder $n > 71{,}21\ldots$
Ab $n = 72$ ist der Abstand von $a(n)$ zu 8 kleiner als 0,001.

15.

Zeit (in h)	Temperatur (in °C)
0	40
1	37,44
2	36,928
3	36,8256
4	36,80512
5	36,801024

16. a) $a(n) = a(n-1) \cdot 0{,}99 + 1$; $a(1) = 80$

b) Der Medikamentengehalt im Blut steigt zunächst stark und dann immer schwächer an. Er nähert sich vermutlich dem Wert 100.

Begründung:
Der Medikamentengehalt steigt nicht mehr an, wenn pro Minute genau so viel zugeführt wird, wie abgebaut wird:
Abbau bei 100 mg Medikamentengehalt:
$100 \cdot 0{,}01 = 1 =$ Zufuhr

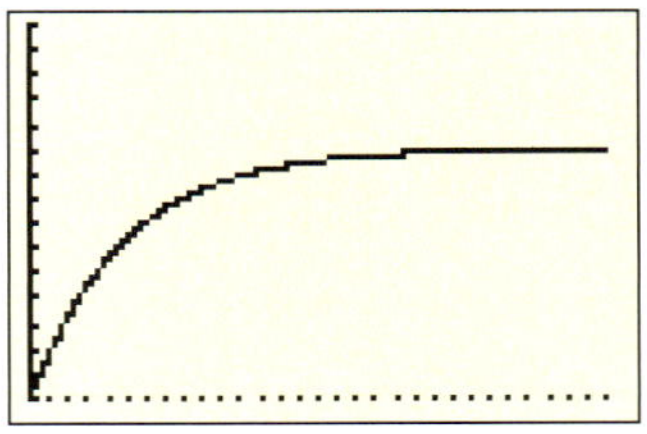

17. a) waagerechte Asymptote: $y = 0$

b) waagerechte Asymptote: $y = 1$

c) waagerechte Asymptote: $y = 2$, senkrechte Asymptote: $x = 0$

d) waagerechte Asymptote: $y = 3$, senkrechte Asymptote: $x = 1$

Seite 140

1. a) Gegeben ist das Gradmaß $\alpha_1 = 20°$: Das zugehörige Bogenmaß ist $x_1 = 20° \cdot \frac{\pi}{180°} \approx 0{,}349$.
Entsprechend berechnet man:
$\alpha_2 = 48°$: $x_2 \approx 0{,}838$; $\alpha_3 = 217°$: $x_3 \approx 3{,}79$; $\alpha_4 = 90°$: $x_4 = \frac{\pi}{2} \approx 1{,}57$; $\alpha_5 = 68°$: $x_5 \approx 1{,}19$.

b) Gegeben ist das Bogenmaß $x_1 = 1{,}4$: Das zugehörige Gradmaß ist $\alpha_1 = 1{,}4 \cdot \frac{180°}{\pi} \approx 80{,}2°$.
Entsprechend berechnet man:
$x_2 = 0{,}6$: $\alpha_2 \approx 34{,}4°$; $x_3 = 4{,}2$: $\alpha_3 \approx 241°$; $x_4 = 2{,}1$: $\alpha_4 \approx 120°$; $x_5 = 1{,}7$: $\alpha_5 \approx 97{,}4°$.

c) Wie in a) und b) berechnet man:
$\alpha_1 = \pi°$: $x_1 \approx 0{,}0548$; $x_2 = \pi$: $\alpha_2 = 180°$; $x_3 = 1$: $\alpha_3 \approx 57{,}3°$; $\alpha_4 = 1°$: $x_4 \approx 0{,}0175$; $\alpha_5 = 100°$: $x_4 \approx 1{,}75$.

d) Wie in a) und b) berechnet man:
$\alpha_1 = 3{,}8°$: $x_1 \approx 0{,}0663$; $x_2 = -2{,}9$: $\alpha_2 \approx -166°$; $\alpha_3 = 171°$: $x_3 \approx 2{,}98$; $x_4 = 1{,}4$: $\alpha_4 \approx 80{,}2°$;
$\alpha_5 = -126°$: $x_5 \approx -2{,}20$.

Seite 140

2. a) Die Lösungen der Gleichung $\sin x = 1$ erkennt man am Graphen der Sinusfunktion:
Alle Zahlen $x = \frac{\pi}{2} + 2k\pi$ mit $k \in \mathbb{Z}$ lösen die Gleichung.

b) Gegeben ist die Gleichung $\cos x = 0{,}42$. Eine erste Lösung liefert der GTR: $x_1 \approx 1{,}14$. Eine Symmetrie der Kosinuskurve liefert eine weitere Lösung $x_2 \approx 2\pi - 1{,}14 \approx 5{,}14$. Die Periode 2π liefert alle Lösungen:
Alle Zahlen $x \approx 1{,}14 + 2k\pi$ mit $k \in \mathbb{Z}$ und alle Zahlen $x \approx 5{,}14 + 2k\pi$ mit $k \in \mathbb{Z}$ lösen die Gleichung.

c) Gegeben ist $\sin(x) = 0{,}84$. Der GTR und eine Symmetrie liefern die Lösungen $x_1 \approx 0{,}997$; $x_2 \approx \pi - 0{,}997 \approx 2{,}14$.
Die Periode 2π der Sinuskurve liefert alle Lösungen:
x löst die Gleichung genau dann, wenn $x \approx 0{,}997 + 2k\pi$ mit $k \in \mathbb{Z}$ oder $x \approx 2{,}14 + 2k\pi$ mit $k \in \mathbb{Z}$.

d) $\cos(x) = -0{,}72$: Entsprechend zu c) erhält man: $x_1 \approx 2{,}37$; $x_2 = 2\pi - 2{,}374\ldots \approx 3{,}91$.
Die Periode 2π liefert alle Lösungen:
x löst die Gleichung genau dann, wenn $x \approx 2{,}37 + 2k\pi$ mit $k \in \mathbb{Z}$ oder $x \approx 3{,}91 + 2k\pi$ mit $k \in \mathbb{Z}$.

3. Der Graph der Kosinusfunktion ist achsensymmetrisch zu allen Achsen, die parallel zur y-Achse sind und die x-Achse an den Stellen $x = k \cdot \pi$ mit $k \in \mathbb{Z}$ schneiden. Sie ist punktsymmetrisch zu den Punkten $S_k\left(\frac{\pi}{2} + k \cdot \pi \mid 0\right)$ mit $k \in \mathbb{Z}$ (siehe Bild).

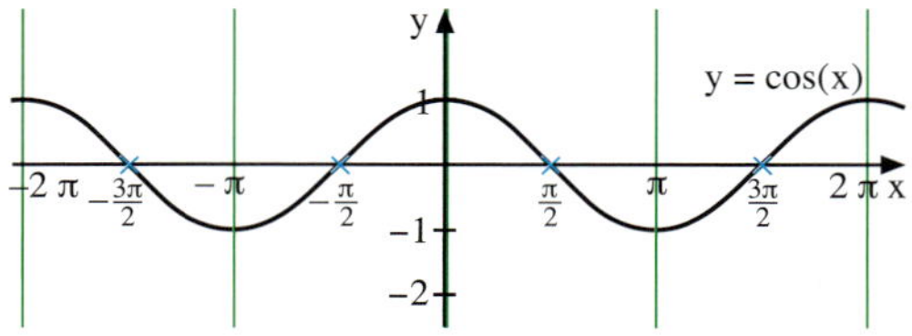

Am Einheitskreis erkennt man z. B.:
$\cos(2\pi - x) = \cos(x)$ und $\cos(\pi - x) = \cos(x)$

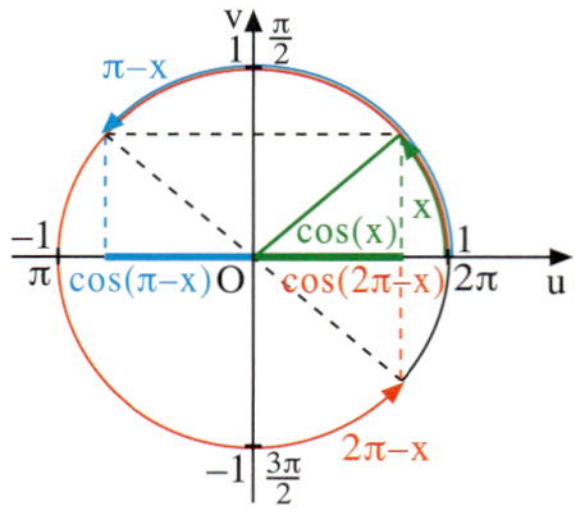

4.

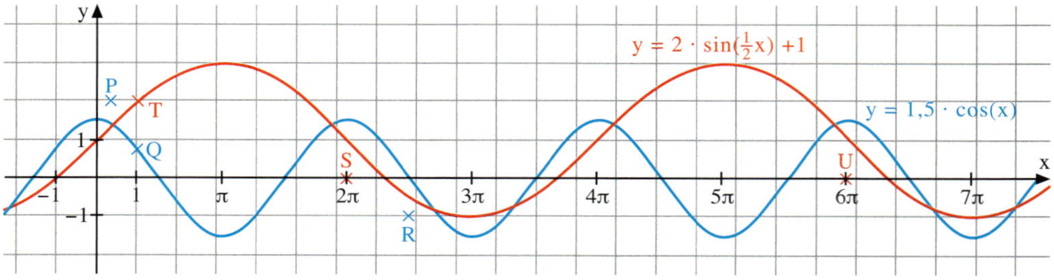

a) $Q\left(\frac{\pi}{3} \middle| \frac{3}{4}\right)$ liegt auf dem Graphen von $y = 1{,}5 \cdot \cos(x)$, denn $1{,}5 \cdot \cos\frac{\pi}{3} = 1{,}5 \cdot \frac{1}{2} = \frac{3}{4}$.
$P\left(\frac{\pi}{9} \middle| 0\right)$ und $R\left(\frac{5\pi}{2} \middle| -1\right)$ liegen nicht auf dem Graphen.

b) $T\left(\frac{\pi}{3} \middle| 2\right)$ liegt auf dem Graphen von $y = 2 \cdot \sin\left(\frac{1}{2}x\right) + 1$, denn $2 \cdot \sin\left(\frac{1}{2} \cdot \frac{\pi}{3}\right) + 1 = 2 \cdot \sin\frac{\pi}{6} + 1 = 2 \cdot \frac{1}{2} + 1 = 2$.
$S(2\pi|0)$ und $U(6\pi|0)$ liegen nicht auf dem Graphen.

5. a) $y = 0{,}5 \cdot \sin(2x)$: Man erhält den Graph aus dem Graph der Sinusfunktion durch Strecken mit dem Faktor 0,5 parallel zur y-Achse, dann Strecken mit dem Faktor $\frac{1}{2}$ parallel zur x-Achse.

b) $y = 2 \cdot \sin\left(x - \frac{\pi}{2}\right)$: Strecken mit dem Faktor 2 parallel zur y-Achse, dann Verschieben parallel zur x-Achse um $\frac{\pi}{2}$ nach rechts.

c) $y = \sin(x + \pi) - \pi$: Verschieben um π parallel zur x-Achse nach links, dann Verschieben um π parallel zur y-Achse nach unten.

d) $y = -\sin\left(\frac{1}{2}(x + \pi)\right)$: Strecken mit dem Faktor −1 parallel zur y-Achse (Spiegeln), dann Strecken mit dem Faktor 2 parallel zur x-Achse, dann Verschieben parallel zur x-Achse um π nach links.

e) $y = \sin(\pi x - 2\pi) = \sin(\pi(x - 2))$: Strecken mit dem Faktor $\frac{1}{\pi}$ parallel zur x-Achse, dann Verschieben parallel zur x-Achse um 2 nach rechts.

f) $y = \cos(x) = \sin\left(x + \frac{\pi}{2}\right)$: Verschieben parallel zur x-Achse um $\frac{\pi}{2}$ nach links.

6. Die Funktionsterme lauten:
(1) $f(x) = 2{,}5 \cdot \sin(2x + \pi)$; (2) $g(x) = \sin\left(x + \frac{\pi}{4}\right) + 1$; (3) $h(x) = 0{,}5\,\sin\left(\frac{1}{4}x + \frac{\pi}{4}\right)$

Seite 140

7. a) Der periodische Ausschlag eines Federpendels kann normalerweise durch eine allgemeine Sinusfunktion mit $f(x) = a \cdot \sin(b(x - c)) + d$ gut modelliert werden. Positive Auslenkungen gehen hier nach oben.
Da nur die Auslenkung in Bezug zur Ruhelage anzugeben ist, kann man $d = 0$ setzen.
Die Auslenkung am Anfang nach unten ergibt die Amplitude 3 cm, also ist $a = 3$. Nach 20 s ist der maximale Wert der Auslenkung nach oben erreicht.
Eine halbe Periode dauert also 20 s, die Periode ist somit 40 s. Daher ist $b = \frac{2\pi}{40}$. Nach 10 s müsste die Ruhelage mit der zunehmenden Auslenkung 0 cm erreicht werden, auch wenn dort –0,97 cm gemessen wurden.
Damit kann man eine Verschiebung der Sinuskurve parallel zur Zeit-Achse nach rechts um 10 s annehmen. Das bedeutet $c = 10$. Eine Funktionsvorschrift lautet also angenähert:
$f(x) = 3 \cdot \sin\left(\frac{2\pi}{40}(t - 10)\right)$ bzw. $f(x) = 3 \cdot \sin\left(\frac{\pi}{20}(t - 10)\right)$

b) Nach einer Periode von 40 s ist das Pendel wieder im Ausgangspunkt.
$f(60) = 3 \cdot \sin\left(\frac{2\pi}{40}(60 - 10)\right) = 3$
Die Auslenkung nach 1 min = 60 s beträgt nach der Formel 3 cm.

c) Die entscheidende Annahme ist, dass die maximale Auslenkung nach oben nach 20 s erreicht wird. Daraus ergeben sich die Periode und der Durchgang durch die Ruhelagen. Dem widerspricht etwas der gemessene Wert nach 10 s. Weiterhin wurde angenommen, dass sich die Auslenkungen periodisch in gleicher Art ohne eine Verringerung der Werte wiederholen.

8. f hat einen Funktionsterm der Form $f(x) = a \cdot \sin(b(x + c)) + d$.
Wegen der Verschiebung um 1 nach rechts ist $c = -1$, wegen der Periode 5 ist $b = \frac{2\pi}{5}$.
Damit ist $f(x) = a \cdot \sin\left(\frac{2\pi}{5}(x - 1)\right) + d$.
Der Graph von f geht durch $P(2{,}25\,|\,7)$ und $Q(4{,}75\,|\,1)$. Das ergibt:
$a \cdot \sin\left(\frac{2\pi}{5}(2{,}25 - 1)\right) + d = a \sin\left(\frac{\pi}{4}\right) + d = a + d = 7$ und $a \cdot \sin\left(\frac{2\pi}{5}(4{,}75 - 1)\right) + d = a \cdot \sin\left(\frac{3\pi}{2}\right) + d = -a + d = 1$,
also $a + d = 7$ und $-a + d = 1$.
Subtrahiert man die zweite Gleichungen von der ersten, hat man $2a = 6$ bzw. $a = 3$.
f hat also die Amplitude $a = 3$.
Addiert man beide Gleichungen, folgt $2d = 8$, also $d = 4$. Damit ist $f(x) = 3 \cdot \sin\left(\frac{2\pi}{5}(x - 1)\right) + 4$.

Seite 190

1. a) $m = \frac{1}{2}$ **b)** $m = \frac{5 - 15}{4{,}5 - 2{,}5} = -5$ **c)** $m = 0$

2. $A = A(a) = \frac{3}{2}a^2$ Lokale Änderungsrate: $A'(a) = 3a$
Die lokale Änderungsrate des Flächeninhalts ist jeweils so groß wie die Kathetenlänge 3a.

3. a) $f'(x) = -6x^2 + 5$
b) $f'(x) = -\frac{3}{2\sqrt{x}} - 4x^3$
c) $f'(x) = n\,x^{n-1}$
d) $f'(x) = 0{,}5 \cdot \cos x$

4. a) $f(x) = x^2 - 2x^3 + c,$ mit $c \in \mathbb{R}$
b) $f(x) = \frac{1}{3}x^3 + 3x + c,$ mit $c \in \mathbb{R}$
c) $f(x) = \sin x + c,$ mit $c \in \mathbb{R}$
d) $f(x) = \frac{1}{2x^2} + c,$ mit $c \in \mathbb{R}$

5.
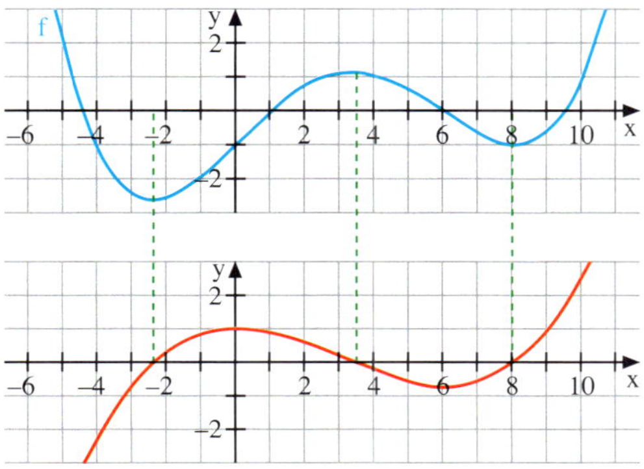

Seite 190

6. (1) Zwischen den beiden Extrempunkten hat der Graph negative Steigungen, sonst nur positive.
Also gehört C zu (1).

(2) Bei 0 liegt eine Extremstelle. Für $x < 0$ sind die Steigungen negativ. Für $x > 0$ sind die Steigungen positiv.
Also gehört A zu (2).

(3) Zwischen den beiden Extrempunkten hat der Graph positive Steigungen, sonst nur negative.
Also gehört B zu (3).

7. Steigung der Sekante durch die Punkte $P(x_0 | x_0^3)$ und $Q(x_0 + h | (x_0 + h)^3)$:

$$\frac{\frac{1}{(x_0+h)^3} - \frac{1}{x_0^3}}{x_0 + h - x_0} = \frac{x_0^3 - (x_0+h)^3}{h\,(x_0+h)^3 \cdot x_0^3} = \frac{x_0^3 - (x_0^3 + 3x_0^2h + 3x_0h^2 + h^3)}{h\,(x_0+h)^3\, x_0^3} = \frac{-3x_0^2h + 3x_0h^2 + h^3}{h\,(x_0+h)^3\, x_0} = \frac{-3x_0^2 + 3x_0h + h^2}{(x_0+h)^3\, x_0^3}$$

$$\rightarrow \frac{-3x_0^2}{x_0^3\, x_0^3} = -\frac{3}{x_0^4} \quad \text{für } h \rightarrow 0$$

Also gilt: $f'(x_0) = -\frac{3}{x_0^4}$

Seite 261

1. Alle drei Funktionen sind ganzrationale Funktionen 3. Grades mit $a_3 > 0$. Somit gilt:

1) $f(x) \rightarrow -\infty$ für $x \rightarrow -\infty$ und
$f(x) \rightarrow \infty$ für $x \rightarrow \infty$
Nullstellen von f:
$x = 2$ einfache Nullstelle
$x = -1$ doppelte Nullstelle

2) $g(x) \rightarrow -\infty$ für $x \rightarrow -\infty$ und
$g(x) \rightarrow \infty$ für $x \rightarrow \infty$
Nullstelle von g:
$x = -2$ einfache Nullstelle

3) $h(x) \rightarrow -\infty$ für $x \rightarrow -\infty$ und
$h(x) \rightarrow \infty$ für $x \rightarrow \infty$
Nullstelle von h:
$x = 1$ dreifache Nullstelle

2. a) Der abgebildete Funktionsgraph besitzt mindestens einen Hoch- und einen Tiefpunkt. Somit besitzt die zugehörige Ableitungsfunktion mindestens zwei einfache Nullstellen und muss deshalb mindestens den Grad 2 besitzen. Die Funktion selbst besitzt also mindestens den Grad 3.

b) Die Funktion f hat an der Stelle $x = -1$ eine doppelte und an der Stelle $x = 3$ eine einfache Nullstelle.
Ein möglicher Funktionsterm von f lautet: $f(x) = a \cdot (x + 1)^2 \cdot (x - 3)$
Mit $f(0) = -1{,}5$ folgt: $f(x) = \frac{1}{2}(x + 1)^2(x - 3)$

3. a) Aus dem Globalverlauf einer Funktion 3. Grades ergibt sich, dass ihr Funktionsgraph mindestens einmal die x-Achse schneiden muss.

b) Die Ableitungsfunktion f′ einer ganzrationalen Funktion 4. Grades ist eine ganzrationale Funktion 3. Grades, die mindestens eine Nullstelle besitzt, an welcher der Graph von f′ die x-Achse schneidet. Diese Nullstelle ist somit Extremstelle von f.

4. a)
- f ist streng monoton wachsend für $x < \frac{1}{2}$ oder $x > 3$
- f ist streng monoton fallend für $\frac{1}{2} < x < 3$
- an der Stelle $x = \frac{1}{2}$ besitzt der Funktionsgraph einen Hochpunkt, an der Stelle $x = 3$ einen Tiefpunkt.

Graph der Ableitungsfunktion:

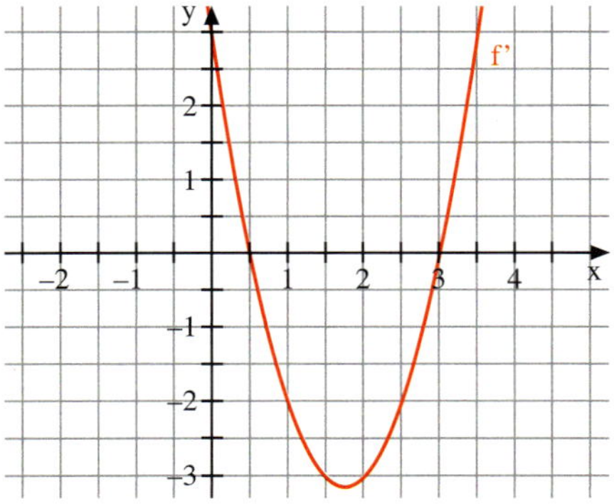

b) $f'(x) > 0$ für $x < 1$ oder $x > 3$, somit ist f in diesen Bereichen streng monoton wachsend.

$f'(x) < 0$ für $1 < x < 3$, in diesem Bereich ist f streng monoton fallend.

An der Stelle $x = 1$ hat der Graph von f einen Hochpunkt, an der Stelle $x = 3$ einen Tiefpunkt.

Möglicher Graph von f:

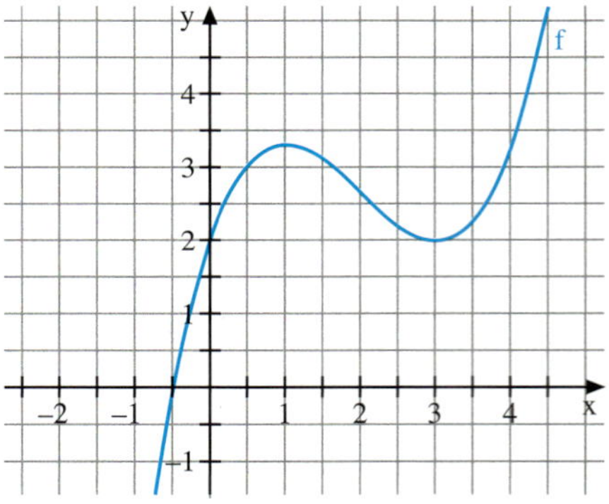

Seite 261

5. Für das Volumen des Paketes gilt (x in cm; y in cm; V in cm^3):
$V(x) = x^2 \cdot y = x^2 \cdot (360 - 4x) = -4x^3 + 360x^2$

Definitionsbereich:
Der größtmögliche Wert für x ergibt sich aus $4 \cdot x = 360$ zu $x = 90x = 90$.
Der kleinstmögliche Wert für x ergibt sich bei einer Länge von 200 cm aus $4x = 160$ zu $x = 40$.
Also: $40 \le x \le 90$

1. Ableitung von V(x):
$V'(x) = -12x^2 + 720x = (-12x + 720) \cdot x$

Die Nullstellen der ersten Ableitung sind $x = 0$ und $x = 60$.
$x = 0$ entfällt wegen $x \ge 40$.

Die Funktion V(x) hat an der Stelle $x = 60$ ein Maximum.

Ergebnis: Das größte Volumen erhält man bei den Paketmaßen 60 cm, 60 cm und 120 cm. Das Volumen beträgt dann $432\,000\ cm^3 = 432\ dm^3$.

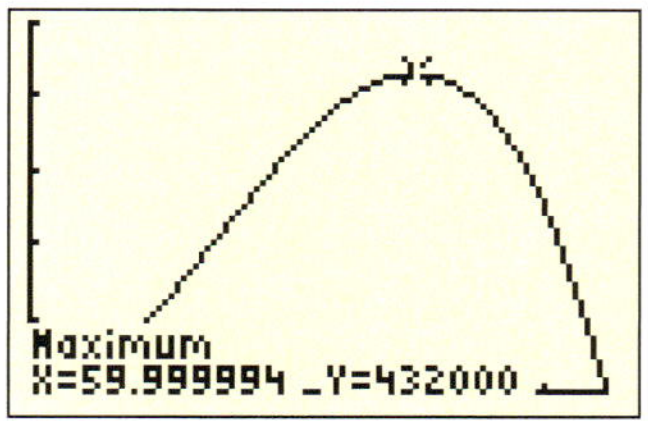

6. *(1) Symmetrie*

Der Graph ist punktsymmetrisch zum Nullpunkt $O(0|0)$, da alle Exponenten von x ungerade sind.

(2) Globalverlauf

Der Globalverlauf der Funktion ist von $-\infty$ bis $+\infty$, da er wegen $f(x) = x^5\left(1 - 10 \cdot \frac{1}{x^2} + 25 \cdot \frac{1}{x^4}\right)$ mit dem Globalverlauf der Potenzfunktion x^5 überein stimmt.

(3) Nullstellen

$$x^5 - 10x^3 + 25x = 0$$
$$x(x^4 - 10x^2 + 25) = 0$$
$$x = 0 \quad oder \quad x^4 - 10x^2 + 25 = 0 \quad | \ z = x^2$$
$$z^2 - 10z + 25 = 0$$
$$z = 5$$
$$x = \sqrt{5} \quad oder \quad x = -\sqrt{5}$$

Die Nullstellen sind $x_1 = -\sqrt{5}$, $x_2 = 0$, $x_3 = \sqrt{5}$. x_1 und x_3 sind doppelte Nullstellen.

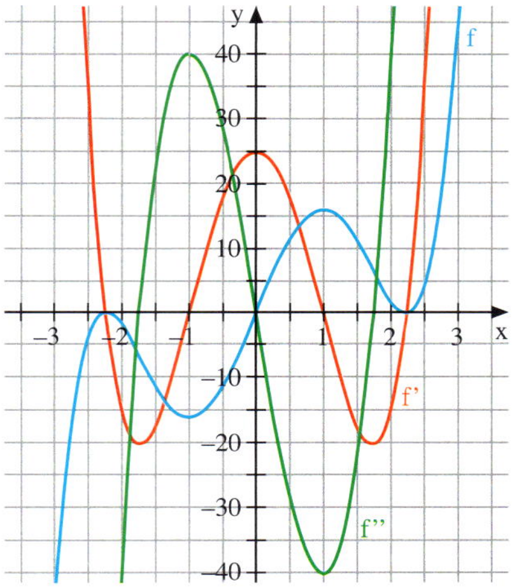

(4) Extrempunkte

$$f'(x) = 5x^4 - 30x^2 + 25 = 0 \quad | :5$$
$$x^4 - 6x^2 + 5 = 0 \quad | \ z = x^2$$
$$z^2 - 6x + 5 = 0$$
$$z = 1 \quad oder \quad z = 5$$
$$x = 1 \quad oder \quad x = -1 \quad oder \quad x = \sqrt{5} \quad oder \quad x = -\sqrt{5}$$

Die Funktionswerte sind $f(1) = 16$, $f(-1) = -16$, $f(\sqrt{5}) = 0$, $f(-\sqrt{5}) = 0$

Aufgrund des Globalverlaufs ist $H_1(-\sqrt{5}|0)$ ein Hochpunkt, $T_1(-1|-16)$ ein Tiefpunkt, $H_2(1|16)$ ein Hochpunkt und $T_2(\sqrt{5}|0)$ ein Tiefpunkt.

(5) Wendepunkte

$$f''(x) = 20x^3 - 60x = 0 \quad | :20$$
$$x^3 - 3x = 0$$
$$x(x^2 - 3) = 0$$
$$x = 0 \quad oder \quad x = \sqrt{3} \quad oder \quad x = -\sqrt{3}$$

Die Funktionswerte sind $f(-\sqrt{3}) = -4\sqrt{3}$, $f(0) = 0$, $f(\sqrt{3}) = 4\sqrt{3}$

Wendepunkte sind: $W_1(-\sqrt{3}|-4\sqrt{3})$, $W_2(0|0)$, $W_3(\sqrt{3}|4\sqrt{3})$

7. Für eine Funktion 3. Grades mit dem Term $f(x) = ax^3 + bx^2 + cx + d$ mit den Ableitungen $f'(x) = 3ax^2 + 2bx + c$ sowie $f''(x) = 6ax + 2b$ ergibt sich aus den Bedingungen $f(-1) = 3$, $f'(-1) = 0$, $f''(0) = 0$ und $f(3) = 3$

das Gleichungssystem $\left| \begin{array}{l} -a + b - c + d = 3 \\ 3a - 2b + c = 0 \\ 2b = 0 \\ 27a + 9b + 3c + d = 3 \end{array} \right|$.

Seite 261

Dieses Gleichungssystem hat die Lösung $\left| \begin{array}{l} a = 0 \\ b = 0 \\ c = 0 \\ d = 3 \end{array} \right|$,

liefert also die lineare Funktion $y = 3$ und somit keine ganzrationale Funktion 3. Grades.
Für eine Funktion 4. Grades lauten die Terme

$f(x) = ax^4 + bx^3 + cx^2 + dx + e$
$f'(x) = 4ax^3 + 3bx^2 + 2cx + d$
$f''(x) = 12ax^2 + 6bx + 2c$

Aus den vier Bedingungen ergibt sich das Gleichungssystem

$$\left| \begin{array}{l} a - b + c - d + e = 3 \\ -4a + 3b - 2c + d = 0 \\ 2c = 0 \\ 81a + 27b + 9c + 3d + e = 3 \end{array} \right|$$

Dieses lässt sich mit dem GTR vereinfachen zu $\left| \begin{array}{l} a - \frac{1}{15}e = -\frac{1}{5} \\ b + \frac{2}{5}e = \frac{6}{5} \\ c = 0 \\ d - \frac{22}{15}e = -\frac{22}{5} \end{array} \right|$

Dieses Gleichungssystem hat also unendlich viele Lösungen mit einem frei wählbaren Parameter e.
Beispielsweise ergibt sich für $e = 15$ für die übrigen Koeffizienten $a = 0{,}8$; $b = -4{,}8$; $c = 0$; $d = 17{,}6$;
also die Funktion zu $f(x) = 0{,}8x^4 - 4{,}8x^3 + 17{,}6x + 15$
Es ist darauf zu achten, dass die Wahl von e einen positiven Koeffizienten vor x^4 ergibt, da sonst an der Stelle -1 ein Hochpunkt statt eines Tiefpunktes vorliegt.

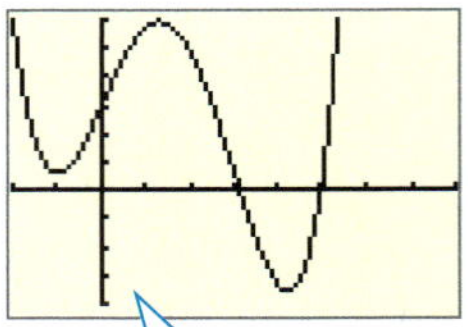

$-2 \leq x \leq 8$
$-20 \leq y \leq 30$

8. $f_k'(x) = 0$
$x = 0$ oder $3x^2 - kx + 3k = 0$
$x = 0$ oder $x = \frac{k}{6} + \sqrt{\frac{k^2}{36} - k}$ oder $x = \frac{k}{6} - \sqrt{\frac{k^2}{36} - k}$
$f_k'(x) = 9x^2 - 2kx + 3k$
$f_k'(x) = 0$
$x = \frac{k}{9} + \sqrt{\left(\frac{k}{9}\right)^2 - \frac{k}{3}}$ oder $x = \frac{k}{9} - \sqrt{\left(\frac{k}{9}\right)^2 - \frac{k}{3}}$
$f_k''(x) = 18x - 2k$
$f''(x) = 0$
$x = \frac{k}{9}$
Soll der Graph von f_k nur *eine* waagerechte Tangente besitzen, muss gelten:
$\left(\frac{k}{9}\right)^2 - \frac{k}{3} = 0$
$k = 0$ oder $k = 27$
Der Graph von f_k hat also für $k = 0$ oder $k = 27$ genau eine waagerechte Tangente.

9. Wir legen das Koordinatensystem so, dass der linke Auflagenkörper im Nullpunkt $O(0|0)$ liegt. Der rechte Auflagenkörper liegt dann im Punkt $P(80|-2)$.
Die Parabel zu $f(x) = ax^2 + bx + c$ geht durch die Punkte O und P.
Durch Einsetzen der Koordinaten von $O(0|0)$ erhalten wir:
$a \cdot 0 + b \cdot 0 + c = 0$, also $c = 0$
Durch Einsetzen der Koordinaten von $P(80|-2)$ erhalten wir mit $c = 0$ die Gleichung:
$6400a + 80b = -2$
Die Tangente an der Stelle $x = 50$ hat die Steigung $m = -0{,}05$ (5 % Gefälle der Straße). Es gilt also $f'(50) = -0{,}05$.
Die Ableitung von $f(x)$ ist $f'(x) = 2ax + b$, also $f'(50) = 100a + b$, also $100a + b = -0{,}05$.
Zusammen mit der oberen Gleichung erhalten wir das Gleichungssystem

$$\left| \begin{array}{l} 6400a + 80b = -2 \\ 100a + b = -0{,}05 \end{array} \right|$$

mit der Lösungsmenge $L = \left\{-\frac{1}{800} \middle| \frac{3}{40}\right\} = \{-0{,}00125|0{,}75\}$,
also $a = -\frac{1}{800}$ und $b = \frac{3}{40}$, also $f(x) = -\frac{1}{800}x^2 + \frac{3}{40}x$.

Mengen, Zahlen, Funktionen

$a \in M$	a ist Element der Menge M, a gehört zu M
$\mathbb{N}$ [$\mathbb{N}^*$]	Menge der natürlichen Zahlen [ohne null]
$\mathbb{Z}$	Menge der ganzen Zahlen
$\mathbb{Z}_+$ [$\mathbb{Z}_+^*$]	Menge der nicht negativen ganzen Zahlen [ohne null]
$\mathbb{Z}_-$ [$\mathbb{Z}_-^*$]	Menge der nicht positiven ganzen Zahlen [ohne null]
$\mathbb{Q}$ [$\mathbb{Q}^*$]	Menge der rationalen Zahlen [ohne null]
$\mathbb{Q}_+$ [$\mathbb{Q}_+^*$]	Menge der nicht negativen rationalen Zahlen [ohne null]
$\mathbb{Q}_-$ [$\mathbb{Q}_-^*$]	Menge der nicht positiven rationalen Zahlen [ohne null]
$\mathbb{R}$ [$\mathbb{R}^*$]	Menge der reellen Zahlen [ohne null]
$\mathbb{R}_+$ [$\mathbb{R}_+^*$]	Menge der nicht negativen reellen Zahlen [ohne null]
$\mathbb{R}_-$ [$\mathbb{R}_-^*$]	Menge der nicht positiven reellen Zahlen [ohne null]
$\{1, 2, 3\}$	Menge mit den Elementen 1, 2, 3
$\{\ \}$	leere Menge
$\|a\|$	Betrag von a
a^n	Potenz aus Basis a und Exponent n; a hoch n
$\sqrt{a}$	Quadratwurzel aus a ($a \geq 0$)
$\sqrt[n]{a}$	n-te Wurzel aus a ($a \geq 0$)
$\sin(\alpha)$	Sinus von α
$\cos(\alpha)$	Kosinus von α
$\tan(\alpha)$	Tangens von α
$f(x)$	Funktionsterm der Funktion f, Funktionswert der Funktion f an der Stelle x
$f'(x)$	(erste) Ableitung der Funktion f an der Stelle x
$f''(x)$	zweite Ableitung der Funktion f an der Stelle x

Geometrie

AB	Verbindungsgerade durch die Punkte A und B; Gerade durch A und B
$\overline{AB}$	Verbindungsstrecke der Punkte A und B; Strecke mit den Endpunkten A und B
$\|\overline{AB}\|$	Länge der Strecke $\overline{AB}$
$\overrightarrow{AB}$	Halbgerade mit dem Anfangspunkt A durch den Punkt B
$g \parallel h$	g ist parallel zu h
$g \nparallel h$	g ist nicht parallel zu h
$g \perp h$	g ist orthogonal zu h
$g \not\perp h$	g ist nicht orthogonal zu h
$F \cong G$	F ist kongruent zu G
$F \sim G$	F ist ähnlich zu G
$P(x\|y)$	Punkt mit den Koordinaten x und y
ABC	Dreieck mit den Eckpunkten A, B und C
ABCD	Viereck mit den Eckpunkten A, B, C und D
$\sphericalangle ASB$	Winkel mit dem Scheitel S und den Schenkeln $\overrightarrow{SA}$ und $\overrightarrow{SB}$, der bei Linksdrehung von $\overrightarrow{SA}$ auf $\overrightarrow{SB}$ entsteht

Stichwortverzeichnis

Ableitung 148, 156, 168
– sfunktion 173
–, zweite 229
Abnahme, exponentielle 49
Abnahmefaktor 50
Änderungsrate 144 f.
–, lokale 155 f.
Amplitude 118
archimedische Spirale 139
Asymptote 102

Bogenmaß 110

Definitionsmenge 9
Diagonalgestalt 254
Differenzenquotient 161
Differenzialquotient 169
differenzierbar 168
Differenzregel 185
divergent 100
Dreiecksgestalt 254

Explizit 87
Exponent
–, gerader 28
–, ungerader 28
Exponentialfunktion 54, 60
Exponentielle Abnahme 49
Exponentielles Wachstum 50
Extremalproblem 248
Extrempunkt 214
Extremstelle 214, 220
Extremum 214

Faktorregel 182
Folge 87
Folgenglied 87
Funktion 9, 26
–, ganzrationale 31, 193
–, kubische 239
–, lineare 15
–, quadratische 21
Funktionsgleichung 9
Funktionenschar 241
Funktionsterm 127
Funktionswert 9

Gleichungssystem 254
Globalverlauf 196 f.
Grad 193
Gradmaß 110
Graph 9, 68
Grenzwert 100, 161

Halbwertzeit 49, 77
Hochpunkt 214
h-Schreibweise 162

Intervall
– abgeschlossenes 144, 212
– offenes 212

Kehrwertfunktion 164
Kosinus 107
– funktion 113
– kurve 107
Koeffizient 193
konvergent 100
Kreisgleichung 11
Kubikfunktion 164

Linearfaktoren 201
Linearfaktorzerlegung 201
links gekrümmt 227
Linkskurve 227, 229
Logarithmengesetze 74
Logarithmus 70
Logarithmusfunktion 79

Maximum 214
Minimum 214
monoton 213
Monotonie 213
– satz 219

Nullstelle 22, 206
Numerus 70

Ortslinie 241
Orthogonalität 18

Parabel 21
Parallelität 18
Parameterdarstellung eines Kreises 139
Polynom 193
–, division 210
Potenz 39, 58
Potenzfunktion 28
Potenzgesetze 39, 58
Potenzregel 180
Punkt-Steigungs-Form 15

Quadratwurzelfunktion 37, 165

Rechts gekrümmt 227
Rechtskurve 227, 229
Regression 83
rekursiv 87

Sattelpunkt 230
Scheitelpunkt 21
– form 21
Sekante 159
Sekantensteigung 161
Sinus 107
– funktion 113
– kurve 107
Steigung 150
– swinkel 19
Stelle 9
stetig 172
streng monoton 213
Summenregel 185
Symmetrieeigenschaften 199

Tangens 107
– funktion 136
Tangente 149, 169
Tiefpunkt 214

Umkehrfunktion 34

Verdopplungszeit 47
Vorzeichenwechsel 207
– kriterium 220

Wachstum
–, begrenztes 97
–, exponentielles 44, 60, 89
–, kubisches 45
–, lineares 44, 89
–, negatives 83
–, proportionales 45
–, quadratisches 45
Wachstumsfaktor 47
Wachstumsrate 47
Wendepunkt 228
Wendestelle 228
Wertemenge 9
Wertetabelle 9
Wurzelfunktion 37

Zuordnungsvorschrift
Zwei-Punkte-Form 16